Drahtlose ZigBee-Netzwerke

Markus Krauße · Rainer Konrad

Drahtlose ZigBee-Netzwerke

Ein Kompendium

 Springer Vieweg

Markus Krauße
Rainer Konrad
FB Informatik/Ingenieurwissenschaft
Frankfurt University of Applied Sciences
Frankfurt am Main, Deutschland

ISBN 978-3-658-05820-3   ISBN 978-3-658-05821-0 (eBook)
DOI 10.1007/978-3-658-05821-0

Die Deutsche Nationalbibliothek verzeichnet diese Publikation in der Deutschen Nationalbibliografie;
detaillierte bibliografische Daten sind im Internet über http://dnb.d-nb.de abrufbar.

Springer Vieweg
© Springer Fachmedien Wiesbaden 2014

Springer Vieweg ist eine Marke von Springer DE. Springer DE ist Teil der Fachverlagsgruppe Springer Science+Business Media
www.springer-vieweg.de

Vorwort

Nachdem wir einige Jahre im Bereich Forschung und Lehre mit WSNs[1] gearbeitet haben, mussten wir wiederholt feststellen, dass es sehr zeitaufwendig ist an die verschiedenen Informationen für die Realisierung eines drahtlosen Sensor-Netzwerkes zu kommen. In Rahmen von verschiedenen Lehrveranstaltungen, Projekten und Abschlussarbeiten zum Thema WSN haben wir immer wieder von Studenten den Hinweis bekommen das ein großer Teil der zur Verfügung stehenden Zeit für die sehr mühsame Recherche aufgewendet werden muss und nur wenig Zeit für die tatsächliche Implementierung bleibt. Weiterhin müssen sich unsere Informatiker für die Realisierung eines WSNs die ein oder anderen Kenntnisse anderer Disziplinen der Naturwissenschaften wie der Physik, der Funktechnik, der Elektrotechnik und der Energietechnik einlesen um verschiedene Fragestellungen bei der Realisierung zu beantworten. Hier nur ein kleine Auswahl der Fragestellungen:

Aus welchen grundsätzlichen Komponenten wird ein Funkmodul aufgebaut (Elektrotechnik) Wie wird der Mikrocontroller programmiert (Informatik) Welche Entwicklungsumgebungen existieren (Informatik) Welche Ports bieten die verschiedenen Mikrocontroller und wie ist deren Funktionsweise (Elektrotechnik) Wie werden die verschiedenen Sensoren an die unterschiedlichen Eingänge des Mikrocontrollers angeschlossen (Elektrotechnik) Welche Reichweiten kann ich mit einer bestimmten Ausgangsleistung erzielen (Funktechnik) Wie sind die Auswirkungen der verschiedenen Antennen (Funktechnik) Welche Bedingungen muss ich beim Senden von Funksignalen beachten (gesetzlichen Richtlinien)

Natürlich sind von Herstellern und Anbieter der Mikrocontroller, der Chips, der Module, der elektronischen Bauteile z. T. sehr ausführliche Datenblätter verfügbar. Für Fachübergreifenden Fragestellungen aus der Physik, Elektrotechnik, Funktechnik oder der Energietechnik existieren natürlich auch sehr detaillierte und z. T. sehr gut verständliche Literatur. Auch das Durchforsten der verschiedenen Foren im Internets in dem einzelne Fragestellungen von motivierten Teilnehmern auch sehr gut beantwortet wurden ist sehr Zeitaufwendig. Ein weiterer Informationsquelle bei Problemen kann der Support verschiedener Hersteller sein. An dieser Stelle ist der Support von Atmel zu erwähnen, der aus

---

[1] Wireless Sensor Networks

unserer Sicht vorbildlich auf unsere Anfragen reagiert hat. Basierend auf unseren eigenen Erfahrungen, durch Studenten und Kollegen Motiviert beschlossen wir unsere gesammelten Kenntnisse und Erfahrungen für die Realisierung eines WSNs die ein Streifzug durch viele Naturwissenschaften waren in einem Werk zusammenzufassen.

Dieses Buch ist sowohl für Bachelor- und Master Studenten der Informatik, Ingenieurinformatik und Elektrotechnik die sich in Vorlesungen, Projekten und Abschlussarbeiten mit dem Thema DSAN[2] nach den Spezifikationen IEEE 802.15.4 und ZigBee 2007 beschäftigen möchten als auch ein Nachschlagewerk für Entwickler die bisher mit dem ZigBee-Stack eines anderen Anbieters oder mit anderen Funkstandards gearbeitet haben. Nach dem Durcharbeiten ist der Leser in der Lage ein DSAN zu konzipieren, Funkmodule mit Sensoren und Schnittstellen aufzubauen und ein stabiles Funk-Netz zu installieren.

---

[2] Drahtlose Sensor-/Aktor-Netzwerke

Inhaltsverzeichnis

ADC	Analog to Digital Converter
AES	Advanced Encryption Standard
AIB	APS Information Base
AODV	Ad-hoc On-demand Distance Vector
APL	Application Layer
APS	Application Support Sublayer
APSDE	Application Support Sublayer Data Entity
APSME	Application Support Sublayer Management Entity
ARIB	Association of Radio Industries and Businesses
ASK	Amplitude Shift Keying
BLE	Battery Life Extension
BMM	Buffer Management Module
BPSK	Binary Phase-Shift Keying
BSN	Beacon Sequence Number
BSP	Board Support Package
CAP	Contention Access Period
CBC-MAC	Cipher Block Chaining Message Authentication Code
CCA	Clear Channel Assessment
CCM	Counter mode encryption and Cipher block chaining Message authentication code
CCM*	extension of Counter mode encryption and Cipher block chaining Message authentication code
CEPT	European Conference of Postel and Telecommunications Administrations
CFR	Code of Federal Regulations
CFP	Contention Free Period
COM	Communication Equipment (Serielle-Schnittstelle)
CRC	Cyclic Redundancy Check
CSMA-CA	Carrier Sense Multiple Access with Collision Avoidance
CSS	Chirp Spread Spectrum
CTS	Clear To Send
CTR	Counter Mode

DPS	Dynamic Preamble Selection
DSAN	Drahtlose Sensor-/Aktor-Netzwerke
DSN	Data Sequence Number
DSSS	Direct Sequence Spread Spectrum
ED	Energy Detection
EEPROM	Electrically Erasable Programmable Read-Only Memory
EPID	Extended PAN-ID
FCS	Frame Check Sequence
FFD	Full-Function Device
GFSK	Gaussian Frequency-Shift Keying
GPIO	General Purpose digital Input/Output
GPRS	General Packet Radio Service
GTS	Guaranteed Time Slot
HAL	Hardware Abstraction Layer
HMAC	Hash-based message authentication code
I2C	Inter-Integrated Circuit Input/Output
IB	Information Base
IEEE	Institute of Electrical and Electronics Engineers
IFS	InterFrame Spacing
IRQ	Interrupt Request
ISM	Industrial, Scientific and Medical
ISO	International Organization for Standardization
ISP	In-System-Programming
JTAG	Joint Test Action Group
LIFS	Long InterFrame Spacing
LED	Light Emitting Diode
LDR	Light Dependent Resistor
LOS	Line Of Sight
LQI	Link Quality Indication
LPDU	Logical link control Protocol Data Unit
LPM	Load Program Memory
LR-WPAN	Low-Rate Wireless Personal Area Network
LSB	Least Significant Bit
MAC	Medium Access Control
MAC-PIB	MAC-PAN Information Base
MCPS	MAC Common Part Sublayer
MCL	MAC Core Layer
MCPS-SAP	MCPS-Service Access Point
MCU	MikroControlUnit
MFR	MAC Footer
MHR	MAC Header
MIC	Message Integrity Code

MMO	Matyas-Meyer-Oseas
MOSI	Master Output/Slave Input
MISO	Master Input/Slave Output
MLME	MAC Layer Management Entity
MLME-SAP	MLME-Service Access Point
MSB	Most Significant Bit
MPDU	MAC Protocol Data Unit
MSDU	MAC Service Data Unit
NHLE	Next Higher Layer Entity
NIB	Network Layer Information Base
NIST	National Institute of Standards and Technology
NLDE	Network Layer Data Entity
NLDE-SAP	Network Layer Data Entity – Service Access Point
NLME	Network Layer Management Entity
NLME-SAP	Network Layer Management Entity – Service Access Point
NLOS	Non Line Of Sight
NWK	Network Layer
OSI	Open Systems Interconnection
OTG	On The Go
O-QPSK	Offset Quadrature Phase-Shift Keying
PAL	Platform Abstraction Layer
PAN	Personal Area Network
PAN-ID	Personal Area Network Identifier
PD	PHY Data
PD-SAP	PD-Service Access Point
PHR	PHY-Header
PHY	PHYsical layer
PIB	PAN Information Base
PLME	Physical Layer Management Entity
PLME-SAP	PLME-Service Access Point
PPDU	PHY Protocol Data Unit
PSDU	PHY Service Data Unit
QMM	Queque Management
QPSK	Quadrature Phase-Shift Keying
RF	Radio Frequency
RFD	Reduced-Function Device
RSSI	Receive Signal Strength Indicator
RTS	Ready To Send
RX	Receive oder Receiver
RXD	Receive Data
SAL	Security Abstraction Layer
SAP	Service Access Point

SCK	SPI Master Clock Input
SD	Superframe Duration
SFD	Start of Frame Delimiter
SHR	Synchronization Header
SIFS	Short InterFrame Spacing
SKKE	Symmetric-Key Key Establishment
SPM	Store Program Memory
SPOF	Single Point of Failure
SPI	Serial Peripheral Interface
STB	Security Toolbox
TAL	Transceiver Abstraction Layer
TFA	Transceiver Feature Access
TPS	Transceiver Programming Suite
TRX	Transceiver
TX	Transmit oder Transmitter
TXD	Transmit Data
UART	Universal Asynchronous Receiver Transmitter
UMTS	Universal Mobile Telecommunications System
USART	Universal Synchronous Asynchronous Receiver Transmitter
USB	Universal Serial Bus
UWB	Ultra Wide Band
WiMAX	Worldwide Interoperability for Microwave Access
WLAN	Wireless Local Area Network
WPAN	Wireless Personal Area Network
WSN	Wireless Sensor Network
ZCL	ZigBee Cluster Library
ZDO	ZigBee Device Objekt
ZDP	ZigBee Device Profile

Einleitung

1

Die Möglichkeit über Sensoren Messwerte und andere Informationen aus der Umgebung zu erfassen und per Funkwellen an einen Zielrechner zu übertragen oder Steuerinformationen von einem fest installierten Rechner an einen Aktor zu senden, eröffnet ein sehr großes Einsatzspektrum. Denkbare Einsatzgebiete sind z. B. in der Gebäudeautomation, im Gesundheitswesen, in der Umwelttechnik oder in der Warenwirtschaft, um nur einige Gebiete zu nennen. Drahtlose Sensor-/Aktor-Netzwerke (kurz DSAN oder engl. auch WSN) bieten eine extrem hohe Flexibilität und können nicht nur schnell und kostengünstig installiert werden, sondern sind vielfach auch die einzige Möglichkeit Daten über autonome Funksensoren zu erfassen und an einen Zielrechner zu übertragen oder Aktoren von einem Rechner aus zu steuern. Großflächige Messungen (z. B. auf dem Meer) sind mit kabelgebundener Technik nicht oder nur sehr schwer zu realisieren. Auch das Erfassen von Gesundheitsdaten am Körper einer sich bewegenden Person oder eines Tieres und die Übertragung an einen Zielrechner zur Auswertung der Daten ist mit kabelgebundener Technik nicht möglich. Bei Natur- oder Umweltkatastrophen kann in kurzer Zeit ein Sensornetzwerk installiert werden um z. B. durch die Erhebung der Schadstoffwerte das Ausmaß der Katastrophe zu erfassen. Für den Aufbau von Funkverbindungen existieren grundsätzlich verschiedene Standards wie z. B. Bluetooth, UMTS[1], WLAN[2], ZigBee, WiMAX[3] und Z-Wave. Sollen nicht nur Punkt-zu-Punkt-Verbindung zwischen zwei Geräten möglich sein, sondern Daten auch über selbst konstituierende Netzwerke mit einer großen Anzahl von Funksensoren in einer Baum- oder Meshstruktur übertragen werden, so ist für solche Netzwerke insbesondere ZigBee eine sehr gute Wahl. ZigBee ist

---

[1] Universal Mobile Telecommunications System
[2] Wireless Local Area Network
[3] Worldwide Interoperability for Microwave Access

© Springer Fachmedien Wiesbaden 2014
M. Krauße, R. Konrad, *Drahtlose ZigBee-Netzwerke*, DOI 10.1007/978-3-658-05821-0_1

eine Spezifikation der ZigBee-Allianz[4]. Zur ZigBee-Spezifikation hat die ZigBee-Allianz zusätzlich ZigBee-Standards definiert, die für bestimmte Anwendungsfälle (z. B. Home Automation, Health Care und Smart Energy) konzipiert sind, wodurch für Programmierer ein gutes Konzept zur Verfügung steht, um strukturiert Anwendungen zu programmieren. Ein weiterer Vorteil der Standards ist, dass Produkte verschiedener Hersteller, die sich an diese Standards halten, untereinander kompatibel sind. Der Bereich der drahtlosen Sensor-/Aktor-Netzwerke basierenden auf ZigBee, ist eine relativ junge Technologie mit enormem Wachstumspotential. Bücher über ZigBee sind bisher nur wenige auf dem Markt und betrachten ZigBee zum Teil nur sehr oberflächlich. Ein Buch das detailliert den Aufbau der Hardwarekomponenten für ein WSN, die Schnittstellen von Mikrocontrollern, den Anschluss von Sensoren an verschiedenen Schnittstellen, die Programmierung, Einflussfaktoren auf die Übertragung, Sicherheitsaspekte in Funknetzen und im speziellen in ZigBee-Netzen, den IEEE 802.15.4 Standard und die ZigBee-Spezifikation detailliert beschreibt, ist in der hier vorliegenden Form nicht auf dem Markt verfügbar. Motivation für dieses Buch war die Beschreibung der Realisierung eines einfachen, universellen und kostengünstigen DSANs für Umweltmessungen, Messungen im Gesundheitswesen oder im medizinischen Bereich. Durch den Einsatz von ZigBee kann das Netz jedoch für alle Mess- und Steuerungsaufgaben genutzt werden. In diesem Buch gehen wir detailliert auf den IEEE 802.15.4 Standard und die ZigBee-Spezifikation ein und beschreiben Anwendungsbeispiele basierend auf den entsprechenden Stackimplementationen für Mikrocontroller von Atmel. Das Buch behandelt 3 Hauptbereiche. Im ersten Bereich gehen wir auf grundlegende theoretische Überlegungen zu DSANs ein, wie z. B. Aspekte der Funk- und Übertragungstechnik. Der zweite Bereich handelt vom Aufbau und der Inbetriebnahme der Hardware inkl. der Beschreibung wie Sensoren eingebunden bzw. angesteuert werden. Im dritten Bereich beschreiben wir die Softwareimplementierungen des IEEE 802.15.4-Stacks und des *ZigBee PRO*-Stacks von Atmel. Im diesem Buch werden folgende Themen ausführlich behandelt:

- Was versteht man unter einem drahtlosen Sensor-/Aktor-Netzwerk: Allgemeine Definition von WSNs und deren Einsatzgebiete.
- Übersicht angebotener ZigBee-Module: Hier werden wir ZigBee-Module verschiedener Hersteller mit ihren Hauptmerkmalen vorstellen und vergleichen.
- Einflussfaktoren auf Reichweite und Übertragung: In diese Kapitel beschreiben wir die Einflussfaktoren der Funkübertragung, die Bestimmung der theoretischen Reichweite, Antennen und ihre Richtwirkung, europäische und internationale Richtlinien bzgl. verschiedener Frequenzbänder, Übertragungsverfahren und Ausgangsleistungen.
- Hardwareaufbau eines ZigBee-Funkmoduls mit dem Chip *ZigBit* von Atmel.

---

[4] Die ZigBee Allianz (Gründung 2002) ist ein Industriekonsortium, welches sich zum Ziel gesetzt hat, zuverlässige, kostengünstige, energieeffiziente und für Funknetzwerke optimierende Produkte basierend auf einem offenen weltweiten Standard zu ermöglichen, die für Überwachung- und Steuerungsaufgaben eingesetzt werden sollen [Zig].

- Aufbau einer Schnittstelle zum Verbinden eines Funkmoduls mit dem PC oder einem Smartphone: Die von den Funkmodulen erhobenen Messdaten sollen an einer Stelle des WSNs an einen PC übertragen werden. In diesem Kapitel wird der Aufbau einer USB-Schnittstelle beschrieben, über die Daten und Informationen des WSNs über einen sog. ZigBee-Koordinator oder einen ZigBee-Router an einen PC oder ein Smartphone übertragen werden.

- Programmierung der Module mit Hilfe der Entwicklungsumgebung AVR Studio und des *ZigBee PRO*-Stacks *BitCloud* von Atmel: Dieses Kapitel beschreibt die Installation der Entwicklungsumgebung AVRStudio, die Schritte für eine erste Inbetriebnahme der ZigBit-Module mit dem *ZigBee PRO*-Stack BitCloud.

- Beschreibung der verschiedenen Schnittstellen GPIO[5], UART[6], I2C[7] und ADC[8] des Mikrocontrollers.

- Anschluss von Sensoren an die verschiedenen Schnittstellen des Mikrocontrollers mit Beispielimplementierungen.

- Messungen über den Energiebedarf der ZigBee-Module: In der Regel werden Funkmodule eines WSN mit Batterien betrieben. In diesem Kapitel wird der Energieverbrauch verschiedener Module beschrieben. Diese Information ist bei dem Einsatz der Funkmodule zum Bestimmen der Standzeit einer Energiequelle notwendig.

- Detaillierte Beschreibung des IEEE 802.15.4 Standard: Wir beschreiben ausführlich die Funktionsweise der PHY-Schicht und der MAC-Schicht. Wir betrachten hierbei unter anderem die Themen Auswahl eines Funkkanal, Modulationen, Übertragung, Netzwerktopologie, Netzaufbau und Sicherheit. Bei Thema Sicherheit beschreiben wir die eingesetzten Verschlüsselungsalgorithmen inklusive Beispielrechnungen.

- Beschreibung der IEEE 802.15.4 Stackimplementation von Atmel: Wir beschreiben den Aufbau und die Funktionsweise des MAC-Stacks von Atmel und werden diese an verschiedenen Programmierbeispielen verdeutlichen.

- Detaillierte Beschreibung der ZigBee-Spezifikation: Neben der Funktionsweise und dem Aufbau der einzelnen Schichten (Netzwerk- und Anwendungsschicht), gehen wir insbesondere auch auf das Zusammenspiel einzelner Komponenten ein. Wir beschreiben z. B. die Arbeitsweise des *ZigBee Device Objekt* (ZDO), erklären den Netzaufbau, die Adressenverteilung und das Routing in Baum- und Meshnetzwerken. Zudem gehen wir auf die verschiedenen ZigBee-Standards ein und erklären die Funktionsweise von Clustern aus der *ZigBee Cluster Library* (ZCL). Beim Thema Sicherheit betrachten wir neben der Erklärung der eingesetzten Sicherheitsfunktionen insbesondere die Generierung und Verteilung von Schlüsseln.

---

[5] General Purpose digital Input/Output
[6] Universal Asynchronous Receiver Transmitter
[7] Inter-Integrated Circuit Input/Output
[8] Analog to Digital Converter

- Beschreibung des *ZigBee PRO*-Stacks BitCloud von Atmel: Wir beschreiben dessen Aufbau und die Funktionsweise und implementieren verschiedene Programmierbeispiele, die auch als Einstieg für größer Anwendungen genutzt werden können.
- Sicherheit und Zuverlässigkeit von ZigBee-Netzwerken: Im Gegensatz zu kabelgebundenen Netzen kann die Datenübertragung in Funknetzen leichter gestört und die Daten leichter manipuliert werden. Dieses Kapitel diskutiert die Gefahren.
- Mitprotokollieren und analysieren von IEEE 802.15.4 und ZigBee Funkverkehr: Zur Fehlersuche und Analysezwecken kann innerhalb eines WSNs der Einsatz eines sog. Sniffers notwendig sein. Wir zeigen wie mit Hilfe von Wireshark und µracoli ohne die Anschaffung teurer Sniffertools Netzwerkverkehr aufgezeichnet und analysiert werden kann.

Die einzelnen Kapitel sind in sich abgeschlossen und müssen nicht unbedingt in der gedruckten Reihenfolge gelesen werden. Eine erste Inbetriebnahme von Modulen kann beispielsweise nach dem Durcharbeiten der Kap. 6 und 7 durchgeführt werden.

Ein drahtloses Sensor-/Aktor-Netzwerk ist ein aus räumlich verteilten autonomen Geräten aufgebautes System, das entweder über Sensoren physikalische Größen aus der Umwelt erfasst oder mit Aktoren die Umgebung beeinflusst. Diese autonomen Geräte oder auch Knoten bilden zusammen mit Routern und einem Gateway ein typisches *Drahtlose Sensor-/Aktor-Netzwerke* (DSAN). Die verteilten Knoten kommunizieren drahtlos per Funkwellen z. T. über Router mit einem zentralen Datensammelpunkt (in ZigBee meist der Koordinator), der eine Verbindung zu drahtgebundenen Geräten bietet. Dort können Anwender u. A. ihre Messdaten speichern, verarbeiten, analysieren, visualisieren oder in Abhängigkeit der Messergebnisse und Informationen Aktoren steuern. Die per Funk kommunizierenden Geräte können entweder Teil eines festen, Infrastruktur-basierten Netzes oder auch Teil eines selbst organisierenden Ad-hoc Netzes sein. Ein Ad-hoc Netz ist ein sich selbst konfigurierendes Multihop-Netzwerk, welches aus mobilen Knoten besteht und drahtlos aufgebaut ist. Die Reichweite eines DSANs kann durch das Einbringen von Routern erhöht werden. Durch mehrere Router in Funkreichweite der Endknoten entstehen zusätzlich mögliche Kommunikationsverbindungen zwischen Endknoten und dem Datensammelpunkt. Dadurch kann die Zuverlässigkeit des DSANs erhöht werden. DSANs werden, soweit möglich, mit stromsparende Messknoten betrieben, deren Batteriestandzeit mehrere Jahre betragen kann. Der Energieverbrauch wird stark beeinflusst von der Implementierung, von den angeschlossenen Sensoren, den angeschlossenen Aktoren, der Sendeleistung sowie der Sendedauer. Ein Mittel die Standzeit der Batterie eines Knotens zu verlängern ist beispielsweise den Knoten in einen sog. Schlafmodus zu versetzen, wenn er keine Messungen und keine Übertragungen durchführen muss. Durch die Fortschritte im Bereich der Miniaturisierung entstand, unter der Leitung von Professor Pister an der University of California in Berkeley der Bergriff Smart Dust (engl. intelligenter Staub, vgl. [urlv]) für DSANs aus besonders kleinen Knoten. Das für ein drahtloses Sensor Netzwerk eingesetzte Protokoll hängt von den Anforderungen der jeweiligen Anwendung ab. ZigBee und IEEE 802.15.4 stellen Kommunikationsstandards bereit, die unter anderem Routingfunktionen bieten mit der sich die Netzwerkreichweite und die Zuverlässigkeit er-

© Springer Fachmedien Wiesbaden 2014 5
M. Krauße, R. Konrad, *Drahtlose ZigBee-Netzwerke*, DOI 10.1007/978-3-658-05821-0_2

höhen lassen. Die Einsatzgebiete für *Drahtlose Sensor-/Aktor-Netzwerke* (DSAN) sind nahezu grenzenlos. Nachfolgend einige Beispiele:

- Erhebung von Gesundheitsdaten in sog. Body-Area-Networks.
- Gebäudeautomatisierung z. B. Steuerung von Türöffnern, Lichtschaltern, Alarmierung durch Bewegungsmelder, Raumtemperatursteuerung über Funksensoren, usw..
- Sensoranordnungen im Fahrzeugbau.
- Warenverwaltung in Lagerhäusern.
- Überwachen der Umgebungen von Chemieunternehmen auf Schadstoffe.
- Überwachen von Tiermigrationen.
- Frühwarnsysteme für Lawinen, Fluten oder Erdbewegungen.
- Überwachung feindlicher Gebiete auf Truppenbewegungen, ohne Risiko für die eigenen Truppen.
- Automatisierungstechnik in Warenwirtschaftssystemen.
- Vernetzung und Steuerung von elektrischen Spielzeugen z. B. Eisenbahnen.
- Steuerung, Alarmierung und Abfrage von elektrischen Geräten in der Medizintechnik.

Ein Beispielszenario für ein DSAN, das Monitoring von Gesundheitsdaten und die Lokalisierung von Tieren ist in [Sie+12] beschrieben. Für die Maximierung der Milchproduktion, Vorbeugung von Gesundheitsproblemen, Nahrungsoptimierung etc. ist es von Vorteil ständig Zugriff auf die physiologische Daten der Rinder zu haben. Es wird beschrieben, wie im ersten Schritt Gesundheitsdaten wie Herzfrequenz und Blutsauerstoffgehalt an den Rindern erhoben werden und im nächsten Schritt diese Daten über ein DSAN an eine Datenbank in einem Zielrechner übertragen und gespeichert werden. Basierend auf einer Auswertung dieser Daten kann z. B. die Futter oder eine evtl. Medikamentengabe gesteuert werden. Die notwendige Reichweite der Knoten eines Sensornetzwerks für eine solches Szenario können je nach Anwendung und Territorium zwischen ein paar Metern und einigen Kilometern betragen.

Ein wichtiger Parameter für die Reichweite einer Funkübertragung ist die Sendeleistung. Eine höhere Sendeleistung führt unter sonst gleichen Gegebenheiten unmittelbar zu größerer Reichweite. Generell soll die Sendeleistung so gering wie möglich gehalten werden, einerseits um Energie zu sparen und andererseits um nicht unnötig viel Interferenz für andere Funkeinheiten zu erzeugen. Kurz gesagt, so wenig Sendeleistung wie möglich und so viel wie nötig für eine zuverlässige Verbindung. In dem folgenden Kapitel werden wird uns deshalb mit einigen grundlegenden Eigenschaften und Einflussfaktoren der drahtlosen Kommunikation beschäftigen.

3.1 Signalausbreitung

Die Kommunikation mittels Funkwellen unterliegt verschiedenen Einflüssen. Im Gegensatz zur drahtgebundenen Lösungen, bei denen nur wenig störende Einflussfaktoren auftreten können, wird die Ausbreitung von Funksignalen von vielen Effekten beeinflusst. Tritt eine Minderung der Signalstärke bei einem Funksignal auf, so wird dies als Dämpfung bezeichnet. Grundsätzlich gilt: Je höher die Frequenz eines Signals, desto höher ist auch die Dämpfung. Eine hohe Dämpfung führt zu einer geringeren Reichweite des Funksignals. In der Regel gibt es keine idealen Voraussetzungen für die Installation eines kabellosen Sensornetzwerkes. Es existieren unterschiedliche Faktoren die Einfluss auf die Reichweite des Funksignals haben:

Abschattung (Absorbtion): Trifft ein Funksignal auf ein Objekt und kann das Signal dieses nicht durchdringen, so tritt das Signal hinter dem Objekt nicht mehr auf.

Durchdringung (Signal Penetration): Durchdringt ein Funksignal ein Objekt wird es in Abhängigkeit von Material, der Temperatur und der Frequenz gedämpft.

Beugung (Diffraction): Die Ausbreitungsrichtung kann durch ein Objekt verändert werden, wenn ein Signal an ihm gebeugt wird.

© Springer Fachmedien Wiesbaden 2014
M. Krauße, R. Konrad, *Drahtlose ZigBee-Netzwerke*, DOI 10.1007/978-3-658-05821-0_3

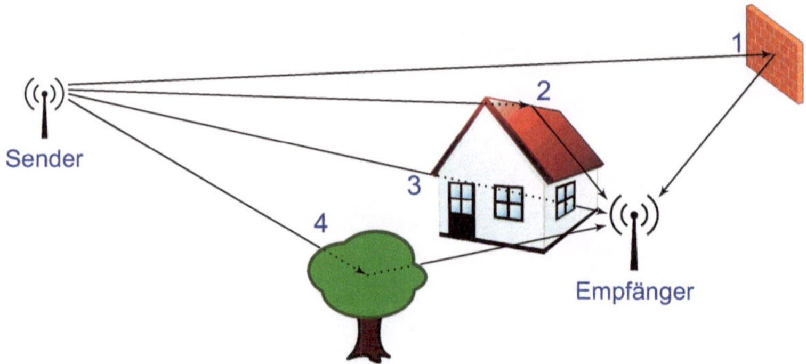

Abb. 3.1 Signalausbreitung: 1. Reflektion, 2. Beugung, 3. Durchdringung, 4. Streuung

Reflektion (Reflection): Funksignale die auf ein Objekt treffen und nicht absorbiert werden, werden am Objekt reflektiert. Das daraus resultierende Signal besitzt eine gerin-
  gere Stärke. Zur Reflektion kommt es, wenn das Objekt im Verhältnis zur Wellenlänge
  des Signals groß genug ist. Dieser Effekt wird beispielsweise bei Mobilfunknetzen
  ausgenutzt, um den Empfang auch in Straßenschluchten zu gewährleisten.
Brechung (Refraktion): Die Ausbreitungsgeschwindigkeit von Funksignalen ist immer
  abhängig von dem Medium, durch das sie sich bewegen. Geht ein Signal von einem
  Material niedriger Dichte in eines mit höherer Dichte über, so wird die Richtung des
  Signals abgelenkt.
Streuung (Scattering): Trifft ein Funksignal auf ein Objekt, so wird das Signal in mehrere
  schwächere Signale aufgeteilt.

Wie in Abb. 3.1 dargestellt, breiten sich aufgrund von Reflektion, Streuung und Beugung die Funkwellen im Allgemeinen über mehrere Wege aus (Multipath Propagation).
Die am Empfänger eintreffenden Funksignale können verschieden lange Wege zurück-
gelegt haben und besitzen deshalb eine Phasenverschiebung gegenüber dem auf direktem
Pfad gesendeten Signal. Die beim Empfänger ankommenden phasenverschobenen Signale
überlagen sich. Dabei können sich die Wellen additiv oder subtraktiv bis hin zur Auslö-
schung überlagern.

3.2 Theoretische Reichweiten

H. T. Friis stellte 1946 die folgende Gleichung zur Ausbreitung von Wellen im freien
Raum auf (Freiraumgleichung):

$$\text{Empfangsleistung} = \textit{Sendeleistung} \cdot \textit{Dämpfung} \cdot \textit{Systemkonstanten}.$$
$$P_R = P_T \cdot g_T \cdot g_R \cdot \lambda^2 / (4 \cdot \pi \cdot D)^n$$

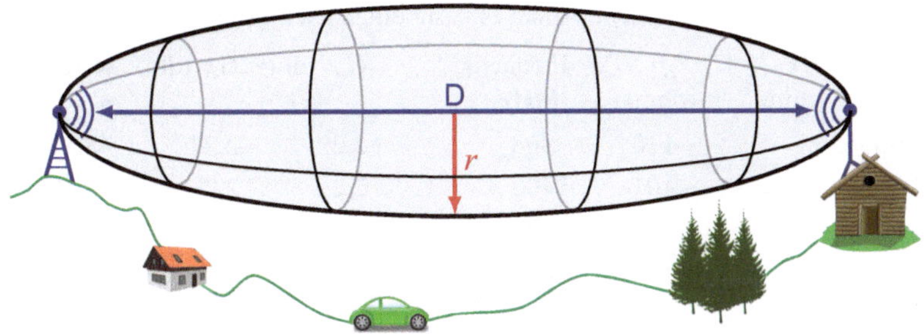

Abb. 3.2 Fresnelzone

P_T: Sendeleistung (Transmit Power).

P_R: Empfangsleistung (Receive Power).

g_T: Antennengewinnfaktor des Senders.

g_R: Antennengewinnfaktor des Empfängers.

λ: Wellenlänge = Lichtgeschwindigkeit/Frequenz.

D: Distanz zwischen Sender und Empfänger.

n: n ist ein Koeffizient der die Pfadverluste beschreibt. Er ist abhängig von Geländebeschaffenheit (z. B. über Wasser, im Wald oder über Feldern), Gebäudebeschaffenheit (z. B. Stahlbeton oder Leichtbauweise), Luftbeschaffenheit (Temperatur, Luftdruck, Luftfeuchte, Gaszusammensetzung) und Übertragung mit oder ohne Hindernissen zwischen den Knoten. Typische Werte liegen im Bereich 2–6.

Der Term $(4 \cdot \pi \cdot D)^n$ für den Fall $n = 2$ entspricht der Ausbreitung einer Funkwelle mit einer konstanten Leistung P_T über eine Distanz D mit einer hindernisfreien sogenannten Fresnelzone zwischen Sender und Empfänger. Bei dieser Zone handelt es sich, wie in Abb. 3.2 dargestellt, um ein gedachtes Rotationsellipsoid in dessen Endpunkten jeweils eine Antenne steht. Der Raum um den direkten Funkstrahl ist hier besonders interessant für die elektromagnetische Welle. Für eine möglichst ungestörte Übertragung von Funkwellen muss ein hindernissfreier Raum innerhalb dieses Rotationsellipsoides zwischen Sender und Empfänger sein. Dieser Raum wird nach dem französischen Ingenieur Augustine Jean Fresnel *Fresnelzone* genannt, der dazu Versuche mit Lichtwellen gemacht hat. Durch Hindernisse in dieser Zone, können Reflektionen an diesen Hindernissen zur Abschwächung des Signales am Empfangsort führen. Die Abmessungen der Fresnelzone werden durch die Länge des Funkfeldes und die Wellenlänge bestimmt. Die Halbachse r des Rotationsellipsoides ergibt sich aus:

$$r = 0{,}5 \cdot \sqrt{(\lambda \cdot D)}$$

r: Radius der Fresnelzone.

λ : Wellenlänge (bei 2,4 GHz: 300.000 km/s/2.400.000 kHz = 0,12491 m => ca. 12,5 cm).

D: Distanz zwischen den Antennen.

Tab. 3.1 Theoretische Reichweiten von Atmel Funkmodulen nach Friis

Typ	P_T (dbm)	P_R (dbm)	Frequenz f (MHz)	G_T (dbi)	G_R (dbi)	Reichweite für $n = 2$ (km)
ATZB-900-B0	11	−110	868	2,2	2,2	48,875
ATZB-A24-B0	3	−101	2400	2,2	2,2	2,496
ATZB-A24-A2	3	−101	2400	0	0	1,575
ATZB-A24-UFL	20	−104	2400	2,2	2,2	24,968

Für zwei Antennen mit einem Abstand von 6 km ergibt sich z. B.

$$r = 0{,}5 \cdot \sqrt{(\lambda \cdot D)}$$
$$= 0{,}5 \cdot \sqrt{(0{,}12 \cdot 6000)}$$
$$= 13{,}4\,\mathrm{m}$$

Die Tab. 3.1 zeigt die theoretischen Reichweiten für die verschiedenen RF Module von Atmel nach der Friis Freiraumgleichung. Als Antennen werden $\lambda/4$-Monopolantennen mit einem Antennengewinn von 2,2 dbi oder Keramik-Antennen mit einem Antennengewinn von 0 dbi (ATZB-A24-A2) angenommen.

3.3 Pfadverlust (Path Loss) und Reichweite

Ein vom Sender ausgesandte Signal erfährt eine starke Dämpfung, den so genannten Pfadverlust. Der Pfadverlust P_L ergibt sich aus gesendeter Signalstärke P_T und empfangener Signalstärke P_R:

$$P_L = P_T - P_R$$

Damit ein Signal von Receiver des Empfängers zuverlässig dekodiert werden kann, muss es stärker sein als die Empfindlichkeit des Receivers. Dieser Grenzwert, genannt Eingangsempfindlichkeit, ist aus den technischen Daten des Empfängers zu entnehmen. Die notwendige Übertragungsleistung ist abhängig von der Frequenz, der Entfernung zwischen Sender und Empfänger und der Umgebung in der die Übertragung stattfindet wie z. B. ob die Übertragung in einem Gebäude oder außerhalb eines Gebäudes stattfindet oder ob zwischen Sender und Empfänger eine Sichtverbindung (LOS[1]) besteht. Die notwendige Übertragungsleistung P_D für die Entfernung D unter Berücksichtigung der Umgebung, beschrieben durch den Pfadverlustexponenten wird durch folgende Gleichung beschrieben:

$$P_D = P_T - 10 \cdot n \cdot \log(f) - 10 \cdot n \cdot \log(D) + 30 \cdot n - 32{,}44$$

P_D: Empfangsleistung (W) in Entfernung D (m).

---

[1] Line Of Sight

Tab. 3.2 Pfadverlustexponenten nach [Rap02]

Umgebung	Pfadverlustexponenten
Freifläche	2
Stadt	2,7–3,5
Im Gebäude mit Sichtverbindung	1,6–1,8
Im Gebäude ohne Sichtverbindung	4–6
In Produktionsstätten ohne Sichtverbindung	2–3

P_T: Sendeleistung (W).

f: Frequenz in Hz.

D: Entfernung zwischen Sender und Empfänger in m.

n: Pfadverlustexponenten, experimentell bestimmt von Seidel und Rappaport [Rap02].

In der Tab. 3.2 sind einige Pfadverlustexponenten für verschiedene Umgebungen nach Seidel und Rappaport gelistet.

Für die theoretischen Reichweiten auf freier Fläche für verschiedene RF-Module von Atmel ergibt sich für $n = 2$ zum Beispiel:

Typ	P_T (dbm)	P_R (dbm)	Frequenz (MHz)	G_T (dbi)	G_R (dbi)	Reichweite (km)
ATZB-900-B0	11	−110	868	0	0	51,22
ATZB-900-B0	11	−110	868	2,2	2,2	51,22
ATZB-A24-B0	3	−101	2400	2,2	2,2	2,62
ATZB-A24-A2	3	−101	2400	0	0	1,58
ATZB-A24UFL	20	−104	2400	2,2	2,2	15,77
ATZB-X0-256	3,6	−96	2400	2,2	2,2	0,95

3.4 Antennenlänge

Die Antenne ist eine sehr wichtige Komponente von Funkmodulen. Die Art der Antenne hat große Auswirkungen auf die Ausgangsleistung und die Eingangsempfindlichkeit. Wenn die Antenne nicht die richtige Länge für die verwendete Frequenz hat, können die Funkwellen nicht effizient gesendet bzw. empfangen werden und die Reichweite des Systems kann erheblich verringert werden. D. h. eine zu lange oder zu kurze Antenne kann die Ausgangsleistung oder die Eingangsempfindlichkeit des Systems negativ beeinflussen. Die angebotenen ZigBee-Knoten haben in der Regel Keramik-, Dipol- oder Monopolantennen. Die optimale Antennenlänge ist ein viertel der Wellenlänge oder ein Vielfaches davon. Die Wellenlänge λ lässt sich wie folgt berechnen:

$$Wellenlänge\ \lambda = \frac{Lichtgeschwindigkeit\ c}{Frequenz\ f}$$

Für die Frequenz 868 MHz gilt:

$$c = 300.000 \, \text{km/s}$$

$$f = 868 \, \text{MHz}$$

$$\lambda = \frac{300.000 \, \text{km/s}}{868 \, \text{MHz}} = 0{,}345 \, \text{m} = 34{,}5 \, \text{cm}$$

Die Wellenlänge für die Frequenz 868 MHz beträgt damit 34,5 cm und die Antennenlänge

$$\lambda/4 = 8{,}64 \, \text{cm}$$

Für die Frequenz 2,4 GHz gilt:

$$c = 300.000 \, \text{km/s}$$

$$f = 2400 \, \text{MHz}$$

$$\lambda = \frac{300.000 \, \text{km/s}}{2400 \, \text{MHz}} = 0{,}125 \, \text{m} = 12{,}5 \, \text{cm}$$

Die Wellenlänge für die Frequenz 2,4 GHz beträgt damit 12,5 cm und die Antennenlänge

$$\lambda/4 = 3{,}1 \, \text{cm}$$

3.5 Antennen

Zur Übertragung von Information muss Energie übertragen werden. Der Leistungstransport geschieht mit Hilfe von elektromagnetischen Wellen über eine Funkstrecke oder durch Bewegung von Elektronen über elektrische (meist metallische) Leiter. Bei der Übertragung durch einen elektrischen Leiter werden die Elektronen in einem Leiter geführt und gelangen so entlang eines vorgegebenen Weges von der Quelle zum Ziel. Bei der Übertragung über eine Funkstrecke werden die elektromagnetischen Wellen an der Quelle von einer Antennen abgestrahlt und am Ziel von einer Antenne absorbiert. Abhängig von der Art der Antenne besitzen Antennen eine mehr oder weniger ausgeprägte Richtwirkung, d. h. die Ausbreitung der Funkwellen in eine Richtung ist deutlich höher als in andere Richtungen. Für den Einsatz in einem Meshnetzwerk ist eine ausgeprägte Richtwirkung jedoch meist unerwünscht, da die Router in beliebiger Richtung positioniert sein können. D. h. beim Aufbau des Netzes suchen sich die Endknoten oder Router den kürzesten Weg zum nächsten Router oder zum Koordinator, bzw. die bestmögliche Verbindung zum nächsten Router oder zum Koordinator. Diese können in beliebiger Richtung positioniert sein. Bei Ausfall eines Routers müssen sich die angehängten Knoten einen neuen Weg über einen anderen Router zum Koordinator suchen, der nicht in der gleichen Richtung wie der ausgefallene Router positioniert sein muss. Aus diesem Grund sind Antennen mit Richtwirkung für den Einsatz in Meshnetzwerken ungünstig. Sogenannte Rundstrahler sind hier die bessere Alternative. Eine Übertragung von Information über Funkwellen läuft in folgenden Schritten ab: Ein Sendeknoten speist eine gewisse Sendeleistung P_T in die Sendeantenne ein. Diese strahlt einen Teil dieser Leistung in Form einer elektromagnetischen Freiraumwelle ab. Diese Freiraumwelle wird mit zunehmendem Abstand vom Sender auf eine immer größere Fläche verteilt, und ihre Leistungsdichte (Leistung pro Fläche) nimmt entsprechend ab. Die gesendete Leistung wird zusätzlich durch die in den vorherigen Kapiteln beschriebenen Faktoren gedämpft. Die Empfangsantenne entnimmt der elektromagnetischen Welle einen Teil der Leistung und liefert diesen an den Empfängerknoten ab. Die in den folgenden Kapiteln beschriebenen und benutzten Funkmodule werden mit $\lambda/2$-Dipol-, $\lambda/4$-Monopol- oder Chipantennen betrieben. Deshalb werden diese Antennen mit ihren Charakteristiken hier kurz beschrieben, da sie erheblichen Einfluss auf die Sendeleistung und die Empfangsqualität haben.

3.5.1 $\lambda/2$-Dipolantennen

Eine vielfach benutzte Antenne ist die $\lambda/2$-Dipolantenne. Wie in Abb. 3.3 links dargestellt, besteht die Dipolantenne aus einem in der Mitte getrennten gestreckten Leitungsstück mit definierter Länge. Die optimale Länge des Dipols ist die halbe Wellenlänge $\lambda/2$, weswegen sie auch Halbwellendipol genannt wird. Das Strahlungsdiagramm des Halbwellendipols ist wie in Abb. 3.4 dargestellt unabhängig vom sog. Azimutwinkel und somit nach allen Seiten gleich. In horizontaler Richtung zum Antennenstab wird nichts abgestrahlt. Das bedeutet für die Installation von Funkmodulen, die üblicherweise auf der Erdoberfläche verteilt installiert sind, dass die verwendeten $\lambda/2$-Dipolantennen optimal abstrahlen, wenn sie senkrecht zur Erdoberfläche montiert sind. Für den Einsatz in Meshnetzwerken in denen der nächste Knoten in beliebiger Richtung liegen kann und sich während der Betriebszeit des Netzwerkes die Position ändern kann, ist diese Abstrahlcharakteristik von großem Vorteil. Ein weiterer Vorteil bei diesem Antennentyp ist der Antennengewinn von 2–3 dbi. Nachteile sind die Größe der Antenne und die

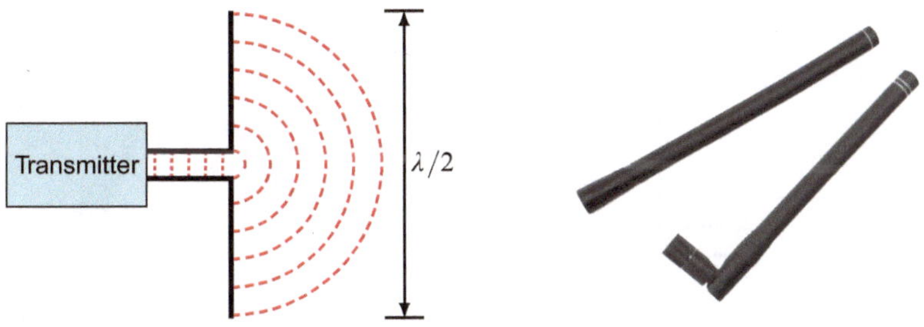

Abb. 3.3 Abstrahlschema einer $\lambda/2$-Dipolantenne (*links*) und zwei Dipolantennen (*rechts*)

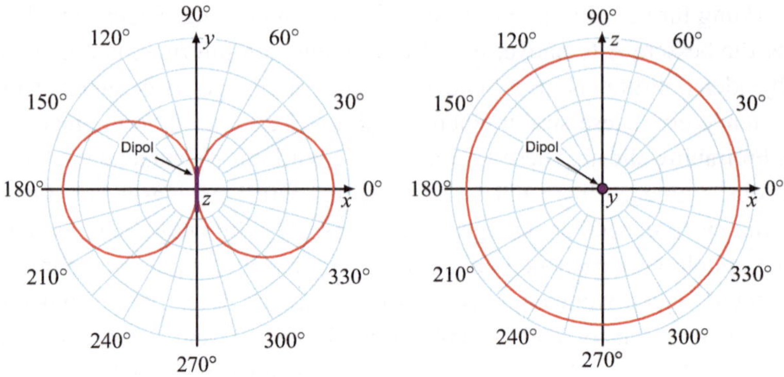

Abb. 3.4 Blick auf den senkrecht stehenden Dipol (*links*) und Blick von oben (*rechts*)

lagenabhängige Abstrahlung. Abbildung 3.3 rechts zeigt zwei Varianten typischer $\lambda/2$-Dipolantennen.

3.5.2 $\lambda/4$-Monopolantennen

Eine Groundplane- bzw. $\lambda/4$-Monopolantenne besteht üblicherweise aus einem leitenden Stab der Länge $\lambda/4$, welcher senkrecht über einer leitenden Erdungsfläche angeordnet ist (siehe Abb. 3.5, links). Auch bei der $\lambda/4$-Monopolantenne ist die räumliche Abstrahlung unabhängig vom Azimutwinkel. Die Abstrahlung ist senkrecht zum Stab am stärksten. In Richtung des Stabes erfolgt keine Abstrahlung. In Abb. 3.6 ist die Strahlungscharakteristik einer $\lambda/4$-Monopol Antenne dargestellt. Das bedeutet für die Installation von Funkmodulen, die üblicherweise auf der Erdoberfläche verteilt installiert sind, das die verwendeten $\lambda/4$-Monopolantennen optimal senkrecht zur Erdoberfläche montiert sein sollten. Abbildung 3.5, rechts, zeigt 3 Varianten von $\lambda/4$-Monopolantennen. Die Vorteile der $\lambda/4$-Monopolantennen liegen, wie beim Halbwellendipol in der Abstrahlcharakteristik sowie in dem Antennengewinn von 2–3 dbi. Nachteile sind die Größe der Antenne,

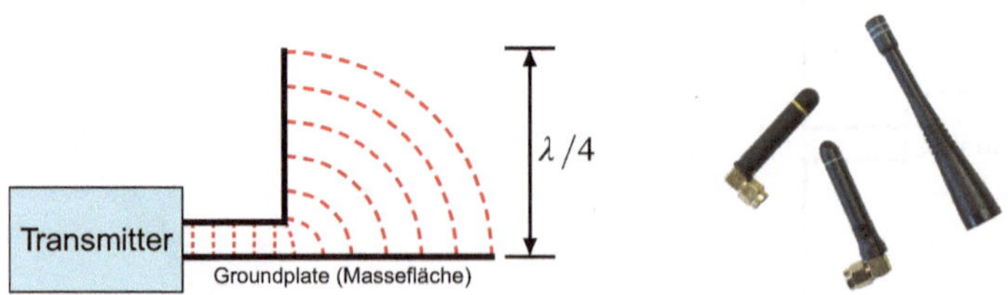

Abb. 3.5 Abstrahlschema einer $\lambda/4$-Monopolantenne (*links*) und drei Monopolantennen (*rechts*)

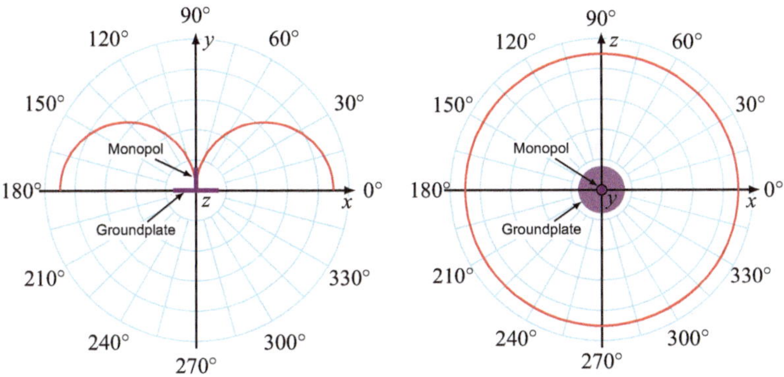

Abb. 3.6 Blick auf den senkrecht stehenden Monopol (*links*) und Blick von oben (*rechts*)

die lagenabhängige Abstrahlung sowie die nicht vorhandene Abstrahlung in Richtung der Erdungsplatte.

3.5.3 Chip- bzw. Keramikantennen

Eine andere Antennenvariante ist die sog. Chip- oder Keramikantenne (siehe Abb. 3.7). Die Keramikantenne besitzt den Vorteil der geringen Größe, sie ist kostengünstig, kann nach allen Richtungen senden bzw. aus allen Richtungen empfangen und kann mit SMD-Bestückungsmaschinen montiert werden. Nachteile sind, dass diese Antenne zum einen keinen Antennengewinn (0 dbi) hat und zum anderen die in Abb. 3.8 dargestellte nicht gleichmäßige Abstrahlcharakteristik. Für richtungsunabhängige Anwendungen die eine geringe Bauteilgröße und keine großen Reichweiten benötigen, ist diese Antenne ideal.

Abb. 3.7 2,4 GHz-Chipantenne (Größe: 3,2 mm · 1,6 mm · 1,3 mm)

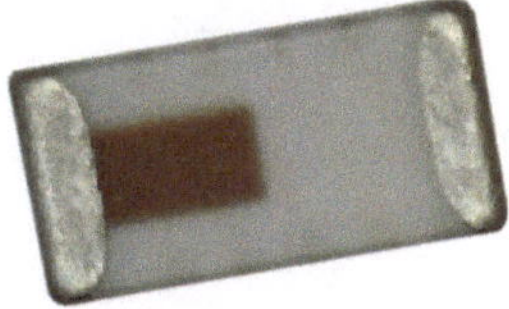

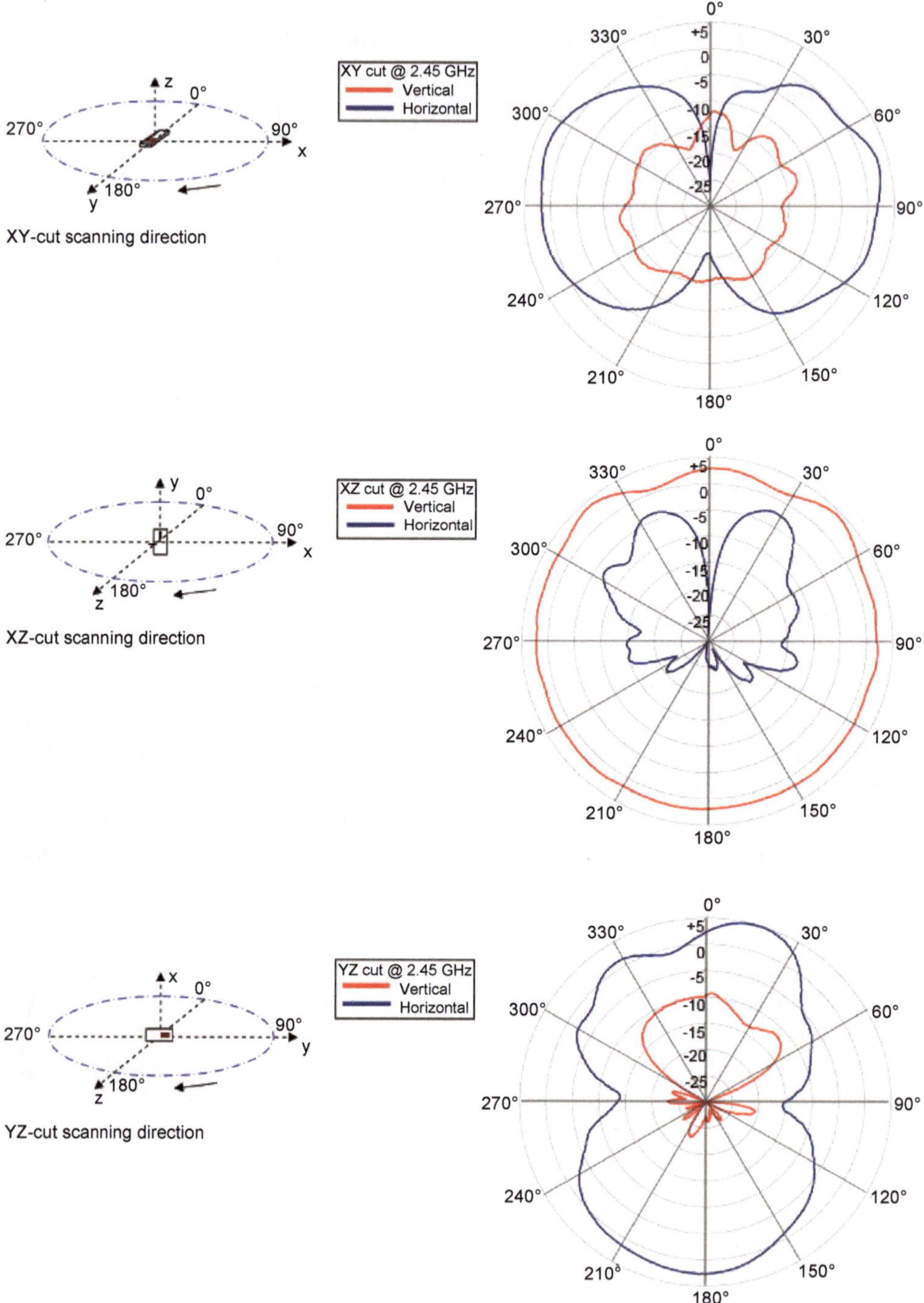

Abb. 3.8   Abstrahlcharakteristik einer 2,4 GHz-Chipantenne [Wue]

3.6 Gesetzliche Richtlinien

Die Ausgangsleistung von Funkmodulen kann nicht beliebig erhöht werden. Die maximale Sendeleistung ist in Abhängigkeit von der Frequenz, den Kanälen, des Frequenzspreizverfahrens und der Modulation durch nationale bzw. internationale Regularien und Gesetze begrenzt. ZigBee setzt auf den IEEE 802.15.4 Standard auf. Die im IEEE 802.15.4 Standard2011 genutzten lizenzfreien Frequenzbänder sind 868–868,6 MHz (Europa), 902–928 MHz (USA), 2450 MHz (weltweit), 315/430/779 MHz (China) und 950 MHz (Japan).

3.6.1 Europäische Richtlinien

Die erlaubten Sendeleistungen und Definitionen für Europa sind in den Richtlinien ETSI EN 300 220-1 und ERC REC 70-30 von der CEPT[2] beschrieben. Das Frequenzband 868–870 MHz ist in Europa lizenzfrei. Wie in dem Schema in Abb. 3.9 zu erkennen ist, beträgt die maximale Sendeleistung z. B. in dem Breitband 868–868,6 MHz 25 mW bei einer relativen Einschaltdauer (Duty Cycle) von 1 %. In dem Breitband 869,4–869,65 MHz beträgt die maximale Sendeleistung 500 mW bei einer relativen Einschaltdauer (Duty Cycle) von 10 %. Diese Frequenz eignet sich besonders für Anwendungen in Europa für die eine sehr hohe Reichweite erforderlich ist. Das Frequenzband 2400–2483,3 MHz ist nicht nur in Europa sondern weltweit lizenzfrei. In dem Frequenzband 2400–2483,3 MHz beträgt die

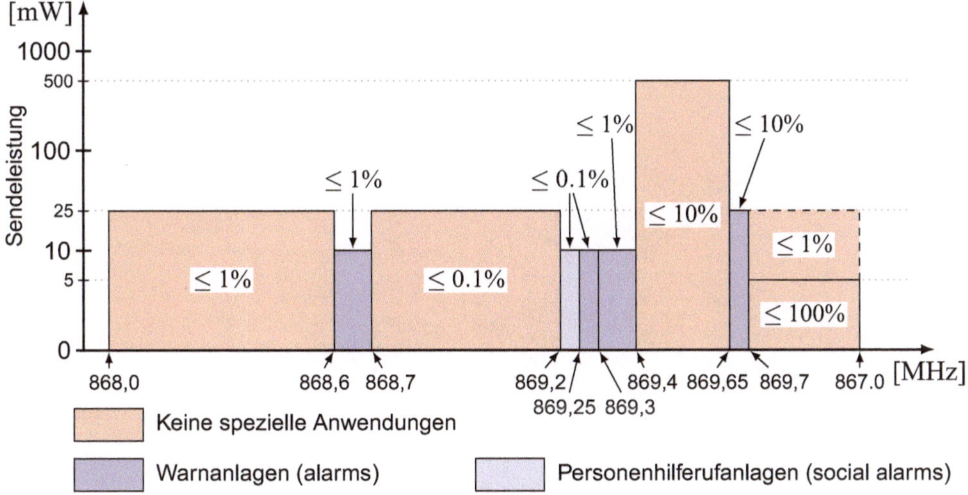

Abb. 3.9 Energiereglementierung im 868 MHz Band (ETSI EN 300 220-1 V2.4.1 [ETS])

---

[2] European Conference of Postel and Telecommunications Administrations

maximale Ausgangsleistung in Europa in Abhängigkeit vom Frequenzspreizverfahren für das Frequency Hopping Spread Spectrum Verfahren (FHSS) 100 mW Sendeleistung und für das Direct Sequence Spread Spectrum Verfahren (DSSS) 10 mW.

3.6.2 Internationale Richtlinien

Die Frequenzbänder 902–928 MHz und 2400–2483,5 MHz sind in den Vereinigten Staaten, Kanada und Australien lizenzfrei. Die Regeln, Richtlinien und Regularien für Funkverkehr werden in dem CFR[3] Part 15 Radio Frequency Devices [US] beschrieben. In dem Frequenzband 2400–2483,3 MHz ist in den Vereinigten Staaten und Kanada eine maximale Ausgangsleistung von 1000 mW zulässig. Für das Frequenzband 902–928 MHz beträgt die maximal erlaubte Sendeleistung ebenfalls 1000 mW.

In Japan sind die Frequenzbänder 950–956 MHz und 2400–2483,5 MHz lizenzfrei. Die Regeln, Richtlinien und Regularien für Funkverkehr werden von der ARIB[4] ([Ass]) festgelegt. Die maximale Ausgangsleistung in den Frequenzbändern liegt bei bis zu 10 mW, abhängig von der Anwendung, der Sendedauer (Duty Cycle) und der Frequenz (Details siehe [IEE11]).

In China sind die Frequenzbänder 314–316 MHz, 430–434 MHz, 779–787 MHz, 430 MHz, 780 MHz und 2400–2483,5 MHz lizenzfrei. Die Regeln, Richtlinien und Regularien für Funkverkehr werden von der Radio Management of P. R. of China in den Technical Requirements for Micropower (Short Distance) Radio Equipment festgelegt. Die maximale Ausgangsleistung in den lizenzfreien Frequenzbändern liegt auch hier bei bis zu 10 mW, abhängig von der Anwendung, der Sendedauer (Duty Cycle) und der Frequenz (Details siehe [IEE11].

---

[3] Code of Federal Regulations
[4] Association of Radio Industries and Businesses

Die Kommunikation erfolgt in ZigBee-WSNs und vergleichbaren WPAN-Systemen über Funk. Dadurch bestehen grundsätzlich die Gefahren der Abhörbarkeit, der Manipulation von Daten, des unerlaubten Zugangs zum Netzwerk und der möglichen Störbarkeit der Übertragung (vorsätzlich oder nicht). In Sensor-/Aktor-Netzwerken werden Messdaten erfasst und übertragen oder Steuerbefehle an Aktoren gesendet. Diese Daten sollen in der Regel sicher und zuverlässig übertragen werden. Werden beispielsweise Gesundheitsdaten eines Patienten über am Körper angebrachte Sensoren erfasst und über ein WSN an einen Zielrechner übertragen, muss bei kritischen oder persönlichen Daten gewährleistet sein, dass diese zuverlässig übertragen, unverändert ankommen und nicht von Dritten ausgewertet werden können. Dies gilt grundsätzlich für alle Messdaten, besonders für sicherheitsrelevante oder kritische Daten deren Verlust oder Manipulation folgende schwerwiegende Konsequenzen nach sich ziehen würden:

- Verlust von Menschenleben,
- Verletzung oder Gesundheitsgefährdung von Menschen,
- schwerwiegende Schädigung der Umgebung,
- bedeutender Verlust der Systemeigenschaft bzw. Systemzerstörung,
- Nichterfüllung einer wichtigen Aufgabe und
- großer wirtschaftlicher Verlust.

Um Konsequenzen minimal zu halten bzw. möglichst auszuschließen, müssen gegen die verschiedenen Risiken Maßnahmen ergriffen werden. Für die Anforderungen an die Sicherheit, insbesondere in drahtlosen Netzwerken sind folgende Aspekte zu berücksichtigen:

- Vertraulichkeit der Daten
- Datenintegrität
- Authentizität

© Springer Fachmedien Wiesbaden 2014 19
M. Krauße, R. Konrad, *Drahtlose ZigBee-Netzwerke*, DOI 10.1007/978-3-658-05821-0_4

- Rechte-Management
- Verbindlichkeit
- Verfügbarkeit

Im Abschn. 4.1 werden mögliche Gefahren für die Sicherheit und die Zuverlässigkeit der Daten und der Datenübertragung in einem WSN gelistet und beschrieben. In mobilen Kommunikationssystemen können nicht gegen alle aufgeführten Risiken Maßnahmen ergriffen werden. Hierzu zählen z. B. Störungen aufgrund von Überlastungen und Störungen von Frequenzen.

4.1 Gefahren für die Sicherheit (Security) und die Zuverlässigkeit (Reliability) der Daten und der Datenübertragung in einem WSN

Wie in [Sen] und [Bun] beschrieben, existieren für drahtlose Sensornetzwerke durch Umwelteinflüsse, durch mangelhafte Planung, durch fehlende Regelungen zur Nutzung von Frequenzen und durch Angriffe folgende Gefahren für die Sicherheit und die Zuverlässigkeit der Daten und der Datenübertragung:

- **Ausfall durch Umgebungseinflüsse:** Bei Außeninstallationen kann es durch Überspannungen von Blitzen zum Ausfall von Komponenten kommen. In Umgebungen von Produktions-, Chemie- und Logistikunternehmen können Funkmodule in einer rauen Umgebung durch Chemikalien, Staub, Feuchtigkeit und Erschütterungen beschädigt werden (Gefahr für die Verfügbarkeit der Daten).
- **Mangelhafte Planung:** ZigBee-Meshnetzwerke verfügen über die Möglichkeit des dynamischen Routings. Bei der Installation eines großen Messnetzwerkes muss die Positionierung der Router für evtl. alternative Routingpfade in Abhängigkeit von Position und Reichweite sorgfältig geplant werden. Ist durch mangelhafte Planung des Netzwerkes an einer Stelle kein alternatives Routing durch fehlende Router möglich, können ganze Netzsegmente ausfallen (Gefahr für die Verfügbarkeit der Daten).
- **Überlastung und Störungen von Frequenzen durch andere Nutzer:** Sowohl das 2,4 GHz ISM-Frequenzband als auch das 868 MHz Frequenzband, die von WSNs in Europa zur Datenübertragung genutzt werden können, werden auch von verschiedenen anderen Funk-Systemen genutzt. Das 2,4 GHz Frequenzband wird u. A. auch von WLAN, Bluetooth, Bewegungsmeldern, WPANs[1] und Mikrowellenherden genutzt. Durch die mittlerweile flächendeckend eingesetzten drahtlosen Netze kann die Kommunikation in diesen Frequenzbändern beeinträchtigt werden. Wenn in dem Bereich, in dem ein WSN betrieben wird, keine detaillierten Festlegungen hinsichtlich des Parallelbetriebs zu anderen Funksystemen getroffen werden, kann es durch Überlastung des Frequenzbandes zu signifikanten Störungen der Datenübertragung im Netz kommen.

---

[1] Wireless Personal Area Networks

Werden diese Störungen durch einen anderen Nutzer verursacht, der berechtigterweise ebenfalls im 2,4 GHz Bereich operiert, muss ggf. der Funkkanal gewechselt werden. Falls dies nicht möglich ist, müssen die Störungen hingenommen werden (Gefahr für die Verfügbarkeit der Daten).

- **Störungen von Frequenzen durch defekte Geräte oder Störsender:** Geräte, die in das von einem WSN genutzten Frequenzband einstrahlen, können die Kommunikation empfindlich stören und im Extremfall unmöglich machen. Die Störungen können sowohl bewusst durch einen Störsender als auch durch defekte Geräte verursacht werden. Prüfungen hinsichtlich der elektromagnetischen Verträglichkeit können lediglich die Wahrscheinlichkeit einer Störung reduzieren, ausschließen können sie eine Störung nicht (Gefahr für die Verfügbarkeit der Daten).
- **DoS-Attacken:** Denial-of-Service-Attacken auf die verschiedenen Protokollschichten, Physikalische Schicht, Verbindungsschicht, Netzwerkschicht und Transportschicht (Angriff auf die Verfügbarkeit der Daten)
- **Angriffe auf die Integrität und Vertraulichkeit der Daten.**

Die Absicherung eines WSNs gegen solche Gefahren, Angriffe und Manipulationen ist deutlich schwieriger als bei einem kabelgebundenen Netzwerk. Bei kabelgebundenen Netzwerken kann schon durch die räumliche Absicherung ein Zugriff auf das Netzwerk verhindert werden. Besteht bei kabelgebundenen Netzen eine Verbindung in das Internet oder in andere Netze, muss nur der Verbindungsrechner, z. B. der Router mit Hilfe einer Firewall abgesichert werden. Innerhalb des räumlich abgesicherten Netzes müssen weitere Sicherheitsmaßnahmen ergriffen werden, da viele gefährliche Angriffe von innen heraus gestartet werden (beabsichtigt oder unbeabsichtigt). In WSNs ist dagegen jeder Knoten angreifbar und manipulierbar. Des weiteren ist es jederzeit möglich durch Einbringen von manipulierten Knoten in das WSN, wie z. B. eines Routers, Daten abzugreifen, umzuleiten, zu vernichten oder zu manipulieren. Durch das Einbringen von Endknoten können falsche Daten und Informationen in das Netz gespeist werden. Mit Hilfe von sogenannten Sniffern (Abhörwerkzeuge) können jederzeit Daten und Informationen des Funkverkehrs abgehört werden. Das Abhören eines WSNs zu unterbinden ist nahezu unmöglich. Für ZigBee-Netzwerke existieren in der ZigBee-Spezifikation Maßnahmen gegen das Einbringen schadhafter oder manipulierter Knoten, zur Überprüfung der Datenintegrität und zum Schutz der Vertraulichkeit der Daten. Gegen die Auswirkungen und Gefahren von Denial-of-Service Attacken, dem Erstellen von Bewegungsprofilen bei mobilen Knoten und Störungen des Frequenzbandes können keine Maßnahmen ergriffen werden und müssen als Restrisiko hingenommen werden. Diese Restrisiken bestehen bei allen Funkübertragungssystemen.

4.2 Sicherheitsmechanismen in IEEE 802.15.4- und ZigBee-Netzen

Sowohl im IEEE 802.15.4 Standard als auch in der ZigBee-Spezifikation sind Sicherheitsmechanismen aufgeführt mit denen Maßnahmen gegen einen Teil der beschriebenen Gefahren für Sicherheit und Zuverlässigkeit der Daten und der Datenübertragung ergriffen werden können. Im IEEE 802.15.4 Standard wird zur Verschlüsselung von Daten und zum Schutz der Datenintegrität CCM*-Verfahren beschrieben. Zum Verschlüsseln wird das sogenannt CTR-Verfahren und für die Datenintegrität das CDC-MAC-Verfahren eingesetztBeide setzen den 128-Bit Blockverschlüsselungsalgorithmus AES ein. ZigBee benutzt ebenfalls das CCM*-Verfahren, beinhaltet zusätzlich Mechanismen der Schlüsselverwaltung und der Authentifizierung. Diese werden detailliert im Abschn. 10.7 und im Kap. 16 beschrieben. In diesem Abschnitt wird eine Übersicht der verschiedenen Sicherheitsmechanismen und Maßnahmen gegeben. Grundsätzlich bieten IEEE 802.15.4 und ZigBee die folgenden Maßnahmen für die Sicherheit und die Zuverlässigkeit in WSNs an:

- Überprüfung der Datenintegrität
- Verschlüsselung der Daten
- Zuverlässigkeit der Datenübertragung
- Authentifizierung

Im Kapitel Security Sevices Specification der ZigBee Spezifikation ([Zig08b] S.419 ff) werden Methoden zum Erstellen und Verteilen der Verschlüsselungskeys, Methoden zum Verschlüsseln der Datenrahmen, Methoden zur Überprüfung der Datenintegrität und zur Authentifizierung für beitretende Knoten beschrieben. Die ZigBee-Sicherheitsmechanismen können kombiniert und in 7 Sicherheitsstufen durch den Sicherheitslevel-ID (Security level identifier) eingestellt werden. In Tab. 4.1 sind die Sicherheitsstufen aufgeführt.

Tab. 4.1 ZigBee Sicherheitsstufen

Sicherheitsstufe	Bits im Security level Subfield	Sicherheits-Attribut	Daten Verschlüsselung	Datenintegrität, M=MIC Anzahl der Octets
0x00	000	Keine	AUS	NEIN(M=0)
0x01	001	MIC-32	AUS	JA(M=4)
0x02	010	MIC-64	AUS	JA(M=8)
0x03	011	MIC-128	AUS	JA(M=16)
0x04	100	ENC	AN	NEIN(M=0)
0x05	101	ENC-MIC-32	AN	JA(M=4)
0x06	110	ENC-MIC-64	AN	JA(M=8)
0x07	111	ENC-MIC-128	AN	JA(M=16)

Lt. ZigBee Spezifikation ist zu beachten, dass die jeweilige Sicherheitstufe kein Indikator für den Grad der relativen Datensicherheit angibt. Die Sicherheitsstufen gelten immer für das komplette Netzwerk. In Sicherheitsstufe 0x00 werden keinerlei Sicherheitsmaßnahmen durchgeführt. In den Sicherheitsstufen 0x01–0x03 findet lediglich eine Überprüfung der Datenintegrität statt. Die Daten werden jedoch unverschlüsselt übertragen. Ab der Stufe 0x04 werden die Daten und Kontrollinformationen verschlüsselt, ab der Stufe 0x05 werden die Daten und Kontrollinformationen sowohl verschlüsselt als auch auf die Integrität überprüft. Bei dem mehrstufigen Sicherheitskonzept von IEEE 802.15.4 und ZigBee ist die Schicht, die ein Frame erstellt, auch für dessen Sicherheit zuständig. Die verschlüsselten Frames können mehrere Router passieren ohne in jedem Knoten ent- und verschlüsselt zu werden.

4.2.1   Überprüfung der Datenintegität in IEEE 802.15.4- und ZigBee-Netzen

Die Überprüfung der Datenintegrität erfolgt in IEEE 802.15.4 und ZigBee für die Sicherheitsstufen 0x01–0x03 und 0x05–0x07 durch eine 4–16 Byte lange Prüfsumme, dem sogenannten MIC[2]. Bei dieser Methode wird für jedes Datenpaket aus dem Header und den Nutzdaten ein 4, 8 oder 16 Byte langer MIC berechnet und an die Nutzdaten angehängt. Ist beim Empfang des Datenpaketes diese Prüfsumme vorhanden, kann dadurch die Integrität des Datenpaketes verifiziert werden. Die Integrität der Daten ist durch dieses Verfahren zwar sichergestellt, da der MIC nur mit einem Schüssel berechnet werden kann, dennoch sind diese Sicherheitsstufen für sensible und vertrauliche Daten wie z. B. persönliche Gesundheitsdaten ungeeignet, da keine Verschlüsselung der Daten stattfindet.

4.2.2   Verschlüsselung der Daten in IEEE 802.15.4- und ZigBee-Netzen

Für die Verschlüsselung der Datenpakete benutzt ZigBee das CTR-Verfahren welche das von Deamen und Rijmen entwickelte symetrische Block-Verschlüsselungsverfahren Advanced Encryption Standard (AES siehe [NIS01]) benutzt. Für dieses Verfahren wird zum ver- und entschlüsseln der selbe Schlüssel verwendet. Knoten die den Schlüssel nicht besitzen, können die Datenpakete nicht entschlüsseln. In ZigBee werden zum Verschlüsseln verschiedene Schlüssel benutzt wie z. B. der Master Key, der Link Key und der Network Key. Mit Hilfe eines Master Keys, der vorher bekannt sein muss, kann ein Network Key für eine netzwerkweite Kommunikation und ein Link Key für die Kommunikation einzelner Knoten erzeugt werden.

---

[2] Message Integrity Code

Bei der Generierung des 128-Bit langen Schlüssels sollte kein Muster oder Wort verwendet werden das mit einer sog. BruteForce-Attacke erraten werden kann. Ein zufällig generierter 128-Bit Schlüssel bedeutet 2^{128} Möglichkeiten für den Schlüssel und ist mit heutigen Mitteln nicht errechenbar und bietet eine sehr gute Sicherheit.

Ein weitere Problematik stellt das Verteilen des Schlüssels im Netzwerk dar. Entweder muss zunächst ein Masterkey während des Flashens auf die Knoten übertragen werden oder während der Formierung des Netzwerkes muss ein Masterkey erzeugt und beitretenden Geräte übertragen werden. Wenn der 128-Bit Schlüssel während des Flashens auf die Geräte übertragen wird, hat das die Vorteile, das er nicht in Klartext übertragen werden muss und das er beim Initialisieren und Formieren des Netzes bekannt ist. Jeder Knoten kann ohne Verzögerung dem Netz beitreten, ohne das ihm der Schlüssel übertragen werden muss. Nachteil dieser Variante ist, dass durch die Interoperabilität der Knoten verschiedener Hersteller der Schlüssel in einem großen Umfeld bekannt sein müsste was allerdings dem Prinzip eines geheimen Schlüssels widerspricht. Der Masterschlüssel kann auch während der Initialisierung des Netzes erzeugt und auf beitretenden Geräte übertragen werden. Dies hat zwar den Vorteil, dass der Schlüssel nicht vorher bekannt sein muss und Geräte verschiedener Hersteller verwendet werden können. Während des kurzen Moments der Übertragung kann er jedoch abgehört und für einen späteren Angriff verwenden werden. Eine Minimierung der Gefahr kann durch Maßnahmen wie z. B. absenken der Sendestärke auf ein notwendiges Minimum bewirken. Die detaillierten Procedere der Verschlüsselung in IEEE 802.15.4 und ZigBee werden detailliert im Abschn. 10.7 und im Kap. 16 beschrieben.

4.2.3 Zuverlässigkeit in IEEE 802.15.4- und ZigBee-Netzen

Die Zuverlässigkeit in IEEE 802.15.4 und ZigBee-Netzen lässt sich in zwei Bereiche unterteilen, die Zuverlässigkeit der Daten und Informationen und die Zuverlässigkeit der Funkübertragung. Die Zuverlässigkeit der Daten kann durch Verschlüsselung und Überprüfung der Datenintegrität erreicht werden. Die Zuverlässigkeit der Funkübertragung kann durch Szenarien beeinträchtigt werden wie z. B. durch Angriffe, durch Überlastung eines Funkkanals, durch einen technischen Defekt wie z. B. Ausfall eines Routers oder durch die Unterbrechung der Funkverbindung zwischen zwei Knoten (z. B. durch Wellen auf dem Meer, durch ein in die Funkstrecke fahrendes Fahrzeug). Bei der Überlastung eines Kanals kann, wenn möglich, auf einen alternativen Funkkanals gewechselt werden. Gegen den Ausfall von Routern kann die Anzahl der Router erhöht werden. Gegen die Unterbrechung der Funkverbindung kann möglicherweise die Position der Module oder die Bauart (z. B. Antenne höher über dem Wasserspiegel positionieren) verändert werden.

4.2.4   Authentifizierung in ZigBee-Netzwerken

Eine weitere Möglichkeit die Sicherheit in einem ZigBee-Netzwerk zu erhöhen ist die Zugangskontrolle. Dies bedeutet das sich ZigBee-Geräte vor dem Beitritt in ein Netzwerk bzw. vor Aufnahme einer Kommunikation zunächst authentifizieren müssen. Dies verhindert das manipulierte ZigBee-Geräte unbemerkt in ein bereits konstituiertes Netz eingebracht werden können und so korrumpierte Daten und Informationen einbringen. Varianten der Authentifizierung werden detailliert im Kap. 16 beschrieben.

4.3   Single Point of Failure

SPOF[3] sind Schwachpunkte innerhalb eines Systems oder Netzwerks durch die im Fehlerfall das System nicht mehr betriebsbereit ist. Eine Komponente, die einen solchen Schwachpunkt darstellt ist zwingend für die sichere und zuverlässige Funktionalität des Gesamtsystems verantwortlich. Dies ist immer dann der Fall wenn eine Komponente eine zentrale Funktion in einem Gesamtsystem übernimmt, die nicht redundant vorhanden ist und bei einem Ausfall die Funktionen der anderen Komponenten oder das gesamte System beeinträchtigen. In einem ZigBee-Meshnetzwerk ist häufig der Koordinator ein SPOF. Zum einen obliegen dem Koordinator bei der Konstituierung des Netzwerkes viele Verwaltungsaufgaben (wie z. B. Trustcenter) und meist findet die Kommunikation zwischen dem ZigBee-Netz und einem PC oder Smartphone über ihn statt. Die anderen Komponenten (Router und Endgeräte) eines ZigBee-Netzwerkes können redundant ausgelegt werden. Ist die Konstituierung eines ZigBee-Netzwerkes abgeschlossen, übernehmen die Router die gleichen Aufgaben wie der Koordinator. Dann kann die Gefahr des SPOF abgemildert werden, indem die Kommunikation alternierend auch über einen Router der über eine USB[4]-, OTG[5]-, USART[6]- oder GPRS[7]-Schnittstelle mit einem PC oder Smartphone verbunden ist stattfindet.

---

[3] Single Point of Failure
[4] Universal Serial Bus
[5] On The Go
[6] Universal Synchronous Asynchronous Receiver Transmitter
[7] General Packet Radio Service

ZigBee Komponenten werden von unterschiedlichen Herstellern Angeboten. Die Hardwareanbieter bzw. Hersteller können grob in zwei Kategorien eingeteilt werden. Zum einen die Chiphersteller, diese bieten im Idealfall zertifizierte ZigBee MCUs[1,2] den freien ZigBee Stack Quellcode und eine Entwicklungsumgebung an und zum anderen die Hersteller von fertig aufgebauten ZigBee-Geräten, die einsatzbereite, z. T. programmierbare z. T. aber auch nur konfigurierbare Komponenten anbieten. Die Hauptunterschiede der verschiedenen Zigbee MCUs liegen in den Frequenzbereichen, den Sendeleistungen, den Eingangsempfindlichkeiten und der Anzahl und der Art der I/O Kanäle (digital, analog). Das Frequenzband 2,4 GHz ist weltweit lizenzfrei, deshalb werden in diesem Band die meisten MCUs und Funkmodule angeboten. Die Frequenzbereiche 868 MHz (Europa), 915 MHz (USA), 314/430/779 MHz (China) und 950 MHz (Japan) sind nur national lizenzfreie Frequenzbänder. Deshalb ist die Auswahl bzw. das Angebot an Funkmodulen und MCUs in diesen Frequenzbereichen gering. Die Ausgangsleistungen der hier recherchierten ZigBee MCUs im 2,4 GHz Bereich liegen bei bis zu 25 dbm und im 868 MHz Bereich bei bis zu 11 dbm. In der Regel ist die Sendeleistungen eines ZigBee-Moduls einstellbar. Dies erlaubt zum einen eine Anpassung an eine Anwendung und zum anderen eine Anpassung an die verschiedenen gesetzlich erlaubten Ausgangsleistungen. Das z. Zt. die meisten ZigBee-Module und Geräte mit einer Ausgangsleistung von 0–3 dbm Angeboten werden, liegt an dem verbreitetsten Einsatzgebiet, der Gebäudeautomation, bei der in der Regel nur kurze Reichweiten benötigt werden.

---

[1] MikroControlUnits

[2] Als MikroControlUnit (auch Mikrocontroller, μController, μC) werden Halbleiterchips bezeichnet, die mindestens über einem Prozessor, nicht flüchtigem Speicher (Rom oder Flash) für das Programm, flüchtigem Speicher (RAM) zum ausführen für Operationen, einen Taktgenerator (Clock), digitale und/oder analoge Ein-und Ausgänge und über eine Ein- und Ausgabe Kontrolleinheit (z. B. UART, SPI, JTAG) verfügen. ZigBee MCUs beinhalten zusätzlich noch eine Sende-/Empfangseinheit (Transceiver)

© Springer Fachmedien Wiesbaden 2014

M. Krauße, R. Konrad, *Drahtlose ZigBee-Netzwerke*, DOI 10.1007/978-3-658-05821-0_5

Tab. 5.1 ZigBee-MCUs

Hersteller/ ZigBee-Chip	Frequenz (MHz)	Sende-leistung (dbm)	Eingangs-empfind-lichkeit (dbm)	Stromverbrauch sleep/transmit/receive	Datenrate (kbit/s)
Atmel/ ATZB-900-B0	868/915	+11	−110	6 μA/20mA/15mA	100
Atmel/ ATZB-24-A2	2400	+3	−101	6 μA/18mA/19mA	250
Atmel/ ATZB-A24-UFL	2400	+20	−104	6 μA/50mA/23mA	250
Atmel/ ATZB-X0-256-3	2400	+3,6	−96	0,6 μA/20,5mA/6,3mA	250
Atmel/ ATZB-S1-256-3	2400	+3,6	−97	0,6 μA/16,4mA/9,6mA	250
Ember/ EM351	2400	+8	−102	1 μA/43mA/26mA	250
Jennic/ JN5148	2400	+2,5	−95	1,3 μA/15mA/17mA	250
Texas Instruments/ CC2530	2400	+4,5	−97	1 μA/39,6mA/29,6mA	250
Freescale/ MC13226	2400	+4,5	−96	0,85 μA/29mA/22mA	250
GreenPeak/ GP710	2400	+3	−92	0,2 μA/20mA/22mA	250
Lapis/ ML7275	2400	+0	−92	0,9 μA/19mA/20mA	250
Marvell/ 88MZ100	2400	+9	−104	k. A./34mA/21mA	250

5.1 Verfügbare ZigBee-Hardware

Die meisten ZigBee-Geräte und Module der verschiedenen Hersteller basieren auf den zertifizierten ZigBee MCUs der Hersteller Atmel, Ember, Jennic, Texas Instruments, GreenPeak, Marvell, Lapis und Freescale. In der Tab. 5.1 ist eine Übersicht einiger ZigBee MCUs und deren Eckwerte.

Grundsätzlich können mit den zertifizierten ZigBee MCUs aller Hersteller Funkmodule für IEEE 802.15.4- bzw. ZigBee-Netzwerke aufgebaut werden. Die hier beschriebenen Lösungen sollen auch im Bereich Forschung und Lehre eingesetzt werden können. Deshalb liegt ein besonderer Fokus auf günstigen Kosten. Wir werden in Kap. 6 den Aufbau eines ZigBee-Funkmoduls mit einer ZigBit-MCU insbesondere aus den folgenden Gründen beschreiben:

- ZigBit-Chips werden für die in Europa freien Frequenzen 868 MHz und 2,4 GHz angeboten.
- Unter anderem wird ein 2,4 GHz-Modul mit Chipantennen angeboten mit dem sehr kostengünstig und auf einfache Art und Weise ein ZigBee-Funkmodul aufgebaut werden kann. Diesen Chip werden wir in unserem Beispielmodul einsetzen.
- Sowohl der ZigBee Stack als auch der Mac-Stack sind frei verfügbar.
- Die Stacks sind gut dokumentiert.
- Die Entwicklungsumgebung AVRStudio ist frei verfügbar.
- Gut dokumentierte Beispielanwendungen werden bei den jeweiligen Stacks mitgeliefert.
- Atmel bietet eine fertig ausgebaute UART-USB Schnittelle für die Kommunikation PC/Android – WSN an
- Anfragen an den Support wurden in der Regel zuvorkommend und innerhalb von 24h beantwortet.

Fertig aufgebaute und zertifizierte ZigBee Knoten werden von verschieden Herstellern wie z. B. Digi International Inc., Adaptive Network Solutions (A. N. Solutions), California Eastern Laboratories (CEL), Sena, netvox und dresden elektronik angeboten. Die große Anzahl der ZigBee-Komponenten unterscheiden sich hauptsächlich in den möglichen Einsatzgebieten, den Sendeleistungen, den Eingangsempfindlichkeiten, den Frequenzen und der Anzahl und Art der Ein- und Ausgänge. Des weiteren sind sie teilweise programierbar, teilweise nur konfigurierbar. Eine Auflistung der Hersteller von ZigBee-Komponenten kann über die Mitgliederliste der ZigBee-Alliance zusammengestellt werden. Fertig aufgebaute und zertifizierte ZigBee-Lösungen werden hier nicht berücksichtigt.

5.2 Schnittstellen und Bussysteme von Mikrocontrollern

Die Mikrocontroller der ZigBee-MCUs haben verschiedene Schnittstellen für Sensoren, Aktoren, Speicher oder Programmiergeräte. Nachfolgend eine Übersicht der gängigsten Schnittstellen:

- UART: Die UART ist eine serielle Schnittstelle von PCs und MCUs. Einer der bekanntesten UART Schnittstellen ist die EIA232 (früher RS232) Schnittstelle an PCs. Im Gegensatz zu UART-Schnittstellen von Mikrocontrollern die auf TTL-Pegeln mit 0 V für logisch 0 und 5 V logisch 1 basieren, definiert die Schnittstellenspezifikation für EIA-232 $-3\ldots-25$ V als logisch 1 und $+3\ldots+25$ V als logisch 0 beim Empfänger und $-5\ldots-25$ V als logisch 1 und $+5\ldots+25$ V als logisch 0 beim Sender. Die Bereiche $-3\ldots+3$ V bzw. $-5\ldots+5$ V gelten als undefiniert. Daher müssen bei einem Signalaustausch zwischen einem Mikrocontroller und einem EIA-232 Partnergerät die Pegel invertiert und angepasst werden. Für diese Anpassung der Pegel und das Invertieren der Signale gibt es fertige Schnittstellenbausteine wie z. B. den MAX232.

- JTAG[3]: JTAG bezeichnet eine Schnittstelle die zum Testen, Debuggen von ICs wie z. B. MCUs in elektronischen Schaltungen verwendet wird. Die Schnittstelle sowie Methoden und Verfahren zum Testen von integrierten Schaltungen sind im IEEE[4] Std 1149.1 Standard spezifiziert. In der Erweiterung, dem IEEE Std 1532-2002 Standard wird spezifiziert wie ICs über diese Schnittstelle programmiert, ausgelesen, gelöscht und verifiziert werden können. Über JTAG kann eine MCUs programmiert und eine Fehlersuche (Debugging) durchgeführt werden.

- SPI[5]: Das SPI ist eine weitere Schnittstelle für eine serielle synchrone Datenübertragung zwischen verschiedenen ICs beispielsweise für die Kommunikation zwischen einer MCUs und einem Speicher (wie z. B. einer SD- oder MMC-Speicherkarte).

- ISP[6]: Mit ISP existiert eine weitere Methode einen Mikrocontroller oder andere programmierbare Bausteine in elektronischen Schaltungen zu programmieren. Im Gegensatz zur JTAG-Schnittstelle kann über die ISP-Schnittstelle keine Fehlersuche durchgeführt werden. Weiter Infos zur ISP-Schnittstelle finden sich in der *Atmel AVR042 Application Note*.

- GPIO: GPIO-Ein-/Ausgänge können digitale Signale verarbeiten, wodurch Hi/Low Schaltzustände über Sensoren erfasst oder Aktoren digital gesteuert werden können. GPIO Ausgänge sind bei vielen MCUs stark genug ausgelegt um LEDs direkt anzusteuern. Werden höhere Ströme benötigt wie in den Datenblättern beschrieben, müssen entsprechende Treiberschaltungen zwischen MCU und Aktoren installiert werden.

- I2C oder I^2C: Über den ursprünglich von Philips (jetzt NXP Semiconductors) entwickelten I^2C Bus können integrierten Schaltungen wie z. B. Sensoren, Aktoren, Mikrocontroller, RAM und EEProm die über eine I^2C Schnittstelle verfügen miteinander kommunizieren. Diese Schnittstelle kann nicht nur für Sensoren oder Aktoren mit einer I^2C-Schnittstelle, sondern auch für die Kommunikation mit anderen Mikrocontrollern oder den Anschluss eines weiteren Speichers genutzt werden. Die maximale Geschwindigkeit für den Bus beträgt 222 kHz. Vorteil dieser Schnittstelle bzw. dieses Busses ist die Kommunikation der integrierten Schaltungen über eine 2-Drahtleitung (Masse und Versorgungsspannung nicht mitgerechnet). Über die I2C_DATA Leitung werden die Daten seriell übertragen und über die I2C_CLK Leitung werden die Taktimpulse gesendet. Die angeschlossenen Geräte werden über eine 7 bzw. 10 Bit breite Adresse selektiert, damit sind bei einer 10 Bit Adressierung bis zu 1024 Geräte adressierbar. Weitere Details sind in der I^2C-Bus Spezifikation von NXP [NXP] zu finden.

- 1-Wire Interface: Die sogenannte 1-Draht-Schnittstelle ist ein digitaler, serieller von der Firma Maxim entwickelter Bus, der mit einer Datenleitung (DQ) auskommt, die sowohl als Stromversorgung als auch als Sende- und Empfangsleitung genutzt wird. Wie beim I^2C-Bus können auch bei der 1-Draht-Schnittstelle Geräte wie z. B. Senso-

---

[3] Joint Test Action Group
[4] Institute of Electrical and Electronics Engineers
[5] Serial Peripheral Interface
[6] In-System-Programming

ren, Aktoren, Mikrocontroller, RAM und EEProm die über eine 1-Wire Schnittstelle verfügen miteinander kommunizieren. Die Übertragungsrate für die Schnittstelle beträgt im normalen Betriebsmodus bis zu 15,4 kBit/s und im sog. Overdrive-Modus bis zu 125 KBit/s. Der Name 1-Wire ist aber irreführend, da auch noch eine Masse-Verbindung (GND) benötigt wird. Tatsächlich werden also immer zwei physikalische Leitungen benötigt (GND, DQ). Die Übertragung erfolgt nach dem One-Master/Multi-Slave Prinzip, d. h. es können pro Bus nur ein Master (Steuereinheit), aber bis zu 100 Slaves (Sensoren, Speicher etc.) eingesetzt werden. Jeder Slave wird durch eine 64-Bit-ID adressiert. Diese besteht aus einem 8-Bit Family-Code, einer 48-Bit Seriennummer (Unique-Device-ID) sowie einer 8-Bit CRC Checksumme. Auch dieser Bus ist nicht ausschließlich für Sensoren oder Aktoren, sondern auch für die Kommunikation verschiedener Geräte geeignet. Weitere Details unter [Max].

- Analog/Digital-Wandler oder ADC: Analog/Digital-Wandler Eingänge können eine analoge Größe, meist eine Spannung, in einen digitalen Wert umwandeln. Die ADCs können Spannungen zwischen 0 und einem Maximalwert in digitale Signale umwandeln. Die ADCs haben eine Auflösung von meist 8, 10 oder 16 Bit und eine Abtastrate von z. B. 200 μs. Die Auflösung gibt die geringste Wertänderung auf der digitalen Seite an, d. h. den Unterschied zwischen zwei unmittelbar benachbarten Digitalwerten. Ein Wandler, der für n Bits ausgelegt ist, kann mit 2^n Binärwerten arbeiten, typischerweise im Bereich von 0 bis 2^n. Dabei gibt es $2^n - 1$ Wertübergänge. Mit der Auflösung des A/D-Wandlers lässt sich die eingangsseitige Spannungsänderung berechnen, die für den Übergang von einem Binärwert zum nächsten notwendig ist. Für den Zig-Bit Chip ATZB-900 von Atmel betragen die eingangsseitige Spannungsänderungen für einen Wertübergang bei einer Auflösung von 10 Bit und einer Referenzspannung $V_{ref} = 2{,}55\,\text{V}$:

$$\Delta U = 2{,}55\,\text{V}/(2^{10} - 1) = 2{,}55\,\text{V}/1023 = 0{,}002493\,\text{V} = 2{,}493\,\text{mV}$$

Die Auflösung enthält keine Aussage über Genauigkeit und Linearität des ADCs.

Wie verschiedene Komponenten über die Schnittstellen und Bussysteme kommunizieren, wie Sensoren angeschlossen und ausgelesen werden und wie Pegelanpassungen durchgeführt werden, wird in Kap. 6 beschrieben.

5.3 Sensoren und Aktoren

Als Sensoren (von lat. sentire: fühlen oder empfinden) werden technische Einrichtungen oder Bauteile bezeichnet, mit denen quantitative und qualitative Messgrößen aus der natürlichen oder technischen Umgebung erfasst werden. Diese über Sensoren erfassten Informationen bzw. Messgrößen können physikalischer, chemischer, klimatischer, oder biologische Natur sein. Sie werden mittels physikalischer oder chemischer Effekte erfasst und in ein elektrisches Signal umgeformt. Dieses elektrische Ausgangssignal steht dann einem elektronischem System z. B. einem Mikrocontroller zu Auswertungs- und Steuerungszwecken zur Verfügung. Bei einem Messsystem müssen abhängig vom Anwendungsfall, der zu messenden Größe, der verwendeten Sensoren und der benutzten Schnittstellen Störfaktoren bzw. Einflüsse berücksichtigt werden. Zu diesen Störfaktoren bzw. Einflüsse gehören u. A. Quantisierungsfehler, Abtastrate, Verstärkungsfehler, Nichtlinearität und Fehlerfortpflanzung. Dies sind Themen aus der Messtechnik und werden hier nicht behandelt. Aktoren (Wandler oder auch Aktuatoren) sind das Gegenstück zu Sensoren. Sie setzen elektrischen Signale in physikalische Größen (z. B. Bewegung, Licht, Druck oder Temperatur) um und beeinflussen so die Umgebung wie z. B. ein Stellmotor zum bewegen eines Stellventils. Wie auch bei Sensoren müssen bei der Konzeption von Aktoren Störfaktoren berücksichtigt werden, die hier auch nicht behandelt werden. Je nach Sensortyp und Schnittstelle werden die Sensoren bzw. Aktoren an die entsprechenden Eingänge des Mikrocontrollers angeschlossen. Wir werden an einführenden Beispielen im Kap. 6 detailliert darstellen wie die Sensoren LM73 an den I^2C Bus, der Fotowiderstand LDR[7]05 an den ADC Eingang angeschlossen und wie Aktoren in Form von LEDs[8] an die GPIO Ausgänge angeschlossen werden. In Kap. 17 wird dann beschrieben wie Sensoren und Aktoren angesteuert und ausgelesen werden können.

5.4 IEEE 802.15.4/ZigBee und Reichweite

Zu den Hauptmerkmalen des IEEE 802.15.4 Standards für den Betrieb von LR-WPANs gehören u. A. geringe Leistungsaufnahme und kurze Reichweiten. Der typische Aktionsradius der Komponenten ist im IEEE 802.15.4 Standard mit 10 m angegeben, kann aber in Abhängigkeit der Anwendung erhöht werden. In der ZigBee Spezifikation, die auf dem IEEE 802.15.4 Standard aufbaut, wird definiert, dass die Spezifikation u. A. für den Betrieb großer Mesh-Netzwerke mit tausenden von Geräten mit geringem Stromverbrauch optimiert ist. Über die Reichweite der Geräte gibt es in der Spezifikation keine weiteren Informationen. Jedoch sind in den ZigBee-Standards für die verschiedene Einsatzgebiete z. T. Reichweiten für die Einsatzgebiete angegeben:

- ZigBee Gebäudeautomation: bis zu 70 m im Gebäude, bis zu 400 m im Freien.
- ZigBee Fernsteuerungen: keine Angabe.
- ZigBee Energieeinsparung: keine Angabe.
- ZigBee Gesundheitswesen: bis zu 70 m im Gebäude, bis zu 400 m im Freien.
- ZigBee Wohnungsautomation: bis zu 70 m im Gebäude, bis zu 400 m im Freien.
- ZigBee Eingabegeräte: keine Angabe.
- ZigBee Beleuchtungssteuerung: bis zu 70 m im Gebäude, bis zu 400 m im Freien.
- ZigBee Warenwirtschaft: bis zu 70 m im Gebäude, bis zu 400 m im Freien.

---

[7] Light Dependent Resistor
[8] Light Emitting Diodes

- ZigBee Telekommunikationsdienst: bis zu 70 m im Gebäude, bis zu 400 m im Freien.
- ZigBee Unterstützung im Bereich 3D Ansicht: keine Angabe.

Für diese Einsatzgebiete werden die Informationen und Daten über keine großen Distanzen übertragen. Daraus kann geschlossen werden, das die ZigBee-Spezifikation wegen dem Merkmal der Energieeffizienz z.Zt. keine Komponenten mit großer Reichweite vorsieht. Technisch kann die Ausgangsleistung bzw. die Eingangsempfindlichkeit der ZigBee-Geräte durch die im Abschn. 5.5 beschriebenen Methoden erhöht werden, ohne dass die Funktion der ZigBee-Geräte dadurch in Ihrer Funktion beeinträchtigt werden. Für Schadstoffmessungen oder Überwachen von Tiermigrationen in großen Territorien über weite Distanzen kann die Reichweitenerhöhung von großem Vorteil sein. Dadurch kann die Anzahl an benötigten ZigBee-Geräten, insbesondere weniger der energieintensive ZigBee Router verringert werden.

5.5   Erhöhung der Reichweite

Wird ein WSN in einer bestimmten Umgebung installiert und die Funkmodule des WSNs können keine zuverlässige und stabile Verbindung aufbauen, so müssen Maßnahmen für einen zuverlässigen und stabilen Betrieb des WSNs ergriffen werden. Die Umgebung kann in den seltensten Fällen angepasst werden. Es müssen in der Regel an der Netzwerktopologie oder den Funkmodulen Veränderungen vorgenommen werden. Ist beispielsweise ein Sternnetz installiert, kann die Topologie des Netzes auf eine Baum- oder ein Mesh-Struktur geändert werden. Durch das Einfügen von Routermodulen kann die Reichweite so angepasst werden, dass ein zuverlässiger und stabiler Betrieb möglich ist. Eine weitere Möglichkeit ist die Änderung der Antenne. Ist z. B. eine Keramikantenne mit einem Antennengewinn von 0 dbi verbaut, kann durch den Einsatz einer $\lambda/4$ Monopolantenne eine Erhöhung der Sendeleistung um 2–3 dbi erreicht werden. Ist dies auch nicht möglich oder nicht ausreichend, so bleibt noch die Möglichkeit die Sendeleistung oder die Eingangsempfindlichkeit des Transceivers zu erhöhen. Wie in Abb. 5.1 dargestellt, existieren für die Erhöhung der Sendeleistung und damit der Reichweite grundsätzlich drei Möglichkeiten:

1. Die Ausgangsleistung des Senders erhöhen.
2. Die Eingangsempfindlichkeit des Empfängers erhöhen.
3. Die Sendeleistung und die Eingangsempfindlichkeit erhöhen.

Je nach Model verfügen Atmel ZigBit-Module über eine Ausgangsleistung von 11 dbm (ATZB-900-B0) im 868 MHz-Bereich und von bis zu 20 dbm (ATZB-A24-UFL) im 2,4 GHz-Bereich. Damit sind laut Datenblatt Reichweiten bei Sichtverbindung von bis zu 4 km (2,4 GHz) bzw. 6 km (868 MHz) möglich. Diese Reichweiten sind jedoch nur ein theoretischer Wert, da Idealbedingungen im Alltagseinsatz nur sehr selten bis nie

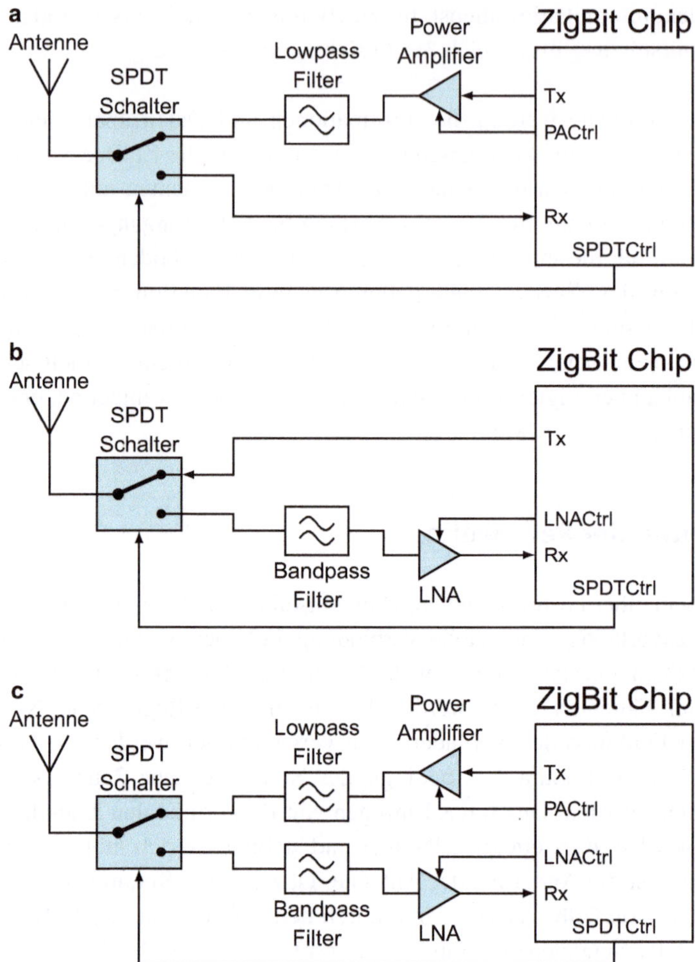

Abb. 5.1 Signalverstärkung

auftreten. In einigen vorläufigen Reichweitentests lagen die ermittelten Werte der ZigBit-Module deutlich unter den Idealwerten. Das Übermitteln von Gesundheitsdaten über größere Distanzen, die Lokalisierung von Personen über größere Distanzen oder Umweltmessungen über große Flächen können eine Reichweitenerhöhung erforderlich machen. Der ZigBit-Chip ATZB-900-B0 verfügt im Gegensatz zu Modulen anderer Hersteller mit −110 dbm bereits über eine sehr hohe Eingangsempfindlichkeit. Für dieses ZigBit-Modul könnten für viele Anwendungen die in Abb. 5.1 dargestellte Variante *(a) Erhöhung der Ausgangsleistung* ausreichen. Bei der Entwicklung eines Verstärkers sind folgenden Eigenschaften bzw. Parameter zu berücksichtigen:

- Skalierbar: Im ZigBee-Stack wird die Signalstärke erfasst (RSSI-Wert). Diese Eigenschaft kann genutzt werden, um die Ausgangsleistung des Verstärkers anzupassen und die Sendeleistung auf eine für eine sichere Verbindung notwendigen Wert zu minimieren. Der zu entwickelnde Verstärker sollte deshalb skalierbar in der Ausgangsleistung sein.
- Steuerung: Für die Steuerung des Verstärkers stehen die in Kap. 5 beschrieben Ausgänge GPIO, I²C und die 1-Wire Schnittstelle zur Verfügung. Ein D/A Wandler existiert leider nicht.
- Aktivierbar: Aus Gründen der Energieeffizienz soll der Verstärker nur für die Dauer des Sendens vom Mikrocontroller eingeschaltet werden.

Die Sende-/Empfangsphasen der programmierten ZigBit-Module haben in den Messungen aus Abschn. 6.8 nur geringen Einfluss auf die Standzeit einer Energiequelle. Dennoch sollte ein zusätzlicher Eingangs- bzw. Ausgangsverstärker energiesparend entwickelt werden. Bei längerem Betrieb, hohen Verstärkerleistungen und kurzen Sende-/Empfangsintervallen wird ansonsten unnötig Energie verbraucht. Grundsätzlich gilt natürlich je höher die Ausgangsleistung bzw. die Eingangsempfindlichkeit desto höher ist auch der Energiebedarf. Weiterhin soll die Ausgangsleistung aus Gründen der Energieeffizienz natürlich nur so hoch sein wie für einen zuverlässigen Betrieb notwendig ist. Zu beachten ist weiterhin das als Ausgangsleistung die an der Antenne abgestrahlte Leistung gilt, deshalb dürfen sowohl bei einer Änderung der Antenne als auch beim Erhöhen der Sendeleistung die gesetzlichen Grenzen nicht überschritten werden. Für die Erhöhung der Eingangsempfindlichkeit existieren keine gesetzlichen Vorgaben bzw. Grenzen.

Aufbau von programmierbaren Sensor-Funkmodulen   6

Wie in Kap. 5 bereits beschrieben existieren Funkmodule für drahtlose Sensornetzwerke von unterschiedlichsten Herstellern. Atmel bietet u. A. ZigBee-Lösungen mit den Modulen ZigBit ATZB-900-B0 (868 MHz), ZigBit ATZB-24-A2 (2,4 GHz), ZigBit ATZB-24-B0 (2,4 GHz), ATZB-A24-UFL (2,4 GHz), ATZB-A24-U0R (2,4 GHz), ATZB-S1-256-3 (2,4 GHz) und ATZB-X0-256-3 (2,4 GHz) an. Für all diese Module bietet Atmel kostenlose und frei programmierbare Softwarestacks an. Ein Softwarestack, der den IEEE 802.15.4 Standard erfüllt ist der Atmel IEEE 802.15.4 MAC[1]-Stack. Der BitCloud-Stack baut auf den MAC-Stack auf und erweitert diesen, so dass er das Stackprofil ZigBee Pro der ZigBee-Spezifikation erfüllt. Wir werden am Beispiel des *ZigBit-Chips ATZB-24-A2* von Atmel zeigen, wie ein drahtloses Sensornetzwerk realisiert werden kann. Für die anderen angebotenen *ZigBit-Module*, ist die Implementierung der Anwendungen fast identisch, lediglich die Hardwareschichten der Stacks sind anzupassen. Hier wird der Aufbau eines Funkmoduls beschrieben, das abhängig von der Programmierung sowohl als ZigBee Koordinator, -Endgerät und -Router, als auch als MAC FFD[2] oder als MAC RFD[3] programmiert und betrieben werden kann. Des weiteren werden 2 Möglichkeiten von UART-USB Schnittstellen beschrieben mit denen ein Funkmodul mit dem PC verbunden werden kann. Über diese Schnittstelle kann das kabellose Sensor/Aktor-Netzwerk mit einem PC oder einem Smartphone Daten oder Steuerinformationen austauschen.

---

[1] Medium Access Control
[2] Full-Function Device
[3] Reduced-Function Device

© Springer Fachmedien Wiesbaden 2014

M. Krauße, R. Konrad, *Drahtlose ZigBee-Netzwerke*, DOI 10.1007/978-3-658-05821-0_6

6.1   Auswahl des ZigBit-Moduls

Atmels ZigBit-Module sind Ein-Chip-Lösungen, mit denen Sensor/Aktor-Funkmodule nach der ZigBee-Spezifikation oder dem IEE 802.15.4-Standard aufgebaut werden können. Wie bereits erwähnt werden ZigBit-Module in unterschiedlichen Ausführungen angeboten. Die Module basieren auf dem ATmega 256, dem ATxmega 256 oder dem Atmega 1281 Mikrocontroller und einem Transceiver aus der AT86RF-Reihe. Der Unterschied der auf dem Atmega 1281 basierenden Module liegt in den verschiedenen Frequenzen, den Ausgangsleitungen und den Antennenanschlüssen. So verfügt das Atmel Modul ZigBit ATZB-24-A2 über 2 keramische Antennen und das Modul ATZB-A24-UFL über einen U.FL Antennenanschluss. Bei den Modulen ZigBit ATZB-24-B0, ATZB-A24-U0 und ZigBit ATZB-900-B0 müssen Sende- und Empfangskanäle selbst designt und realisiert werden. Wir werden hier das ZigBit-Modul ATZB-24-A2 vorstellen. Diese Version des ZigBit-Moduls arbeitet mit der Frequenz 2,4 GHz und besitzt zwei integrierte Keramikantennen. Diese Module haben den Vorteil, dass wir uns zunächst nicht um das sensible und umfangreiche Antennendesign des RF-Ausgangs kümmern müssen. Die Frequenz 2,4 GHz bietet den weiteren Vorteil, dass dieses Frequenzband weltweit frei verfügbar ist. Der Nachteil der kurzen Reichweite dieser Module kommt beim Aufbau von einem WSN im Labor oder für Einsätze mit kurzen Reichweiten nicht zum tragen. Nach erfolgreicher Realisierung eines ZigBee-Sensornetzwerkes kann je nach Anwendungsfall unproblematisch auf anderen Atmel ZigBit-Module umgestiegen werden. Die Anpassungen im Software-Stack sind überschaubar, die Hardware muss sowieso je nach Anwendungsfall (z. B. der Anschluss von Sensoren oder Aktoren) angepasst werden. Die Hauptmerkmale der ZigBit-Module und vor allem die Position der entsprechenden Pins sind bei allen

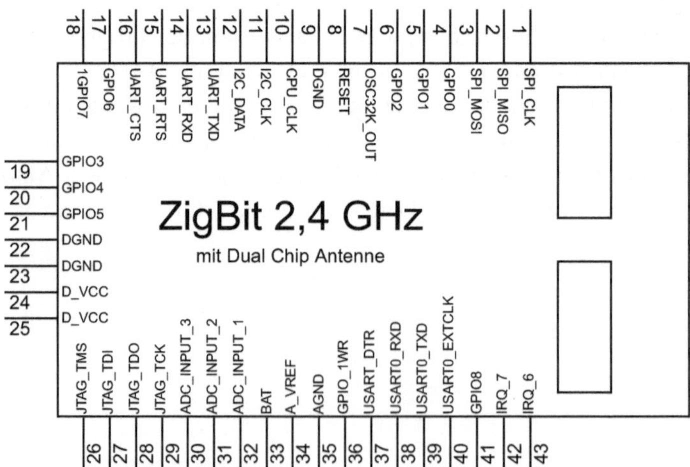

Abb. 6.1 ZigBit-Chip 2,4 GHz mit zwei Keramikantennen (ATZB-24-A2)

Tab. 6.1 Pinbelegung des ZigBit-Moduls ATZB-24-A2 [Atm08]

Pin	Pin-Name	Beschreibung
1	SPI_CLK	Reserved for stack operation
2	SPI_MISO	Reserved for stack operation
3	SPI_MOSI	Reserved for stack operation
4	GPIO0	General Purpose digital Input/Output 0
5	GPIO1	General Purpose digital Input/Output 1
6	GPIO2	General Purpose digital Input/Output 2
7	OSC32K_OUT	32.768 kHz clock output
8	RESET	Reset input (active low)
9, 22, 23	DGND	Digital Ground
10	CPU_CLK	RF clock output. When module is in active state, 4 MHz signal is present on this line. While module is in the sleeping state, clock generation is also stopped
11	I2C_CLK	I^2C serial clock output
12	I2C_DATA	I^2C serial data input/output
13	UART_TXD	UART receive input
14	UART_RXD	UART transmit output
15	UART_RTS	RTS input (Request To send) for UART hardware flow control. Active low
16	UART_CTS	CTS output (Clear To send) for UART hardware on flow control. Active low
17	GPIO6	General Purpose digital Input/Output 6
18	GPIO7	General Purpose digital Input/Output 7
19	GPIO3	General Purpose digital Input/Output 3
20	GPIO4	General Purpose digital Input/Output 4
21	GPIO5	General Purpose digital Input/Output 5
24, 25	D_VCC	Digital Supply Voltage (VCC)
26	JTAG_TMS	JTAG Test Mode Select
27	JTAG_TDI	JTAG Test Data Input
28	JTAG_TDO	JTAG Test Data Output
29	JTAG_TCK	JTAG Test Clock
30	ADC_INPUT_3	ADC Input Channel 3
31	ADC_INPUT_2	ADC Input Channel 2
32	ADC_INPUT_1	ADC Input Channel 1
33	BAT	ADC Input Channel 0, used for battery level measurement. This pin equals V CC/3
34	A_VREF	Input/Output reference voltage for ADC
35	AGND	Analog ground
36	GPIO_1WR	1-wire interface

Tab. 6.1 *Fortsetzung*

Pin	Pin-Name	Beschreibung
37	UART_DTR	DTR input (Data Terminal Ready) for UART. Active low
38	USART0_RXD	USART/SPI Receive pin
39	USART0_TXD	USART/SPI Transmit pin
40	USART0_EXTCLK	USART/SPI External Clock
41	GPIO8	General Purpose Digital Input/Output 8
42	IRQ_7	Digital Input Interrupt request 7
43	IRQ_6	Digital Input Interrupt request 6
44, 46, 48	RF_GND	RF Analog Ground
45	RFP_IO	Differential RF Input/Output
47	RFN_IO	Differential RF Input/Output

Ausführungen identisch, so dass diese Module auch Hardware-technisch untereinander leicht austauschbar sind. Die Merkmale des in den ZigBit-Modulen benutzten Atmega 1281 Mikrocontrollers sind:

- 128 kByte Flashspeicher,
- 8 kByte Arbeitsspeicher,
- 4 kByte permanent Speicher (EEPROM),
- 4 ADC-Wandler,
- 2 USART-Anschlüsse zur seriellen Kommunikation mit anderen Geräten (z. B. PC),
- I2C, SPI und 1-Wire Datenbusse zum Austausch von Daten mit anderen Bausteinen (z. B. I2C-Sensoren oder I2C-Aktoren),
- Unterstützung der Programmierschnittstellen JTAG und ISP,
- je nach Konfiguration bis zu 10 universelle digitale Ein-/Ausgänge (GPIOs)

Abbildung 6.1 zeigt die Anordnung der Pins bei dem hier benutzten ZigBit-Modul ATZB-24-A2 mit Keramikantennen. Eine Komplette Auflistung der Pins und ihrer Beschreibung kann Tab. 6.1 entnommen werden.

6.2 Grundschaltung eines Funkmoduls mit dem Atmel ZigBit Chip ATZB-24-A2

Die einfachste Art ein ZigBee-Funkmodul aufzubauen besteht lediglich aus einem ZigBit-Modul ATZB-24-A2 dem Anschluss für eine Spannungsquelle und dem Anschluss für ein JTAG-Programmierinterface. Der Schaltplan für den Anschluss eines JTAG-Programmiergerätes und einer Spannungsquelle an das ZigBit-Modul ist in Abb. 6.2 dargestellt. Die Pins 9, 22, 23, 35, 44, 46 und 48 des ZigBit-Chips werden mit dem Minuspol einer Spannungsquelle (1,8–3,6 V) verbunden, die Pins 24 und 25 mit dem Pluspol.

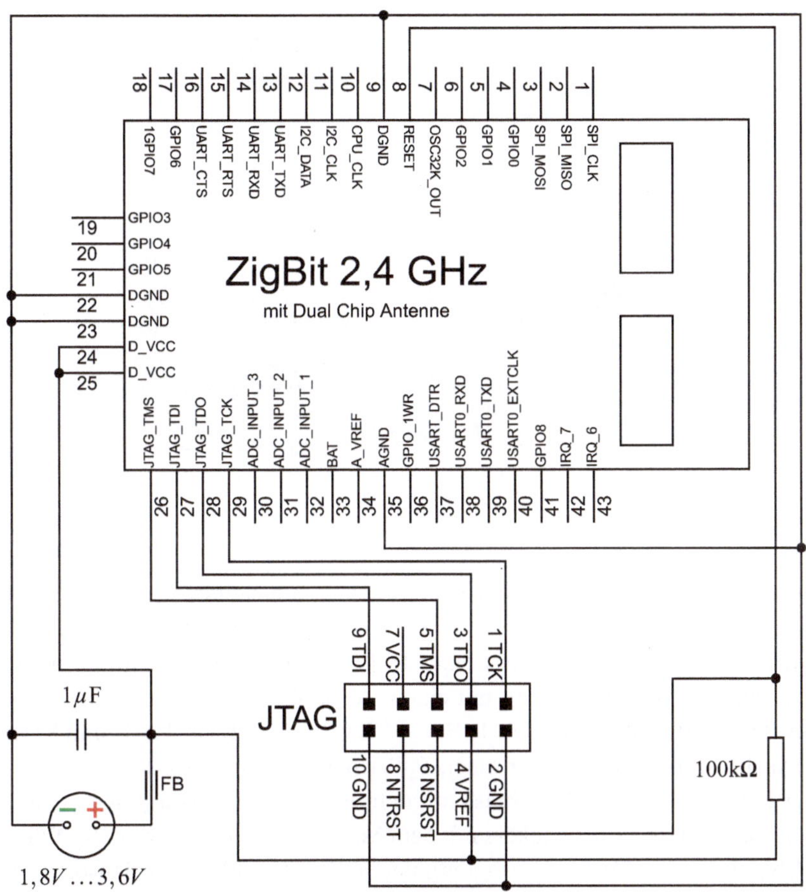

Abb. 6.2 ZigBit-Chip (ATZB-24-A2) mit Stromversorgung, JTAG-Programmierschnittstelle und 100 kΩ Pullup-Widerstand am Reset-Pin

Für die Programmierung des ZigBit-Moduls über ein JTAGICE-Programmiergerät (siehe Abb. 6.3) werden die Pins 26 (JTAG_TMS), 27 (JTAG_TDI), 28 (JTAG_TDO), 29 (JTAG_TCK) und 8 (Reset) des ZigBit Chips benutzt. Der RESET-Pin muss über einen sogenannten Pull Up-Widerstand (100 kΩ) auf den Pluspol gelegt werden. Der Pull Up-Widerstand dient dazu, den Pegel der Leitung auf den definierten Wert 1 zu ziehen. Ohne diesen Widerstand kann die Leitung in einen nicht definierten Zustand treten der sich auch im Bereich zwischen High und Low befinden kann. Durch Störsignale könnte es passieren, dass kurzzeitig ein Wert über oder unterschritten wird und es z. B. zu einem plötzlichen reset kommt. Dies kann zu unerklärlichen und unregelmäßig auftretenden Fehlern führen. Die Pins 4 und 7 des JTAG-Steckers werden mit dem Pluspol und die Pins 2 und 10 des JTAG-Steckers mit dem Minuspol der Spannungsquelle, z. B. einem Batteriemodul (2 × 1,5 V = 3 V), verbunden. Sowohl der 100 nF Kondensator als auch

Abb. 6.3 Programmierinterface JTAGICE3 von Atmel

die Dämpfungsperle (FB) dienen zum Unterdrücken von Störsignalen und Spannungsspitzen. Das ZigBit-Modul kann auch über die ISP-Schnittstelle des ATZB-A24-2 Chips programmiert werden. Der Anschluss eines ISP-Steckers an das Modul ist in Abb. 6.5 dargestellt. Für die Programmierung mit einem AVRISPmkII-Programmiergerät werden die ZigBit-Pins 38 (USART0_RXD), 1 (SPI_CLK), 39 (USART0_TXD) und 8 (RESET) benutzt. Der RESET-Pin muss über einen Pull Up-Widerstand ($10\,k\Omega$) auf den Pluspol gelegt, der Pin 2 des ISP-Steckers muss mit dem Pluspol der Versorgungsspannung verbunden und der Pin 6 des ISP-Steckers mit dem Minuspol verbunden werden. Wir werden hier den Chip mit dem JTAGICE3 programmieren. Der Anschluss der Sensoren, Aktoren und eine UART/USB-Schnittstelle wird in den kommenden Abschnitten beschrieben.

6.3　Programmierinterfaces

Beim erfolgreichen Compilieren eines Quellcodes wird das Betriebssystems (Firmware) für die Funkmodule erzeugt. Diese erzeugten firmwaredateien haben die Endung .hex. Die Hex-Dateien müssen nach dem Compilieren noch auf die ZigBit-Module übertragen werden. Dieser Vorgang wird als flashen bezeichnet. Das Flashen der Atmel Mikrocontroller kann grundsätzlich über zwei Wege durchgeführt werden. Entweder über ein ISP- oder ein JTAG-Programmierinterface. Während mit dem ISP-Interface ausschließlich die Firmware auf den Mikrocontroller übertragen werden kann, bietet das JTAG Interface noch die Möglichkeit der Fehlersuche dem sog. Debugging. Das JTAGICE-Programmierinterface ist (z. Zt. ca. 100,– €) deutlich teurer als das ISP-Programmierinterface (z. Zt. ca. 36,– €).

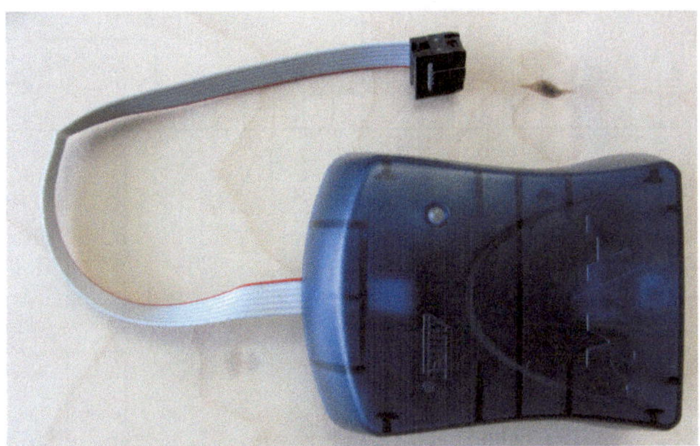

Abb. 6.4 Programmierinterface AVRISPmkII von Atmel

6.3.1 Programmierinterface JTAGICE3

Das Atmel Debug und Programmierinterface JTAGICE3 ist in Abb. 6.3 dargestellt. Für die Programmierung eines ZigBit-Moduls mit dem JTAGICE3 muss zunächst das JTAGI-CE3 mit der USB-Schnittstelle des PCs verbunden werden. Der von Windows benötigte Treiber für das JTAGICE3 ist im AVR-Studio enthalten. Ist das Programmierinterface erkannt, ist die Hardwareinstallation abgeschlossen. Anschließend wird das JTAGICE3 wie in Abb. 6.2 dargestellt mit dem ZigBit-Modul verbunden und es kann mit dem flashen begonnen werden (siehe Abschn. 7.4).

6.3.2 Programmierinterface AVRISPmkII

Eine weiter Möglichkeit den ZigBit-Chip zu programmieren ist über die ISP-Schnittstelle. Das Atmel Programmiergerät AVRISPmkII ist in Abb. 6.4 dargestellt. Für die Programmierung eines ZigBit-Moduls mit dem AVRISPmkII muss zunächst das AVRISPmkII mit der USB-Schnittstelle des PCs verbunden werden. Der von Windows benötigte Treiber für das AVRISPmkII ist im AVR-Studio enthalten. Ist das Programmierinterface erkannt, ist die Hardwareinstallation abgeschlossen. Anschließend wird das AVRISPmkII wie in Abb. 6.5 dargestellt mit dem ZigBit-Modul verbunden und es kann mit dem flashen begonnen werden.

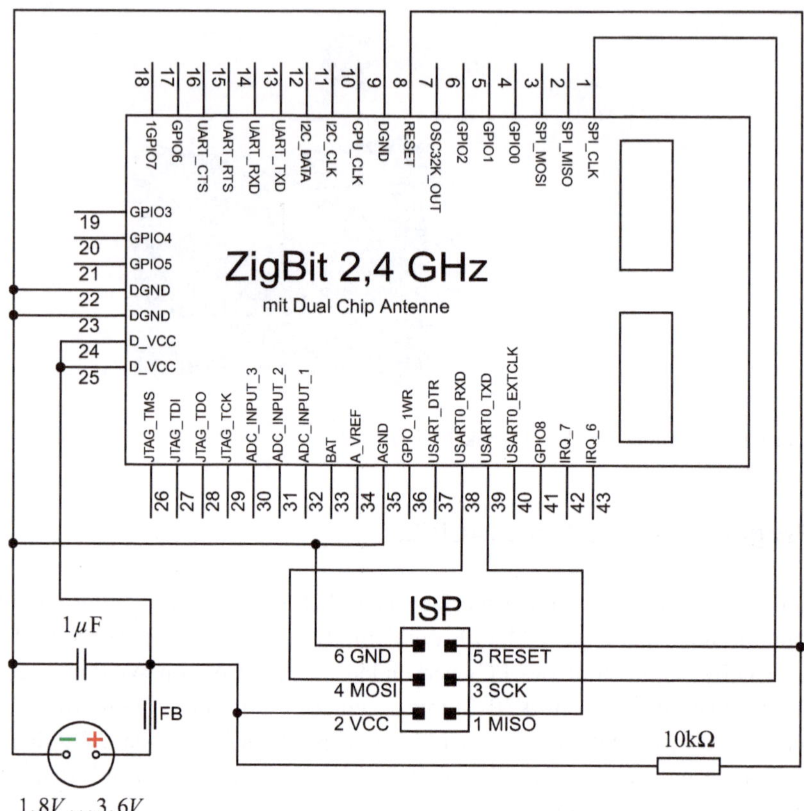

Abb. 6.5 ZigBit-Chip (ATZB-24-A2) mit Stromversorgung, einer ISP-Programmierschnittstelle und $10\,\text{k}\Omega$ Pullup-Widerstand am Reset-Pin

6.4 Fotowiderstand an einen ADC-Eingang des Zigbit Moduls anschließen

Mikrocontroller können Werte bzw. Informationen intern nur digital verarbeiten. Sollen analoge Größen im Mikrocontroller verarbeitet werden, wird ein Analog/Digital-Wandler benötigt. Dieser konvertiert eine elektrische Spannung in einen Digitalwert. In wieviel Stufen diese Konvertierung durchgeführt werden kann wird im Datenblatt durch den Parameter Auflösung charakterisiert. Beim ZigBit-Chip haben die vier A/D-Wandler je eine Auflösung von 10 Bit, das sind $2^{10} = 1024$ Werte. Prinzipiell wird dabei die am A/D-Wandler anliegende Spannung mit einer Referenzspannung verglichen, d. h. der ADC-Wert drückt das Verhältnis zwischen der Messspannung zur Referenzspannung aus. Deshalb hängt das vom A/D-Wandler berechnete Verhältnis auch von der Genauigkeit und Stabilität der Referenzspannung ab. Der vom A/D-Wandler ausgegebene Wert variiert nicht nur wenn sich die Messspannung ändert, sondern auch bei Änderungen der Referenzspannung. Für die Referenzspannung kann der ZigBit-Chip in vier Varianten konfiguriert werden, drei verschiedene interne Referenzspannungen und eine Externe. Die interne Referenzspannung kann auf 1,1 V, 2,56 V oder auf die angelegte Versorgungsspannung des ZigBit-Chips (AVCC) konfiguriert werden. Außerdem kann eine externe Referenzspannung zwischen 1,0 V–3,0 V aber maximal VCC angelegt werden. Zusammengefasst haben die im Atmega1281 integrierten vier Analog/Digital Wandler folgende Eigenschaften:

- Genauigkeit der Auflösung beträgt 10 Bit
- Geschwindigkeit der Umwandlung: 200 μs
- Referenzspannung (VREF): 1,0 V–3,0 V aber maximal Betriebsspannung
- Eingangswiderstand: $> 1\,M\Omega$
- max. Eingangsspannung: $0–V_{REF}$

In unserem Beispiel wird die interne Referenzspannung auf die Versorgungsspannung gesetzt. Diese beträgt 3 V. Das bedeutet für den ZigBit Chip ATZB-24-A2 von Atmel betragen die eingangsseitigen Spannungsänderungen für einen Wertübergang bei einer Auflösung von 10 Bit und einer Referenzspannung $V_{ref} = VCC = 3\,V$:

$$\Delta U = 3\,V/(2^{10} - 1) = 3\,V/1023 = 0{,}002933\,V = 2{,}933\,mV$$

Abbildung 6.6 zeigt den Anschluss eines Fotowiderstandes LDR05 über einen Spannungsteiler an den Eingang `ADC_INPUT_1` des Mikrocontrollers. Der Spannungsteiler aus dem Widerstand und dem LDR05 verhindern ein zu hohe Eingangsspannung am Eingang des ADCs und einen zu hohen Strom sofern der Widerstand des LDR05 sehr klein ist. Der LDR05 ist ein Halbleiter der leitfähiger wird je mehr Licht auf ihn fällt. Das Bedeutet sein Widerstandswert wird kleiner je mehr Licht auf ihn fällt. Dieser Vorgang ist sehr träge und die Änderung des Widerstandswertes dauert einige Millisekunden. Einsatzgebiete sind z. B. Lichtstärkemesser, Flammenwächter oder Dämmerungsschalter. Der Widerstandswert des LDR05 beträgt laut Datenblatt bei 10 Lux ca. 15 kΩ und bei Dunkelheit ca. 10 MΩ. Für die Beispielberechnung wurde ein LDR05 mit einer 85 Lumen Taschenlampe aus 10 cm Entfernung beleuchtet. Nach 5s stellte sich ein Widerstandswert von 60,5 Ω ein. Anschließend wurde der LDR05 vollkommen abgedeckt. Nach 5 s stellte sich ein Widerstandswert von 12,5 MΩ ein. Der Innenwiderstand des ADC-Eingangs ist laut Datenblatt $> 1\,M\Omega$, wir nehmen 2 MΩ an. Der Spannungsteiler aus dem Widerstand $R = 10\,k\Omega$ und dem Fotowiderstand LDR05 dient dazu, die Eingangsspannung $U = 3\,V$ in die Unterspannungen U_1 und U_2 aufzuteilen. Die Spannung U_2 dient als Messwert für den ADC. Die Aufteilung der Gesamtspannung erfolgt mit Hilfe eines ohmschen Widerstandes R und des Fotowiderstandes LDR in Reihenschaltung. Durch den lichtabhängigen Fotowiderstand ändert sich je nach Lichteinfall das Verhältnis zwischen dem Gesamtwiderstand $(R + R_{LDR})$ und dem Fotowiderstand R_{LDR}. In diesem Verhältnis ändert sich auch die Gesamtspannung U zur Messspannung U_2. Der Innenwiderstand des Mikrocontrollers $(> 1\,M\Omega)$ ist nicht deutlich höher als der max. Widerstand des Fotowiderstandes

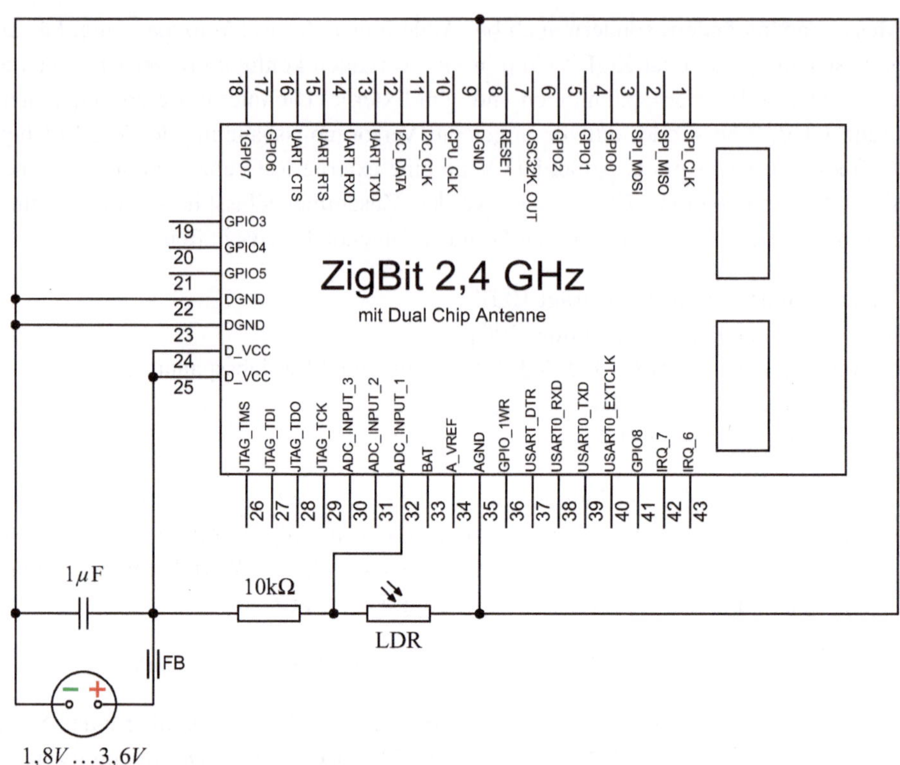

Abb. 6.6 Schaltung eines Spannungsteilers mit einem normalen Widerstand und einem Fotowiderstand und Anschluss an den ADC-Eingang 1 des ZigBit-Chip

und muss deshalb in den Berechnungen berücksichtigt werden. Der Spannungsbereich von U_2 am Eingang des ADCs lässt sich mit diesen Werten über die Verhältnisse an einem belasteten Spannungsteiler bestimmen. Abbildung 6.7 zeigt den Aufbau eines Spannungsteilers mit dem LDR05 unter Berücksichtigung des Innenwiderstandes R_{ADC} des ADCs. Betrachten wir nun die Spannungen, Ströme und Widerstände im Spannungsteiler.

Die Gesamtspannung U setzt sich aus der Summe der Teilspannungen U_1 und U_2 zusammen, d. h. $U = U_1 + U_2$. Der Strom I teilt sich an Punkt 1 in die Teilströme I_{LDR05} und I_{ADC}, d. h. $I = I_{LDR05} + I_{ADC}$. Die Widerstände R_{LDR05} und R_{ADC} bilden eine Parallelschaltung. Der Widerstand der Parallelschaltung bestimmt sich aus $R_p = R_{LDR05} \cdot R_{ADC}/(R_{LDR05} + R_{ADC})$. Die Spannung U_1 über dem Widerstand R berechnet sich aus $U_1 = I \cdot R$. Die Spannung U_2 über dem Parallelwiderstand R_p ergibt sich durch $U_2 = I \cdot (R_{LDR05} \cdot R_{ADC}/(R_{LDR05} + R_{ADC}))$. Das Verhältnis der Spannungen zu den Widerständen beträgt $U_2/U = R_p/(R + R_p)$. Aufgelöst nach der Spannung U_2 ergibt sich $U_2 = (R_p/(R + R_p)) \cdot U$. Mit der letzten Formel können wir nun den Spannungsbereich am Eingang `ADC_INPUT_1` des Mikrocontrollers bestimmen. Bei einer

Abb. 6.7 Schaltbild eines Spannungsteilers mit einem Fotowiderstand und Anschluss an einen ADC-Port eines Mikrocontrollers

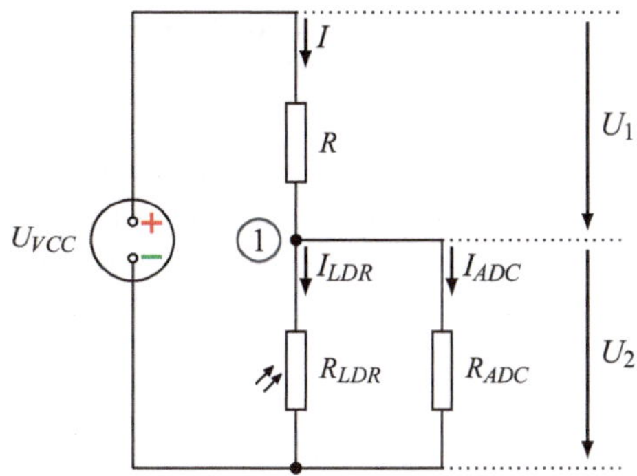

Versorgungsspannung von $U = 3\,$V, einem minimalen Widerstandswert des LDR05 von $R_{LDR05} = 60{,}5\,\Omega$ bei Bestrahlung mit 85 Lumen und einem angenommenen Innenwiderstand des ADC-Eingangs von $2\,$MΩ beträgt die am `ADC_INPUT_1` anliegende minimale Spannung U_2:

$$R_p = 60{,}5\,\Omega \cdot 2\,\text{M}\Omega/(60{,}5\,\Omega + 2\,\text{M}\Omega)$$
$$R_p = 60{,}4982\,\Omega$$
$$U_2 = (60{,}4982\,\Omega/(60{,}4982\,\Omega + 10\,\text{k}\Omega)) \cdot 3\,\text{V}$$
$$U_2 = 18\,\text{mV}$$

Mit dem maximalen Widerstandswert des LDR05 von $R_{LDR05} = 12{,}5\,$MΩ bei Dunkelheit beträgt die am `ADC_INPUT_1` anliegende maximale Spannung U_2:

$$R_{pmax} = 12{,}5\,\text{M}\Omega \cdot 2\,\text{M}\Omega/(12{,}5\,\text{M}\Omega + 2\,\text{M}\Omega)$$
$$R_{pmax} = 1{,}72\,\text{M}\Omega$$
$$U_2 = (1{,}72\,\text{M}\Omega/(1{,}72\,\text{M}\Omega + 10\,\text{k}\Omega)) \cdot 3\,\text{V}$$
$$U_2 = 2{,}98\,\text{V}$$

Wie bereits berechnet beträgt bei einer 10-Bit Auflösung die Spannung ΔU pro Wertübergang 2,933 mV. Basierend auf diesem Wert beträgt der vom ADC ausgegebene Binärwert bei einer Bestrahlung mit 85 Lumen 18 mV *div* 2,933 mV $= 6$, das entspricht einem Binärwert `0000000110` oder `0x6`. Der vom ADC ausgegebene wert bei abgedunkeltem LDR05 beträgt 2,98 V *div* 2,933 mV $= 1016$, das entspricht einem Binärwert `1111111000` oder `0x3F8`.

6.5 3 LEDs an die universellen digitale Ein-/Ausgänge (GPIOs) des Zigbit-Moduls anschließen

Im Gegensatz zu den ADC-Eingängen können die digitalen GPIOs Ports eines Zigbit-Moduls sowohl als Ein- wie auch als Ausgänge konfiguriert werden. GPIO-Eingänge können nur digitale Messwerte erfassen, GPIO-Ausgänge nur über digitale Signale steuern. Die im Atmega1281 integrierten universellen digitale Ein-/Ausgänge haben folgende Eigenschaften:

- max. Ausgangsstrom: 40 mA
- max. Eingangsspannung I/O-Pins: Betriebsspannung (VCC) $+0,5$ V
- Ausgangsspannung High/Low: mindestens 2,3 V/maximal 0,5 V

Eine einfache Art verschieden Zustände an GPIO-Ausgängen zu visualisieren ist über Leuchtdioden (LEDs) anzusteuern. LEDs werden in verschieden Farben und Ausführungen angeboten. In unseren Beispielen verwenden wir SMD-LEDs. Wie im Schaltplan in Abb. 6.8 zu sehen ist, können diese LEDs aufgrund ihres geringen Stromverbrauchs direkt über die GPIO-Ausgänge des Mikrocontrollers angesteuert werden.

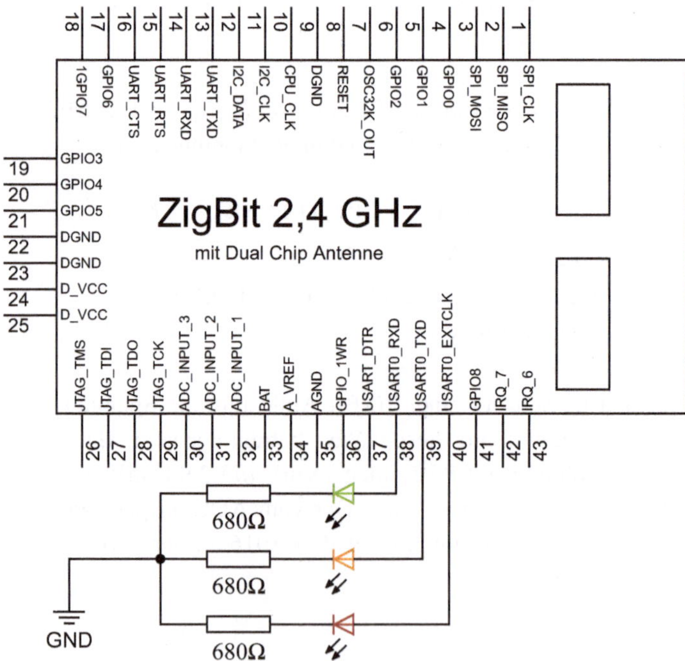

Abb. 6.8 Anschluss von LEDs an den ZigBit-Chip (ATZB-24-A2)

Die von uns verwendeten LEDs benötigen lt. Datenblatt eine Betriebsspannung von 1,8 V und werden bei dieser Spannung von 2 mA durchflossen. Der als Ausgang konfigurierte GPIO-Ausgang liefert bei einem High-Signal eine Spannung von ca. 3 V. Die Dioden müssen deshalb mit einem Vorwiderstand betrieben werden. An diesem Vorwiderstand muss eine Spannung von 1,2 V bei einem Strom von 2 mA abfallen. Der benötigte Widerstand lässt sich nach dem Ohmschen Gesetz berechnen:

$$R = U/I$$
$$R = 1{,}2\,\text{V}/2\,\text{mA}$$
$$R = 600\,\Omega$$

In der E12-Widerstandsreihe existiert kein 600 Ω-Widerstand. Wir haben uns für den nächst höheren Wert von 680 Ω entschieden, mit dem die Schaltung einwandfrei funktioniert. Sollen an den GPIO- Ausgängen Aktoren betrieben werden die höhere Spannungen oder Ausgangsströme benötigen müssen entsprechende Schaltungen installiert werden.

6.6   I^{2}C-Schnittstelle

Der I^{2}C-Bus ist eine weitere Möglichkeit Sensoren oder Aktoren an einen Mikrocontroller anzuschließen. Beim I^{2}C-Bus handelt es sich um ein Bussystem mit zwei Leitungen, einer Datenleitung und einer CLK-Leitung zur Steuerung des Zeittaktes. Die Adressierung einzelner an den Bus angeschlossener Geräte erfolgt im allgemeinen über 7-Bit Adressen, wobei theoretisch bis zu 128 Adressen zur Verfügung stehen von denen allerdings 16 Adressen reserviert sind. Hierbei ist insbesondere die Adresse `0b11110XX` zu erwähnen, welche die Benutzung von 10-Bit Adressen ermöglicht. Wir werden zur Erklärung der Funktionsweise der I^{2}C-Schnittstelle allerdings nur die 7-Bit-Adressierung betrachten und auf die 10-Bit-Adressierung nicht weiter eingehen. Zum einen erschließt sich das Funktionsprinzip quasi von selbst zum anderen werden die meisten Geräte auf dem I^{2}C-Bus über eine 7-Bit Adresse angesprochen. An den I^{2}C-Bus mit 7-Bit Adressierung können gleichzeitig bis zu 112 Sensoren und Aktoren angeschlossen werden. Die Kommunikation auf dem I^{2}C-Bus erfolgt nach dem Master/Slave-Prinzip. d. h. ein Gerät (i. A. ein Mikrocontroller) übernimmt die Rolle des Masters und steuert den Zugriff auf den Bus. Die Gegenstelle (i. A. ein Sensor oder ein Aktor) übernimmt die Rolle des Slaves und beantwortet entsprechende Anfragen. Eingeleitet wird eine zusammengehörende Übertragung zwischen einem Master und Slave durch das Auslösen der sogenannten Startbedingung. Durch zwei Pullup-Widerstände liegt sowohl auf der Datenleitung (SDA) als auch auf der Taktleitung (SCL) im Grundzustand ein *High*-Signal an. Die Startbedingung wir vom Master dadurch ausgelöst, dass er die Datenleitung auf *Low* zieht. Danach erfolgt die eigentliche Übertragung der Daten. Durch das Senden der Stoppbedingung beendet der Master eine Kommunikation mit dem entsprechenden Slave. Bei der Stoppbedingung muss zunächst die Taktleitung auf High stehen und die Datenleitung auf Low. Dann zieht

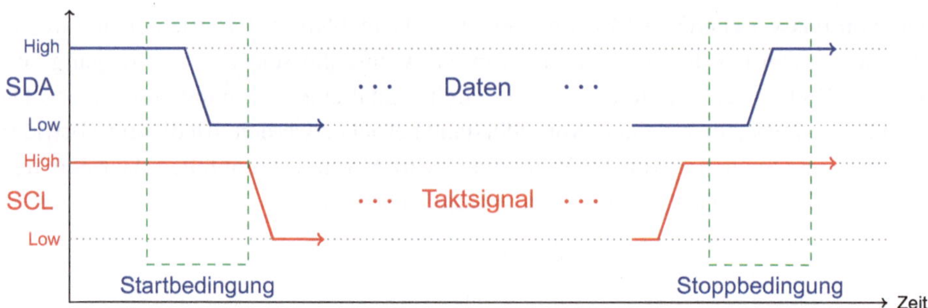

Abb. 6.9 I^2C-Start- und Stoppbedingung

der Master die Datenleitung auf High. In Abb. 6.9 ist die Einleitung einer Übertragung durch die Startbedingung und dessen Beendigung durch die Stoppbedingung dargestellt.

Die Übertragung von Daten auf dem Bus erfolgt jeweils byteweise (8-Bitblöcke). Jedes Bit entspricht dabei dem Zustand der Datenleitung beim entsprechenden Taktsignal. Für ein gültiges Bit darf sich das Signal der Datenleitung während des Taktsignals nicht ändern. Sei $b_7 b_6 \ldots b_0$ das zu übertragene Byte, wird das höchstwertige Bit b_7 zuerst übertragen, gefolgt von b_6, b_5, b_4, b_3, b_2, b_1 und zum Schluss b_0. Den acht Taktsignalen folgt ein neuntes Taktsignal. In diesem bestätigt die Gegenstelle den Empfang der acht Datenbits. Sofern die Gegenstelle bereit ist weitere Daten zu empfangen, zieht sie dazu die Datenleitung direkt nach Erhalt des achten Datenbits auf *Low*. Zieht die Gegenstelle nach Erhalt des achten Datenbits auf *High* bedeutet dies, dass diese keine weiteren Daten mehr empfangen kann. Der Master wird darauf die aktuelle Übertragung mit der Gegenstelle durch das Senden der Stoppbedingung beenden. In Abb. 6.10 ist das Prinzip der Übertragung eines Bytes noch einmal grafisch veranschaulicht.

Das erste Byte wird vom Master an einen Slave gesendet. Bei der 7-Bit Adressierung bilden die Bits $b_7 b_6 b_5 b_4 b_3 b_2 b_1$ die Adresse des Slaves mit dem kommuniziert werden soll. Das Bit b_0 ist das sogenannte R/W-Bit. Sofern das R/W-Bit gesetzt ist (Read), möchte der Master Daten von der Gegenstelle auslesen. Ist das Bit nicht gesetzt (Write), sendet der Master nach dem ersten Byte weitere Daten an die Gegenstelle, die diese entsprechend verarbeitet (z. B. Änderung von Registerwerten). War das R/W-Bit gesetzt (Read) sen-

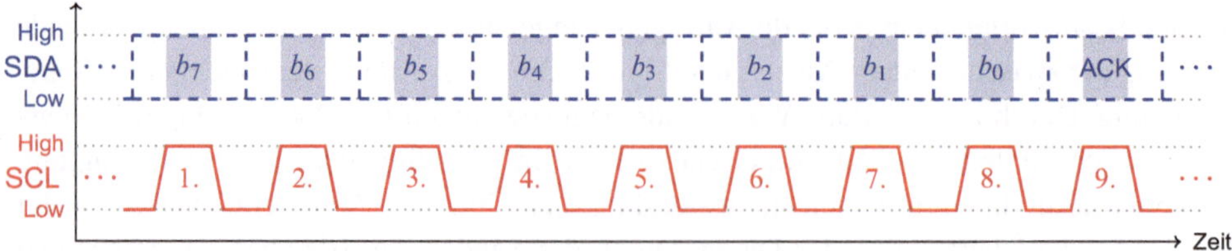

Abb. 6.10 I^2C-Übertragung eines Bytes

det zwar die Gegenstelle Daten auf die Datenleitung des I^{2}C-Bus, die Kontrolle über die Taktleitung (SCL) behält allerdings der Master.

6.6.1   Beispiel einer Kommunikation mit einem Temperatursensor LM73

Zum besseren Verständnis möchten wir die Funktionsweise des I^{2}C-Bus nun am Beispiel des Temperatursensors LM73-1 genauer betrachten. Bei dem von uns verwendeten LM73-1 ist der Adresspin auf Masse gelegt, womit sich nach Datenblatt eine I^{2}C-Adresse von 0x4D ergibt. Da wir keine Registerwerte am LM73 verändern, sondern nur den Temperaturwert ermitteln wollen, ist das achte Bit des ersten Bytes auf 1 (Read) zu setzen. Somit ist 0x9B das erste Byte, welches der Master an den LM73 sendet. Zum Einleiten der Kommunikation sendet der Master zunächst die Startbedingung, um alle angeschlossenen Geräte am I^{2}C-Bus in Bereitschaft zu versetzten. Darauf sendet der Master das erste Byte. Der LM73 mit der entsprechenden I^{2}C-Adresse bestätigt den Erhalt des Bytes, in dem er vor dem neunten Takt die Datenleitung auf *Low* zieht. Der LM73 sendet darauf zwei Bytes auf die Datenleitung. Nach Beendigung der Kommunikation sendet der Master die Stoppbedingung. Abbildung 6.11 zeigt die Aufzeichnung einer Beispielkommunikation durch ein Oszilloskop.

Vom LM73 hat der Master bei diesem Beispiel als erstes Byte 0x0B und als zweites Byte 0x60 erhalten. Zusammengesetzt erhalten wir in Binärdarstellung 0b0000101101 100000. Die ersten 9 Bits liefern uns die Temperatur in °C d. h. 22 °C und der hier verwendeten Standardauflösung von 11-Bit liefern die Bits 10 und 11 den Nachkommateil in 0,25 °C Schritten, d. h. in diesem Fall 0,75 °C. Insgesamt ergibt sich ein Temperaturwert von 22,75 °C. Den Anschluss eines LM73 Temperatursensors an die I^{2}C-Schnittstelle des ZigBit-Chips zeigt Abb. 6.12. Beim Beschalten ist darauf zu achten, dass am Master (ZigBit-Chip) zwei sogenannten Pull-Up-Widerstände (10 kΩ) angeschlossen werden

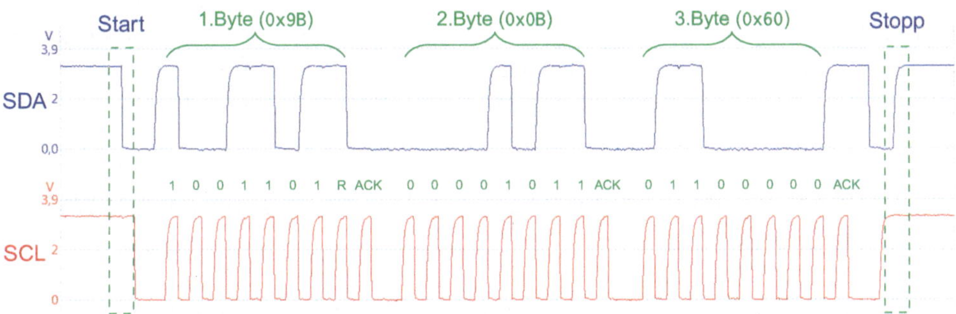

Abb. 6.11   I^{2}C-Kommunikation mit dem Temperatursensor LM73-1. Der Master sendet die 7-Bit Adresse 0x4D plus das für eine Leseanfrage auf 1 gesetzte R/W-Bit. Der Temperatursensor antwortet mit den zwei Bytes 0x0B und 0x60

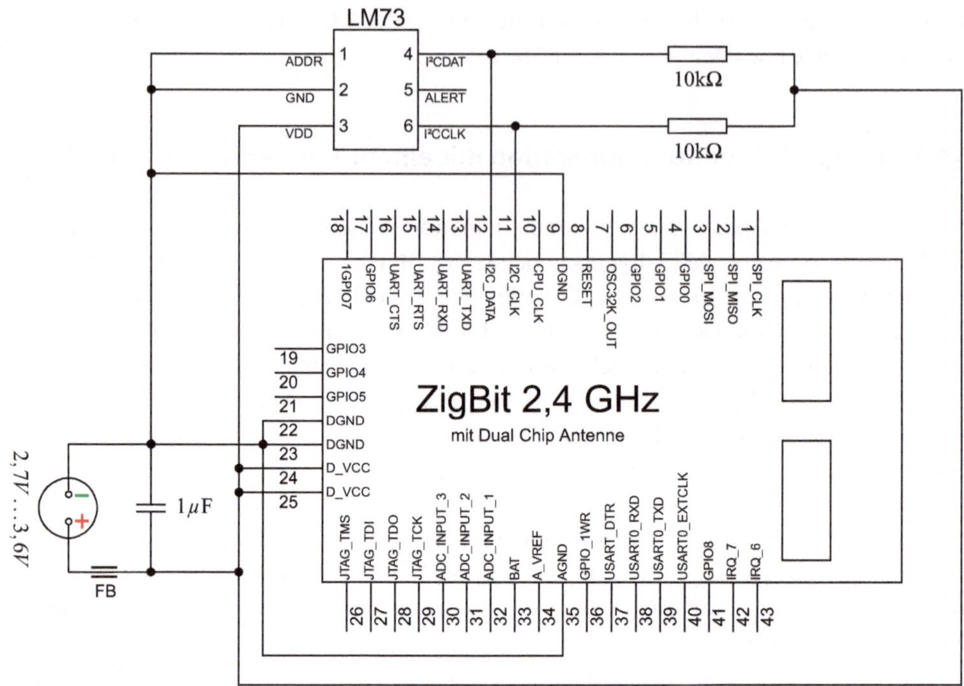

Abb. 6.12 Anschluss zweier Pullup-Widerstände und eines LM73 Temperatursensors am I²C-Bus des ZigBit-Chips

müssen, da die Spannungsversorgung für Daten und CLK-Leitung vom Master geliefert wird. Sensoren am I²C-Bus ziehen lediglich das Signal der Datenleitung bei der Kommunikation auf 0. Die Pull-up-Widerstände dienen dazu, den Pegel der Daten oder CLK Leitung auf dem definierten Wert 1 zu ziehen. Ohne diese Widerstände wären die Leitungen teilweise in einem nicht definierten Zustand, der sich auch im Bereich zwischen High und Low befinden kann. Durch Störsignale könnte es passieren, dass kurzzeitig mal ein Wert über- oder unterschritten wird und der Eingang plötzlich ein High- oder Lowsignal bekommt. Dies würde zu unerklärlichen und unregelmäßig auftretenden Fehlern führen.

6.7 Verbindung eines Funkmoduls mit dem PC über eine UART-USB Schnittstelle

In einem drahtlosen Sensornetzwerk können Daten von Sensoren erfasst und an einen Zielrechner gesendet werden oder Steuerinformationen vom PC an ein Sensor/Aktor Funkmodul gesendet. Die Verbindung zwischen dem PC und einem Funkmodul des drahtlosen Sensornetzwerkes kann z. B. über eine UART-USB-Schnittstelle, über eine UART-RS232-Schnittstelle, über Bluetooth oder WiFi realisiert werden. Bei der Kommunikation zwischen einem Funkmodul und einem PC über eine UART-RS232-Schnittstelle muss wie bereits in Abschn. 5 beschrieben ein Pegelwandler eingesetzt werden (z. B. das MAX232-IC). Moderne PCs verfügen sehr oft über keine RS232-Schnittstelle mehr, deshalb wird hier die Kommunikation des Mikrocontrollers über die UART-Schnittstelle mit der USB-Schnittstelle des PCs beschrieben. Die Anpassung muss auch über ein IC erfolgen. Zwei gängige Varianten vonUART-USB Wandlern sind der FT232 von Future Technology Devices International Ltd. (FTDI) und der CP210x von Silicon Laboratories. Ein Funkmodul welches mit einer UART-USB-Bridge versehen ist, wird als Dongle bezeichnet. Wir werden hier für jede der beiden Schnittstellen eine Beispielschaltung zeigen. Die vollständigen Informationen können aus den aktuellen Datenblättern entnommen werden (siehe [Sil] und [Fut]).

6.7.1   UART-USB Schnittstelle mit dem CP2102EK Evaluation Kit

Eine einfache Art ein Funkmodul über ein UART-USB-Schnittstelle mit einem PC oder einem Smartphone zu verbinden ist über das CP2102EK Evaluation Kit von Silicon Labs. Dieses Kit ist eine vollständige USB-UART-Bridge mit dem IC cp2102. Es muss lediglich die UART-Schnittstelle des Kits mit der UART-Schnittstelle eines Funkmoduls verdrahtet werden. Bei der UART-Schnittstelle sind 4 Signalleitungen von Bedeutung, RXD[4], TXD[5], CTS[6] und RTS[7]. Die Signalleitungen RXD und TXD werden für das Empfangen bzw. das Senden der Daten benötigt. Entsprechend ist die Sendeleitung TXD an der Empfängerseite an anzuschließen, d. h. die Leitung TXD des Mikrocontroller wird mit der RXD Leitung der USB-UART-Bridge verbunden und die RXD Leitung mit der TXD-Leitung. Beim UART1 des ZigBit-Chips sind diese Leitungen bereits intern vertauscht, so dass sich die Angabe des Datenblattes hier darauf bezieht, welche Leitungen anzuschließen sind. Beim UART0 sind diese zur größeren Verwirrung jedoch nicht vertauscht. Wir benutzen die UART1-Schnittstelle des ZigBit-Chips, so das Pin 13 (UART_TXD) mit TXD der USB-UART-Bridge, Pin 14 (UART_RXD) mit RXD, Pin 15 (UART_RTS) mit RTS und Pin 16 mit CTS verbunden werden muss, siehe Abb. 6.13. Vor dem Verbinden der USB-UART-Bridge CP2102EVK mit der USB-Schnittstelle des PCs muss der Treiber des cp2102-Chips entsprechend der Installationsanleitung installiert werden. Eine Anmerkung ist zu den Standardtreibern der Silicon Lab CP2102 Bridge und der FTDI FT232-Bridge zu machen. Der z.Zt. von Silicon Labs bereitgestellte Treiber legt die USB-Schnittstelle immer auf den gleichen COM[8]-Port. Das bedeutet an einem PC kann mit dem unveränderten Standardtreiber nur eine WSN-PC Schnittstelle angeschlossen, betrieben und dargestellt werden. Diese Eigenart kann theoretisch im cp2102 Treiber geändert

---

[4] Receive Data
[5] Transmit Data
[6] Clear To Send
[7] Ready To Send
[8] Communication Equipment (Serielle-Schnittstelle)

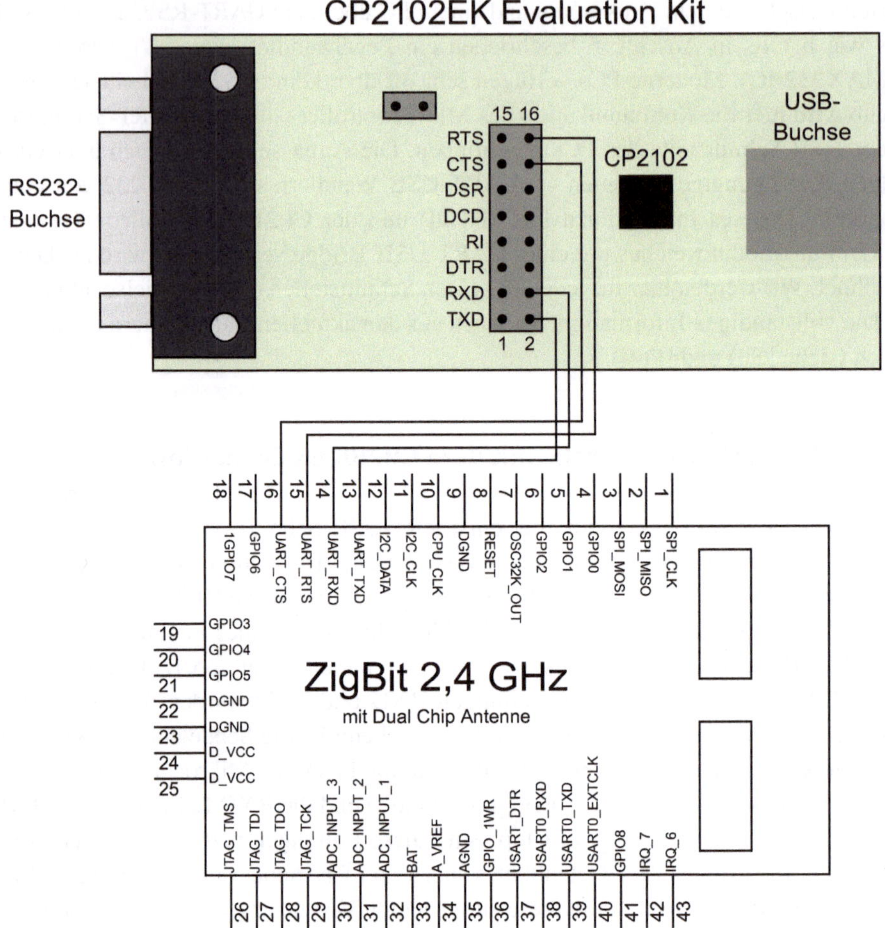

Abb. 6.13 Anschluß des ZigBit-Chip an das CP2102EK Evaluation Kit

werden. Der von FTDI bereitgestellt Standardtreiber für den FT232 hat diese Eigenart nicht, d. h. er legt jede Schnittstelle auf einen anderen COM-Port. Dies ist beim Betreiben von mehreren WSNs von Vorteil.

6.7.2 UART-USB-Schnittstelle mit dem FTDI FT232-Chip

Eine zweite Variante einer UART/USB-Schnittstelle kann mit dem in Abb. 6.14 dargestellten FTDI FT232-Chip realisiert werden. Diese Variante hat zum einen den Vorteil das die Spannungsversorgung des Funkmoduls über den stabilisierten 3,3 V Ausgang des FT232 Chips erfolgen kann und zum anderen besteht bei dem Treiber nicht die Einschränkung das alle Schnittstellen auf eine COM-Schnittstelle gelegt werden.

Abb. 6.14 Schaltplan FTDI
FT232RL

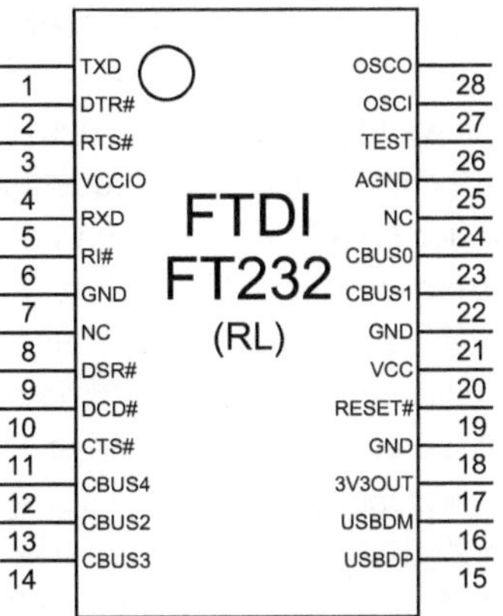

Abbildung 6.15 zeigt den Schaltplan einer UART/USB-Schnittstelle mit dem FTDI
FT232-Chip.

Wenn wie in der Variante mit dem CP2102 auch hier die UART1-Schnittstelle des
ZigBit-Chips benutzt wird muss auch hier Pin 13 (UART_TXD) des ZigBit-Chips mit
TXD der USB-UART-Bridge, Pin 14 (UART_RXD) mit RXD, Pin 15 (UART_RTS) mit
RTS und Pin 16 mit CTS verbunden werden. Wird die UART-USB Schnittstelle mit ei-
nem Windows-PC verbunden, verlangt Windows den Treiber. Dieser kann vorher von der
FTDI- Homepage heruntergeladen werden. Im Gegensatz zum cp2102-Treiber muss für
den FTDI-Chip ein Virtual COM port (VCP) Treiber getrennt installiert werden.

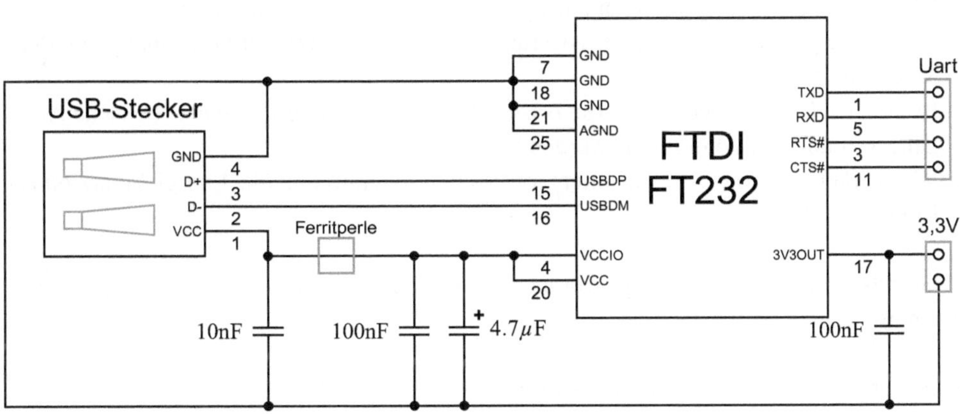

Abb. 6.15 Beschaltung FTDI FT232

6.8 Energiebedarf der ZigBit-Module

Ein wichtiger Aspekt bei der Planung und der Konfiguration eines WSNs ist die Wahl der zu benutzenden Energiequellen. Die programmierten Messknoten eines WSNs werden in der Regel mit Batterien oder Akkus mit und ohne Solarunterstützung betrieben. Der Stromverbrauch der Funkmodule ist aus diesen Gründen ein wichtiger Parameter für die Standzeit der Energiequellen. Zum Bestimmen der elektrischen Ladung bzw. der Elektrizitätsmenge die eine Batterie oder ein Akku zu Verfügung stellen muss, wird die Stromstärke und die dazugehörige Dauer des Stromflusses benötigt. Für die Bestimmung des Energiebedarfs wird davon ausgegangen, dass der jeweilige Empfangsknoten eines WSNs, in ZigBee z. B. der Koordinator, über die USB-Schnittstelle an einen PC angeschlossen wird und über diese Schnittstelle mit Energie versorgt wird. Falls der Koordinator bzw. ein als Empfangsknoten konfigurierter Router die Daten nicht über eine USB-Schnittstelle an einen PC überträgt, sondern die aus dem WSN gesammelten Daten und Informationen kabellos z. B. über ein GPRS-Modul (Mobilfunk) oder ein WIFI-Modul in ein anderes Netz überträgt, ist die Bestimmung der Elektrizitätsmenge für diese Baugruppe entsprechend zu ermitteln. Mit den Ergebnissen der Strommessungen kann zum einen der ermittelte Energiebedarf der Module verglichen werden und zum anderen werden die Auswirkungen verschiedener Parameter auf den Energieverbrauch verdeutlicht. Insbesondere sollen die Ergebnisse eine Hilfestellung für folgende Fragestellungen geben:

- Welche Auswirkungen haben die Messperioden auf den Energiebedarf? (Wie viele Messungen/Min. sollen durchgeführt werden?)
- Welche Auswirkungen hat die Anzahl der Übertragungen auf den Energiebedarf? (Wie oft sollen die Daten an ein Ziel übertragen werden?)
- Wie wirken sich Berechnungen auf dem Mikrocontroller auf den Energiebedarf aus? (Ist eine Vorverarbeitung der Messwerte, wie z. B. eine Mittelwertberechnung, auf den Modulen sinnvoll?)
- In welchen Umfang beeinflusst die Ausgangsleistung die Energiebilanz? (Welche Ausgangsleistung soll konfiguriert werden?)
- Wie wirken sich die Anzahl untergeordneter Endgeräte auf die Energiebilanz eines Routers aus?

Grundsätzlich ist der Energieverbrauch eines Endgerätes von folgenden Parametern abhängig:

- Von angeschlossenen Sensoren/Aktoren,
- von der Anzahl der Mess- bzw. Steuervorgänge,
- von der Anzahl der Übertragungsintervalle,
- von der Länge der Schlafphasen und
- von der konfigurierten maximalen Ausgangsleistung.

Der Stromverbrauch der Router wird grundsätzlich von folgenden Parametern beeinflusst:

- Von angeschlossenen Sensoren/Aktoren (optional),
- von der Anzahl der Messintervalle (optional),
- von der Anzahl der Übertragungsintervalle,
- von der eingestellten maximalen Ausgangsleistung,
- von der Anzahl der untergeordneten Endgeräte und
- von der Position im Netzwerk (leiten viele Router/Endgeräte Daten über diesen Router weiter, hat das Einfluss auf die Energiebilanz).

Der Energiebedarf der im Kap. 5 bereits vorgestellten Atmel Module ATZB-900-BO, ATZB-24-A2 und ATZB-A24-UFL wird im folgenden unter verschiedenen Bedingungen ermittelt. Die mit verschiedenen Atmel Modulen aufgebauten Funkmodule werden jeweils mit den IEEE 802.15.4-Stack als RFD und dem ZigBee Stack als Endgerät programmiert. Variiert werden jeweils die Ausgangsleistungen. In den Messungen wird ausschließlich der Energiebedarf einer Messperiode der WSN-Knoten ermittelt, ohne Sensoren, Aktoren oder Zustandsanzeigen. Die konfigurierten Funkmodule werden zwischen den Mess- und Übertragungsphasen in den Schlafmodus gesetzt. Die Funkmodule im 868 MHz Frequenzband benutzen die Phasenmodulation BPSK die Funkmodule im 2,4 GHz Frequenzband die Phasenmodulation O-QPSK. Der Energiebedarf wird durch die Stromstärken und deren Zeiten bestimmt. Die Stromstärke wird aus dem Verlaufsgraphen eines Oszilloskops über den Spannungsabfall eines in die Stromversorgung geschalteten 11 Ω-Widerstands bestimmt. Mit Hilfe der Phasen aus dem Verlaufsgraphen eines Oszilloskops wird der Energiebedarf einer Übertragungsperiode ermittelt. Die Messungen sollen einen Anhaltspunkt über den Energiebedarf einer Übertragungsphase geben. Deshalb wird pragmatischerweise bei den Berechnungen davon ausgegangen, das es sich um Rechtecksignale handelt, auf Integration wird deshalb verzichtet. Messfehler werden nicht berücksichtigt. Mit Hilfe der Werte können z. B. die Standzeit einer Batterie abgeschätzt werden. Der Energieverbrauch einer Messperiode ergibt sich aus der Summe des Energieverbrauchs der verschiedenen Phasen eines Übertragungsvorgangs. Beispiele für Verlaufsgraphen von Funkmodulen die mit dem MAC-Stack von Atmel konfiguriert wurden sind in den Abb. 6.16 dargestellt.

Die Verlaufsgraphen der verschiedenen 2,4 GHz Funkmodule zeigen wie zu erwarten war einen ähnlichen Verlauf. Die Zeitabschnitte bei unterschiedlichen Ausgangsleistungen eines Modultypus sind nahezu identisch. Ebenso ist ersichtlich das bei einem Modultyp die Ströme in fast allen Phasen gleich sind, Ausnahme ist die Phase in dem der Transceiver aktiv ist. Die Ergebnisse für den Energiebedarf einer Übertragungsphase der verschiedenen Funkmodule die mit dem MAC-Stack von Atmel mit unterschiedlichen Ausgangsleistungen programmiert wurden kann der Tab. 6.2 entnommen werden. Beispielhaft wird im folgenden eine Rechnung für ein ATZB-24-A2 Modul mit einer Ausgangsleistung von

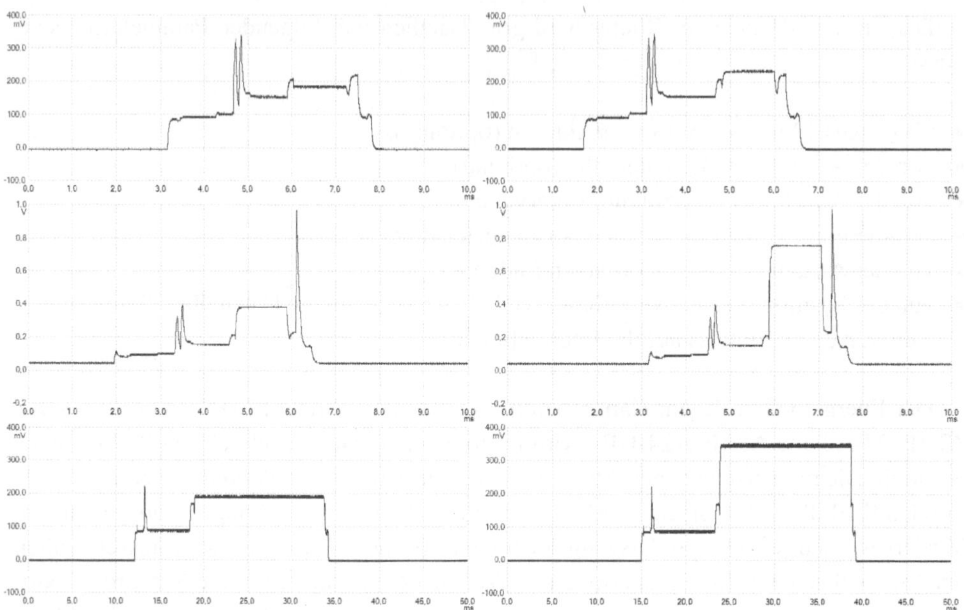

Abb. 6.16 Verlaufsgraphen der Spannung über einem Widerstand von 2,4 GHz MAC-RFD Funkmodulen
ATZB-24-A2 Modul mit −10 dbm (*oben links*) und 3 dbm (*oben rechts*), ATZB-24-UFL Modul mit
0 dbm (*mitte links*) und 10 dbm (*mitte rechts*), ATZB-900-BO Modul mit −10 dbm (*unten links*) und
10 dbm (*unten rechts*)

Tab. 6.2 Energieverbrauch (in nA/h) für eine Mess- und Übertragungsphase der mit dem MAC
Stack konfigurierten Module

Funk-Modul	Ausgangsleistung					
	−10 dbm (100 μW)	−5 dbm (316 μW)	0 dbm (1 mW)	3 dbm (2 mW)	10 dbm (10 mW)	20 dbm (100 mW)
ATZB-900-BO	91,29	99,47	118,96	137,64	141,15	154,00
ATZB-24-A2	19,56	19,88	20,6	20,07	–	–
ATZB-24-UFL	–	–	25,68	26,83	29,27	37,52

3 db durchgeführt. Zunächst müssen die Zeiten der verschiedenen Phasen einer Übertragungsphase aus dem Verlaufsgraphen des Oszilloskops bestimmt werden. Für dieses
Beispiel werden die Zeit- und Spannungswerte aus Abb. 6.17 entnommen:

$$T_1 = 0,31\,\text{ms}; \quad I_1 = 90,99\,\text{mV}/11\,\Omega = 8,27\,\text{mA}$$

$$T_2 = 0,73\,\text{ms}; \quad I_2 = 94,51\,\text{mV}/11\,\Omega = 8,59\,\text{mA}$$

$$T_3 = 0,39\,\text{ms}; \quad I_3 = 106\,\text{mV}/11\,\Omega = 9,64\,\text{mA}$$

$$T_4 = 0,26\,\text{ms}; \quad I_4 = 345\,\text{mV}/11\,\Omega = 31,36\,\text{mA}$$

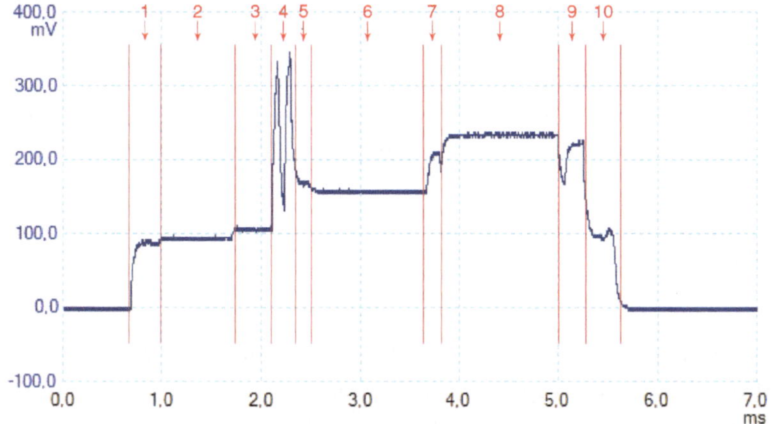

Abb. 6.17 Energiephasen einer Datenübertragung mit dem MAC-Stack im Frequenzband 2,4 GHz bei 3 dbm

$$T_5 = 0,13\,\text{ms}; \quad I_5 = 170\,\text{mV}/11\,\Omega = 15,45\,\text{mA}$$

$$T_6 = 1,18\,\text{ms}; \quad I_6 = 158\,\text{mV}/11\,\Omega = 14,36\,\text{mA}$$

$$T_7 = 0,14\,\text{ms}; \quad I_7 = 209\,\text{mV}/11\,\Omega = 19,00\,\text{mA}$$

$$T_8 = 1,18\,\text{ms}; \quad I_8 = 218\,\text{mV}/11\,\Omega = 19,82\,\text{mA}$$

$$T_9 = 0,26\,\text{ms}; \quad I_8 = 220\,\text{mV}/11\,\Omega = 20,00\,\text{mA}$$

$$T_{10} = 0,36\,\text{ms}; \quad I_{10} = 98\,\text{mV}/11\,\Omega = 8,91\,\text{mA}$$

$$T_{gesamt} = 4,94\,\text{ms}$$

Mit den Zeiten der einzelnen Phasen und den dazugehörigen Stromwerten kann nun der Energieverbrauch für eine Übertragungsphase bestimmt werden:

$$\varrho_{gesamt} = T_1 \cdot I_1 + T_2 \cdot I_2 + T_3 \cdot I_3 + T_4 \cdot I_4 + T_5 \cdot I_5 + T_6 \cdot I_6 + T_7 \cdot I_7 + T_8 \cdot I_8$$
$$+ T_9 \cdot I_9 + T_{10} \cdot I_{10}$$

$$\varrho_{gesamt} = 0,31\,\text{ms} \cdot 8,27\,\text{mA} + 0,73\,\text{ms} \cdot 8,59\,\text{mA} + 0,39\,\text{ms} \cdot 9,64\,\text{mA}$$
$$+ 0,26\,\text{ms} \cdot 31,36\,\text{mA} + 0,13\,\text{ms} \cdot 15,45\,\text{mA} + 1,18\,\text{ms} \cdot 14,36\,\text{mA}$$
$$+ 0,14\,\text{ms} \cdot 19,00\,\text{mA} + 1,18\,\text{ms} \cdot 19,82\,\text{mA} + 0,26\,\text{ms} \cdot 20,00\,\text{mA}$$
$$+ 0,36\,\text{ms} \cdot 8,91\,\text{mA}$$

$$\varrho_{gesamt} = 74,1561\,\text{mA} \cdot \text{ms}$$

$$\varrho_{gesamt} = 20,6\,\text{nA} \cdot \text{h}$$

T_x: Dauer der entsprechenden Phase

T_{gesamt}:   Dauer einer kompletten Übertragungsphase

Tab. 6.3 Energieverbrauch (in μA/h) für eine Mess- und Übertragungsphase der mit dem BitCloud Stack konfigurierten Module

Funk-Modul	Ausgangsleistung					
	-10 dbm (100 μW)	-5 dbm (316 μW)	0 dbm (1 mW)	3 dbm (2 mW)	10 dbm (10 mW)	20 dbm (100 mW)
ATZB-900-BO	2,76	2,76	2,78	2,79	2,86	–
ATZB-24-A2	2,9	2,9	2,9	2,9	–	–
ATZB-24-UFL	–	–	4,09	4,10	4,14	4,21

I_n: Stromstärke I in der Phase n bestimmt aus Spannung U über Widerstand R

I_{sleep}:   Stromstärke I der sleep-Phase pro Minute

Q_{gesamt}:   Benötigte elektrische Ladung für eine Übertragungsphase

$Q_{Endgerät}$: Benötigte elektrische Ladung pro Stunde

Die Größe der Übertragungsintervalle eines Endgeräts lassen sich in den Stacks konfigurieren. Mit dem Energieverbrauch pro Übertragungsphase sowie dem Stromverbrauch $I_{sleep} = 13{,}6\,\mu$A in der Schlafphase kann der gesamte Energieverbrauch berechnet werden. Sollen beispielsweise eine Übertragungsphase pro Minute (60 pro Stunde) durchgeführt werden lässt sich der Energieverbrauch pro Stunde nach folgendem Schema berechnen:

$$Q_{Endgerät} = 60 \cdot Q_{messphase} + (1\,\text{h} - 60 \cdot T_{messphase}) \cdot I_{sleep}$$

$$Q_{Endgerät} = 60 \cdot 20{,}6\,\text{nA}\,\text{h} + (1\,\text{h} - 60 \cdot 4{,}94\,\text{ms}) \cdot 13{,}6\,\mu\text{A}$$

$$Q_{Endgerät} = 1{,}236\,\mu\text{A}\,\text{h} + 0{,}9999\,\text{h} \cdot 13{,}6\,\mu$$

$$Q_{Endgerät} = 14{,}83\,\mu\text{A}\,\text{h}$$

Wird in diesem Fall z. B. eine Alkaline Batterie mit 2000 mAh als Energiequelle eingesetzt, kann das Funkmodul 2000 mA h/14,83 μA $= 134.861{,}77$ h also ca. 15 Jahre betrieben werden. Dies stellt natürlich nur einen theoretischen Wert dar, in dem physikalische Eigenschaften wie z. B. die Selbstentladung der Energiequelle, Kapazitätsschwankungen durch Temperaturunterschiede und die nicht digitale Entladekennlinie der Batterie nicht berücksichtigt werden. Weiterhin sind, wie schon erwähnt, keine Sensoren oder Aktoren angeschlossen.

Die Ergebnisse für den Energiebedarf einer Übertragungsphase verschiedener Funkmodule die mit dem BitCloud-Stack mit unterschiedlichen Ausgangsleistungen programmiert wurden, kann der Tab. 6.3 entnommen werden. Beispiele für Verlaufsgraphen von Funkmodulen sind in den Abb. 6.19 dargestellt. Auch hier wird im folgenden beispielhaft eine Rechnung, diesmal für ein ATZB-900-BO Funkmodul, mit einer konfigurierten Ausgangsleistung von 3 db durchgeführt. Zunächst müssen wieder die Zeiten der verschiedenen Phasen einer Übertragungsphase aus dem Verlaufsgraphen des Oszilloskops bestimmt werden. Für dieses Beispiel werden die Zeit- und Spannungswerte aus dem

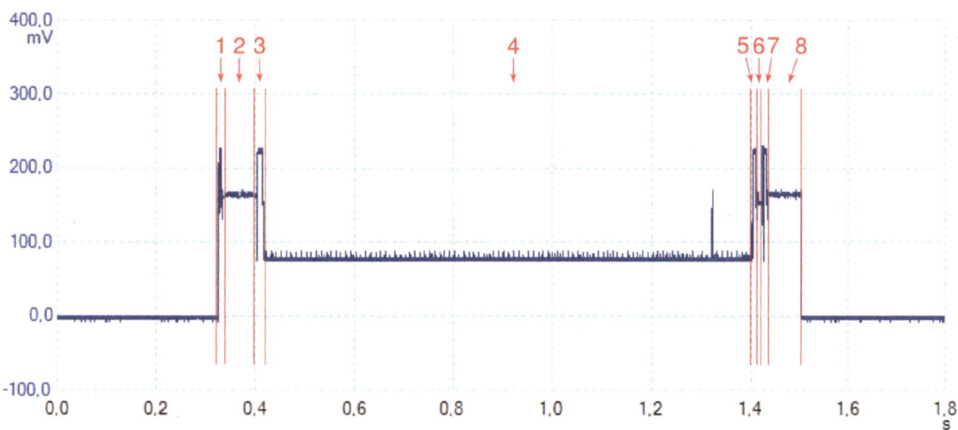

Abb. 6.18 Energiephasen einer Datenübertragung mit BitCloud im Frequenzband 868 mHz bei 3 dbm

Graphen für das ATZB-900-BO Modul mit einer Ausgangsleistung von 3 db entnommen (siehe Abb. 6.18):

$$T_1 = 6{,}7\,\text{ms};\ I_1 = 224{,}95\,\text{mV}/11\,\Omega = 20{,}45\,\text{mA}$$

$$T_2 = 73{,}9\,\text{ms};\ I_2 = 162{,}25\,\text{mV}/11\,\Omega = 14{,}75\,\text{mA}$$

$$T_3 = 11\,\text{ms};\ I_3 = 224{,}95\,\text{mV}/11\,\Omega = 20{,}45\,\text{mA}$$

$$T_4 = 990\,\text{ms};\ I_4 = 78{,}54\,\text{mV}/11\,\Omega = 7{,}15\,\text{mA}$$

$$T_5 = 5\,\text{ms};\ I_5 = 224{,}95\,\text{mV}/11\,\Omega = 20{,}45\,\text{mA}$$

$$T_6 = 12\,\text{ms};\ I_6 = 152{,}57\,\text{mV}/11\,\Omega = 13{,}87\,\text{mA}$$

$$T_7 = 10\,\text{ms};\ I_7 = 224{,}95\,\text{mV}/11\,\Omega = 20{,}45\,\text{mA}$$

$$T_8 = 71\,\text{ms};\ I_8 = 163{,}57\,\text{mV}/11\,\Omega = 14{,}87\,\text{mA}$$

$$T_{gesamt} = 1179{,}6\,\text{ms}$$

Mit den Zeiten der einzelnen Phasen und den dazugehörigen Stromwerten kann der Energieverbrauch für eine Übertragungsphase bestimmt werden:

$$\varrho_{gesamt} = T_1 \cdot I_1 + T_2 \cdot I_2 + T_3 \cdot I_3 + T_4 \cdot I_4 + T_5 \cdot I_5 + T_6 \cdot I_6 + T_7 \cdot I_7 + T_8 \cdot I_8$$

$$\varrho_{gesamt} = 6{,}7\,\text{ms} \cdot 20{,}45\,\text{mA} + 73{,}9\,\text{ms} \cdot 14{,}75\,\text{mA} + 11\,\text{ms} \cdot 20{,}45\,\text{ms}$$

$$+\ 990\,\text{ms} \cdot 7{,}15\,\text{mA} + 5\,\text{ms} \cdot 20{,}45\,\text{mA} + 12\,\text{ms} \cdot 13{,}87\,\text{mA}$$

$$+\ 10\,\text{ms} \cdot 20{,}45\,\text{mA} + 71\,\text{ms} \cdot 14{,}87\,\text{mA}$$

$$\varrho_{gesamt} = 10.049{,}55\,\text{mA} \cdot \text{ms}$$

$$\varrho_{gesamt} = 2{,}79\,\mu\text{A h}$$

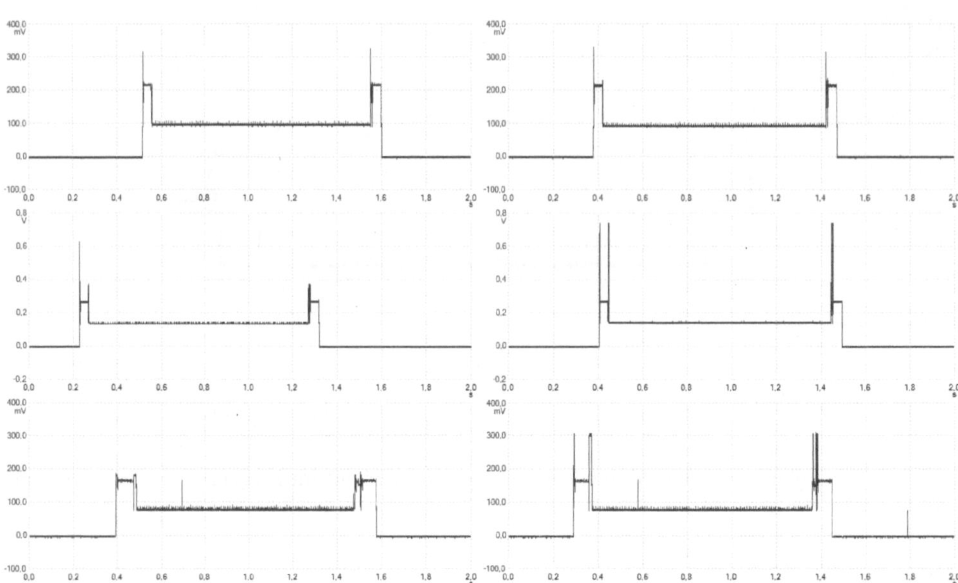

Abb. 6.19 Verlaufsgraphen der Spannung über einem Widerstand von Funkmodulen als ZigBee-Endgerät konfiguriert:
ATZB-24-A2 Modul mit −10 dbm (*oben links*) und 3 dbm (*oben rechts*), ATZB-24-UFL Modul mit 0 dbm (*mitte links*) und 20 dbm (*mitte rechts*), ATZB-900-BO Modul mit −10 dbm (*unten links*) und 3 dbm (*unten rechts*)

Sollen auch auf diesem Funkmodul eine Übertragung pro Minute (60 pro Stunde) durchgeführt werden lässt sich der Energieverbrauch wie folgt berechnen:

$$Q_{Endgerät} = 60 \cdot Q_{gesamt} + (1\,h - 60 \cdot T_{gesamt}) \cdot I_{sleep}$$

$$Q_{Endgerät} = 60 \cdot 2{,}79\,\mu A\,h + (1\,h - 60 \cdot 1179{,}6\,ms) \cdot 11{,}36\,\mu A$$

$$Q_{Endgerät} = 167{,}4\,\mu A\,h + 0{,}98034\,h \cdot 11{,}36\,\mu A$$

$$Q_{Endgerät} = 178{,}54\,\mu A\,h$$

Wird in diesem Fall ein Alkaline Batterie mit 2000 mA h als Energiequelle eingesetzt kann das Funkmodul 2000 mA h/178,54 μA = 11.202,2 h also ca. 1,3 Jahre betrieben werden. Wie in der Beispielberechnung des Energieverbrauch von Modulen die mit dem MAC-Stack programmiert wurden, ist dieser Wert wieder nur ein theoretischer Wert.

Aus den Messwerten der Tabellen mit den Energiekosten für Module die mit dem BitCloud- bzw. mit dem MAC-Stack programmiert wurden, lassen sich folgende Eigenschaften ableiten:

- Die Sendekosten bei Modulen ohne Verstärker ist zwar 25 % höher als bei Modulen ohne Verstärken aber fallen mit 5nAh kaum ins Gewicht, insbesondere wenn die Messwerte nicht nach jeder einzelnen Messung übertragen werden.

- Die Sendephasen sind im Verhältnis zu den Rechenzeiten des Mikrocontrollers relativ kurz. Durch die extrem kurzen Sendephasen bei den 2,4 GHz Modulen ist der Unterschied zwischen den verschiedenen Ausgangsleistungen sowohl bei BitCloud-Modulen als auch bei MAC-Modulen kaum messbar bzw. vernachlässigbar.
- Die Sendekosten sind durch die niedrigere Übertragungsrate bei den 868 MHz höher als bei den 2,4 GHz.
- Die Sendekosten sind bei MAC-Modulen durch den geringeren Overhead deutlich günstiger als bei BitCloud-Modulen.
- Bei den Modulen die mit dem MAC-Stack programmiert wurden, fällt auf dass die Energiekosten der 868 MHz Module deutlich höher ist als bei den 2,4 GHz Modulen.
- Bei den mit BitCloud Modulen fällt im Gegensatz zu den MAC-Stack Modulen auf, dass die Energiekosten der 2,4 GHz Modulen über den Werten der 868 MHz Modulen liegt.
- Die Energiekosten der mit dem BitCloud-Stack programmierten Module sind deutlich höher als bei Modulen die mit dem MAC-Stack programmiert wurden. In Bezug auf die Energiekosten und somit auf die Standzeit einer Energiequelle muss bei der Konzeption eines Sensornetzwerks abgewägt werden ob die Funktionalitäten des MAC-Stacks nicht ausreichend sind.

Zu einer zertifizierten ZigBee Lösung gehören sowohl die Hardwarekomponenten (ZigBee-MCU) als auch die entsprechende Softwareimplementierung (ZigBee-Stack). Für die in Kap. 6 beschriebenen Funkmodule von Atmel heißt die Implementierung des ZigBee-Stacks *BitCloud*. Auf Basis dieser Implementierung werden wir in späteren Kapiteln eigene Anwendungen programmieren. Allgemeine Informationen und die aktuelle Version von BitCloud sind auf der Webseite[1] von Atmel zu finden. Für unsere Module benötigen wir das *BitCloud SDK for ZigBit/ZigBit Amp/ZigBit 900 modules and RCBs*. Unsere Programmierbeispiele und diese Anleitung beziehen sich auf die BitCloud Version 1.14. Heruntergeladen werden kann diese Version direkt über den Link www.atmel. com/images/BitCloud_ZIGBIT_1_14_0.zip. Sollte der Link nicht mehr funktionieren, wenden sie sich gegebenenfalls an den hilfsbereiten technischen Support von Atmel. Der BitCloud-Stack enthält neben dem Sourcecode für den ZigBee-Stack auch Beispielprogramme und entsprechende Projektdateien. In diesem Kapitel wird die Installation der Entwicklungsumgebung *AVRStudio 6.1* und des Cross-Compilers *WinAVR* und die Inbetriebnahme der in Kap. 6 beschriebenen Funkmodule mit dem Beispielprogramm *WSNDemo* beschrieben.

---

[1] www.atmel.com/tools/BITCLOUD-ZIGBEEPRO.aspx

© Springer Fachmedien Wiesbaden 2014

M. Krauße, R. Konrad, *Drahtlose ZigBee-Netzwerke*, DOI 10.1007/978-3-658-05821-0_7

7.1   Installation AVR Studio, WinAVR, BitCloud

Zum Kompilieren der Programme und des BitCloud-Stacks wird der Cross-Compiler *avr-gcc* und die Bibliothek *AVR-LibC* benötigt. BitCloud 1.14 wurde unter avr-gcc-Distribution *WinAVR* entwickelt, die den Compiler avr-gcc in der Version 4.3.3 und die Bibliothek AVR-LibC in der Version 1.6.7 enthält. Neuere Versionen des Compilers verursachen beim Kompilieren von BitCloud-Programmen Fehlermeldungen. Als Entwicklungsumgebung benutzen wir AVRStudio 6.1. Diese beinhaltet bereits eine sog. *Toolchain* zum Kompilieren. Diese Toolchain benutzt die aktuellere Versionen des Compilers avr-gcc und der Bibliothek AVR-LibC. Damit AVRStudio 6.1 den Compiler von WinAVR benutzt, sind einige Anpassungen notwendig:

Schritt 1: Zunächst installieren wir WinAVR Version 20100110 in das Standardverzeichnis *C:\WinAVR-20100110*. Die Installationsdatei *WinAVR-20100110-install.exe* kann von der Webseite winavr.sourceforge.net heruntergeladen werden.

Schritt 2: Als nächstes installieren wir AVRStudio 6.1 in das vom Installationsprogramm vorgeschlagene Standardverzeichnis *C:\Program Files (x86)\Atmel*. Die Installationsdatei *AStudio61sp2net.exe* von AVRStudio 6.1 (build 2730) kann von der Atmel Webseite[2] heruntergeladen werden.

Schritt 3, 1. Alternative: Es gibt zwei verschieden Möglichkeiten AVRStudio 6.1 so zu konfigurieren, dass es beim Kompilieren den Compiler *avr-gcc* und die Bibliothek *AVR-LibC* von WinAVR benutzt. Die Toolchains werden von AVRStudio 6.1 unter Windows als eigene Komponente installiert. Die einfachste Möglichkeit ist es die *Atmel AVR (8-Bit) GNU Toolchain* in Windows unter *Systemsteuerung -> Programme* zu deinstallieren. Diese Standard-Toolchain für 8-Bit Anwendungen steht somit nicht mehr zur Verfügung und AVRStudio benutzt automatisch den Compiler und die entsprechende Bibliothek von WinAVR.

Schritt 3, 2. Alternative: Insbesondere falls die 8-Bit Toolchain von Atmel für andere Anwendungen benötigt wird, existiert eine weitere Konfigurationsmöglichkeit. Hierzu ist in AVRStudio 6.1 unter dem Menü *Tools -> Options -> Toolchain* eine neue Toolchain für Atmel 8-Bit anzulegen und diese z. B. WinAVR zu nennen. Als Verzeichnisse müssen Sie den Ort des bin-Ordner der WinAVR-Installation angeben. Da die normale Toolchain allerdings vorhanden bleibt, müssen Sie bei jedem Projekt bei den Projekteigenschaften unter *Advanced -> Toolchain Flavour* explizit angeben, dass die Toolchain WinAVR zu benutzen ist.

---

[2] www.atmel.com/Images/AStudio61sp2net.exe

Der ZigBee-Stack BitCloud muss lediglich in ein entsprechendes Verzeichnis entpackt werden. Um Probleme beim Kompilieren auf Grund einer zu tiefen Verzeichnisstruktur zu vermeiden, entpacken wir BitCloud in das Verzeichnis *C:\BitCloud_ZIGBIT_1_14_0*. Nach dem Entpacken finden Sie im BitCloudverzeichnis folgende Verzeichnisstruktur vor:

- Applications
- BitCloud
- Documentation
- Evaluation Tools
- ThirdPartySoftware
- BitCloud_1_11_0_Migration_Guide.pdf
- BitCloud_1_12_0_Migration_Guide.pdf
- BitCloud_1_13_0_Migration_Guide.pdf
- BitCloud_1_14_0_Migration_Guide.pdf
- LICENSE.txt
- Release Notes.txt

Im Verzeichnis *Applications* liegen Beispielanwendungen. Das Verzeichnis *BitCloud* enthält die einzelnen Komponenten des BitCloud-Stacks (MAC, PHY, NWK, ZDO, BSP, ...). Im Verzeichnis *Documentation* finden wir verschiedene Dokumentationen. Im Verzeichnis *ThirdPartySoftware* befindet sich ein Treiber für eine USB-UART-Schnittstelle mit dem cp210x Chip, wie er beispielsweise beim CP2102EK Evaluation Kit benutzt wird. Das Verzeichnis *Evaluation Tools* enthält u. A. die Anwendung *WSN Monitor* die zur Visualisierung der WSNDemo-Komponenten auf dem PC benutzt wird.

7.2 WSNDemo

In der Beispielanwendung *WSNDemo* bilden verschiedene Funkmodule ein ZigBee-Meshnetzwerk. Wie in ZigBee-Netzwerken üblich, übernimmt ein Funkmodul die Rolle des ZigBee-Koordinators und beliebig viele Funkmodule die Rollen von ZigBee-Routern und/oder von ZigBee-Endgeräten. Jedes Funkmodul sendet in definierten Intervallen permanent Daten an den Koordinator, die dieser über die UART-Schnittstelle ausgibt. Die UART-Schnittstelle wird über einen entsprechenden Wandler (z. B. eine UART-USB-Bridge mit einem FDTI FT232-Chip) mit dem Computer verbunden. Unter Windows erhalten wir über eine virtuelle COM-Schnittstelle zugriff auf die USB-Schnittstelle. Die Datenübertragungsrate beträgt 38.400 Baud. Zur Beispielanwendung WSNDemo gehört auch die PC-Anwendung WSNMonitor, die sich im BitCloud-Verzeichnis *Evaluation*

Tools/WSNDemo (WSN Monitor) befindet. Mit dem WSNMonitor können Daten des Zig-Bee-Netzes visualisiert werden. Für die Bearbeitung ders WSNDemo-Projektes muss als erstes AVRStudio 6.1 gestartet und aus dem Unterverzeichnis WSNDemo/as5_projects die Projektdatei *MeshBean.avrsln* geöffnet werden. Diese Projektdatei ist zwar im AVR-Studio 5-Format, nach dem Öffnen und Speichern wird das Projekt allerdings automatisch nach AVRStudio 6.1 konvertiert und die Projektdatei *MeshBean.atsln* angelegt. Das Projekt ist zwar für ein MeshBean900-Board konzipiert, dieses Board ist dem in Abschn. 6 beschriebenen Funkmodul jedoch sehr ähnlich. Es basiert auf dem ZigBit-Chip und unterscheidet sich lediglich in einigen zusätzlichen Hardwarekomponenten und der Frequenz. Nach dem Öffnen mit AVRStudio sehen Sie auf der rechten Seite den Solution Explorer. Im Solution Explorer (siehe Abbildung rechts) werden Source- und Headerdateien des Projektes gelistet.

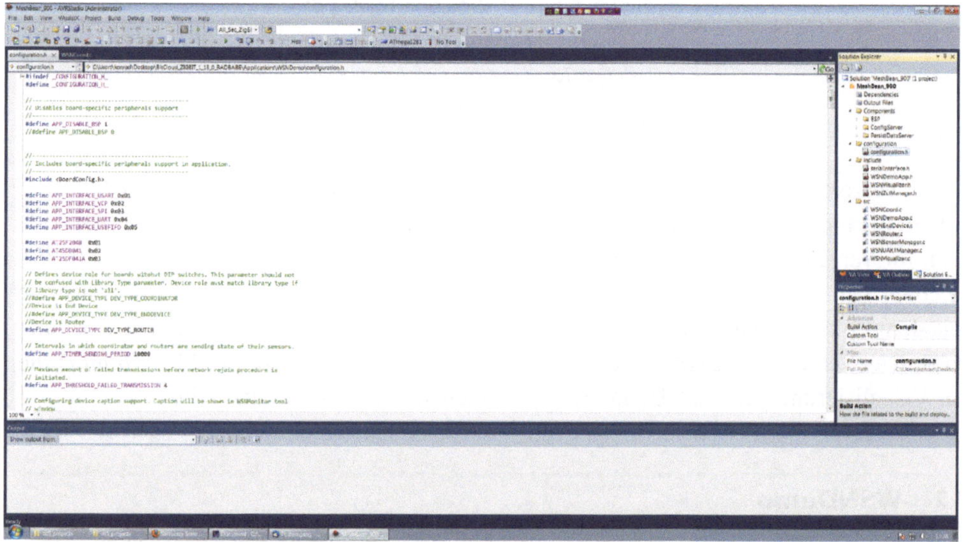

Uns interessiert hauptsächlich die Datei *configuration.h*, in der wir spezielle Parameter für jedes einzelne Funkmodul festlegen können. Trotzdem werden wir die Bedeutung der einzelnen Dateien kurz vorstellen. Tabelle 7.1 listet die entsprechenden Dateien und beschreibt deren Funktion.

Der BitCloud Quellcode ist für die Meshbean Entwicklungsboards von Atmel entwickelt worden. Diese werden z. Zt. unter dem Namen BlueBeans vertrieben. In allen ZigBit-MCUs wird der Atmel Mikrocontroller ATmega 1281 verwendet. Auf dem Meshbean bzw. BlueBean Entwicklungsboard sind DIP-Schalter, LEDs, Lichtsensoren, Batteriesensoren und Temperatursensoren an verschiedenen Ein- bzw. Ausgängen installiert.

Tab. 7.1 Dateien der Beispielanwendung WSNDemo

Datei	Inhalt	verändert
configuration.h	Datei für Konfigurationseinstellungen wie z. B. Einstellungen von Parametern des Mikrocontrollers und Transceiver, Adressen, Knotentyp usw.	ja
src\WSNDemoApp.c	Programmcode der von allen Modulen benötigt wird.	nein
src\WSNCoord.c	Programmcode der ausschließlich vom Koordinator benötigt wird.	nein
src\WSNRouter.c	Programmcode der ausschließlich von Routern benötigt wird.	nein
src\WSNEndDevice.c	Programmcode der ausschließlich von Endgeräten benötigt wird.	nein
src\WSNSensorManager.c	Der Sensormanager stellt eine Sammlung von Funktionen zur Steuerung der Sensoren zur Verfügung.	nein
src\WSNUARTManager.c	Der UART-Manager stellt eine Sammlung von Funktionen zur Verfügung, um Daten über die UART-Schnittstelle über einen Buffer auszulesen oder auszugeben.	nein
src\WSNVisualizer.c	Eine Sammlung von Funktionen zur Ansteuerung der LEDs, um über den Status der einzelnen Knoten zu informieren.	nein
src\WSNZclManager.c	Der Zcl-Manager stellt eine Sammlung von Funktionen zur Verfügung, um Cluster zu verwalten und Verbindungen zu erstellen.	nein
include\WSNDemoApp.h	Headerdatei zur Datei WSNDemoApp.c	nein
include\serialInterface.h	Die Headerdatei für den Programmcode der seriellen Schnittstelle.	nein
include\WSNVisualizer.h	Headerdatei für den Programmcode der Datei WSNVisualizer.c	nein
include\WSNZclManager.h	Headerdatei zur Datei WSNZclManager.c.	nein

Diese Peripherie ist bei dem in Kap. 6 beschriebenen Funkmodul nicht oder wird an anderen Ports installiert, deshalb müssen die boardspezifischen Eigenschaften mit der Option `#define APP_DISABLE_BSP 1` und `#define BSP_MNZB_EVB_SUPPORT 0` deaktiviert werden:

```
            :
            :
//--------------------------------------------------
// Disables board-specific peripherals support
//--------------------------------------------------
#define APP_DISABLE_BSP 1
//#define APP_DISABLE_BSP 0

            :
            :
//--------------------------------------------------
//BOARD_MESHBEAN
//--------------------------------------------------
#ifdef BOARD\_MESHBEAN
  // Enable this option if target board belongs to MNZB-EVBx family
  //#define BSP_MNZB_EVB_SUPPORT
  #define BSP_MNZB_EVB_SUPPORT 0   // das muss aktiviert weden

  // Defines primary serial interface type to be used by application.
  #define APP_INTERFACE APP_INTERFACE_USART

  // Defines USART interface name to be used by application.
  #define APP_USART_CHANNEL USART_CHANNEL_1
#endif

            :
            :
```

Unser Funkmodule senden und empfangen im Frequenzband $2,4\,\mathrm{GHz}$. Für dieses Frequenzband stehen uns die Funkkanäle 11 bis 26 zur Verfügung (siehe Abschn. 9.3.5). In all unseren Anwendung benutzen wir einfachheitshalber nur den Funkkanal 20. Den Funkkanal legen wir durch den Parameter CS_CHANNEL_MASK fest. Der Parameter ist in der Datei *configuration.h* zweimal vorhanden. Unser Funkmodul benutzt nicht den Transceiver AT86RF212, wodurch wir die Anweisung CS_CHANNEL_MASK (1L<<20) in den #else-Zweig der entsprechenden Präprozessoranweisung setzten müssen:

```
            :
            :
#ifdef AT86RF212
  // Enables or disables Listen Before Talk feature.
  #define CS_LBT_MODE false

            :
            :
  #define CS_CHANNEL_MASK (1L<<0x01)
#else

            :
            :
  //  C-type: uint32_t
  //  Can be set: at any time before network start
  //  Persistent: Yes
  #define CS_CHANNEL_MASK (1L<<20)
#endif

            :
            :
```

Für die Anwendung WSNDemo benötigen wir mehrere Funkmodule, die ein ZigBee-Netzwerk bilden. Diese Funkmodule übernehmen verschiedene Rollen. Genau ein Funkmodul übernimmt die Rolle des ZigBee-Koordinators und beliebig viele Funkmodule die Rollen von ZigBee-Routern oder ZigBee-Endgeräten. Zudem erhält jedes Funkmodul eine eigene eindeutige 64-Bit MAC-Adresse. Das bedeutet jedes Funkmodul benötigt eine eigene Firmware (Image) in Form einer .hex-Datei. Die folgende Anpassungen der Datei *configuration.h* sind entsprechend für jedes Funkmodul vorzunehmen, um ein passendes Image zu erstellen.

In einem ZigBee-Netzwerk existieren drei mögliche Rollen mit der ein Funkmodul programmiert werden kann, Koordinator, Router oder Endgerät (engl. Enddevice). Die Rolle wird in der Konfigrationsdatei configuration.h durch den Parameter `APP_DEVICE_TYPE DEV_TYPE_xxxxxxxx` bestimmt. `xxxxxxxx` sind Platzhalter für `COORDINATOR`, `ROUTER` oder `ENDDEVICE` und bestimmen die entsprechende Rolle. Durch diese Angabe werden die entsprechend benötigten Funktionalitäten in das Image kompiliert:

```
              ⋮
// Defines device role for boards witohut DIP switches. This parameter should not
// be confused with Library Type parameter. Device role must match library type if
// library type is not all.
#define APP_DEVICE_TYPE DEV_TYPE_COORDINATOR
//Device is End Device
//#define APP_DEVICE_TYPE DEV_TYPE_ENDDEVICE
//Device is Router
//#define APP_DEVICE_TYPE DEV_TYPE_ROUTER
              ⋮
```

In der Grundeinstellung erscheinen die Funkmodule in der grafischen Oberfläche WSNMonitors mit der ihnen zugewiesenen 16-Bit Kurzadressen. Es besteht jedoch die Möglichkeit über den Parameter `APP_DEVICE_CAPTION` den Funkmodulen Namen zuzuweisen. Diese Funktionalität muss zudem durch den Parameter `#define APP_USE_DEVICE_CAPTION 1` aktiviert werden:

```
              ⋮
#define APP_USE_DEVICE_CAPTION 1
              ⋮

//------------------------------------------------
//APP_USE_DEVICE_CAPTION == 1
//------------------------------------------------
#if (APP_USE_DEVICE_CAPTION == 1)
  // Device caption, shown in WSNMonitor. Must be less, than 15 characters.
  #define APP_DEVICE_CAPTION "Koordinator"   // Namen vergeben
#endif
              ⋮
```

Jedes Funkmodul benötigt einen eindeutigen 64-Bit Adresse, die sogenannte MAC-Adresse. In der Datei *configuration.h* wird diese Adresse über den Parameter `CS_UID` festgelegt. Wir vergeben hier Adressen, die mit DD beginnen und dann für jedes Funkmodul fortlaufend nummeriert werden:

```
          ⋮
          .
// 64-bit Unique Identifier (UID) determining the device extended address. If this
// value is 0 stack will try to read hardware UID from external UID or EEPROM chip
// at startup. Location of hardware UID is platform dependend and it may not be
// available on all platforms. If the latter case then UID value must be provided
// by user via this parameter. This parameter must be unique for each device in a
// network.
//#define CS_UID 0x0LL               //original
#define CS_UID 0xDD01LL          //geändert

// Determines whether the static or automatic addressing mode will be used for the
          ⋮
```

7.3 Kompilieren der Anwendung WSNDemo

Nachdem wir die Datei *configuration.h* z. B. für einen Koordinator angepasst haben, können wir das Projekt kompilieren, um ein entsprechendes Image für unser Funkmodul zu erstellen. Dazu wählen wir aus dem Menü *Build -> Build Solution*:

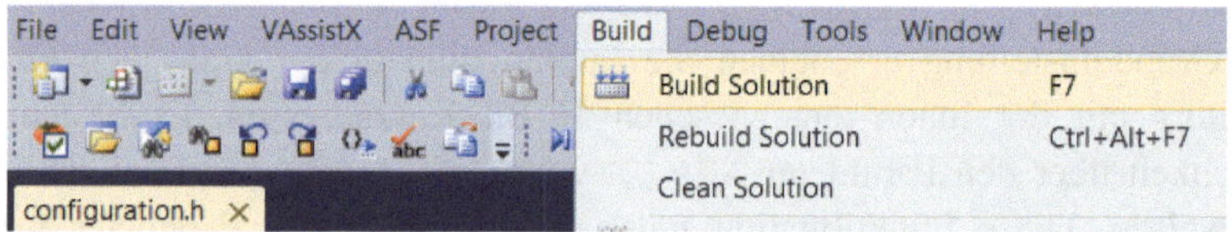

Um ein Projekt komplett neu zu kompilieren und um sicher zu sein, dass alle Änderungen übernommen werden, ist es sinnvoll im selben Menü zuvor auf *Clean Solution* oder *Rebuild Solution* zu klicken, sofern dies möglich ist. Die Firmware befindet sich nach erfolgreichem Kompilieren im Hauptverzeichnis des Projektes WSNDemo und besitzt die Endung .hex (*WSNDemo.hex*). Die für einen Koordinator erzeugte Firmware muss nun auf ein Funkmodul (sinnvoller Weise auf ein Funkmodul mit USB-UART-Schnittstelle) übertragen werden. Falls die Hex-Datei nicht direkt auf das Modul übertragen wird, sondern zuerst die Images für alle weiteren Funkmodule erzeugt werden sollen, muss die Datei umbenannt und sinnvollerweise in ein anderes Verzeichnis kopiert werden, da die Datei beim nächsten Kompilieren überschrieben wird. Für jedes zu erzeugendes Image müssen die folgenden Schritte ausgeführt werden:

Schritt 1: Anpassen der Datei configuration.h wie in Kap. 7.2 beschrieben.

Schritt 2: *Clean Solution* ausführen.

Schritt 3: *Rebuild Solution* ausführen.

Schritt 4: Die erzeugte .hex-Datei umbenennen und in ein geeignetes Verzeichnis umbewegen oder wie im Kap. 7.4 beschrieben direkt auf ein Funkmodul übertragen.

7.4   Übertragen der erstellten Images auf die Funkmodule

Nach dem erfolgreichen Kompilieren des Quellcodes wird ein Firmwareimage mit dem Namen *WSNDemoApp.hex* erzeugt und im Verzeichnis *BitCloud_ZIGBIT_1_14_0\Applications\WSNDemo* abgelegt. Dieses Image kann nun auf ein entsprechendes Funkmodul übertragen werden. Die Übertragung wird nach folgendem Procedere durchgeführt:

Schritt 1: WSNDemoApp.hex erzeugen

Schritt 2: JTAGICE3 Programmiergerät über das USB-Kabel mit dem PC verbinden.

Schritt 3: Das Funkmodul mit dem JTAGICE3 Programmiergerät verbinden. Das Funkmodul einschalten.

Schritt 4: Durch Anklicken des Menüs *Tools\AVR Programming* im AVR-Studio öffnet sich das folgende AVR Programming Fenster

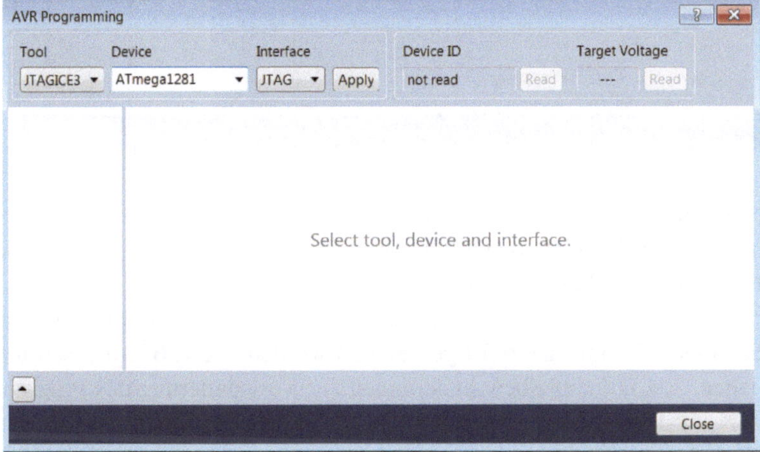

Schritt 5: In diesem Fenster muss nun das passende Programmiergerät, der Mikrocontroller des ZigBit-Chips und das Programmierinterface ausgewählt werden. Dazu wählen wir in der Rubrik *Tool* das Programmiergerät JTAGICE3, in der Rubrik *Device* den Mikrocontroller Atmega 1281 und in der Rubrik *Interface* JTAG aus. Nach dem Anklicken des Buttons *Apply* erscheinen, wie in der Abbildung zu sehen, die Registerkarten Interface settings, Tool information, Device information, Memories, Fuses, Lockbits und Production file.

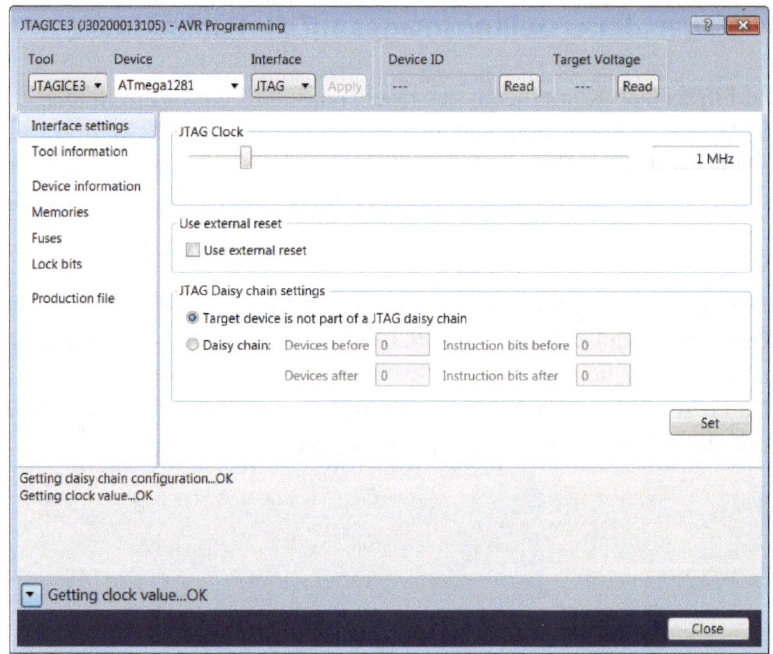

Schritt 6: Nun sollen die Fuses kontrolliert werden. Falsch gesetzte Fuses können zunächst unerklärliche Auswirkungen nach sich ziehen. Eine gesetzte EESAVE Fuse kann zur Folge haben, das beim Löschen des Mikrocontrollers die Parameter aus dem EEPROM nicht gelöscht werden. Im Quellcode geänderte Parameter die im EEPROM gespeichert werden wie z. B. Adressen bleiben erhalten. Als Folge bleiben Änderungen zur Verwunderung des Programmierers wirkungslos. In der Registerkarte *Fuses* sollen die *Extended Fuse* auf 0xFF, die *High Fuse* auf 0x9C,und, die *Low Fuse* auf 0x62 gesetzt werden. Die nachfolgende Abbildung zeigt die gesetzten Fuses. Anschließend sind die gemachten Einstellungen durch Anklicken des Buttons *Program* auf dem Mikrocontroller zu speichern. Eine detaillierte Beschreibung der Fuse- und Lockbits wird im Kapitel 7.7 beschrieben.

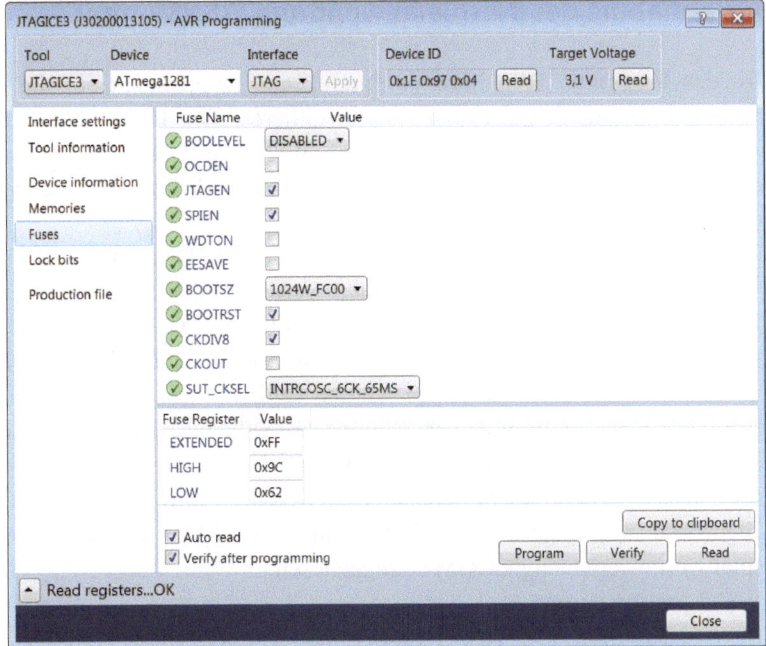

Schritt 7: In der Registerkarte *Memories* im Unterpunkt *Flash* wird die zu übertragene Image-Datei (hex-Datei) mit Pfad eingetragen. Durch Anklicken des Buttons *Program* wird der Chip gelöscht, die Datei *WSNDemoApp.hex* auf den Mikrocontroller übertragen und verifiziert.

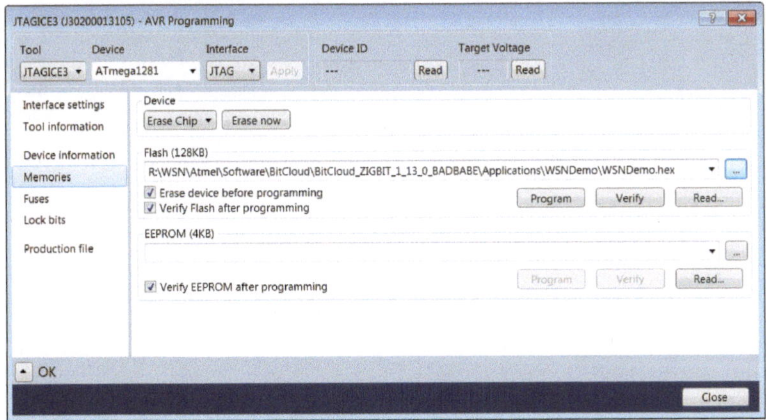

Schritt 8: Das Funkmodul ist nun geflasht. Es kann ausgeschaltet werden und das JTAG-Kabel kann entfernt werden.

7.5   Inbetriebnahme der Beispielanwendung WSNMonitor

Als erstes ist das Programm WSNMonitor durch einen Doppelklick auf die Installationsdatei *WSNMonitor_Setup_2.2.1.80.exe* zu installieren. Die Datei befindet sich im BitCloud-Verzeichnis *Evaluation Tools\WSNDemo (WSN Monitor)*. Damit unsere Funkmodule in der Anwendung WSNDemo erscheinen sind folgende Schritte durchzuführen:

Schritt 1: Zuerst muss ein Dongle (ZigBit-Funkmodul mit UART-USB-Bridge siehe Abschn. 6.7) als Koordinator Programmiert werden. Das WSN sendet über diesen Koordinator die Daten an die USB-Schnittstelle des PC's.

Schritt 2: Der als ZigBee-Koordinator programmierte Dongle muss nun mit der USB Schnittstelle des PCs verbunden werden (ggf. müssen für die UART-USB-Bridge Treiber für Windows installiert werden siehe Abschn. 6.7). Im Gerätemanager von Windows können wir, wie in Abb. 7.1 dargestellt, in der Rubrik *Anschlüsse (COM & LPT)* herausfinden, welcher COM-Port dem Funkmodul zugewiesen wurde. Dies kann ein beliebiger COM-Port sein, in unserem Beispiel wurde dem Dongle COM11 zugewiesen.

Schritt 3: WSNMonitor starten.

Schritt 4: Im WSNMonitor in der Registerkarte File – Connect wie in Abb. 7.2 zu sehen den entsprechenden COM-Port des Funkmoduls auswählen und durch Anklicken von *OK* bestätigen.

Schritt 5: Nach einigen Sekunden erscheint das Funkmodul als Koordinator im WSNMonitor.

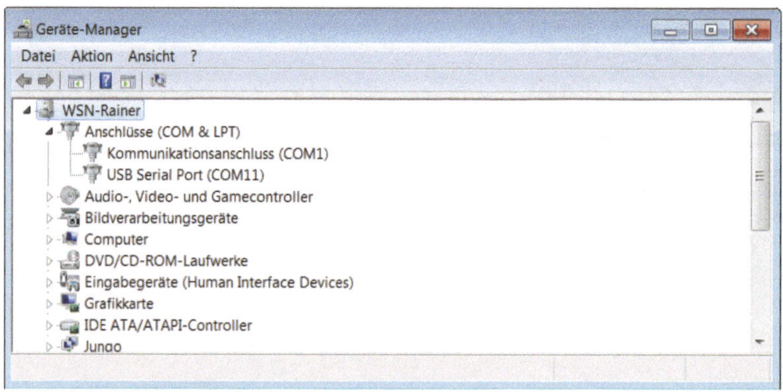

Abb. 7.1 Windows-Gerätemamager

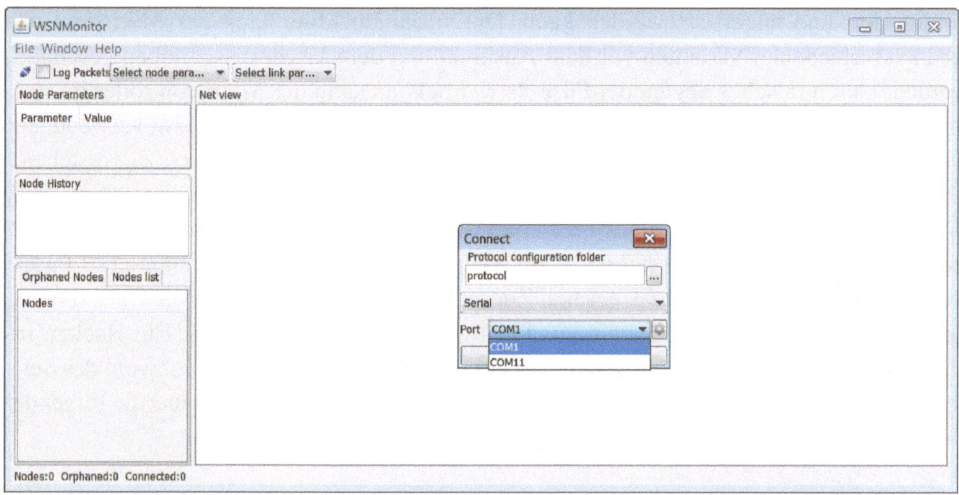

Abb. 7.2 WSNMonitor mit Connect Auswahlmenü

7.6   Hinzufügen weiterer Funkmodule zum Netzwerk

Nachdem der ZigBee-Koordinator erfolgreich aktiviert wurde und im WSNMonitor sichtbar ist, können nun weitere Funkmodule dem Netzwerk hinzugefügt werden, die je nach Programmierung entweder die Rolle eines Routers oder eines Endgerätes einnehmen:

Schritt 1: Funkmodule mit einem Image als Router oder Endgerät und einer eindeutigen ID programmieren.
Schritt 2: Funkmodule einschalten.
Schritt 3: Nach einigen Sekunden erscheinen die Funkmodule je nach Konfiguration als Router oder Endgerät im WSNMonitor.

7.7   Fuse- und Lockbits von Mikrocontrollern

Vor dem Übertragen eines Images auf den Mikrocontroller ist es sinnvoll sich mit den Fuse- und Lockbits zu beschäftigen. Fehlerhaftes Setzen der entsprechenden Bits kann fatale Folgen haben und einen Mikrocontroller unbrauchbar machen. Als Fusebits werden bestimmte Register des Mikrocontrollers bezeichnet, mit deren Hilfe der Mikrocontroller konfiguriert und angepasst werden kann. Durch die Lockbits kann der Mikrocontroller in verschiedenen Varianten vor dem Auslesen und dem Wiederbeschreiben geschützt werden. Durch falsches Setzen der Fuse- bzw. Lockbits kann der Mikrocontroller im Extremfall nicht mehr programmiert werden und ist nicht mehr ansteuerbar bzw. verwendbar. Die Konfiguration über die Fuse- und Lockbits ist an und für sich einfach zu verstehen. Etwas verwirrend ist zu Anfang allerdings, dass Atmel eine inverse Logik benutzt. Das Programmieren bzw. Setzen eines Fuse- bzw. Lockbits bedeutet, dass das entsprechende Registerbit auf logisch 0 gesetzt wird, ein Nichtsetzen bzw. ein unprogrammiertes Fuse- bzw. Lockbit wird logisch auf 1 gesetzt. Zur weiteren Verwirrung tragen die Checkboxen der verschiedenen Brennprogramme und Entwicklungsumgebungen bei. Ein Hacken in einer solchen Box setzt bzw. programmiert ein Fusebit, d.h setzt es auf 0, obwohl das Setzen eines Hackens eher mit einer 1 assoziiert werden könnte. Wir sollten uns die folgende Regel verinnerlichen:

Fuse- bzw. Lockbit gesetzt. $\widehat{=}$ Hacken in der Checkbox gesetzt. $\widehat{=}$ Bit ist logisch 0.

Es ist eine hilfreiche Angewohnheit, die auf dem zu programmierenden Mikrocontroller gesetzten Fuse- und Lockbits zuerst auszulesen und ggf. zu notieren, da überschriebene Fuse- bzw. Lockbits nicht mehr rekonstruierbar sind.

7.7.1   Die Fusebits des Atmega 1281

Der in unserem Funkmodulen eingesetzte ZigBit-Chip basiert auf dem Mikrocontroller Atmega 1281, so das wir uns dessen Fuse- und Lockbits genauer ansehen werden. Der Atmega 1281 verfügt über ein 3 Byte großes Register für die Fusebits und ein 1 Byte großes Register für die Lockbits. Die Fusebits bleiben beim Löschen des Chips durch ein Chip-Erase Kommando unberührt. Die wichtigsten Parameter die über die Fusebits manipuliert werden können sind:

- Konfiguration der Taktquelle und Taktgeschwindigkeit.
- Konfiguration der Brownout-Erkennung.
- Setzen eines Schreibschutzes des EEPROMs beim Flashen.
- Konfiguration des Reset-Pins (Reset-Pin oder I/O-Pin).
- Konfiguration der Programmierschnittstellen ISP und JTAG.
- Konfiguration des Bootloaders.

Die genaue Bedeutung der einzelnen Bits der drei Bytes High-Byte, Low-Byte und Extended-Byte der Fusebits sowie das Lockbits beschreiben wir in den folgenden Abschnitten.

Das High-Byte der Fusebits

Bit-Nr.	Fuse	Kurzbeschreibung	Standardwert
7	OCDEN	On Chip Debugging aktivieren.	nicht gesetzt (1)
6	JTAGEN	Programmierschnittstelle JTAG aktiviert.	gesetzt (0)
5	SPIEN	Programmierschnittstelle SPI aktiviert.	gesetzt (0)
4	WDTON	Watchdog Timer ein.	nicht gesetzt (1)
3	EESAVE	EEPROM bleibt beim Chip-Erase unberührt.	nicht gesetzt (1)
2	BOOTSZ1	Größe des Bootloader-Bereichs.	gesetzt (0)
1	BOOTSZ0	Größe des Bootloader-Bereichs.	gesetzt (0)
0	BOOTRST	Auswahl des Resetvektors.	nicht gesetzt (1)

OCDEN: Falls über die JTAG-Schnittstelle eine Fehlersuche (debugging) durchgeführt werden soll, muss OCDEN aktiviert werden. Nach der Entwicklungsphase, also bei produktreifen Geräten soll OCDEN deaktiviert werden, da die Clock in diesem Modus auch im sleep-Betrieb weiterläuft. Dies hat einen erhöhten Stromverbrauch zur Folge.

JTAGEN: Mit dieser Fuse wird die JTAG-Schnittstelle aktiviert. Über diese Schnittstelle ist nicht nur das Flashen des Mikrocontrollers möglich, sondern es kann auch eine Fehlersuche durchgeführt werden. Die JTAG-Schnittstelle belegt die Bits TDI/PC5, TDO/PC4, TMS/PC3, TCK/PC2). Falls diese Schnittstelle nicht aktiviert ist, stehen 4 zusätzliche I/O-Pins zur Verfügung.

SPIEN: Mit dieser Fuse wird die ISP-Schnittstelle aktiviert. Über diese Schnittstelle kann der Mikrocontroller nur programmiert werden, ein Debuggen ist nicht möglich. Im AVR Studio kann diese Fuse nicht verändert werden, wenn der Chip über ISP programmiert wird.

WDTON: Ist der Watchdog Timer programmiert wird der Mikrocontroller zurückgesetzt, wenn sich das Anwenderprogramm aufgehängt hat

EESAVE: Ist diese Fuse nicht aktiviert, wird der EEPROM[3] beim Löschen des Mikrocontrollers ebenfalls gelöscht. Soll der Inhalt beim Löschen des Mikrocontrollers erhalten bleiben, muss dieses Bit programmiert sein.

BOOTSZ1/BOOTSZ0: Mit diesen Fuses wird der reservierte Bereich für den Bootloader festgelegt. Beim Atmega 1281 kann zwischen den Größen 512 Word, 1024 Word, 2048 Word oder 4096 Word ausgewählt werden, Standard sind 4096 Word. Eine Anpassung des Defaultwertes muss nur vorgenommen werden, wenn der Speicher für den Programmcode an seine Grenzen kommt.

BOOTRST: Mit dieser Fuse wird festgelegt, ob nach einem Reset der Programmcode im Speicher oder Bootloader ausgeführt wird. Diese Fuse muss gesetzt sein, wenn ein Bootloader benutzt wird.

---

[3] Electrically Erasable Programmable Read-Only Memory

Das Low-Byte der Fusebits:

Bit-Nr.	Fuse	Beschreibung	Standardwert
7	CKDIV8	Takt durch 8 dividieren.	nicht gesetzt (1)
6	CKOUT	CPU-Takt CLKOUT Pin ausgeben.	nicht gesetzt (1)
5	SUT1	Wartezeit beim Hochfahren.	nicht gesetzt (1)
4	SUT0	Wartezeit beim Hochfahren.	gesetzt (0)
3	CKSEL3	Taktquelle konfigurieren.	gesetzt (0)
2	CKSEL2	Taktquelle konfigurieren.	gesetzt (0)
1	CKSEL1	Taktquelle konfigurieren.	gesetzt (0)
0	CKSEL0	Taktquelle konfigurieren.	nicht gesetzt (1)

CKDIV8: Durch das Setzen der CKDIV8 Fuse wird ein Teiler aktiviert, der den Takt für den Mikrocontroller durch 8 teilt.

CKOUT: Durch das Programmieren dieser Fuse wird der CPU Takt am entsprechenden CLK-out Pin ausgegeben. Dies kann nützlich sein, wenn andere Schaltungen mit dem Mikrocontroller Takt betrieben werden sollen.

SUT1/SUT0: Nach dem Einschalten bzw. nach einem Reset benötigt die Taktquelle ein bestimmte Zeit zum Anschwingen. Mit den SUT Fuses lässt sich die Zeit konfigurieren, wie lange der Reset Impuls nach einem Reset beziehungsweise Power Up verzögert wird. Der Standardwert ist 65 ms.

CKSEL3-CKSEL0: Mit diesen Fusebits wird die Taktquelle des Mikrocontrollers festgelegt. Eine falsche Einstellung kann den Mikrocontroller zwar lahm legen, dieser Fehler ist jedoch relativ einfach wieder zu beheben. Als Taktquellen kann der interne RC-Oszillator, ein externer Oszillator oder ein externer Quarz genutzt werden.

Das Extended-Byte der Fusebits:

Bit-Nr.	Fuse	Beschreibung	Standardwert
7	–	–	nicht gesetzt (1)
6	–	–	nicht gesetzt (1)
5	–	–	nicht gesetzt (1)
4	–	–	nicht gesetzt (1)
3	–	–	nicht gesetzt (1)
2	BODLEVEL2	Triggerspannung für Brown-Out-Detector.	nicht gesetzt (1)
1	BODLEVEL1		nicht gesetzt (1)
0	BODLEVEL0		nicht gesetzt (1)

BODLEVEL2-BODLEVEL0: Mit den BODLEVEL Fuses kann die Schwellwertspannung für die Brown-Out-Detection festgelegt werden. Beim Absinken der Versorgungsspannung unter diesen Wert wird automatisch ein Reset ausgeführt. Die zu konfigurierende Schwellwertspannung ist abhängig von der Versorgungsspannung und kann auf die Werte 1, 8 V 2, 7 V und 4, 3 V gesetzt werden.

7.7.2 Die Lockbits des Atmega 1281

Mit Hilfe der Lockbits kann der komplette Mikrocontroller oder nur bestimmte Speicherbereiche des Anwenderprogramms oder des Bootloaders vor dem Auslesen, dem Verifizieren oder dem Verändern geschützt werden. Sollten sie z. B. für einen Mikrocontroller ein eigenes evtl. sehr aufwendig programmiertes Image erstellt und auf den Mikrocontroller kopiert haben, können sie mit Hilfe der Lockbits den Inhalt des Mikrocontrollers und somit ihr geistiges Eigentum schützen. Die Lockbits des Atmega 1281 sind in einem 1 Byte großen Register abgelegt und in 2 Gruppen unterteilt, die Lockbits und die Bootlockbits. Folgende Tabelle zeigt die Position der einzelnen Bits, deren Namen und die Defaultwerte:

Bit-Nr.	Fuse	Beschreibung	Standardwert
7	–	–	nicht gesetzt (1)
6	–	–	nicht gesetzt (1)
5	BLB12	Boot1 LockBit Mode Bootloader	nicht gesetzt (1)
4	BLB11	Boot1 LockBit Mode Bootloader	nicht gesetzt (1)
3	BLB02	Boot0 LockBit Mode Anwenderprogramm	nicht gesetzt (1)
2	BLB01	Boot0 LockBit Mode Anwenderprogramm	nicht gesetzt (1)
1	LB2	LockBit Mode	nicht gesetzt (1)
0	LB1	LockBit Mode	nicht gesetzt (1)

Wie in Tab. 7.2 zu sehen, können durch die Lockbits LB1 und LB2 der komplette Flash- und EEPROM Speicher des Mikrocontrollers in 3 Stufen vor dem Zugriff durch serielle oder parallele Programmiergeräte geschützt werden. Durch die Boot-Lockbits BLB01 und BLB02 können die Speicherbereiche in dem das Anwenderprogramm liegt (Flash und EEPROM) in 4 verschiedenen Modi geschützt werden und durch die Boot-Lockbits BLB11 und BLB12 können die Speicherbereiche des Bootloaders (Flash und EEPROM) in 4 Stufen geschützt werden. Die Boot Lock Bits finden nur in Softwarestrategien mit Bootloader-Support Anwendung. Die Lockbits LB1 und LB2 werden erst nach dem Flashen des Mikrocontrollers, dem setzen der Fuses und der Bootlockbits programmiert. Gesetzte Lockbits können logischerweise nicht mehr verändert werden, sonst

Tab. 7.2 Die Sicherheitsmodis der Lockbits

LB-Modus	LB2	LB1	Beschreibung der Sicherheitsstufe
1	1	1	Der Mikrocontroller ist ungeschützt (Defaultwert)
2	1	0	Der Flash und EEPROM des Mikrocontrollers kann nicht mehr programmiert werden
3	0	0	Der Flash und EEPROM des Mikrocontroller kann nicht mehr programmiert oder verifiziert werden

BLB0-Modus	BLB02	BLB01	Beschreibung der Sicherheitsstufe
1	1	1	Kein Schutz der Speicherbereiche (Flash u. EEPROM) in dem das Anwender-Programm liegt (Defaultwert)
2	1	0	Kein Schreibzugriff (SPM[4]) auf den Speicherbereich des Anwenderprogramms möglich
3	0	0	Kein Schreibzugriff (SPM) auf den Speicherbereich des Anwenderprogramms möglich, Bootloader hat keinen Lesezugriff (LPM[5]), Interrupts im Bootloader die der Anwendungsbereich auslöst, werden unterbunden
4	0	1	Bootloader hat keinen Lesezugriff (LPM), Interrupts im Bootloader die der Anwendungsbereich auslöst, werden unterbunden

BLB1-Modus	BLB12	BLB11	Beschreibung der Sicherheitsstufe
1	1	1	Kein Schutz des Speicherbereichs (Flash u. EEPROM) in dem der Bootloader liegt (Defaultwert)
2	1	0	Kein Schreibzugriff (SPM) auf den Speicherbereich des Bootloaders möglich
3	0	0	Kein Schreibzugriff (SPM) auf den Speicherbereich des Bootloaders möglich, Anwenderprogramm hat keinen Lesezugriff (LPM), Interrupts im Anwendungsbereich die der Bootloader auslöst, werden unterbunden
4	0	1	Lesezugriffe (LPM) aus dem Bereich des Anwendungsprogramms nicht möglich, Interrupts im Bereich des Anwendungsprogramms die der Bootloader auslöst, werden unterbunden

würden sie keinen Schutz bieten. Die Lockbits können mit dem Chip-Erase Kommando gelöscht, d. h. auf „1" gesetzt werden. In diesem Fall ist natürlich auch der gesamte interne Speicher gelöscht. Die Fuses werden durch das Chip-Erase Kommando nicht verändert. Danach kann der Atmega mit Hilfe der Fuses neu konfiguriert und der Speicher neu programmiert und evtl. erneut durch die Lockbits geschützt werden.

Die Lockbits können im AVR Studio über das Menu *AVR Programming* im Reiter *Lock Bits* eingelesen, verändert und geschrieben werden.

8.1 Einleitung

Der Standard IEEE 802.15.4 ist eine Spezifikation des *Institute of Electrical and Electronics Engineers* (IEEE) für einfache und kostengünstige drahtlose Netzwerke, die nur geringe Übertragungsraten benötigen. Mittlerweile gibt es eine Reihe von drahtlosen Netzwerktypen wie z. B. Bluetooth und WLAN, so das die Frage berechtigt ist, wofür ein weitere Standard notwendig ist. Sowohl Bluetooth als auch WLAN sind für hohe Datenübertragungsraten ausgelegt. Beide dieser Standards haben sich etabliert und erfüllen unterschiedliche Zwecke. Ein Nachteil dieser Standards ist, dass sie für viele Einsatzbereich überdimensioniert sind. In drahtlose Sensornetzwerke genügt es z. B. in bestimmten Zeitintervallen wenige Bytes an Informationen zu übertragen. Die meiste Energie verbraucht ein Funkmodul beim Senden. Bluetooth und WLAN benötigen durch ihren komplexen Aufbau zum Übertragen dieser Daten jede Menge Steuerinformationen. Ebenfalls sind die Anforderungen an die Hardware recht hoch, um so komplexe drahtlosen Netzwerkprotokolle zu implementieren. Der IEEE 802.15.4 Standard schafft hier Abhilfe. Durch Vermeidung überflüssiger Steuerinformationen wird die eigentliche Übertragungszeit in IEEE 802.15.4-Netzen sehr gering gehalten. IEEE 802.15.4-Netze lassen sich dadurch mit sehr günstiger und einfacher Hardware realisieren und verbrauchen dabei wenig Energie. Je nach Anwendungsfall können die Funkmodule mit Micro- oder Mignonbatterien bis zu einigen Jahren betrieben werden, ohne dass die Batterien ausgetauscht werden müssen. Zu den wichtigsten Merkmalen des IEEE 802.15.4 Standards gehören:

- Die Übertragungsraten betragen je nach gewähltem Kanal und gewählter Übertragungstechnik 20 kb/s, 40 kb/s, 100 kb/s und 250 kb/s.
- Unterstützt Stern- und *Peer-to-Peer*-Netzwerke.
- Die Adressierung kann über 16-Bit oder über 64-Bit Adressen erfolgen.
- Der Zugriff auf den Funkkanal erfolgt über *CSMA-CA (Carrier sense multiple access with collision avoidance)*.

© Springer Fachmedien Wiesbaden 2014
M. Krauße, R. Konrad, *Drahtlose ZigBee-Netzwerke*, DOI 10.1007/978-3-658-05821-0_8

Tab. 8.1 Variablen der PHY-Schicht (PHY-PIB)

Kurztitel	Beschreibung	Siehe
„IEEE Std 802.15.4-2003"	Erste Version des IEEE 802.15.4 Standard.	[IEE03]
„IEEE Std 802.15.4-2006"	Zweite und komplett überarbeitete Version des IEEE 802.15.4 Standard.	[IEE06]
„IEEE Std 802.15.4a-2007"	Änderung und Erweiterung der PHY-Schicht. Es ist z. B. das ALOHA-Verfahren und die Unterstützung für Ultrabreitband (UWB ultra wide band) hinzugekommen.	[IEE07]
„IEEE Std 802.15.4c-2009"	Unterstützung eines neuen Frequenzbandes für China. Hinzugekommen ist MHz.	[IEE09a]
„IEEE Std 802.15.4c-2009"	Unterstützung eines neuen Frequenzbandes für Japan. Hinzugekommen ist 950MHz	[IEE09b]
„IEEE Std 802.15.4-2011"	Dritte und komplett überarbeitete Version des IEEE 802.15.4 Standard.	[IEE11]

- Für Zeitkritische Anwendung können Zeitintervalle sogenannte *GTS (guarantteed time slots)* zum Senden zur Verfügung gestellt werden.
- Geringer Energieverbrauch.
- Energieerkennung auf den unterstützten Funkkanälen (ED[1]).
- Bestimmung der Qualität einer Verbindung (LQI[2]).
- Unterstützung der Frequenzbänder 2400–2483,5 MHz (weltweit), 868–868,6 MHz (Europa), 902–928 MHz (USA), 950–956 MHz (Japan) und China 314–316 MHz, 430–434 MHz und 779–787 MHz.

Der IEEE 802.15.4 Standard ist in einer ersten Version im Oktober 2003 erschienen („IEEE Std 802.15.4-2003"). Der Standard wurde über die Jahre immer wieder angepasst und erweitert, insbesondere für die Unterstützung neuer Frequenzbänder. Die Implementationen eines entsprechenden Stacks der verschiedenen Anbieter beziehen sich momentan meist auf die Version des Standards von 2006 („IEEE Std 802.15.4-2006"). 2011 ist eine komplette und überarbeitet Version des Standard erschienen, in denen auch alle Änderungen des 2006 Standards eingearbeitet sind. Einen Überblick über die Entwicklung des IEEE 802.15.4 Standard zeigt Tab. 8.1[3]. In diesem Buch beziehen wir uns auf den IEEE 802.15.4 Standard von 2011 („IEEE Std 802.15.4-2011").

---

[1] Energy Detection
[2] Link Quality Indication
[3] Einen weiteren Überblick über die Änderungen und Erweiterungen bis 2009 und die Begründungen, warum diese notwendig waren, geben Salman, Rasool und Kemp in der Veröffentlichung „Overview of the IEEE 802.15.4 standards family for Low Rate Wireless Personal Area Networks" [SRK10].

8.2 Komponenten und Netzwerktopologien

Ein IEEE 802.15.4-Netzwerk besteht aus zwei oder mehr Funkmodulen. Der IEEE 802.15.4 Standard unterscheidet zwei Gerätetypen, ein *Full-Function Device* (FFD) und ein *Reduced-Function Device* (RFD). Ein FFD implementiert den kompletten Funktionsumfang des IEEE 802.15.4 Standards, während ein RFD nur einen eingeschränkten Funktionssatz zur Verfügung stellt, was Ressourcen spart und Hardwareanforderungen verringert. Die freiwerdenden Ressourcen können entweder für andere Aufgaben, wie zum Beispiel statistischen Berechnungen von Sensorwerten benutzen werden oder die RFDs werden auf kostengünstigere und einfacherer Hardware mit längerer Batteriestandzeit implementiert. RFDs können durch ihren eingeschränkten Funktionsumfang allerdings nur mit einem FFD kommunizieren, während ein FFD sowohl mit anderen FFDs als auch mit anderen RFDs kommunizieren kann. Sollen Daten von einem RFD zu einem anderen gesendet werden, funktioniert dies nur mit einem FFD als Vermittler.

Ein IEEE 802.15.4 Netzwerk ist ein sogenanntes *Personal Area Network* (PAN). In einem PAN ist genau ein FFD-Funkmodul als sogenannter *PAN-Koordinator* ausgewählt. Dieser startet und verwaltet das PAN. Er ermöglicht es anderen Funkmodulen dem Netzwerk beizutreten. Jedes PAN besitzt eine eindeutige PAN-Identifikationsnummer (PAN-ID), die kein anderes PAN in Reichweite besitzen darf. Jedes Funkmodul besitzt eine eindeutige sogenannte 64-Bit MAC-Adresse und erhält beim Beitritt in ein PAN eine 16-Bit Kurzadresse zugewiesen. Damit kann eine Kommunikation in einem PAN durch die Nutzung der 16-Bit Kurzadressen erfolgen, was die zu übertragende Datenmenge reduziert.

Der IEEE 802.15.4 Standard unterstützt zwei verschiedenen Netzwerktopologien, die Sterntopologie und die Peer-to-Peer-Topologie (Rechner-zu-Rechner-Verbindung). Bei der Sterntopologie übernimmt der PAN-Koordinator die zentrale Rolle und jeder Datenaustausch verläuft nur über den PAN-Koordinator, d. h. jedes versendete Datenpaket hat den PAN-Koordinator entweder als Sender oder aber als Empfänger. Bei einem Peer-to-Peer-Netzwerk hingegen kann jedes Funkmodul mit jedem anderen Funkmodul in dessen Reichweite kommunizieren unter der Einschränkung, dass RFDs nur mit FFDs kommunizieren können. Abbildung 8.1 zeigt Beispiele für die beiden Netztopologien. Der IEEE 802.15.4 Standard unterstützt kein Routing, d. h. die Kommunikation findet auch bei Peer-to-Peer nur unter Modulen statt, die sich in unmittelbarer Funkreichweite befinden. Der PAN-Koordinator startet das PAN. Weitere Funkmodule können nun über den PAN-Koordinator dem PAN beitreten. Diese Funkmodule werden als Kinder des PAN-Koordinator bezeichnet. Handelt es sich bei solch einem Modul zusätzlich um ein FFD kann dieses Funkmodul die Rolle eines sogenannten Koordinators übernehmen, d. h. auch über diese Modul können nun andere Funkmodule dem PAN beitreten, die als dessen Kinder bezeichnet werden. Die Bildung des PANs erfolgt in Baumstruktur als sogenannter Assoziationsbaum. Beim Datenaustausch spielt der Assoziationsbaum keine Rolle. Die Kommunikation erfolgt direkt unter den beteiligten FFDs.

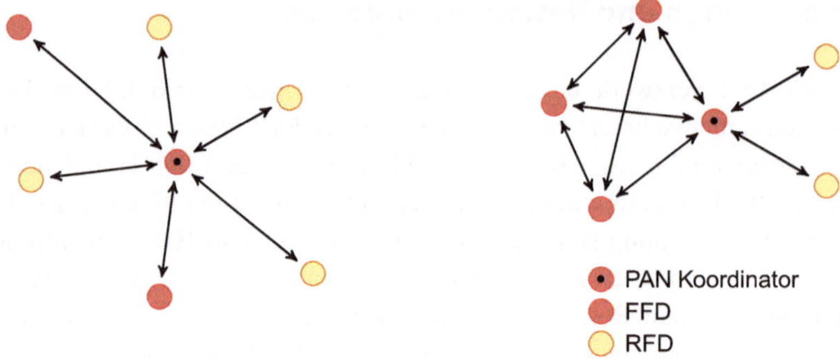

Abb. 8.1 Sternnetzwerk (*links*) und Peer-To-Peer-Netzwerk (*rechts*)

8.3   Grundstruktur

Der IEEE 802.15.4 Standard besteht aus 2 Schichten, der PHY[4]- und der MAC-Schicht. Im Vergleich zum OSI[5]-Referenzmodell entspricht die PHY-Schicht der Bitübertragungsschicht und die MAC-Schicht der Sicherungsschicht (siehe Abb. 8.2).

PHY-Schicht

Die PHY-Schicht ist für die eigentliche Übertragung der Signale über die Hardware zuständig. Sie aktiviert und deaktiviert den Transceiver und sorgt für das Senden und Empfangen von Daten über den selbigen. Weitere Aufgaben der PHY-Schicht sind:

- Die Überprüfung der Funkkanäle auf entsprechende Aktivitäten (ED),
- die Bestimmung der Qualität einer Verbindung (LQI),
- die Auswahl des günstigsten Funkkanal und
- die Bestimmung, ob ein Kanal frei oder belegt ist (CCA[6]).

MAC-Schicht

Die PHY-Schicht übernimmt die hardwarespezifische Implementierung, während die MAC-Schicht die Aufgaben für eine zuverlässige Kommunikation in einem Funknetzwerk übernimmt. Hierzu zählt unter anderem die Bildung und Verwaltung eines PANs und die zuverlässige Datenübertragung von einem Funkmodul zu einem anderen in Reichweite befindlichem Funkmodul. Jedes Funkmodul erhält eine eindeutige Adresse und die Zuordnung zu einem bestimmten PAN mittels einer sogenannten PAN-ID (*Personal Area Network Identifier*). Die Aufgaben der MAC-Schicht umfassen:

---

[4] PHYsical layer
[5] Open Systems Interconnection
[6] Clear Channel Assessment

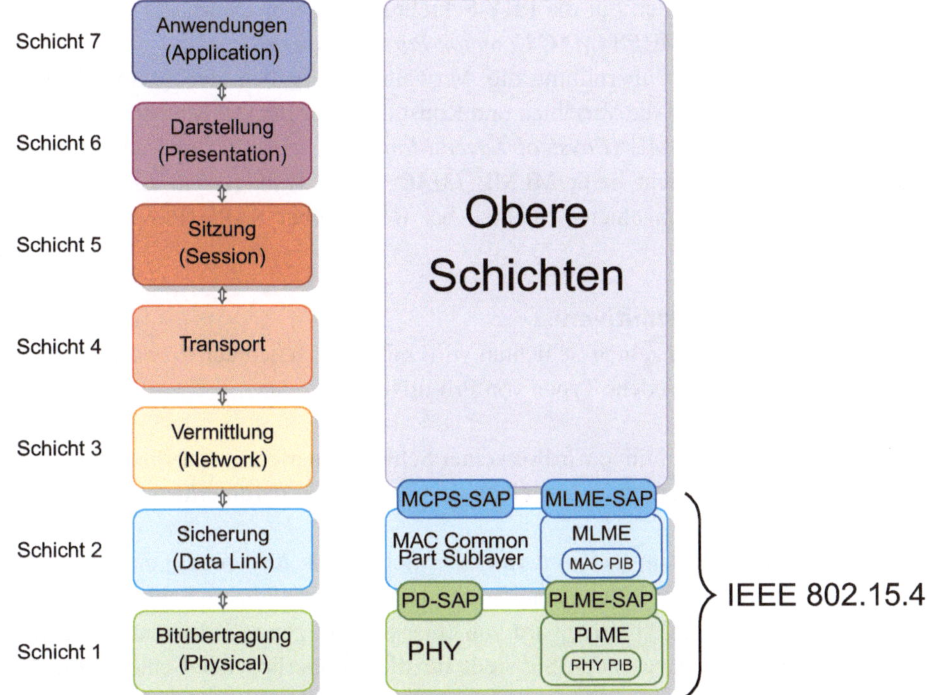

Abb. 8.2   Das OSI-Schichtenmodel und IEEE 802.15.4 im Vergleich

- Das Senden von sogenannten Beacons zur Übermittlung von Verwaltungsinformationen und zur Synchronisierung,
- die Zugriffskontrolle auf den Funkkanal,
- die Validierung von Frames mittels CRC Prüfsumme,
- das Senden von Empfangsbestätigungen (acknowledge),
- die Verbindung und Trennung von Funkmodulen zu einem PAN und
- die Möglichkeit zur Nutzung von Sicherheitsmechanismen.

Aufbau der Schichten

Die einzelnen Schichten sind von der Grundstruktur ähnlich aufgebaut. Jede Schicht hat eine Datenbank (IB[7]) in der ihre Einstellungen gespeichert sind. In der IB stehen sowohl Variablen wie auch nicht veränderbare Konstanten. Jede Schicht bietet zudem einen Daten- und einen Managementdienst an.

Der Datendienst übernimmt die Verarbeitung der empfangenen oder zu sendenden Daten und leitet diese an die nächst höher oder tiefer liegende Schicht über sogenannte SAPs

---

[7] Information Base

(*Service Access Points*) weiter. Für die PHY-Schicht heißt dieser Dienst PD (*PHY Data*) und für die MAC-Schicht MCPS (*MAC Common Part Sublayer*).

Der Managementdienst übernimmt die Verwaltungsaufgaben der entsprechenden Schicht und gibt Zugriff auf die Variablen und Konstanten der IB. Der Managementdienst der PHY-Schicht heißt PLME (*Physical Layer Management Entity*) und der Managementdienst der MAC-Schicht heißt MLME (*MAC Layer Management Entity*). Auch hier kommunizieren die einzelnen Schichten bei Bedarf über SAPs (PLME-SAP und MLME-SAP).

Kommunikation über Primitiven

Die Kommunikation der einzelnen Schichten wird mittels sogenannter *Primitiven* durchgeführt. Es gibt vier verschiedene Typen von Primitiven:

request: Eine request-Primitive wird von einer Schicht generiert und an die darunterliegende Schicht gesendet, um einen Service von der darunterliegenden Schicht zu erhalten.

confirm: Eine confirm-Primitive wird von einer Schicht als Antwort auf eine zuvor erhaltene request-Primitive generiert und an die nächsthöhere Schicht gesendet.

indication: Eine indication-Primitive wird von einer Schicht generiert und an die nächsthöhere Schicht gesendet. Sie stellt für die darüberliegende Schicht eine Art Hinweis dar, dass ein für diese Schicht wichtiges Ereignis eingetreten ist.

response: Eine response-Primitive wird von einer Schicht an die darunterliegende Schicht als Antwort auf eine indication-Primitive gesendet. Allerdings erfordert nicht jede indication-Primitive eine Antwort.

Abbildung 8.3 zeigt die Funktionsweise von Primitiven beim Versenden von Daten. Die über der MAC-Schicht liegende Schicht, möchte Daten versenden. Das kann z. B. direkt eine Anwendung sein oder auch die nächstfolgende Schicht des ZigBee-Stacks:

1. Schritt: Die über der MAC-Schicht liegende Schicht sendet an die MAC-Schicht eine MCPS-DATA.request-Primitive mit den zu verschickenden Daten.
2. Schritt: Die MAC-Schicht generiert ebenfalls eine request-Primitive (PD-DATA.request), mit der sie die erhaltenen Daten an die PHY-Schicht weiterschickt. Allerdings fügt sie diesen Daten ihre Steuerinformationen hinzu, d. h. sie hängt Header- und Footerdaten (MHR und MFR) an die empfangenen Daten an.
3. Schritt: Die PHY-Schicht fügt den empfangenen Daten ihren eigenen Header hinzu und versucht diese Daten über den Transceiver an ein anderes Funkmodul zu schicken.
4. Schritt: Ist der Versand abgeschlossen generiert die PHY-Schicht eine PD-DATA.confirm-Primitive, die Informationen über den Versand enthält (erfolgreich oder nicht erfolgreich). Diese Primitive sendet die PHY-Schicht als Antwort an die MAC-Schicht.

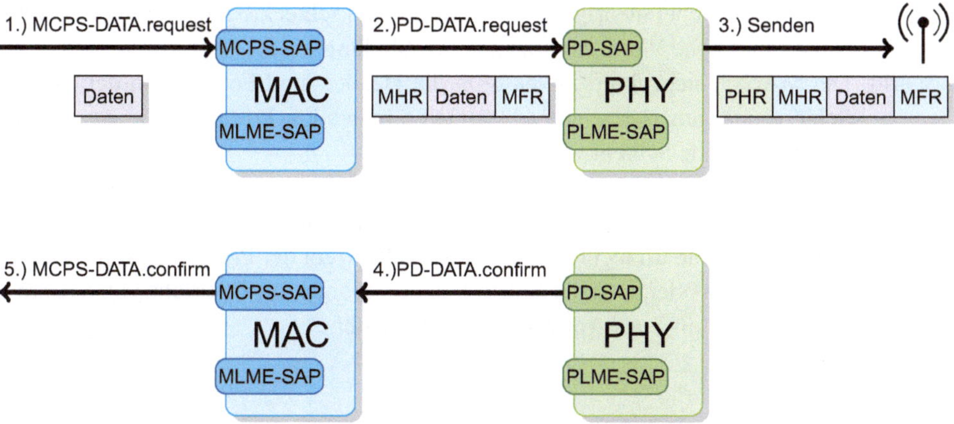

Abb. 8.3 Senden von Daten durch Kommunikation mittels Primitiven

5. Schritt: Als letzten Schritt generiert die MAC-Schicht ebenfalls eine confirm-Primitive (MCPS-DATA.confirm) mit dem Ergebnis der Transaktion und übergibt diese der darüberliegenden Schicht.

War der Versand von Daten erfolgreich und ein anderes Funkmodul hat die gesendete Daten erhalten, werden diese Daten in äquivalenter Weise durch die Schichten nach oben gereicht. Abbildung 8.4 zeigt den Ablauf durch die einzelnen Schichten. Erhält eine Schicht Daten, reicht sie die Daten durch den Aufruf einer indication-Primitive an die darüberliegende Schicht weiter. Jede Schicht entfernt die Steuerinformationen, die für diese Schicht gedacht waren. Eine response-Primitive ist bei der Datenübertragung nicht vorgesehen:

1. Schritt: Ein Frame wird empfangen.
2. Schritt: Die PHY-Schicht entfernt die Headerdaten der PHY-Schicht und generiert eine PD-DATA.indication-Primitive, mit der sie die Daten an die MAC-Schicht weiterreicht. Ebenfalls wird in der indication-Primitive vermerkt, welche Qualität die aktuelle Verbindung hatte (LQI). LQI kann einen Wert von $0x00$-$0xFF$

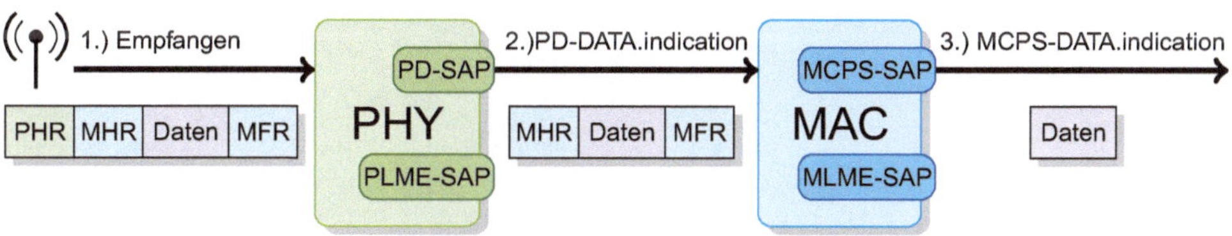

Abb. 8.4 Empfangen von Daten durch Kommunikation mittels Primitiven

einnehmen, wobei niedrige LQI-Werte auf eine schlechte Funkverbindung hinweisen und hohe Werte auf eine gute Verbindung.

3. Schritt: Die MAC-Schicht ihrerseits entfernt die Header- und Footerdaten der MAC-Schicht und generiert eine MCPS-DATA.indication-Primitive, die sie an die darüberliegende Schicht weiterreicht.

Wie die Primitiven als Software von den Softwareentwicklern zu implementieren sind, ist im IEEE 802.15.4 Standard nicht spezifiziert. Das Konzept der Primitive kann z. B. als Senden von Nachrichten oder auch als Aufruf von Funktionen mit Übergabe von entsprechenden callback-Funktionen als Antwort realisiert werden.

Die PHY-Schicht bildet die Schnittstelle zur Hardware die letztendlich für das Senden und Empfangen von Daten verantwortlich ist. Hierzu zählt insbesondere die Daten eines empfangenes Signal interpretieren zu können bzw. ein Signal so zu senden, dass es der Empfänger interpretieren kann. Dies ist keine ganz triviale Aufgabe. Der Empfänger muss aus einer Folge von übertragen Bits z. B. den Anfang eines Frames eindeutig erkennen können. Ebenso deckt der IEEE 802.15.4-2011 Standard viele unterschiedliche Modulationstechniken und Sendefrequenzen ab.

9.1 Konstanten und Variablen der PHY-Schicht (PHY-PIB)

Die PHY-Schicht hat eine Datenbank in der Variablen und Konstanten gespeichert sind, die für die Aufgaben der PHY-Schicht notwendig sind. Die Datenbank nennt sich *PHY-PAN Information Base* (PHY-PIB). Alle Konstanten beginnen mit einem *a* z. B. *aMaxPHYPacketSize*. Eine Übersicht der Konstanten der PHY-Schicht ist in Tab. 9.1 dargestellt.

Die Variablen der PHY-Schicht beginnen mit *phy* z. B. *phyCurrentChannel*. Eine Übersicht der Variablen der PHY-Schicht ist in Tab. 9.2 dargestellt, wobei auf Grund der besseren Übersicht auf die sehr speziellen Variablen für die CSS-Modulation und UI-

Tab. 9.1 Konstanten der PHY-Schicht (PHY-PIB)

Konstante	Beschreibung	Wert
aMaxPHYPacketSize	Die maximale Größe an Nutzdaten eines PHY-Frame.	127 (Bytes)
aTurnaroundTime	Die maximale Zeit, welche benötigt wird um vom RX Zustand in den TX-Zustand bzw. umgekehrt zu wechseln.	12 (Symboldauer)

© Springer Fachmedien Wiesbaden 2014

M. Krauße, R. Konrad, *Drahtlose ZigBee-Netzwerke*, DOI 10.1007/978-3-658-05821-0_9

Tab. 9.2 Variablen der PHY-Schicht (PHY-PIB) ohne die speziellen Variablen für UWB und CSS

Variable	Wertebereich	Beschreibung
phyCurrentChannel	0–26	Der für den Datenverkehr benutzte Funkkanal.
phyChannelsSupported[†]	Array ($n \leq 32$): $[(b_{1,31}, \ldots, b_{1,0}),$ $\ldots,$ $(b_{n,31}, \ldots, b_{n,0})]$	$(b_{x,31}, \ldots, b_{x,27})$ bestimmt die Kanalseite (*channel page*) des aktuelle Arrays (maximal $2^5 = 32$). Die Bits $(b_{x,26}, \ldots, b_{x,0})$ geben an, ob auf dieser Kanalseite der entsprechende Kanal zur Verfügung steht ($1 \stackrel{\wedge}{=}$ steht zur Verfügung, $0 \stackrel{\wedge}{=}$ steht nicht zur Verfügung).
phyTXPower	Signed integer	Sendeleistung des Funkmoduls in dbm
phyTXPower Tolerance	1 db, 3 db, 6 db	Toleranz der Sendeleistung.
phyCCAMode	1–6	CCA-Mode siehe Kap. 9.2.2.
phyCurrentPage	0–31	Zusammen mit *phyCurrentChannel* ergibt sich die benutzte Frequenz und Modulation.
phyMaxFrame Duration[†]	Integer	Maximale Anzahl von Symbolen in einem Frame.
phySHRDuration[†]	Integer	Dauer des PHY-Synchronisationsheader (SHR) in Symbolen.
phySymbolsPerOctet[†]	0.4, 1.3, 1.6, 2, 5.3, 8	Anzahl der Symbole für ein Oktett (Byte).
phyRanging[†]	TRUE, FALSE	TRUE, wenn die Funktionen zur Distanzbestimmung (Ranging) unterstützt werden.
phyRangingCrystalOffset[†]	TRUE, FALSE	TRUE, wenn Crystal Offset Charakterisierung unterstützt wird.
phyRangingDPS[†]	TRUE, FALSE	TRUE, wenn eine dynamische Wahl der Preamble (Dynamic Preamble Selection) unterstützt wird.
phyTXRMARKEROffset	0x00000000– 0xffffffff	Zählervariable zur Distanzbestimmung.
phyRXRMARKEROffset	0x00000000– 0xffffffff	Zählervariable zur Distanzbestimmung.
phyRFRAMEProcessingTime	0x00–0xff	Benötigte Verarbeitungszeit eines Frames zur Distanzbestimmung (Ranging Frame).
phyCCADuration	0-1000	Dauer für CCA in Symbolen. (Nur für 950 MHz)

trabreitband verzichtet wurde. Variablen die mit † markiert sind lassen sich nur von der PHY-Schicht verändern. Die darüberliegenden Schichten können nur den Inhalt dieser Variablen auslesen.

9.2 Servicedienste und zugehörige Primitiven der PHY-Schicht

Die PHY-Schicht bietet verschieden Dienste für die darüberliegenden Schichten. Diese Dienste sind in zwei Kategorien unterteilt. *PHY Data* (PD) beinhaltet Dienste für die Datenübertragung und *Physical Layer Management Entity* (PLME) Dienste für Managementaufgaben.

9.2.1 PHY Data Service

Der PHY Data Service ist für den Austausch von Daten mit der darüberliegenden MAC-Schicht verantwortlich. Die drei Primitiven PD-DATA.request, PD-DATA.confirm und PD-DATA.indication inklusive ihre Funktionsweise wurden bereits in Kap. 8.3 vorgestellt. Auf eine PD-DATA.request-Primitive folgt als Antwort eine PD-DATA.confirm-Primitive mit einer Statusmeldungen. Bei Erfolg des Datenaustausches wird die Meldung SUCCESS generiert. Kann kein Datenaustausch stattfinden, weil der Receiver aktiviert ist, der Transmitter deaktiviert ist oder weil gerade eine Datenübertragung stattfindet, wird die Meldung RX_ON, TRX_OFF oder BUSY_TX zurückgegeben.

```
PD-DATA.request(psduLength,psdu)
PD-DATA.confirm(status)
PD-DATA.indication(psduLength,psdu,ppduLinkQuality)
```

9.2.2 Physical Layer Management Entity (PLME)

Der PLME-Service stellt eine Reihe von Managementdiensten zur Verfügung. Hierunter zählen der Zugriff auf Konstanten und Variablen der PHY-Schicht, Zustandsmanagement des Transceivers, Energieerkennung auf den Funkkanälen und die Bestimmung, ob ein Funkkanal belegt ist oder nicht.

Zugriff auf Variablen der PHY-Schicht (PLME-GET & PLME-SET)
Zum Auslesen von Variablen der PHY-Schicht stehen die Primitiven PLME-GET.request und PLME-GET.confirm zur Verfügung. Die MAC-Schicht generiert eine PLME-GET.request-Primitive, um den Inhalt einer Variablen anzufragen. In der PLME-GET.request-Primitive ist vermerkt, welche Variable angefragt wird. Diese Primitive wird an die PHY-Schicht übergeben. Darauf generiert die PHY-Schicht ihrerseits eine PLME-GET.confirm-Primitive in der, der Status der Anfrage, der Variablenname und der Inhalt der Variablen

enthalten sind. Als Status wird entweder angegeben, dass die Anfrage erfolgreich war (SUCCESS) oder dass es die Variable nicht gibt (UNSUPPORTED_ATTRIBUTE)

```
PLME-GET.request(PIBAttribute)
PLME-GET.confirm(status,PIBAttribute,PIBAttributeValue)
```

Mit Hilfe der zwei Primitiven PLME-SET.request und PLME-SET.confirm lassen sich der Inhalt von Variablen verändern. Die PLME-SET.request-Primitive benötigt dafür den Namen und den neuen Wert der Variablen. Die PLME-SET.confirm-Primitive gibt als Antwort Information darüber, ob die PLME-SET.request-Primitive erfolgreich war (SUCCESS) oder nicht. Existiert die Variable nicht wird als Status UNSUPPOR-TED_ATTRIBUTE gemeldet, war der Parameter ungültig INVALID_PARAMETER und wurde versucht eine Variable zu ändern, die nur Leserechte besitzt READ_ONLY.

```
PLME-SET.request(PIBAttribute,PIBAttributeValue)
PLME-SET.confirm(status,PIBAttribute)
```

Energieerkennung auf Funkkanälen (PLME-ED)

Eine wichtige Aufgabe der PHY-Schicht ist es, Aussagen über die Funkkanäle zu machen. Enthält ein Funkkanal zu viel Störstrahlung z. B. von anderen Netzen, kann es notwendig sein diesen Funkkanal zu meiden und auf einen anderen auszuweichen. Sendet die MAC-Schicht an die PHY-Schicht eine PLME-ED.request-Primitive, fordert sie die PHY-Schicht damit auf eine Energieerkennung auf dem aktuellen Funkkanal durchzuführen. Als Antwort sendet die PHY-Schicht eine PLME-ED.confirm-Primitive, in der sie mitteilt wie hoch der gemessene Energiewert auf dem Funkkanal war. Zurückgegeben wird ein Wert zwischen 0x00 und 0xFF. Der Wert 0x00 soll hierbei einen Energiewert von maximal 10 db über der Empfängerempfindlichkeit bedeuten. Hohe Werte zeigen an, dass auf dem Funkkanal viel Aktivität vorhanden ist. Die zurückgegeben Werte sollen ein Intervall von mindestens 40 db mit einer Genauigkeit von 6 db abdecken können. Ist der Transceiver gerade am Senden (TX_ON) oder der Receiver deaktiviert (TRX_OFF), wenn der PLME-ED.request eintrifft, wird der entsprechende Status in der PLME-ED.confirm-Primitive vermerkt.

```
PLME-ED.request()
PLME-ED.confirm(status,EnergyLevel)
```

Auslastung des Funkkannals (PLME-CCA)

Die PHY-Schicht stellt einen Dienst zur Erkennung eines freien oder belegten Funkkanals zur Verfügung (*Clear Channel Assessment* (CCA)). Der IEEE 802.15.4-2011 Standard spezifiziert verschiedene CCA-Modi:

CCA Mode 1: Der Funkkanal gilt als belegt, wenn ein Signal empfangen wird, dessen Energie über einem bestimmten Wert liegt (engl. energy detection treshold).

CCA Mode 2: Der Funkkanal gilt als belegt, wenn ein Signal empfangen wird, dessen Charakteristik einem Signal aus der PHY-Schicht entspricht.

CCA Mode 3: Dieser Modus ist eine Kombination aus *CCA Mode 1* und *CCA Mode 2*. Der Funkkanal gilt als belegt, wenn ein Signal empfangen wird, dessen Charakteristik einem Signal aus der PHY-Schicht entspricht und dessen Energie über einem bestimmten Wert liegt.

CCA Mode 4: Der Funkkanal wird immer als frei angesehen. Dieser Modus wird für das ALOHA-Verfahren[1] benötigt.

CCA Mode 5: CCA Modus für Ultrabreitband (UWB).

CCA Mode 6: CCA Modus für Ultrabreitband (UWB).

Zur Erkennung eines freien oder belegten Funkkanals wird dieser für die Dauer von 8 Symbolen[2] abgehört. Das heißt z. B. für das 868 MHz Funkband mit BPSK[3] Modulation 400 µs, für das 915 MHz Funkband mit BPSK Modulation 200 µs und für das 2450 MHz Funkband mit O-QPSK Modulation 128 µs. Die Festlegung des zu benutzenden CCA-Modus erfolgt über die Variablen *pyhCCAMode*.

Sendet die MAC-Schicht eine PLME-CCA.request-Primitive an die PHY-Schicht, weist sie die PHY-Schicht damit an den aktuell ausgewählten Funkkanal auf Aktivität zu überprüfen. Als Antwort erhält die MAC-Schicht von der PHY-Schicht ein PLME-CCA.confirm-Primitive mit einer Statusmeldung. Die Statusmeldung kann IDLE (Kanal ist frei), BUSY (Kanal ist belegt) oder TRX_OFF (Transceiver ist abgeschaltet) sein.

```
PLME-CCA.request()
PLME-CCA.confirm(status)
```

---

[1] Das ALOHA-Verfahren sendet ohne den Funkverkehr zu überprüfen und kann somit bei wenig ausgelasteten Funkkanälen sinnvoll sein. Siehe Kap. 10.3.2

[2] Die Bedeutung eines Symbol und dessen Dauer wird in Kap. 9.3.4 erklärt.

[3] Binary Phase-Shift Keying

Zustand des Transceivers (PLME-SET-TRX-STATE)

Der Transceiver besitzt verschieden Zustände. Die drei wichtigsten Zustände sind:

RX_ON: Der Receiver ist angeschaltet.
TX_ON: Der Transmitter ist angeschaltet
TRX_OFF: Transmitter und Receiver sind ausgeschaltet.

Um beispielsweise Energie zu sparen oder wichtigere Aktionen zu bevorzugen, kann
es nötig sein diese Zustände zu ändern. Die MAC-Schicht sendet hierzu eine PLME-
SET-TRX-STATE.request-Primitive mit dem gewünschten neuen Zustand an die PHY-
Schicht. Die Zustände des Transceivers werden von der PHY-Schicht geändert, sobald
Aktionen die den vorherigen Zustand benötigen beendet sind. Das Ausschalten des Transceivers kann aber auch durch FORCE_TRX_OFF erzwungen werden. Die PHY-Schicht
beantwortet die Anfrage mit der PLME-SET-TRX-STATE.confirm-Primitive und gibt den
Status der Anfrage zurück. War das Ändern des Zustandes erfolgreich, ist der Status wie
gewohnt SUCCESS. Befand sich der Transceiver bereits in dem entsprechenden Zustand,
wird der Zustand als Status zurückgegeben (RX_ON, TRX_OFF oder TX_ON).

```
PLME-SET-TRX-STATE.request(state)
PLME-SET-TRX-STATE.confirm(status)
```

9.3   Modulation und Frequenzen

Bevor Daten über die Antenne versendet werden, stehen diese Daten binär zur Verfügung. Da über die Antenne elektromagnetische Wellen versendet werden, müssen die
Daten in irgendeiner Form als analoges Wellensignal codiert bzw. moduliert werden. In
der Funktechnik gibt es verschiedene Modulationsverfahren, um Binärdaten als elektromagnetische Wellen darzustellen. Der IEEE 802.15.4 Standard unterstützt verschiedene
Modulationstechniken auf verschiedenen Frequenzbändern, insbesondere um gesetzliche
Bestimmungen verschiedener Länder zu realisieren. Viele dieser Techniken sind optional,
d. h. sie müssen nicht implementiert sein, um dem IEEE 802.15.4 Standard zu genü-
gen. Wir werden nur einige Modulationstechniken detailliert betrachten, da dies sonst den
Rahmen dieses Buches sprengen würde. Da Zeitangaben im IEEE 802.15.4 Standard in
Symboldauer angegeben werden, ist es allerdings wichtig zu verstehen, woher diese Zeit-
angabe kommt und wie lange eine Symboldauer ist. Im IEEE 802.15.4 Standard von 2011
wird auch die Unterstützung für das Modulationsverfahren *Chirp Spread Spectrum* (CSS)
und *Ultrabreitband* (UWB[4]) beschrieben. Da diese Verfahren sehr spezielle Verhalten und

---

[4] Ultra Wide Band

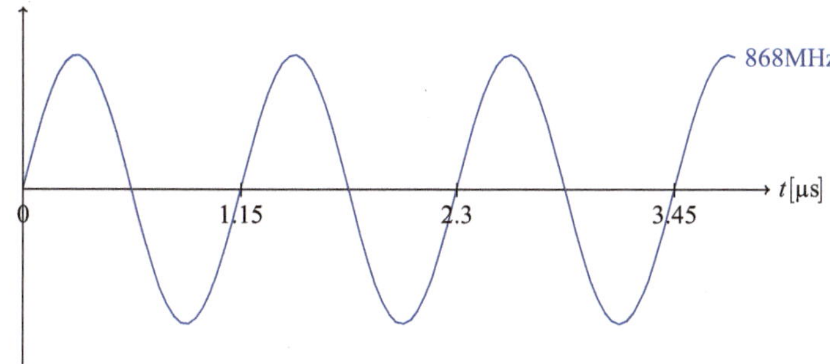

Abb. 9.1 Eine Welle mit einer Frequenz von 868 MHz

Eigenschaften aufweisen und diese zudem noch nicht sehr verbreitet eingesetzt werden, verzichten wir darauf für diese Verfahren tiefer ins Detail zu gehen und verweisen auf [IEE11].

9.3.1 Digitale Phasenmodulation

Das Funksignal, welches die Antennen übertragen, ist eine elektromagnetische Welle. In Abb. 9.1 ist eine Welle mit einer Frequenz von 868 Mhz und einer Periodendauer von 1,15 µs dargestellt. Eine Möglichkeit Signale mit einer elektromagnetischen Welle zu übertragen ist, die Phase der Welle zu ändern (engl. Phase Shift Keying).

9.3.2 Binary Phase-Shift Keying (BPSK)

Bei der BPSK-Modulation bedeutet eine Phasenlage von 0° eine Codierung für 0 und eine Phasenlage von 180° eine Codierung für 1.

Symbol-zu-Chip Zuordnung

Ein zu übertragenes Datenpaket (Frame) aus der PHY-Schicht wird nicht direkt als binärer Stream übertragen. Bei der BPSK-Modulation ist jedes einzelne Bit eines Frames definiert als ein sogenanntes *Symbol* und wird auf eine 15-Bit Chipfolge abgebildet. Würden die einzelnen Bits direkt übertragen, wäre die Fehleranfälligkeit viel zu hoch. Tabelle 9.3 zeigt die Zuordnung der Chipfolge zu Symbol 0 bzw. Symbol 1.

Tab. 9.3 Symbol-zu-Chip Zuordnung bei BPSK

Symbol	Chipfolge ($c_0 c_1 \ldots c_{14}$)
0	1 1 1 1 0 1 0 1 1 0 0 1 0 0 0
1	0 0 0 0 1 0 1 0 0 1 1 0 1 1 1

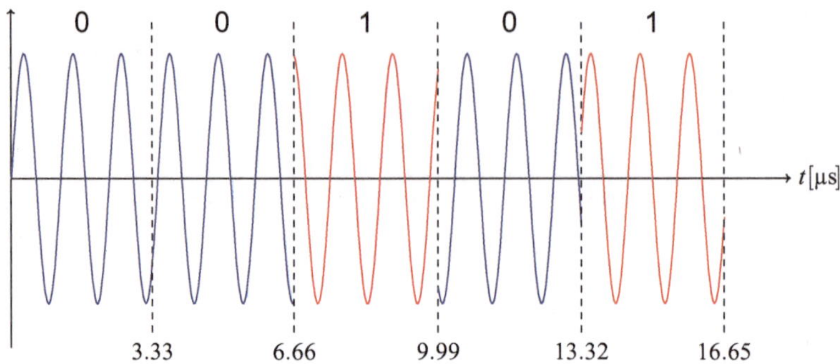

Abb. 9.2 BSPK-Modulation der Chipsequenz 00101 bei 868 MHz

Bei 868 MHz ist die Übertragungsrate für Chips 300 kchips/s. Die Übertragungszeit für ein Chip ist damit 3,33 µs. Abbildung 9.2 zeigt eine BPSK-Modulation der Folge 00101, was $c_2 \ldots c_6$ der Chipfolge für das Symbol 1 entspricht. Der Empfänger eines Signals kann allerdings gar nicht bestimmen, welches die Phasenlage 0° oder 180° ist, d. h. der Empfänger kann das empfangene Signal ebenfalls als Folge 11010 interpretieren. Falls der Empfänger also die Phasenlage 0° des Senders als Phasenlage 180° interpretiert und die Phasenlage 180° des Senders als die Phasenlage 0°, gilt dies für das komplette gesendete Frame. Da die Chipfolge von Symbol 0 genau die inverse Chipfolge von Symbol 1 ist, erhält der Empfänger, wenn die Phasenlage vertauscht ist, die inversen vom Empfänger gesendeten Daten. Bevor die Frames der PHY-Schicht versendet werden, werden diese deshalb vor der Umwandlung zu den Chipfolgen durch einen Differential-Kodierer umgewandelt.

Differential-Kodierer

Das Prinzip der differentiellen Kodierung beruht darauf, dass es egal ist, ob eine Sequenz von 01 oder 10 empfange (bzw. 00 oder 11). Das Ursprungssignal wird aus der Differenz (Modulo-2 Addition) der beiden Werte gebildet. In beiden Fällen ergibt sich der Wert von 1 (bzw. 0). Um nicht für ein Datenbit 2 Bits senden zu müssen, wird zum Kodieren jeweils das letzte bereits kodierte Bit benutzt, d. h. für das zu kodierende Wort $x_1 x_2 \ldots x_m$ wird das Wort $y_1 y_2 \ldots y_m$ wie folgt berechnet, wobei $y_0 = 0$ als Startbit gewählt ist:

$$y_n = x_n \oplus y_{n-1} \quad \text{mit } m \geq n \geq 1$$

$y_0 = 0$ ist sowohl dem Sender als auch dem Empfänger bereits bekannt, so dass nur das Wort $y_1 y_2 \ldots y_m$ übertragen wird. Der Empfänger kann das Ursprungswort $x_1 x_2 \ldots x_m$ aus dem empfangenen Wort wie folgt dekodieren:

$$x_n = y_n \oplus y_{n-1} \quad \text{mit } m \geq n \geq 1$$

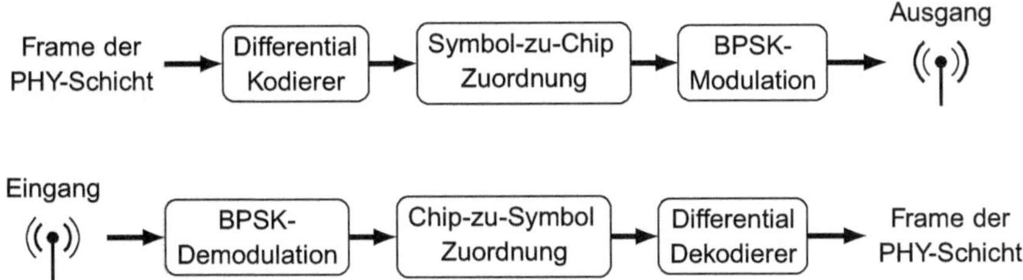

Abb. 9.3 BPSK-Diagramm, Kodierung und Modulation (*oben*), Demodulation und Dekodierung (*unten*)

Aus der letzten Gleichung sieht man sehr schön, dass der Wert von x_n nur von der Differenz des empfangen Bits und dem zuvor empfangenen Bit abhängt. D. h. gibt es zwischen zwei gesendeten Signalen einen Phasenwechsel ist das Ursprungsbit eine 1, gibt es keinen Phasenwechsel ist es 0.

In Abb. 9.3 ist der Ablauf der Kodierung und Modulation bzw. der Demodulation und Dekodierung dargestellt. Die BPSK-Modulation wird für die Frequenzbänder 868 MHz, 915 MHz und 950 MHz unterstützt (siehe Tab. 9.5).

9.3.3 Offset Quadrature Phase-Shift Keying (O-QPSK)

Die Quadraturphasenumtastung (QPSK[5]) ist ebenfalls eine Phasenmodulation. Bei dieser Modulation stehen zum Übertragen des Signals vier Phasenlagen zur Verfügung, die Phasenlagen 0°, 90°, 180° und 270°. Damit kann zwischen 4 Zuständen unterschieden werden und jedem dieser Zustände sind zwei Bits zugeordnet. Das phasenverschobene Signal wird durch die Addition einer Sinus- und einer Kosinuswelle erzeugt. Das erste Bit wird als Sinussignal moduliert. Phasenlage 0° entspricht hier wie bei BPSK dem Bit 0 und Phasenlage 180° dem Bit 1. Das zweite Bit wird nach selben Verfahren als Kosinussignal moduliert. Beide Signale werden zu einem Signal zusammengeführt und übertragen. Dadurch entsteht je nach Bitkombination eine der 4 Phasenlagen 0°, 90°, 180° und 270°. Dh. von einem zu übertragenen Signal $s_0 s_1 s_2 \ldots s_n$ werden die Bits mit gerader Nummer $s_0 s_2 \ldots s_{n-1}$ auf eine Sinuswellen und die Bits mit ungerader Nummer $s_1 s_3 \ldots s_n$ auf eine Kosinuswelle moduliert.

Um Phasensprünge von 180° zu vermeiden, wird im IEEE 802.15.4 Standard O-QPSK (Offset-QPSK) eingesetzt. Dabei wird das Sinus- und Kosinussignal niemals gleichzeitig verändert, sondern in periodisch gleichen Abständen zuerst das Sinussignal und anschließend das Kosinussignal (siehe Abb. 9.4).

Auch bei der O-QPSK-Modulation wird das Frame der PHY-Schicht nicht direkt als Bit-Stream übertragen. Jeweils vier Bit werden zu einem Symbol zusammengefasst. Je-

---

[5] Quadrature Phase-Shift Keying

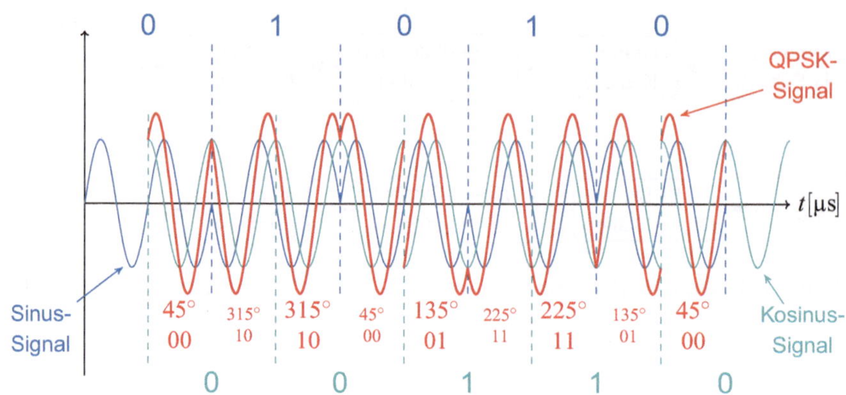

Abb. 9.4 O-QPSK-Modulation

dem Symbol wird eine Chipsequenz von 16 Chipsequenzen zugeordnet. Für die Frequenz-bänder 868 MHz, 915 MHz und 780 MHz ist die Chipsequenz 16-Bit ($c_0 \ldots c_{15}$), für das Frequenzband 2450 MHz 32-Bit ($c_0 \ldots c_{31}$) lang, siehe Tab. 9.4.

9.3.4   Symboldauer

Was ein Symbol darstellt, hängt von der benutzten Frequenz und dem Modulationsver-fahren ab. Bei dem Modulationsverfahren BPSK entspricht ein zu übertragenes Bit auch einem Symbol. Bei einer Frequenz von 868 MHz haben wir eine Übertragungsgeschwin-digkeit von 20 kbit/s was in diesem Fall gleichbedeutend mit 20 kSymbol/s ist. Für die Symboldauer ergibt sich:

$$\frac{1\,\text{Symbol}}{20\,\text{kSymbol/s}} = \frac{1\,\text{s}}{20.000} = \frac{1.000.000\,\mu\text{s}}{20.000} = 50\,\mu\text{s}$$

D. h. die Übertragung für ein Symbol mit BPSK bei 868 MHz dauert 50 µs. Bei einer Fre-quenz von 915 MHz und gleichem Modulationsverfahren ändert sich die Übertragungsge-schwindigkeit auf 40 kbit/s = 40 kSymbol/s, womit sich für die Symboldauer folgendes ergibt:

$$\frac{1\,\text{Symbol}}{40\,\text{kSymbol/s}} = \frac{1\,\text{s}}{40.000} = \frac{1.000.000\,\mu\text{s}}{40.000} = 25\,\mu\text{s}$$

Bei dem Modulationsverfahren O-QPSK werden 4-Bits zu einem Symbol umgewandelt. Bei 2,4 GHz und einer Übertragungsgeschwindigeit von 250 kbit/s ergibt sich für die Symbolrate:

$$\frac{250\,\text{kbit/s}}{4\,\text{bit/Symbol}} = 62{,}5\,\text{kSymbol/s}$$

Tab. 9.4 Bit-zu-Symbol-zu-Chip Zuordnung bei O-QPSK

Bitfolge	Symbol	16-Bit Chipfolge (868/915/780 MHz)	32-Bit Chipfolge (2450 MHz)
0000	0	00111110 00100101	11011001 11000011 01010010 00101110
0001	1	01001111 10001001	11101101 10011100 00110101 00100010
0010	2	01010011 11100010	00101110 11011001 11000011 01010010
0011	3	10010100 11111000	00100010 11101101 10011100 00110101
0100	4	00100101 00111110	01010010 00101110 11011001 11000011
0101	5	10001001 01001111	00110101 00100010 11101101 10011100
0110	6	11100010 01010011	11000011 01010010 00101110 11011001
0111	7	11111000 10010100	10011100 00110101 00100010 11101101
1000	8	01101011 01110000	10001100 10010110 00000111 01111011
1001	9	00011010 11011100	10111000 11001001 01100000 01110111
1010	10	00000110 10110111	01111011 10001100 10010110 00000111
1011	11	11000001 10101101	01110111 10111000 11001001 01100000
1100	12	01110000 01101011	00000111 01111011 10001100 10010110
1101	13	11011100 00011010	01100000 01110111 10111000 11001001
1110	14	10110111 00000110	10010110 00000111 01111011 10001100
1111	15	10101101 11000001	11001001 01100000 01110111 10111000

Daraus resultiert eine Symboldauer von:

$$\frac{1\,\text{Symbol}}{62{,}5\,\text{kSymbol/s}} = \frac{1\,\text{s}}{62.500} = \frac{1.000.000\,\mu\text{s}}{62.500} = 16\,\mu\text{s}$$

Die Symbolraten für weitere Frequenzen sind in Tab. 9.5 angegeben.

Tab. 9.5 Unterstützte Frequenzen und Modulationen des IEEE 802.15.4 Standards

Page	Channel	Frequenz	Modulation	Bitrate (kbit/s)	Symbolrate (ksymbol/s)	Land	seit
0	0	868 MHz	BPSK	20	20	EU	[IEE03]
	1–10	915 MHz	BPSK	40	40	Amerika[a]	[IEE03]
	11–26	2450 MHz	O-QPSK	250	62,5	weltweit	[IEE03]
1	0	868 MHz	ASK	250	12,5	EU	[IEE06]
	1–10	915 MHz	ASK	250	50	Amerika[a]	[IEE06]
2	0	868 MHz	O-QPSK	100	25	EU	[IEE06]
	1–10	915 MHz	O-QPSK	250	62,5	Amerika[a]	[IEE06]
3	0–13	2450 MHz	CSS			weltweit	[IEE07]
4	0	SubGiga (499,2 MHz)	UWB				[IEE07]
	1–10	LowBand (3–5 GHz)	UWB				[IEE07]
	11–26	HighBand (6–10 GHz)	UWB				[IEE07]
5	0–3	780 MHz	O-QPSK	250	62,5	China	[IEE09a]
	4–7	780 MHz	MPSK	250	62,5	China	[IEE09a]
6	0–7	950 MHz	BPSK (1 mW)	20	20	Japan	[IEE09b]
	8–9	950 MHz	BPSK (10 mW)	20	20	Japan	[IEE09b]
	10–21	950 MHz	GFSK	100	100	Japan	[IEE09b]

[a] plus Australien und Israel

9.3.5   Frequenz- und Modulationswahl

Welche Frequenz und welches Modulationsverfahren eingesetzt werden soll, wird über die sogenannte Kanalseite (engl. channel page) und den von dieser Seite ausgewählten Funkkanal (engl. channel) bestimmt. Es stehen insgesamt 32 Kanalseiten zur Verfügung, wobei vom IEEE 802.15.4 Standard 2011 nur die Kanalseiten 0–6 spezifiziert sind. Pro Kanalseite gibt es 26 Kanäle. In Tab. 9.5 sind die Kanalseiten mit den Funkkanälen und den zugehörigen Modulationsverfahren und Frequenzen aufgelistet. Z. B. steht Kanalseite 0 und Kanal 0 für das Modulationsverfahren BPSK und das Frequenzband 868 MHz, wobei das Frequenzband genau genommen von 868-868,6 MHz geht. Die Kanäle 1–10 auf der selben Kanalseite stehen für das Frequenzband 915 MHz. Das Frequenzband 915 MHz ist etwas breiter als das Frequenzband 868 MHz und geht von 902–928 MHz. Das Frequenzband ist in 10 gleich große Frequenzbereiche aufgeteilt, so dass jeder Kanal eine andere Mittenfrequenz besitzt und sich die diese Kanäle bei der Übertragung möglichst wenig beeinflussen. Für die Kanäle 11–26 und das Frequenzband 2,4 GHz gilt entsprechendes.

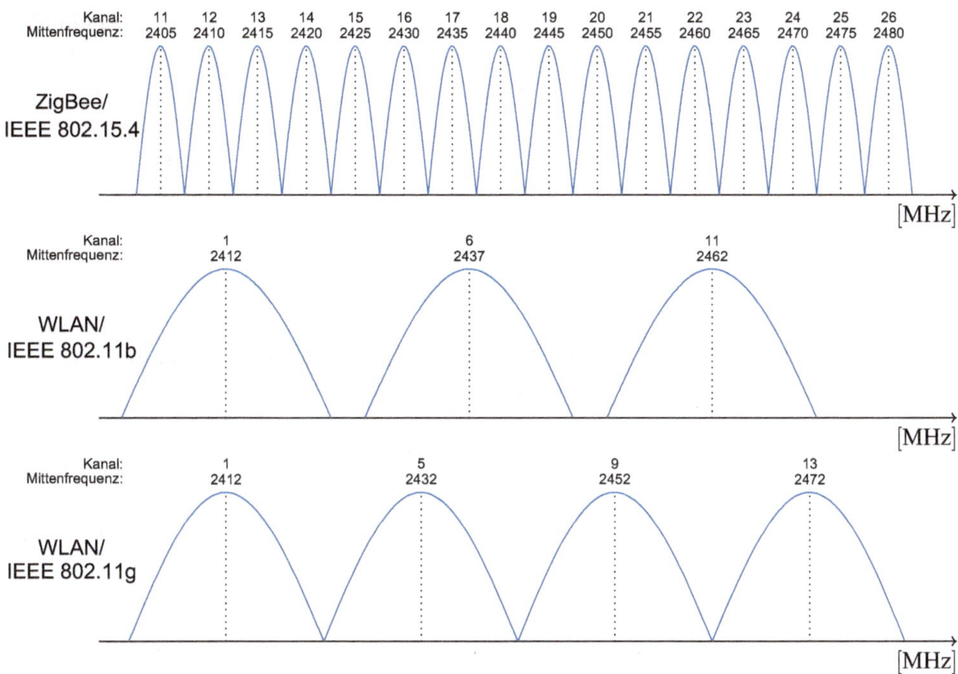

Abb. 9.5 Konkurrenz im 2,4 GHz Frequenzband

Der Bereich dieses Frequenzbandes geht von 2400–2483,5 MHz. Auf den Funkkanälen 11–26 der Kanalseite 1 wird als Modulationsverfahren O-QPSK eingesetzt. In Abb. 9.5 sind die Kanäle des 2,4 GHz Frequenzbandes dargestellt. Diese stehen dort im Vergleich zu den zu meist benutzten überlappungsfreien WLAN-Kanälen des IEEE 802.11b und IEEE 802.11g Standards. Um Störungen mit WLAN nach dem IEEE 802.11b Standard und IEEE 802.15.4-Netzen zu vermeiden, kann man auf die Funkkanäle 15,20,25 und 26 ausweichen. Der neuere Standards IEEE 802.11g bietet nicht mehr soviel Freiräume. Um Störungen mit WLAN-Netzen beider Standards (802.11b und 802.11g) möglichst gering zu halten, ist eine recht gute Kanalauswahl für IEEE 802.15.4-Netze 14, 15, 19 und 26. Bluetooth auf dem 2,4 GHz Frequenzband stört deutlich weniger. Bluetooth besitzt 79 Kanäle und jeder Kanal erstreckt sich nur über 1 MHz, zudem wechselt Bluetooth permanent die Kanäle, so dass Störungen im Funkkanal nur sehr kurz stattfinden, was der IEEE 802.15.4 Standard durch erneutes Senden eines Frames gut kompensieren kann.

Im IEEE 802.15.4 Standard sind die drei Variablen *phyChannelsSupported, phyCurrentPage, phyCurrentChannel* für die Auswahl der Modulation und Frequenz zuständig. In der Variablen *phyChannelsSupported* wird in einem Array gespeichert, welche Frequenz und Modulation vom aktuellen Funkmodul unterstützt werden. Jeder Eintrag des Arrays besteht aus einer 32-Bit Variablen $b_{31}b_{30}\ldots b_0$. Die Bits $b_{31}\ldots b_{27}$ bestimmen die Kanalseite. D. h. es gibt maximal 2^5 Kanalseiten. Die Bits $b_{26}\ldots b_0$ geben an, ob der jeweilige der Bitwertigkeit entsprechende Funkkanal unterstützt wird. Arbeitet ein Funkmodul im Frequenzband 2,4 GHz und soll auf der Kanalseite 0 die Kanäle 14, 15, 19 und 26 unterstützten, ist im *phyChannelsSupported*-Array für die Kanalseite $0_{31}0_{30}0_{29}0_{28}0_{27}$ und für unterstützen Kanäle $1_{26}0_{25}\ldots0_{20}1_{19}0_{18}0_{17}0_{16}1_{15}1_{14}0_{13}\ldots0_0$ anzugeben. Für den Arrayeintrag ergibt sich somit:

$$0_{31}0_{30}0_{29}0_{28}0_{27}1_{26}0_{25}0_{24}0_{23}0_{22}0_{21}0_{20}1_{19}0_{18}0_{17}0_{16}1_{15}1_{14}0_{13}0_{12}0_{11}0_{10}0_90_80_70_60_50_40_30_20_10_0$$

Für ein Funkmodul, welches sowohl die Frequenzbänder 868/915 MHz mit den Modulationen BPSK (Kanalseite 0), ASK[6] (Kanalseite 1) und O-QPSK (Kanalseite 2) auf den Kanälen 0 für 868 MHz und 1–10 868 MHz unterstützen soll, müssten im *phyChannels-Supported*-Array folgende Einträge stehen:

Kanalseite 0: $0_{31}0_{30}0_{29}0_{28}0_{27}0_{26}0_{25}0_{24}0_{23}0_{22}0_{21}0_{20}0_{19}0_{18}0_{17}0_{16}0_{15}0_{14}0_{13}0_{12}0_{11}1_{10}1_91_81_7$ $1_61_51_41_31_21_11_0$

Kanalseite 1: $0_{31}0_{30}0_{29}0_{28}1_{27}0_{26}0_{25}0_{24}0_{23}0_{22}0_{21}0_{20}0_{19}0_{18}0_{17}0_{16}0_{15}0_{14}0_{13}0_{12}0_{11}1_{10}1_91_81_7$ $1_61_51_41_31_21_11_0$

Kanalseite 2: $0_{31}0_{30}0_{29}1_{28}0_{27}0_{26}0_{25}0_{24}0_{23}0_{22}0_{21}0_{20}0_{19}0_{18}0_{17}0_{16}0_{15}0_{14}0_{13}0_{12}0_{11}1_{10}1_91_81_7$ $1_61_51_41_31_21_11_0$

Welche Kanalseite aktuell benutzt wird, ist in der Variablen *phyCurrentPage* gespeichert. Der benutzte Kanal ist in der Variablen *phyCurrentChannel* festgehalten.

Stehen bei einem Frequenzband mehrere Funkkanäle zur Auswahl, wählt der PAN-Koordinator beim Start eines Netzwerkes den Funkkanal, der am wenigstens Störungen aufweist.

9.4 PHY-Frame

Ein PHY-Frame besteht aus drei Teilen, dem Synchronisationsheader (SHR), dem PHY-Header (PHR) und den PHY-Nutzdaten. Der Aufbau eines PHY-Frame ist wie folgt:

Synchronisationsheader (SHR)

Der Synchronisationsheader SHR dient der PHY-Schicht dazu den Anfang eines Frames zu erkennen. Der SHR besteht aus den zwei Feldern Präambelsequenz und Framestartbegrenzer. Die Präambelsequenz ist eine sich wiederholende Sequenz von gleichen Zeichen und leitet ein PHY-Frame ein. Durch den Framestartbegrenzer wird das Ende der Präambelsequenz markiert und der Beginn der eigentlichen Framestruktur signalisiert. Die Präambelsequenz und der Framestartbegrenzer hängen von der verwendeten Modulation ab. Tabelle 9.6 zeigt insbesondere die Sequenzen für die BPSK- und O-QPSK-Modulation. Empfängt z. B. die PHY-Schicht bei aktivierter BPSK-Modulation die Präambelsequenz

---

[6] Amplitude Shift Keying

Tab. 9.6 Synchronisationsheader in Abhängigkeit zur Modulation

Modulation	Präambelsequenz			Framestartbegrenzer		
	Bits	Wert	Symbole	Bits	Wert	Symbole
BPSK	32	00000000 00000000 00000000 00000000	32	8	11100101	8
O-QPSK	32	00000000 00000000 00000000 00000000	8	8	11100101	2
GFSK	32	01010101 01010101 01010101 01010101	32	8	11100101	8

00000000 00000000 00000000 00000000 gefolgt vom Framestartbegrenzer 11100101, erkennt sie daran den Anfang der eigentlichen Framestruktur.

PHY-Header (PHR)

Der PHR enthält als Informationen lediglich das 7-Bit Feld Framelänge, welches die Länge der PHY-Nutzdaten in diesem Frame angibt. Durch die sieben Bits kann das Feld einen Wert von 0–127 annehmen. Eine Framelänge von neun bis maximal *aMaxPHYPacketSize* gibt die Länge der PHY-Nutzdaten in Bytes an. Eine Framelänge von 5 bedeutet, dass es sich bei dem Frame um eine MAC-Empfangsbestätigung[7] handelt. Die Framelängen 0–4 und 6–8 sind ungenutzt. Da Framefelder im Allgemeinen in ein Vielfaches von 8-Bit Blöcken aufgeteilt sind, folgt der Framelänge ein ungenutztes 1-Bit Feld.

PHY-Nutzdaten

Die PHY-Nutzdaten (PSDU[8]) stellen die eigentlichen zu versendenden Daten dar. Im Allgemeinen sind diese Nutzdaten eine komplette Framestruktur der darüberliegenden Schicht. In unserem Fall ist dies die Framestruktur der MAC-Schicht.

---

[7] Eine MAC-Empfangsbestätigung (ACK-Frame) wird in Kap. 10.6.5 erklärt.
[8] PHY Service Data Unit

IEEE 802.15.4 MAC-Schicht

10

Während die PHY-Schicht für die technische Realisierung der Datenübertragung zuständig ist, übernimmt die MAC-Schicht die Aufgaben für eine zuverlässige Kommunikation in einem Funknetzwerk. Hierzu zählt unter anderem die Verwaltung eines Netzwerks, eindeutige Adressierungen und Datenübertragung an ausgewählte Funkmodule. Ein solches drahtloses Netzwerk für kurze Reichweiten wird als PAN bezeichnet.

10.1 Konstanten und Variablen der MAC-Schicht (MAC-PIB)

Auch die MAC-Schicht besitzt für die Erfüllung ihrer Aufgaben eine Datenbank mit Konstanten und Variablen. Die Datenbank nennt sich MAC-PIB[1]. Die Konstanten beginnen mit einem *a* und sind vom Namen her nicht von den Konstanten der PHY-Schicht zu unterscheiden. Auch diese beginnen mit einem *a*. Eine Übersicht der Konstanten der MAC-Schicht ist in der Tab. 10.1 dargestellt.

Die Variablen der MAC-Schicht beginnen mit *mac* z. B. *macExtendedAddress*. Eine Übersicht der Variablen der MAC-Schicht ist in der Tab. 10.2 dargestellt. Variablen die mit † markiert sind lassen sich nur von der MAC-Schicht verändern. Die darüberliegende Schichten können nur den Inhalt dieser Variablen auslesen.

---

[1] MAC-PAN Information Base

© Springer Fachmedien Wiesbaden 2014

M. Krauße, R. Konrad, *Drahtlose ZigBee-Netzwerke*, DOI 10.1007/978-3-658-05821-0_10

Tab. 10.1 Konstanten der MAC-Schicht (MAC-PIB)

Konstante	Beschreibung	Wert
aNumSuperframeSlots	Anzahl der Slots in jedem Superframe.	16
aBaseSlotDuration	Anzahl der Symbole, die ein Superframeslot bilden.	60
aBaseSuperframeDuration	Die Basislänge für die Berechnung der Dauer eines Superframes.	*aBaseSlotDuration * aNumSuperframeSlots*
aMinMPDUOverhead	Minimale Anzahl an Bytes, die für den Header und den Footer des MAC-Frames benötigt werden.	9
aMaxMPDUUnsecuredOverhead	Maximale Anzahl an Bytes, die für Header und Footer eines unverschlüsselten MAC-Frame benötigt werden.	25
aMaxMACPayloadSize	Maximale Anzahl an Bytes, die für die MAC-Nutzdaten zur Verfügung stehen können.	*aMaxPHYPacketSize – aMinMPDUOverhead*
aMaxMACSafePayloadSize	Die maximale Anzahl an Bytes, die garantiert für die MAC-Nutzdaten in einem unverschlüsselten MAC-Frame zur Verfügung stehen.	*aMaxPHYPacketSize – aMaxMPDUUnsecuredOverhead*
aMaxBeaconOverhead	Maximale Anzahl an Bytes, die für den Header des Beaconframes zur Verfügung stehen.	75
aMaxBeaconPayloadLength	Maximale Anzahl an Bytes für die Nutzdaten des Beaconframes.	*aMaxPHYPacketSize – aMaxBeaconOverhead*
aMaxLostBeacons	Übersteigt die Anzahl aufeinanderfolgenden nicht empfangener Beacons diesen Wert, wird eine Meldung über einen Synchronisationsverlust ausgelöst (MLME-SYNC-LOSS.indication-Primitive).	4
aMaxSIFSFrameSize	Die maximale Größe eines MAC-Frames (in Bytes), so dass beim Senden zwischen zwei Frames nur eine kurze Pause eingehalten werden muss (*Short InterFrame Spacing* (SIFS)). Ist das MAC-Frame größer, vergrößert sich auch die benötigte Zeit zum Bearbeiten des Frames und damit die Pause, die zwischen dem Senden zweier Frames eingehalten werden muss (*Long InterFrame Spacing* (LIFS)).	18
aGTSDescPersistenceTime	Die Anzahl an Superframes, bei der auf ein GTS-Anfrage die Antwort in Form eines GTS-Descriptor gekommen sein muss. Ansonsten wird die GTS-Anfrage mit einer Fehlermeldung an die darüberliegende Schicht beendet.	4
aMinCAPLength	Die minimale Zeit (in Symbolen) für die konkurrierende Zugriffsphase (*Contention Access Period* (CAP)) auf den Funkkanal (siehe Abschn. 10.3.3).	440
aUnitBackoffPeriod	Anzahl der Symbole, die als Basis für die Ermittlung des Wartezeitraums beim CSMA-CA-Algorithmus dienen (siehe Abschn. 9.2.2).	20

Tab. 10.2 Variablen der MAC-Schicht (MAC-PIB)

Variable	Wertebereich	Beschreibung
macExtended-Address[†]	64-Bit Integer	Eindeutige 64-Bit MAC-Adresse.
macShortAddress	16-Bit Integer	16-Bit Kurzadresse, die das Modul im PAN benutzt.
macPANId	16-Bit Integer	PAN-ID des PANs, dem das Modul zugehörig ist.
macCoordExtended-Address	64-Bit Integer	64-Bit MAC-Adresse des Koordinators durch den das Modul dem PAN hinzugefügt wurde.
macCoordShort-Address	16-Bit Integer	Die 16-Bit Kurzadresse des Koordinators durch den das Modul dem PAN hinzugefügt wurde.
macAssociatedPAN-Coord	TRUE, FALSE	TRUE, wenn das Modul vom PAN-Koordinator dem PAN zugefügt wurde.
macAssociation-Permit	TRUE, FALSE	TRUE, wenn ein Koordinator erlaubt dem PAN beizutreten.
macDSN	0x00–0xff	Die Sequenznummer die einem MAC-Datenframe oder MAC-Kommandoframe hinzugefügt wird und sich nach jedem gesendeten Frame um eins erhöht.
macAutoRequest	TRUE, FALSE	Falls die Variable auf TRUE gesetzt ist, sendet das Modul automatisch eine Datenanfrage, wenn seine Adresse in einem Beaconframe gelistet ist.
macTransaction-PersistenceTime	16-Bit Integer	Die maximale Zeit, die eine Transaktion bei einem Koordinator gespeichert und in diesem Beacon angezeigt wird.
macAckWait-Duration[†]	Integer	Die maximale Anzahl an Symbolen, die nach Versand eines Frames auf ein Bestätigungsframe gewartet wird.
macBeaconOrder	0–15	Bestimmt das Intervall für das Senden der periodischen Beacons.
macSuperframe-Order[†]	0-15	Bestimmt die Länge der aktiven Phase in einem Superframe.
macBSN	0x00-0xff	Die Sequenznummer die einem Beacon hinzugefügt wird und sich nach jedem gesendeten Beacon um eins erhöht.
macBeaconPayload		Der Inhalt der Beaconnutzdaten.
macBeaconPayload-Length	0–*aMaxBeaconPayloadLength*	Die Länge der Beaconnutzdaten in Bytes.
macBeaconTxTime	0x000000–0xffffff	Die Zeit, wann das Modul das letzte Beacon gesendet hat.
macGTSPermit	TRUE, FALSE	TRUE, wenn der PAN-Koordinator die Vergabe von GTS unterstützt.
macMinBE	0–*macMaxBE*	Der minimale Backoff-Exponent beim CSMA-CA Algorithmus.
macMaxBE	3–8	Der maximale Backoff-Exponent beim CSMA-CA-Algorithmus.

Tab. 10.2 *Fortsetzung*

Variable	Wertebereich	Beschreibung
macMaxCSMA-Backoffs	0–5	Die maximale Anzahl der Backoffs des CSMA-CA-Algorithmus bevor ein Kanalzugriffsfehler ausgelöst wird.
macMaxFrame-TotalWaitTime	Integer	Die maximal Wartedauer (in Symbolen) eines Funkmodul auf ein Frame welches als Antwort auf ein Datenanfrage-Kommandoframe erwartet wird oder auf ein Broadcastframe, welches vom Koordinator im Feld Framekontrolle des Beacon (Frame ausstehend) angekündigt wurde.
macMaxFrame-Retries	0–7	Die maximale Anzahl an Versuchen ein Frame bei einem Zustellungsfehler erneut zu senden.
macResponse-WaitTime	2–64	Bestimmt die maximale Wartezeit eines Antwort-Kommandoframe auf ein Anfrage-Kommandoframe.
macLIFSPeriod[†]	Integer	Die Zeit, die eine LIFS-Periode mindestens dauern muss (siehe Abschn. 10.3.5).
macSIFSPeriod[†]	Integer	Die Zeit, die eine SIFS-Periode mindestens dauern muss (siehe Abschn. 10.3.5).
macPromiscuous-Mode	TRUE, FALSE	Ist der Wert auf TRUE gesetzt, akzeptiert die MAC-Schicht alle Frames aus der PHY-Schicht, unabhängig davon, ob das Frame an das Modul adressiert ist oder nicht.
macSecurity-Enabled	TRUE, FALSE	Bei TRUE sind Sicherheitsfunktionen der MAC-Schicht implementiert und bei FALSE stellt die MAC-Schicht keine Sicherheitsfunktionen zur Verfügung.
macTxControl-ActiveDuration	0–100.000	Die maximal erlaubte Dauer (in Symbolen) einer zusammenhängenden Übertragung.
macTxControl-PauseDuration	2000 oder 10.000	Die Mindestpause (in Symbolen) nach einer Übertragung bevor eine Weitere folgen darf.
macTxTotal-Duration	64-Bit Integer	Speichert die gesamte Dauer einer Übertragung.
macRxOnWhenIdle	TRUE, FALSE	TRUE gibt an, dass der Receiver immer angeschaltet ist, wenn der Transceiver keine andere Aktion ausführen muss.
macBattLifeExt	TRUE, FALSE	Dieser Wert ist nur für ein PAN mit Superframestruktur von Bedeutung. Ist der Wert TRUE versucht der Koordinator Energie zu sparen und schaltet den Receiver in der CAP-Phase nach *macBattLifeExtPeriods* Backoff-Perioden aus. Die Aktivierung der Batterielaufzeitverlängerung (BLE) hat auch Auswirkung auf den CSMA-CA-Algorithmus (siehe Abschn. 10.3.3 insbesondere die Abschnitte über BLE und Anpassung des CSMA-CA-Verfahren).

Tab. 10.2 *Fortsetzung*

Variable	Wertebereich	Beschreibung
macBattLifeExt-Periods	6–41	Um Energie zu sparen, wird der Receiver des Koordinators nach Senden des Beacons in der CAP-Phase nach dieser Anzahl von Backoff-Perioden abgeschaltet.
macTimestamp-Supported[†]	TRUE, FALSE	Gibt an, ob die MAC-Schicht das optionale Feature der Zeitstempel für eingehende und ausgehende Datenframes unterstützt.
macRanging-Supported[†]	TRUE, FALSE	TRUE gibt an, dass die MAC-Schicht das optionale Feature der Entfernungsbestimmung unterstützt.
macSyncSymbol-Offset[†]	Integer	Dieser Wert ist die Zeit die vom Empfang des ersten Bits des Framelängefeld eines Frames bis zum Erstellen eines Zeitstempels benötigt wird. Diese Zeit wird vom Zeitstempel abgezogen, um den für das Frame korrekten Zeitstempel zu erhalten.

10.2   Funktionsweise von IEEE 802.15.4 Netzen

Für die Bildung eines Funknetzes, werden Mechanismen benötigt, die eine eindeutige Adressierung der Funkmodule und einen zuverlässigen Datenverkehr gewährleisten.

10.2.1   Adressierung

Jedes Funkmodul erhält zur Identifizierung eine eindeutige 64-Bit MAC-Adresse. Damit kann jedes Modul individuell angesprochen werden. Um unterschiedliche Netze bilden zu können, wird zur Identifizierung eines PANs eine erweiterte 64-Bit PAN-ID (EPID[2]) benutzt. Der PAN-Koordinator vergibt dem PAN bei dessen Aufbau zusätzlich eine 16-Bit PAN-ID. Beim Beitritt zu einem PAN vergibt der Koordinator diesem Funkmodul ebenfalls eine 16-Bit Kurzadresse. Durch Verringerung der Größe der Adressen und der PAN-ID werden beim Senden eines Datenpaketes weniger Bits für die Übertragung benötigt, was Bandbreite einspart.

10.2.2   Die Bildung eines IEEE 802.15.4 Netzes

In einem IEEE 802.15.4-Netz gibt es ein ausgewähltes FFD, welches die Rolle des sogenannten *PAN-Koordinator* übernimmt und in seinem PAN automatisch die 16-Bit Kurzadresse `0x0000` besitzt. Der PAN-Koordinator sendet an andere Funkmodule Informationen über das PAN in sogenannten *Beacons*.

---

[2] Extended PAN-ID

Andere FFDs oder RFDs die einem PAN beitreten möchten, überprüfen zuerst, ob ein PAN-Koordinator in Reichweite ist. Dazu führen sie entweder einen passiven Scan aus, bei dem sie auf den verschiedene Funkkanälen eine vorgegeben Zeit lauschen und auf Beacons warten, oder sie führen einen aktiven Scan aus, indem sie ein Beacon direkt von in Reichweite befindlichen PAN-Koordinatoren anfordern. Sind Beacons von in Reichweite befindlichen PAN-Koordinatoren empfangen worden, wird der bevorzugte PAN-Koordinator ausgewählt und an diesen eine Anfrage gesendet, ob das Funkmodul dem entsprechenden PAN beitreten darf. Erlaubt der PAN-Koordinator den Beitritt, weist er diesem in seiner Antwort zugleich eine 16-Bit Kurzadresse zu. Erlaubt der PAN-Koordinator keinen Beitritt in sein PAN, muss das entsprechende Funkmodul weiter suchen und einen anderen PAN-Koordinator anfragen.

10.3   Zugriffssteuerung auf den Funkkanal

Greifen mehrere Funkmodule gleichzeitig auf einen Funkkanal zu, überlagern sich die verschiedenen Funksignale und werden dadurch unbrauchbar. Bei der Funkübertragung muss daher eine Zugriffsteuerung auf den Funkkanal eingesetzt werden. Dabei gibt es verschiedene Verfahren. Der IEEE 802.15.4 Standard spezifiziert hierfür das CSMA-CA- und das ALOHA-Verfahren.

Hat ein Funkmodul die Möglichkeit bei freiem Funkkanal Daten an ein anderes Funkmodul zu senden, muss sichergestellt werden, dass dieses Funkmodul die gesendeten Daten empfängt. In drahtlosen Sensornetzwerken wollen wir Module einsetzen, die wenig Energie verbrauchen und möglichst auch mit Batterien betrieben werden können. Somit ist die Dauer, in denen der Receiver eingeschaltet ist, möglichst niedrig zu halten. Hierfür unterstützt der IEEE 802.15.4 eine sogenannte *Superframestruktur*. Mit Hilfe von Beacons kann der Zugriff auf den Funkkanal synchronisiert werden.

10.3.1   CSMA-CA

Carrier Sense Multiple Access with Collision Avoidance (CSMA-CA) heißt auf Deutsch etwa *Trägerabfrage mit Mehrfachzugriff und Kollisionsvermeidung* und ist ein klassisches Prinzip bei drahtlosen Netzwerken, auf den auch der IEEE 802.15.4 Standard setzt. Beim CSMA-CA-Verfahren wird versucht, möglichst zu verhindern, dass Funkmodule gleichzeitig senden und sich gegenseitig stören. Zuerst wird hierfür das Medium (Träger) mit dem CCA-Verfahren (siehe Abschn. 9.2.2) abgehört (Carrier Sense). Ist der Funkkanal frei, kann gesendet werden. Ist der Funkkanal belegt wird eine zufällige Zeitspanne gewartet und ein erneuter Versuch gestartet. Bei jedem Warten wird die zufällige Zeitspanne des Wartenden Funkmoduls erhöht. Damit das Funkmodul nicht unendlich lange wartet, wird nach einer vorgegebenen Anzahl von Versuchen mit einer Fehlermeldung abgebrochen. Im IEEE 802.15.4 Standard ist der Algorithmus für das CSMA-CA wie folgt spezifiziert:

Schritt 1: Für jede Übertragung besitzt ein Funkmodul die Variablen NB und BE. NB wird mit 0 initialisiert und ist ein Zähler wie häufig das Funkmodul beim aktuellen Übertragungsversuch zum Warten gezwungen wird. Das MAC-Attribut *macMaxCSMABackoffs* bestimmt die maximale Anzahl an Sendeversuchen. BE wird mit dem im MAC-Attribut vorgegebenen Wert von *macMinBE* initialisiert. BE ist der Backoff Exponent und definiert das Intervall aus dem die zufällige Wartezeit bestimmt wird.

Schritt 2: Wähle einen zufälligen ganzzahligen Wert n aus dem Intervall $[0, 2^{BE} - 1]$ und warte $n \cdot aUnitBackoffPeriod$ Symbole. *aUnitBackoffPeriod* ist eine Konstante aus der MAC-Schicht ist und hat den Wert 20.

Schritt 3: Mittels CCA wird überprüft, ob der Funkkanal frei ist. Ist dieser frei wird das Frame gesendet. Ist der Funkkanal belegt, wird der Zähler NB um eins erhöht. BE wird ebenfalls um eins erhöht, sofern der Wert noch nicht das Maximum erreicht hat, welches durch die MAC-Variable *macMaxBE* festgelegt ist.

Schritt 4: Ist jetzt die maximale Anzahl an Sendeversuchen erreicht, wird eine Fehlermeldung zurückgegeben und der Sendevorgang abgebrochen, ansonsten wird der ganze Algorithmus beginnend mit Schritt 2 bis zur Terminierung wiederholt.

In Abb. 10.1 ist das Ablaufdiagramm für den CSMA-CA-Algorithmus dargestellt.

Das CSMA-CA-Verfahren wird für Datenframes und MAC-Kommandoframes angewendet. Empfangsbestätigungen (ACK-Frame) werden unmittelbar nach Erhalt eines Frames gesendet, wenn dieses eine Empfangsbestätigung angefordert hat. Fordert ein Funkmodul Daten von einem anderen Funkmodul an (data request) und erwartet dieses eine Empfangsbestätigung, kann das andere Funkmodul die Daten auch ohne CSMA-CA-Verfahren unmittelbar nach Senden der Empfangsbestätigung übermitteln, wenn dies innerhalb gegebener Zeitanforderungen erfolgen kann. MAC-Beaconframes werden ebenfalls unmittelbar ohne CSMA-CA-Mechanismus versendet. Der PAN-Koordinator sendet das Beacon entweder direkt nachdem dies mittels MAC-Kommando angefordert wurde oder periodisch in immer gleichen Zeitabständen.

10.3.2 ALOHA

Das ALOHA-Verfahren ist ebenfalls ein Mechanismus um den Zugriff auf den Funkkanal zu steuern. Bei diesem Verfahren wird nicht versucht Kollisionen mit anderen Funksignalen zu vermeiden. Der Funkkanal wird nicht abgehört, sondern der Zugriff auf diesen erfolgt unmittelbar. Tritt eine Kollision auf müssen die beteiligten Funkmodule ihre Daten erneut senden. Dieses Verfahren ist sinnvoll bei Netzwerken in denen nur wenig Funkverkehr stattfinden. Die Gefahr von Kollisionen ist in diesem Fall sehr klein.

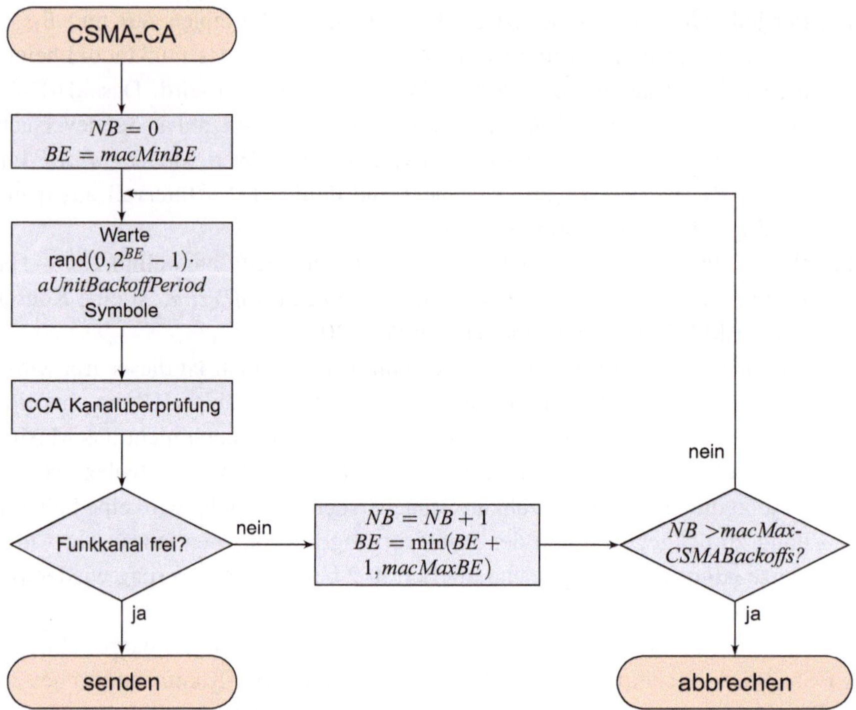

Abb. 10.1 Ablaufdiagramm des CSMA-CA Algorithmus

10.3.3 Superframes

Für zeitkritische Anwendungen kann das CSMA-CA- oder ALOHA-Verfahren problematisch sein. Ist der Funkkanal häufig belegt und/oder treten Kollisionen auf, werden mit diesen Mechanismen wichtige Informationen nicht zeitnah weitergereicht. Für die Entwicklung zeitkritischer Anwendungen unterstützt der IEEE 802.15.4 Standard Superframes. Mittels vom PAN-Koordinator periodisch gesendeter Beacons werden die Funkmodule eines PANs synchronisiert. Das Intervall zwischen zwei Beacons wird Superframe genannt. In den Beacons wird ebenfalls die Struktur des Superframes mitgeteilt. So kann das Superframe z. B. in eine aktive Phase und eine inaktive Phase unterteilt werden. In der aktiven Phase darf der Funkkanal benutzt werden, in der inaktiven Phase nicht. In der inaktiven Phase können alle Funkmodule inklusive des PAN-Koordinators und anderer FFDs in einen energiesparenden Modus wechseln. Dies führt zu einem niedrigen Energieverbrauch und ermöglicht es ggf. auch FFDs mit Batterie zu betreiben. Bei Netzen ohne Superframestruktur können lediglich RFDs in einen energiesparenden Modus wechseln, da FFDs jeder Zeit damit rechnen müssen, Datenpakete von anderen Funkmodulen zu erhalten. Das Intervall zwischen zwei Beacons, d.h die zeitliche Länge eines Superframes, wird durch die Variable *macBeaconOrder* bestimmt. Die Länge eines Beaconintervalls *BI* in Symbolen ist:

$$BI = aBaseSuperframeDuration \cdot 2^{macBeaconOrder}$$
$$= 960 \cdot 2^{macBeaconOrder}$$

aBaseSuperframeDuration ist die Basislänge zur Berechnung der Dauer eines Superframes und hat einen Wert von 960 (siehe Tab. 10.1). *macBeaconOrder* kann einen Wert von 0 bis 15 einnehmen, wobei ein Wert von 15 bedeutet, dass keine periodischen Beacons gesendet werden, und damit keine Superframestruktur in diesem Netz unterstützt wird. Bei *macBeaconOrder* = 0 wird ein Beacon alle 960 Symbole gesendet. Bei 2,4 GHz und O-QPSK Modulation entspricht das einer Dauer von 15,36 ms. Mit *macBeaconOrder* = 14 ergibt sich ein maximaler Zeitabstand von 15728640 Symbole zwischen zwei Beacons. Bei 2,4 GHz und O-QPSK Modulation entspricht das einer Dauer von etwa 251 s. Die aktive Phase (SD[3]) ergibt sich aus der Variable *macSuperframeOrder*. Die Länge der aktiven Phase SD in Symbolen ist:

$$SD = aBaseSuperframeDuration \cdot 2^{macSuperframeOrder}$$
$$\text{mit } 0 \leq macSuperframeOrder \leq macBeaconOrder$$

Gilt *macSuperframeOrder* = 15 gibt es keine inaktive Phase. Die aktive Phase wird wiederum in zwei Phasen unterteilt, in die sogenannte CAP[4]-Phase und die CFP[5]-Phase. In der CAP-Phase wird der Zugriff auf den Funkkanal mittels CSMA-CA oder ALOHA-Verfahren geregelt. Die CFP-Phase folgt unmittelbar auf die CAP-Phase und in ihr darf der Funkkanal nur von Funkmodulen benutzt werden, denen im Beacon eine entsprechende Erlaubnis erteilt wurde. Um die CFP-Phase zu ermöglichen, ist die aktive Phase in 16 gleich große Teile (Slots) aufgeteilt. Das Beacon wird zu Beginn des ersten Slots gesendet. In ihm wird auch mitgeteilt, ab welchem Slot die CFP-Phase beginnt. Die CFP-Phase besteht aus maximal sieben Zeitslots. Ein Funkmodul kann einen oder mehrere sogenannte garantierte Zeitlots (GTS[6]) beim PAN-Koordinator beantragen und dieser entscheidet über die entsprechende Zuweisung (siehe Abschn. 10.3.4). Die CAP-Phase beginnt für die Funkmodule unmittelbar nachdem sie das Beacon empfangen haben. In Abb. 10.2 ist eine Superframestruktur mit CAP, CFP und inaktiver Phase dargestellt.

Energieverbrauch und Batterielaufzeitverlängerung (BLE)

In der inaktiven Phase der Superframestruktur können alle Module ihren Transceiver abstellen und ggf. sogar den Mikrocontroller in einen energiesparenden Zustand versetzen. Wird die aktive Phase möglichst kurz gehalten, lassen sich so auch Koordinatoren sehr gut mit Batterien betreiben. Für Koordinatoren, die im Allgemeinen deutlich mehr Funkverkehr verarbeiten als ein Nicht-Koordinator, bietet der IEEE 802.15.4 Standard eine weitere

---

[3] Superframe Duration
[4] Contention Access Period
[5] Contention Free Period
[6] Guaranteed Time Slot

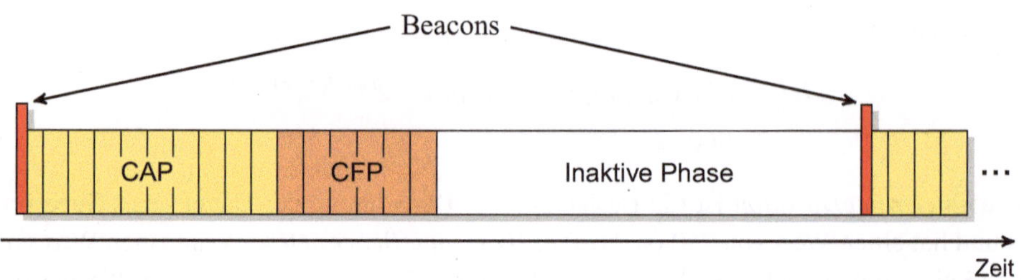

Abb. 10.2 Superframestruktur mit 10 CAP-Slots, 6 CFP-Slots und inaktiver Phase

Möglichkeit Energie einzusparen, die sogenannte Batterielaufzeitverlängerung (BLE[7]). Hierbei verkürzt der Koordinator in der CAP-Phase die Zeit in der er erreichbar ist. Nach dieser Zeit deaktiviert der Koordinator den Receiver bis zum Beginn der CFP-Phase. Um diese Funktionalität zu aktivieren ist die Variable *macBattLifeExt* auf TRUE zu setzen. Der Koordinator hält den Receiver nach dem Senden des Beaconframe und einer kurzen Pause (IFS[8]) für die Anzahl von *macBattLifeExtPeriods* Backoff-Perioden aktiv. Die Dauer einer Backoff-Periode ist 20 (*aUnitBackoffPeriod*) Symbole lang. *macBattLifeExtPeriods* kann einen Wert von 6-41 Perioden annehmen. Nach dieser Zeit deaktiviert der Koordinator seinen Receiver bis zum Beginn der CFP-Phase. Nachrichten an den Koordinator, für die kein garantierter Zeitslot reserviert wurde, müssen in dieser kurzen Zeitspanne erfolgen. Ist der Funkkanal während dieser Zeit besetzt und deswegen das Senden nicht möglich, muss gegebenenfalls auf das nächste Beacon gewartet werden.

Anpassung des CSMA-CA-Verfahren

Für die Unterstützung von Netzwerken mit Superframestruktur muss das CSMA-CA-Verfahren etwas angepasst werden, damit es die gegebenen Phasen respektiert und jeder Funkverkehr der mit dem CSMA-CA-Verfahren eingeleitet wurde mit Beginn der CFP-Phase beendet ist. Bei gleichzeitig aktivierter Batterielaufzeitverlängerung des Koordinators wird zudem der Backoff-Exponent auf maximal 2 initialisiert, da ja je nach Einstellung nur 6-41 Backoff-Perioden zur Verfügung stehen. Das CSMA-CA-Verfahren bricht den Sendeversuch mit einem Fehler ab, sobald die Zeit von *macBattLifeExtPeriods* Backoff-Perioden nach Erhalt eines Beaconframe vergangen ist. Für eine genauere Beschreibung und das erweiterte Ablaufdiagramm des CSMA-CA-Verfahren siehe [IEE11, 21–23].

---

[7] Battery Life Extension

[8] Ein *InterFrame Spacing* (IFS) ist eine kleinen Pause für die das Frame empfangenden Module zum Verarbeiten desselben (siehe Abschn. 10.3.5).

10.3.4 Steuerung von garantierten Zeitslots (GTS)

Werden für zeitkritische Anwendungen bestimmte Zeiten benötigt, an denen ein Funkmodul Daten senden oder empfangen kann, können beim PAN-Koordinator ein oder mehrere aneinanderhängende Zeitslots beantragt werden. Diese garantierten Zeitslots (GTS) sind exklusiv für die Kommunikation des Funkmoduls mit dem PAN-Koordinator reserviert. Um solch einen GTS zugewiesen zu bekommen, wird an die MAC-Schicht von der darüberliegenden Schicht eine MLME-GTS.request-Primitive[9] gesendet. In dieser Primitive wird mitgeteilt, welche GTSs das Funkmodul gerne zugewiesen bekommen möchte und ob während diesen GTSs das Funkmodul Daten an den PAN-Koordinator senden möchte oder von diesem Daten erwartet. Die MAC-Schicht erzeugt aus der Primitive ein entsprechendes GTS-Anfrage-Kommandoframe[10] und sendet dieses an den PAN-Koordinator. Der PAN-Koordinator entscheidet nach Empfang des GTS-Anfrage-Kommandoframe, ob dem Funkmodul ein oder mehrere GTSs zugeteilt werden. Das Funkmodul wird über zugewiesen GTSs vom PAN-Koordinator über die Beaconframes informiert. Ein zugewiesener GTS bleibt so lange gültig, bis der PAN-Koordinator den GTS an ein anderes Funkmodul vergibt oder das Funkmodul diesen wieder freigibt. Der letztere Fall funktioniert analog zum Beantragen eines GTS, nur wird bei der MLME-GTS.request-Primitive und dem GTS-Anfrage-Kommandoframe ein entsprechender Parameter gesetzt, dass der GTS vom Funkmodul wieder freigegeben wird.

10.3.5 Zeitabstand zwischen zwei Frames

Erhält die MAC-Schicht Daten von der PHY-Schicht, benötigt sie etwas Zeit zum Verarbeiten. Deswegen muss ein Funkmodul beim Senden zweier Frames einen gewissen Zeitabstand (IFS[11]) einhalten. Es gibt hier zwei Wartezeiten, die sogenannte SIFS[12]-Periode und die LIFS[13]-Periode. Welche der beiden Wartezeiten eingehalten werden muss, bestimmt sich durch die Länge eines Frames und der Konstanten *aMaxSIFSFrameSize* = 18. Überschreitet ein Frame die Länge von 18 Symbolen nicht, genügt eine kürzere Wartezeit (SIFS) bevor das nächste Frame gesendet werden darf. Die Dauer dieser Periode ist in der Variablen *macSIFSPeriode* festgehalten. Ist das Frame größer als 18 Symbole, wird eine längere Wartezeit (LIFS) benötigt. Die Dauer der Wartezeit ist in der Variablen *macLIFSPeriode* hinterlegt. Wird beim Senden von Frames ein Bestätigungsframe angefordert, beginnt die Wartezeit unmittelbar nach Erhalt des Bestätigungsframe.

---

[9] Für die Funktionsweise und Parameter der MLME-GTS.request-Primitive siehe Abschn. 10.5.2 – Garantierte Zeitslots (GTS).

[10] Die Struktur und die Parameter des GTS-Anfrage-Kommandoframe sind in Abschn. 10.6.3 beschrieben.

[11] InterFrame Spacing

[12] Short InterFrame Spacing

[13] Long InterFrame Spacing

10.4   Datenübertragung

Es gibt drei Arten der Datenübertragung in IEEE 802.15.4-Netzen. Die Übertragung zu einem Koordinator, die Übertragung von einem Koordinator und die Peer-to-Peer Übertragung, d. h. die Übertragung von einem Nicht-Koordinator zu einem anderen Nicht-Koordinator. Hierbei ist noch zusätzlich zu unterscheiden, ob das Netz die Superframestruktur benutzt oder nicht. Datenkommunikation kann in IEEE 802.15.4-Netzen immer nur unter Funkmodulen stattfinden, die untereinander in Reichweite sind. Routingfunktionen werden nicht unterstützt.

10.4.1   Datenübertragung ohne Superframesunterstützung

Datenübertragung zu einem Koordinator: Der Sender überprüft mittels CSMA-CA-Algorithmus, ob der Funkkanal frei ist und sendet die Daten bei freiem Kanal an den Koordinator. Wurde eine Empfangsbestätigung verlangt sendet der Koordinator unmittelbar nach Erhalt ein entsprechende Bestätigung an den Sender.

Datenübertragung von einem Koordinator: Damit ein Nicht-Koordinator mit Batterien betrieben werden kann, ist der Receiver nicht permanent angeschaltet und der Koordinator kann nicht zu jeder Zeit Daten an dieses Modul senden. Der Koordinator speichert in diesem Fall die Daten, bis sie durch eine Datenanfrage angefordert werden. Der Koordinator beantwortet die Anfrage mit einem Bestätigungsframe (ACK). Sind Daten für dieses Modul gespeichert, werden diese unmittelbar nach dem Bestätigungsframe gesendet. Sind keine Daten für das Funkmodul gespeichert, wird dies entweder im Bestätigungsframe mitgeteilt oder ein leeres Datenpaket gesendet.

Peer-to-Peer: Nur FFDs können direkt miteinander kommunizieren. RFDs können Daten nur mit ihrem Elternteil (Koordinator) austauschen. Bei einer direkten Verbindung zwischen zwei FFDs gilt selbiges wie bei einer Kommunikation zu einem Koordinator. Vor dem Senden ist mittels CSMA-CA-Algorithmus zu überprüfen, ob der Funkkanal frei ist.

10.4.2   Datenübertragung mit Superframesunterstützung

Datenübertragung zu einem Koordinator: Das Funkmodul, welches Daten an den Koordinator senden möchte, hört zuerst den Funkkanal nach sich periodisch wiederholenden Beacons ab, so dass es die Superframestruktur kennt. In der CAP-Phase, bzw. in der CFP-Phase, falls dem Funkmodul ein GTS zugewiesen wurde, sendet das Funkmodul die Daten an den Koordinator. Wurde eine Empfangsbestätigung angefordert, sendet der Koordinator diese unmittelbar nach Erhalt der Daten.

Datenübertragung von einem Koordinator: Möchte ein Koordinator Daten an ein Funkmodul senden, zeigt er im Beacon-Frame an, dass für das Funkmodul Daten hinterlegt sind. Das Funkmodul für welches diese Daten bestimmt sind, sendet nach Erhalt dieses Beacons eine Datenanfrage an den Koordinator. Der Koordinator beantwortet diesen Datenanfrage mit einer Bestätigung und sendet daraufhin die Daten an das Funkmodul. Wurde eine Empfangsbestätigung angefordert, sendet das Funkmodul diese unmittelbar nach Erhalt der Daten an den Koordinator.

Peer-to-Peer: Für eine Peer-to-Peer Kommunikation zwischen zwei beliebigen FFDs, ist es notwendig, dass diese ihren Receiver nicht deaktivieren oder es muss von einer höheren Schicht ein Mechanismus zur Synchronisation von Beacons implementiert werden (siehe auch Abschn. 14.5). Der IEEE 802.15.4 Standard spezifiziert hier kein Mechanismus und unterstützt periodische Beacons nur in Netzwerke mit Sternformation.

10.5 Servicedienste und zugehörige Primitiven der MAC-Schicht

Die MAC-Schicht bietet verschieden Dienste für die darüberliegenden Schichten. Diese Dienste werden analog zur PHY-Schicht in zwei Kategorien unterteilt, dem *MAC-Datendienst* (MCPS) und dem *MAC-Managementdienst* (MLME). Allerdings sind die Dienste und Primitiven der MAC-Schicht deutlich komplexer als die der PHY-Schicht. Die Primitiven besitzen deutlich mehr Parameter. Aus Gründen der Übersichtlichkeit und des besseren Verständnis gehen wir deshalb nicht weiter auf die Erweiterungen der Dienste und der Primitiven für UWB und CSS ein, sondern beschränken uns hier auf die Funktionalitäten der Spezifikation des IEEE 802.15.4 Standard von 2006. Genauso werden wir zwecks einfacherer Formulierung die über der MAC-Schicht liegende Schicht grundlegend als Netzwerkschicht (NWK-Schicht) bezeichnen. Auch wenn wir eine eigene Applikation erstellen, die unmittelbar über der MAC-Schicht liegt, übernimmt diese schließlich auch Aufgaben dieser Netzwerkschicht. Nicht jedes Funkmodul stellt alle Primitiven, die wir vorstellen werden, zur Verfügung. Mit ⋆ markierte Primitiven sind für RFDs optional, müssen allerdings von FFDs implementiert sein. Mit ◇ markierte Primitiven sind sowohl für RFDs als auch für FFD optional.

10.5.1 MAC-Datendienst (MCPS)

Der MAC-Datendienst ist für den Austausch von Daten mit der darüberliegenden Netzwerkschicht verantwortlich. Entweder reicht die MAC-Schicht Daten nach Anpassungen an die PHY-Schicht weiter oder übermittelt von der PHY-Schicht erhaltene Daten an die Netzwerkschicht. Der Zugriff auf die Dienste erfolgt über den *MCPS-Service Access Point* (MCPS-SAP) mittels Primitiven. Insgesamt stehen fünf Primitiven zur Verfügung. Die drei Primitiven MCPS-DATA.request, MCPS-DATA.confirm und MCPS-DATA.indication inklusive ihre Funktionsweise wurden bereits in Abschn. 8.3 vorgestellt:

```
MCPS-DATA.request(SrcAddrMode,
           DstAddrMode,DstPANId,DstAddr,
           msduLength,msdu,msduHandle,
           AckTX,GTSTX,IndirectTX,SecurityLevel,
           KeyIdMode,KeySource,KeyIndex,
           UWBPRF,Ranging,UWBPreambleSymbolRepetitions,
           DataRate)
MCPS-DATA.confirm(msduHandle,Timestamp,
           RangingReceived,RangingCounterStart,
           RangingCounterStop,RangingTrackingInterval,
           RangingOffset,RangingFOM,
           status)
MCPS-DATA.indication(SrcAddrMode,SrcPANId,SrcAddr,
           DstAddrMode,DstPANId,DstAddr,
           msduLength,msdu,mpduLinkQuality,
           DSN,Timestamp,SecurityLevel,
           KeyIdMode,KeySource,KeyIndex,
           UWBPRF,UWBPreambleSymbolRepetitions,
           DataRate,
           RangingReceived,RangingCounterStart,
           RangingCounterStop,RangingTrackingInterval,
           RangingOffset,RangingFOM)
```

Durch die MCPS-DATA.request-Primitive wird die MAC-Schicht von der Netzwerk-schicht angewiesenen Daten an ein anderes Funkmodul zu senden. Die einzelnen Anfragen werden jeweils in eine Warteschlange eingereiht, bis sie von der MAC-Schicht abgearbeitet werden können. Der Parameter *SrcAddrMode* und *DstAddrMode* bestimmt, ob zur Adressierung des Senders bzw. des Empfängers die 16-Bit Kurzadresse oder die 64-Bit MAC-Adresse benutzt wird. *DstAddr* ist die entsprechende Empfängeradresse und *DstPANId* die PAN-ID des Empfängers. *msdu* sind die Nutzdaten und *msduLength* deren Länge. *msduHandle* ist eine Identifizierungsnummer mit der z. B. die MCPS-DATA.confirm-Primitive eindeutig der auslösenden MCPS-DATA.request-Primitive zugeordnet werden kann. Durch den Parameter *AckTX* wird festgelegt, ob auf das Frame eine Empfangsbestätigung folgen soll. *GTSTX* bestimmt, ob das Frame einen GTS-Slot benutzt oder ob das Frame in der CAP-Phase versendet werden soll. Der Parameter *SecurityLevel* bestimmt die Sicherheitsstufe, die bei der Übertragung benutzt werden soll. Die Parameter *KeyIdMode*, *KeySource* und *KeyIndex* identifizieren den zur Absicherung der Übertragung zu verwendende Schlüssel. Dies trifft auch bei den weiteren Primitiven zu, die diese Parameter benutzten. Genauer beschrieben werden diese Parameter und ihrer Funktion in Abschn. 10.7.

Ist die MCPS-DATA.request-Primitive erfolgreich oder nicht erfolgreich abgearbeitet, schickt die MAC-Schicht an die Netzwerkschicht eine MCPS-DATA.confirm-Primitive mit dem Status des Sendeversuchs. Falls das Feature Ranging (Entfernungsbestimmung) unterstützt wird, werden entsprechende Informationen an die Netzwerkschicht weitergeleitet. Der Parameter *timestamp* ist ebenfalls optional und gibt an, wie lange es gedauert hat die Daten zu senden.

Die MCPS-DATA.indication-Primitive wird von der MAC-Schicht des Empfängers an dessen Netzwerkschicht gesendet. Zusätzlich zu den eigentlichen Nutzdaten, der Adressierung und den bereits bekannten Parametern, werden der LQI-Wert (*mpduLinkQuality*) und die Sequenznummer (DSN[14]) des Frames mitgesendet.

Um anstehende Aufgaben aus der Warteschlange zu löschen, bietet der MAC-Datenservice zwei weiter Primitiven an:

```
MCPS-PURGE.request(msduHandle)
MCPS-PURGE.confirm(msduHandle,status)
```

Die Netzwerkschicht kann durch Aufruf der Primitive MCPS-PURGE.request die MAC-Schicht anweisen, die durch den Parameter *msduHandle* identifizierbare Transaktion aus der Warteschlange zu löschen. Die MAC-Schicht beantwortet diese Anfrage mit der MCPS-PURGE.confirm-Primitive und informiert über den Status der Anfrage, d. h. ob diese erfolgreich war oder nicht.

10.5.2   MAC-Managementdienst (MLME)

Zu den Funktionalitäten des MAC-Managementdienst gehören der Aufbau und die Verwaltung eines IEEE 802.15.4-Netzes, Eintritt in ein existierendes Netz und Austritt aus selbigem, die Verwaltung von Beacons, Senden von Empfangsbestätigung (ACK-Frames), Kontrolle über den Zugriff auf den Funkkanal und Bereitstellung von Basissicherheitsfunktion für die Netzwerkschicht. Der Zugriff über die einzelnen Dienste erfolgt über den *MLME-Service Access Point* (MLME-SAP) durch Verwendung von Primitiven.

Zugriff auf Variablen der MAC-Schicht (MLME-GET & MLME-SET)

Durch die Primitiven MLME-GET.request- und MLME-SET.request erhält die Netzwerkschicht Zugriff auf die Variablen der MAC- und PHY-Schicht. Durch Senden der MLME-GET.request-Primitive wird der Inhalt einer Variablen (*PIBAttribute*) abgefragt. Die MAC Schicht sendet als Antwort die MLME-GET.confirm-Primitive, die den Status der Anfrage mitteilt und bei erfolgreicher Anfrage (SUCCESS) den Wert der angefragten Variablen mitliefert (*PIBAttributeValue*). Durch Senden einer MLME-SET.request-Primitive kann

---

[14] Data Sequence Number

entsprechend der Wert einer Variablen geändert werden. Nicht jede Variable darf zu jeder Zeit geändert werden. Ob der entsprechende Request erfolgreich war oder nicht wird als Antwort in einer MLME-SET.confirm-Primitive vermerkt (*status*).

```
MLME-GET.request(PIBAttribute)
MLME-GET.confirm(status,PIBAttribute,PIBAttributeValue)
```

```
MLME-SET.request(PIBAttribute,PIBAttributeValue)
MLME-SET.confirm(status,PIBAttribute)
```

Scannen von Funkkanälen (MLME-SCAN & MLME-ORPHAN)

Um Informationen über einen Funkkanal zu erhalten, führt ein Funkmodul einen Scan des selbigen durch. Es stehen vier verschieden Scantypen zu Auswahl:

Scantyp ED: Beim ED[15]-Scan, wird der Funkkanal eine vorgegebene Zeitspanne nach Funkverkehr abgehört und dabei der Leistungspegel ermittelt.

Scantyp ACTIVE: Beim aktiven Scan, sendet das Funkmodul ein Beaconanfrage-Kommandoframe, womit alle in Reichweite befindlichen Koordinatoren aufgefordert werden, ein Beacon zu senden.

Scantyp PASSIV: Beim passiven Scan hört das Funkmodul den Funkkanal eine vorgegebene Zeitspanne nach Beaconframes ab. Das Funkmodul erhält dadurch Informationen über sich in Reichweite befindlichen Koordinatoren, sofern diese ein Beacon gesendet haben.

Scantyp ORPHAN: Hat ein Funkmodul den Kontakt zu seinem Koordinator verloren, kann die Netzwerkschicht versuchen den Koordinator wiederzufinden. Dazu teilt die Netzwerkschicht der MAC-Schicht mit, dass diese den entsprechenden Scan einleiten soll, d.h. die MAC-Schicht soll auf allen dem Funkmodulen zur Verfügung stehenden Funkkanälen ein Verwaistmeldung-Kommandoframe senden, um den Koordinator wiederzufinden. Nach dem Erhalt eines Verwaistmeldung-Kommandoframes sendet die MAC-Schicht des Koordinators an die Netzwerkschicht eine MLME-ORPHAN.indication-Primitive. Die Netzwerkschicht sucht darauf, ob es einen Eintrag für das entsprechende Funkmodul besitzt. Als Antwort sendet die Netzwerkschicht eine MLME-ORPHAN.response-Primitive. Hat der Koordinator einen Eintrag für das Funkmodul wird der Parameter *AssociatedMember* auf *TRUE* gesetzt und die MAC-Schicht sendet ein Koordinatorneujustierung-Kommandoframe an das Funkmodul, womit der Kontakt zum PAN wieder hergestellt wird.

---

[15] Energy Detection

Um einen Scan einzuleiten sendet die Netzwerkschicht eine MLME-SCAN.request-Primitive mit der Information, welcher Scan durchgeführt werden soll. Ist der Scan abgeschlossen, sendet die MAC-Schicht an die Netzwerkschicht eine MLME-SCAN.confirm-Primitive mit dem Ergebnis des Scans. Wurde ein ED-Scan durchgeführt, werden die ermittelten Leistungspegel in einer Liste (*EnergyDetectList*) mitgeliefert und bei einem aktiven oder passivem Scan wird eine Liste (*PANDescriptorList*) mitgeliefert, die Informationen über die mittels empfangener Beacons gefunden PANs enthält. Die Scandauer pro Funkkanal ergibt sich durch den Parameter *ScanDuration* und beträgt in Symbolen

$$aBaseSuperframeDuration \cdot (2^{ScanDuration} - 1) = 960 \cdot (2^{ScanDuration} - 1).$$

```
MLME-SCAN.request(ScanType,ScanChannels,ScanDuration,
                  ChannelPage,SecurityLevel,
                  KeyIdMode,KeySource,KeyIndex)
MLME-SCAN.confirm(status,ScanType,ChannelPage,
                  UnscannedChannels,ResultListSize,
                  EnergyDetectList,PANDescriptorList,
                  DetectedCategory, UWBEnergyDetectList)
```

```
*MLME-ORPHAN.indication(OrphanAddress,SecurityLevel,
                  KeyIdMode,KeySource,KeyIndex)
*MLME-ORPHAN.response(OrphanAddress,ShortAddress,
                  AssociatedMember,SecurityLevel,
                  KeyIdMode,KeySource,KeyIndex)
```

Ein IEEE 802.15.4-Netz oder eine Superframestruktur starten (MLME-START)
Um ein neues IEEE 802.15.4-Netz (PAN) zu starten, sendet die Netzwerkschicht eine MLME-START.request-Primitive. Beim Erstellen eines neuen PANs wird das entsprechende Funkmodul gleichzeitig PAN-Koordinator. Somit ist der Parameter *PANCoordinator* der Primitive auf *TRUE* zu setzen. Zur eindeutigen Identifizierung des PANs übergibt die Netzwerkschicht die PAN-ID mit dem Parameter *PANId*. Der zu benutzende Funkkanal wird durch *ChannelNumber* und *ChannelPage* festgelegt. Soll eine Superframestruktur benutzt werden, sind entsprechende Werte für *BeaconOrder* und *SuperframeOrder* zu übergeben. Über das Ergebnis der Primitive informiert die MAC-Schicht die Netzwerkschicht mittels einer MLME-START.confirm-Primitive.

Soll kein neues Netz gestartet werden, sondern ein Funkmodul soll für seine Kinder[16] eine eigene Superframestruktur zur Verfügung stellen, sendet die Netzwerkschicht ebenfalls eine MLME-START.request-Primitive. Der Parameter *PANCoordinator* ist in diesem Fall auf *FALSE* zu setzten, da das Funkmodul nur die Rolle eines Koordinators und nicht die eines PAN-Koordinators übernimmt. Der Parameter *StartTime* bestimmt, um wie viel das Beacon dieses Koordinators zum Beacon des Vater-Koordinators versetzt gesendet werden soll. Wurde mittels der MLME-START.request-Primitive die Superframestruktur geändert, d. h. *CoordRealignment=TRUE*, ist eine neue Synchronisierung alle Funkmodule notwendig, wodurch ein entsprechendes Koordinatorneujustierung-Kommandoframe zu senden ist.

CoordRealignSecurityLevel, *CoordRealignKeyIdMode*, *CoordRealignKeySource*, *CoordRealignKeyIndex*, *BeaconSecurityLevel*, *BeaconKeyIdMode*, *BeaconKeySource* und *BeaconKeyIndex* werden nur bei eingeschalteten Sicherheitsfunktionen benötigt. Sie bestimmen die benutzte Sicherheitsstufe und den dafür verwendeten Schlüssel. Die Primitiven MLME-START.request und MLME-START.confirm sind für RFDs optional.

```
*MLME-START.request(PANId,ChannelNumber,ChannelPage,
           StartTime,BeaconOrder,SuperframeOrder,
           PANCoordinator,BatteryLifeExtension,
           CoordRealignment,CoordRealignSecurityLevel,
           CoordRealignKeyIdMode,CoordRealignKeySource,
           CoordRealignKeyIndex,BeaconSecurityLevel,
           BeaconKeyIdMode,BeaconKeySource,BeaconKeyIndex)
*MLME-START.confirm(status)
```

Einem IEEE 802.15.4-Netz beitreten (MLME-ASSOCIATE & MLME-DISASSOCIATE)

Um einem PAN beizutreten, generiert die Netzwerkschicht eine MLME-ASSOCIATE.request-Primitive und sendet diese an dessen MAC-Schicht. Dafür ist es nötig einen Koordinator zu kennen mit dem sich das Funkmodul assoziieren kann. Ein entsprechender Koordinator kann durch vorheriges Senden einer MLME-SCAN.request-Primitive ermittelt werden. Des weiteren sind als Parameter der MLME-ASSOCIATE.request-Primitive die Kanalseite[17] (*ChannelPage*) und der Funkkanal (*ChannelNumber*) anzugeben auf dem der Koordinator zu finden ist. Durch das Bitfeld *CapabilityInformation* werden einige Eigenschaften des beitretenden Funkmoduls spezifiziert (*Modulinformationen*), z. B. ob es sich um ein FFD oder RFD handelt (siehe Abschn. 10.6.3-Assoziationsanfrage). Nach

---

[16] D. h. Funkmodule, die über dieses Funkmodul dem Netz beigetreten sind.

[17] Die Kanalseite bestimmt mit dem Funkkanal die Modulationsart und das Frequenzband (siehe Abschn. 9.3.5).

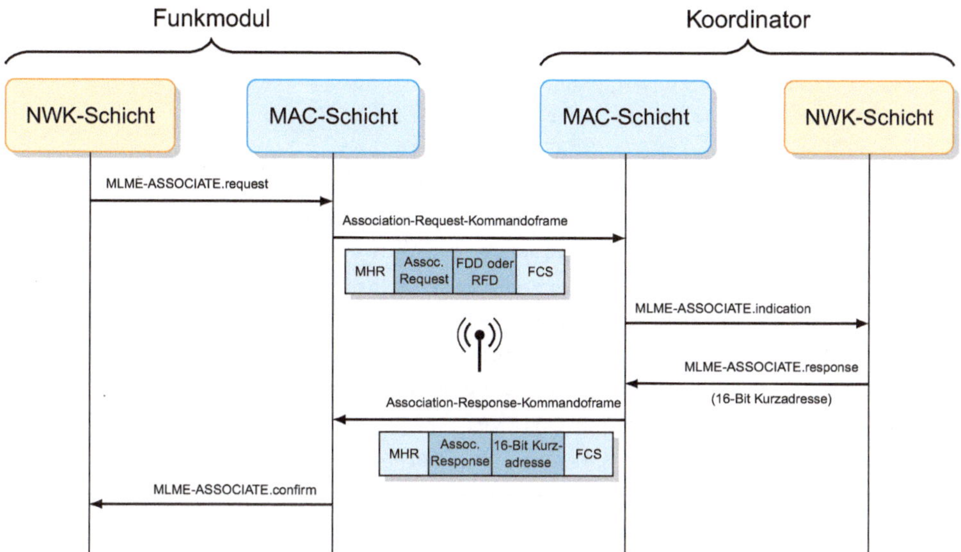

Abb. 10.3 Assoziation eines Funkmoduls in ein PAN

dem Erhalt der MLME-ASSOCIATE.request-Primitive generiert die MAC-Schicht ein Assoziationsanfrage-Kommandoframe, das von der PHY-Schicht versendet wird.

Sobald die PHY-Schicht des Koordinators das Kommandoframe erhält, leitet diese das Frame, nachdem der PHY-Header entfernt wurden, weiter an die MAC-Schicht. Nach Bearbeitung des Assoziationsanfrage-Kommandoframe informiert die MAC-Schicht die Netzwerkschicht durch die Primitive MLME-ASSOCIATE.indication über die Assoziationsanfrage. Hierbei wird die 64-Bit MAC-Adresse des Funkmoduls mitgeteilt, welches dem PAN beitreten möchte und ob es sich hierbei um ein FFD oder ein RFD handelt.

Die Netzwerkschicht sendet als Antwort eine MLME-ASSOCIATE.response-Primitive. In dieser teilt sie mit, ob der Beitritt zum PAN erlaubt wird und falls dies gestattet wird, enthält die Primitive ebenfalls eine 16-Bit Kurzadresse, die dem anfragenden Funkmodul zugewiesen wird. D. h. nicht die MAC-Schicht ist für die Verteilung der 16-Bit Kurzadressen zuständig, sondern die Netzwerkschicht. Die MAC-Schicht generiert nach Erhalt der MLME-ASSOCIATE.response-Primitive ein an das Funkmodul, welches die Beitrittsanfrage zum PAN gesendet hat, adressierte Assoziationsantwort-Kommandoframe. Dieses übergibt sie an die PHY-Schicht, die das Frame über den Transceiver versendet.

Nach Erhalt des Assoziationsantwort-Kommandoframe, generiert die MAC-Schicht des entsprechenden Funkmoduls aus diesem eine MLME-ASSOCIATE.confirm-Primitive mit dem Ergebnis der Assoziationsanfrage und ggf. der vom Koordinator erhaltenen 16-Bit Kurzadresse und sendet die Primitive an die Netzwerkschicht.

Der komplette Assoziationsvorgang ist in Abb. 10.3 mittels Sequenzdiagramm dargestellt.

```
MLME-ASSOCIATE.request(ChannelNumber,ChannelPage,
                CoordAddrMode,CoordPANId,CoordAddress,
                CapabilityInformation,SecurityLevel,
                KeyIdMode,KeySource,KeyIndex)
*MLME-ASSOCIATE.indication(DeviceAddress,
                CapabilityInformation,SecurityLevel,
                KeyIdMode,KeySource,KeyIndex)
*MLME-ASSOCIATE.response(DeviceAddress,AssocShortAddress,
                status,SecurityLevel,
                KeyIdMode,KeySource,KeyIndex)
MLME-ASSOCIATE.confirm(AssocShortAddress,
                status,SecurityLevel,
                KeyIdMode,KeySource,KeyIndex)
```

Möchte ein Funkmodul ein PAN verlassen, informiert dieses darüber den zuständigen Koordinator. Dazu wird von der Netzwerkschicht des Funkmoduls eine MLME-DISASSOCIATE.request-Primitive an die untergeordnete MAC-Schicht übergeben. Die MAC-Schicht generiert daraus ein entsprechendes Disassoziationsmeldung-Kommandoframeünd sendet diese Frame an die MAC-Schicht des Koordinators. Die MAC-Schicht des Koordinators leitet die Anfrage an die Netzwerkschicht weiter, um ihn über den Austritt zu informieren. Nach Senden des Kommandoframes an den Koordinator wird von der MAC-Schicht des austretenden Funkmoduls eine MLME-DISASSOCIATE.confirm-Primitive an dessen Netzwerkschicht geschickt. Über den *status*-Parameter dieser Primitive wird die Netzwerkschicht darüber informiert, ob der Austritt aus dem PAN erfolgreich war.

Ein Koordinator kann ein Funkmodul auch dazu auffordern, aus dem PAN auszutreten. Dazu sendet die Netzwerkschicht des Koordinators eine MLME-DISASSOCIATE.request-Primitive an die untergeordnete MAC-Schicht. Diese generiert daraus ein Disassoziationsmeldung-Kommandoframe und sendet diesen an die MAC-Schicht des entsprechende Funkmoduls. Ist der Receiver des Funkmoduls, welches aus dem PAN austreten soll, nicht aktiv, ist der Parameter *TXIndirect* auf *TRUE* zu setzen, wodurch das Kommandoframe beim Koordinator gespeichert bleibt, bis es vom Funkmodul abgerufen wird. Nachdem die MAC-Schicht des Funkmoduls ein Disassoziationsmeldung-Kommandoframes erhalten hat, wird eine MLME-DISASSOCIATE.indication-Primitive generiert und an seine Netzwerkschicht übergeben, wodurch diese über den Austritt aus dem PAN informiert wird.

```
MLME-DISASSOCIATE.request(DeviceAddrMode,DevicePANId,
             DeviceAddress,DisassociateReason,
             TxIndirect,SecurityLevel,
             KeyIdMode,KeySource,KeyIndex)
MLME-DISASSOCIATE.confirm(status,
             DeviceAddrMode,DevicePANId,DeviceAddress)
MLME-DISASSOCIATE.indication(
             DeviceAddress,DisassociateReason,
             SecurityLevel,
             KeyIdMode,KeySource,KeyIndex)
```

Indirekter Datenempfang (MLME-POLL)

RFD können sich in einem sogenannten Schlafmodus befinden um Energie zu sparen. In diesem Fall kann der Koordinator die Daten nicht direkt an dieses Modul ausliefern und speichert die Daten bis das Funkmodul äufwachtünd die Daten abfragt. Die Abfrage kann entweder periodisch erfolgen, z. B. wenn das Funkmodul aus der Schlafphase erwacht, oder wenn es ein Beacon erhalten hat, das angibt, dass der Koordinator Daten für dieses Funkmodul bereit hält. Um die Daten abzurufen, übergibt die Netzwerkschicht des erwachten Funkmoduls eine MLME-POLL.request-Primitive an dessen MAC-Schicht. Die MAC-Schicht generiert und sendet darauf ein Datenanfrage-Kommandoframe, um die Daten beim Koordinator anzufragen. Daraufhin sendet die MAC-Schicht eine MLME-POLL.confirm-Primitive an die Netzwerkschicht mit dem Ergebnis der Aktion. Falls der Koordinator Daten für das Funkmodul gespeichert hat, startet er nach Erhalt des Datenanfrage-Kommandoframe das Senden der Daten.

```
MLME-POLL.request(CoordAddrMode,CoordPANId,
             CoordAddress,SecurityLevel,
             KeyIdMode,KeySource,KeyIndex)
MLME-POLL.confirm(status)
```

Synchronisation mit dem Koordinator (MLME-SYNC-LOSS & MLME-SYNC)

Wurde in einem PAN mit Superframestruktur von einem Funkmodul 4 Mal (*aMaxLostBeacons*) in Folge keines der periodischen Beacons von dessen Koordinator empfangen, erfolgt ein Meldung der MAC-Schicht an die Netzwerkschicht. Die MAC-Schicht überträgt eine MLME-SYNC-LOSS.indication-Primitive an die Netzwerkschicht mit der Information über den Verlust der Synchronisation (*LossReason*) durch Nichterhalt der Beacons (*BEACON_LOST*).

Die MAC-Schicht des Koordinators überträgt diese Primitive an die Netzwerkschicht, um einen Konflikt bei der PAN-ID oder Superframestruktur zu signalisieren. Der entsprechende Auslöser der Primitive wird als Parameter (*LossReason*) in der Primitive angegeben.

```
MLME-SYNC-LOSS.indication(LossReason,PANId,
            ChannelNumber,ChannelPage,SecurityLevel,
            KeyIdMode,KeySource,KeyIndex)
```

Die Primitive MLME-SYNC.request wird von der Netzwerkschicht eines Funkmoduls in einem PAN mit periodischen Beacons benutzt, um die MAC-Schicht anzuweisen auf das nächstfolgende Beacon von dessen Koordinator zu warten und sich mit diesem neu zu synchronisieren. Dazu schaltet das Funkmodul den Receiver an und wartet solange, bis zumindest ein Beacon eingetroffen sein müsste. Wurde in der Zeitspanne kein Beacon empfangen, sendet die MAC-Schicht an die Netzwerkschicht eine MLME-SYNC-LOSS.indication-Primitive.

```
◇MLME-SYNC.request(ChannelNumber,ChannelPage,TrackBeacon)
```

Garantierte Zeitslots (MLME-GTS)

In zeitkritischen Systemen kann es notwendig sein, zu bestimmten Zeiten Informationen versenden zu können. Eine Anfrage nach einem garantierten Zeitslot GTS stellt die Netzwerkschicht mittels MLME-GTS.request-Primitive. Die Primitive kann ebenfalls dazu benutzt werden einen erhaltenen Zeitslot wieder freizugeben und ein Koordinator kann die Vergabe eines vergebenen Zeitslot zurücknehmen. Garantierte Zeitslots können nur bei IEEE 802.15.4-Netzen mit Superframestruktur vergeben werden. Die MAC-Schicht sendet nach Erhalt einer MLME-GTS.request-Primitive ein GTS-Anfrage-Kommandoframe an den Koordinator. Die MLME-GTS.confirm-Primitive teilt der Netzwerkschicht mit, ob die entsprechende Anfrage bezüglich einem Zeitslot von der MAC-Schicht erfolgreich bearbeitet wurde. Sie liefert allerdings keine Bestätigung über eine erfolgreiche Zuweisung oder der entsprechenden Freigabe eines Zeitslots. Die Zuweisung eines Zeitslots teilt der Koordinator in den periodischen Beacons mit. Die MAC-Schicht eines Funkmoduls sendet an die Netzwerkschicht nach Erhalt eines Beacons mit Informationen über einen Zeitslot für dieses Modul eine MLME-GTS.indication-Primitive.

```
◇MLME-GTS.request(GTSCharacteristics,SecurityLevel,
              KeyIdMode,KeySource,KeyIndex)
◇MLME-GTS.confirm(GTSCharacteristics,status)
◇MLME-GTS.indication(DeviceAddress,
              GTSCharacteristics,SecurityLevel,
              KeyIdMode,KeySource,KeyIndex)
```

Entfernungsbestimmung (MLME-SOUNDING, MLME-CALIBRATE & MLME-DPS)

Das Feature der Entfernungsermittlung (Ranging) ist in den IEEE 802.15.4 Standard erst in [IEE07] hinzugekommen. Die folgenden Primitiven sind nur zu implementieren, sofern das optionale Ranging-Feature unterstützt wird. Die Primitiven MLME-SOUNDING und MLME-CALIBRATE sind Primitiven die zum Feature der Entfernungsermittlung gehören. Die MLME-DPS-Primitiven dienen dazu beim Ranging nicht die herkömmlichen sondern spezielle Preamblen zu benutzen, die es einem Angreifer nicht erlauben eine sogenannte *jam and spoof the retry*-Attacke auszuführen. Wenn die herkömmlichen Preambles benutzt werden, können entsprechende Frames erkannt werden. Der Angreifer kann versuchen ein Bestätigungsframe zu simulieren oder generell die Kommunikation zu stören und kann versuchen einen Wiederholungsversuch zu simulieren (Retry). Durch eine dynamische Auswahl der Preamble kann dieser Angriff verhindert werden und zudem sind Wiederholungsversuche hier nicht gestattet.

```
◇MLME-SOUNDING.request()
◇MLME-SOUNDING.confirm(SoundingList,status)

◇MLME-CALIBRATE.request()
◇MLME-CALIBRATE.confirm(status,CalTxRMARKEROffset,
              CalRxRMARKEROffset)

◇MLME-DPS.request(TxDPSIndex,RxDPSIndex,DPSIndexDuration)
◇MLME-DPS.confirm(status)
◇MLME-DPS.indication()
```

Sonstige Primitiven (MLME-BEACON-NOTIFY, MLME-RESET, MLME-RX-ENABLE & MLME-COMM-STATUS)

Nach dem Erhalt eines Beacons, sendet die MAC-Schicht eines Funkmoduls eine MLME-BEACON-NOTIFY.indication-Primitive an dessen Netzwerkschicht mit den im Beacon enthaltenen Informationen.

```
MLME-BEACON-NOTIFY.indication(BSN,PANDescriptor,
                PendAddrSpec,AddrList,
                sduLength,sdu)
```

Die Netzwerkschicht eines Funkmoduls kann die MAC-Schicht jeder Zeit anweisen einen Reset durchzuführen. Ist der Parameter *SetDefaultPIB* auf *TRUE* gesetzt, werden auch alle Variablen auf ihre Defaultwerte zurückgesetzt.

```
MLME-RESET.request(SetDefaultPIB)
MLME-RESET.confirm(status)
```

Der Receiver einiger Funkmodul (insbesondere RFDs) ist, um Energie zu sparen, häufig ausgeschaltet. Soll der Receiver für eine bestimmte Dauer eingeschaltete werden, weil z. B. Daten erwartet werden, kann die Netzwerkschicht eine entsprechende MLME-RX-ENABLE.request-Primitive an die MAC-Schicht senden. Wie gewohnt beantwortet die MAC-Schicht dies mit einer confirm-Primitive und dem Status der Anfrage.

```
◇MLME-RX-ENABLE.request(DeferPermit,RxOnTime,
              RxOnDuration,RangingRxControl)
◇MLME-RX-ENABLE.confirm(status)
```

Die MLME-COMM-STATUS.indication-Primitive wird von der MAC-Schicht an die Netzwerkschicht gesendet, um dieser das Ergebnis eines auf eine response-Primitive initiierten Kommunikationsversuch mitzuteilen. Zu den Statusmeldungen zählen neben einer Erfolgsmeldung z. B. nicht erhaltene Empfangsbestätigungen, ein zu langes Frames oder Probleme beim Kanalzugriff.

Treten bei der Verarbeitung eines mit Sicherheitsfunktionen versehenes Frames Fehler auf, wird ebenfalls eine MLME-COMM-STATUS.indication-Primitive an die Netzwerkschicht geschickt, um über diesen Sachverhalt zu informieren.

```
MLME-COMM-STATUS.indication(PANId,SrcAddrMode,SrcAddr,
              DstAddrMode,DstAddr,
              status,SecurityLevel,
              KeyIdMode,KeySource,KeyIndex)
```

10.6   MAC-Frame

Wie die innere Struktur eines Stacks, der den IEEE 802.15.4 Standard unterstützt, aufgebaut sein und welche Funktionalitäten dieser erfüllen muss, haben wir bereits kennengelernt. Die Kommunikation zwischen den einzelnen Schichten erfolgt durch Senden von Primitiven. Noch wichtiger ist, wie die Kommunikation von einem Funkmodul zu einem Anderen realisiert ist. Hierfür sind im IEEE 802.15.4 Standard MAC-Frames definiert, die eine eindeutige Struktur haben. Dies gewährleistet, dass Funkmodule verschiedener Hersteller mit unterschiedlichen Implementationen des IEEE 802.15.4 Standard kompatibel zu einander sind. Im IEEE 802.15.4 Standard sind vier Frametypen definiert:

Datenframe:	Datenframes dienen zum Datenaustausch zwischen Funkmodulen. Möchte die MAC-Schicht eines Moduls Daten an die MAC-Schicht eines anderen Funkmoduls senden, wird ein Datenframe mit den entsprechenden Nutzdaten versendet.
Kommandoframe:	Durch Kommandoframes werden durch die MAC-Schicht eines Funkmodul Anweisungen oder Information an die MAC-Schicht eines anderen Funkmodul gesendet.
Beaconframe:	Beaconframes werden von Koordinatoren versendet und beinhalten Information über das PAN. Ebenfalls werden die dem Koordinator assoziierten Funkmodule durch die Beacons informiert, sofern diesen ein Zeitslot (GTS) bereitgestellt wird oder für das Funkmodul Daten gespeichert sind, die auf Abholung warten.
ACK-Frame:	Das ACK-Frame (acknowledgement) stellt ein Bestätigungsframe dar und wird versendet, sofern ein Versender eines Frame für dieses Frame eine Empfangsbestätigung angefordert hat.

10.6.1   Allgemeine MAC-Framestruktur

Die Grundstruktur eines MAC-Frames besteht aus drei Teilen, dem *MAC Header* (MHR), den MAC-Nutzdaten (Payload) und dem *MAC Footer* (MFR). Alle vier Frametypen Daten-, Kommando-, Beacon- und ACK-Frames erfüllen diese Grundstruktur:

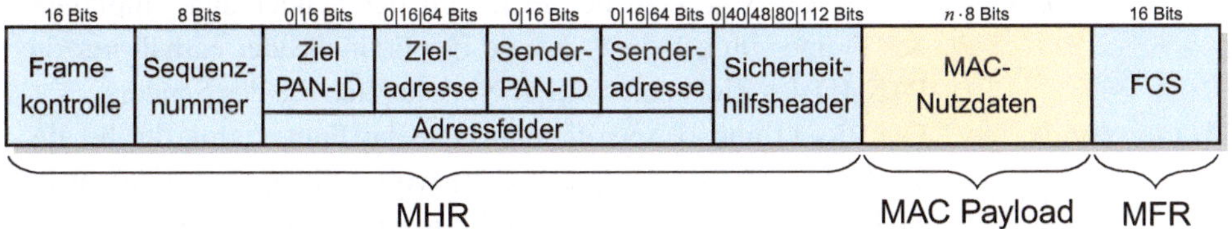

Die Darstellung eines Frames erfolgt im Format *Little-Endian*, d. h. ein Wert wird in 8-Bit Blöcke (Bytes) unterteilt und das am wenigstens signifikante Byte wird als erstes gespeichert. Die 64-Bit Zieldresse `0x12 34 56 78 90 AB CD EF` z. B. wird im MAC-Frame als `0xEF CD AB 90 78 56 34 12` gespeichert. Für einen Wert, welcher in Binärdarstellung gegeben ist, beginnt die Nummerierung der Bits mit dem am wenigsten signifikanten Bit (LSB[18]), d. h. für den Wert `10101010 00001111` ist die Nummerierung $b_{15}\ldots b_0$. In der Darstellung Little-Endian wird dieser Wert entsprechend als $b_7\ldots b_0\, b_{15}\ldots b_8$ gespeichert. Das 16-Bit Feld *Framekontrolle* mit $b_{15}\ldots b_8\, b_7\ldots b_0$ z. B. ist im MAC-Frame als $b_7\ldots b_0\, b_{15}\ldots b_8$ dargestellt. Wenn wir z. B. von Bit 0 oder Bit 4 sprechen, sind das die Bits an den entsprechenden Positionen b_0 und b_4.

Den Aufbau des Sicherheitshilfsheader werden wir in Abschn. 10.7 beschreiben.

Framekontrolle

Das 16-Bit Feld *Framekontrolle* ist das erste Feld eines MAC-Frames und spezifiziert wichtige Grundeigenschaften des Frames. Über dieses Feld wird zum Beispiel mitgeteilt, um was für einen Frametyp es sich bei diesem MAC-Frame handelt. Die Bits des Feldes fungieren meist als Schalter zum Auswählen bestimmter Funktionalitäten:

$b_0 b_1 b_2$	b_3	b_4	b_5	b_6	$b_7 b_8 b_9$	$b_{10} b_{11}$	$b_{12} b_{13}$	$b_{14} b_{15}$
Frame-typ	Sicherheit aktiviert	Frame ausstehend	ACK-Anfrage	PAN-ID Kompression	Reser-viert	Zieladress-modus	Frame-version	Sender-adressmodus

Die Bedeutung der Bits ist wie folgt:

Frametyp: Die ersten drei Bits spezifizieren den Frametyp. Gilt $b_2 b_1 b_0 = 000$ handelt es sich um ein Beaconframe, bei $b_2 b_1 b_0 = 001$ um ein Datenframe, bei $b_2 b_1 b_0 = 010$ um ein ACK-Frame und $b_2 b_1 b_0 = 011$ um ein Kommandoframe.

Sicherheit aktiviert: Ist das Frame durch irgendwelche Sicherheitsmechanismen aus der MAC-Schicht geschützt, ist Bit 3 auf 1 gesetzt.

Frame ausstehend: Hat das Funkmodul, welches dieses Frame gesendet hat, weitere Frames an den Empfänger dieses Frames zu senden, ist Bit 4 gesetzt.

ACK-Anfrage: Ist das Frame ein Daten- oder Kommandoframe und das 5. Bit ist gesetzt, erwartet der Sender dieses Frames eine Empfangsbestätigung (ACK-Frame).

PAN-ID Kompression: Ist das Bit 6 gesetzt, befinden sich der Sender und Empfänger des Frames im selben PAN und der Frameheader enthält nur die PAN-ID des Ziels und nicht noch zusätzlich die des Senders.

Zieladressmodus: Die Bits 11 und 10 spezifizieren, wie das Funkmodul, für die dieses Frame bestimmt ist, adressiert wird. Gilt $b_{11} b_{10} = 00$ ist im MHR weder die PAN-ID noch die Adresse des Empfängers angegeben. Das macht z. B. Sinn, sofern es sich bei diesem Frame um

---

[18] Least Significant Bit

ein Beaconframe handelt. Hier gibt es keinen bestimmten Adressaten, sondern das Frame ist an alle dem Koordinator assoziierten Funkmodule gerichtet. Bei $b_{11}b_{10} = 10$ wird als Zieladresse die 16-Bit Kurzadresse verwendet und bei $b_{11}b_{10} = 11$ die 64-Bit MAC-Adresse.

Frameversion: Die zwei Bits 13 und 12 geben an, welche Frameversion benutzt wird. In „IEEE Std 802.15.4-2003" war die Framestruktur anders definiert als in „IEEE Std 802.15.4-2006". Seitdem gab es keine Änderung mehr an der Struktur, so dass momentan nur zwischen diesen beiden Versionen unterschieden wird. $b_{13}b_{12} = 00$ ist ein Frame des älteren Standards und $b_{13}b_{12} = 01$ ist ein Frame des neueren Standards. Die Framestruktur des neueren und des älteren Standards unterscheiden sich z. B. in der Benutzung der Sicherheitsfunktionen.

Senderadressmodus: Die Bits 15 und 14 bestimmen die Adressierungsart des Absender. Gilt $b_{15}b_{14} = 00$, ist im MHR weder die PAN-ID noch die Adresse des Absender angegeben, bei $b_{15}b_{14} = 10$ wird als Absenderadresse die 16-Bit Kurzadresse verwendet und bei $b_{15}b_{14} = 11$ die 64-Bit MAC-Adresse.

Sequenznummer

Jedes Funkmodul speichert eine am Anfang zufällig ausgewählte Datensequenznummer DSN in der Variablen *macDSN*. Bei jedem Senden eines Daten- oder Kommandoframes wird die aktuelle DSN als Sequenznummer in diesem Frame gesetzt. Danach wird die DSN um eins erhöht.

Soll ein ACK-Frame gesendet werden, wurde zuvor ein Daten- oder Kommandoframe empfangen, welches eine Empfangsbestätigung erwartet. In diesem Fall wird in dem ACK-Frame als Sequenznummer die Sequenznummer des vorherigen empfangenen Frames gesetzt und an den Absender gesendet. Damit wird der Empfang eines Frames mit der entsprechenden Sequenznummer bestätigt.

Handelt es sich bei einem Frame um ein Beacon, wird als Sequenznummer die sogenannte *Beacon Sequence Number* (BSN) angegeben, deren Wert in der Variablen *macBSN* gespeichert ist. Vor Absenden des ersten Beaconframe wurde dieser Wert zufällig festgelegt. Beim Senden eines Beacons wird der Wert der Variablen *macBSN* als Sequenznummer benutzt und der Wert daraufhin um eins erhöht, womit von den Empfängern des Beacons eindeutig bestimmt werden kann, ob alle Beacons empfangen oder ein oder mehr Beacons verpasst wurden.

Adressfelder

Im Allgemeinen hat ein Frame einen Sender und ein oder mehrere Empfänger. Welche Adressfelder in einem Frame angegeben sind, wird wie bereits in Abschn. 10.6.1-Framekontrolle beschrieben im Feld *Framekontrolle* angegeben. Nicht immer ist eine Ziel- oder

Senderadressangabe notwendig. Ein Beaconframe hat z. B. keinen spezifischen Empfänger, womit die Angabe einer Zieladresse wegfallen kann. Um möglichst wenig Daten zu übertragen, wird meist nur die 16-Bit Kurzadresse eines Funkmoduls benutzt, anstatt der 64-Bit MAC-Adresse. Befinden sich Ziel und Sender eines Frames im selben PAN wird im Feld *Framekontrolle* das Bit für *PAN-ID Kompression* gesetzt, womit die Sender-PAN-ID nicht angegeben wird. Die Adressfelder können zusammen maximal eine Länge von 160 Bits erreichen. Bei einem normalen Datenframe das von einem Funkmodul zu einem Anderen gesendet wird, dessen 16-Bit Kurzadresse bekannt ist und das sich im selben PAN befindet werden nur 48 Bits benötigt. ACK-Frames beinhalten keinerlei Adressinformationen.

Nutzdaten

Die Nutzdaten des Frames sind abhängig vom Frametyp. Handelt es sich um ein Datenframe, sind das für unsere Anwendung notwendige Daten, die wir von einem Funkmodul zu einem anderen übertragen wollen. Diese Daten können ebenfalls komplette Framestrukturen von Frames der darüberliegende Schichten sein. Beim Kommandoframe werden für die MAC-Schicht relevante Kommandos als Nutzdaten versendet. Das Beaconframe enthält entsprechend Informationen über das PAN und Informationen, die den Zugriff auf den Funkkanal steuern. Das ACK-Frame besitzt keine Nutzdaten. Die Größe des Nutzdatenfeldes ist variabel und immer ein vielfaches von 8 Bits, da im Header der PHY-Schicht (PHR) die Framelänge für die PHY-Nutzdaten in Bytes angegeben ist.

FCS

Frame Check Sequence (FCS) ist eine 16-Bit Prüfsumme die aus dem MHR und den MAC-Nutzdaten gebildet wird und dient dazu Übertragungsfehler zu erkennen. Benutzt wird hier das Verfahren der zyklischen Redundanzprüfung (CRC[19]). Für dieses Verfahren wird ein Generatorpolynom $G(x)$ vom Grad 16 benötigt. Im IEEE 802.15.4 Standard ist $G(x)$ wie folgt gewählt:

$$G(x) = x^{16} + x^{12} + x^5 + 1$$

Um die Prüfsumme zu ermitteln, wird die Nachricht $M_k = b_0 b_1 \ldots b_{k-1}$ von der eine Prüfsumme gebildet werden soll, ebenfalls als Polynom interpretiert:

$$M(x) = b_0 \cdot x^{k-1} + b_1 \cdot x^{k-2} + \ldots + b_{k-2} \cdot x + b_{k-1}$$

Nun wird $M(x)$ mit x^{16} multipliziert und das Ergebnis M' durch das Generatorpolynom $G(x)$ Modulo 2 dividiert wird. Der Rest der Division stellt die FCS-Prüfsumme dar.

Betrachten wir dies am Beispiel des ACK-Frame 02 00 E5. Die ersten zwei Byte bilden das Feld *Framekontrolle* und das dritte Byte ist die 8-Bit Sequenznummer des zu bestätigenden Frames. Der Aufbau eines ACK-Frame ist in Abschn. 10.6.5 beschrieben. In binärer Darstellung erhalten wir 00000010 00000000 11100101. Die Bytes des

---

[19] Cyclic Redundancy Check

ACK-Frame sind wie für uns üblich von links nach rechts sortiert, d. h. das erste Byte
eines Frames ist das am weitesten links stehende und das letzte Byte das am weitesten
rechtsstehende. Hierbei wird allerdings von jedem Byte das niedrigstwertige Bit zuerst
und das höchstwertigste Bit zuletzt übertragen. Um eine korrekte Aneinanderreihung der
Bits zu erhalten, wie sie letztendlich auch übertragen werden, müsste entweder die Reihenfolge der Bytes gespiegelt werden und das Frame von rechts nach links gelesen werden
oder die Bits jedes einzelnen Bytes gespiegelt werden. Wir wenden letztere Variante an,
da ein Lesen der Zahlen von links nach rechts für uns natürlich ist und die Rechnung
erheblich übersichtlicher ist. Damit ergibt sich für die Darstellung unseres ACK-Frames
M_{23} = 01000000 00000000 10100111. M_{23} ist nun mit x^{16} zu multiplizieren,
d. h. nichts anderes, als dass an M_{23} 00000000 00000000 angehängt wird. Es ergibt
sich M' = 01000000 00000000 10100111 00000000 00000000. M' wird
im nächsten Schritt durch das Generatorpolynom $G(x)$ geteilt, für welches wir ebenfalls
die Binärschreibweise G_b = 1 00010000 00100001 benutzen. Die Division erfolgt
nun dadurch, dass die erste Stelle von G_b unter das erste Auftreten einer 1 von M' geschrieben wird. Die Bits von G_b und M' werden XOR (exklusives Oder) verknüpft. Mit
dem Ergebnis dieser Rechnung wird dasselbe Verfahren durchgeführt, bis eine weitere
Teilung nicht mehr möglich ist:

```
01000000 00000000 10100111 00000000 00000000
 1000100 00001000 01
  100 00001000 11100111 00000000 00000000
  100 01000000 100001
      1001000 01100011 00000000 00000000
      1000100 00001000 01
       1100 01101011 01000000 00000000
       1000 10000001 00001
        100 11101010 01001000 00000000
        100 01000000 100001
           10101010 11001100 00000000
           10001000 00010000 1
            100010 11011100 10000000
            100010 00000100 001
              11011000 10100000
```

Der verbleibende Rest 11011000 10100000 ergibt die Prüfsumme. Allerdings müssen die Bits der zwei Bytes wieder gespiegelt werden, um unsere gewohnte Schreibweise
im Format Little-Endian zu erhalten. Damit erhalten wir die Prüfsumme 00011011
00000101, was in hexadezimaler Schreibweise 1B 05 ist. Diese FCS-Prüfsumme wird
am Ende zum ACK-Frame hinzugefügt und mit versendet, d. h. als zu versende Nachricht
ergibt sich:

$$M_{23} \parallel FCS = 01000000\ 00000000\ 10100111 \parallel 11011000\ 10100000$$
$$= 0x02\ 00\ E5\ 1B\ 05$$

Der Empfänger des Paketes dividiert die komplette Nachricht durch das Generatorpolynom $G(x)$. Sofern bei der Division kein Rest übrig bleibt, wird das Frame als fehlerfrei

eingestuft. Dies ist der Fall, da die Prüfsumme ja gerade die Erweiterung der Original-
nachricht um den Rest ihrer Division mit dem Generatorpolynom darstellt.

Es ist nicht möglich mit diesem Verfahren alle Fehler zu erkennen, da eine 16-Bit
Prüfsumme logischerweise nicht sämtliche Informationen aus einer um einiges längeren
Nachricht besitzen kann. Die meisten und wahrscheinlichsten Fehler werden allerdings
erkannt. Durch die Prüfsumme können alle Einbitfehler, Zweibitfehler[20] und Fehler mit
einer ungeraden Bitanzahl ermittelt werden. Zudem werden alle Bündelfehler mit einer
Länge von bis zu 16 erkannt. Ein Bündelfehler der Länge k ist eine zusammenhängende
Bitfolge der Länge k, bei der das erste und das letzte Bit und beliebig viel Bits dazwi-
schen fehlerhaft sind. Solche Fehler treten z. B. durch kurze elektrische Störungen auf.
Entsprechende Beweise und weiter Erläuterungen hierzu finden sich in [Wikh].

10.6.2 Datenframe

Das MAC-Datenframe dient zur Übertragung von Nutzdaten von einem Funkmodul zu ei-
nem Anderen. Mittels Datenframes werden z. B. Daten aus unserer Anwendung wie z. B.
Sensordaten an ein anderes Funkmodul gesendet. Liegt eine weitere Schicht zwischen der
MAC-Schicht und unserer Anwendung, enthalten die Datenframes im Allgemeinen eine
Framestruktur dieser Schicht. Der Frametyp im Feld *Framekontrolle* ist für ein Datenfra-
me auf `001` gesetzt. Die Framestruktur ist identisch zur allgemeinen Framestruktur. Die
Nutzdaten werden im Feld MAC-Nutzdaten übermittelt.

10.6.3 Kommandoframe

Die Verwaltung des PANs auf der Ebene der MAC-Schicht geschieht mittels MAC-Kommandoframes. Anstatt dem Feld MAC-Nutzdaten besteht das Kommandoframe aus einem
8-Bit Feld für die Kommando-ID gefolgt von einem $n \cdot 8$-Bit Nutzdatenfeld, welches erlaubt dem Kommando verschiedene Parameter mitzuschicken:

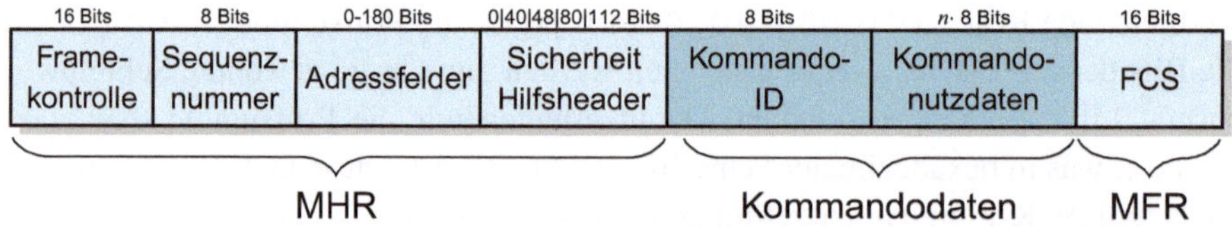

---

[20] Dies ist nicht bei beliebig langen Nachrichten der Fall, allerdings begrenzt die PHY-Schicht die
Nachricht auf 127 Bytes.

Im IEEE 802.15.4 Standard sind 9 verschieden Kommandos spezifiziert:

Kommando-ID	Kommando
0x01	Assoziationsanfrage (Association Request)
0x02	Assoziationsantwort (Association Response)
0x03	Disassoziationsmeldung (Disassociation Notification)
0x04	Datenanfrage (Data Request)
0x05	PAN-ID-Konfliktmeldung (PAN ID Conflict Notification)
0x06	Verwaistmeldung (Orphan Notification)
0x07	Beaconanfrage (Beacon Request)
0x08	Koordinatorneujustierung (Coordinator Realignment)
0x09	GTS-Anfrage (GTS Request)
0x0A–0xFF	Reserviert

Assoziationsanfrage

Das Assoziationsanfrage-Kommandoframe wird von einem Funkmodul an einen Koordinator gesendet, um den Wunsch einem PAN beitreten zu dürfen mitzuteilen. Das Frame
wird durch das Senden der MLME-ASSOCIATE.request-Primitive an die MAC-Schicht
ausgelöst (siehe Abschn. 10.5.2). Dem Feld für die Kommando-ID mit dem Wert 0x01
folgt als Kommandonutzdaten das 8-Bit Feld *Modulinformationen*, welches allgemeine
Information über das anfragende Funkmodul enthält:

b_0	b_1	b_2	b_3	$b_4 b_5$	b_6	b_7
Reser-viert	Modultyp	Stromquelle	Receiver immer an	Reser-viert	Unterstützt Sicherheit	Zuweisung einer 16-Bit Kurzadresse

Modultyp: Ist das Bit b_1 gesetzt, handelt es sich bei dem Funkmodul, welches dem PAN
beitreten möchte, um ein FFD, ansonsten um ein RFD.

Stromquelle: Ist das Bit b_2 gesetzt, ist das Funkmodul an eine permanente Stromquelle
angeschlossen, sonst ist es an eine Batterie angeschlossen.

Receiver immer an: Wenn Bit $b3$ gesetzt ist, bleibt der Receiver des Funkmoduls, welches
dieses Frame sendet, angeschaltet, d. h. das Funkmodul geht nicht in eine Schlafphase und Frames an dieses Modul können sofort ausgeliefert werden und müssen nicht
zwischengespeichert werden, bis sie abgerufen werden.

Unterstützt Sicherheit: Falls das Funkmodul, welches dieses Frame sendet Sicherheitsfunktionen implementiert hat, ist das Bit b_6 gesetzt.

Zuweisung einer 16-Bit Kurzadresse: Das Bit b_7 ist gesetzt, wenn das Funkmodul eine
Zuweisung einer 16-Bit Kurzadresse vom Koordinator wünscht.

Assoziationsantwort

Ein Assoziationsantwort-Kommandoframe wird von einem Koordinator an ein Funkmodul als Antwort auf ein Assoziationsantwort-Kommandoframe gesendet. Nach dem Erhalt

des Assoziationsantwort-Kommandoframe wird an die Netzwerkschicht eine MLME-AS-SOCIATE.indication-Primitive geschickt. Diese generiert darauf eine MLME-ASSOCIA-TE.response-Primitive und sendet diese zurück an die MAC-Schicht. Die MAC-Schicht ihrerseits generiert aus den erhaltenen Informationen das Assoziationsantwort-Kommandoframe und sendet dieses als Antwort an das Funkmodul, das dem PAN beitreten möchte. Dem Feld für die Kommando-ID mit dem Wert 0x02 folgen ein 16-Bit Feld mit der zugewiesenen 16-Bit Kurzadresse und ein 8-Bit langes Assoziationsstatusfeld:

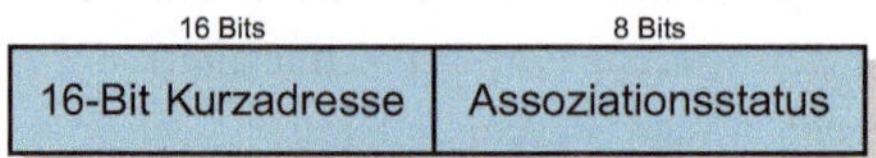

Ein Wert von 0x00 als Assoziationsstatus bestätigt einen erfolgreichen Beitritt zum PAN, 0x01 weist daraufhin, dass das PAN am Kapazitätslimit ist und keine Funkmodule mehr aufnehmen kann und ein Wert von 0x02 teilt dem Funkmodul mit, dass ein Beitritt zum PAN verweigert wurde.

Disassoziationsmeldung

Ein Disassoziationsmeldung-Kommandoframe kann von einem Koordinator gesendet werden, um einem assoziierten Funkmodul die Aufforderung zukommen zu lassen, das PAN zu verlassen. Ein Funkmodul kann dieses Kommandoframe auch senden, um dem Koordinator mitzuteilen, dass es das PAN verlässt. Die MAC-Schicht generiert ein Disassoziationsmeldung-Kommandoframe nach Erhalt einer MLME-DISASSO-CIATE.request-Primitive von der darüberliegenden Schicht. Die Kommando-ID des Disassoziationsmeldung-Kommandoframe hat den Wert 0x03 und ihm folgt ein 8-Bit Feld mit dem Grund für die Disassoziation. Fordert ein Koordinator ein Funkmodul auf das PAN zu verlassen, ist dieser Wert 0x01, geht die Initiative von dem entsprechenden Funkmodul aus, ist der Wert 0x02.

Datenanfrage

Ein Datenanfrage-Kommandoframe wird von einem Funkmodul an ein Koordinator gesendet, um Daten die dieser für das Funkmodul eventuell gespeichert hat abzuholen. Um Energie zu sparen kann ein Funkmodul den Receiver abschalten und in eine Schlafphase eintreten. Der Koordinator kann Daten an dieses Funkmodul nicht ausliefern und muss vom diesem durch das Datenanfrage-Kommandoframe darüber informiert werden, dass es jetzt bereit ist die Daten zu empfangen. Es gibt drei Auslöser für das Senden dieses Kommandoframes. Beim ersten Fall sendet die Netzwerkschicht eine MLME-POLL.request-Primitive an die MAC-Schicht. Beim zweiten Fall sendet der Koordinator im Beacon, dass für das entsprechende Funkmodul Daten vorgehalten werden. Ist die Variable *macAutoRequest=TRUE* sendet die MAC-Schicht automatisch das Datenanfrage-Kommandoframe. Der dritte Fall tritt auf, wenn ein Funkmodul eine Anfrage zum Beitritt in ein PAN gesendet hat (Assoziationsanfrage). Nach Erhalt des Bestätigungsframes für die Anfrage wird eine kurze Wartezeit eingehalten (*macResponseWaitTime*) und darauf ein Datenanfrage-Kommandoframe generiert, um die Antwort der Assoziationsanfrage abzurufen. Die Kommando-ID des Kommandoframes ist 0x04. Weitere Parameter werden nicht gesendet.

PAN-ID-Konfliktmeldung

Erhält ein Funkmodul, das von einem PAN-Koordinator dem PAN zugewiesen wurde (*macAssociatedPANCoord=TRUE*) ein Beaconframe mit der selben PAN-ID von einem anderen PAN-Koordinator, d. h. die in der MAC-Variablen gespeicherte Adresse für den PAN-Koordinator (*macCoordExtendedAddress*) stimmt nicht mit der Adresse dieses PAN-Koordinators überein, ist ein PAN-ID-Konflikt aufgetreten. Es befinden sich damit zwei PAN-Koordinatoren mit der selben PAN-ID in Reichweite des Funkmoduls. Das Funkmodul informiert seinen PAN-Koordinator über diesen Konflikt durch das Senden eines PAN-ID-Konfliktmeldung-Kommandoframes. Das Kommandoframe hat die Kommando-ID 0x05 und sendet keine weiteren Kommandoparameter. Allerdings wird als Adressierungsart die erweiterte 64-Bit MAC-Adresse benutzt, da eine eindeutige Adressierung im PAN über die 16-Bit Kurzadresse durch den Konflikt nicht gewährleistet werden kann.

Verwaistmeldung

Versucht ein Funkmodul seinen Koordinator zu erreichen und erhält nach *macMaxFrameRetries* Versuchen keine Antwort, geht das Funkmodul davon aus, dass es die Synchronisation mit seinem Koordinator verloren hat und gilt nun als Waise (Orphan). Die Netzwerkschicht kann darauf versuchen den Koordinator wiederzufinden und sendet dafür eine MLME-SCAN.request-Primitive an die MAC-Schicht mit dem Wert *BEACON_LOST* für den Parameter *ScanType*. Die MAC-Schicht sendet auf allen Funkkanälen, die von dem Funkmodul unterstützt werden (*phyChannelsSupported*), ein Verwaistmeldung-Kommandoframe, um den Koordinator wiederzufinden. Erhält der Koordinator das Kommandoframe sendet die MAC-Schicht eine MLME-ORPHAN.indication-Primitive an dessen Netzwerkschicht, um diese über den Sachverhalt zu informieren (siehe hierzu auch Abschn. 10.5.2 Scannen von Funkkanälen). Das Verwaistmeldung-Kommandoframe hat die Kommando-ID 0x06 und sendet keine weiteren Kommandonutzdaten.

Beaconanfrage

Ein Funkmodul sendet eine Beaconanfrage, um alle in Reichweite befindlichen Koordinatoren zu ermitteln und Informationen über deren PANs zu erhalten. Die Koordinatoren werden durch die Anfrage aufgefordert, ein Beaconframe zu senden. Ausgelöst wird ein Beaconanfrage-Kommandoframe, in dem die Netzwerkschicht eines Funkmoduls eine MLME-SCAN.request-Primitive mit dem Scantyp *ACTIVE* an die MAC-Schicht sendet (siehe Abschn. 10.5.2 Scannen von Funkkanälen). Die Kommando-ID eines Beaconanfrage-Kommandoframe ist 0x07 und es folgen keine weiteren Kommandonutzdaten.

Koordinatorneujustierung

Ein Koordinatorneujustierung-Kommandoframe wird von einem Koordinator als Antwort auf ein von einem Funkmodul empfangene Verwaistmeldung-Kommandoframe gesendet. Nach Erhalt der Verwaistmeldung generiert die MAC-Schicht die Primitive MLME-OR-PHAN.indication und sendet diese an die Netzwerkschicht. Diese antwortet mit einer ML-ME-ORPHAN.response-Primitive, in der sie mitteilt, ob das entsprechende Funkmodul über diesen Koordinator dem PAN beigetreten ist. War dies der Fall sendet die MAC-Schicht des PAN-Koordinators ein Koordinatorneujustierung-Kommandoframe mit dessen 16-Bit Kurzadresse. Ein Koordinatorneujustierung-Kommandoframe wird ebenfalls gesendet, wenn die Eigenschaften des PANs geändert werden. Die MAC-Schicht erhält dann von der Netzwerkschicht eine MLME-START.request-Primitive. Die Kommando-ID eines Koordinatorneujustierung-Kommandoframes ist $0x08$. Diesem Feld folgen als Kommandonutzdaten die 16-Bit PAN-ID, die 16-Bit Kurzadresse des Koordinators der das Kommandoframe gesendet hat, ein 8-Bit Feld, die den Funkkanal bestimmt, der für die weitere Kommunikation benutzt werden soll, die 16-Bit Kurzadresse die dem Empfänger-modul im PAN zugewiesen wurde und optional ein 8-Bit Feld, welches die entsprechende Kanalseite des Funkkanals festlegt:

16 Bits	16 Bits	8 Bits	16 Bits	0|8 Bits
PAN-ID	Koordinator-kurzadresse	Funkkanal	Zugewiesene Kurzadresse	Kanalseite

Das 8-Bit Feld für die Kanalseite ist nur angegeben, wenn die Frameversion im Feld *Framekontrolle* auf $0x01$ gesetzt ist.

GTS-Anfrage

In einem PAN mit Superframestruktur in dem es eine *Contention Free Period* (CFP) gibt, kann ein Funkmodul beim Koordinator einen oder mehrere Zeitslots beantragen, die allei-nig diesem Modul zum Senden oder Empfangen von Daten zur Verfügung stehen (siehe Abschn. 10.3.4). Die MAC-Schicht schickt an den PAN-Koordinator ein GTS-Anfrage-Kommandoframe, um Zeitslots bei diesem zu beantragen oder auch wieder frei zu geben. Die Kommando-ID eines GTS-Anfrage-Kommandoframe ist $0x09$. Als Kommandonutz-daten folgt ein 8-Bit Feld mit der Charakteristik des GTS:

$b_0b_1b_2b_3$	b_4	b_5	b_6b_7
GTS-Länge	GTS-Richtung	Anfragetyp	Reserviert

GTS-Länge spezifiziert, wie viele aneinanderhängende GTSs ein Funkmodul zugewie-sen bekommen möchte. Ist das Bit 4 für die *GTS-Richtung* gesetzt, werden die GTSs zum Empfangen von Daten vom PAN-Koordinator reserviert. Ist das Bit 4 nicht gesetzt, sind die GTSs zum Senden von Daten an den PAN-Koordinator reserviert. Ist das Bit *Anfrage-*

typ gesetzt, möchte der Absender der Anfrage GTSs zugewiesen bekommen. Ist das Bit nicht gesetzt, gibt er Absender die angegebenen GTSs wieder frei.

10.6.4 Beaconframe

Ein Beaconframe wird nur von einem Koordinator gesendet. Es erhält Informationen über das PAN in dem sich der Koordinator befindet und informiert, ob das PAN eine Superframestruktur unterstützt, d. h., ob es periodisch Beacons sendet oder nicht. Für Funkmodule, die, um Energie zu sparen, zeitweise den Receiver abschalten, wird ebenfalls mitgeteilt, ob der Koordinator Frames für diese Module gespeichert hat, die von diesen abzurufen sind. Wird eine Superframestruktur unterstützt und handelt es sich beim Sender des Beacons um ein PAN-Koordinator, kann dieser im Beacon über zugeteilte garantierte Zeitslots (GTS) informieren. In einem PAN mit Superframestruktur werden Beacons periodisch und in einem PAN ohne Superframestruktur auf eine entsprechende Beaconanfrage gesendet. Der Aufbau eines Beaconframes ist wie folgt:

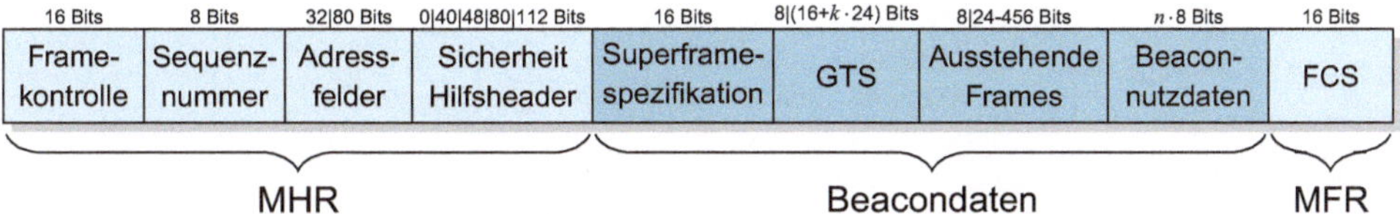

Ein Beaconframe hat kein bestimmtes Ziel und ist als Information und zur Synchronisierung für alle Funkmodule in Reichweite gedacht, so dass im Adressfeld im MHR keine Zieladresse und Ziel-PAN-ID vorhanden sind.

Superframespezifikation

Das Feld der *Superframespezifikation* ist 16 Bits lang und beinhaltet Information darüber, ob der Koordinator der dieses Beacon gesendet hat eine Superframestruktur benutzt und falls er eine benutzt, wie diese aufgebaut ist:

$b_0b_1b_2b_3$	$b_4b_5b_6b_7$	$b_8b_9b_{10}b_{11}$	b_{12}	b_{13}	b_{14}	b_{15}
Beacon-order	Superframe-order	CAP-Ende	Batterielaufzeit-verlängerung	Reser-viert	PAN-Koordinator	Assoziation erlaubt

Die Felder *Beaconorder* und *Superframeorder* sind zwei 4-Bit Felder und können jeweils einen Wert zwischen 0 und 15 annehmen. Der Koordinator sendet in diesen Feldern den Inhalt der MAC-Variablen *macBeaconOrder* und *macSuperframeOrder*. Durch diese Werte wird die Superframestruktur bestimmt. Ein Wert der Beaconorder von 15 bedeutet, dass Beacons nicht periodisch gesendet werden. Die Beaconorder bestimmt die Intervalllänge zwischen zwei Beacons und die Superframeorder die Länge der aktiven Phase (CAP + CFP) (siehe Abschn. 10.3.3 für eine genauere Beschreibung der Superframeorder und

Berechnung der entsprechenden Werte). Insgesamt hat die aktive Phase 16 Zeitslots. Das 4-Bit Feld *CAP-Ende* bestimmt dabei den letzten Slot der CAP-Phase. Das Bit 12 gibt an, ob der Koordinator um Energie zu sparen, die Batterielaufzeitverlängerung (BLE) aktiviert hat. Ist dies der Fall deaktiviert der Koordinator in der CAP-Phase nach *macBattLifeExtPeriods* Backoff-Perioden seinen Receiver bis zum Beginn der CFP-Phase (siehe Abschn. 10.3.3-BLE). Ist das Bit 14 aktiviert, handelt es sich bei dem Koordinator, der dieses Beaconframe sendet um einen PAN-Koordinator. Ist das Bit 15 gesetzt, gestattet der dieses Beacon sendende Koordinator Funkmodulen dem PAN beizutreten. Ist das Bit nicht gesetzt können Funkmodule, die noch nicht dem PAN angehören, über diesen Koordinator nicht dem PAN beitreten. Dies kann z. B. der Fall sein, wenn der Koordinator seine maximale Anzahl an Kinder erreicht hat oder die maximale Baumtiefe erreicht ist.

GTS

Das Feld *GTS* enthält für alle Empfänger des Beacons Informationen über vergebene garantierte Zeitslots. Das Feld besteht aus den drei Unterfeldern *GTS-Spezifikation*, *GTS-Richtung* und *GTS-Deskriptorenliste*. Die Struktur des Feldes ist wie folgt:

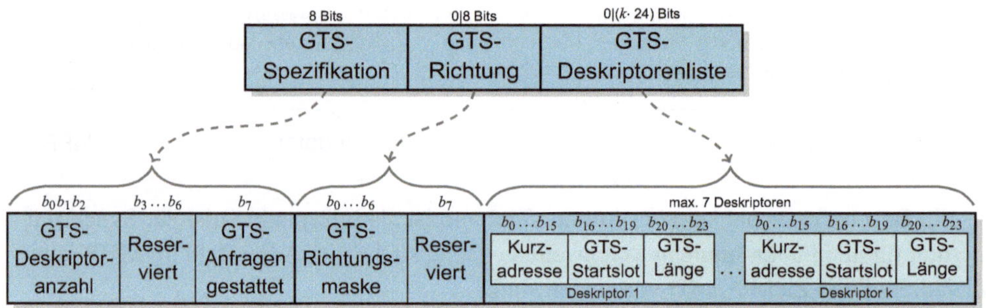

Die ersten 3 Bits des Feldes *GTS-Spezifikation* gibt die Anzahl der GTS-Deskriptoren an, die im Feld *GTS-Deskriptorenliste* vorhanden sind. Die maximale Deskriptorenanzahl ist auf 7 begrenzt. Hierdurch bestimmt sich auch die Größe des kompletten Feldes *GTS*. Bei einer Deskriptorenanzahl von 0 sind die Felder *GTS-Richtung* und *GTS-Deskriptorenliste* überflüssig und das Feld GTS ist nur 8-Bit lang. Bei einer Deskriptorenanzahl von 1 bis 7 folgt dem Feld *GTS-Spezifikation* das 8-Bit Feld *GTS-Richtung* und die *GTS-Deskriptorenliste*, wobei hier für jeden Deskriptor 24-Bit benötigt werden. Die Bits 3–6 des Feldes *GTS-Spezifikation* sind unbenutzt und das Bit 7 ist gesetzt, sofern der Koordinator momentan GTS-Anfragen gestattet.

Das Feld *GTS-Richtung* bestimmt, ob die vergebenen garantierten Zeitslots zum Senden oder zum Empfangenen von Daten reserviert sind. Dazu werden 7-Bits des Feldes als GTS-Richtungsmaske benutzt. Das niedrigste Bit spezifiziert die Datentransferrichtung des ersten GTS-Deskriptors im Feld *GTS-Deskriptorenliste*, das zweitniedrigste Bit bestimmt die Datentransferrichtung des zweiten GTS-Deskriptors, usw.. Ist das entsprechende Bit gesetzt darf das Funkmodul in der zugewiesenen Zeit nur Daten empfangen, ist das Bit nicht gesetzt dient dem Funkmodul die zugewiesene Zeit zum Senden von Daten.

Das Feld *GTS-Deskriptorenliste* beinhaltet eine Liste von GTS-Deskriptoren. Jeder Deskriptor ist 24-Bit lang und beschreibt welchem Funkmodul wie viel Zeit zugewiesen wurde. Dementsprechend geben die Bits 0–15 eines Deskriptors die 16-Bit Kurzadresse des Funkmoduls an, dem die Zeit in diesem Deskriptor zugewiesen ist. Bits 16–19 spezifizieren ab welchem Slot die garantierten Zeitslots beginnen und die Bits 20–23 wie viele Slots zugewiesen wurden.

Ausstehende Frames

Das Feld *Ausstehende Frames* informiert die Empfänger des Beacons darüber, ob für diese beim Koordinator Daten zum Abholen bereit liegen. Es besteht aus den zwei Unterfeldern *Ausstehende Frames Spezifikation* und *Ausstehende Frames Adressliste*. Der Aufbau der Felder ist wie folgt:

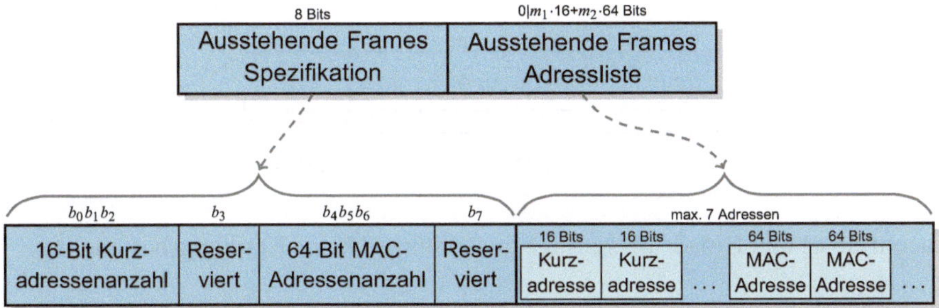

Das 8-Bit Feld *Ausstehende Frames Spezifikation* bestimmt wie viele Adressen in dem folgenden Feld *Ausstehende Frames Adressliste* enthalten sind. Die Bits 0–2 gibt die Anzahl der 16-Bit Kurzadressen und die Bits 4–6 die Anzahl der 64-Bit MAC-Adressen an. In dem Feld *Ausstehende Frames Adressliste* sind die entsprechenden Adressen aufgelistet. Die 16-Bit Kurzadressen stehen in der Liste vor den 64-Bit MAC-Adressen. Die Anzahl beider Adressen ($m_1 + m_2$) ist maximal 7.

Beaconnutzdaten

Das Feld für die Beaconnutzdaten kann von der Netzwerkschicht benutzt werden, um das Beacon mit für das Netzwerk wichtigen Informationen zu erweitern. Dazu muss diese Schicht die entsprechenden Daten in die MAC-Variable *macBeaconPayload* kopieren und die Länge der Daten in der MAC-Variablen *macBeaconPayloadLength* festhalten. Das Auswerten des Feldes beim Empfang des Beaconframes ist ebenfalls Aufgabe der Netzwerkschicht.

10.6.5   ACK-Frame

Um das zuverlässige Ausliefern von Daten oder von Kommandos zu gewährleisten, kann beim Versenden der entsprechenden Frames eine Empfangsbestätigung angefordert werden. Das ACK-Frame wird von einem Funkmodul als eine Empfangsbestätigung gesendet. Im Feld *Framekontrolle* des MAC-Frames wird dann das Bit 5 (ACK-Anfrage) gesetzt (siehe Abschn. 10.6.1-Framekontrolle). Der Empfänger sendet unmittelbar nach Erhalt und Verarbeitung des Frames ein ACK-Frame. Das ACK-Frame enthält als Sequenznummer die Nummer des Frames, welches zu bestätigen ist. Das ACK-Frame wird ohne Überprüfung des Funkkanals (CSMA-CA) gesendet, da das ACK-Frame sofort nach Erhalt eines Frames gesendet wird und der Funkkanal von keinem anderen Funkmodul belegt sein kann. Die Angabe einer Adresse in einem ACK-Frame ist nicht nötig, denn der Empfänger erwartet das ACK-Frame und kann es durch die entsprechende Sequenznummer zuweisen. Die Struktur eines ACK-Frame ist damit sehr einfach aufgebaut. Es besteht nur aus dem Feld *Framekontrolle*, der Sequenznummer und der Prüfsumme:

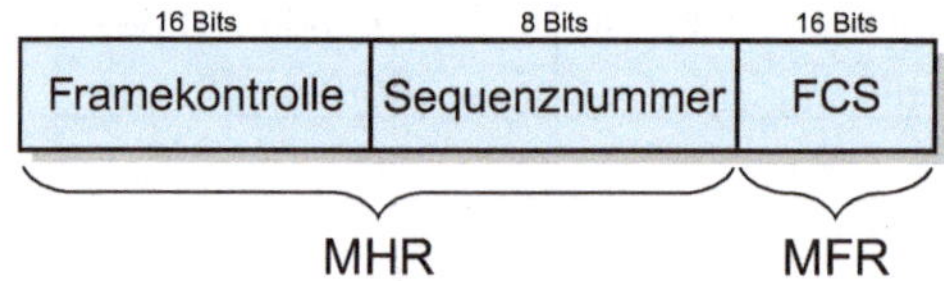

Beaconframes und Broadcast-Anfragen unterstützen keine Empfangsbestätigung.

10.7   Sicherheit

In drahtlose Netzwerke ist das Medium zum Übertragen von Daten (Funkkanal) im Gegensatz zu drahtgebundenen Netzwerken grundsätzlich für jeden zugänglich. Bei verschiedenen Anwendungsfällen ist es allerdings notwendig, dass unsere Daten nicht von Fremden gelesen werden können. Werden unsere Sensormodule z. B. im medizinischen Bereich eingesetzt, so werden personenspezifische Daten übertragen, die in falschen Händen Schaden anrichten können. Um sensible Daten zu schützen, benötigen wir in drahtlosen Netzwerken ein Verfahren um die *Vertraulichkeit* unserer Daten garantieren zu können. Ein weiteres Problem tritt auf, wenn unser Funkmodul Daten erhält, und wir den Ursprung der Daten nicht überprüfen können. Angenommen wir setzten unsere Sensormodule bei der Bewässerung in der Landwirtschaft ein. Die Pflanzen sind ausreichend bewässert und die Sensormodule senden dies an die Pumpensteuerung. Will ein konkurrierender Bauer uns schaden, sendet er falsche Sensorwerte an unsere Pumpensteuerung. Um dies zu unterbinden benötigen wir eine Möglichkeit der *Datenauthentifizierung*, d. h. wir müssen sicher sein können, dass die Daten wirklich von einem bekannten und vertrautem Absender stammen. Ebenfalls benötigen wir ein Verfahren, um die *Integrität* einer Nachricht garantierten zu können. D. h. wird ein Paket abgefangen, darf es für einen potentiellen Angreifer nicht möglich sein, unsere Daten zu manipulieren oder zu einem späteren Zeitpunkt erneut senden zu können. Erhält ein abgefangenes Paket z. B. Sensordaten und sind diese verändert oder veraltet, kann dies wiederum enormen Schaden verursachen.

Der IEEE 802.15.4 Standard spezifiziert für die Verschlüsselung und Authentifizierung ein Verfahren für eine mehrmalige und sichere Blockverschlüsselung mit nur einem einzigen Schlüssel, das sich CCM*[21] nennt. Das CCM*-Verfahren besteht aus zwei Teilen. Zum einen dem sogenannten CBC-MAC[22]-Verfahren. Bei diesem Verfahren wird zu einem MAC-Frame eine MIC-Prüfsumme erzeugt. Diese schützt eine Nachricht vor Veränderungen und Manipulation. Der zweite Teil des CCM*-Verfahren beschreibt die Verschlüsselung der Nutzdaten eines MAC-Frames durch das CTR[23]-Verfahren. Für beide Teile des CCM*-Verfahren wird der gleiche Schlüssel eingesetzt. Das CCM*-Verfahren ist eine Erweiterung des vom *National Institute of Standards and Technology* (NIST) empfohlenen CCM[24]-Verfahren für Blockverschlüsselung (siehe [Dwo04]). Das CCM*-Verfahren wurde dahingehend erweitert, dass nicht zwangsweise ein CBC-MAC zu erzeugen ist, sondern auch ausschließlich eine Verschlüsselung von Nachrichten angewendet werden kann, bzw. das sich die Länge des CBC-MAC variabel einstellen lässt. Dies ermöglicht Sicherheitsstufen individuell einzustellen, um einen optimalen Kompromiss zwischen Sicherheit und benötigter Bandbreite zu erreichen. Das CCM-Verfahren spezifiziert keinen bestimmten Blockverschlüsselungsalgorithmus. Es kann jeder Verschlüsselungsalgorithmus eingesetzt werden, der eine Blockgröße von 128 Bit unterstützt. Im Moment unterstützt allerdings nur der AES[25]-Verschlüsselungsalgorithmus diese Blockgröße und das CCM*-Verfahren aus dem IEEE 802.15.4 Standard setzt ebenfalls auf diesen Algorithmus.

10.7.1 Sicherheitsstufen

Je nach benötigter Sicherheit sind im IEEE 802.15.4 Standard 8 verschieden Stufen spezifiziert. Stufe 0 deaktiviert jede Art von Sicherheitsfunktionen. Ist Stufe 1–3 aktiviert, wird zu einem MAC-Frame durch das CBC-MAC-Verfahren eine MIC-Prüfsumme erstellt. Bei Stufe 1 ist diese Prüfsumme 32-Bit lang, bei Stufe 2 64-Bit und bei Stufe 3 128-Bit. Die Prüfsumme vergrößert das ursprüngliche MAC-Frame um die entsprechende Länge, da diese an das MAC-Frame angehängt wird. Bei Sicherheitsstufe 4–7 werden die Nutzdaten des MAC-Frames verschlüsselt. Bei Stufe 4 wird allerdings keine MIC-Prüfsumme erstellt. Bei Stufe 5 ist diese 32-Bit lang, bei Stufe 6 64-Bit und bei Stufe 7 128-Bit. Ein Überblick der Sicherheitsstufen ist in Tab. 10.3 dargestellt.

---

[21] extension of Counter mode encryption and Cipher block chaining Message authentication code
[22] Cipher Block Chaining Message Authentication Code
[23] Counter Mode
[24] Counter mode encryption and Cipher block chaining Message authentication code
[25] Advanced Encryption Standard

Tab. 10.3 Sicherheitsstufen der MAC-Schicht

Sicherheitsstufe	Verschlüsselung	Authentifikation
0	Nein	Nein
1	Nein	32-Bit MIC
2	Nein	64-Bit MIC
3	Nein	128-Bit MIC
4	Ja	Nein
5	Ja	32-Bit MIC
6	Ja	64-Bit MIC
7	Ja	128-Bit MIC

10.7.2   Authentifizierung mittels CBC-MAC

Um eine Nachricht N mittels CBC-MAC zu authentifizieren, wird diese in 128-Bit Blöcke $N_0, N_1, \ldots, N_n$ aufgeteilt. Ergibt der letzte Block N_n keine 128-Bit wird dieser mit 0 aufgefüllt. Der Block N_0 wird mit dem AES-Verschlüsselungsalgorithmus und einem 128-Bit Schlüssel S verschlüsselt (AES_S). Das Ergebnis V_1 wird mit dem zweiten Block der Nachricht (N_1) mit einem Exklusiv-Oder verknüpft ($V_1 \oplus N_1$) und das Ergebnis wird erneut mit AES_S verschlüsselt. Das Ergebnis V_2 wird mit dem dritten Block der Nachricht (N_2) mit einem Exklusiv-Oder verknüpft usw., d. h. es gilt

$$V_1 = AES_S(N_0)$$
$$V_2 = AES_S(V_1 \oplus N_1)$$
$$\vdots$$
$$V_j = AES_S(V_{j-1} \oplus N_{j-1}),$$

wobei V_j der Authentifikationscode der Teilnachricht $N_0 \parallel N_1 \parallel \ldots \parallel N_{j-1}$ ist. Der Authentifikationscode MIC der kompletten Nachricht $N = N_0 \parallel \ldots \parallel N_n$ ergibt sich aus der Berechnung von V_{n+1}. In Abb. 10.4 ist das Verfahren grafisch dargestellt. Der MIC wird an die ursprüngliche Nachricht N angefügt und mit versendet. Die Länge der zu versendende Nachricht vergrößert sich dementsprechend um die Länge des Authentifikationscode. Der Empfänger muss den gleichen Schlüssel S besitzen und führt das selbe Verfahren durch. Ist das Ergebnis hierbei der übermittelte Authentifikationscode gilt die Nachricht als authentifiziert.

10.7.3   Verschlüsselung durch das CTR-Verfahren

Für eine Verschlüsselung mit dem CTR-Verfahren wird die zu verschlüsselnde Nachricht in 128-Bit Blöcke $N_0, N_1, \ldots, N_n$ aufgeteilt. Ergibt der letzte Block N_n keine 128-Bit wird dieser mit 0 aufgefüllt. Zum Verschlüsseln des Block N_j benötigen wir zuerst einen

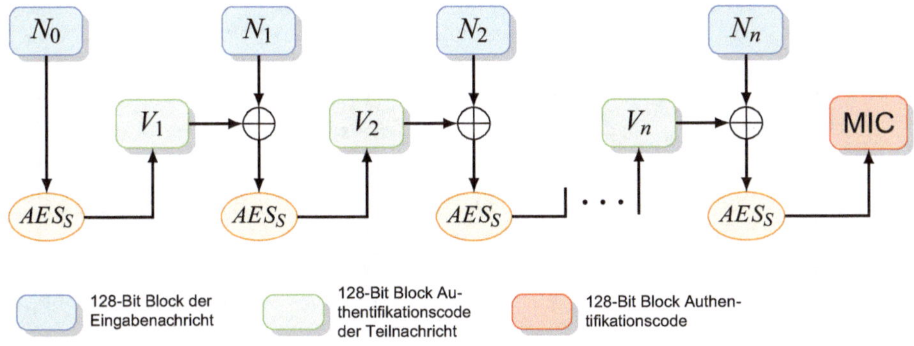

Abb. 10.4 CBC-MAC-Verfahren

eindeutigen 128-Bit Block Z_j, der auch eine Zählervariable beinhaltet, d. h. z. B. dass von Z_j im einfachsten Fall ein Teil der zur Verfügung stehenden 128-Bit zur Darstellung von j benutzt werden. Die restlichen Bits werden dazu benutzt, den Block Z_j eindeutig zu machen. Im IEEE 802.15.4 Standard wird hierfür die Absenderadresse und der Framezähler benutzt. Dieser eindeutige 128-Bit Block Z_j wird mittels AES-Algorithmus und Schlüssel S verschlüsselt ($AES_S(Z_j)$). Da nach Anwendung des AES-Algorithmus die Bits von Z_j so transformiert wurden, dass ohne Kenntnis des Schlüssels S keine Aussage mehr über Z_j gemacht werden können, erhalten wir aus Z_j sozusagen für jeden Nachrichtenblock N_j einen individuellen Transformationsschlüssel. Durch ein Exklusiv-Oder des Transformationsschlüssel $AES_S(Z_j)$ mit dem entsprechenden Nachrichtenblock N_j erhalten wir den verschlüsselten Block V_j. D. h. es gilt

$$V_0 = AES_S(Z_0) \oplus N_0$$
$$V_1 = AES_S(Z_1) \oplus N_1$$
$$\vdots$$
$$V_j = AES_S(Z_j) \oplus N_j$$
$$\vdots$$
$$V_n = AES_S(Z_n) \oplus N_n.$$

Hierbei ergibt $V_0 \parallel V_1 \parallel \ldots \parallel V_n$ die verschlüsselte Nachricht.

In Abb. 10.5 ist das CTR-Verfahren grafisch dargestellt. Dass der AES-Algorithmus nicht direkt auf die Nachrichtenblöcke angewendet wird, hat mehrere Vorteile. Es ist durchaus möglich, dass die zu verschlüsselnde Nachricht sich nicht in 128-Bit Blöcke aufteilen lässt, sondern der letzte Block mit 0 aufgefüllt werden muss. Gehen wir davon aus, dass der letzte Block mit k 0-er aufgefüllt werden muss. Verschlüsseln wir den letzten Nachrichtenblock direkt mit AES_S müssen wir den verschlüsselten Block komplett übertragen, um keine Informationen zu verlieren, d. h. unsere verschlüsselte Nachricht

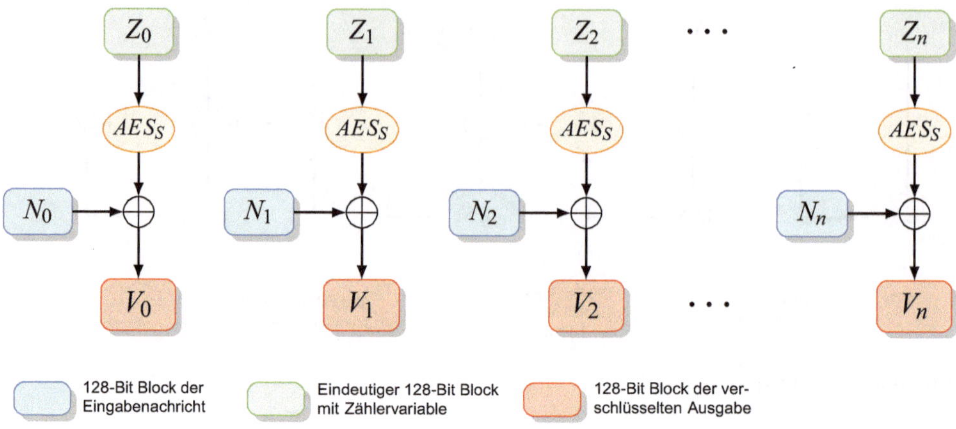

Abb. 10.5　CTR-Verfahren

vergrößert sich um k Bits, was wir möglichst vermeiden möchten, da dies unnötigen Netzwerkverkehr und vermehrter Energieverbrauch bedeutet. Verknüpfen wir den letzten Nachrichtenblock N_n durch ein Exklusiv-Oder mit $AES_S(Z_n)$, genügt es von V_n nur die ersten k Bits zu senden, d. h. die verschlüsselte Nachricht ist $V_0 \parallel \ldots \parallel MSB_k(V_n)$, wobei MSB_k[26] die k höchstwertigen Bits sind. Dadurch, dass der Nachrichtenblock N_j mittels Exklusiv-Oder mit dem Transformationsschlüssel $AES_S(Z_j)$ verknüpft wurde, können wir selbiges Verfahren auch zum Entschlüsseln der Nachricht anwenden und müssen nicht das Entschlüsselungsverfahren des AES-Algorithmus benutzen, in dem die S-Box anzupassen ist. Um den verschlüsselten Block V_j zu entschlüsseln muss der Empfänger der verschlüsselten Nachricht ebenfalls die Zählervariable Z_j und den Schlüssel S kennen. Der unverschlüsselte Nachrichtenblock N_j ergibt sich aus $AES_S(Z_j) \oplus V_j$. Dies folgt unmittelbar daraus, das $b \oplus b = 0$ und $0 \oplus b = b$ für jedes Bit $b \in 0, 1$ gilt. Da für das Exklusiv-Oder das Assoziativgesetz gilt, folgt:

$$
\begin{aligned}
AES_S(Z_j) \oplus V_j &= AES_S(Z_j) \oplus \big(AES_S(Z_j) \oplus N_j\big) \\
&= \big(AES_S(Z_j) \oplus AES_S(Z_j)\big) \oplus N_j \\
&= 0_{127}0_{126}\ldots0_1 0_0 \oplus N_j \\
&= N_j
\end{aligned}
$$

---

[26] Most Significant Bit

10.7.4 Anwendung des CCM*-Verfahren im IEEE 802.15.4 Standard

Mit dem CCM*-Verfahren im IEEE 802.15.4 Standard können MAC-Beaconframes, MAC-Datenframes und MAC-Kommandoframes authentifiziert und verschlüsselt werden. Allerdings wird nicht das komplette MAC-Frame verschlüsselt, sondern nur die Nutzdaten. Beim Beaconframe sind das die Beaconnutzdaten, beim MAC-Datenframe die allgemeinen MAC-Nutzdaten und beim Kommandoframe die Kommandonutzdaten. Für das CCM*-Verfahren wird deshalb ein MAC-Frame aufgeteilt in die Variable a und m. Die Variable m sind hierbei die zu verschlüsselnde Daten und $a \parallel m$ die zu authentifizierenden Daten. Tabelle 10.4 zeigt in Abhängigkeit der gewählten Sicherheitsstufe die Aufteilung der unterschiedlichen Frametypen.

Für jedes MAC-Frames wird ein sogenanntes 104-Bit langes *Nonce* erzeugt. Ein Nonce besteht aus der 64-Bit Senderadresse gefolgt vom 32-Bit Framezähler aus der Variablen *macFrameCounter* und der 8-Bit Sicherheitsstufe, d. h.

$$Nonce = Senderadresse \parallel Framezähler \parallel Sicherheitsstufe$$

Das Nonce wird zur Berechnung des Authentifizierungscodes benutzt, um die zu authentifizierende Nachricht und die daraus resultierende Prüfsumme eindeutig zu machen. Beim Verschlüsseln wird aus dem Nonce und einer Zählervariablen zu jedem zu verschlüsselnden 128-Bit Block N_j ein eindeutiger Zählerblock Z_j erstellt. Der Empfänger eines mit Sicherheitsfunktionen versehenen Frames entnimmt den Framezähler für das Nonce aus dem Sicherheitshilfsheader.

Tab. 10.4 Aufteilung eines MAC-Frames für das CCM*-Verfahren

Sicherheits-stufe	Frametyp	a	m
0	Alle	–	–
1–3	Alle	MHR‖MAC-Nutzdaten	–
4	Beacon	–	Beaconnutzdaten
	Daten	–	MAC-Nutzdaten
	Kommando	–	Kommandonutzdaten
5–7	Beacon	MHR‖Superframespec ‖GTS ‖Ausstehend Fr.	Beaconnutzdaten
	Daten	MHR	MAC-Nutzdaten
	Kommando	MHR‖Kommando-ID	Kommandonutzdaten

Algorithmus zur Berechnung Authentifizierungscodes

Schritt 1:   Als erstes wird das 8-Bit Feld *Flags* wie folgt gebildet:

$$Flags = \texttt{01} \parallel M \parallel \texttt{001}$$

M ist 3-Bit lang und ergibt sich aus der zu benutzenden Länge des Authentifizierungscodes $l(MIC)$ in Bytes:

$$M = (l(MIC) - 2)/2$$

Schritt 2:   Der für das CBC-MAC Verfahren zu benutzende 128-Bit Startblock N_0 ist:

$$N_0 = Flags \parallel Nonce \parallel l(m)$$

$l(m)$ ist hierbei die 16-Bit Darstellung der Länge der zu verschlüsselnden Nutzdaten m in Bytes.

Schritt 3: $L(a)$ wird in Abhängigkeit der Länge von a $(l(a))$ wie folgt definiert:
- Gilt $l(a) < 2^{16} - 2^8$, ist $L(a)$ die 16-Bit Darstellung von $l(a)$.
- Gilt $2^{16} - 2^8 \leq l(a) < 2^{32}$, ist $L(a)$ die Konkatenation von $\texttt{0xFFFE}$ und der 32-Bit Darstellung von $l(a)$.
- Gilt $2^{32} \leq l(a) < 2^{64}$, ist $L(a)$ die Konkatenation von $\texttt{0xFFFF}$ und der 64-Bit Darstellung von $l(a)$.

Schritt 4:   Berechne $a_{L(a)} = L(a) \parallel a$.

Schritt 5:   Berechne $a_{aufgefüllt}$ indem an $a_{L(a)}$ so viele 0-er anhängt werden, bis die Länge des Ergebnis durch 128 geteilt werden kann.

Schritt 6:   Berechne $m_{aufgefüllt}$ indem an m so viele 0-er anhängt werden, bis die Länge des Ergebnis durch 128 geteilt werden kann.

Schritt 7:   Es ergibt sich für die komplett zu authentifizierende Nachricht N:

$$N = a_{aufgefüllt} \parallel m_{aufgefüllt} = N_1 N_2 \ldots N_n,$$

wobei N_1 bis N_n 128-Bit Blöcke sind, in die N aufgeteilt wird.

Schritt 8:   Berechne nach dem in Abschn. 10.7.2 beschriebenen Prinzip V_{n+1}:

$$V_1 = AES_S(N_0)$$
$$V_2 = AES_S(V_1 \oplus N_1)$$
$$\vdots$$
$$V_j = AES_S(V_{j-1} \oplus N_{j-1}),$$

Schritt 9: Der Authentifizierungscode wir zum Abschluss noch mit der Zählervariable Z_0 und dem CTR-Verfahren verschlüsselt. Bilde dazu Z_0 wie folgt:

$$Z_0 = \texttt{0x01} \parallel \textit{Nonce} \parallel \texttt{0x0000}$$

Berechne den 128-Bit langen verschlüsselten Authentifizierungscode:

$$MIC_{128} = AES_S(Z_0) \oplus V_{n+1}$$

Schritt 10: In Abhängigkeit von der Länge des benötigten Authentifizierungscode werden von MIC_{128} nur die entsprechende Anzahl der höchstwertigen Bits benutzt, d. h. $MIC = MSB_{l(MIC)}(MIC_{128})$.

Der Empfänger verwendet zur Überprüfung der Authentizität den selben Algorithmus. Die benötigten Parameter wie z. B. die verwendete Sicherheitsstufe zur Bestimmung der Länge des Authentifizierungscode, den Framezähler und die Absenderadresse entnimmt der Empfänger dem *MHR* insbesondere dem angefügten Sicherheitshilfsheader (siehe Abschn. 10.7.7). Ist der errechnete Authentifizierungscode identisch mit dem mitgesendeten Authentifizierungscode, bedeutet dies, der Sender ist im Besitzt des selben Schlüssels, das empfangene Frame gilt als vertrauenswürdig und wurde auf dem Weg vom Sender zum Empfänger nicht verändert.

Algorithmus zur Verschlüsselung der Nutzdaten

Schritt 1: Fülle die zu verschlüsselnde Nachricht m mit so vielen 0-er auf, so dass sich das Ergebnis $m_{aufgefüllt}$ exakt in 128 Blöcke aufteilen lässt. Die Zahl der angehängten 0-er sei k_{0er}. Aufgeteilt in 128-Bit Blöcke $N_1, \ldots, N_n$ ergibt sich somit für die Nachricht N:

$$m_{aufgefüllt} = N_1 N_2 \ldots N_n = N$$

Schritt 2: Die 128-Bit Zählervariable Z_i für $i = 1, 2, \ldots, n$ wird wie folgt gebildet:

$$Z_i = \texttt{0x01} \parallel \textit{Nonce} \parallel \text{Zahl } i \text{ in 16-Bit Darstellung}$$

Schritt 3: Der verschlüsselte 128-Bit Block V_i für $i = 1, \ldots, n$ berechnet sich wie folgt:

$$V_i = AES_S(Z_i) \oplus N_i \qquad \text{mit } i \in \{1, 2, \ldots, n\}$$

Schritt 4: Damit die verschlüsselte Nachricht nicht größer wird, benötigen wir vom verschlüsselten Nachrichtenblock V_n nur die Bits, die auch im unverschlüsselten Nachrichtenblock N_n vorhanden sind. Somit schneiden wir die k_{0er} niedrigstwertigen Bits von V_n ab und erhalten damit

$$V_{abgeschnitten} = MSB_{128-k_{0er}}(V_n)$$

Die verschlüsselte Nachricht V ergibt sich aus der Konkatenation der verschlüsselten Blöcke $V_1, \ldots, V_{n-1}$ und $V_{abgeschnitten}$:

$$V = V_1 \parallel V_2 \parallel \ldots \parallel V_{n-1} \parallel V_{abgeschnitten}$$

Zum Entschlüsseln der Nachricht extrahiert der Empfänger den verschlüsselten Teil aus dem MAC-Frame. Parameter wie z. B. die verwendete Sicherheitsstufe zur Bestimmung der Länge des Authentifizierungscode, den Framezähler und die Absenderadresse entnimmt der Empfänger dem MAC-Header insbesondere dem angefügten Sicherheitshilfsheader (siehe Abschn. 10.7.7). Damit kann der Empfänger das *Nonce* generieren und die Zählervariable Z_i berechnen. Der Empfänger muss ebenfalls im Besitz des Schlüssel S sein. Um die verschlüsselte Nachricht zu entschlüsseln verwendet der Empfänger ebenfalls den obigen Algorithmus. Anstatt der Eingabe N wird die verschlüsselte Nachricht V benutzt. Damit ergibt sich (wie bereits in Abschn. 10.7.3 beschrieben):

$$AES_S(Z_i) \oplus V_i = AES_S(Z_i) \oplus AES_S(Z_i) \oplus N_i = 0_{127}0_{126}\ldots 0_1 0_0 \oplus N_i = N_i$$

10.7.5   AES-Algorithmus

Der AES ist ein Blockverschlüsselungsverfahren, d. h. eine Nachricht wird in eine Sequenz gleichlanger Blöcke aufgeteilt und jeder dieser Blöcke wird unabhängig voneinander mit dem gleichen Schlüssel verschlüsselt. AES unterstützt nur eine Blockgröße von 128-Bit. Bei AES handelt es sich zudem um ein symmetrisches Verschlüsselungsverfahren, d. h. zum Verschlüsseln und Entschlüsseln wird der selbe Schlüssel benutzt. AES unterstützt eine Schlüssellänge von 128, 192 und 256-Bit. Im IEEE 802.15.4 Standard werden allerdings nur Schlüssel der Länge 128-Bit eingesetzt. Das macht insbesondere dahingehend Sinn, dass es sich bei der zur Verfügung stehenden Hardware meist um Mikrocontroller handelt, bei denen es um jede Ressource ankommt und bei längerem Schlüssel erhöht sich der Rechenaufwand. Die Sicherheit ist nach heutigem Stand auch bei einem 128-Bit Schlüssel noch lange gewährleistet, zumindest solange es keinen Quantensprung in der Computertechnik gibt und keine Schwachstelle bei diesem Algorithmus gefunden wird. AES ist das zur Zeit am meisten eingesetzte symmetrische Verschlüsselungsverfahren. Der Algorithmus ist frei verfügbar und darf ohne jede Art von Lizenzgebühren eingesetzt werden. Etliche Kryptologen und Anwender haben den AES-Algorithmus bereits auf Schwachstellen hin untersucht und bisher noch keine gefunden. AES wird von stattlichen Behörden für Dokumente mit höchster Sicherheitsstufe eingesetzt, so dass wir uns auch bei unseren drahtlosen Netzwerken als gut gesichert fühlen können. Wird dennoch eine Schwachstelle gefunden, besteht im IEEE 802.15.4 Standard jederzeit die Möglichkeit das CCM*-Verfahren weiter zu benutzten und lediglich AES durch ein anderes 128-Bit Blockverschlüsselungsverfahren auszutauschen. Der AES-Algorithmus lässt

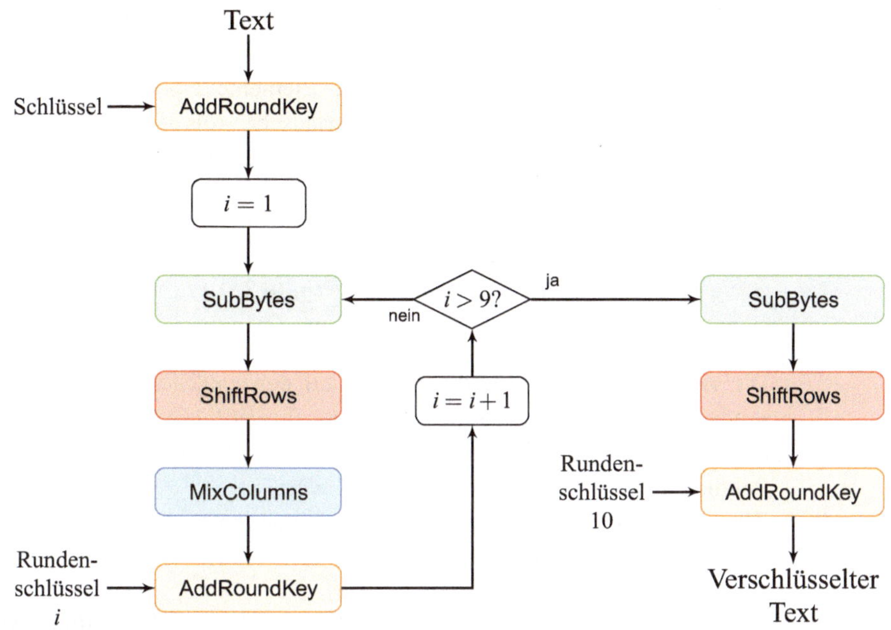

Abb. 10.6 Ablaufdiagramm des AES-Algorithmus

sich leicht implementieren und stellt genügsame Ansprüche an die benötigte Hardware, so dass er sich sehr gut bei Mikrocontrolleranwendungen einsetzten lässt.

Abbildung 10.6 zeigt die Funktionsweise des AES-Algorithmus bei einer Schlüssellänge von 128-Bit. Als Eingabe liegt ein unverschlüsselter 128-Bit Textblock vor und ein 128-Bit langer Schlüssel. Die Eingabe und der Schlüssel werden jeweils in hexadezimaler Schreibweise als 4×4-Matrix dargestellt. Jedes Feld stellt einen 8-Bit Wert in hexadezimaler Schreibweise dar. Zudem benötigt der Algorithmus eine sogenannte *Substitutionsbox* (S-Box), die eine Matrix aus 16×16 Feldern ist, wobei jedes Feld ebenfalls ein 8-Bit Feld ist und in hexadezimaler Schreibweise dargestellt wird. Die S-Box des AES-Algorithmus kann entweder bereits als Matrix vorliegen oder dynamisch berechnen werden. Steht in einem Feld der 4×4-Matrix z. B. der Wert `0x2F` bedeutet eine Substitution mit den Werten der S-Box, dass der Wert `0x2F` durch den Wert des Feldes in Zeile `0x2` und Spalte `0xF` ersetzt wird. In der S-Box des AES-Algorithmus wäre dies der Wert 15. Wir wollen den AES-Algorithmus hier nicht bis ins kleinste Detail beschreiben, sondern nur grob skizzieren. Der Algorithmus benutzt wiederholt die vier folgenden Funktionen aus:

SubBytes: Die Funktion *SubBytes* tauscht jeden Eintrag der aktuellen 4×4-Matrix durch einen entsprechenden Wert der S-Box aus.

ShiftRows: Die Funktion *ShiftRows* lässt die Elemente in Zeile 0 unberührt, die Elemente der Zeile 1 schiebt sie jeweils um eine Position nach links, die

Elemente der Zeile 2 um zwei Positionen und die Elemente der Zeile 3 um drei Positionen.

MixColumns:	Die Funktion *MixColumns* mischt die Elemente einer Spalte. Dabei werden die Elemente nicht einfach vertauscht. Aus der Spalte $a_i = (a_{1,i}, a_{2,i}, a_{3,i}, a_{4,i})^{-1}$ wird folgende neue Spalte berechnet:

$$
b_i = \begin{pmatrix} b_{0,i} \\ b_{1,i} \\ b_{2,i} \\ b_{3,i} \end{pmatrix} = \begin{pmatrix} 2 \cdot a_{0,i} \oplus 3 \cdot a_{1,i} \oplus 1 \cdot a_{2,i} \oplus 1 \cdot a_{3,i} \\ 1 \cdot a_{0,i} \oplus 2 \cdot a_{1,i} \oplus 3 \cdot a_{2,i} \oplus 1 \cdot a_{3,i} \\ 1 \cdot a_{0,i} \oplus 1 \cdot a_{1,i} \oplus 2 \cdot a_{2,i} \oplus 3 \cdot a_{3,i} \\ 3 \cdot a_{0,i} \oplus 1 \cdot a_{1,i} \oplus 1 \cdot a_{2,i} \oplus 2 \cdot a_{3,i} \end{pmatrix}
$$

Die Arithmetik findet allerdings nicht auf den natürlichen Zahlen statt sondern auf dem Galois-Körper des Rijndael $GF(2^8)$, d. h. bei der Multiplikation werden beide Werte als Polynome interpretiert und Modulo dem Polynom $x^8 + x^4 + x^3 + x + 1$ multipliziert.

AddRoundKey:	Die aktuelle 4×4-Matrix wird mit dem aktuellen Rundenschlüssel Rs_i durch ein ExklusivOder verknüpft.

Auf Basis der vier zuvor definierten Funktionen, funktioniert der AES-Algorithmus wie folgt:

Schritt 1: Speichere den zu verschlüsselnden 128-Blocktext hexadezimal in einer 4×4-Matrix und verknüpfe die Matrix durch ein ExklusivOder mit dem Schlüssel (*AddRoundKey*).

Schritt 2: Berechne aus dem Schlüssel und unter Verwendung der S-Box 10 sogenannte Rundenschlüssel Rs_j mit $j \in \{1, \ldots, 10\}$. Setze $i = 1$.

Schritt 3: Führe auf die aktuelle 4×4-Matrix aufeinanderfolgend die Funktion *SubBytes*, *ShiftRows MixColumns* und *AddRoundKey* aus.

Schritt 4: Erhöhe i um eins. Ist $i \leq 9$ gehe zu Schritt 3, sonst mache weiter bei Schritt 5.

Schritt 5: Führe auf die aktuelle 4×4-Matrix aufeinanderfolgend die Funktion *SubBytes*, *ShiftRows* und *AddRoundKey* aus.

Nach Runde 10 enthält die Ergebnismatrix den verschlüsselten 128-Bit Textblock.

Wer die Funktionsweise genauer studieren möchte, den möchten wir an dieser Stelle auf [NIS01] verweisen. Dies ist die offizielle Veröffentlichung des Advanced Encryption Standard inklusive einer detaillierten Beschreibung mit Beispielrechnungen. Unter [Enr] findet sich zudem eine gut erklärende Animation der Funktionsweise des AES.

10.7.6 Der Schlüssel

Das CCM*-Verfahren ist ein symmetrisches Verschlüsselungsverfahren, d. h. der Sender einer Nachricht benutzt zum Verschlüsseln und Erstellen eines Authentifizierungscode

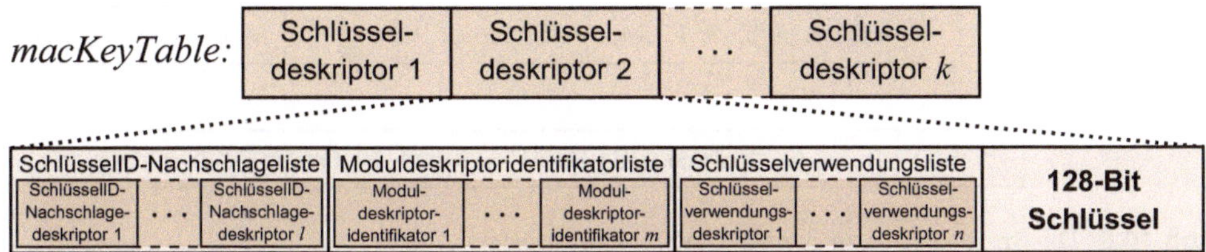

Abb. 10.7 Die Speicherstruktur der MAC-Variablen *macKeyTable*

den selben Schlüssel wie der Empfänger beim Entschlüsseln und Überprüfen des Authentifizierungscode. Der Schlüssel ist 128-Bit lang und muss bei einer gesicherten Verbindung den zwei beteiligten Modulen bekannt sein. Eine Liste von Schlüsseln speichert jedes Funkmodul in der MAC-Variablen *macKeyTable*. Diese Variable enthält eine Liste sogenannter *Schlüsseldeskriptoren*. Jeder dieser Deskriptoren besteht aus vier Teilen, der *SchlüsselID-Nachschlageliste*, der *Moduldeskriptoridentifikatorliste*, der *Schlüsselverwendungsliste* und dem 128-Bit Schlüssel. Der Aufbau der Variablen *macKeyTable* ist in Abb. 10.7 dargestellt. Die Verteilung von Schlüssel ist nicht Bestandteil der MAC-Schicht sondern obliegt der darüberliegende Schicht. Über das Aufrufen der MLME-SET.request-Primitive werden die Schlüssel in der *macKeyTable* gespeichert.

SchlüsselID-Nachschlageliste

Die *SchlüsselID-Nachschlageliste* ist eine Liste von *SchlüsselID-Nachschlagedeskriptoren*. Durch diese Deskriptoren wird eindeutig der Schlüssel identifiziert. Ein *SchlüsselID-Nachschlagedeskriptoren* besteht aus den Feldern *Schlüsselidentifizierungsmodus*, *Schlüsselquelle*, *Schlüsselindex*, *Moduladressierungsmodus*, *Modul-PAN-ID*, *Moduladresse*. Es stehen vier verschiedene Modi zur Identifizierung eines Schlüssels zur Verfügung. Eine Beschreibung und die Angabe der entsprechend für die Identifizierung benutzten Attribute sind in Tab. 10.5 aufgelistet. Je nach Schlüsselidentifizierungsmodus sind nur bestimmte Felder des Deskriptors belegt:

Modus 0: Der Deskriptor benutzt die Felder *Moduladressierungsmodus*, *Modul-PAN-ID* und *Moduladresse* zum Identifizieren des Schlüssels.

Modus 1: Der Deskriptor benutzt nur das Feld *Schlüsselindex*. Der Schlüssel wird nur durch diesen Index identifiziert, da dieser von der Standardschlüsselquelle (*macDefaultKeySource*) stammt.

Modus 2: Der Deskriptor benutzt nur die Felder *Schlüsselindex* und *Schlüsselquelle* zur Identifikation des Schlüssels. Als Schlüsselquelle wird die PAN-ID und die 16-Bit Kurzadresse eines Funkmoduls verwendet.

Modus 3: Der Deskriptor benutzt nur die Felder *Schlüsselindex* und *Schlüsselquelle* zur Identifikation des Schlüssels. Als Schlüsselquelle wird die 64-Bit MAC-Adresse eines Funkmoduls benutzt.

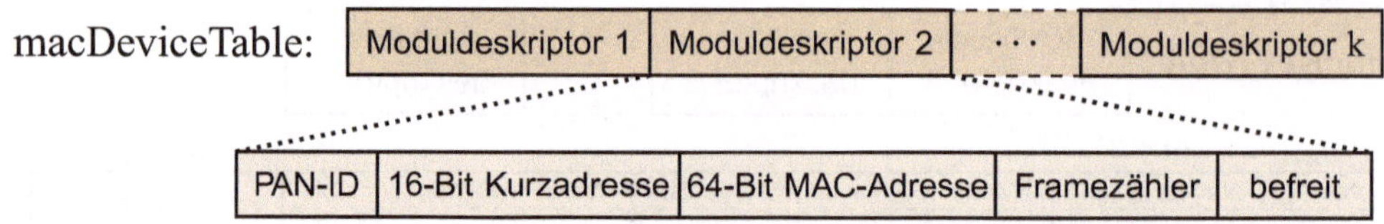

Abb. 10.8 Die Speicherstruktur der MAC-Variablen *macDeviceTable*

Der *Schlüsselindex* ist notwendig, um es zu ermöglichen von einem Funkmodul mehrere Schlüssel zu erhalten und diese hiermit zu unterscheiden.

Moduldeskriptoridentifikatorliste

Die *Moduldeskriptoridentifikatorliste* ist eine Liste von Verweisen auf sogenannte *Moduldeskriptoren*, die als Liste in der MAC-Variablen *macDeviceTable* gespeichert sind (siehe Abb. 10.8). Ein Funkmodul speichert in einem Moduldeskriptor für jede Verbindung mit einem Funkmodul, bei welcher der entsprechende Schlüssel eingesetzt wird, Daten über das andere Funkmodul. Dazu zählen unter anderem die PAN-ID, die Kurzadresse, die 64-Bit MAC-Adresse und ein Framezähler. Der Framezähler schützt vor einem Replay-Angriff. Ein Frame welches abgefangen wurde, um es später erneut zu schicken wird verworfen, da der Framezähler in diesem Frame gleich oder kleiner dem gespeicherten Framezähler ist. Das letzte Feld *befreit* eines Moduldeskriptor enthält ein Wert vom Typ Boolean und gibt an, ob der minimale Sicherheitslevel des Funkmoduls überschrieben werden kann.

Schlüsselverwendungsliste

Die *Schlüsselverwendungsliste* enthält eine Liste von *Schlüsselverwendungsdeskriptoren*. Jeder dieser Deskriptoren bestimmt einen Frametyp (Beacon-, Daten- oder Kommandoframe) für den der aktuell identifizierten Schlüssel gültig ist. Handelt es sich um ein Kommandoframe enthält der Deskriptor zusätzlich eine *KommandoID*. Dadurch lassen sich die einzelnen Kommandos unterscheiden und es besteht die Möglichkeit für verschiedene Kommandos unterschiedliche Schlüssel zu benutzen.

10.7.7   Das MAC-Frame mit aktivierten Sicherheitsfunktionen

Ein MAC-Frame mit Sicherheitsfunktionen ändert sich zu einem MAC-Frame ohne Sicherheitsfunktionen wie folgt:

- Um anzuzeigen, dass Sicherheitsfunktionen aktiviert sind, wird im Feld *Framekontrolle* das Bit 3 gesetzt.

- Vor den Nutzdaten eines MAC-Frames wird der sogenannte *Sicherheitshilfsheader* hinzugefügt. Dieser kann je nach Sicherheitseigenschaften 5,6, 10 oder 14 Bytes lang sein (siehe Abschn. 10.6.1-Struktur eines MAC-Frames).
- Bei Verschlüsselung der Nutzdaten sind diese durch einen entsprechend verschlüsselten gleichgroßen Block ausgetauscht.
- Bei benutzter Authentifizierung wird an die Nutzdaten vor der FCS-Prüfsumme ein 32, 64 oder 128 Bit großer Authentifizierungscode (MIC) angehängt.

Durch die PHY-Schicht ist de Größe eines MAC-Frames auf 127 Bytes beschränkt, so dass sich die maximale Länge der möglichen Nutzdaten für ein MAC-Frame je nach gewählter Sicherheitsstufe durch den Authentifizierungscode und den *Sicherheitshilfsheader* entsprechend reduziert.

Sicherheitshilfsheader

Der *Sicherheitshilfsheader* ist abhängig von den gewählten Sicherheitseinstellungen. Sind alle Sicherheitseinstellungen deaktiviert, d. h. das 3. Bit des Feld *Framekontrolle* ist nicht gesetzt, ist dieser nicht vorhanden. Die Struktur des *Sicherheitshilfsheader* ist wie folgt:

$b_0 b_1 b_2$	$b_3 b_4$	$b_5 b_6 b_7$	32 Bits	0|8|40|72 Bits
Sicherheits-stufe	Schlüssel-identifizierungs-modus	Reser-viert	Frame-zähler	Schlüssel-identifizierer
Sicherheitskontrolle (8-Bits)				

Die ersten 8 Bit stellen das Feld *Sicherheitskontrolle* dar und dienen dazu Grundeinstellungen für benutzte Sicherheitsfunktionen einzustellen. Die Bedeutung der Bits ist wie folgt:

Sicherheitsstufe: Die ersten drei Bits geben die benutzte Sicherheitsstufe des Frames an. Bei Stufe 0 werden keine Sicherheitsmechanismen benutzt. Stufe 7 stellt die höchste Sicherheitsstufe dar. Die Stufe wird im Sicherheitshilfsheader binär als $b_2 b_1 b_0$ angegeben, d. h. z. B. für Stufe 1 gilt $b_2 b_1 b_0 = 001$ und Stufe 6 $b_2 b_1 b_0 = 110$. Tabelle 10.3 zeigt die einzelnen Stufen und ihre Eigenschaften.

Schlüsselidentifizierungsmodus: Diese 2 Bit bestimmen die Identifizierungsart des bei der Verschlüsselung benutzten Schlüssels. Je nach benutztem Modus ändert sich die Länge des Feldes *Schlüsselidentifizierer*. Die verschiedenen Modi, die im Sicherheitshilfsheader gesetzten Bits $b_4 b_3$ und die Länge des Feldes *Schlüsselidentifizierer* sind in Tab. 10.5 dargestellt. Wie diese Schlüssel gespeichert und verwaltet werden wird in Abschn. 10.7.6 beschrieben.

Framezähler: Das Feld *Framezähler* erhält bei der Erstellung eines Frames den Wert der Variablen *macFrameCounter*. Dies macht jedes Frame einmalig und verhindert, dass ein Frame von einer fremden Quelle ein zweites Mal benutzt werden kann, da nach Erhalt dieses Frames vom Empfänger nur noch Frames mit höherem Zähler akzeptiert werden.

Tab. 10.5 Schlüsselidentifizierungsmodi

Schlüsselidentifi-zierungsmodus	Binär $(b_4 b_3)$	Beschreibung	Länge des Schlüssel-identifizierer
0	00	Der Schlüssel wird allein durch die Absenderadresse des Frames bestimmt.	0 Bits
1	01	Der Schlüssel wird durch die in der Variablen *macDefaultKeySource* hinterlegte Adresse und einem 8-Bit Schlüsselindex bestimmt.	8 Bits
2	10	Der Schlüssel wird durch eine 16-Bit Kurzadresse, die zugehörige 16-Bit PAN-ID und einem 8-Bit Schlüsselindex bestimmt.	40 Bits
3	11	Der Schlüssel wird durch die 64-Bit MAC-Adresse und einem 8-Bit Schlüsselindex bestimmt.	72 Bits

Schlüsselidentifizierer: Der *Schlüsselidentifizierer* dient dazu einen für die Verschlüsselung oder Authentifizierung benutzten Schlüssel eindeutig zu identifizieren. Tabelle 10.5 beschreibt den Aufbau des *Schlüsselidentifizierer* in Abhängigkeit des *Schlüsselidentifizierungsmodus*.

10.7.8   Sicherheitsrelevante MAC-Variablen

Die Implementierung der Sicherheitsfunktionen ist optional. Unterstützt ein Funkmodul die entsprechenden Sicherheitsfunktionen ist die MAC-Variable *macSecurityEnabled* auf *TRUE* gesetzt. Ein Überblick über die für sicherheitsrelevanten Funktionen benutzten Variablen der MAC-Schicht ist in Tab. 10.6 dargestellt.

10.7.9   Beispielrechnung für das CCM*-Verfahren

Betrachten wir für das CCM*-Verfahren ein Beispiel. Funkmodul 1 sendet an Funkmodul 2 ein MAC-Datenframe. Beide Funkmodule befinden sich im gleichen PAN. Als Nutzdaten sendet Funkmodul 1 die über einen Sensor ermittelte Temperatur von 25 °C. Es werden keine weiteren Frames gesendet, eine Empfangsbestätigung wird nicht angefordert und zur Adressierung wird die 64-Bit MAC-Adresse benutzt. Die Funkmodule benutzen die folgenden Parameter:

PAN-ID: 0x1234
Senderadresse: 0xAAAABBBBCCCC1111

Tab. 10.6 Sicherheitsrelevante Variablen der MAC-Schicht (MAC-PIB)

Variable	Typ	Beschreibung
macSecurityEnabled	TRUE, FALSE	Bei TRUE sind in der MAC-Schicht Sicherheitsfunktionen implementiert. Bei FALSE stellt die MAC-Schicht keine Sicherheitsfunktionen zur Verfügung.
macKeyTable	Liste von *Schlüsseldeskriptoren*	Ein *Schlüsseldeskriptor* enthält einen Schlüssel und Informationen zu dessen Benutzung und Identifizierung (siehe Abschn. 10.7.6).
macDeviceTable	Liste von *Moduldeskriptoren*	Ein *Moduldeskriptor* enthält Informationen über ein Funkmodul mit dem verschlüsselt kommuniziert wurde. Hierzu zählt insbesondere der Framezähler, der einen Replay-Angriff verhindert.
macSecurityLevelTable	Liste von *Sicherheitsleveldeskriptoren*	Ein *Sicherheitsleveldeskriptor* ordnet einen Frametyp zu, welche Sicherheitsstufe für diesen erlaubt oder auch mindestens zu benutzen ist.
macFrameCounter	32-Bit Integer	Der Framezähler für ausgehende Frames dieses Funkmoduls.
macDefaultKeySource	MAC-Adresse	Ist der Schlüsselidentifizierungsmodus 1, wird diese Adresse als Ursprungsadresse für den zu benutzenden Schlüssel benutzt.
macPANCoord-ExtendedAddress	MAC-Adresse	Die 64-Bit MAC-Adresse des PAN-Koordinators.
macPANCoord-ShortAddress	Kurzadresse	Die 16-Bit Kurzadresse des PAN-Koordinators.
macAutoRequest-SecurityLevel	0–7	Dieser Wert legt fest, welche Sicherheitsstufe beim automatischen Datenrequest benutzt wird.
macAutoRequest-KeyIdmode	0–3	Der Schlüsselidentifizierungsmodus, der beim automatischen Datenrequest benutzt wird.
macAutoRequest-KeySource	PAN-ID/Kurzadresse oder MAC-Adresse	Die Ursprungsadresse für den zu benutzenden Schlüssel, der beim automatischen Datenrequest benutzt wird.
macAutoRequest-KeyIndex	0x00-0xFF	Indexnummer für den zu benutzenden Schlüssel, der beim automatischen Datenrequest benutzt wird.

Zieladresse: 0xAAAABBBBCCCC2222
MAC-Nutzdaten: 0x19 (25 °C)
Sequenznummer: 0x94 (148)
Framezähler: 0x07 (7)
Sicherheitsstufe: 0x06 (6)

Wir bilden aus diesen Werten zuerst ein unverschlüsseltes und nicht authentifiziertes MAC-Datenframe. Danach berechnen wir das verschlüsselte und authentifizierte MAC-Datenframe. Die Struktur eines MAC-Datenframe ist in Abschn. 10.6.1 beschrieben. Auf die Berechnung der FCS-Prüfsumme gehen wir hier nicht näher ein. Die Prüfsumme wird als letzter Schritt vor dem Versenden vom gesamten MAC-Frame gebildet und lediglich hinten angehängt. Die Berechnung der Prüfsumme ist damit unabhängig von den Sicherheitsfunktionen. Zum Berechnen der AES-Verschlüsselung und des ExklusivOder können z. B. die in Java implementierten Rechner *AES Calculator* und *XOR Calculator* von Lawrie Brown benutzt werden (siehe [Law]). Die FCS-Prüfsumme kann mit dem Online-CRC-Kalkulator von Lammert Bies überprüft werden (siehe [Lam]), wobei allerdings die Umstellung der Bits in die korrekte Reihenfolge beachtet werden muss (siehe Abschn. 10.6.1-FCS). Das korrekte Generatorpolynom ($0x1021$) befindet sich hier unter der Bezeichnung CRC-CCITT (XModem). Mit CRC-CCITT (Kermit) können wir bei diesem Rechner die Prüfsumme sogar direkt aus dem Hex-Code ohne Umstellung der Bits bestimmen.

MAC-Datenframe ohne Sicherheitsfunktionen

Die Bits des 16-Bit Feld *Framekontrolle* werden wie folgt gesetzt:

Frametyp:	$b_2b_1b_0 = 001$
Sicherheit aktiviert:	$b_3 = 0$
Kein Frame ausstehend:	$b_4 = 0$
Keine ACK-Anfrage:	$b_5 = 0$
PAN-ID Kompression:	$b_6 = 1$
Reserviert:	$b_9b_8b_7 = 001$
Zieladressmodus:	$b_{11}b_{10} = 11$
Frameversion:	$b_{13}b_{12} = 00$
Senderadressmodus:	$b_{15}b_{14} = 11$

Das MAC-Datenframe ist kompatibel zum „IEEE Std 802.15.4-2003", da in diesem Frame keine Sicherheitsfunktionen eingesetzt werden, weswegen $b_{13}b_{12} = 00$ gilt. Das Feld *Framekontrolle* ist damit $b_{15}\ldots b_0 = 11001100\ 01000001 = 0xCC\ 41$ und im Format Little-Endian erhalten wir $0x41\ CC$. Das ungesicherte MAC-Datenframe im Format Little-Endian ohne Prüfsumme ergibt

41 CC 94 34 12 22 22 CC CC BB BB AA AA 11 11 CC CC BB BB AA AA 19.

Die FCS-Prüfsumme ist $0x7C\ 65$. Somit erhalten wir das folgende komplette unverschlüsselte MAC-Datenframe:

16 Bits	8 Bits	16 Bits	64 Bits	64 Bits	8 Bits	16 Bits
Frame-kontrolle	Sequenz-nummer	Ziel PAN-ID	Zieladresse	Senderadresse	MAC-Nutzdaten	FCS
41 CC	94	34 12	22 22 CC CC BB BB AA AA	11 11 CC CC BB BB AA AA	19	7C 65

MHR

MAC-Datenframe mit Sicherheitsfunktionen

Im Vergleich zum MAC-Datenframe ohne Sicherheitsfunktion ist im Feld *Framekontrolle* das Bit b_3 gesetzt, um die aktivierte Sicherheit und das Vorhandensein des *Sicherheitshilfsheaders* zu signalisieren. Durch die aktivierten Sicherheitsfunktionen ist das Frame auch nicht mehr kompatibel zum „IEEE Std 802.15.4-2003". Die Bits $b_{13}b_{12}$ für die Frameversion werden entsprechend auf 01 gesetzt:

Frametyp: $\quad b_2b_1b_0 = 001$

Sicherheit aktiviert: $\quad b_3 = 1$

Kein Frame ausstehend: $b_4 = 0$

Keine ACK-Anfrage: $\quad b_5 = 0$

PAN-ID Kompression: $\quad b_6 = 1$

Reserviert: $\quad b_9b_8b_7 = 001$

Zieladressmodus: $\quad b_{11}b_{10} = 11$

Frameversion: $\quad b_{13}b_{12} = 01$

Senderadressmodus: $\quad b_{15}b_{14} = 11$

Das Feld *Framekontrolle* ist damit $b_{15}\ldots b_0 = 11011100\ 01001001 = \text{0xDC 49}$ und im Format Little-Endian erhalten wir 0x49 DC. Das gesetzte Bit b_3 signalisiert das Vorhandensein eines *Sicherheitshilfsheaders*. Die Struktur des Sicherheitshilfsheaders haben wir in Abschn. 10.7.7 beschrieben. Es besteht aus dem Sicherheitskontrollfeld, dem Framezähler und ggf. einem Schlüsselidentifizierer. Das 8-Bit Feld für die Sicherheitskontrolle ist wie folgt aufgebaut:

Sicherheitsstufe: $\quad b_2b_1b_0 = 110$

Schlüsselidentifizierungsmodus: $b_4b_3 = 00$

Reserviert: $\quad b_7b_6b_5 = 000$

Somit folgt für das Sicherheitskontrollfeld $b_7\ldots b_0 = 0000\ 0110 = \text{0x06}$. Die 32-Bit Darstellung des Framezählers ist 0x00 00 00 07 und als Darstellung im Format Little-Endian 0x07 00 00 00 Durch den Schlüsselidentifizierungsmodus 00 ist der für die Verschlüsselung und Authentifizierung benutzte Schlüssel bereits eindeutig bestimmt und es folgt kein Feld für den Schlüsselidentifizierer. Als Feld *Sicherheitskontrolle* erhalten wir 06 07 00 00 00. Dies ergibt den folgenden MAC-Header im Format Little-Endian:

16 Bits	8 Bits	16 Bits	64 Bits	64 Bits	40 Bits
Frame-kontrolle	Sequenz-nummer	Ziel PAN-ID	Zieladresse	Senderadresse	Sicherheits-hilfsheader
49 DC	94	34 12	22 22 CC CC BB BB AA AA	11 11 CC CC BB BB AA AA	06 07 00 00 00

MHR

Als Vorbereitung auf die Berechnung des Authentifizierungscodes und die verschlüsselte Nachricht haben wir damit die folgenden Werte:

$$a = \text{MHR}$$
$$= 49\ \text{DC}\ 94\ 34\ 12\ 22\ 22\ \text{CC}\ \text{CC}\ \text{BB}\ \text{BB}\ \text{AA}$$
$$\text{AA}\ 11\ 11\ \text{CC}\ \text{CC}\ \text{BB}\ \text{BB}\ \text{AA}\ \text{AA}\ 06\ 07\ 00\ 00\ 00$$
$$m = \text{MAC-Nutzdaten} = 19$$
$$Nonce = \text{Senderadresse} \parallel \text{Framezähler} \parallel \text{Sicherheitsstufe}$$
$$= \text{AA}\ \text{AA}\ \text{BB}\ \text{BB}\ \text{CC}\ \text{CC}\ 11\ 11 \parallel 00\ 00\ 00\ 07 \parallel 06$$

Als Schlüssel S für den AES-Algorithmus benutzen wir

$$S = 00\ 11\ 22\ 33\ 44\ 55\ 66\ 77\ 88\ 99\ \text{AA}\ \text{BB}\ \text{CC}\ \text{DD}\ \text{EE}\ \text{FF}$$

Mit diesen Vorgaben können wir nun den Algorithmus zur Berechnung des Authentifizierungscodes anwenden.

Schritt 1: Bei der gewählten Sicherheitsstufe von 6 wird ein 64-Bit bzw. 8-Byte langer Authentifizierungscode berechnet, d. h. $l(MIC) = 8$.

$$M = (l(MIC) - 2)/2 = (8 - 2)/2 = 3 = 011_b$$

Damit errechnet sich das 8-Bit Feld *Flags* wie folgt:

$$Flags = 01 \parallel M \parallel 001 = 01011001_b = \text{0x59}$$

Schritt 2: Die Länge der zu verschlüsselnden Nachricht m in Byte ist $l(m) = \text{0x00}\ 01$. Daraus ergibt sich der Startblock N_0:

$$N_0 = Flags \parallel Nonce \parallel l(m)$$
$$= 59 \parallel \text{AA}\ \text{AA}\ \text{BB}\ \text{BB}\ \text{CC}\ \text{CC}\ 11\ 11\ 00\ 00\ 00\ 07\ 06 \parallel 00\ 01$$
$$= 59\ \text{AA}\ \text{AA}\ \text{BB}\ \text{BB}\ \text{CC}\ \text{CC}\ 11\ 11\ 00\ 00\ 00\ 07\ 06\ 00\ 01$$

Schritt 3: Die Länge von a in Bytes ist $l(a) = 26$, womit $l(a) < 2^{16} - 2^8$ gilt und $L(a)$ die 16-Bit Darstellung von $l(a)$ ist, d. h.

$$L(a) = \text{0x00 1A}$$

Schritt 4: Das Ergebnis $L(a)$ wird nun mit a konkateniert:

$$
\begin{aligned}
a_{L(a)} = {} & L(a) \parallel a \\
= {} & 00 \ 1A \ 49 \ DC \ 94 \ 34 \ 12 \ 22 \ 22 \ CC \ CC \ BB \ BB \ AA \\
& AA \ 11 \ 11 \ CC \ CC \ BB \ BB \ AA \ AA \ 06 \ 07 \ 00 \ 00 \ 00
\end{aligned}
$$

Schritt 5: Damit das CBC-MAC-Verfahren angewendet werden kann, muss $a_{L(a)}$ noch soweit mit 0-er aufgefüllt werden, dass ein Block entsteht, dessen Länge ein Vielfaches von 128-Bit ist:

$$
\begin{aligned}
a_{\textit{aufgefüllt}} = {} & 00 \ 1A \ 49 \ DC \ 94 \ 34 \ 12 \ 22 \ 22 \ CC \ CC \ BB \ BB \ AA \ AA \ 11 \\
& 11 \ CC \ CC \ BB \ BB \ AA \ AA \ 06 \ 07 \ 00 \ 00 \ 00 \ 00 \ 00 \ 00 \ 00
\end{aligned}
$$

Schritt 6: Die Nutzdaten m müssen für das CBC-MAC-Verfahren ebenfalls mit 0-er aufgefüllt werden, so dass ein Block entsteht, dessen Länge ein Vielfaches von 128-Bit ist:

$$
m_{\textit{aufgefüllt}} = 19 \ 00 \ 00 \ 00 \ 00 \ 00 \ 00 \ 00 \ 00 \ 00 \ 00 \ 00 \ 00 \ 00 \ 00 \ 00
$$

Schritt 7: Es ergibt sich die zu authentifizierende Nachricht N:

$$
\begin{aligned}
N = {} & a_{\textit{aufgefüllt}} \parallel m_{\textit{aufgefüllt}} \\
= {} & 00 \ 1A \ 49 \ DC \ 94 \ 34 \ 12 \ 22 \ 22 \ CC \ CC \ BB \ BB \ AA \ AA \ 11 \\
& 11 \ CC \ CC \ BB \ BB \ AA \ AA \ 06 \ 07 \ 00 \ 00 \ 00 \ 00 \ 00 \ 00 \ 00 \\
& 19 \ 00 \ 00 \ 00 \ 00 \ 00 \ 00 \ 00 \ 00 \ 00 \ 00 \ 00 \ 00 \ 00 \ 00 \ 00 \\
= {} & N_1 N_2 N_3
\end{aligned}
$$

Dabei gilt:

$$
\begin{aligned}
N_1 &= 00 \ 1A \ 49 \ DC \ 94 \ 34 \ 12 \ 22 \ 22 \ CC \ CC \ BB \ BB \ AA \ AA \ 11 \\
N_2 &= 11 \ CC \ CC \ BB \ BB \ AA \ AA \ 06 \ 07 \ 00 \ 00 \ 00 \ 00 \ 00 \ 00 \ 00 \\
N_3 &= 19 \ 00 \ 00 \ 00 \ 00 \ 00 \ 00 \ 00 \ 00 \ 00 \ 00 \ 00 \ 00 \ 00 \ 00 \ 00
\end{aligned}
$$

Schritt 8: Berechnung V_1, V_2, V_3 und V_4:

$$V_1 = AES_S(N_0)$$
$$= AES_S(59 \ AA \ AA \ BB \ BB \ CC \ CC \ 11 \ 11 \ 00 \ 00 \ 00 \ 07 \ 06 \ 00 \ 01)$$
$$= 82 \ 15 \ 79 \ 19 \ 57 \ B1 \ 85 \ 0B \ 2D \ 7A \ F7 \ 5C \ 81 \ 95 \ E8 \ 5D$$

$$V_1 \oplus N_1 = 82 \ 15 \ 79 \ 19 \ 57 \ B1 \ 85 \ 0B \ 2D \ 7A \ F7 \ 5C \ 81 \ 95 \ E8 \ 5D \ \oplus$$
$$00 \ 1A \ 49 \ DC \ 94 \ 34 \ 12 \ 22 \ 22 \ CC \ CC \ BB \ BB \ AA \ AA \ 11$$
$$= 82 \ 0F \ 30 \ C5 \ C3 \ 85 \ 97 \ 29 \ 0F \ B6 \ 3B \ E7 \ 3A \ 3F \ 42 \ 4C$$

$$V_2 = AES_S(V_1 \oplus N_1)$$
$$= AES_S(82 \ 0F \ 30 \ C5 \ C3 \ 85 \ 97 \ 29 \ 0F \ B6 \ 3B \ E7 \ 3A \ 3F \ 42 \ 4C)$$
$$= 69 \ 9F \ A5 \ 05 \ 77 \ 9D \ DA \ DD \ DD \ 0C \ 11 \ F3 \ 77 \ 82 \ 58 \ F6$$

$$V_2 \oplus N_2 = 69 \ 9F \ A5 \ 05 \ 77 \ 9D \ DA \ DD \ DD \ 0C \ 11 \ F3 \ 77 \ 82 \ 58 \ F6 \ \oplus$$
$$11 \ CC \ CC \ BB \ BB \ AA \ AA \ 06 \ 07 \ 00 \ 00 \ 00 \ 00 \ 00 \ 00 \ 00$$
$$= 78 \ 53 \ 69 \ BE \ CC \ 37 \ 70 \ DB \ DA \ 0C \ 11 \ F3 \ 77 \ 82 \ 58 \ F6$$

$$V_3 = AES_S(V_2 \oplus N_2)$$
$$= AES_S(78 \ 53 \ 69 \ BE \ CC \ 37 \ 70 \ DB \ DA \ 0C \ 11 \ F3 \ 77 \ 82 \ 58 \ F6)$$
$$= 46 \ 15 \ F8 \ 1A \ 80 \ 18 \ 48 \ B5 \ 70 \ D2 \ B9 \ 36 \ 78 \ 41 \ 94 \ 53$$

$$V_3 \oplus N_3 = 46 \ 15 \ F8 \ 1A \ 80 \ 18 \ 48 \ B5 \ 70 \ D2 \ B9 \ 36 \ 78 \ 41 \ 94 \ 53 \ \oplus$$
$$19 \ 00 \ 00 \ 00 \ 00 \ 00 \ 00 \ 00 \ 00 \ 00 \ 00 \ 00 \ 00 \ 00 \ 00 \ 00$$
$$= 5F \ 15 \ F8 \ 1A \ 80 \ 18 \ 48 \ B5 \ 70 \ D2 \ B9 \ 36 \ 78 \ 41 \ 94 \ 53$$

$$V_4 = AES_S(V_3 \oplus N_3)$$
$$= AES_S(5F \ 15 \ F8 \ 1A \ 80 \ 18 \ 48 \ B5 \ 70 \ D2 \ B9 \ 36 \ 78 \ 41 \ 94 \ 53)$$
$$= 48 \ 78 \ 51 \ FA \ 9F \ 06 \ B3 \ 6B \ 17 \ 87 \ 41 \ 33 \ 3F \ 81 \ 4E \ 83$$

Schritt 9: Zum Verschlüsseln des Authentifizierungscodes benötigen wir die Zählervariable Z_0:

$$Z_0 = 0x01 \ \| \ Nonce \ \| \ 0x00 \ 00$$
$$= 01 \ \| \ AA \ AA \ BB \ BB \ CC \ CC \ 11 \ 11 \ 00 \ 00 \ 00 \ 07 \ 06 \ \| \ 00 \ 00$$
$$= 01 \ AA \ AA \ BB \ BB \ CC \ CC \ 11 \ 11 \ 00 \ 00 \ 00 \ 07 \ 06 \ 00 \ 00$$

Damit erhalten wir den 128-Bit langen verschlüsselten Authentifizierungscode:

$$MIC_{128} = AES_S(Z_0) \oplus V_4$$
$$= AES_S(01\ \text{AA}\ \text{AA}\ \text{BB}\ \text{BB}\ \text{CC}\ \text{CC}\ 11\ 11\ 00\ 00\ 00\ 07\ 06\ 00\ 00) \oplus$$
$$48\ 78\ 51\ \text{FA}\ 9\text{F}\ 06\ \text{B3}\ \text{6B}\ 17\ 87\ 41\ 33\ 3\text{F}\ 81\ 4\text{E}\ 83$$
$$= 09\ \text{C9}\ 01\ \text{FB}\ 59\ \text{B3}\ 05\ 3\text{B}\ 36\ 29\ 27\ 1\text{F}\ 30\ 8\text{E}\ \text{C5}\ \text{D8} \oplus$$
$$48\ 78\ 51\ \text{FA}\ 9\text{F}\ 06\ \text{B3}\ \text{6B}\ 17\ 87\ 41\ 33\ 3\text{F}\ 81\ 4\text{E}\ 83$$
$$= 41\ \text{B1}\ 50\ 01\ \text{C6}\ \text{B5}\ \text{B6}\ 50\ 21\ \text{AE}\ 66\ 2\text{C}\ 0\text{F}\ 0\text{F}\ 8\text{B}\ 5\text{B}$$

Schritt 10: Da unsere eingesetzte Sicherheitsstufe 6 nur einen 64-Bit Authentifizierungscode einsetzt, werden von MIC_{128} nur die 64 höchstwertigen Bits benötigt, d. h.

$$MIC = MSB_{64}(MIC_{128}) = 41\ \text{B1}\ 50\ 01\ \text{C6}\ \text{B5}\ \text{B6}\ 50.$$

Nachdem wir den Authentifizierungscode berechnet haben, müssen wir noch die Nutzdaten verschlüsseln.

Schritt 1: Die Länge der Nachricht $m = \text{0x19}$ ist 8 Bits. Damit sind an m 120 0-er anzuhängen ($k_{0er} = 120$), damit ein 128-Bit Block entsteht:

$$m_{aufgefüllt}$$
$$= 19\ 00\ 00\ 00\ 00\ 00\ 00\ 00\ 00\ 00\ 00\ 00\ 00\ 00\ 00\ 00$$
$$= N_1$$

Schritt 2: Da wir nur den einen Block N_1 zu verschlüsseln haben, benötigen wir auch nur die Zählervariable Z_1:

$$Z_1 = 01 \parallel \text{AA}\ \text{AA}\ \text{BB}\ \text{BB}\ \text{CC}\ \text{CC}\ 11\ 11\ 00\ 00\ 00\ 07\ 06 \parallel 00\ 01$$

Schritt 3: Der verschlüsselte 128-Bit Block V_1 berechnet sich wie folgt:

$$AES_S(Z_1) = \text{E7}\ 42\ 65\ \text{D8}\ \text{F2}\ 1\text{E}\ \text{DF}\ 47\ 1\text{A}\ 2\text{B}\ 5\text{D}\ 5\text{C}\ 90\ 5\text{D}\ 36\ \text{B1}$$
$$V_1 = AES_S(Z_1) \oplus N_1$$
$$= \text{E7}\ 42\ 65\ \text{D8}\ \text{F2}\ 1\text{E}\ \text{DF}\ 47\ 1\text{A}\ 2\text{B}\ 5\text{D}\ 5\text{C}\ 90\ 5\text{D}\ 36\ \text{B1} \oplus$$
$$19\ 00\ 00\ 00\ 00\ 00\ 00\ 00\ 00\ 00\ 00\ 00\ 00\ 00\ 00\ 00$$
$$= \text{FE}\ 42\ 65\ \text{D8}\ \text{F2}\ 1\text{E}\ \text{DF}\ 47\ 1\text{A}\ 2\text{B}\ 5\text{D}\ 5\text{C}\ 90\ 5\text{D}\ 36\ \text{B1}$$

Schritt 4: Damit die verschlüsselte Nachricht nicht größer wird, benutzen wir von V_1 nur die ersten 8 Bits und schneiden die $k_{0er} = 120$ niedrigstwertigen Bits ab:

$$V_{abgeschnitten} = MSB_{128-k_{0er}}(V_1) = \text{FE}$$

Da wir nur einen Block verschlüsseln mussten, ergibt sich als verschlüsselte Nachricht $V = V_{abgeschnitten}$.

Das verschlüsselte und authentifizierte MAC-Datenframe ohne Prüfsumme ist

```
49 DC 94 34 12 22 22 CC CC BB BB AA AA 11 11 CC CC BB
BB AA AA 06 07 00 00 00 FE 41 B1 50 01 C6 B5 B6 50.
```

Die FCS-Prüfsumme ist 0x91 28. Somit erhalten wir das folgende verschlüsselte und authentifizierte MAC-Datenframe:

16 Bits	8 Bits	16 Bits	64 Bits	64 Bits	
Frame-kontrolle	Sequenz-nummer	Ziel PAN-ID	Zieladresse	Senderadresse	...
49 DC	94	34 12	22 22 CC CC BB BB AA AA	11 11 CC CC BB BB AA AA	

	40 Bits	8 Bits	64 Bits	16 Bits
...	Sicherheits-hilfsheader	Verschlüsselte Nutzdaten	Authentifizierungscode	FCS
	06 07 00 00 00	FE	41 B1 50 01 C6 B5 B6 50	91 28

Der Atmel IEEE 802.15.4 MAC-Stack ist eine Implementierung des IEEE 802.15.4 Standards. Der Stack liegt zur Zeit in Version 2.8.0 vor und erfüllt die Spezifikation des IEEE 802.15.4 Standards von 2006 ([IEE06]). Atmel bietet eine Reihe von Transceivern und Ein-Chip-Lösungen für die Frequenzen und Modulationen des IEEE 802.15.4 Standards an, welche ebenfalls vom Atmel MAC-Stack unterstützt werden. Darunter fallen die Transceiver AT86RF212, AT86RF230, AT86RF231, AT86RF232 und AT86RF233, sowie die Ein-Chip-Lösungen ATmega128RFA1 und ATmega256RFR2. Zudem unterstützt der Stack etliche der hauseigenen Mikrocontrollerfamilien (AVR, AVR32, XMEGA, SAM3, ARM7). Der Stack benötigt einigen Speicherplatz und die damit zu entwickelnde Anwendung benötigt weitere Ressourcen, so dass der kleinste unterstützte Mikrocontroller 64 kByte Flashspeicher besitzt. Im Allgemeinen werden für IEEE 802.15.4 Anwendungen Mikrocontroller mit mindestens 128 kByte Flashspeicher benutzt. Atmels MAC-Stack unterstützt Stern- und *Peer-to-Peer*-Netzwerke, Netzwerke mit Superframestruktur und die Absicherung von Netzwerken durch Sicherheitsfunktionen. Der Stack lässt sich individuell an die Bedürfnisse der zu entwickelnden Anwendungen anpassen, insbesondere lassen sich nicht benötigte Funktionalitäten abschalten um Ressourcen zu sparen. Es stehen verschiedene Beispielanwendungen für verschieden Szenarien zur Verfügung, die für eigene Anwendung adaptiert werden können.

11.1 Aufbau des Atmel IEEE 802.15.4 MAC-Stack

Der Atmel MAC-Stack besteht aus mehreren Modulen. Abbildung 11.1 zeigt die einzelnen Module und ihr Zusammenspiel.

Das Modul PAL (*Platform Abstraction Layer*) bildet die unterste Schicht und beinhaltet alle hardwarespezifischen Funktionen.

© Springer Fachmedien Wiesbaden 2014
M. Krauße, R. Konrad, *Drahtlose ZigBee-Netzwerke*, DOI 10.1007/978-3-658-05821-0_11

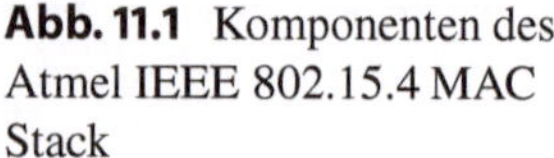

Abb. 11.1 Komponenten des Atmel IEEE 802.15.4 MAC Stack

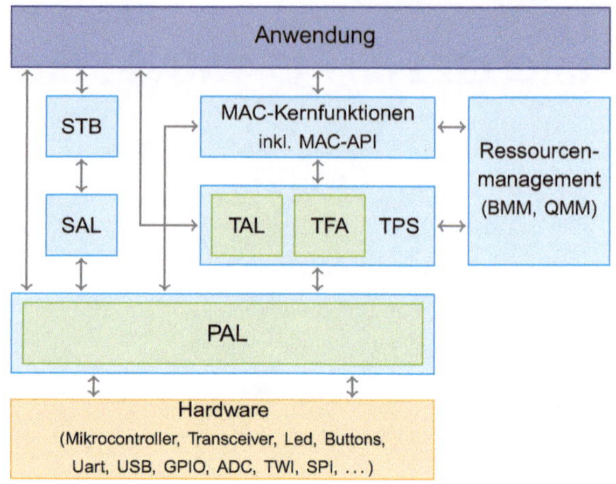

Darüber liegt die *Transceiver Programming Suite* (TPS). Sie besteht aus den zwei Modulen TAL (*Transceiver Abstraction Layer*) und TFA (*Transceiver Feature Access*) und stellt Funktionen zur Steuerung des Transceivers zur Verfügung. Der Transceiver wird direkt vom Mikrocontroller gesteuert, d. h. die Module TAL und TFA greifen auf Funktionen des Moduls PAL zu, um den Transceiver anzusteuern. Die Module PAL und TAL realisieren die PHY-Schicht des IEEE 802.15.4 Standards. Beide Module stellen allerdings zusätzliche Funktionalitäten zur Verfügung, die von einer Anwendung direkt angesteuert werden können.

Das Modul für die MAC-Kernfunktionen liegt über dem Modul TPS und realisiert die Funktionalität der MAC-Schicht des IEEE 802.15.4 Standard. Die Funktionalität stellt sie für die Verwendung in einer Applikation über die MAC-API zur Verfügung.

Das Modul *Ressourcenmanagement* ist für die Vergabe und Freigabe von Speichern verantwortlich und realisiert verschieden Warteschlangen für die zeitliche Abarbeitung einzelner Tasks.

Die Module *Security Abstraction Layer* (SAL) und *Security Toolbox* (STB) realisieren die Sicherheitsfunktionen des IEEE 802.15.4 Standards. SAL implementiert hierbei die Verschlüsselung mit dem AES-Verfahren. STB realisiert die Authentifizierung und Verschlüsselung mittels des im IEEE 802.15.4 Standard beschriebenen CCM*-Verfahrens.

Betrachten wir die Funktionalitäten der einzelnen Module nun etwas detaillierter:

PAL: Dieses Modul beinhaltet alle Plattform-spezifischen Funktionalitäten, d. h. Funktionen zur Steuerung des Mikrocontroller und anderer Hardware. Dazu zählen unter anderem die Steuerung
  – der GPIO-Ports,
  – der Timer,
  – der UART- bzw. USB-Schnittstelle,
  – der LEDs, Schalter und Buttons,

- des permanenten Speichers wie z. B. ein EEPROM,
- des Transceivers über SPI oder direktem Speicherzugriff und
- der Interrupts (IRQs[1]).

TPS: Die *Transceiver Programming Suite* besteht aus den Modulen TAL und TFA. Das TAL-Modul realisiert alle Transceiver-spezifischen Funktionalitäten, die für den IEEE 802.15.4 Standard benötigt werden. Dazu zählen unter anderem

- das Versenden von Frames inklusive automatischer Wiederholungsversuche,
- der Empfang von Frames inklusive automatischer Empfangsbestätigung,
- Zugriff auf Transceiver-spezifischen Variablen (PIB),
- Steuerung der Zustände des Transceivers,
- Energieerkennung auf den Funkkanälen (ED-Scan) und
- Zugriff auf den Funkkanal mittel CSMA-CA-Verfahren.

Funktionen, die den Transceiver betreffen und nicht zum IEEE 802.15.4 Standard gehören sind im Modul TFA implementiert, z. B. Bestimmung der Temperatur, Ermittlung der Versorgungsspannung und ununterbrochenes Senden von Daten.

MAC-Kernfunktionen: Dieses Modul realisiert die MAC-Schicht des IEEE 802.15.4 Standard. Ausgenommen sind dabei jedoch die Sicherheitsfunktionen, die in extra Modulen implementiert sind. Einer Anwendung werden die Funktionen dieses Moduls über eine Schnittstelle (MAC-API) zur Verfügung gestellt. Zu den Aufgaben dieses Moduls gehören unter anderem

- der MAC-Datenservice, d. h. Versenden und Empfangen von Daten,
- der MAC-Managementservice, d. h. Verwalten der Netzstruktur und der Funkmodule im Netz,
- Generieren und Versenden von Beacons,
- Zugriff und Auswertung auf die PIB-Variablen,
- Tasksteuerung und
- Auswertung ankommender Frames.

Ressourcenmanagement: Das Ressourcenmanagement unterteilt sich in zwei Module. Das Erste ist das Modul *Buffer Management Module* (BMM). Dieses Modul verwaltet Speicherblöcke und stellt diese auf Anfrage zur Verfügung z. B. beim Generieren oder beim Empfang von Frames. *Queque Management* (QMM) ist das zweite Modul des Ressourcenmanagement. Dieses Modul verwaltet Warteschlangen, welche die Kommunikation zwischen den einzelnen Modulen steuern. Eine Anfrage eines Moduls an ein Zweites wird in die entsprechende Warteschlange eingereiht, bis der Taskmanager das zweite Modul als Task aufruft und die Warteschlange entsprechend abgearbeitet wird. Warteschlangen die von den MAC-Kernfunktionen benutzt werden sind eine NHLE[2]-MAC-Warteschlange, eine TAL-MAC-Warteschlange, eine Indirekte-Daten-Warteschlange und eine Broadcast-Warteschlange. Das TAL-Modul benutzt eine TAL-Ankommendes-Frame-Warteschlange.

---

[1] Interrupt Requests
[2] Next Higher Layer Entity

SAL: Die Aufgabe dieses Moduls ist es, den AES-Algorithmus zu realisieren und als Funktion dem darüberliegenden Modul STB über eine Schnittstelle zur Verfügung zu stellen. Die meisten Transceiver von Atmel besitzen im übrigen eine hardwaretechnische Realisierung der AES-Verschlüsselung, so dass ggf. das SAL-Modul über das PAL-Modul auf die AES-Engine des Transceivers zugreift.

STB: Die Security Toolbox realisiert das CCM*-Verfahren aus dem IEEE 802.15.4 Standard zur Authentifizierung und Verschlüsselung von Frames. Für den in diesem Verfahren benötigten AES-Algorithmus wird auf das darunterliegenden Modul SAL zugeriffen.

Werden für eine Anwendung nicht alle Module des Atmel MAC-Stack benötigt, lässt sich der Stack entsprechend konfigurieren, womit sich die benötigte Speichergröße des Mikrocontrollers reduzieren lässt. Hierfür steht ein Schalter `HIGHEST_STACK_LAYER` im *Makefile* jeder Anwendung zur Verfügung, der die höchste benötigte Schicht spezifiziert. Soll eine Anwendung programmiert werden, die nur auf das PAL-Modul zugreift, ist der Schalter `HIGHEST_STACK_LAYER = PAL`. Sollen in dieser Anwendung Daten versendet werden, wäre der Transceiver über entsprechende Ports des Mikrocontroller allerdings von der Anwendung selbst anzusteuern. Benutzt die Anwendung zusätzlich das TAL-Modul, kann es über dieses Modul Daten verschicken. Der Schalter ist hierbei auf `HIGHEST_STACK_LAYER = TAL` zu setzten. Die Datenstruktur und die Adressierung eines Frames ist dann Aufgabe der Anwendung. Ist der Schalter auf `HIGHEST_STACK_LAYER = MAC` gesetzt, steht die komplette Funktionalität des MAC-Stacks zur Verfügung.

11.2   Installation und Verzeichnisstruktur des Atmel MAC-Stack

Der Atmel IEEE 802.15.4 MAC-Stack kann auf der Webseite von Atmel („http://www. atmel.com") kostenfrei heruntergeladen werden. Wir beziehen uns bei unseren Beispielen auf die zur Zeit aktuelle Version 2.8.0. Nach dem Installieren bzw. Auspacken des MAC-Stacks finden wir im Installationsverzeichnis den Ordner *MAC_v_2_8_0*. In diesem Ordner befinden sich für jedes Modul des Atmel MAC-Stacks ein Unterordner (*MAC*, *PAL*, *Resources*, *SAL*, *STB*, *TAL* und *TFA*). In diesen Unterordnern befinden sich der Sourcecode und die dazugehörigen Headerdateien der Module. Wir werden später insbesondere den Ordner des PAL-Moduls näher betrachten, da wir dieses Modul so erweitern bzw. anpassen müssen, dass es zu unserem Funkmodul passt. Die übrigen Modulen müssen nicht weiter verändert werden, da sie von der Hardware unabhängig sind. Im Verzeichnis *MAC_v_2_8_0* befinden sich vier weiter Unterverzeichnisse, wobei für uns insbesondere die Ordner *Applications* und *Doc* interessant sind. Im Verzeichnis *Doc* befindet sich das Referenzhandbuch zum MAC-Stack, indem die Schnittstellen der einzelnen Module beschrieben sind. Außer dem Referenzhandbuch gibt es noch ein Benutzerhandbuch „Atmel AVR2025: IEEE 802.15.4 MAC Software Package – User Guide", welches ebenfalls von der Webseite von Atmel heruntergeladen werden kann. Viele Informationen, die in diesem Kapitel beschrieben sind, stammen aus diesen Dokumentationen und sind für dieses Buch entsprechend aufbereitet worden. Der Unterordner *Applications* im Verzeichnis *MAC_v_2_8_0* enthält einige Beispielanwendungen. Diese können als Vorlage für eigene Anwendung dienen und entsprechend angepasst werden. Es existieren verschiedenste Funkmodule mit unterschiedlichster Hardware. Für jedes dieser Funkmodule werden für diese Plattform angepasste Projektdateien benötigt. Für die bekannteren Funkmodule sind die zu den Anwendungen passenden Projektdateien bereits enthalten. Wenn eine PAL-Implementation für ein eigenes Funkmodul vorhanden ist, sind auch die Anpassung der Projektdateien schnell erledigt.

11.3   Anpassen des MAC-Stacks an ein eigenes Board

Damit wir eine Anwendung mit Hilfe des MAC-Stacks von Atmel programmieren können, benötigen wir ein vom MAC-Stack unterstütztes Funkmodul (Plattform), d. h. für dieses Funkmodul existiert eine PAL-Implementierung. Im Verzeichnis *PAL* befinden sich bereits PAL-Implementation für unterschiedlichste Plattformen. Für jede vom MAC-Stack unterstützte Mikrocontrollerfamilie (AVR, AVR32, ARM7, …) existiert ein Unterverzeichnis. Jedes dieser Unterverzeichnisse ist weiter unterteilt in Verzeichnisse für den auf dem Funkmodul eingesetzten Mikrocontroller. Hier finden wir das Verzeichnis *Boards*, indem für jede Plattform Verzeichnisse einer zu dieser angepassten PAL-Implementation vorhanden ist. Für die Beispielanwendungen werden wir ein Board mit einem ZigBit 2,4 GHz Chip mit Dual-Chip Antenne von Atmel benutzen. An dem ZigBit 2,4 GHz Chip sind 3 LEDs entsprechend Abb. 6.8 an den Pins 38, 39 und 40 angeschlossen. Da für diese Plattform bisher keine passende Implementierung im PAL-Modul existiert, werden wir zeigen, wie entsprechende Anpassungen durchzuführen sind. Als erstes suchen wir uns eine Implementierung einer Plattform aus, die unserer am ähnlichsten erscheint. Der ZigBit 2,4 GHz Chip basiert auf einem Atmega 1281 AVR-Mikrocontroller und dem Transceiver AT86RF230. D. h. aus dem Verzeichnis *PAL\AVR \ATMEGA1281\Boards* suchen wir eine Plattform, die möglichst viele Ähnlichkeiten zu unserer besitzt. Als Basis für unsere Board wählen wir das Verzeichnis *ATZB_24_MN2*, kopieren dieses und benennen die Verzeichniskopie zu *MEINBOARD* um. Die PAL-Implementierung, die wir als Basis nehmen, ist die des BlueBean[3] BB-24-A2 Boards. Dieses Board benutzt ebenfalls den ZigBit 2,4 GHz Chip mit Dual-Chip Antenne von Atmel, so dass wir lediglich die verwendete Peripherie anpassen müssen. Die Verschaltung des Mikrocontrollers mit dem Transceiver stimmen in diesem Fall überein. Eine PAL-Implementierung besteht aus den 3 Dateien *pal_config.h*, *pal_board.c* und *pal_irq.c*. In der Headerdatei *pal_config.h*

---

[3] Das BlueBean Board ist die neue Bezeichnung des MeshBean Board, welches früher von Meshnetics hergestellt wurde und nach der Übernahme von Meshnetics durch Atmel erst einmal eingestellt wurde.

sind grundlegende Konfigurationsparameter für den verwendeten Mikrocontroller vorzunehmen. Dazu zählen z. B. die Parameter der zur Verfügung stehende Hardware (Ports, LEDs, Buttons, Eeprom und UART), die Verknüpfung des Mikrocontrollers mit dem Transceiver und grundlegende Pinbelegungen. In der Headerdatei *pal_config.h* unseres Boards müssen wir mehrere Anpassungen vornehmen. Als erstes ist der Vergleichswert für den BOARD_TYPE (ATZB_24_MN2) mit dem Namen, den wir für unser Board gewählt haben (MEINBOARD), auszutauschen. Des weiteren müssen wir die Einstellungen für die LEDs anpassen. Unser Funkmodul besitzt je eine LED an den Ports PE0, PE1 und PE2. Unser Board verfügt zwar über keine Buttons, allerdings müssen wir im Variablentyp button_id_t einen Button angeben, da der Compiler bei einer leeren enum-Variable einen Fehler produziert und andere Funktionen des PAL-Moduls diesen Datentyp als Übergabewert benötigen. Zudem gibt es einige Beispielanwendungen des Atmel MAC-Stacks, die einen Button benötigen. Wir werden als Verbindung des Buttons mit dem Mikrocontroller den GPIO-Port 7 (PD7) benutzen. So kann unser Board jederzeit mit einem Button an diesem Port erweitert werden. Somit ergeben sich für die Datei *pal_config.h* folgende Anpassungen:

Quellcode 11.1: PAL\AVR\ATMEGA1281\Boards\MEINBOARD\pal_config.h

```c
              ⋮
#include "pal_boardtypes.h"

#if (BOARD_TYPE == MEINBOARD)
              ⋮
/* Enumerations used to identify LEDs */
typedef enum led_id_tag{
    LED_0,
    LED_1,
    LED_2
} SHORTENUM led_id_t;
#define NO_OF_LEDS                      (3)
#define LED_GREEN                       LED_0
#define LED_YELLOW                      LED_1
#define LED_RED                         LED_2
              ⋮
typedef enum button_id_tag{
    BUTTON_0
} SHORTENUM button_id_t;
#define NO_OF_BUTTONS                   (1)
              ⋮
/*
 * PORT where LEDs are connected
 */
#define LED_PORT                        (PORTE)
#define LED_PORT_DIR                    (DDRE)
```

```
/*
 * PINs where LEDs are connected
 */
#define LED_PIN_0                       (PE0)
#define LED_PIN_1                       (PE1)
#define LED_PIN_2                       (PE2)

/*
 * PORT where button is connected
 */
#define BUTTON_PORT                     (PORTD)
#define BUTTON_PORT_DIR                 (DDRD)
#define BUTTON_INPUT_PINS               (PIND)

/*
 * PINs where buttons are connected
 */
#define BUTTON_PIN_0                    (PD7)
                :
                :
```

In der Datei *pal_board.c* sind Funktionen zur Steuerung der an den Mikrocontroller angeschlossenen Peripherie implementiert. Zunächst müssen wir erneut beim Vergleich für den Boardtyp BOARD_TYPE == MEINBOARD setzen. Im Gegensatz zum BlueBean BB-24-A2 Board besitzt unser Board keinen externen Taktgeber zum Kalibrieren der internen Clock des Mikrocontrollers. Die entsprechende Kalibrierungsfunktion pal_calibrate_rc_osc ist deshalb gegen eine Dummyfunktion auszutauschen. Für unser Board wird nur einen Pin des Mikrocontrollers für einen Button reserviert, weshalb die Funktionen pal_button_init und pal_button_read entsprechend anzupassen sind. Die Änderungen der Datei *pal_board.c* sehen damit wie folgt aus:

Quellcode 11.2: PAL\AVR\ATMEGA1281\Boards\MEINBOARD\pal_board.c

```
                :
                :
#include "pal_boardtypes.h"

#if (BOARD_TYPE == MEINBOARD)
                :
                :
/**
 * @brief Keine Kalibrierung,
 * da nicht an einen externen Crystal angeschlossen
 * @return true
 */
bool pal_calibrate_rc_osc(void){ return true;}
                :
                :
```

```c
/**
 * @brief Initialize the button
 */
void pal_button_init(void){
    BUTTON_PORT |= (1 << BUTTON_PIN_0);
    BUTTON_PORT_DIR &= ~(1 << BUTTON_PIN_0);
}

/**
 * @brief Read button
 *
 * @param button_no Button ID
 */
button_state_t pal_button_read(button_id_t button_no){
    uint8_t pin;

    switch (button_no){
        case BUTTON_0: pin = BUTTON_PIN_0; break;
        default: pin = BUTTON_PIN_0; break;
    }

    if ((BUTTON_INPUT_PINS & (1 << pin)) == 0x00)    {
        return BUTTON_PRESSED;
    }else{
        return BUTTON_OFF;
    }
}
            :
            :
```

In der Datei *pal_irq.c* sind Funktionen zur Steuerung der Interrupts für den Transceiver
definiert. Da der Anschluss des Transceivers an den Mikrocontroller und dessen Ansteue-
rung bei allen ZigBit-Chips identisch ist, muss an dieser Datei lediglich der Vergleich des
Boardtyps angepasst werden:

Quellcode 11.3: PAL\AVR\ATMEGA1281\Boards\MEINBOARD\pal_irq.c

```c
            :
            :
#if (BOARD_TYPE == MEINBOARD)
            :
            :
```

Als letzten Schritt müssen wir unseren neuen Boardtyp bekannt machen. Eine Möglichkeit
besteht darin, der Datei *pal_boardtypes.h* im Verzeichnis *PAL\AVR\ATMEGA1281\Boards*
unseren Boardtyp hinzuzufügen. Etwas eleganter ist es, aus dem selben Verzeichnis die
Datei *vendor_boardtypes_example.h* in das Unterverzeichnis *MEINBOARD* zu kopieren,
zu *vendor_boardtypes.h* umzubenennen und wie folgt anpassen:

**Quellcode 11.4: PAL\AVR\ATMEGA1281\Boards\MEINBOARD\
vendor_boardtypes.h**

```c
/* Prevent double inclusion */
#ifndef VENDOR_BOARDTYPES_H
#define VENDOR_BOARDTYPES_H

/* Board type xyz */
#define MEINBOARD           (0x01)

#endif   /* VENDOR_BOARDTYPES_H */
```

Im Makefile eines Projektes muss als Option lediglich der Schalter VENDOR_
BOARDTYPES hinzugefügt werden. Dieser bewirkt, dass anstatt der Datei *pal_
boardtypes.h* die Datei *vendor_boardtypes.h* aus unserem Boardverzeichnis geladen wird.

11.4   Beispielanwendung eines einfachen Netzwerks

In Verzeichnis *Applications\MAC_Examples* befinden sich einige Beispielanwendungen
für die Verwendung des MAC-Stacks. Die Anwendung Nobeacon_Application realisiert ein einfaches Netzwerk in Sterntopologie. Ein als PAN-Koordinator ausgewähltes
Funkmodul startet das PAN und erlaubt es weiteren Funkmodulen dem PAN beizutreten.
Nachdem ein Funkmodul dem PAN beigetreten ist, fragt es alle 5 Sekunden beim PAN-
Koordinator an, ob dieser Daten für das Funkmodul aufbewahrt. Der PAN-Koordinator
erstellt für jedes dem Netzwerk beigetretenes Funkmodul alle 5 Sekunden ein Datenframe und speichert dieses in einer Warteschlange, bis das entsprechende Funkmodul eine
Datenanfrage an den PAN-Koordinator sendet. Jedes Funkmodul gibt das Ergebnis des
Datentransfers über die serielle Schnittstelle (UART) aus. Für die Ausgabe benötigen
wir an unseren Funkmodulen eine UART-USB-Bridge. Wir können z. B. das CP2102EK
Evaluations Kit wie in Abb. 6.13 an unsere Funkmodule anschließen. Im Verzeichnis *No-
beacon_Application* befinden sich das Verzeichnis *Coordinator*, welches den Quellcode
und die Projektdateien für den PAN-Koordinator enthält und das Verzeichnis *Device*, mit
den entsprechenden Dateien für die Nichtkoordinator-Funkmodule. In den Unterverzeich-
nissen befinden sich weitere Verzeichnisse mit den Projektdateien für verschiedene Plattformen. Als Basis für die Projektdateien unseren Boards wählen wir jeweils das Verzeichnis *AT86RF230B_ATXMEGA256A3_REB_2_3_CBB*. Von diesem Verzeichnis erstellen
wir eine Kopie und benennen diese zu *AT86RF230B_ATMEGA1281_MEINBOARD* um.
In dem Ordner befinden sich die zwei Unterverzeichnisse *GCC* und *IAR*. Der Ordner
IAR enthält Projektdateien für die Entwicklungsumgebung *IAR Embedded Workbench*
auf die wir in diesem Buch nicht näher eingehen. Der Ordner *GCC* enthält die Datei-
en *Makefile* und *Makefile_debug*. In diesen Dateien wird der Übersetzungsprozess des
GCC-Compilers formalisiert und sie müssen an den Mikrocontroller, die Mikrocontrollerfamilie und den Boardtyp unseres Boards angepasst werden. An unser Board haben wir

eine UART-USB-Bridge (CP2102EK) an UART1 angeschlossen. Die Übertragung soll mit einer Geschwindigkeit von 38400 Baud erfolgen. Diese Einstellungen setzen wir über Compilerflags. Zudem müssen wir das Compilerflag VENDOR_BOARDTYPES setzen:

Quellcode 11.5: AT86RF230B_ATMEGA1281_MEINBOARD\GCC\Makefile

```
          .
          .
          .
_PAL_TYPE = ATMEGA1281
_PAL_GENERIC_TYPE = AVR
_BOARD_TYPE = MEINBOARD
          .
          .
          .
MCU = atmega1281
          .
          .
          .
CFLAGS += -Wall -Werror -g -Wundef -std=c99 -DSIO_HUB -DUART1 -Os
CFLAGS += -DBAUD_RATE=38400 -DVENDOR_BOARDTYPES=1
          .
          .
          .
```

In der Datei *Makefile_debug* sind identisch Änderungen vorzunehmen. Welches der beiden Makefiles zum Compilieren benutzt wird, hängt von der Auswahl im AVRStudio ab (Debug oder Release). Als nächstes sind die Projektdateien für unser Entwicklungsumgebung im Verzeichnis *AT86RF230B_ATMEGA1281_MEINBOARD* anzupassen. Die Datei mit der Endung *.aps* ist eine Projektdatei von AVRStudio 4, die Dateien mit den Endungen *.avrgccproj* und *.avrsln* sind Projektdateien von AVRStudio 5 und die Dateien mit den Endungen *.cproj* und *.atsln* sind Projektdateien für AVRStudio 5.1 und höher. Je nach verwendeter Entwicklungsumgebung sind die Verzeichnisse für das PAL-Modul und der verwendete Mikrocontroller anzupassen. D. h. atxmega256a3 ist gegen atmega1281 auszutauschen, XMEGA gegen AVR, ATXMEGA256A3 gegen ATMEGA1281 und REB_2_3_CBB gegen MEINBOARD. Da wir AVRStudio 6.1 einsetzen, begnügen wir uns damit die Projektdatei mit der Endung *.cproj* anzupassen:

**Quellcode 11.6: AT86RF230B_ATMEGA1281_MEINBOARD\
Coordinator_Nobeacon_App.cproj**

```
          .
          .
          .
<avrdevice>atmega1281</avrdevice>
          .
          .
          .
<Compile Include="..\..\..\..\..\PAL\AVR\Generic\Src\pal.c">
  <SubType>compile</SubType>
  <Link>pal.c</Link>
</Compile>
<Compile Include="..\..\..\..\..\PAL\AVR\Generic\Src\pal_timer.c">
  <SubType>compile</SubType>
  <Link>pal_timer.c</Link>
</Compile>
```

```
<Compile Include="..\..\..\..\..\PAL\AVR\Generic\Src\pal_trx_access.c">
  <SubType>compile</SubType>
  <Link>pal_trx_access.c</Link>
</Compile>
<Compile Include="..\..\..\..\..\PAL\AVR\Generic\Src\pal_uart.c">
  <SubType>compile</SubType>
  <Link>pal_uart.c</Link>
</Compile>
<Compile Include="..\..\..\..\..\PAL\AVR\Generic\Src\pal_utils.c">
  <SubType>compile</SubType>
  <Link>pal_utils.c</Link>
</Compile>
<Compile Include="..\..\..\..\..\PAL\AVR\ATMEGA1281\Boards\MEINBOARD\pal_board.
    c">
  <SubType>compile</SubType>
  <Link>pal_board.c</Link>
</Compile>
<Compile Include="..\..\..\..\..\PAL\AVR\ATMEGA1281\Boards\MEINBOARD\pal_irq.c
    ">
  <SubType>compile</SubType>
  <Link>pal_irq.c</Link>
</Compile>
<Compile Include="..\..\..\..\..\PAL\AVR\ATMEGA1281\Src\pal_sio_hub.c">
  <SubType>compile</SubType>
  <Link>pal_sio_hub.c</Link>
</Compile>
        ⋮
```

Die Änderung der Makefiles und der Projektdateien sind sowohl im Verzeichnis *Coordinator* als auch im Verzeichnis *Device* vorzunehmen. Jetzt können wir die Images für den PAN-Koordinator und die Nichtkoordinatoren, wie in Kap. 7 beschrieben, erzeugen und auf Funkmodule übertragen. Damit wir eine Ausgabe erhalten benutzen wir ein Terminalprogramm (z. B. Putty) wie in Abb. 6.13 und verbinden dies mit dem COM-Port über den das entsprechende Funkmodul angeschlossen ist mit einer Baudrate von 38400, 8 Datenbits, ausgeschaltetem Paritybit, 1 Stoppbit (38400/8-N-1) und ausgeschalteter Flusskontrolle. Sobald wir uns mit dem COM-Port erfolgreich verbunden haben, müssen wir im Terminalprogramm die ENTER-Taste drücken. Wenn alles erfolgreich geklappt hat, erfahren wir vom PAN-Koordinator, dass er ein Netzwerk gestartet hat. Sobald ein Funkmodul dem Netzwerk beitritt informiert uns der PAN-Koordinator darüber und fängt an Frames in die Warteschlange für dieses Funkmodul anzufügen. Damit ein Nichtkoordinator dem Netz beitritt müssen wir hier ebenfalls zuerst die ENTER-Taste drücken. Der Nichtkoordinator informiert uns, sobald er ein Netzwerk gefunden hat und diesem beigetreten ist. Zudem erfahren wir sobald dieses Funkmodul beim PAN-Koordinator anfragt, ob Daten für dieses Modul in der Warteschlange sind (Polling) und sobald es diese Daten erhalten hat. Abbildung 11.2 zeigt die Ausgabe eines PAN-Koordinators und eines Nichtkoordinators über das Terminalprogramm Putty.

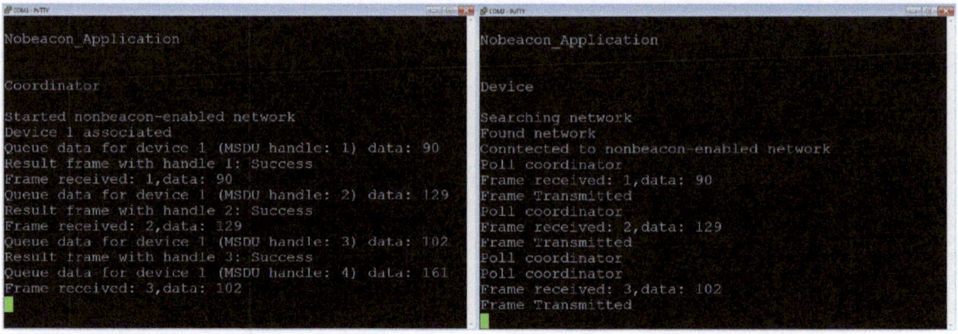

Abb. 11.2 Terminalausgabe der Beispielanwendung Nobeacon_Application

11.5 Beispielanwendung zum Sniffen von Datenverkehr

Wenn wir ein drahtloses Netzwerk aufbauen, kommt es immer wieder vor, dass es Übertragungsprobleme gibt. Die Ursachen können vielfältig sein. Z. B. kann unsere Anwendung fehlerhaft programmiert sein, der Funkkanal ist gestört, die maximale Reichweite ist überschritten oder die Hardware ist defekt. Solche Fehler zu finden ist nicht immer einfach. Eine Möglichkeit Fehlerquellen aufzuspüren zu können ist es, sich den gesamten Netzwerkverkehr anzuschauen und zu analysieren. Dadurch lässt sich ermitteln, ob bestimmte Frames gesendet wurden und ob in bestimmten Gebieten diese Frames überhaupt empfangen werden können. Im MAC-Stack von Atmel gibt es die Beispielanwendung *Promiscuous_Mode_Demo*, die es erlaubt Netzwerkverkehr abzuhören. Die Anwendung befindet sich im Verzeichnis *Apllications \MAC_Examples*. Ein Funkmodul, welches mit dieser Anwendung programmiert ist, gibt auf einem ausgewählten Funkkanal alle empfangenen MAC-Frames über die UART-Schnittstelle aus. Dabei spielt es keine Rolle, an welches Funkmodul das Datenpaket gesendet wurde. Das Sniffermodul muss sich lediglich in Reichweite einer Übertragung aufhalten. Aus einem empfangenen Frame werden allerdings nur wenige Informationen in lesbarer Darstellung ausgegeben. Der Rest eines Frames wird nicht weiter analysiert und wird nur als HEX-Code ausgegeben. Um zu erkennen, ob eine Kommunikation zwischen zwei Funkmodulen stattgefunden hat, ist dies allerdings ausreichend und mit etwas Übung lassen sich sogar die Adressen und die PAN-ID aus dieser Darstellung herauslesen. Um die Anwendung für unser Funkmodul nutzen zu können, sind ein paar Anpassungen vorzunehmen. Als Ausgangsprojektdatei benutzten wir aus dem Anwendungsverzeichnis eine Kopie des Ordners *AT86RF230B_ATMEGA1281_ATZB_24_MN2* und nennen diese Kopie *AT86RF230B_ATMEGA1281_MEINBOARD*. In dem Ordner befinden sich die Projektdateien des BlueBean BB-24-A2 Boards, welches den selben ZigBit-Chip benutzt wie unser Funkmodul. Dadurch sind nur sehr wenig Anpassungen für unser Board notwendig. In den Makefiles *Makefile* und *Makefile_Debug* im Ordner *GCC* müssen wir lediglich den Boardtyp, die Baudrate und den Schalter für unsere eigene Boardspezifikation setzen:

Quellcode 11.7: AT86RF230B_ATMEGA1281_MEINBOARD\GCC\Makefile

```
        :
        :
_BOARD_TYPE = MEINBOARD

        :
        :
CFLAGS += -Wall -Werror -g -Wundef -std=c99 -DSIO_HUB -DUART1 -Os
CFLAGS += -DBAUD_RATE=38400 -DVENDOR_BOARDTYPES=1

        :
        :
```

In den Projektdateien ist lediglich der Name des Verzeichnisses für die PAL-Implementation ATZB_24_MN2 durch MEINBOARD auszutauschen. Wir zeigen dies nur am Beispiel der Projektdatei für AVRStudio 5.1 und höher:

Quellcode 11.8: AT86RF230B_ATMEGA1281_MEINBOARD\ Promiscuous_Mode_Demo.cproj

```
        :
        :
<Compile Include="..\..\..\..\PAL\AVR\ATMEGA1281\Boards\MEINBOARD\pal_board.c">
  <SubType>compile</SubType>
  <Link>pal_board.c</Link>
</Compile>
<Compile Include="..\..\..\..\PAL\AVR\ATMEGA1281\Boards\MEINBOARD\pal_irq.c">
  <SubType>compile</SubType>
  <Link>pal_irq.c</Link>
</Compile>
        :
        :
```

Damit sind die Anpassung abgeschlossen und wir können die Anwendung kompilieren und das erzeugte Image auf ein Funkmodul übertragen. Nachdem wir über ein Terminalprogramm (mit den Einstellungen 38400/8-N-1) Verbindung zu unserem Snifferfunkmodul aufgenommen haben, müssen wir als erstes die ENTER-Taste drücken, um eine Ausgabe zu erhalten. Danach wählen wir den Funkkanal aus, den unser Modul abhören soll. Wollen wir z. B. den Datenverkehr der Beispielanwendung Nobeacon_Application aus dem Abschn. 11.4 abhören, wählen wir hierfür den Funkkanal 20 aus. Auf diesem Funkkanal senden die Funkmodule in der Standardkonfiguration der Anwendung. Eine Beispielausgabe unseres Sniffermoduls ist in Abb. 11.3 zu sehen.

```
COM1 - PuTTY
***********************************************************************
Promiscuous mode demo application (AT86RF230B / ATmega1281)

Current channel page: 0

Current channel: 11

Enter channel (11..26) and press 'Enter':

Current channel: 20

Receiver is on


Promiscuous mode is on

No. 1  Cmd: 63 88 FA BE BA 00 00 01 00 04 00 76
No. 2  Ack: 12 00 FA F8 68
No. 3  Data: 61 88 9E BE BA 01 00 00 00 E4 07 5D
No. 4  Ack: 02 00 9E 4F C8
No. 5  Data: 61 88 FB BE BA 00 00 01 00 E4 FF 48
```

Abb. 11.3 Terminalausgabe der Beispielanwendung Promiscuous_Mode_Demo

11.6 Taskverarbeitung und Callback-Funktionen

Um eine eigene Anwendung erfolgreich programmieren zu können, ist es notwendig die Funktionsweise des Atmel MAC-Stacks zu verstehen. Vom Stack sind permanent konkurrierende Aufgaben zu erledigen. So muss z. B. permanent überprüft werden, ob der Transceiver irgendwelche Daten empfangen und gespeichert hat. Die Module des Stacks, die permanent solch konkurrierende Aufgaben zu erledigen haben, sind jeweils als eigene Tasks implementiert. Es gibt einen TAL-Task, einen PAL-Task und einen MAC-Task. Der TAL-Task ist für die Aufgaben, die den Transceiver betreffen verantwortlich. So überprüft er z. B. permanent, ob im Buffer des Transceivers irgendwelche Daten eingegangen sind und informiert die MAC-Schicht gegebenenfalls darüber. Der PAL-Task ist hauptsächlich für die Verarbeitung der Timer verantwortlich. Sobald ein Timer abläuft, wird dies in einer Warteschlange vermerkt. Sobald der PAL-Task ausgeführt wird, ruft er die zum Timer gehörende Callback-Funktion entsprechend der Reihenfolge in der Warteschlange auf. Der MAC-Task überprüft permanent, ob sich Aufgaben aus der MAC-Schicht in Warteschlangen befinden und arbeitet diese entsprechend ihres Eintreffens in die entsprechende Warteschlange ab. Solche Aufgaben sind z. B. das Verarbeiten eines Frames, welches vom TAL-Task weitergeleitet wurde oder die Verarbeitung einer Sendeanfrage. Keiner der Tasks hat eine Priorität, sondern alle Tasks werden nach dem Round-Robin-Prinzip abwechselnd aufgerufen. In der main-Funktion unseres Hauptprogramms wird dafür nach Abarbeitung aller Initialisierungsprozessen in einer unendlichen while-Schleife die Funktion `wpan_task()` aufgerufen:

Quellcode 11.9: Meine_Anwendung\Src\main.c

```c
          ⋮
int main(void){
          ⋮
   /*Initialisierung*/
          ⋮
   while (1){
       wpan_task();
   }
}
```

Die Funktion `wpan_task()` ruft der Reihe nach die einzelnen Tasks auf:

Quellcode 11.10: MAC\Src\mac_api.c

```c
          ⋮
bool wpan_task(void){
          ⋮
    event_processed = mac_task();
          ⋮
    tal_task();
    pal_task();
    return (event_processed);
}
          ⋮
```

Wenn eine Funktion implementiert wird, muss das Konzept der alternierenden Tasks berücksichtigt werden, d. h. es muss sichergestellt sein, dass die Funktion in absehbarer Zeit terminiert und damit die Kontrolle an einen anderen Task abgegeben wird. Wird die Funktion noch ausgeführt, während z. B. den Buffer des Transceiver mehrere Datenframes erreichen, können diese vom TAL-Task nicht rechtzeitig verarbeitet werden und die Frames gehen verloren. Damit dies nicht geschieht, sollten implementierte Funktionen nicht mehr als 10 ms Ausführungszeit benötigen.

Der Austausch von Informationen zwischen verschiedenen Modulen und die Implementierung des Taskkonzept geschieht mit Hilfe der Warteschlangen und dem Aufruf von Funktionen. Betrachten wir zum Beispiel die Realisierung der Primitiven des MAC-Datenservice aus dem IEEE 802.15.4 Standard (siehe Abschn. 8.3). Um Daten an ein anderes Funkmodul zu senden muss eine MCPS-DATA.request-Primitive aufgerufen werden. Im Atmel MAC-Stack geschieht dies durch den Aufruf der Funktion `wpan_mcps_data_req`:

Quellcode 11.11: MAC\Src\mac_api.c

```
                    ⋮
wpan_mcps_data_req(uint8_t SrcAddrMode,
                    wpan_addr_spec_t *DstAddrSpec,
                    uint8_t msduLength,
                    uint8_t *msdu,
                    uint8_t msduHandle,
                    uint8_t TxOptions,
                    uint8_t SecurityLevel,
                    uint8_t KeyIdMode,
                    uint8_t KeyIndex)
                    ⋮
```

Beim Aufruf der Funktion wird eine Datenstruktur für ein MAC-Frame erstellt und zum
Versenden durch das TAL-Modul in eine Warteschlange gelegt. Hat das TAL-Modul das
Frame bearbeitet, ruft es die Bestätigungsfunktion `mcps_data_conf` auf. Diese Funktion ruft ihrerseits die Funktion `usr_mcps_data_conf` auf. Funktionen mit dem Prefix
`usr` sind von uns zu implementieren. Der MAC-Task erhält dadurch die Kontrolle und wir
können durch entsprechende Implementierung der Funktion `usr_mcps_data_conf`
weitere Aktionen durchführen. Empfängt der Transceiver ein Frame und der TAL-Task erhält die Kontrolle, ruft dieser nach selbem Schema die Funktion `usr_mcps_data_ind`
auf, was der Realisierung der MCPS-DATA.indication-Primitive entspricht. Nach diesem
Prinzip sind auch alle anderen Primitiven des IEEE 802.15.4 Standard realisiert. Durch
entsprechende Implementierung der Funktionen, kann auf eintretende Ereignisse entsprechend reagiert werden. Haben wir z. B. die Änderung einer PIB-Variable durch den Aufruf
der Funktion `wpan_mlme_set_req` angewiesen, erhalten wir die Bestätigung vom
MAC-Stack durch den Aufruf der Funktion `usr_mlme_set_conf`. Diese Funktion
können wir entsprechend implementieren, z. B. können wir nach Setzen einiger Parameter versuchen einem Netzwerk beizutreten. Neben den Funktionen, die durch eintretende
Ereignisse automatisch aufgerufen werden, können wir Funktionen auch durch Timer aufrufen lassen. So können wir z. B. einen Timer einsetzen, der alle 2 Sekunden einen Sensor
ausliest und diese Daten versendet. Für den Aufruf der Funktion eines registrierten Timers
ist der PAL-Task verantwortlich.

11.7   Anwendung einer blinkenden LED

Zum besseren Verständnis des MAC-Stacks werden wir als erstes eine Anwendung realisieren, die durch die Benutzung zweier Timer LEDs in unterschiedlichen Abständen
blinken lässt. Als Ausgangsprojekt benutzen wir die Dateien der Beispielanwendung No-
beacon_Application. Dazu kopieren wir den Ordner der Anwendung und benennen diesen
zu *Meine_Anwendung* um. Als Basis für unser Image werden wir die Dateien für einen
Nichtkoordinator, d. h. das Verzeichnis *Device*, benutzen. Die Datei *main.c* im Verzeich-

nis *Src* werden wir mit unserer eigenen Programmlogik versehen und beginnen mit der Deklaration der benötigten Headerdateien:

Quellcode 11.12: Benötigte Headerdateien für Meine_Anwendung

```
#include "mac_api.h"
#include "app_config.h"
```

Die Funktionen des MAC-Moduls und des PAL-Moduls werden unsere Anwendung durch die Anweisung `#include "mac_api.h"` zur Verfügung gestellt. In der Datei *app_config.h* werden wir später alle für die Anwendung benötigten Definitionen tätigen. Für die zwei Timer benötigen wir jeweils eine Funktion, die ausgeführt wird, sobald der entsprechende Timer abgelaufen ist:

Quellcode 11.13: Callback-Funktionen der Timer

```
                 ⋮
static void app_timer1_fired(void *parameter);
static void app_timer2_fired(void *parameter);

                 ⋮
static void app_timer1_fired(void *parameter){
    pal_led(LED_RED, LED_TOGGLE);
    pal_timer_start(APP_TIMER1_ID,
                    APP_TIMER1_INTERVALL_US,
                    TIMEOUT_RELATIVE,
                    (FUNC_PTR)app_timer1_fired,
                    NULL);
    parameter = parameter;
}

static void app_timer2_fired(void *parameter){
    pal_led(LED_GREEN, LED_TOGGLE);
    pal_timer_start(APP_TIMER2_ID,
                    APP_TIMER2_INTERVALL_US,
                    TIMEOUT_RELATIVE,
                    (FUNC_PTR)app_timer2_fired,
                    NULL);
    parameter = parameter;
}
```

Die Funktion `pal_led` wechselt dabei den Status einer LED. Der erste Übergabeparameter ist die ID der entsprechenden LED und der zweite Parameter bestimmt den Zustand den die LED annehmen soll. Nachdem die LED geschaltet wurde, wird der Timer erneut gestartet, wodurch wir ein Blinken der LED erreichen. Das Starten des Timers erfolgt durch den Aufruf der Funktion `pal_timer_start`. Die Funktion erwartet 5 Übergabeparameter:

```
retval_t pal_timer_start(uint8_t        timer_id,
                         uint32_t       timer_count,
                         timeout_type_t timeout_type,
                         FUNC_PTR       timer_cb,
                         void *         param_cb)
```

Als ersten Parameter benötigen wir eine ID für den Timer. Dies ermöglicht es mehrere
Timer gleichzeitig benutzen zu können. Der zweite Parameter bestimmt die Laufzeit
des Timers und der dritte Parameter worauf sich diese Laufzeit bezieht. Mit der Angabe
TIMEOUT_RELATIVE bezieht sich die Laufzeit des Timers relativ zum aktuelle Zeitpunkt. Im vierten Parameter übergeben wir eine Referenz auf die Callback-Funktion,
die nach Ablauf des Timers aufgerufen wird. Der fünfte Parameter ermöglicht es in der
Callback-Funktion des Timers ebenfalls mit Parametern zu arbeiten. Da wir keine Parameter benutzen, übergeben wir einen Nullpointer. Um den Compiler „bei Laune" zu halten,
müssen wir jeden Übergabeparameter einer Funktion einmal benutzen, weshalb wir zum
Schluss der Funktion die nichts bewirkende Anweisung parameter = parameter;
ausführen. Nach dem Fertigstellen unserer Timerfunktionen wird in der main-Funktion
die Programmlogik zusammengeführt. Als erstes werden die Module des MAC-Stacks
initialisiert. Dies geschieht durch Aufruf der Funktion wpan_init. Die Funktion
wpan_init initialisiert z. B. das MAC-Modul, das TAL-Modul, das PAL-Modul und
die benötigten Warteschlangen:

Quellcode 11.14: Initialisierung der Module

```
int main(void){
    if (wpan_init() != MAC_SUCCESS){
        pal_alert();
    }
            ⋮
```

Im nächsten Schritt der main-Funktion werden die LEDs initialisiert und die Interrupts für
die Timer aktiviert:

Quellcode 11.15: Initialisierung der LEDs und Aktivierung der Interrupts

```
int main(void){

            ⋮
    pal_led_init();
    pal_global_irq_enable();

            ⋮
```

Als nächstes werden die zwei Timer durch den Aufruf der Funktion pal_timer_start
gestartet:

Quellcode 11.16: Starten der Timer

```c
int main(void){
                :
                :

    pal_timer_start(APP_TIMER1_ID,
                    APP_TIMER1_INTERVALL_US,
                    TIMEOUT_RELATIVE,
                    (FUNC_PTR)app_timer1_fired,
                    NULL);

    pal_timer_start(APP_TIMER2_ID,
                    APP_TIMER2_INTERVALL_US,
                    TIMEOUT_RELATIVE,
                    (FUNC_PTR)app_timer2_fired,
                    NULL);

                :
                :
```

Im letzten Schritt der main-Funktion wird in einer endlosen while-Schleife die Funktion
`wpan_task` aufgerufen, um die Bearbeitung der Tasks aller Module, insbesondere des
PAL-Tasks, welcher für die Bearbeitung der Timer verantwortlich ist, zu gewährleisten:

Quellcode 11.17: Permanenter alternierender Aufruf aller Tasks

```c
int main(void){
                :
                :

    while(1){
        wpan_task();
    }
}
```

Damit erhalten wir als Endergebnis für die Datei *main.c*:

Quellcode 11.18: Meine_Anwendung\Device\Src\main.c

```c
#include "mac_api.h"
#include "app_config.h"

static void app_timer1_fired(void *parameter);
static void app_timer2_fired(void *parameter);

int main(void){
    if (wpan_init() != MAC_SUCCESS){
        pal_alert();
    }
    pal_led_init();
    pal_global_irq_enable();
```

```
    pal_timer_start(APP_TIMER1_ID,
                    APP_TIMER1_INTERVALL_US,
                    TIMEOUT_RELATIVE,
                    (FUNC_PTR)app_timer1_fired,
                    NULL);

    pal_timer_start(APP_TIMER2_ID,
                    APP_TIMER2_INTERVALL_US,
                    TIMEOUT_RELATIVE,
                    (FUNC_PTR)app_timer2_fired,
                    NULL);

    while(1){
        wpan_task();
    }
}

static void app_timer1_fired(void *parameter){
    pal_led(LED_RED, LED_TOGGLE);
    pal_timer_start(APP_TIMER1_ID,
                    APP_TIMER1_INTERVALL_US,
                    TIMEOUT_RELATIVE,
                    (FUNC_PTR)app_timer1_fired,
                    NULL);
    parameter = parameter;
}

static void app_timer2_fired(void *parameter){
    pal_led(LED_GREEN, LED_TOGGLE);
    pal_timer_start(APP_TIMER2_ID,
                    APP_TIMER2_INTERVALL_US,
                    TIMEOUT_RELATIVE,
                    (FUNC_PTR)app_timer2_fired,
                    NULL);
    parameter = parameter;
}
```

Damit ist die Implementierung unserer Programmlogik abgeschlossen. Als nächstes ist die
Headerdatei *app_config.h* mit allen für das Programm benötigten Definitionen zu versehen. Jeder Timer benötigt eine eigene ID. Da die verschiedenen Module zum Teil ebenfalls
Timer einsetzen, müssen wir als erstes die ID unseres ersten Anwendungstimers bestimmen:

Quellcode 11.19: Bestimmung der ID für den ersten Timer der Anwendung

```
#ifndef APP_CONFIG_H
#define APP_CONFIG_H

#include "stack_config.h"

#if (NUMBER_OF_TOTAL_STACK_TIMERS == 0)
#define APP_FIRST_TIMER_ID          (0)
#else
#define APP_FIRST_TIMER_ID          (LAST_STACK_TIMER_ID + 1)
#endif
          :
          :
```

Jetzt können wir die ID unserer Timer und das zugehörige Laufzeitintervall in Mikrosekunden definieren:

Quellcode 11.20: Definieren der ID der Timer und das zugehörige Laufzeitintervall

```
              :
#define APP_TIMER1_ID                 (APP_FIRST_TIMER_ID)
#define APP_TIMER1_INTERVALL_US       (1000000)

#define APP_TIMER2_ID                 (APP_FIRST_TIMER_ID+1)
#define APP_TIMER2_INTERVALL_US       (3000000)
              :
```

Zum Schluss benötigt die Anwendung noch einige Definitionen für die benötigten Buffer und wo sich die erste Speicheradresse der 64-Bit MAC-Adresse im internen Eprom befindet. Für unsere Anwendung benötigen wir keine zusätzlichen Buffer, dennoch werden die entsprechenden Definitionen benötigt. Befindet sich keine gültige MAC-Adresse im Eprom, d. h. alle 64 Bits sind entweder auf 0 oder alle auf 1 gesetzt, generiert der Stack eine zufällige Adresse. Damit keine zwei Module in einem Netzwerk die selbe MAC-Adresse zugewiesen bekommen, empfiehlt es sich spätestens nach der Entwicklungsphase das Eprom der Funkmodul mit einer entsprechend gültigen MAC-Adresse zu versehen. Die vollständige Headerdatei *app_config.h* sieht damit wie folgt aus:

Quellcode 11.21: Meine_Anwendung\Device\Inc\app_config.h

```
#ifndef APP_CONFIG_H
#define APP_CONFIG_H

#include "stack_config.h"

#if (NUMBER_OF_TOTAL_STACK_TIMERS == 0)
#define APP_FIRST_TIMER_ID            (0)
#else
#define APP_FIRST_TIMER_ID            (LAST_STACK_TIMER_ID + 1)
#endif

#define NUMBER_OF_APP_TIMERS          (2)
#define TOTAL_NUMBER_OF_TIMERS        (NUMBER_OF_APP_TIMERS +
    NUMBER_OF_TOTAL_STACK_TIMERS)

#define APP_TIMER1_ID                 (APP_FIRST_TIMER_ID)
#define APP_TIMER1_INTERVALL_US       (1000000)

#define APP_TIMER2_ID                 (APP_FIRST_TIMER_ID+1)
#define APP_TIMER2_INTERVALL_US       (3000000)

#define NUMBER_OF_LARGE_APP_BUFS      (0)
#define NUMBER_OF_SMALL_APP_BUFS      (0)
#define TOTAL_NUMBER_OF_LARGE_BUFS    (NUMBER_OF_LARGE_APP_BUFS +
    NUMBER_OF_LARGE_STACK_BUFS)
```

```
#define TOTAL_NUMBER_OF_SMALL_BUFS    (NUMBER_OF_SMALL_APP_BUFS +
    NUMBER_OF_SMALL_STACK_BUFS)
#define TOTAL_NUMBER_OF_BUFS          (TOTAL_NUMBER_OF_LARGE_BUFS +
    TOTAL_NUMBER_OF_SMALL_BUFS)

#define UART_MAX_TX_BUF_LENGTH        (10)
#define UART_MAX_RX_BUF_LENGTH        (10)

#define EE_IEEE_ADDR                  (0)

#endif
```

Eine Anwendung des MAC-Stacks erwartet die Implementierung bestimmter Funktionen, wie z. B. die Funktionen `usr_mlme_reset_conf` und `usr_mcps_data_ind`, selbst wenn wir diese Funktionen nicht benötigen. Wir müssen diese dann als Dummyfunktionen implementieren, d. h. als Funktionen ohne Programmlogik. Der MAC-Stack verfügt im Verzeichnis *MAC\Src* bereits über die Implementierung solcher Dummyfunktionen. Wir müssen den Compiler im Makefile lediglich anweisen die entsprechenden Funktionen zu kompilieren. Dazu fügen wir den Makefiles *Makefile* und *Makefile_Debug* folgende Einträge hinzu:

Quellcode 11.22: Device\AT86RF230B_ATMEGA1281_MEINBOARD\ GCC\Makefile

```
              ⋮
OBJECTS = $(TARGET_DIR)/main.o\
       $(TARGET_DIR)/usr_mlme_associate_conf.o \
       $(TARGET_DIR)/usr_mlme_reset_conf.o \
       $(TARGET_DIR)/usr_mlme_scan_conf.o \
       $(TARGET_DIR)/usr_mcps_data_ind.o \
       $(TARGET_DIR)/usr_mlme_poll_conf.o \
       $(TARGET_DIR)/sio_handler.o\
              ⋮
```

Jetzt kann mit AVRStudio 6.1 die Anwendung kompiliert und auf unser Funkmodul übertragen werden. Die rote LED unseres Funkmoduls sollte nach dem Übertragen des Images unmittelbar damit beginnen im Takt von einer Sekunde zu blinken und die grüne LED im Takt von 3 Sekunden.

11.8   Textausgabe über die UART-Schnittstelle

Durch Ansteuern der LEDs haben wir die Möglichkeit zu überprüfen, welche Stelle wir in unserem Programm erreicht haben. Eleganter ist es jedoch sich Statusmeldungen über ein Terminalprogramm anzeigen zu lassen. Zudem können wir uns hierüber auch weitere Informationen ausgeben lassen wie z. B. den Inhalt von Variablen. Wir werden das Projekt *Meine_Anwendung* aus dem vorherigen Kapitel um diese Fähigkeit erweitern. Dafür sind drei Schritte nötig. Als erstes müssen wir die Headerdatei *sio_handler.h* laden. Diese Datei lädt in Abhängigkeit der benutzten seriellen Schnittstelle definierte Variablen und stellt die Funktionen `sio_putchar` und `sio_getchar` für die Ausgabe bzw. für die Eingabe von Zeichen zur Verfügung. Im zweiten Schritt muss die serielle Schnittstelle durch den Aufruf der Funktion `pal_sio_init(SIO_CHANNEL)` initialisiert werden. Der Parameter `SIO_CHANNEL` ergibt sich automatisch durch das Laden der Headerdatei *sio_handler.h* und der Angabe der benutzten seriellen Schnittstelle im Makefile. Sicherheitshalber werden wir überprüfen, ob bei der Initialisierung ein Fehler aufgetreten ist:

Quellcode 11.23: Initialisierung der seriellen Schnittstelle

```
if (pal_sio_init(SIO_CHANNEL) != MAC_SUCCESS){
    pal_alert();
}
```

Im dritten Schritt verknüpfen wir die Standardein- und die Standardausgabe, durch den Aufruf `fdevopen(_sio_putchar, _sio_getchar)` mit der seriellen Schnittstelle. Damit können Daten komfortabel über die Funktion `printf` ausgegeben bzw. über die Funktion `scanf` eingelesen werden. Da wir nicht alle Funkmodule permanent über die UART-Schnittstelle mit einem anderen Gerät verbinden erden, implementieren wir mittels Präprozessoranweisung eine schnelle Möglichkeit zur Deaktivierung der seriellen Schnittstelle. In unserer Anwendung geben wir, sobald der Timer auslöst, eine entsprechende Meldung im Terminalprogramm aus. Mit allen Erweiterungen ergibt sich als Quellcode für die Datei *main.c*:

Quellcode 11.24: Meine_Anwendung\Device\Src\main.c

```
#include "mac_api.h"
#include "app_config.h"
#include "sio_handler.h"

static void app_timer1_fired(void *parameter);
static void app_timer2_fired(void *parameter);

int main(void){
    if (wpan_init() != MAC_SUCCESS){ pal_alert(); }
    pal_led_init();
    pal_global_irq_enable();
#ifdef SIO_HUB
    if (pal_sio_init(SIO_CHANNEL) != MAC_SUCCESS){ pal_alert(); }
    fdevopen(_sio_putchar, _sio_getchar);
#endif

    pal_timer_start(APP_TIMER1_ID,
                    APP_TIMER1_INTERVALL_US,
                    TIMEOUT_RELATIVE,
                    (FUNC_PTR)app_timer1_fired,
                    NULL);
```

```
        pal_timer_start(APP_TIMER2_ID,
                        APP_TIMER2_INTERVALL_US,
                        TIMEOUT_RELATIVE,
                        (FUNC_PTR)app_timer2_fired,
                        NULL);

    while (1){
        wpan_task();
    }
}

static void app_timer1_fired(void *parameter){
    pal_led(LED_RED, LED_TOGGLE);
    pal_timer_start(APP_TIMER1_ID,
                    APP_TIMER1_INTERVALL_US,
                    TIMEOUT_RELATIVE,
                    (FUNC_PTR)app_timer1_fired,
                    NULL);
#ifdef SIO_HUB
    printf("Rote LED Timer fired!\n");
#endif
    parameter = parameter;
}

static void app_timer2_fired(void *parameter){
    pal_led(LED_GREEN, LED_TOGGLE);
    pal_timer_start(APP_TIMER2_ID,
                    APP_TIMER2_INTERVALL_US,
                    TIMEOUT_RELATIVE,
                    (FUNC_PTR)app_timer2_fired,
                    NULL);
#ifdef SIO_HUB
    printf("Grüne LED Timer fired!\n");
#endif
    parameter = parameter;
}
```

Wir können unser Funkmodul wie gewohnt mit Hilfe einer UART-USB-Bridge über den COM-Port mit einem Terminalprogramm (Einstellungen: 38400/8-N-1) verbinden und erhalten nach dem Kompilieren der Anwendung und der Übertragung des Images auf das Funkmodul im Terminalprogramm eine zur Abb. 11.4 ähnliche Ausgabe.

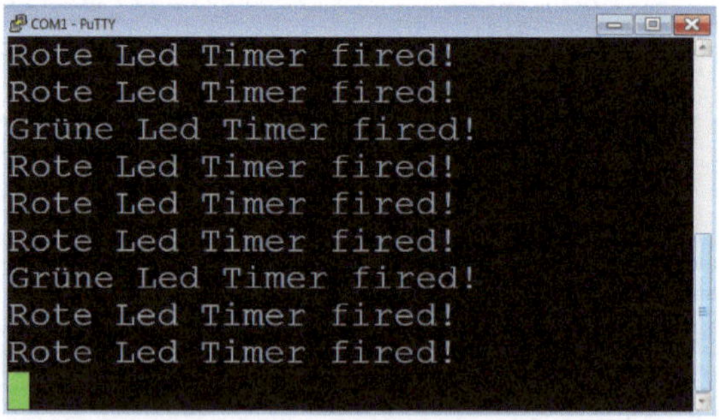

Abb. 11.4 Einfache Bei-spielanwendung zur Textausgabe über die serielle Schnittstelle

11.9   Beitritt in ein PAN

In unseren nächsten Anwendung werden wir einem bestehenden Netzwerk beitreten und nach erfolgreichem Beitritt die zugewiesene 16-Bit Kurzadresse und die PAN-ID über die serielle Schnittstelle ausgeben. Als Basis für die Anwendung nehmen wir unser Projekt *Meine_Anwendung* aus dem vorherigen Kapitel. Als PAN-Koordinator benutzen wir den unveränderten Quellcode aus dem Unterordner *Coordinator* des Projektverzeichnisses. Der PAN-Koordinator, den wir bereits aus der Beispielanwendung Nobeacon_Application aus Abschn. 11.4 kennen, startet ein PAN nachdem wir über ein Terminalprogramm eine Eingabe an die UART-Schnistelle des PAN-Koordinators gesendet haben. Jetzt werden wir ein Funkmodul dazu bringen dessen PAN beizutreten. Um Zugriff auf Konstanten des IEEE 802.15.4 Standards zu erhalten, die wir in dieser Anwendung benötigen, laden wir die Headerdatei *ieee_const.h*. In unserer main-Funktion muss unser Funkmodul wie gewohnt zuerst die Funktion wpan_init ausführen, um den MAC-Stack zu initialisieren. Zudem werden wir die LEDs benutzen und Information über die seriellen Schnittstellen ausgeben. Dazu müssen wir wieder die entsprechenden Initialisierungen. Bevor wir unsere endlose while-Schleife mit der Abarbeitung der Tasks starten, führen wir die Funktion wpan_mlme_reset_req aus, um alle Variablen auf ihre Standardwerte zu setzen. Für diese Anwendung benötigen wir keine Timer, so dass wir die Funktionen app_timer1_fired app_timer2_fired löschen. Damit ergibt sich folgender Programmkopf und folgende main-Funktion:

Quellcode 11.25: Meine_Anwendung\Device\Src\main.c

```c
#include "mac_api.h"
#include "app_config.h"
#include "sio_handler.h"
#include "ieee_const.h"

static uint16_t panid;

int main(void){
    if (wpan_init() != MAC_SUCCESS){
        pal_alert();
    }
    pal_led_init();
    pal_global_irq_enable();
#ifdef SIO_HUB
    if (pal_sio_init(SIO_CHANNEL) != MAC_SUCCESS){
        pal_alert();
    }
    fdevopen(_sio_putchar, _sio_getchar);
#endif
    wpan_mlme_reset_req(true);
    while (1){
        wpan_task();
    }
}
        :
        :
```

Sobald die Anfrage `wpan_mlme_reset_req` abgearbeitet ist, wird vom MAC-Stack automatisch die von uns zu implementierende Bestätigungsfunktion `usr_mlme_reset_conf` ausgeführt. Hier starten wir durch den Aufruf der Funktion `wpan_mlme_scan_req` eine Suche nach in Reichweite vorhanden PANs. Die Funktion ist eine Realisierung der MLME-SCAN.request-Primitive (siehe Abschn. 10.5.2) und erwartet vier Übergabeparameter:

```
bool wpan_mlme_scan_req(uint8_t    ScanType,
                        uint32_t   ScanChannels,
                        uint8_t    ScanDuration,
                        uint8_t    ChannelPage)
```

Der erste Parameter bestimmt den auszuführenden Scantyp. Durch den zweiten Parameter können wir festlegen, welche Funkkanäle zu scannen sind. Im 2,4 GHz Band stehen die Funkkanäle 11–26 zur Verfügung. Wir wollen, dass auf all diesen Kanälen nach einem PAN gesucht wird. Dafür wird der Funktion der Wert `0x07FFF800` übergeben, d. h., dass bei diesem 32-Bit Wert die Bits 11–26 gesetzt sind. Als dritten Parameter legen wir die Scandauer jedes Kanals fest. Der Parameter kann einen Wert von 0–14 annehmen. Die Scandauer in Symbolen ergibt sich durch $960 \cdot (2^n + 1)$ (siehe Abschn. 10.5.2 – MLME-SCAN), wobei n der übergebene Parameter ist, für den wir hier 5 wählen. Bei 2,4 GHz und der hier benutzten O-QPSK-Modulation ergibt sich eine Scandauer von 31,68 ms. Der vierte Parameter legt die zu benutzende Kanalseite für den Scan fest. Wie üblich benutzen wir als Übergabeparameter möglichst Platzhalter und definieren diese später in der Headerdatei *app_config.h*:

Quellcode 11.26: Meine_Anwendung\Device\Src\main.c

```
                    ⋮
void usr_mlme_reset_conf(uint8_t status){
    if (status == MAC_SUCCESS){
        printf("Netzwerksuche...\n");
        wpan_mlme_scan_req(MLME_SCAN_TYPE_ACTIVE,
                           SCAN_CHANNELS,
                           SCAN_DURATION,
                           CHANNEL_PAGE);
        pal_led(LED_YELLOW, LED_ON);
    } else {
        wpan_mlme_reset_req(true);
    }
}
                    ⋮
```

Ist der Scan abgeschlossen informiert uns der MAC-Stack darüber in dem er die von uns zu implementierenden Funktion `usr_mlme_scan_conf` aufruft. In der Funktion stehen uns sechs Parameter zur Verfügung, wovon für uns hauptsächlich der letzte Parameter interessant ist. Hier erhalten wir einen Zeiger auf eine Liste von Koordinatoren, die beim Scannen der Funkkanäle gefunden wurden. Diese Liste durchlaufen wir solange, bis wir

einen Koordinator gefunden haben, der einen Beitritt zu einem PAN gestattet und über
eine 16-Bit Kurzadresse angesprochen werden kann. Sobald wir einen solchen Koordinator gefunden haben, speichern wir uns dessen PAN-ID und versuchen dessen PAN durch
Aufruf der Funktion `wpan_mlme_associate_req` beizutreten. Hat unser Funkmodul
keinen passenden Koordinator gefunden, wird der Scan nach Koordinatoren wiederholt:

Quellcode 11.27: Meine_Anwendung\Device\Src\main.c

```
                    .
                    :
void usr_mlme_scan_conf(uint8_t status,
                        uint8_t ScanType,
                        uint8_t ChannelPage,
                        uint32_t UnscannedChannels,
                        uint8_t ResultListSize,
                        void *ResultList){
    if (status == MAC_SUCCESS) {
        wpan_pandescriptor_t *coordinator;
        coordinator = (wpan_pandescriptor_t *)ResultList;

        for (uint8_t i = 0; i < ResultListSize; i++){
            if ( ((coordinator->SuperframeSpec & ((uint16_t)1 <<
                ASSOC_PERMIT_BIT_POS)) == ((uint16_t)1 << ASSOC_PERMIT_BIT_POS))
                &&
                (coordinator->CoordAddrSpec.AddrMode == WPAN_ADDRMODE_SHORT)){
                panid=coordinator->CoordAddrSpec.PANId;
                printf("Versuche PAN 0x%04" PRIX16 " beizutreten...\n", panid);
                wpan_mlme_associate_req(coordinator->LogicalChannel,
                                        coordinator->ChannelPage,
                                        &(coordinator->CoordAddrSpec),
                                        WPAN_CAP_ALLOCADDRESS);
                return;
            }
            coordinator++;
        }

        wpan_mlme_scan_req(MLME_SCAN_TYPE_ACTIVE,
                        SCAN_CHANNELS,
                        SCAN_DURATION,
                        CHANNEL_PAGE);

    } else {
        wpan_mlme_reset_req(true);
    }

    ScanType = ScanType;
    ChannelPage = ChannelPage;
    UnscannedChannels = UnscannedChannels;
}
                    .
                    :
```

Über einen erfolgreichen Beitritt zum PAN wollen wir informiert werden, um später evtl.
weitere Aktionen durchzuführen. Somit implementieren wir ebenfalls die Bestätigungsfunktion zur Anfrage einem Netz beizutreten:

Quellcode 11.28: Meine_Anwendung\Device\Src\main.c

```c
          ⋮
void usr_mlme_associate_conf(uint16_t AssocShortAddress, uint8_t status){
    if (status == MAC_SUCCESS){
        printf("Erfolgreicher Beitritt\n");
        printf("Zugewiesen 16-Bit Kurzadresse: 0x%04" PRIX16 "\n",
            AssocShortAddress);
        pal_led(LED_YELLOW, LED_OFF);
        pal_led(LED_GREEN, LED_ON);
    } else {
        wpan_mlme_reset_req(true);
    }
    AssocShortAddress = AssocShortAddress;
}
          ⋮
```

In unserer Headerdatei *app_config.h* definieren wir die von uns ausgewählten und benutzen Variablen:

Quellcode 11.29: Meine_Anwendung\Device\Inc\app_config.h

```c
#ifndef APP_CONFIG_H
#define APP_CONFIG_H

#include "stack_config.h"

#define CHANNEL_PAGE            (0)
#define SCAN_DURATION           (5)
#define SCAN_CHANNELS           (0x07FFF800)
          ⋮
```

Da wir die Funktionen `usr_mlme_scan_conf`, `usr_mlme_reset_conf` sowie die
Funktion `usr_mlme_associate_conf` selbst implementiert haben und nicht mehr
die Dummyfunktionen des MAC-Stacks benötigen, müssen wir die entsprechenden Einträge aus den Dateien *Makefile* und *Makefile_Debug* löschen:

**Quellcode 11.30: Device\AT86RF230B_ATMEGA1281_MEINBOARD\
GCC\Makefile**

```makefile
          ⋮
    $(TARGET_DIR)/usr_mlme_scan_conf.o \
    $(TARGET_DIR)/usr_mlme_reset_conf.o \
    $(TARGET_DIR)/usr_mlme_associate_conf.o \
          ⋮
```

Wir benötigen nun ein Funkmodul mit dem Image aus dem Ordner *Device* und ein Funkmodul das als PAN-Koordinator fungiert, d. h. mit dem Image der kompilierten Anwen-

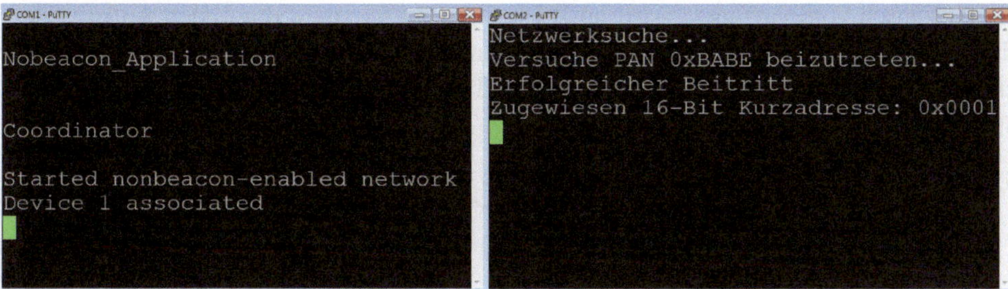

Abb. 11.5 Bespielanwendung für den Beitritt in ein PAN

dung des Ordners *Coordinator*. Beide Funkmodule verbinden wir wie gewohnt über eine UART-USB-Bridge und dem entsprechenden COM-Port mit einem Terminalprogramm. Der PAN-Koordinator wird durch Drücken der Enter-Taste gestartet. Nachdem der PAN-Koordinator ein PAN erstellt hat, tritt das zweite Funkmodul diesem PAN bei (siehe Abb. 11.5).

11.10 Senden von Daten

Nachdem wir jetzt erfolgreich einem PAN beigetreten sind, wollen uns der eigentlichen Aufgabe von drahtlosen Netzwerken widmen, dem Austausch von Daten. Unser Funkmodul soll ermittelte Sensordaten an den PAN-Koordinator senden. Wir benutzen als Basisprojekt wieder das Projekt *Meine_Anwendung* aus dem vorherigen Kapitel und erweitern dieses entsprechend. Als erstes bearbeiten wir den Quellcode unseres Nichtkoordinators, d. h. die Datei *main.c* im Verzeichnis *Device*. Wir werden noch keinen realen Sensorwert auslesen, sondern erzeugen uns eine globale Variable, der wir einen Sensorwert zuweisen. Des weiteren werden wir eine Funktion `send_sensor_data` implementieren, die diesen Sensorwert an den PAN-Koordinator versendet, d. h. wir benötigen im Programmkopf die Deklaration dieser Funktion:

Quellcode 11.31: Meine_Anwendung\Device\Src\main.c

```c
#include "mac_api.h"
#include "app_config.h"
#include "sio_handler.h"
#include "ieee_const.h"

static uint16_t panid;
static uint16_t sensor1=2600;

static void send_sensor_data(void);
                 :
```

Der Austausch von Nutzdaten wird im IEEE 802.15.4 Standard durch den Aufruf einer MCPS-DATA.request-Primitive initiiert. Der Atmel MAC-Stack realisiert diese Primitive durch die Funktion wpan_mcps_data_req. Die Funktion erwartet sechs Übergabeparameter:

```
bool wpan_mcps_data_req(uint8_t           SrcAddrMode,
                        wpan_addr_spec_t * DstAddrSpec,
                        uint8_t           msduLength,
                        uint8_t *         msdu,
                        uint8_t           msduHandle,
                        uint8_t           TxOptions)
```

Der erste Parameter bestimmt die Darstellung der Absenderadresse im MAC-Frame. Unser Funkmodul soll seine 16-Bit Kurzadresse benutzen, weswegen wir WPAN_ADDRMODE_SHORT als Parameter wählen. Als zweiten Parameter erwartet die Funktion einen Zeiger auf eine Variable vom Typ wpan_addr_spec_t. Eine entsprechende Variable ist von uns zu erstellen. Sie beinhaltet die zum Versenden benötigten Informationen des Empfängers, wie die PAN-ID und die Adresse. Die zu sendenden Daten werden als ein Stringarray von vorzeichenlosen 8-Bit Integerwerten (uint8_t) dargestellt. Andere Datenformate müssen entsprechend umgewandelt werden. Als dritten Parameter erwartet die Funktion wpan_mcps_data_req die Größe dieses Stringarrays und als vierten Parameter einen Zeiger auf dessen erste Stelle. Der fünfte Parameter gibt den Nutzdaten eine eindeutige Identifikationsnummer. Den Zeitpunkt des Versendens der Daten obliegt dem MAC-Stack. So besteht durch die Identifikationsnummer die Möglichkeit die Funktion wpan_mcps_data_req mehrfach aufzurufen, noch bevor die Daten vom MAC-Stack wirklich versendet wurden. Zudem können so die in der Warteschlange stehende Daten identifiziert und aus dieser gelöscht werden. Die Identifikationsnummer ist für uns allerdings nicht von Interesse und wir setzten sie immer auf 0. Durch den sechsten Parameter legen wir fest, ob wir eine Empfangsbestätigung vom Empfänger der Daten haben möchten. Die Funktion send_sensor_data initialisiert zuerst alle für die Funktion wpan_mcps_data_req benötigten Daten und ruft die Funktion dann auf:

Quellcode 11.32: Meine_Anwendung\Device\Src\main.c

```
            ⋮
static void send_sensor_data(void){
    printf("Daten senden... ");
    wpan_addr_spec_t dst_addr;
    uint8_t payload[2];
    payload[0]=(uint8_t)sensor1;
    payload[1]=(uint8_t)(sensor1 >> 8);
    dst_addr.AddrMode = WPAN_ADDRMODE_SHORT;
    dst_addr.Addr.short_address = 0x0000;
    dst_addr.PANId = panid;
```

```
wpan_mcps_data_req(WPAN_ADDRMODE_SHORT,
                   &dst_addr,
                   sizeof(payload),
                   payload,
                   0,
                   WPAN_TXOPT_ACK);
}
```

Die Funktion `send_sensor_data` soll zum ersten Mal ausgeführt werden, sobald
der Beitritt zum PAN erfolgreich war, d.h. wir müssen die Funktion `usr_mlme_`
`associate_conf` wie folgt anpassen:

Quellcode 11.33: Meine_Anwendung\Device\Src\main.c

```
void usr_mlme_associate_conf(uint16_t AssocShortAddress, uint8_t status){
    if (status == MAC_SUCCESS){
        printf("Erfolgreicher Beitritt\n");
        printf("Zugewiesen Kurzadresse: 0x%04" PRIX16 "\n", AssocShortAddress);
        pal_led(LED_YELLOW, LED_OFF);
        pal_led(LED_GREEN, LED_ON);
        send_sensor_data();
    } else {
        wpan_mlme_reset_req(true);
    }
}
```

Wir werden uns vom MAC-Stack darüber informieren lassen, ob die Übertragung der Daten erfolgreich war und zudem einen Timer starten, der die Funktion `send_sensor_`
`data` nach dessen Ablauf aufruft und erneut Sensordaten versendet. Nach dem Versenden der Daten ruft der MAC-Stack die Funktion `usr_mcps_data_conf` auf, die wir
entsprechend implementieren:

Quellcode 11.34: Meine_Anwendung\Device\Src\main.c

```
void usr_mcps_data_conf(uint8_t msduHandle, uint8_t status){
    if(status == MAC_SUCCESS)
        printf("Gesendet!\n");
    else
        printf("Fehler beim Versenden!\n");
    pal_timer_start(APP_TIMER2_ID,
                    APP_TIMER2_INTERVALL_US,
                    TIMEOUT_RELATIVE,
                    (FUNC_PTR)send_sensor_data,
                    NULL);
    msduHandle = msduHandle;
    status = status;
}
```

In den Dateien *Makefile* und *Makefile_Debug* müssen wir den Eintrag für die Dummy-funktion `usr_mcps_data_conf` des MAC-Stacks löschen, da wir diese jetzt selbst implementiert haben:

Quellcode 11.35: Device\AT86RF230B_ATMEGA1281_MEINBOARD\ GCC\Makefile

```
    ⋮
$(TARGET_DIR)/usr_mcps_data_conf.o \
    ⋮
```

Wenn wir auf unser Funkmodul das kompilierte Image dieser Anwendung übertragen, sendet es die Sensordaten an den PAN-Koordinator. Im nächste Kapitel werden wir uns dem PAN-Koordinator widmen. Wir werden erklären, wie dieser ein PAN aufbaut und wie dieser die empfangenen Daten verarbeitet.

11.11   Aufbau eines PANs und Empfang von Daten durch den PAN-Koordinator

Der Programmaufbau des PAN-Koordinators ist dem des Nichtkoordinators sehr ähnlich. Nachdem die Funkkanäle gescannt wurden, versucht der PAN-Koordinator nicht einem vorhanden PAN beizutreten, sondern startet durch Aufruf der Funktion `wpan_mlme_ start_req` ein eigenes PAN. Die Funktion ist die Realisierung der MLME-START. request-Primitive der MAC-Schicht des IEEE 802.15.4 Standards (siehe Abschn. 10.5.2) und erwartet 8 Übergabeparameter:

```
bool wpan_mlme_start_req(uint16_t  PANId,
                         uint8_t   LogicalChannel,
                         uint8_t   ChannelPage,
                         uint8_t   BeaconOrder,
                         uint8_t   SuperframeOrder,
                         bool      PANCoordinator,
                         bool      BatteryLifeExtension,
                         bool      CoordRealignment)
```

Durch den ersten Parameter wird die PAN-ID festgelegt. Der zweite und dritte Parameter bestimmen den zu benutzenden den Funkkanal und die Kanalseite. Mit den Parametern vier und fünf wird die Superframestruktur festgelegt. Die Beaconorder und Superframeorder setzten wir auf 15, was bedeutet, dass keine periodische Beacons gesendet werden und im PAN keine inaktive Phase existiert. Der sechste Parameter `PANCoordinator` wird auf `true` gesetzt, womit wir unserem Funkmodul die Rolle des PAN-Koordinator zuweisen, denn die MLME-START.request-Primitive kann auch von anderen Koordinatoren benutzt werden, um eine eigene Superframestruktur festzulegen. Die zwei letzten Parameter setzten wir auf `false`, denn unser PAN-Koordinator soll weder das Feature zum Energie sparen benutzten noch soll er ein Koordinatorneujustierung-Kommandoframe absenden. Das PAN muss erst einmal gebildet werden.

Sobald das Netz gestartet ist, wird vom MAC-Stack die Funktion `usr_mlme_start_conf` ausgeführt, über die wir uns über den erfolgreichen Aufbau des Netzes informieren lassen können. Ab jetzt können andere Funkmodule versuchen dem PAN beizutreten. Sobald ein Funkmodul diese Anfrage an den PAN-Koordinator gesendet hat, werden wir vom MAC-Stack des PAN-Koordinator durch den Aufruf der Funktion `usr_mlme_associate_ind` darüber informiert. Wir erhalten als Übergabeparameter die 64-Bit MAC-Adresse des Funkmoduls und welche Fähigkeiten das Funkmodul besitzt, d. h. z. B. ob es sich um ein RFD oder FFD handelt. Der PAN-Koordinator ist dafür verantwortlich diese Anfrage zu beantworten und dem Funkmodul eine gültige 16-Bit Kurzadresse zuzuweisen. Dafür müssen wir die Funktion `wpan_mlme_associate_resp` aufrufen:

```c
bool wpan_mlme_associate_resp(uint64_t  DeviceAddress,
                              uint16_t  AssocShortAddress,
                              uint8_t   status)
```

Die Auswahl der 16-Bit Kurzadresse ist kein Bestandteil des IEEE 802.15.4 Standard und damit auch nicht im MAC-Stack implementiert, sondern Aufgabe unsere Anwendung. Wir implementieren hierfür die Funktion `assign_new_short_addr`. Dabei zählen wir lediglich wie viele Funkmodul über den PAN-Koordinator dem PAN beigetreten sind und verteilen iterativ beginnend bei `0x0001` eine Kurzadresse:

Quellcode 11.36: Meine_Anwendung\Coordinator\Src\main.c

```c
            :
            :
static bool assign_new_short_addr(uint64_t addr64, uint16_t *addr16){
    if (no_of_assoc_devices<MAX_NUMBER_OF_DEVICES){
        for (uint8_t i = 0; i < no_of_assoc_devices; i++) {
            if (device_list[i].ieee_addr == addr64) {
                *addr16 = device_list[i].short_addr;
                return true;
            }
        }
        *addr16 = CPU_ENDIAN_TO_LE16(no_of_assoc_devices + 0x0001);
        no_of_assoc_devices++;
        printf("Kurzadresse 0x04%" PRIX16 " vergeben.\n", *addr16);
        return true;
    }
    return false;
}
            :
            :
```

Als letztes sollen die Daten, die an den PAN-Koordinator gesendet werden, verarbeitet werden. Sobald ein Funkmodul Daten erhält, ruft der MAC-Stack die von uns zu implementierende Funktion `usr_mcps_data_ind` auf und übergibt dieser sechs Parameter:

```
void usr_mcps_data_ind(wpan_addr_spec_t *   SrcAddrSpec,
                       wpan_addr_spec_t *   DstAddrSpec,
                       uint8_t              msduLength,
                       uint8_t *            msdu,
                       uint8_t              mpduLinkQuality,
                       uint8_t              DSN)
```

Die ersten zwei Parameter informieren uns über die Adresse des Senders und Empfängers des Datenpaketes. Durch den dritten Parameter erfahren wir wie viele Daten wir empfangen haben und der vierte Parameter liefert uns einen Zeiger auf das Array der Daten. Der fünfte Parameter ist der LQI-Wert des empfangenen Datenpaketes und der sechste Parameter dessen Sequenznummer. Beim Erhalt eines Paketes lassen wir bei unserer Implementierung kurz eine LED aufleuchten und geben die erhaltenen Sensorwerte über die UART-Schnittstelle aus. Der vollständige Quellcode der Datei *main.c* des PAN-Koordinators ist wie folgt:

Quellcode 11.37: Meine_Anwendung\Coordinator\Src\main.c

```
#include "sio_handler.h"
#include "mac_api.h"
#include "app_config.h"
#include "ieee_const.h"

typedef struct associated_device_tag{
    uint16_t short_addr;
    uint64_t ieee_addr;
}associated_device_t;

static associated_device_t device_list[MAX_NUMBER_OF_DEVICES];
static uint8_t no_of_assoc_devices;
static uint32_t rx_cnt;
static bool assign_new_short_addr(uint64_t addr64, uint16_t *addr16);
static void led_off_cb(void *parameter);

int main(void){
    if (wpan_init() != MAC_SUCCESS){
        pal_alert();
    }
    pal_led_init();
    pal_global_irq_enable();

#ifdef SIO_HUB
    if (pal_sio_init(SIO_CHANNEL) != MAC_SUCCESS){
        pal_alert();
    }
    fdevopen(_sio_putchar, _sio_getchar);
#endif
```

```c
    printf("PAN-Koordinator\n");
        pal_led(LED_RED, LED_ON);
    wpan_mlme_reset_req(true);

    while (1){
        wpan_task();
    }
}

void usr_mlme_reset_conf(uint8_t status){
    if (status == MAC_SUCCESS){
        uint16_t short_addr = COORD_SHORT_ADDR;
        wpan_mlme_set_req(macShortAddress, &short_addr);
    }else{
        wpan_mlme_reset_req(true);
    }
}

void usr_mlme_set_conf(uint8_t status, uint8_t PIBAttribute){
    if ((status == MAC_SUCCESS) && (PIBAttribute == macShortAddress)){
        uint8_t association_permit = true;
        wpan_mlme_set_req(macAssociationPermit, &association_permit);
    } else if ((status == MAC_SUCCESS) && (PIBAttribute == macAssociationPermit))
        {
        bool rx_on_when_idle = true;
        wpan_mlme_set_req(macRxOnWhenIdle, &rx_on_when_idle);
    } else if ((status == MAC_SUCCESS) && (PIBAttribute == macRxOnWhenIdle)) {
        wpan_mlme_scan_req(MLME_SCAN_TYPE_ACTIVE,
                           SCAN_ALL_CHANNELS,
                           1,
                           CHANNEL_PAGE);
    } else{
        wpan_mlme_reset_req(true);
    }
}

void usr_mlme_scan_conf(uint8_t status,
                        uint8_t ScanType,
                        uint8_t ChannelPage,
                        uint32_t UnscannedChannels,
                        uint8_t ResultListSize,
                        void *ResultList){
    wpan_mlme_start_req(PAN_ID, CHANNEL, CHANNEL_PAGE,
                        15, 15,  true, false, false);
    status = status;
    ScanType = ScanType;
    ChannelPage = ChannelPage;
    UnscannedChannels = UnscannedChannels;
    ResultListSize = ResultListSize;
    ResultList = ResultList;
}

void usr_mlme_start_conf(uint8_t status){
    if (status == MAC_SUCCESS){
        printf("PAN gestartet!\n");
        pal_led(LED_GREEN, LED_ON);
        pal_led(LED_RED, LED_OFF);
    } else {
        wpan_mlme_reset_req(true);
    }
}
```

```c
void usr_mlme_associate_ind(uint64_t DeviceAddress,
                            uint8_t CapabilityInformation){
    uint16_t associate_short_addr = macShortAddress_def;
    if (assign_new_short_addr(DeviceAddress, &associate_short_addr) == true){
        wpan_mlme_associate_resp(DeviceAddress,
                                 associate_short_addr,
                                 ASSOCIATION_SUCCESSFUL);
    } else {
        wpan_mlme_associate_resp(DeviceAddress, associate_short_addr,
            PAN_AT_CAPACITY);
    }
    CapabilityInformation = CapabilityInformation;
}


void usr_mcps_data_ind(wpan_addr_spec_t *SrcAddrSpec,
                       wpan_addr_spec_t *DstAddrSpec,
                       uint8_t msduLength,
                       uint8_t *msdu,
                       uint8_t mpduLinkQuality,
                       uint8_t DSN){
    rx_cnt++;
    uint16_t sensor1=(msdu[1]<<8) | msdu[0];
    pal_led(LED_YELLOW, LED_ON);
    pal_timer_start(TIMER_LED_OFF, LED_ON_DURATION,
                    TIMEOUT_RELATIVE, (FUNC_PTR)led_off_cb, NULL);
    printf("Frames empfangen: %" PRIu32 "  Sensor1:%" PRIu16 "\n",rx_cnt,sensor1);
    SrcAddrSpec = SrcAddrSpec;
    DstAddrSpec = DstAddrSpec;
    msduLength = msduLength;
    mpduLinkQuality = mpduLinkQuality;
    DSN = DSN;
}


static bool assign_new_short_addr(uint64_t addr64, uint16_t *addr16){
    if (no_of_assoc_devices<MAX_NUMBER_OF_DEVICES){
        for (uint8_t i = 0; i < no_of_assoc_devices; i++) {
            if (device_list[i].ieee_addr == addr64) {
                *addr16 = device_list[i].short_addr;
                return true;
            }
        }

        *addr16 = CPU_ENDIAN_TO_LE16(no_of_assoc_devices + 0x0001);
        no_of_assoc_devices++;
        printf("Kurzadresse 0x04%" PRIX16 " vergeben.\n", *addr16);
        return true;
    }
    return false;
}


static void led_off_cb(void *parameter){
    pal_led(LED_YELLOW, LED_OFF);
    parameter = parameter;
}
```

Die Headerdatei *app_config.h* ähnelt der des Nichtkoordinators. Allerdings benötigt der PAN-Koordinator ein paar zusätzlich Deklarationen:

Quellcode 11.38: Meine_Anwendung\Coordinator\Inc\app_config.h

```c
#ifndef APP_CONFIG_H
#define APP_CONFIG_H

#include "stack_config.h"

#define CHANNEL_PAGE                (0)
#define CHANNEL                     (20)
#define SCAN_ALL_CHANNELS           (0x07FFF800)

#define PAN_ID                      CCPU_ENDIAN_TO_LE16(0xBABE)
#define COORD_SHORT_ADDR            CCPU_ENDIAN_TO_LE16(0x0000)
#define MAX_NUMBER_OF_DEVICES       (4)

#define LED_ON_DURATION                (500000)

#if (NUMBER_OF_TOTAL_STACK_TIMERS == 0)
#define APP_FIRST_TIMER_ID          (0)
#else
#define APP_FIRST_TIMER_ID          (LAST_STACK_TIMER_ID + 1)
#endif

#define TIMER_LED_OFF               (APP_FIRST_TIMER_ID)
#define NUMBER_OF_APP_TIMERS        (1)
#define TOTAL_NUMBER_OF_TIMERS      (NUMBER_OF_APP_TIMERS +
    NUMBER_OF_TOTAL_STACK_TIMERS)

#define NUMBER_OF_LARGE_APP_BUFS    (0)
#define NUMBER_OF_SMALL_APP_BUFS    (0)
#define TOTAL_NUMBER_OF_LARGE_BUFS  (NUMBER_OF_LARGE_APP_BUFS +
    NUMBER_OF_LARGE_STACK_BUFS)
#define TOTAL_NUMBER_OF_SMALL_BUFS  (NUMBER_OF_SMALL_APP_BUFS +
    NUMBER_OF_SMALL_STACK_BUFS)
#define TOTAL_NUMBER_OF_BUFS        (TOTAL_NUMBER_OF_LARGE_BUFS +
    TOTAL_NUMBER_OF_SMALL_BUFS)
#define UART_MAX_TX_BUF_LENGTH      (10)
#define UART_MAX_RX_BUF_LENGTH      (10)
#define EE_IEEE_ADDR                (0)

#endif
```

Bei unserem PAN-Koordinator haben wir die zwei Funktionen `usr_mcps_data_conf`
und `usr_mlme_comm_status_ind` nicht implementiert, so dass wir den Compiler in
den Dateien *Makefile* und *Makefile_Debug* anweisen müssen, die entsprechenden Dummyfunktionen des MAC-Stacks zu laden:

Quellcode 11.39:
Coordinator\AT86RF230B_ATMEGA1281_MEINBOARD\GCC\Makefile

```makefile
                    :
                    :
OBJECTS = $(TARGET_DIR)/main.o\
    $(TARGET_DIR)/usr_mcps_data_conf.o \
    $(TARGET_DIR)/usr_mlme_comm_status_ind.o \
    $(TARGET_DIR)/sio_handler.o\
                    :
                    :
```

```
PAN-Koordinator                        Netzwerksuche...
PAN gestartet!                         Versuche PAN 0xBABE beizutreten...
Kurzadresse 0x0001 vergeben.           Erfolgreicher Beitritt
Frames empfangen: 1  Sensor1:2600      Zugewiesen Kurzadresse: 0x0001
Frames empfangen: 2  Sensor1:2600      Daten senden... Gesendet!
Frames empfangen: 3  Sensor1:2600      Daten senden... Gesendet!
                                       Daten senden... Gesendet!
```

Abb. 11.6 Empfang von Sensordaten am PAN-Koordinator

Starten wir unseren PAN-Koordinator und ein Funkmodul mit dem Image aus dem vorherigen Kapitel, erhalten wir eine Ausgabe wie in Abb. 11.6 dargestellt.

11.12 Ansteuern des Analog-Digital-Wandler (ADC) und Ermittlung der Batteriespannung

Um mit einem ZigBit-Chip Sensorwerte erfassen zu können, gibt es mehrere Möglichkeiten. Die zwei gängigsten sind der Anschluss von Sensoren an den I^2C-Bus oder an einen ADC. Wir werden jetzt die Batteriespannung über einen ADC mit Hilfe eines Spannungsteilers ermitteln und an den PAN-Koordinator senden. Den ADC steuern wir direkt über die Register des Atmega1281. Der MAC-Stack stellt hierfür keine separaten Funktionen zur Verfügung. Als erstes müssen wir den ADC initialisieren:

Quellcode 11.40: Meine_Anwendung\Device\Src\main.c

```c
        :
static void ADC0_Init(void){
    // Den ADC aktivieren und Teilungsfaktor auf 64 stellen
    ADCSRA = (1<<ADEN) | (1<<ADPS2) | (1<<ADPS1);

    // Interne Referenzspannung verwenden (also 1,1 V) und Kanal 0 setzen
    ADMUX = (1<<REFS1) | (0<<REFS0);

    // ADC-Messung starten und einen sog. Dummyreadout machen
    ADCSRA |= (1<<ADSC);
    while(ADCSRA & (1<<ADSC));
}
        :
```

Über das Register `ADCSRA` wird der ADC aktiviert und der Teilungsfaktor auf 64 gesetzt. Der Teilungsfaktor muss so gesetzt sein, dass die Division der Frequenz des Mikrocontrollers (8 MHz) mit dem Teilungsfaktor einen Wert zwischen 50 kHz und 200 kHz ergibt. Im nächsten Schritt wird über das Register `ADMUX` der Anschlusspin des Mikrocontrol-

lers und die Referenzspannung gewählt. Wir benutzten den Anschlusspin 33 (ADC0). Die
hier angelegte Spannung wird mit der internen Referenzspannung des Mikrocontrollers
von 1,1 V verglichen. D. h. wir können an Pin 33 eine Spannung zwischen 0 V und 1,1 V
messen und erhalten als Ergebnis einen 10-Bit Wert k zwischen 0 und 1023. Die anliegende Spannung ergibt sich durch $k \cdot 1{,}1\,\text{V}/1024$. Im letzten Schritt der Initialisierung
machen wir eine Messung und verwerfen das erste Ergebnis. Dies ist sinnvoll, da der erste ermittelte Wert des ADCs meist sehr fehlerhaft ist. Durch Setzen des Bits `ADSC` im
Register `ADCSRA` wird eine ADC-Messung gestartet. Solange das Bit gesetzt ist, dauert die Messung an und wir verweilen in einer Warteschleife. Die Initialisierungsfunktion
`ADC0_Init` können wir in unser Anwendung z. B. direkt nach der Initialisierung der
LEDs ausführen:

Quellcode 11.41: Meine_Anwendung\Device\Src\main.c

```
                :
                :
int main(void){
    if (wpan_init() != MAC_SUCCESS){
        pal_alert();
    }
    pal_led_init();
    pal_global_irq_enable();
    ADC0_Init();
                :
                :
```

Als nächste implementieren wir eine Funktion, die jeweils drei ADC-Messungen ausführt,
das arithmetische Mittel bestimmt und uns das 10-Bit Ergebnis direkt in Spannung um-
rechnet:

Quellcode 11.42: Meine_Anwendung\Device\Src\main.c

```
                :
                :
static uint16_t readADC0(void) {
    uint16_t result = 0;
    for(uint8_t  i=0; i<3; i++) {
        ADCSRA |= (1<<ADSC);
        while(ADCSRA & (1<<ADSC));
        result += ADCW;
    }
    return result*1100ul/(3*1024ul);
}
                :
                :
```

Wir führen drei Messungen durch, um eventuelle Fehlmessungen durch Mittelwertbestim-
mung zu glätten. Das Ergebnis einer ADC-Messung finden wir im Register `ADCW`. Die
Funktion `readADC0` können wir direkt vor dem Senden unserer Sensorwerte aufrufen:

Quellcode 11.43: Meine_Anwendung\Device\Src\main.c

```c
        .
        .
        .
static void send_sensor_data(void){
    printf("Daten senden... ");
    wpan_addr_spec_t dst_addr;
    sensor1 = readADC0();
    printf("Sensor1: %" PRIu16 "\n", sensor1);
        .
        .
        .
```

Legen wir nun eine Spannung zwischen 0 V und 1,1 V an Pin 33 des Mikrocontrollers an, erhalten wir mit Hilfe des ADCs die entsprechende Spannung in Millivolt.

Um jetzt die Batteriespannung unseres Funkmoduls zu ermitteln, können wir einen 3 : 1 Spannungsteiler zwischen die Batteriespannung und Masse anschließen. Als Widerstände können wir z. B. einen $100\,\text{k}\Omega$ und einen $33\,\text{k}\Omega$ Widerstand benutzen. Den Pin 33 des ZigBit-Chips schließen wir zwischen den beiden Widerständen an, so dass wir maximal ein Viertel der Batteriespannung messen. Durch den Spannungsteiler erreichen wir eine Erweiterung des Messbereich von 0 V bis 1,1 V auf 0 V bis 4,4 V, wobei sich allerdings die Genauigkeit der Messung entsprechend verringert. In Abb. 11.7 ist der Anschlussplan dargestellt. Die Batteriespannung erhalten wir in dem wir den gemessen ADC-Wert mit 4 multiplizieren, d. h. wir können den Rückgabewert der Funktion `readADC0` zu `4*result*1100ul/(3*1024ul)` abändern. Weitere Informationen über die Funktionsweise des ADCs und die ADC-Register können z. B. unter [mik] nachgelesen werden.

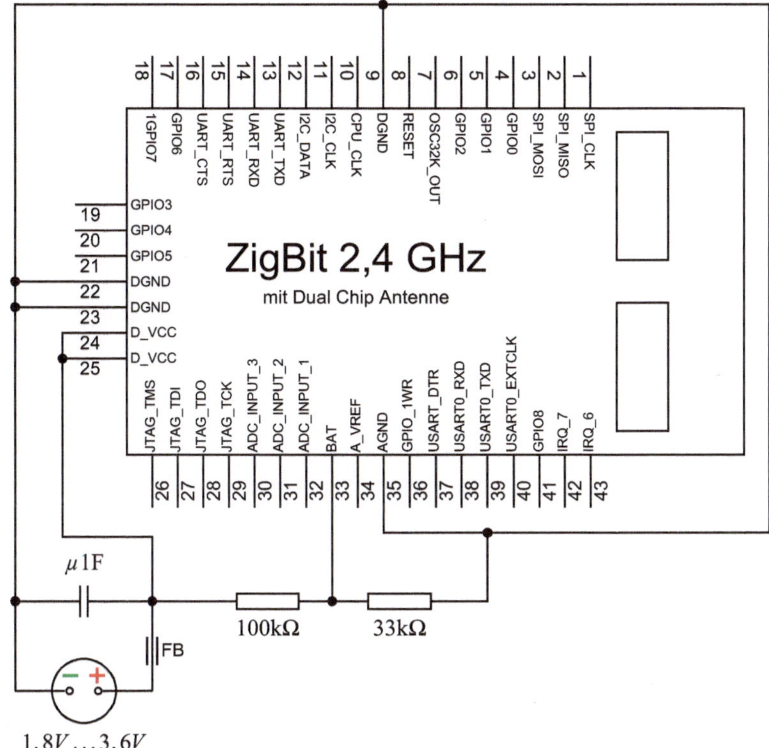

Abb. 11.7 Anschluss eines Spannungsteilers an den Kanal 0 des ADCs zur Ermittlung der Batterie-spannung

µracoli[1] ist eine Bibliothek für Transceiver von Atmel in Verbindung mit 8-Bit AVR Mikrocontrollern. Für uns ist hierbei besonders das Paket *uracoli-sniffer* interessant, mit dem IEEE-802.15.4-Datenverkehr empfangen und protokolliert werden kann. Für Funkmodule mit einem ZigBit-Chip stellt das Paket eine Firmware zur Verfügung, die diesen Datenverkehr empfängt und über die serielle Schnittstelle ausgibt. Eine in der Programmiersprache *Python*[2] realisierte Serial-Zu-Wireshark-Bridge liest die über die serielle Schnittstelle ankommenden Daten ein, wandelt diese in das pcap[3]-Format um und stellt diese Daten über eine Pipe dem Netzwerkanalyseprogramm *Wireshark* zur Verfügung. Anschließend kann der erhaltenen Datenverkehr mit dem Programm Wireshark analysiert werden. Die Snifferanwendung ist Plattform-unabhängig, benötigt als Basis allerdings die Laufzeitumgebung Python inklusive dem Modul pyserial, welches den Zugriff auf die serielle Schnittstelle ermöglicht. Um die protokollierten Daten auswerten zu können, benötigen wir zudem das Netzwerkverkehranalysetool Wireshark. Wir werden hier die Installation der zur Zeit aktuellen Version der Sniffersoftware µracoli Version 0.4.2 unter einem Windows Betriebssystem erklären.

12.1 Installation von Python und dem Modul pySerial

Für die µracoli-Sniffersoftware Version 0.4.2 wird die 32-Bit Version Python 2.7.6 benötigt[4]. Der benötigte Python 2.7.6 Windows Installer (python-2.7.6.msi) kann im Downloadbereich der Webseite www.python.org heruntergeladen werden. Die Installation von Python starten wir durch einen Doppelklick auf die Datei *python-2.7.6.msi* und wählen als

---

[1] Die Webseite des Projektes µracoli ist www.nongnu.org/uracoli/.

[2] www.python.org

[3] Packet Capture Format

[4] Die hier benutzte Version der µracoli-Sniffersoftware funktioniert nicht mit einer Python Version > 3.0.

© Springer Fachmedien Wiesbaden 2014
M. Krauße, R. Konrad, *Drahtlose ZigBee-Netzwerke*, DOI 10.1007/978-3-658-05821-0_12

Installationsverzeichnis *c:\python27* aus. Durch Klicken auf *weiter* wird nun Python auf unserem Computer installiert.

Um mit Python auf die serielle Schnittstelle des Computers zugreifen zu können, benötigen wir das Pythonmodul *pySerial*. Auf der Webseite pypi.python.org/pypi/pyserial laden wir uns hierfür die Datei *pyserial-2.7.win32.exe* herunter und starten die Installation des Moduls durch einen Doppelklick auf die heruntergeladene Datei. Die Installationsdatei sucht die zuvor installierte Version von Python automatisch, so dass wir bei der Installation lediglich auf weiter klicken müssen, um das Modul *pySerial* zu installieren.

12.2   Installation von Wireshark

Wireshark ist ein sehr leistungsfähiges Programm zur Analyse von Netzwerkpaketen. Die µracoli-Sniffersoftware kümmert sich um die Aufzeichnung von IEEE 802.15.4 Paketen und gibt diese über eine Pipe an Wireshark zur Darstellung weiter. Auf der Website www. wireshark.org können wir die für unser Betriebssystem passende Version von Wireshark herunterladen. Nach dem Download installieren wir Wireshark inklusive *WinPcap*[5] in das Standardverzeichnis *C:\Programme\Wireshark*.

12.3   Die µracoli-Sniffersoftware

Jetzt kommen wir zur Installation der eigentlichen Sniffersoftware *µracoli*. Auf der Webseite www.nongnu.org/uracoli/ laden wir dazu unter der Rubrik Download das Paket *uracoli-sniffer-0.4.2.zip* herunter und entpacken dieses nach *c:\uracoli-sniffer-0.4.2*. Im Unterverzeichnis *Firmware* befinden sich für verschiedene Funkmodule unterschiedliche Firmwares. Für die ZigBit-Chips mit 2,4 GHz benötigen wir die Firmware *sniffer_any2400st.hex*. Diese übertragen wir mit AVRStudio auf unser Funkmodul. Wichtig ist hierbei dass die *Low Fuse* auf 0xE2 und die *High Fuse* auf 0x9C gesetzt ist, insbesondere ist es wegen der Übertragungsrate der UART-Schnittstelle wichtig, dass der Mikrocontroller mit 8 MHz läuft d. h. *CKDIV8* darf nicht gesetzt sein.

Als Nächstes starten wir das Programm *sniffer.py* und übergeben diesem den COM-Port an dem unser Funkmodul angeschlossen ist. Über eine Pipe werden die Daten direkt an Wireshark weitergereicht. Dies alles erreichen wir, in dem wir in der Eingabeaufforderung den folgenden Befehl eingeben:

```
C:\python27\python C:\uracoli-sniffer-0.4.2\script\sniffer.py -p COM2 |
C:\Programme\Wireshark\wireshark -ki -
```

Wir haben hier exemplarisch den COM-Port 2 gewählt. Welchen COM-Port das angeschlossene Funkmodul belegt, können wir über den Gerätemanager von Windows herausfinden. Nach der Eingabe des Befehls öffnen sich ein Fenster der µracoli-Sniffersoftware

---

[5] Windows Packet Capture Library

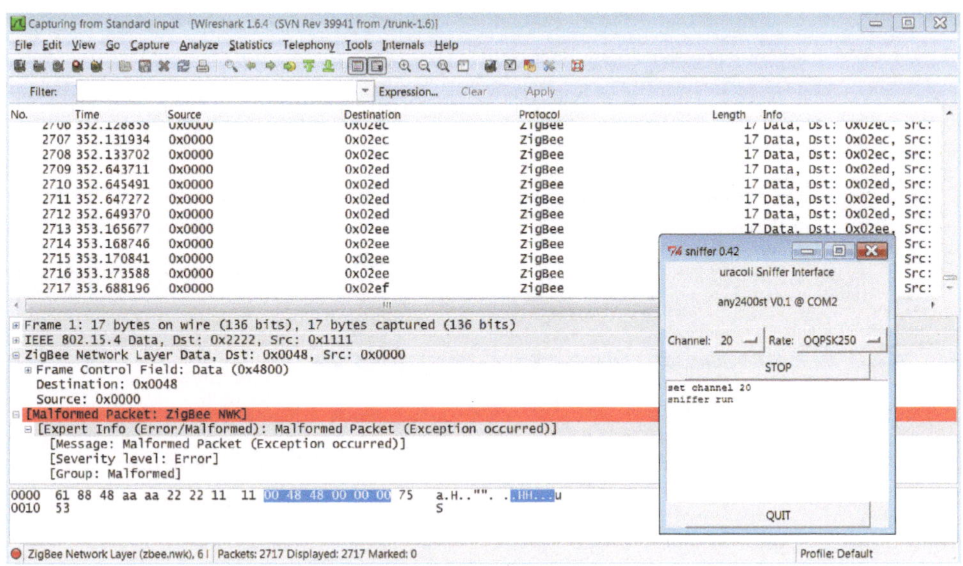

Abb. 12.1 µracoli-Sniffersoftware und Wireshark

und ein Fenster für Wireshark (siehe Abb. 12.1). Im Fenster der Sniffersoftware wählen wir den Funkkanal, von welchem wir den Netzwerkverkehr aufzeichnen wollen und die eingesetzte Modulationsart. Bei der Modulationsart steht uns bei den 2,4 GHz-Modulen nur O-QPSK 250 zur Verfügung. Für unsere Beispielanwendungen im Buch benutzen wir im Allgemeinen immer den Funkkanal 20. Durch einen Klick auf den Button *SNIFF* starten wir das Protokollieren des Datenverkehrs. Wollen wir die Aufzeichnung anhalten, drücken wir den Button *STOP* der jetzt anstatt des Buttons *SNIFF* erscheint. Da unser Funkmodul zur Ausgabe über die UART-Schnittstelle den Chip FTDI FT232 mit einer Baudrate von 38400 benutzt, was in diesem Fall gleichbedeutend mit 38,4 kbit/s ist, die Modulation O-QPSK bei 2,4 GHz allerdings 250 kbit/s unterstützt, können insbesondere bei fragmentierten Übertragungen, bei denen die Frames sehr schnell hintereinander gesendet werden, Pakete verloren gehen. Abhilfe schaffen hier Funkmodule, die eine schnellere Übertragung z. B. durch paralleles Senden der Daten gewährleisten z. B. Atmel STK541 mit FTDI FT245. Bei Modulen die das Frequenzband 868 MHz benutzen, tritt das Problem nicht auf, da hier die maximal Übertragungsrate 20 kbit/s ist.

12.4 Wireshark

Das Programm Wireshark gehört zu der Softwarekategorie der Sniffertools, d.h es kann dazu benutzt werden Daten von einem Netzwerk aufzuzeichnen. Deshalb ist Wireshark für die Fehleranalyse in einem Netzwerk sehr hilfreich. Wireshark bietet eine Reihe von Funk-

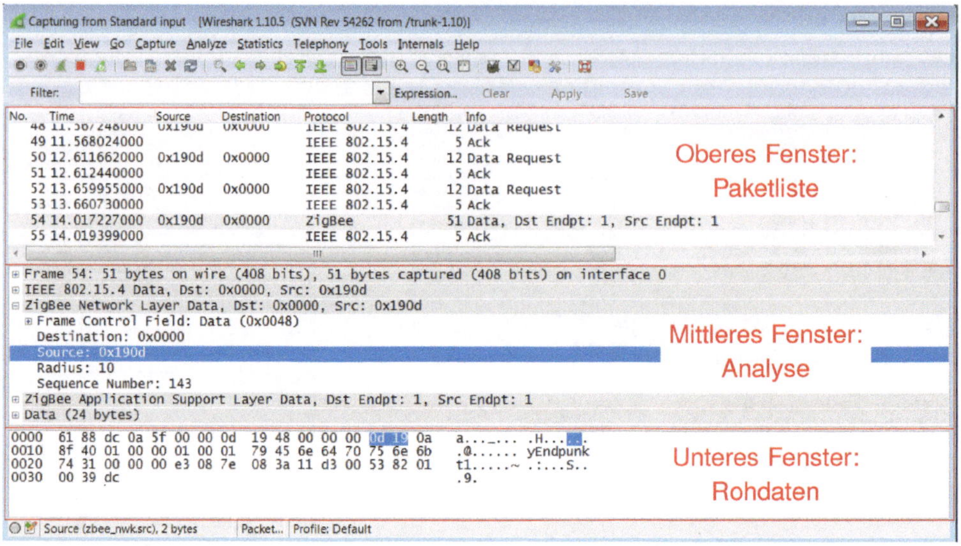

Abb. 12.2 Aufbau der Oberfläche von Wireshark

tionalitäten, die selbst für erfahrene Anwender eine gewisse Einarbeitungszeit benötigen. Deshalb ist ein fundiertes Grundwissen über die zu analysierenden Netzwerkprotokolle notwendig. Normalerweise erhält Wireshark Daten über den sogenannten *capture driver*, der sich in den Netzwerkkartentreiber einklinkt und eine Kopie aller Netzwerkpakete in einen Buffer ablegt. In unserem Fall verhält sich das etwas anders. Der Netzwerkverkehr wird über das Funkmodul abgefangen und über die UART-Schnittstelle weitergereicht. Das Programm µracoli liest diese Daten aus, wandelt sie in das libpcap[6]-Format um und sendet sie über eine *Pipe* an Wireshark.

Um nicht jedes einzelne ankommende Paket untersuchen zu müssen, können in Wireshark verschiedene Filter gesetzt werden, um nur bestimmte Netzwerkpakete zu protokollieren. So kann z. B. nach bestimmten Adressen, Netzwerken, Endpunkten und Protokollschichten gefiltert werden.

Die grafische Oberfläche ist in drei Fenster unterteilt (siehe Abb. 12.2). Das oberste Fenster enthält eine Liste der gespeicherten Pakete mit einer knappen Beschreibung. Jede Zeile repräsentiert ein Paket. Durch Anklicken eines Pakets erscheinen in den anderen zwei Fenstern detaillierte Informationen zu diesem Paket. Das mittlere Fenster hat eine Baumstruktur und beinhaltet Informationen gegliedert nach Protokollschichten. Wireshark wertet jede einzelnen Feldinformationen eines Paketes aus und zeigt diese in einer für uns gut lesbaren Form an. Das unterste Fenster zeigt die Rohdaten des ausge-

---

[6] libpcap ist ein Dateiformat, um Netzwerkverkehr zu speichern und wird neben Wireshark von vielen gängigen Netzwerktools unterstützt.

wählten Datenpaketes. Durch klicken auf die verschiedenen Felder im mittlerem Fenster, werden die dazugehörigen Daten im untersten Fenster hervorgehoben und umgekehrt.

Gerade wenn sich in unserem Netzwerk viele Funkmodule befinden und der Datenverkehr entsprechend hoch ist, wird es schwierig bei der Menge erhaltener Pakete bestimmte Informationen zu finden. Wireshark bietet hierfür die Möglichkeit Filter einzusetzen um nur Pakete mit bestimmten Merkmalen anzuzeigen. Über dem obersten Fenster ist ein Feld mit dem Namen Filter in dem ein entsprechender Filterbefehl eingegeben werden kann:

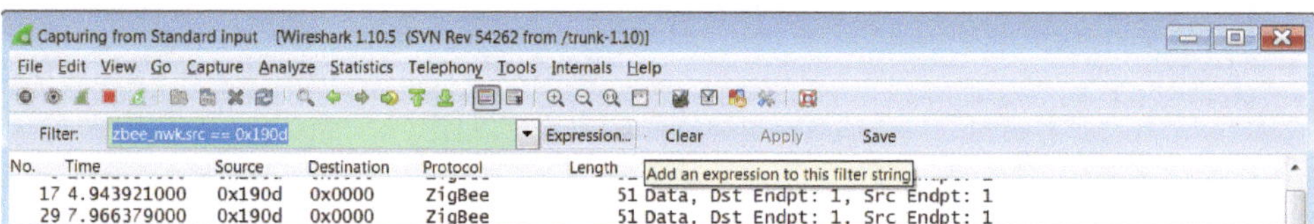

Durch einen Klick auf den Button *Expression* erhalten wir ein Auswahlfenster um Filterbefehle zu erstellen. Für uns sind hier nur Filterbefehle für IEEE 802.15.4 und ZigBee (ZigBee APF, ZigBee APS, ZigBee NWK, ZigBee ZCL und ZigBee ZDP) interessant. Wollen wir uns beispielsweise nur Pakete mit der Senderadresse `0x190D` anzeigen lassen, lautet der entsprechende Filterbefehl `zbee_nwk.src == 0x190D`. Durch Anklicken des Button *Apply* wird der Filter angewendet. Durch einen Klick auf den Button *Clear* werden alle Filter gelöscht und wieder sämtliche Pakete angezeigt. Durch die Befehle `and` und `or` lassen sich mehrere Filterbefehle kombinieren z. B. `zbee_nwk.src == 0x190D and zbee_nwk.dst == 0x0000`.

13

13.1 Einleitung

Die 2002 gegründete *ZigBee Allianz* ist ein Zusammenschluss von Industrieunternehmen, mit dem Ziel, offene weltweite Standards für Funknetze bereitzustellen, die für Überwachungs- und Steuerungsaufgaben eingesetzt werden können. 2004 wurde von der ZigBee Allianz die erste Version der ZigBee-Spezifikation [Zig04] vorgestellt. Inzwischen gilt diese mittlerweile unter dem Namen *ZigBee 2004* bekannte Version als veraltet. Sie wurde im Dezember 2006 von der ZigBee-Spezifikation *ZigBee 2006* [Zig06] abgelöst. Im Jahr 2007 hat die ZigBee Allianz die überarbeitet Spezifikation *ZigBee 2007* [Zig08b] herausgebracht, in der auch die zwei folgenden Erweiterungen eingearbeitet wurden (siehe auch [Aki]):

Fragmentierung: Ist diese Funktionalität aktiviert, wird ein zum Versenden zu großes Datenpaket automatisch in mehrere kleine Pakete aufgeteilt und hintereinander versendet.
Netzwerkfunkkanalmanager: Ein ausgewiesenes Funkmodul fungiert als Netzwerkfunkkanalmanager und fordert permanent von anderen Funkmodulen Netzwerkbericht über Interferenzen an. Gibt es im Funkkanal zu viele Interferenzen, wählt der Netzwerkmanager für das gesamte Netzwerk einen anderen Funkkanal aus.

Weder die Spezifikation *ZigBee 2006* noch die Spezifikation *ZigBee 2007* haben, wie von vielen irrtümlich angenommen, etwas mit den Stackprofilen *ZigBee* und *ZigBee PRO* zu tun. In diesen Spezifikationen wird lediglich der Begriff *Stackprofil* eingeführt. In einem Stackprofil sind Funktionen aus der Spezifikation zusammengefasst, die ein Funkmodul unterstützt. Das benutzte Stackprofil eines Funkmoduls wird in der Variablen *nwkStackProfile* gespeichert. 2008 hat die *ZigBee Allianz* das Dokument [Zig08a] veröffentlicht in dem zwei Stackprofile definiert werden, *ZigBee* und *ZigBee PRO*. Das Stackprofil *ZigBee* hat die ID `0x01` und hat unter anderem folgende Eigenschaften:

© Springer Fachmedien Wiesbaden 2014
M. Krauße, R. Konrad, *Drahtlose ZigBee-Netzwerke*, DOI 10.1007/978-3-658-05821-0_13

- Die Adressen werden über den Assoziationsbaum hierarchisch verteilt.
- Das Routing erfolgt entlang des hierarchischen Adressbaums, d. h. ein *ZigBee*-Netzwerk hat eine Baumstruktur.
- Netzwerke sind anfälliger für Störungen, insbesondere ist der ZigBee-Koordinator ein Single-Point-of-Failure.
- Es wird nur der normale Sicherheitsmodus unterstützt.
- Es erfolgt keine Informationsaustausch über die Qualität von Verbindungen.
- Die Implementierung des Stacks kommt mit sehr wenig Ressourcen aus, da keine Weganfragen oder Routingtabellen benötigt werden.

Das Stackprofil *ZigBee PRO* hat die ID `0x02` und hat unter anderem die folgende Eigenschaften:

- Die Adresszuweisung erfolgt zufällig. Auftretende Adresskonflikte müssen protokolliert und aufgelöst werden.
- Das Routing erfolgt mittels Routingtabellen und die Wegentdeckung durch Broadcast-Weganfragen. *ZigBee PRO*-Netzwerk sind Meshnetzwerke. Zudem werden die Feature Many-To-One-, Multicast- und Senderrouting unterstützt.
- Netzwerke sind wenig anfällig für Störungen. Fällt ein Funkmodul aus, repariert sich das Netz selbstständig, d. h. Kinder dieses Funkmoduls suchen sich ein neues Elternteil und Wege werden ggf. neu ermittelt. Nachdem das Netz bereits gestartet ist, hat auch der Ausfall eines Koordinators keine erheblichen Auswirkungen.
- Es wird der hohe Sicherheitsmodus der ZigBee Spezifikation unterstützt. Ein Schlüssel für eine End-Zu-End-Verbindung kann mittels SKKE[1]-Verfahren generiert werden.
- Es erfolgt ein Austausch über die Verbindungsqualität zwischen Funkmodulen. Bei schlechter Verbindung organisieren sich die entsprechenden Funkmodul neu. Die Verbindungsqualität zwischen zwei Funkmodulen wird insbesondere bei der Berechnung der Wege als symmetrisch (*nwkSymLink = TRUE*) betrachtet.

ZigBee 2007 ist zu *ZigBee 2006* abwärtskompatibel. Allerdings können Funkmodule mit dem *ZigBee PRO* Stackprofil auf Grund der unterschiedlichen Routingoptionen nur als ZigBee-Endgeräte und nicht als ZigBee-Router einem *ZigBee 2006*-Netzwerk beitreten. Selbiges gilt für *ZigBee 2006* Funkmodule und einem *ZigBee PRO*-Netzwerk. Wir beschränken uns hier ausschließlich auf die Beschreibung von *ZigBee 2007* nach der Spezifikation [Zig08b].

ZigBee baut auf dem IEEE 802.15.4 Standard auf und erweitert dessen Funktionalität. In ZigBee-Netzwerken können Datenpakete nicht nur von einem Funkmodul zu einem anderen in Reichweite befindlichen Funkmodul gesendet werden, sondern mittels Routing über mehrere Funkmodule hinweg ebenfalls an weiter entfernte Funkmodule. Dadurch lassen sich großflächige Baum- und Meshnetzwerke erstellen, um z. B. ein großes Gebiet mit Sensoren zu überwachen. Weitere Eigenschaften von ZigBee sind:

---

[1] Symmetric-Key Key Establishment

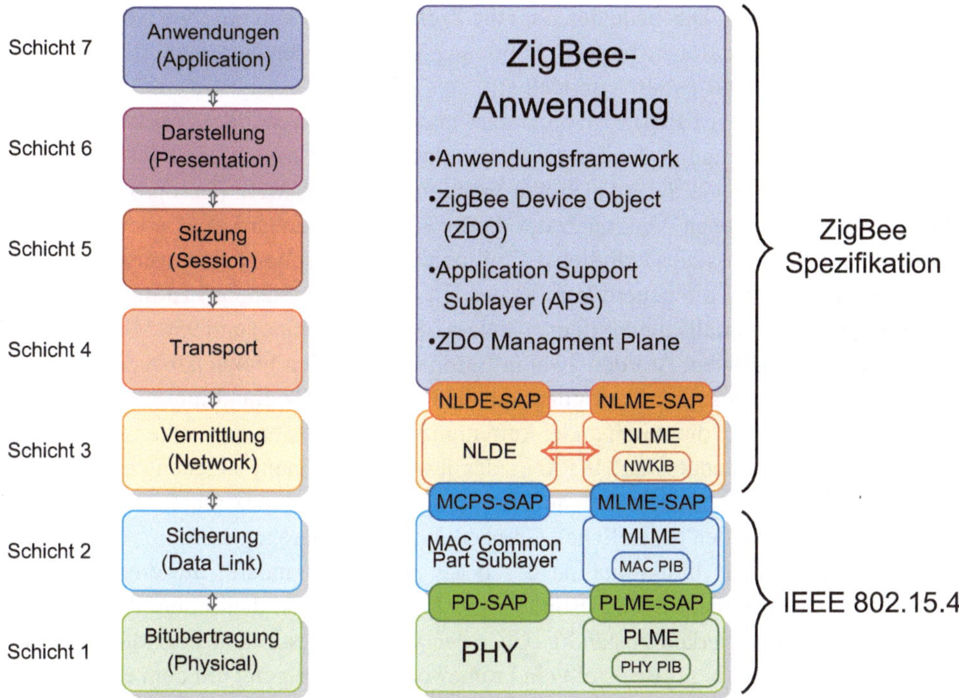

Abb. 13.1 Das OSI-Schichtenmodel und IEEE 802.15.4/ZigBee im Vergleich

- ZigBee-Netzwerke sind zuverlässig und selbst-heilend.
- Die Adressierung kann wahlweise über eine 16-Bit Kurzadresse oder über die 64-Bit MAC-Adresse erfolgen.
- Der sparsame Einsatz von Steuerinformationen vermeidet unnötigen Datenverkehr und sorgt für geringe Latenzzeiten.
- Die Datenübertragungsrate ist maximal 250 kbit/s bei 2,4 GHz, 40 kbit/s bei 915 MHz und 20 kbit/s bei 868 MHz.
- Größtmögliche Sicherheit mit Sicherheitsmechanismen, die sich auch auf einfacher Hardware realisieren lassen.
- Die Implementierung eines Protokollstapels benötigt relativ wenig Speicherplatz und Rechenleistung, wodurch Funkmodule für ZigBee-Knoten eine geringe Hardwareanforderung besitzen und die benötigte Hardware kostengünstig ist. Insbesondere ZigBee-Endknoten arbeiten energieeffizient, d. h. sie haben sehr lange Batteriestandzeit.
- Funkmodulen verschiedener Anbieter sind unter einander kompatibel.

Die ZigBee-Architektur baut wie das OSI-Referenzmodell auf mehrere Schichten auf. Die unteren beiden Schichten, die MAC und PHY-Schicht sind im Standard der IEEE 802.15.4 Arbeitsgruppe spezifiziert, die Vermittlungsschicht und die Anwendungsschicht von der ZigBee Allianz. Das bedeutet, dass die ZigBee-Architektur auf zwei voneinander unabhängigen Spezifikationen basiert. Abbildung 13.1 zeigt den Vergleich der ZigBee-Architektur mit dem OSI-Referenzmodell.

Da ZigBee auf dem IEEE 802.15.4 Standard in der Version von 2003 [IEE03] aufbaut, nutzt es für die Übertragung der Daten ebenso das weltweit lizenzfreie ISM^2-Funkfrequenzband 2,4 GHz sowie die lokal freien Frequenzbäder 868 MHz (Europa), 915 MHz (USA). Die verschiedenen Versionen des IEEE 802.15.4 Standard sind allerdings abwärtskompatibel, so dass dies lediglich die minimale Anforderung ist. Den verschiedenen Herstellern steht es frei die neuere Version des IEEE 802.15.4 Standard zu implementieren, wodurch z. B. ebenfalls die Frequenzbändern 780 MHz (China) und 950 MHz (Japan) unterstützt werden können. Auf den zwei in Europa lizenzfreien Frequenzbändern stehen insgesamt 17 Funkkanäle zur Verfügung, davon 16 im 2,4 GHz-Band und ein Kanal im 868 MHz-Band. Geräte, die miteinander kommunizieren, benutzen den selben Kanal und bilden dabei ein sogenanntes LR-WPAN^3, das jeweils von einem sogenannten *ZigBee-Koordinator* verwaltet wird. Die Datenübertragungsrate liegt bei maximal 250 kbit/s. Die Sendeleistung kann in den gesetzlichen Grenzen dynamisch geregelt werden.

ZigBee erweitert die Funktionalität des IEEE 802.15.4 Standard, um eine Vermittlungsschicht. Diese Schicht ist insbesondere für das Routing und damit dem Aufbau von Baum- und Meshnetzwerken zuständig. Über der Vermittlungsschicht liegt die eigentliche ZigBee-Anwendung. ZigBee stellt ein Framework zur Verfügung mit dem eine eigene Anwendung implementiert werden kann. Über verschiedene Module wie z. B. das *ZDO^4* können auf die Eigenschaften des ZigBee-Netzwerks zugegriffen werden bzw. diese verändert werden.

Neben der ZigBee-Spezifikation, definiert die ZigBee-Allianz ZigBee-Standards für die folgenden Einsatzgebiete:

- ZigBee Gebäudeautomation (*Building Automation*).
- ZigBee Energieeinsparung (*Smart Energy*).
- ZigBee Gesundheitswesen (*Health Care*).
- ZigBee Wohnungautomation (*Home Automation*).
- ZigBee Beleuchtungssteuerung (*Light Link*).
- ZigBee Telekomunikationsdienst (*Telecom Services*).

Diese Standards dienen dazu Anwendungen zu implementieren, die sich an bestimmte Vorgaben halten. Stellen z. B. verschiedene Firmen Produkte für die Gebäudeautomation her, die sich an den entsprechenden ZigBee-Standard (Building Automation) halten, soll damit gewährleistet sein, dass diese Produkte unter einander kompatibel sind und z. B. der Lichtschalters eines Herstellers das Licht einen anderen Herstellers steuern kann. Die

---

^{2} Industrial, Scientific and Medical
^{3} Low-Rate Wireless Personal Area Network
^{4} ZigBee Device Objekt

Einsatzgebiete werden kontinuierlich erweitert und dem wachsenden Markt angepasst. Eine weiterer denkbarer ZigBee-Standard wäre z. B. ein Standard für Umweltmessungen.

Mittlerweile gibt es von der ZigBee Allianz neben ZigBee noch zwei weitere Spezifikationen, *ZigBee-RF4C* [Zig10c] und *ZigBee-IP* [Zig13]:

ZigBee-RF4C: ZigBee-RF4C beschreibt einfache und kostengünstige drahtlose Netzwerklösungen zum Fernsteuern von elektrischen Geräten insbesondere im Bereich der Unterhaltungselektronik (Fernseher, Stereoanlage, Tastatur, Maus, usw.). Hierfür sind weitere Standards für die Einsatzgebiete Fernsteuerung (ZigBee RF4C Remote Control) und Eingabegeräte (ZigBee RF4C Input Device) spezifiziert.

ZigBee-IP: Die neuste Spezifikation ZigBee-IP beschreibt drahtlose auf IPv6 basierende Netzwerklösungen, die eine nahtlose Integration in IPv6-Netzwerke erlaubt. Diese Spezifikation wurde insbesondere in Hinblick auf intelligent genutzte Energie (*Smart Energie*) und die Steuerung von entsprechenden Elektrogeräten aus einem Netzwerk heraus entwickelt.

In diesem Buch werden wir auf diese Spezifikationen allerdings nicht näher eingehen.

13.2 ZigBee-Architektur

Die ZigBee-Architektur besteht aus vier Schichten, der PHY-Schicht, der MAC-Schicht, der Netzwerkschicht (NWK[5]) und der Anwendungsschicht (APL[6]). Abbildung 13.2 zeigt eine detailliertere Darstellung der ZigBee-Architektur.

Jede der vier Schichten der ZigBee-Architektur erfüllt bestimmte Aufgaben und stellt für die darüberliegende Schicht verschiedene Dienste bereit. In jeder Schicht gibt es eine Einheit, die für die Dienste der Datenübertragung (data entity) und eine Einheit, die für die restlichen Dienste (management entity), welches insbesondere Management Aufgaben sind, verantwortlich ist. Der Zugriff auf Dienste erfolgt über sogenannten *Service Access Points* (SAPs), d. h. die Netzwerkschicht kommuniziert für die Datenübertragung über den MCPS-SAP mit der MAC-Schicht und für die restlichen Dienste über den MLME-SAP. Ähnliches gilt für die Kommunikation der Anwendungsschicht mit der Netzwerkschicht. Hier steht der NLDE[7]-SAP für die Datenübertragung und der NLME[8]-SAP für die restlichen Dienste zur Verfügung. Die SAPs der PHY-Schicht heißen PD-SAP und PLME-SAP. Die Eigenschaften und Aufgaben der PHY-Schicht und MAC-Schicht wurde bereits in Kap. 8 beschrieben. Der Zugriff auf die SAPs erfolgt durch den Aufruf von Primitiven. Die Funktionsweise der Primitiven wurde ebenfalls bereits in Abschn. 8.3 erläutert.

---

[5] Network Layer
[6] Application Layer
[7] Network Layer Data Entity
[8] Network Layer Management Entity

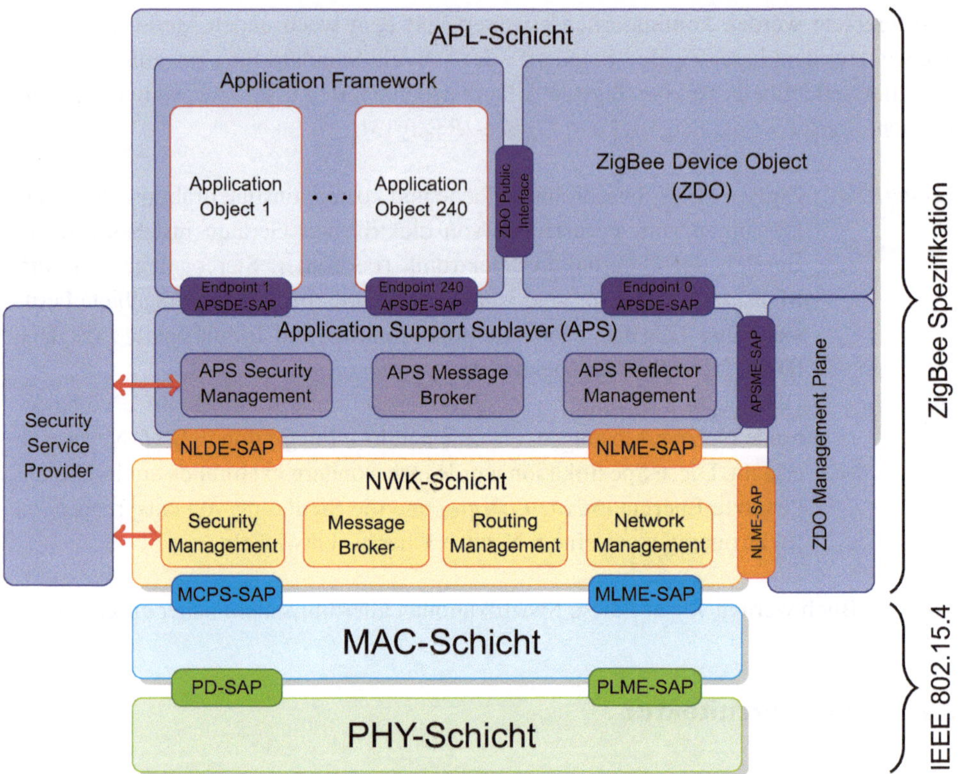

Abb. 13.2 Die ZigBee-Architektur

13.3 Komponenten und Netzwerktopologien

In ZigBee-Netzwerken können Funkmodule drei verschieden Rollen einnehmen:

ZigBee-Koordinator: In jedem ZigBee-Netzwerk gibt es genau ein ausgewiesenes Funkmodul, das die Rolle des ZigBee-Koordinators einnimmt. Dieser ist für den Start und die Auswahl der wichtigsten Parameter eines ZigBee-Netzwerks zuständig. Der ZigBee-Koordinator übernimmt zugleich auch alle Aufgaben eines ZigBee-Routers.

ZigBee-Router: ZigBee-Router übernehmen die Aufgabe des Routings. Dazu gehört die Wegentdeckung und die Weiterleitung von Paketen. Andere Funkmodule können über ZigBee-Router dem Netzwerk beitreten.

ZigBee-Endgeräte: ZigBee-Endgeräte haben den geringsten Funktionsumfang. Sie kommunizieren ausschließlich mit ihrem Elternteil. Da diese Funkmodule keine Routingfunktionen besitzen, können diese um Energie zu sparen in einen Schlafmodus wechseln. Ankommender Daten-

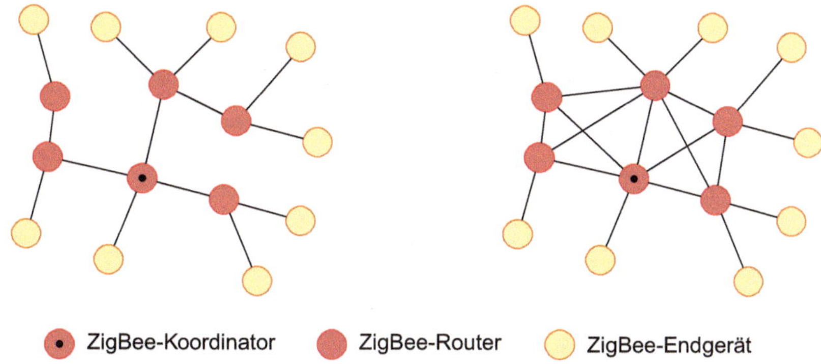

Abb. 13.3 *Links*: Baumnetzwerk (Stackprofil *ZigBee*), *Rechts*: Meshnetzwerk (Stackprofil *ZigBee Pro*)

verkehr wird von dessen Elternteil gespeichert bis diese die Daten abrufen. Dadurch können sehr lange Batteriestandzeiten erreicht werden.

Der ZigBee-Koordinator und ZigBee-Router benötigen den vollen IEEE 802.15.4 Funktionsumfang (FFD). ZigBee-Endgeräte reicht der reduzierte IEEE 802.15.4 Funktionsumfang (RFD) aus.

ZigBee unterstützt Sternnetzwerke, Netzwerken mit Baumstruktur und Meshnetzwerke. Ein Sternnetzwerk besteht nur aus einem ZigBee-Koordinator und ZigBee-Endgeräten. Die maximale Netzwerktiefe ist 1 (*nwkMaxDepth*). In Netzwerken mit Baumstruktur und Meshnetzwerken kann das Netzwerk bis zur maximalen Tiefe (*nwkMaxDepth*) durch ZigBee-Router erweitert werden. Baumnetzwerke (*nwkUseTreeRouting=TRUE*) benutzen eine hierarchische Routingstrategie und können das Senden von periodischen Beacons unterstützen. In Meshnetzwerken (*nwkUseTreeRouting=FALSE*) erfolgt das Routing mittels Wegentdeckung und Routingtabellen. Meshnetzwerke unterstützen volle Peer-to-Peer Kommunikation. Periodische Beacons werden nicht unterstützt. Abbildung 13.3 zeigt den Datenverkehr von Funkmodulen in einem ZigBee-Netzwerk in Baumstruktur und als Meshnetzwerk.

ZigBee-Netzwerkschicht

Die ZigBee-Netzwerkschicht ist für das Routing und die Netzwerkfunktionen verantwortlich, welche die Realisierung von großflächigen Baum- und Meshnetzwerken ermöglicht. Sie greift mittels SAPs auf Dienste der MAC-Schicht des IEEE 802.15.4 Standards zu und stellt ihre Funktionalität ebenfalls durch SAPs der ZigBee-Anwendungsschicht zur Verfügung. Zu den Aufgaben der NWK-Schicht zählen:

Konfiguration von Funkmodulen: Hierzu zählt z. B. die Rollenzuweisung eines Funkmoduls als ZigBee-Koordinator, -Router oder -Endgerät.

Routing: Die Zustellung von Paketen über mehrere Funkmodule hinweg mittels Routing.

Adresszuweisung: Die Zuweisung und Verwaltung von 16-Bit Kurzadressen.

Netzwerkmanagement: Das Starten und die Verwaltung eines ZigBee-Netzwerks, insbesondere auch das Hinzufügen und Entfernen von Modulen. Zum Netzwerkmanagement zählt auch das Erkennen und Auflösen von PAN-ID- und Adresskonflikte.

NWK-Frames: Die Erstellung und das Versenden von für die Aufgaben der Netzwerkschicht benötigter Frames.

14.1 Konstanten und Variablen der Netzwerkschicht (NIB)

Die Netzwerkschicht besitzt eine Reihe für ihre Aufgaben notwendigen Konstanten und Variablen. Diese bilden eine Datenbank die sogenannte NIB[1]. Auch wenn die Anzahl an Konstanten und Variablen sehr umfangreich und ihre Bedeutung nicht immer gleich ersichtlich ist, wollen wir hier eine kurze Übersicht geben, denn fast alle Aktionen eines Funkmoduls, benötigen entweder Daten aus der NIB und/oder lösen eine Veränderung der entsprechenden Werte aus. Beim Beschreiben bestimmter Aktionen wie z. B. Netzaufbau oder Routing werden wir auf die benötigten Konstanten und Variablen genauer eingehen.

---

[1] Network Layer Information Base

© Springer Fachmedien Wiesbaden 2014
M. Krauße, R. Konrad, *Drahtlose ZigBee-Netzwerke*, DOI 10.1007/978-3-658-05821-0_14

Tab. 14.1 Konstanten der Netzwerkschicht (NIB)

Konstante	Beschreibung	Wert
nwkcCoordinatorCapable	0x00: Das Funkmodul kann nicht Koordinator werden. 0x01: Das Funkmodul kann die Rolle des Koordinator übernehmen.	(0x00) oder (0x01)
nwkcDefaultSecurityLevel	Standardmäßig zu benutzende Sicherheitsstufe (siehe Tab. 16.1).	0x00–0x07
nwkcDiscoveryRetryLimit	Die maximale Anzahl an Wiederholungsversuchen einer Wegbestimmung.	0x03
nwkcMinHeaderOverhead	Die minimale Anzahl an Bytes, die von der Netzwerkschicht als Nutzdaten hinzugefügt werden.	0x08
nwkcProtocolVersion	Die verwendete ZigBee-Protokollversion.	0x02
nwkcWaitBeforeValidation	Die Zeit (in ms), die ein Initiator einer Multicast-Weganfrage nach Erhalt des Wegantwort-Kommandoframe wartet, bevor er ein Nachricht zum Validieren der Route sendet.	0x500
nwkcRouteDiscoveryTime	Die Zeit (in ms) bis die Gültigkeit einer Wegentdeckung abläuft.	0x2710
nwkcMaxBroadcastJitter	Die maximale zufällige Zeitschwankung (in ms) für Broadcastübertragungen.	0x40
nwkcInitialRREQRetries	Die Anzahl an Wiederholungen einer Broadcast-Weganfrage beim Initiator	0x03
nwkcRREQRetries	Die Anzahl an Wiederholungen einer Broadcast-Weganfrage eines Routers, der diese Anfrage nicht initiiert, sondern von einem anderen Router empfangen hat.	0x02
nwkcRREQRetryInterval	Die Zeitspanne (in ms) zwischen der Wiederholung einer Broadcast-Weganfrage	0xFE
nwkcMinRREQJitter	Die minimale Zeitschwankung (in 2 ms-Slots) für eine Wiederholung der Broadcast-Weganfrage.	0x01
nwkcMaxRREQJitter	Die maximale Zeitschwankung (in 2 ms-Slots) für eine Wiederholung der Broadcast-Weganfrage.	0x40
nwkcMACFrameOverhead	Die Größe des MAC-Headers, der von der Netzwerkschicht benutzt wird.	0x0b

Den Namen der Konstanten der Netzwerkschicht ist jeweils ein *nwkc* vorangestellt. Ist ein Funkmodul in Betrieb sind die Konstanten nicht mehr veränderbar. Durch sie werden Grundeigenschaften für das Funkmodul festgelegt, wie z. B. ob das Funkmodul die Fähigkeit hat, als Koordinator eingesetzt zu werden, welche ZigBee-Protokollversion benutzt wird oder welcher Sicherheitsstufe standardmäßig eingesetzt werden soll. Eine Übersicht der Konstanten ist in Tab. 14.1 dargestellt.

Tab. 14.2 Variablen der Netzwerkschicht (NIB)

Variable	Wertebereich	Beschreibung
nwkSequenceNumber	0x00–0xFF	Sequenznummer, um ausgehende Frames zu identifizieren.
nwkPassiveAckTimeout	0x0000–0x2710	Maximale Zeitspanne (in ms) zum Weiterversenden einer Broadcastnachricht.
nwkMaxBroadcast-Retries	0x00–0x05	Maximale Anzahl an Wiederholversuchen, bei einer gescheiterten Broadcastübertragung.
nwkMaxChildren	0x00–0xFF	Maximale Anzahl an Kindern eines Funkmoduls.
nwkMaxDepth	0x00–0xFF	Die maximale Tiefe des ZigBee-Netzwerks.
nwkMaxRouters	0x01–0xFF	Maximale Anzahl an Routern, die ein Funkmodul als Kinder besitzen kann.
nwkNeighborTable	Variable Tabelle	Eine Tabelle mit Informationen über alle in Reichweite befindlichen Nachbarknoten (siehe Tab. 14.12).
nwkNetworkBroadcast-DeliveryTime	0x00–0xFF	Die Zeit (in s), die eine Broadcastnachricht benötigt, um das ganze Netzwerk zu durchqueren.
nwkReportConstant-Cost	0x00–0x01	Ist der Wert 0x00, werden die Pfadkosten zu einem unmittelbaren Nachbarn aus dem LQI-Wert berechnet. Bei 0x01 werden konstante Pfadkosten von 7 angenommen.
nwkRouteDiscovery-RetriesPermitted	0x00–0x03	Die erlaubten Wiederholversuche nach einer gescheiterten Weganfrage.
nwkRouteTable	Variable Tabelle	Eine Tabelle mit Routinginformationen (siehe Tab. 14.3).
nwkSymLink	*TRUE, FALSE*	*TRUE*: Die Pfadkosten zwischen zwei Funkmodulen in beide Richtungen sind identisch (symmetrischer Link). Beim Ermitteln einer Route ergibt sich deshalb immer der Hin- und Rückweg. *FALSE*: Es gibt Verbindungen zwischen zwei Funkmodulen *A* und *B*, in denen die Kosten von *A* nach *B* nicht gleich den Kosten von *B* nach *A* sind, z. B. weil die Funkmodule unterschiedliche Sende- und Empfangsleistung haben. Eine Weganfrage ermittelt nur den Hinweg.
nwkCapabilityInformation	8-Bit	8-Bit Vektor, der die Fähigkeiten und Eigenschaften des Funkmoduls beschreibt (siehe Tab. 14.17).
nwkAddrAlloc	0x00, 0x02	0x00: Die 16-Bit Kurzadressen werden über den Assoziationsbaum in Abhängigkeit der maximalen Kindern pro Funkmodul verteilt (siehe Abschn. 14.3.1). 0x02: Die Vergabe der Adressen erfolgt zufällig. Mögliche Adresskonflikte müssen beobachtet und ggf. korrigiert werden.
nwkUseTreeRouting	*TRUE, FALSE*	*TRUE*: Im Netzwerk wird hierarchisches Routing angewendet. *FALSE*: Hierarchisches Routing wird nicht unterstützt.

Tab. 14.2 *Fortsetzung*

Variable	Wertebereich	Beschreibung
nwkManagerAddr	0x0000–0xFFF7	Ausgewählter Netzwerkfunkkanalmanager. Standardmäßig ist dies der ZigBee-Koordinator.
nwkMaxSourceRoute	0x00–0xFF	Maximale Anzahl an Wegpunkten in einer Senderroute.
nwkUpdateId	0x00–0xFF	Mit diesem Wert wird ein Schnappschuss der Netzwerkeinstellungen, mit denen das Funkmodul operiert, identifiziert.
nwkTransaction-PersistenceTime	0x0000–0xFFFF	Die maximale Zeit (in Superframeperioden), die eine Transaktion bei einem PAN-Koordinator (d. h. ZigBee-Koordinator oder -Router) gespeichert und in seinem Beacon angezeigt wird.
nwkNetworkAddress	0x0000–0xFFF7	Die 16-Bit Kurzadresse des Funkmoduls (entspricht *macShortAddress*).
nwkStackProfile	0x00–0x0F	Identifiziert das benutzte Stackprofil. 0x01: *ZigBee*, 0x02: *ZigBee PRO*
nwkBroadcast-TransactionTable	Variable Tabelle	Speichert in einer Tabelle Informationen über Broadcast-Frames, um zu identifizieren, welches Frame bereits erhalten wurde und nicht noch einmal gesendet werden muss.
nwkGroupIDTable	Variable Liste	Eine Menge von 16-Bit Gruppen-IDs, der Gruppen denen das Funkmodul angehörig ist.
nwkExtendedPANID	64-Bit Wert	Die erweiterte 64-Bit PAN-ID (EPID).
nwkUseMulticast	*TRUE, FALSE*	*TRUE*: Multicasting ist Aufgabe der Netzwerkschicht. *FALSE*: Multicasting ist Aufgabe der Anwendungsschicht.
nwkRouteRecordTable	Variable Tabelle	Ein Eintrag der Tabelle enthält eine vollständige Route zu einem Zielfunkmodul.
nwkIsConcentrator	*TRUE, FALSE*	*TRUE*: Das Funkmodul ist ein Konzentrator und sammelt vollständige Routen zu Zielfunkmodulen. *FALSE*: Das Funkmodul ist kein Konzentrator.
nwkConcentrator-Radius	0x00–0xFF	Die maximale Anzahl an Routern, die eine Wegentdeckung eines Konzentrators weitergeleitet wird.
nwkConcentrator-DiscoveryTime	0x00–0xFF	Die Zeitspanne (in s) zwischen zwei Wegentdeckungen eines Konzentrators.
nwkSecurityLevel	0x00–0x07	Eingesetzte Sicherheitsstufe (siehe Tab. 16.1).
nwkSecurityMaterial-Set	Liste von Deskriptoren	Eine Liste mit 0-2 Schlüssel-Deskriptoren zum Verwalten des aktiven Netzwerkschlüssel und des alternativen Netzwerkschlüssels (siehe Tab. 16.2).
nwkActiveKeySeq-Number	0x00–0xFF	Die Sequenznummer des aktuellen Netzwerkschlüssels.
nwkAllFresh	*TRUE, FALSE*	Beachtung der Aktualität aller eingehender NWK-Frames bei Speicherüberlauf des Framezählers.

Tab. 14.2 *Fortsetzung*

Variable	Wertebereich	Beschreibung
nwkSecureAllFrames	*TRUE, FALSE*	Alle Frames werden auf Ebene der Netzwerkschicht mit dem Netzwerkschlüssel gesichert.
nwkLinkStatus-Period	0x00–0xFF	Die Zeitspanne (in s) zwischen Linkstatus-Kommandoframes zur Ermittlung der Pfadkosten des Funkmoduls und seiner Nachbarn.
nwkRouterAgeLimit	0x00–0xFF	Die maximale Anzahl an verpassten Linkstatus-Kommandoframes bevor die Pfadkosten zwischen dem Funkmodul und dem entsprechenden Nachbarn auf *Null* zurückgesetzt werden.
nwkUniqueAddr	*TRUE, FALSE*	*TRUE*: Es wird angenommen, dass die Adressen der Funkmodule eindeutig sind und es keine Adresskonflikte gibt. *FALSE*: Adresskonflikte können auftreten und die Netzwerkschicht ist verantwortlich die Konflikte zu lösen.
nwkAddressMap	Variable Tabelle	Ein Tabelleneintrag speichert zu einer 64-Bit MAC-Adresse die zugehörige 16-Bit Kurzadresse.
nwkTimeStamp	*TRUE, FALSE*	*TRUE*: Bei eingehenden und ausgehenden Frames werden Zeitstempel generiert.
nwkPANId	0x0000–0xFFFF	Die PAN-ID des Netzwerks (entspricht *macPANId*).
nwkTxTotal	0x0000–0xFFFF	Variable zum Zählen der gesendeten Frames.

Im Gegensatz zu den Konstanten können sich die Werte der Variablen verändern und sind ggf. auch von der Anwendungsschicht veränderbar. In den Variablen der Netzwerkschicht werden z. B. Adressen, Informationen zum Netzwerk sowie Routinginformationen gespeichert. Die Variablen der Netzwerkschicht beginnen mit *nwk*. Tabelle 14.2 enthält eine Auflistung und kurze Beschreibung aller Variablen der Netzwerkschicht.

14.2 Netzaufbau

Der ZigBee-Koordinator ist verantwortlich für die Wahl der wichtigsten Kenndaten für ein ZigBee-Netzwerk. Dazu zählen z. B. die Wahl eines möglichst günstigen Funkkanals und eine geeignete 16-Bit PAN-ID. Die Topologie des Netzwerks bestimmt sich aus den Parametern *nwkMaxDepth*, *nwkMaxChildren*, *nwkMaxRouter*, *nwkAddrAlloc*, *nwkUseTreeRouting*. *nwkMaxDepth* ist die maximale Tiefe des Netzwerks. *nwkMaxChildren* legt die maximale Anzahl an Kindern fest, die über ein Router (bzw. den Koordinator) dem Netzwerk beitreten können und *nwkMaxRouter* bestimmt die maximale Anzahl an Routern unter den Kindern. Der Parameter *nwkAddrAlloc* spezifiziert, nach welchem Ver-

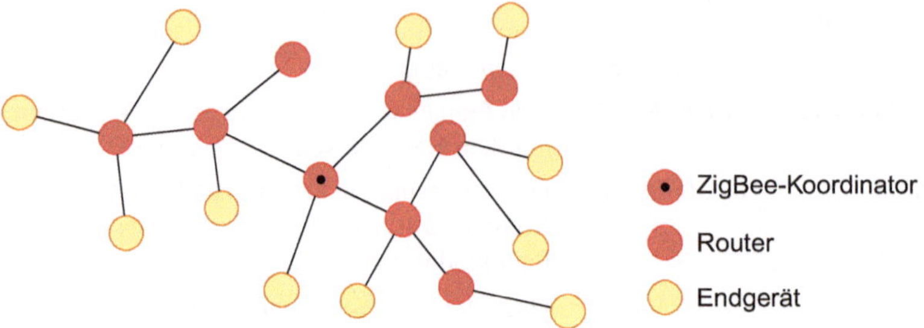

Abb. 14.1 Beispiel eines Assoziationsbaums

fahren beitretenden Funkmodulen eine 16-Bit Kurzadresse zugewiesen wird. Ein Wert von `0x00` bedeutet hierbei eine Verteilung der Adressen entlang des Assoziationsbaums und ein Wert von `0x02` eine zufällige Vergabe der Adressen (siehe Abschn. 14.3).

Ist der Parameter *nwkMaxDepth* $= 1$ und *nwkMaxRouter* $= 0$ erstellt der Koordinator lediglich ein Sternnetzwerk, in dem der Koordinator den zentralen Mittelpunkt darstellt. Ein Meshnetzwerk ergibt sich bei einer Wahl von *nwkMaxDepth* > 1, *nwkMaxRouter* > 0 und *nwkMaxRouter* $\leq$ *nwkMaxChildren*. Bei einem Baumnetzwerk sind die Parameter *nwkUseTreeRouting=TRUE* und *nwkAddrAlloc=*`0x00` zu setzen. Das Stackprofil *ZigBee* unterstützt nur ein Netzwerk in Baumstruktur und das Stackprofil *ZigBee PRO* die Struktur eines Meshnetzwerks. Der maximale Umfang eines ZigBee-Netzwerks ergibt sich durch $2 \cdot$ *nwkMaxDepth*:

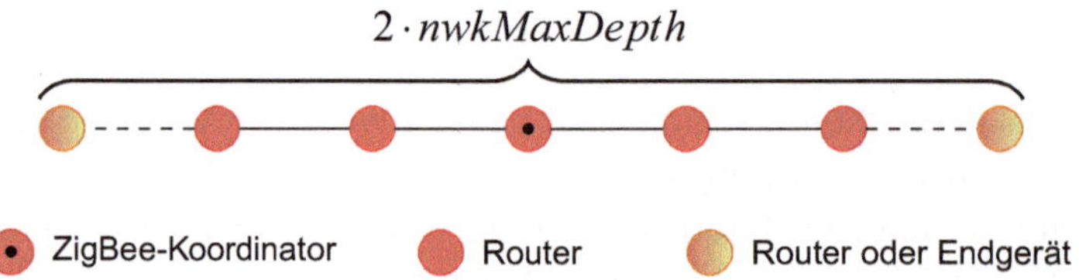

Sobald der ZigBee-Koordinator das Netzwerk gestartet hat, können sich andere Funkmodule bei diesem entsprechend seiner Kapazitäten anmelden und entweder die Rolle eines ZigBee-Routers oder eines ZigBee-Endgeräts annehmen. ZigBee-Router beteiligen sich am Routing und gestatten wiederum anderen Funkmodulen über diese dem Netz beizutreten. Tritt ein Funkmodul über ein anderes Funkmodul einem Netzwerk bei, entsteht eine sogenannte Elternteil-Kind-Beziehung. Das beitretende Funkmodul wird als Kind und das Beitritt gestattende Funkmodul als dessen Elternteil bezeichnet. Alle Elternteil-Kind-Beziehungen bilden einen sogenannten Assoziationsbaum. ZigBee-Endgeräte unterstützen weder Routing noch können andere Funkmodule über diese dem Netz beitreten. Eine Datenkommunikation findet immer nur mit dessen Elternteil statt. In Abb. 14.1 ist ein Beispiel dargestellt, wie ein Assoziationsbaums in einem ZigBee-Netzwerk aussehen kann.

14.3 Adressierung

Für die Adressierung der Funkmodule wird vollständig auf die Adressen der MAC-Schicht zurückgegriffen. D. h. auch die Netzwerkschicht bedient sich der eindeutigen 64-Bit MAC-Adresse und der 16-Bit Kurzadresse. Für die Datenübertragung und insbesondere der Wegermittlung werden allerdings nur die 16-Bit Kurzadressen eingesetzt, d. h. in einem PAN können maximal $2^{16} = 65.536$ verschiedene Funkmodule adressiert werden. Da zur Identifizierung eines Funkmoduls auch die 16-Bit PAN-ID gehört, lässt sich die Anzahl von benutzbaren Funkmodulen in einer abgeschlossenen Umgebung rein theoretisch auf 2^{32} erhöhen. Allerdings ist das Routing über ein PAN hinweg nicht Bestandteil der ZigBee-Spezifikation.

Die Art der Adressierung ist zwar bereits in der MAC-Schicht spezifiziert, für die Wahl der 16-Bit Kurzadressen ist allerdings die Netzwerkschicht verantwortlich. In der ZigBee-Spezifikation sind zwei verschiedene Verfahren zur Adressvergabe beschrieben, die verteilte Zuweisung von Adressen entlang des Assoziationsbaum (*Distributed Address Assignment Mechanismus*) und eine zufällige Adressvergabe (*Stochastic Address Assignment Mechanism*). Das im aktuellen PAN benutzten Verfahren wird über die Variable *nwkAddrAlloc* festgelegt. Das Stackprofil *ZigBee* benutzt die verteilte Zuweisung von Adressen entlang des Assoziationsbaum und das Stackprofil *ZigBee PRO* das stochastische Verfahren.

14.3.1 Verfahren zur verteilten Adresszuweisung

Beim Verfahren zur verteilten Adresszuweisung werden alle verfügbaren 16-Bit Kurzadresse entlang des Assoziationsbaum aufgeteilt. Hat ein Elternteil die Adresse x verteilt er seinem ersten Kindrouter die Adresse $x + 1$. Für die nächsten Adressen eines Kindrouters dieses Elternteils muss berechnet werden, wie viele Nachkommen ein Kindrouter inklusive ihm selbst maximal besitzen kann. Dies ist abhängig von der maximalen Anzahl der Kindrouter und Kindendgeräte, sowie der Gesamttiefe des Netzwerks und der Tiefe des Routers. Sei die Anzahl an Nachkommen eines Kindrouters (inklusive ihm selbst) durch die Funktion $k(t)$ bestimmt, ergibt sich für die i-te Kindrouteradresse $R_i = Addr_{parent} + 1 + k(t) * (i - 1)$, wobei t die Tiefe des Teilbaums ist, der sich durch R_i ergibt und $Addr_{parent}$ die Adresse dessen Elternteils. Die Endgeräte erhalten ihre Adresse sequentielle am Schluss des Adressraums, der den Routern zur Verfügung steht, d. h. das j-te Kindendgerät erhält die Adresse $E_j = Addr_{parent} + 1 + k(t) * (r) + j$, wobei r die maximale Anzahl an Routern ist, die ein Elternteil als Kind maximal besitzen kann. Somit stellt sich die Frage, wie viele Knoten besitzt ein Baum der Tiefe t mit r als Anzahl der Router und e Anzahl der Endgeräte, die ein Router als Kinder besitzen kann. Die Endgeräte haben keine weiteren Kinder, weshalb wir diese bei der Betrachtung zunächst weglassen. Damit ergibt sich ein vollständiger Baum mit jeweils r Verzweigungen bis zur

Tiefe t. Die Anzahl der Knoten eines solchen Baums ist

$$\frac{r^{t+1} - 1}{r - 1}.$$

Alle Router außer denen in der letzten Ebene, d. h. Tiefe t können e Endgeräte als Kinder besitzen. Die Anzahl dieser Router, ergibt sich durch Anwendung vorheriger Formel auf einen Baum der Tiefe $t - 1$. Insgesamt gibt es zusätzlich

$$e \cdot \frac{r^t - 1}{r - 1}.$$

Endgeräte und es ergibt sich für die gesamte Anzahl an Knoten

$$k(t) = \frac{r^{t+1} - 1}{r - 1} + e \cdot \frac{r^t - 1}{r - 1} = \frac{r^{t+1} - 1 + e \cdot r^t - e}{r - 1}.$$

Die Korrektheit dieser Formel wollen wir durch vollständige Induktion zeigen.

Beweis von $k(t)$ durch Induktion

Induktionsannahme: Sei

$$k(t) = \frac{r^{t+1} - 1 + e \cdot r^t - e}{r - 1}$$

die Anzahl der Knoten in einem Baum der Tiefe t, wobei jeder Router bis zur Tiefe t r Router und e Endgeräte als Nachkommen hat. Der Koordinator kann hier o. B. d. A. als Router betrachtet werden.

$t = 0$:
$$k(0) = \frac{r^{0+1} - 1 + e \cdot r^0 - e}{r - 1} = \frac{r - 1 + e - e}{r - 1} = \frac{r - 1}{r - 1} = 1$$

Dieses Ergebnis ist korrekt, da ein Baum mit einer Tiefe 0 nur aus einem Koordinator besteht.

$t \rightsquigarrow t + 1$: Betrachten wir einen Baum der Tiefe $t + 1$. An der Wurzel ist der Koordinator, welcher r Router und e Endgeräte als Kinder hat.

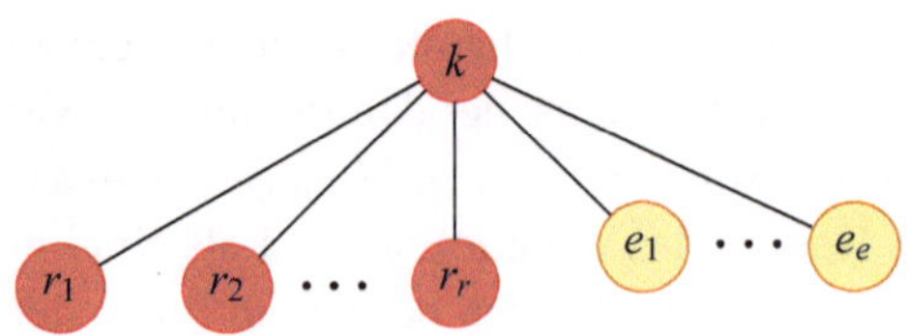

Jeder Teilbaum den ein Router mit seinen Nachkommen bildet, ergibt einen Baum der Tiefe t. Für die Berechnung dessen Knoten können wir die Formel unser Induktionsvoraussetzung anwenden. Damit ergibt sich als Anzahl der Knoten für einen Baum der

Tiefe $t + 1$

$$Knotenzahl = 1 + r \cdot k(t) + e$$

$$= 1 + r \cdot \frac{r^{t+1} - 1 + e \cdot r^t - e}{r - 1} + e$$

$$= \frac{r - 1}{r - 1} + \frac{r^{t+2} - r + e \cdot r^{t+1} - e \cdot r}{r - 1} + \frac{e \cdot r - e}{r - 1}$$

$$= \frac{r - 1 + r^{t+2} - r + e \cdot r^{t+1} - e \cdot r + e \cdot r - e}{r - 1}$$

$$= \frac{-1 + r^{t+2} + e \cdot r^{t+1} - e}{r - 1}$$

$$= \frac{r^{(t+1)+1} - 1 + e \cdot r^{(t+1)} - e}{r - 1}$$

$$= k(t + 1)$$

$\square$

Hat ein Elternteil mit der Adresse x die Tiefe T_{Knoten} und das Netzwerk eine Gesamttiefe von T_{Netz}, so hat jeder Teilbaum, der durch ein Kindrouter gebildet wird die Tiefe $T_{Netz} - T_{Knoten} - 1$. Somit ergibt sich als Adresse für den i-ten Kindrouter

$$r_i = x + (i - 1) \cdot k(T_{Netz} - T_{Knoten} - 1) + 1$$

und das j-te Endgerät

$$e_j = x + r \cdot k(T_{Netz} - T_{Knoten} - 1) + j$$

Nehmen wir als Beispiel ein Netzwerk mit der Tiefe $T_{Netz} = 4$. Der Koordinator bzw. jeder Router bis einschließlich Tiefe 3 hat maximal $r = 2$ Router und $e = 1$ Endgerät als Kinder. Es ergibt sich

$$k(t) = \frac{r^{t+1} - 1 + e \cdot r^t - e}{r - 1} = \frac{2^{t+1} - 1 + 1 \cdot 2^t - 1}{2 - 1} = 2^{t+1} + 2^t - 2$$

$$k(4) = 46$$

$$k(3) = 22$$

$$k(2) = 10$$

$$k(1) = 4$$

Der Koordinator hat die Adresse 0 und die Tiefe $T_{Koordinator} = 0$, womit sich für dessen Kindrouter $r_1 = 0 + (1 - 1)k(3) + 1 = 1$ und $r_2 = 0 + (2 - 1)k(3) + 1 = 23$ und dessen Kindendgerät $e_1 = 0 + 2 \cdot k(3) + 1 = 45$ ergibt. Insgesamt ergibt sich ein Assoziationsbaum, wie in Abb. 14.2 dargestellt. Die Adressen lassen sich mit diesem Verfahren

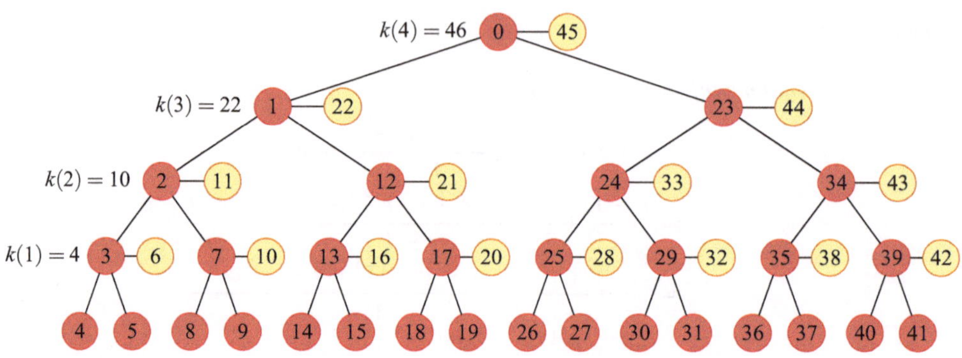

Abb. 14.2 Beispiel einer verteilten Adresszuweisung in einem ZigBee-Netzwerk der Tiefe 4 mit $r = 2$ und $e = 1$

sehr leicht berechnen und es treten keine Adresskonflikte auf. Wir werden später auch ein Routingverfahren kennen lernen, dass sich diese Adressvergabe zu nutze macht. Allerdings hat dieses Verfahren auch große Nachteile. Sind die Adressen einmal vergeben, ist es sehr unflexibel. Fällt z. B. ein Router aus, müssen sich alle Nachkommen neu am Netzwerk assoziieren und erhalten dabei eine neue Adresse. Für einen Router nahe an der Wurzel sind das entsprechend viele Nachkommen. Ein anderes Problem tritt auf, wenn sich der Baum ungünstig entwickelt hat und es viele Zweige gibt, die kaum ausgelastet sind, einige Router allerdings ihr Limit bereits erreicht haben. Ein Funkmodul kann dem Netzwerk über diesen Router nicht mehr beitreten, obwohl der Router ein anderes Kind an einen anderen Router in Reichweite dieses Kindes abgeben könnte. Ein weiteres Problem tritt auf, wenn sich die Pfadkosten zwischen einem Elternteil und einem Kind z. B. durch Interferenzen verschlechtert haben und ein Routingverfahren entlang des Baumes angewendet wird. Um kurze Wege zu erreichen, müsste das Kind versuchen einen besseren Zugang zum Netz durch ein anderes Elternteil zu erlangen, was mit diesem Verfahren nicht ohne weiteres möglich ist.

14.3.2 Zufälliges Adressvergabeverfahren

Eine alternative zur verteilten Adresszuweisung ist eine zufällige Adressvergabe. Möchte ein Funkmodul über einen Router mittels einer Assoziationsanfrage dem Netzwerk beitreten, wählt der Router eine zufällige 16-Bit Kurzadresse. Diese wird daraufhin untersucht, ob sie bereits in dessen Variablendatenbank (NIB) auftaucht, was ein Indiz dafür wäre, dass sie bereits von einem andere Funkmodul verwendet wird. Ist dies der Fall wird die Adresse verworfen und eine weitere zufällig erzeugt, bis eine geeignete Adresse gefunden wurde und diese dem beitretenden Funkmodul zugewiesen wird.

Der Vorteil dieser Methode liegt auf der Hand. Ein Funkmodul kann seine Adresse behalten, wenn es sich ein neues Elternteil sucht. Ganze Teilbäume lassen sich auf einfachste Weise umhängen. Zum einen kann der Assoziationsbaum dynamisch angepasst werden und lange Äste mit wenig Nachkommen vermieden werden, zum anderen kann jeder Zeit eine Anpassung entsprechend besserer Signalwerte (Pfadkosten) durchgeführt werden.

Als Nachteil ist allerdings zu sehen, dass es zu Adresskonflikten kommen kann und diese aufgelöst werden müssen. Ein Routing entlang des Assoziationsbaums ist nicht möglich und es wird ausschließlich der *Ad-hoc On-demand Distance Vector-Routingalgorithmus* (AODV) eingesetzt (siehe Abschn. 14.4.3), der Nachrichten zur Wegentdeckung sendet und Routingtabellen benötigt. Eine Überprüfung auf Adresskonflikte findet z. B. bei den Broadcastnachrichten zur Wegentdeckung statt. In der Nachricht einer Weganfrage werden sowohl die 64-Bit MAC-Adresse, sowie die 16-Bit Kurzadresse eines Zielmoduls gesendet. Alle Funkmodule untersuchen ihre Nachbartabelle (*nwkNeighborTable*) und ihre Mappingtabelle (*nwkAddressMap*) auf Konsistenz. Erkennt ein Router einen Konflikt, weil er einen Eintrag zu einer 16-Bit Kurzadresse hat, der nicht mit der 64-Bit MAC-Adresse übereinstimmt bzw. umgekehrt, sendet dieser via Broadcast ein Netzwerkstatus-Kommandoframe mit der entsprechenden Information.

14.4 Routing

Es gibt verschiedene Strategien, um Daten von einem Funkmodul zu einem anderen zu bringen. ZigBee spezifiziert hierfür drei Routingverfahren, das Routing entlang des Assoziationsbaums, Routing mittels Routingtabellen und Senderrouting. Das Stackprofil *Zig-Bee* benutzt das Routing entlang des Assoziationsbaums und *ZigBee PRO* Routing mittels Routingtabellen und Senderrouting.

Bevor wir uns mit den einzelnen Routingverfahren beschäftigen, definieren wir zuerst die Kosten einer Wegstrecke, um verschiedene Wegstrecken mit einander vergleichen zu können.

14.4.1 Pfadkosten

Ein Pfad P sei definiert als $[r_1, r_2, \ldots, r_k]$ mit $k \in \mathbb{N}$, wobei $[r_i, r_{i+1}]$ mit $1 \leq i < k$ jeweils ein Teilpfad aus zwei Router darstellt und $k(r_i, r_{i+1})$ die Wegkosten von Router r_i nach Router r_{i+1} sind. Wird davon ausgegangen, dass $k(r_i, r_{i+1}) = k(r_{i+1}, r_i)$ spricht man von symmetrischen Pfadkosten, d. h. es ergeben sich die selben Kosten wenn Router r_i zu r_{i+1} oder r_{i+1} zu r_i sendet. In diesem Fall ist die NIB-Variable *nwkSymLink* auf *TRUE* gesetzt[2]. Die Kosten für einen Pfad ergeben sich aus der Summe der Einzelkosten

---

[2] Im Stackprofil *ZigBee PRO* gilt *nwkSymLink=TRUE*

der einzelnen Teilpfade zweier Router:

$$k(P) = \sum_{n=1}^{k-1} k(r_n, r_{n+1})$$

Die Kosten zwischen zwei Routern r_i und r_{i+1} ist eine ganze Zahl zwischen 0 und 7. Die Werte 1 bis 7 geben die Kosten zwischen den beiden Routern an, wobei niedrigere Werte eine bessere Verbindung darstellen. Ein Wert von 0 bedeutet, dass es keine Verbindung zwischen den zwei Routern gibt. Wie die Kosten genau berechnet werden, ist den Soft- und Hardwareentwicklern von ZigBee-Komponenten überlassen. Die einfachste Lösung ist eine konstante Funktion, d. h. sobald eine Verbindung zwischen zwei Routern r_i und r_{i+1} existiert liefert $k(r_i, r_{i+1}) = 7$, sonst $k(r_i, r_{i+1}) = 0$. Bei konstanter Kostenfunktion ist die NIB-Variable *nwkReportConstantCost* auf *TRUE* gesetzt. Für die Berechnung von kurzen Wegen in großen Meshnetzwerke ist dies allerdings keine gute Lösung, da die Signalstärke und die Zuverlässigkeit einer Verbindung zwischen zwei Routern nicht berücksichtigt wird. Die Funktion k sollte möglichst gut widerspiegeln, wieviel Sendeversuche benötigt werden, bis ein Datenpaket von Router r_i Router r_{i+1} erreicht. Für exakte Werte wäre es allerdings notwendig die Übertragungsversuche zu protokollieren und statistisch auszuwerten. Dies beansprucht mehr Ressourcen und zudem stehen aussagekräftige Daten erst nach vermehrten Sendeversuchen zu Verfügung, so dass es im Allgemeinen eine gute Lösung ist, die Linkqualität (*LQI*) der MAC-Schicht zur Berechnung der Kostenfunktion k heranzuziehen. In jedem Fall ist diese heranzuziehen, so lange noch keine signifikanten Daten zur Verfügung stehen.

14.4.2   Routing entlang des Assoziationsbaums

Routing entlang des Assoziationsbaums steht in ZigBee-Netzwerken nur zur Verfügung, wenn das in Abschn. 14.3.1 beschriebene Verfahren zur verteilten Adressierung angewendet wird. Die NIB-Variable *nwkAddrAlloc* ist auf $0x00$ und *nwkUseTreeRouting* auf *TRUE* gesetzt. Erhält ein Router mit Adresse $addr_{Router}$ ein Frame, welches an das Funkmodul mit Adresse $addr_{Ziel}$ adressiert ist, muss er an Hand der Adresse lediglich entscheiden, ob das Paket an eines seiner Kinder oder an sein Elternteil weitergeleitet werden muss. Die maximale Tiefe des ZigBee-Netzwerks ist *nwkMaxDepth*. In Abschn. 14.3.1 haben wir die Formel zur Bestimmung der maximalen Nachkommen eines Routers hergeleitet:

$$k(t) = \frac{r^{t+1} - 1 + e \cdot r^t - e}{r - 1}$$

Insgesamt hat unser Verfahren maximal $k(nwkMaxDepth)$ Adressen verteilt. Ist

$$addr_{Ziel} \geq k(nwkMaxDepth)$$

wurde die Zieladresse in unserem Netzwerk nicht vergeben und das Frame kann verworfen werden. Hat der Router im Assoziationsbaum die Tiefe t_{Router}, ergibt sich daraus, dass der durch diesen Router aufgespannte Teilbaum maximal

$$k(nwkMaxDepth - t_{Router})$$

Adressen benötigt. Gilt

$$addr_{Ziel} < addr_{Router} \quad \text{oder} \quad addr_{Ziel} \geq addr_{Router} + k(nwkMaxDepth - t_{Router})$$

ist die Zieladresse kein Nachkommen des Routers und auch nicht an diesen selbst gerichtet. Das Frame wird an das Elternteil weitergeleitet. Ist $addr_{Ziel} = addr_{Router}$ ist der Router selbst das Ziel des Frames und das Frame hat sein Ziel erreicht. Gilt

$$addr_{Router} < addr_{Ziel} \leq addr_{Router} + k(nwkMaxDepth - t_{Router}),$$

ist das Frame für einen Nachkommen des Routers und es muss bestimmt werden, an welchen das Frame weitergeleitet werden muss. Jedem Kindrouter ist einen Adressbereich von $k(nwkMaxDepth - t_{Router} - 1)$-Adressen zugeordnet. Gilt

$$addr_{Ziel} > addr_{Router} + nwkMaxRouter \cdot k(nwkMaxDepth - t_{Router} - 1),$$

ist die Zieladresse einem Kindendgerät des Routers zugewiesen und das Frame kann direkt ausgeliefert werden. Ist die Zieladresse aus dem Bereich

$$addr_{Router} < addr_{Ziel} \leq addr_{Router} + nwkMaxRouter \cdot k(nwkMaxDepth - t_{Router} - 1),$$

ist der Kindrouter zu bestimmen, der für das entsprechende Adressintervall, in das die Zieladresse fällt, zuständig ist. Um die Nummer des Kindrouters zu bestimmen, subtrahieren wir von der Zieladresse eins und die Adresse des Routers und teilen das Ergebnis durch die maximale Anzahl an Nachkommen, die ein Kindrouter haben kann. Das ganzzahlig Ergebnis nach unten gerundet ergibt die Nummer des Kindes $nr_{Kindrouter}$, wobei die Nummerierung bei 0 beginnt:

$$nr_{Kindrouter} = \left\lfloor \frac{addr_{Ziel} - (addr_{Router} + 1)}{k(nwkMaxDepth - t_{Router} - 1)} \right\rfloor$$

Die Adresse des Kindrouters $addr_{Kindrouter}$ an den das Frame weitergeleitet werden muss, ergibt sich durch

$$addr_{Kindrouter} = addr_{Router} + 1 + nr_{Kindrouter} \cdot k(nwkMaxDepth - t_{Router} - 1).$$

Erhält der Kindrouter das Frame, führt er das selbige Verfahren aus, bis das Frame sein Ziel erreicht hat.

Beispiel

Sei $nwkMaxDepth = 4$, $nwkMaxRouter = 2$, $nwkMaxChidren = 3$ und somit die Anzahl der Engeräte $e = 1$. Die Adressenverteilung in diesem Netzwerk ist in Abb. 14.2 dargestellt. Angenommen das Endgerät mit der Adresse 21 schickt ein Frame an das Endgerät mit der Zieladresse $addr_{Ziel} = 33$. Ein Endgerät schickt das Frame immer an seinen Vater, d. h. der nächste Hop ist der Router mit Adresse 12. Der Teilbaum des Routers 12 hat eine Tiefe von 2 und besitzt damit maximal $k(2) = 10$ Knoten. In diesem Teilbaum sind lediglich Adressen aus dem Bereich von 12 bis $12 + 10 - 1 = 21$ verteilt. Die Zieladresse 33 fällt nicht in diesen Bereich und das Frame wird an das Elternteil mit der Adresse 1 weitergeleitet. Der Teilbaum des Routers 1 hat eine Tiefe von 3 und besitzt $k(3) = 22$ Knoten. Wieder fällt die Ziel Adresse nicht in den Adressbereich des Teilbaums von 1 bis $1 + 22 - 1 = 22$. Das Frame wird zum Koordinator mit Adresse 0 weitergeleitet. Die Teilbäume der Kindrouter des Koordinators haben maximal 22 Knoten. Die Nummer des passenden Kindrouter ergibt sich durch

$$nr_{Kindrouter} = \left\lfloor \frac{addr_{Ziel} - (addr_{Router} + 1)}{k(3)} \right\rfloor = \lfloor \frac{33 - (0 + 1)}{22} \rfloor = 1.$$

Für die Adresse des nächsten Hops folgt

$$addr_{Kindrouter} = addr_{Router} + 1 + nr_{Kindrouter} \cdot k(3) = 0 + 1 + 1 \cdot 22 = 23.$$

Noch immer ist das Frame kein direkter Nachkomme des aktuellen Hops. Wieder wird die passende Nummer des Kindrouters bestimmt

$$nr_{Kindrouter} = \left\lfloor \frac{addr_{Ziel} - (addr_{Router} + 1)}{k(2)} \right\rfloor = \lfloor \frac{33 - (23 + 1)}{22} \rfloor = 0.$$

Der nächste Hop ergibt sich unmittelbar aus

$$addr_{Kindrouter} = addr_{Router} + 1 + nr_{Kindrouter} \cdot k(3) = 23 + 1 + 0 \cdot 22 = 24.$$

Die Zieladresse 33 des Frames ist ein Kind des Routers 24 und kann dem entsprechenden Endgerät direkt zugestellt werden.

14.4.3 Routing mittels Routingtabellen

Ein anderes Verfahren, um Daten in einem Meshnetzwerk zu routen, insbesondere wenn die Adresse eines Funkmoduls keine Routinginformationen enthält, ist der sogenannte *Ad-hoc On-demand Distance Vector* (AODV)-Routingalgorithmus. Hierbei wartet jeder Router eine Liste von Routingeinträgen in Form einer Tabelle. Jeder Routingeintrag enthält dabei zu einer Zieladresse, die Adresse eines Routers (*Hops*) an den ein Frame

Tab. 14.3 Aufbau eines Eintrags in der Routingtabelle

Feldname	Größe	Beschreibung
Zieladresse	16 Bits	Eine 16-Bit Zieladresse. Dies kann auch eine Gruppen-ID sein.
Status	3 Bits	Der Status der Route.
Kein Speicher für Senderrouten	1 Bit	Ist das Bit gesetzt, speichert sich das Zielfunkmodul keine kompletten Wegstrecken.
Konzentrator	1 Bit	Ist das Bit gesetzt, handelt es sich beim Zielfunkmodul um einen Konzentrator, der eine many-to-one Wegentdeckung ausgelöst hat.
Route-Record benötigt	1 Bit	Vor dem nächsten Datenpaket, ist an dieses Funkmodul ein Wegaufzeichnung-Kommandoframe zu schicken.
Gruppen-ID Flag	1 Bit	Ist das Flag gesetzt, ist die 16-Bit Zieladresse eine Gruppen-ID.
Nächster Hop	16 Bits	Die 16-Bit Kurzadresse des nächsten Routers auf der Wegstrecke des Frames zum Ziel.

weiterzuleiten ist, um die Zieladresse zu erreichen. Die Struktur eines Routingtabelleneintrags ist in Tab. 14.3 dargestellt. Ist der Routingeintrag für eine Zieladresse veraltet oder sind gar keine Routinginformationen vorhanden, muss eine Wegentdeckung (Route Discovery) eingeleitet werden. Hierfür wird via Broadcast an alle Router ein Weganfrage-Kommandoframe gesendet. Jede Weganfrage erhält eine eigene Identifizierungsnummer. Jeder Router, der sich an der Wegentdeckung beteiligt, speichert in einer Wegentdeckungstabelle einen Eintrag für diese Anfrage. Ein Eintrag enthält unter anderem die Identifizierungsnummer der Anfrage, die Adresse des Initiators, die zu suchende Adresse, die Wegkosten vom Initiator bis zum aktuellen Router und die Wegkosten vom aktuellen Router bis zur gesuchten Empfängeradresse. Ein Eintrag in dieser Tabelle ist im Gegensatz zu einem Routingtabelleneintrag sehr kurzlebig. Er ist nur so lange gültig bis eine Weganfrage spätestens abgeschlossen sein muss. Diese Zeitspanne ist durch die Konstante *nwkcRouteDiscoveryTime* auf maximal 10 s beschränkt. Den genauen Aufbau eines Eintrags der Wegentdeckungstabelle zeigt Tab. 14.4.

Eine Weganfrage startet als Broadcast beim Initiator. Alle in Reichweite befindlichen Router, die diese Nachricht empfangen, senden die Weganfrage als Broadcast weiter, addieren allerdings die Pfadkosten vom Sender des zuvor erhaltenen Weganfrage-Kommandoframes bis zum aktuellen Router zu den Wegkosten hinzu. Zudem legt jeder Router, der die Weganfrage mit dieser Identifikationsnummer von diesem Initiator zum ersten Mal erhalten hat, einen entsprechenden Eintrag in der Wegentdeckungstabelle an. Router, die bereits einen entsprechenden Eintrag besitzen überprüfen, ob die Summe der Pfadkosten von diesem zum Sender der Weganfrage und vom Sender zum Initiator kürzer ist und passt seinen Tabelleneintrag entsprechend an. Gab es Änderungen, muss dieser Router die Weganfrage erneut broadcasten. So wandert die Weganfrage durch das ganze Netz, bis das Zielfunkmodul erreicht ist. Das Zielfunkmodul sendet eine Wegantwort mit den Pfadkosten über den so ermittelten kürzesten Hinweg zurück. Jeder Router auf dem

Tab. 14.4 Aufbau eines Eintrag der Wegentdeckungstabelle

Feldname	Größe	Beschreibung
Weganfrage-ID	8 Bits	Eine Identifikationsnummer die weitere Weganfragen des Initiators unterscheidbar macht.
Initiatoradresse	16 Bits	Die 16-Bit Kurzadresse des Initiators der Weganfrage.
Senderadresse	16 Bits	Die 16-Bit Kurzadresse des Routers von dem die Broadcastanfrage der aktuellen Weganfrage zu diesem Funkmodul gesendet wurde und der die geringsten Pfadkosten hat.
Vorwärtskosten	8 Bits	Die Pfadkosten vom Initiator der Weganfrage bis zum aktuellen Router.
Restkosten	8 Bits	Die Kosten vom aktuellen Router bis zum Zielknoten. Dies ergibt sich aus der Antwort der Weganfrage.
Ablaufzeit	16 Bits	Diese Zeit gibt an, wie lange der Tabelleneintrag noch gültig bleibt.

Rückweg kann einen Eintrag zum Zielfunkmodul mit den entsprechenden Pfadkosten in der Routingtabelle hinzufügen. Wird davon ausgegangen, dass es sich um symmetrische Wege handelt, kann auch jeweils ein Weg vom Initiator zum entsprechenden Router hinzugefügt werden. Dies muss nicht zwangsläufig der Fall sein z. B. wenn unterschiedliche Antennen und Transceiver benutzt werden. Wird von symmetrischen Wegen ausgegangen ist die Variable *nwkSymLink* auf *TRUE* gesetzt[3]. Der Initiator der Weganfrage wiederholt diese Broadcastanfrage dreimal (*nwkcInitialRREQRetries*) im Abstand von 254 ms (*nwkcRREQRetryInterval*). Jeder andere Router wiederholt die Broadcastanfrage zweimal (*nwkcRREQRetries*) in einem zufälligen Abstand der zwischen 2 ms und 128 ms liegt ($2 \cdot R[nwkcMinRREQJitter, nwkcMaxRREQJitter]$). Die Wiederholungen sorgen für erhöhte Zuverlässigkeit, falls eine Übertragung z. B. wegen Interferenzen von einem Router nicht empfangen werden konnte. Die zufällige Schwankungen in den Broadcastübertragungen reduzieren die Wahrscheinlichkeit von Störungen durch gleichzeitiges Senden.

Es sei angemerkt, dass ein Router eine Weganfrage nur verarbeitet, wenn es zum Sender der Anfrage einen Weg zurück gibt, d. h. in der Nachbartabelle (siehe Tab. 14.12) gibt es einen Eintrag mit entsprechenden Pfadkosten. Dies ist wichtig, da die Wegantwort sonst ggf. nicht ausgeliefert werden kann.

Wird bei einer Weganfrage die Adresse eines Endgerätes gesucht, ist das entsprechende Elternteil für die Beantwortung der Anfrage zuständig.

Wird eine Weganfrage auf Grund fehlender Routinginformationen beim Zustellungsversuchs eines Datenframes ausgelöst, kann der entsprechende Router das Datenframe entweder zwischenspeichern oder das Frame entlang des Assoziationsbaums routen, falls dies unterstützt wird. Im Frame wird ein entsprechendes Flag gesetzt, dass keine weitere Wegentdeckung ausgelöst wird. Diese Möglichkeit steht auch bei erschöpfter Routingkapazität zur Verfügung. Das in [Zig08a] definierte Stackprofil *ZigBee* benutzt ausschließ-

---

[3] Beim Stackprofil *ZigBee PRO* ist dies der Fall.

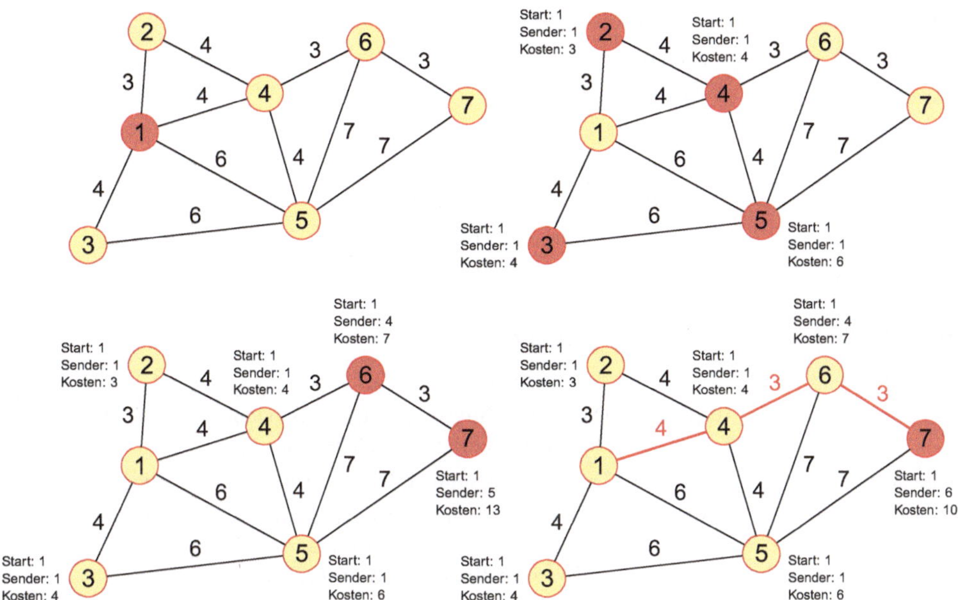

Abb. 14.3 Beispiel einer Wegentdeckung

lich das Routing entlang des Assoziationsbaums und *ZigBee PRO* das Routing mittels
Routingtabellen.

Beispiel

Angenommen wir haben ein Netzwerk mit den Pfadkosten und Verbindungen zwischen
Routern wie in Abb. 14.3 dargestellt. Im Bild links oben startet Router 1 eine Wegentdeckung zu Router 7 und sendet dazu ein Weganfrage-Kommandoframe an alle Nachbarrouter. Damit auch wirklich alle Nachbarknoten diese Anfrage erhalten, wird diese dreimal
im Abstand von 254 ms wiederholt. Router 2, 3, 4 und 5 erhalten die Weganfrage von
Router 1, legen einen Eintrag in ihrer Wegentdeckungstabelle an und senden ebenfalls ein
Weganfrage-Kommandoframe an alle Nachbarrouter (Bild rechts oben). Um Überschnei-
dung zu vermeiden, werden die Weganfrage-Kommandoframes in einem zufälligen Abstand, der zwischen 2 ms und 128 ms liegt, versendet. Jeder Router wiederholt die Anfrage
zweimal. Router 1, 2, 3, 4 und 5 empfangen jetzt erneut Weganfrage-Kommandoframes,
Router 2 z. B. von Router 4. Allerdings ergibt sich dadurch kein kürzerer Weg zum Knoten
1 und damit auch keine Änderung in dessen Wegentdeckungstabelle. Die Weganfrage-
Kommandoframes werden entsprechend ignoriert. Lediglich bei Router 6 und 7 ändert
sich die Wegentdeckungstabelle bei Erhalt des Weganfrage-Kommandoframes von Router
4 und 5. Nur Router 6 sendet erneut ein Weganfrage-Kommandoframe an alle Nachbarrouter. Router 7 ist der gesuchte Zielknoten und sendet kein Weganfrage-Kommandoframe.
Durch das Weganfrage-Kommandoframe von Router 6 wird ein neuer kürzerer Weg zu

Tab. 14.5 Broadcastadressen in einem PAN

Broadcastadresse	Zielgruppe
0xFFFF	Alle Funkmodul.
0xFFFE	Reserviert.
0xFFFD	Alle Funkmodul mit *macRxOnWhenIdle=TRUE*.
0xFFFC	Alle Router und der Koordinator.
0xFFFB	Alle Low-Power-Router.
0xFFF8–0xFFFA	Reserviert.

Tab. 14.6 Struktur eines Eintrag der Broadcasttabelle

Feldname	Größe	Beschreibung
Initiatoradresse	16 Bits	Die 16-Bit Kurzadresse des Funkmoduls, welches die Broadcastnachricht eingeleitet hat..
Sequenznummer	8 Bits	Die Sequenznummer der Netzwerkschicht des Initiators.
Ablaufzeit	8 Bits	Ein Timer, der die Anzahl an Sekunden angibt, wie lange der Eintrag gespeichert werden muss. Initialwert ist *nwkNetworkBroadcastDeliveryTime*.

Router 7 gefunden und dies in der Wegentdeckungstabelle von Router 7 angepasst (Bild rechts unten). Nachdem der kürzeste Weg ermittelt wurde, sendet Router 7 eine Wegantwort über den gefunden Weg zurück an Router 1. Bei nicht symmetrischen Pfadkosten ist dies nicht zwangsläufig der kürzeste Weg zu Router 1, allerdings wurde bei der Wegentdeckung darauf geachtet, dass die Funkmodule auf diesem Weg auch in Rückwärtsrichtung erreichbar sind.

14.4.4 Broadcastnachrichten

In ZigBee-Netzwerken sind die Adressen 0xFFF8–0xFFFF für Broadcastnachrichten reserviert. Die Adresse 0xFFFF dient dazu, um Nachrichten an alle Funkmodule in einem PAN zu senden, die Adresse 0xFFFD, um Nachrichten nur an Funkmodule mit aktiviertem Receiver zu senden und die Adresse 0xFFFC, um alle Router und den Koordinator anzusprechen. Tabelle 14.5 gibt einen Überblick über die reservierten Adressen.

Das Ausliefern an Broadcastnachrichten in drahtlosen Netzwerken ist nicht ganz trivial. Zum einen müssen wir dafür sorgen, dass ein Funkmodul unterscheiden kann, ob es eine Broadcastnachricht bereits erhalten und weitergeleitet hat. Zum anderen sollen Broadcastnachricht möglichst zuverlässig die entsprechenden Funkmodule erreichen. Für den ersten Fall benötigt jedes Funkmodul, welches Broadcastnachrichten weiterleitet, eine Tabelle, in der es festhält, ob es diese Nachricht bereits erhalten und weitergeleitet hat. Tabelle 14.6 zeigt den Aufbau eines Tabelleneintrags.

Die Adresse des Initiators plus dessen aktuelle Sequenznummer dient dabei zur eindeutigen Identifizierung einer Broadcastnachricht. Ist für eine Broadcastnachricht noch kein Eintrag in der Tabelle, wird diese zum ersten Mal empfangen. Ein ZigBee-Router oder der ZigBee-Koordinator fügen einen Eintrag in ihre Tabelle hinzu und leiten diese Nachricht an alle Nachbarknoten weiter. Es gibt keine aktive Bestätigung, ob die Broadcastnachricht von den Nachbarknoten empfangen wurde. Um trotzdem eine möglichst zuverlässige Auslieferung zu gewährleisten, wird die Nachricht *nwkMaxBroadcastRetries* wiederholt. Eine Kontrolle durch eine passive Empfangsbestätigung ist möglich, d. h. ein Funkmodul kann beobachten, ob alle seine Nachbarknoten die entsprechende Broadcastnachricht weitersenden. Hat jedes Nachbarmodul die Nachricht weitergeleitet und die Broadcastnachricht wurde noch nicht *nwkMaxBroadcastRetries* wiederholt, kann die Weiterleitung bereits gestoppt werden. Damit bei der Weiterleitung der Broadcastnachricht sich Funkmodule nicht gegenseitig stören, versendet jedes Funkmodul die Nachricht durch einen zufälligen Jitter verzögert. Das Intervall für die Bestimmung des Jitters ist durch die Konstante *nwkcMaxBroadcastJitter* bestimmt und ist $[0, 64]$ (in ms). Ein Eintrag in der Broadcasttabelle bleibt *nwkNetworkBroadcastDeliveryTime* Sekunden gültig. Danach wird dieser gelöscht. Hat ein Funkmodul kein Platz mehr in der Tabelle zur Verfügung, verwirft es eine empfangene Broadcastnachricht.

14.4.5   Routing zu Gruppen (Multicast Routing)

In ZigBee gibt es die Möglichkeit Daten an Gruppen von Funkmodulen zu senden. Die Zugehörigkeit zu einer Gruppe wird in der NIB-Variablen *nwkGroupIDTable* festgehalten. Dies ist eine Liste von 16-Bit langen Gruppen-IDs. Ein Funkmodul gehört jeder der hier eingetragen Gruppe an. Beim Senden von Nachrichten an eine Gruppe, werden zwei Fälle unterschieden:

1. Fall: Das Funkmodul, welches Nachrichten an eine Gruppe senden will, ist selbst Mitglied der Gruppe. Die Nachricht wird via Broadcast an alle Funkmodule gesendet und nur Funkmodule, die Mitglied der Gruppe sind, werten die empfangenen Daten aus. Router die nicht Mitglied der Gruppe sind, leiten dennoch die Nachricht via Broadcast weiter, allerdings ist hier der Broadcastradius durch die Variable *maxNonMemberRadius* begrenzt. Beim jedem Weiterleiten eines Routers, der nicht Mitglied der Gruppe ist, wird der Zähler um eins verringert. Erreicht die Nachricht einen Router der Mitglied der Gruppe ist wird der Zähler auf *maxNonMemberRadius* zurückgesetzt. Damit wirklich alle Funkmodule einer Gruppe eine Multicastnachricht empfangen, dürfen maximal *maxNonMemberRadius* Router, die nicht Mitglied der Gruppe sind, zwischen zwei Gruppenmitgliedern liegen.

2. Fall: Ein Funkmodul, welches nicht Mitglied der Gruppe ist, sendet Daten an eine Gruppe. Hierbei werden die Daten auf kürzestem Weg zu einem Gruppenmitglied gesendet. Erreichen die Daten das Gruppenmitglied, behandelt dieses die Daten

so, als kämmen die Daten von diesem Funkmodul und versendet die Daten nach
dem Prinzip des ersten Falls. Um den kürzesten Weg zu einer Gruppe zu finden,
wird eine Wegenteckung ähnlich zu einer Unicast-Wegentdeckung ausgelöst. Als
Zieladresse wird die Gruppen-ID gewählt und im Weganfrage-Kommandoframe
das Flag für eine Multicast-Wegentdeckung gesetzt. Jeder Router, der die Weganfrage erhält, prüft, ob er Mitglied der entsprechenden Gruppe ist. Ist er dies nicht,
sendet er die Anfrage via Broadcast weiter. Ist er selbst Mitglied der Gruppe sendet er keine weitere Broadcast-Weganfrage sondern lediglich eine Wegantwort an
den Initiator der Weganfrage. Erhält der Initiator mehrere Wegantworten von verschiedenen Gruppenmitgliedern speichert er den entsprechend kürzesten Weg zur
Gruppe in seiner Routingtabelle.

14.4.6 Many-To-One- und Senderrouting

In drahtlosen Netzwerken kommt es häufig vor, dass es zentrale Funkmodule gibt, über
die besonders viel Datenverkehr gesendet wird. Ein typisches Beispiel ist z. B. ein Sensornetzwerk, welches Sensordaten an ein zentrales Funkmodul zur Weiterverarbeitung
sendet. Wenn jedes Sensormodul eine eigene Wegentdeckung initiiert, entstehen hierbei
sehr viele Broadcastnachrichten, die das Netzwerk belasten. ZigBee bietet die Möglichkeit
durch das *Many-To-One*-Routing diese Broadcastnachrichten zu reduzieren. Dazu wird
das zentrale Funkmodul als sogenannter *Konzentrator* gekennzeichnet. Dies geschieht
durch Setzten der Variable *nwkIsConcentrator* auf *TRUE*. Der Konzentrator sendet eine Weganfrage an alle Router. In der Weganfrage ist ein Flag gesetzt, dass es sich um
eine Many-To-One Weganfrage handelt. Die *Many-To-One*-Wegentdeckung wird entweder von der Anwendungschicht über den Aufruf einer Route-Discovery.request-Primitive
ausgelöst oder periodisch im Abstand von *nwkConcentratorDiscoveryTime* s, falls der
Wert dieser Variablen ungleich 0 ist. Der Radius der Broadcastanfrage kann mit Hilfe der
Variablen *nwkConcentratorRadius* beschränkt werden. Dies ist z. B. sinnvoll, wenn der
Konzentrator hauptsächlich mit in der Nähe befindlichen Sensormodulen kommuniziert.
Der Broadcast einer *Many-To-One*-Wegentdeckung wird nicht wiederholt. Erreicht diese
Anfrage einen anderen Router geschieht folgendes:

1. Die Pfadkosten vom und zum Konzentrator werden berechnet. Dazu werden zu den
   aktuellen Pfadkosten des Weganfrage-Kommandoframe, die Pfadkosten vom Sender
   des Frames zum aktuellen Router hinzugefügt. Sind die Wege nicht symmetrisch
   (*nwkSymLink = FALSE*), wird für die Berechnung aus den Eingangs- und Ausgangs-
   pfadkosten der höhere Wert benutzt.
2. Die Wegentdeckungstabelle wird daraufhin untersucht, ob es bereits einen Eintrag zu
   dem Weganfrage-Kommandoframe gibt. Gibt es keinen oder die Pfadkosten haben
   sich reduziert, wird ein entsprechender Eintrag angelegt bzw. modifiziert. Gab es be-

reits einen Eintrag mit geringeren Pfadkosten, wird das Weganfrage-Kommandoframe verworfen und jede weitere Bearbeitung abgebrochen.

3. In der Routingtabelle wird ein Eintrag zum Konzentrator hinzugefügt. Dabei wird markiert, dass es sich beim Ziel um einen Konzentrator handelt. Hat das Weganfrage-Kommandoframe im Many-To-One-Feld den Wert 2, d. h. der Konzentrator speichert keine vollständigen Routen, ist dies zudem in der Routingtabelle festzuhalten. Da diese Route neu entdeckt wurde, muss der Router bevor er das nächste Mal Daten an den Konzentrator sendet, den gefunden Weg über eine Wegaufzeichnung (Route-Record) mitteilen. Dazu wird ein Wegaufzeichnung-Kommandoframe über die Routingtabellen der Router an den Konzentrator geschickt. Jeder Hop fügt beim Passieren des Kommandoframe seine 16-Bit Kurzadresse an das Frame hinzu, so dass der Konzentrator den vollständigen Pfad erhält. Um den Router daran zu erinnern wird in der Routingtabelle das entsprechende Flag gesetzt. Sobald ein Wegaufzeichnung-Kommandoframe übermittelt wurde, wird das Flag gelöscht.

4. Falls der Radius der Broadcastanfrage noch nicht erreicht wurde, sendet der Router als letztes das Weganfrage-Kommandoframe mit den angepassten Pfadkosten weiter.

Das Many-To-One-Routing reduziert die Broadcastanfrage für die Wegentdeckung auf das Nötigste. Von jedem Router im entsprechenden Radius, gibt es nach der Wegentdeckung einen Weg zum Konzentrator. Nachdem von den entsprechenden Routern Daten gesendet wurden, erfährt auch der Konzentrator den entsprechenden Weg. Hat der Konzentrator genügend Ressourcen kann dieser eine Wegaufzeichnungstabelle anlegen. Jeder Eintrag enthält die 16-Bit Kurzadresse zum Ziel, die Anzahl der Hops und eine Wegliste mit den 16-Bit Kurzadressen der einzelnen Hops. Durch die Wegaufzeichnungstabelle kann der Konzentrator das sogenannte *Senderrouting* einsetzen. Sendet der Konzentrator Daten an ein Funkmodul, kann er jetzt den kompletten Pfad im NWK-Header des Datenframes mitsenden. Die Router auf dem entsprechenden Pfad benötigen zum Routen keinen Eintrag in der Routingtabelle mehr und können den entsprechenden Speicherplatz für andere Aufgaben nutzen.

14.5 Periodische Beacons (Superframestruktur)

Im IEEE 802.15.4 Standard ist in der MAC-Schicht das Konzept der Superframes spezifiziert (siehe Abschn. 10.3.3). Diese ermöglicht es einem PAN-Koordinator durch periodisches Senden von Beacons, das PAN zu synchronisieren und in aktive und inaktive Phasen einzuteilen. Jedes Funkmodul inklusive des PAN-Koordinator kann in der inaktiven Phase den Receiver ausschalten, in einen Schlafmodus gehen und dadurch Energie einsparen. Dies ermöglicht es z. B. alle Funkmodule ausschließlich mit Batterien zu betreiben. In Multihop-Netzwerken gestaltet sich die Realisierung dieses Prinzip deutlich schwieriger, da hier viele Funkmodule untereinander kommunizieren und die Kommunikation nicht nur über einen einzigen zentralen PAN-Koordinator läuft. In Meshnetzwerken

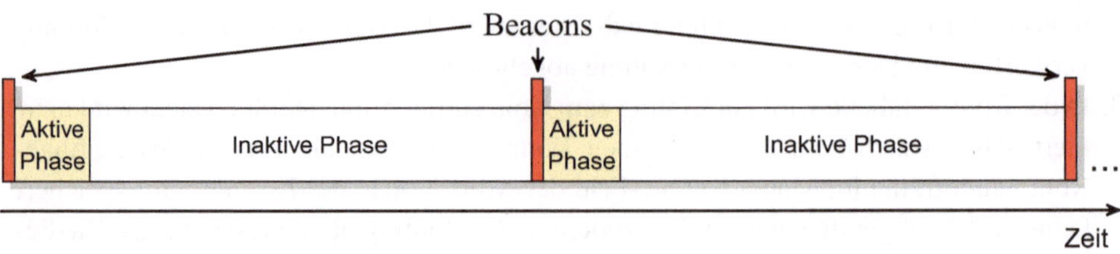

Abb. 14.4 Superframestruktur mit kurzer aktiver und langer inaktiver Phase

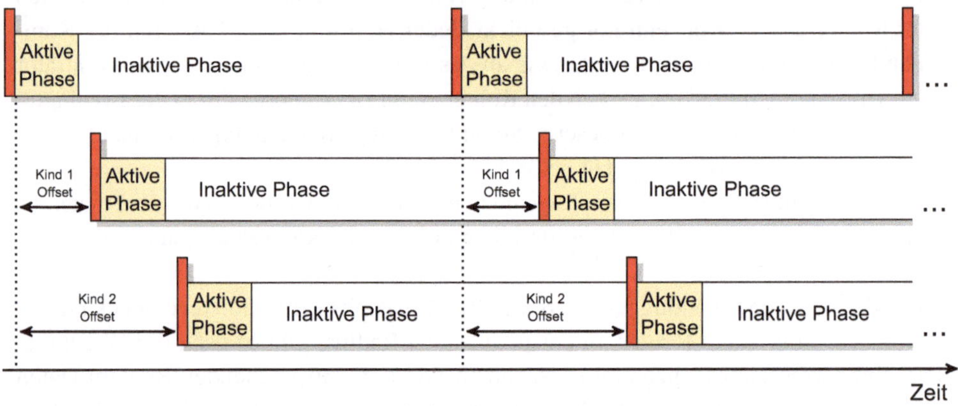

Abb. 14.5 Beispiel einer Synchronisierung der Beacons in einem Netzwerk mit Routing entlang des Assoziationsbaums (*oben*: Elternteil, *Mitte*: Kind 1, *unten*: Kind 2)

wird dieses Prinzip deswegen auch nicht unterstützt. Eine Synchronisation der Beacons ist hier ein nicht triviales Problem. In Netzwerk mit Routing entlang der Assoziationsbaums gibt es allerdings nur eine Zweiwege-Kommunikation. Ein Router kommuniziert immer in Richtung des Elternteil oder in Richtung der Kinder. Um Beacons synchronisieren zu können, müssen die Parameter *macBeaconInterval* und *macSuperframeDuration* so gewählt sein, dass die aktive Phase im Vergleich zur inaktiven Phase möglichst klein ist (siehe Abb. 14.4). Die Kinder eines Routers können ihre aktive Phase in die inaktiven Phase ihres Elternteils legen. In Beacons der Kinder teilen diese mit, wie viel Zeit zwischen dem Beacon des Elternteils und dem eigenen Beacon liegt (Offset). Ein Kind welches ein Beacon von einem Geschwisterteil erhält speichert diese Offsetzeit in dessen Nachbartabelle und sorgt dafür, dass dessen aktive Phase nicht mit der eigenen aktiven Phase kollidiert. Geschwister, die sich nicht in Funkreichweite befinden, stören sich nicht in ihrer aktiven Phase. Besteht für ein Funkmodul keine Möglichkeit mehr die aktive Phase so zu legen, dass es keine Überlappung mit den Geschwistern gibt, kann es dem Netzwerk nur als Endgerät und nicht als Router beitreten. In Abb. 14.5 ist die Synchronisation beispielhaft veranschaulicht.

14.6   Die Servicedienste und Primitiven der Netzwerkschicht

Die ZigBee-Netzwerkschicht bietet verschiedene Dienste für die Anwendungsschicht. Die Dienste zur Datenübertragung gehören zum Netzwerkschichtdatenservice der sogenannten *Network Layer Data Entity* (NLDE). Die sonstigen Dienste, hierzu zählen insbesondere Dienste zur Konfiguration und Verwaltung des Netzwerks, gehören zum Netzwerkschichtmanagementservice der sogenannten *Network Layer Management Entity* (NLME).

Wir werden das Zusammenspiel der einzelnen Schichten und der Primitiven zum besseren Verständnis etwas näher untersuchen. In Abb. 14.6 sehen wir ein Sequenzdiagramm, dass den Ablauf beim Senden eines Datenpaketes aus der Anwendungsschicht beschreibt. In diesem Beispiel ist die Empfangsbestätigung auf der MAC-Ebene aktiviert und der Sendeversuch erfolgreich. Mit der Empfangsbestätigung erkennen wir allerdings nur, ob das Datenpaket beim nächsten auf dem Weg liegenden Funkmodul angekommen ist. Das zuverlässige Ausliefern über mehrere Router hinweg ist Aufgabe der Anwendungsschicht und wird später beschrieben. Als erstes sendet die Anwendungsschicht eine NLDE-DATA.request-Primitive mit den zu sendenden Nutzdaten und der Empfängeradresse an die Netzwerkschicht, um diese anzuweisen die Nutzdaten zu verschicken. Die Netzwerkschicht ist dafür verantwortlich den besten Weg zum Empfänger auszuwählen und die entsprechenden Routinginformationen im NWK-Header hinzuzufügen. Kennt die Netzwerkschicht keinen aktuellen Weg zum Empfänger müssen diese Routinginformationen durch die Netzwerkschicht erst durch das Senden eines Weganfrage-Kommandoframes ermittelt werden. In unserem Beispiel sind diese Routinginformationen bekannt. Die Netz-

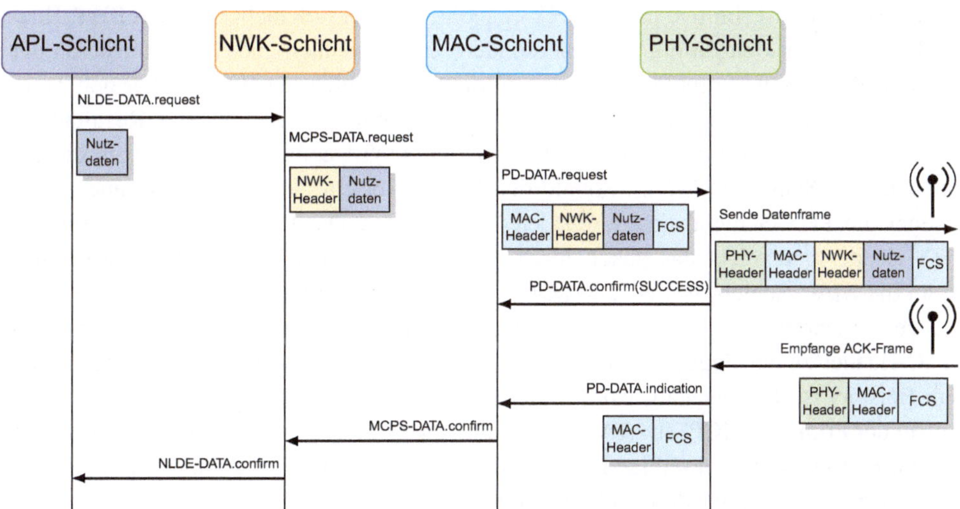

Abb. 14.6 Sequenzdiagramm für ein erfolgreiches Senden eines Datenframes durch Aufruf einer NLDE-DATA.Request-Primitive inklusive einer MAC-Empfangsbestätigung

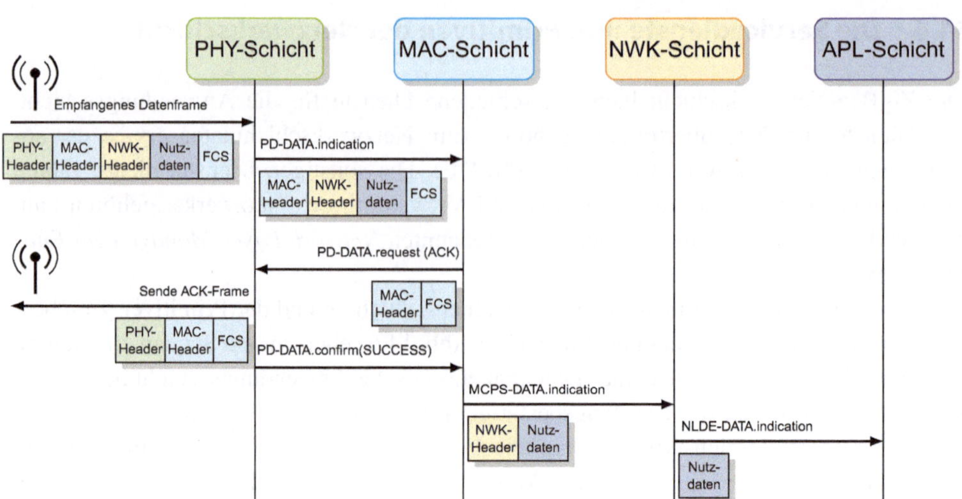

Abb. 14.7 Sequenzdiagramm für den Empfang eines Datenframes, das Senden eines MAC-ACK-Frames und Aufruf der NLDE-DATA.Indication-Primitive

werkschicht fügt an die Nutzdaten der Anwendungsschicht den NWK-Header hinzu und fordert die MAC-Schicht durch den Aufruf der MCPS-DATA.request-Primitive auf, diese Daten an das nächste Funkmodul aus der Route zum Empfänger zu senden. Die MAC-Schicht fügt ihrerseits den MAC-Header mit der entsprechenden Zieladresse und der Bitte um eine Empfangsbestätigung hinzu. Am Ende des Datenpaketes fügt sie außerdem eine FCS-Prüfsumme hinzu und sendet die entsprechenden Daten über den Aufruf der PD-DATA.request-Primitive an die PHY-Schicht. Die PHY-Schicht fügt den PHY-Header hinzu, der für den Empfänger insbesondere zum Erkennen und Synchronisieren der Framestruktur dient. Anschließend versucht die PHY-Schicht das Frame über den Transceiver und die Antenne zu versenden. Die MAC-Schicht wird über das Resultat des Sendeversuchs durch den Aufruf der Primitive PD-DATA.confirm informiert. In diesem Fall mit dem Status *SUCCESS*. Sobald der Transceiver ein gültiges PHY-Frame erhält, erkennt die PHY-Schicht dies durch den PHY-Header. Die PHY-Schicht entfernt den PHY-Header und reicht das Paket durch den Aufruf der PD-DATA.indication-Primitive an die MAC-Schicht weiter. Die MAC-Schicht erkennt über den MAC-Header, dass es sich um eine Empfangsbestätigung handelt und überprüft, ob die Sequenznummer im MAC-Header zu der Sequenznummer des zuvor versendeten Datenframes passt. In diesem Beispiel ist dies der Fall, worauf die MAC-Schicht die Netzwerkschicht durch den Aufruf der Primitive MCPS-DATA.confirm über die erfolgreiche Auslieferung informiert. Die Netzwerkschicht gibt selbige Information durch den Aufruf der Primitive NLDE-DATA.confirm an die Anwendungsschicht weiter.

In Abb. 14.7 ist das Sequenzdiagramm des Empfängers des zuvor versendeten Datenframes zu sehen. Als erstes erkennt die PHY-Schicht des Empfänger durch den PHY-Header, dass es sich bei den empfangenen Daten um ein gültiges IEEE 802.15.4 Fra-

Tab. 14.7 Die Primitiven der Netzwerkschicht im Überblick

Primitive	request	confirm	indication	response
NLDE-DATA	*	*	*	
NLME-GET	*	*		
NLME-SET	*	*		
NLME-NETWORK-FORMATION	⊛	⊛		
NLME-START-ROUTER	⊛	⊛		
NLME-PERMIT-JOINING	⊛	⊛		
NLME-NETWORK-DISCOVERY	*	*		
NLME-JOIN	*	*	⊛	⊛
NLME-DIRECT-JOIN	⊛	⊛		
NLME-LEAVE	*	*	⊛	
NLME-ROUTE-DISCOVERY	⊛	⊛		
NLME-SYNC	*	*		
NLME-SYNC-LOSS			*	
NLME-ED-SCAN	*	*		
NLME-RESET	*	*		
NLME-NWK-STATUS			*	

me handelt. Die PHY-Schicht entfernt den PHY-Header und reicht das Paket durch den Aufruf der PD-DATA.indication-Primitive an die MAC-Schicht weiter. Die MAC-Schicht überprüft das Paket mittels der Prüfsumme auf Übertragungsfehler. Ist kein Übertragungsfehler zu erkennen, wird der MAC-Header weiter ausgewertet. Die MAC-Schicht generiert die für dieses Datenpaket angeforderte Empfangsbestätigung und sendet diese durch den Aufruf der Primitive PD-DATA.request an die PHY-Schicht. Nach Hinzufügen des PHY-Headers versendet die PHY-Schicht die Empfangsbestätigung und informiert die MAC-Schicht über das Ergebnis durch den Aufruf der Primitive PD-DATA.confirm. Nachdem Senden der Empfangsbestätigung leitet die MAC-Schicht das Paket nach dem Entfernen des MAC-Headers und der FCS-Prüfsumme durch den Aufruf der MCPS-DATA.indication-Primitive an die Netzwerkschicht weiter. Die Netzwerkschicht überprüft, ob das Funkmodul der Empfänger des Datenpaketes ist oder ob das Paket entsprechend der Routingtabelle oder der im Datenpaket enthaltenen Route weitergeleitet werden muss. Wäre dies der Fall, würde die Netzwerkschicht das Paket mit den entsprechenden Informationen an die MAC-Schicht weiterreichen, um das Paket an den nächsten Router weiterzuleiten. In diesem Beispiel hat das Paket den Empfänger erreicht, und die Netzwerkschicht leitet die Nutzdaten über den Aufruf der Primitive NLDE-DATA.indication an die Anwendungsschicht weiter. Tabelle 14.7 gibt einen Überblick über die von der Netzwerkschicht unterstützten Primitiven. Mit dem Symbol * markierte Primitiven werden von allen Funkmodulen unterstützt, mit ⊛ markierte Primitiven nur vom ZigBee-Koordinator und von ZigBee-Routern.

14.6.1 Network Layer Data Entity (NLDE)

Die NLDE ist für den Austausch von Nutzdaten mit der darüberliegenden Anwendungsschicht verantwortlich. Entweder reicht die Netzwerkschicht Daten nach Anpassungen an die MAC-Schicht zur Übertragung weiter oder übermittelt von der MAC-Schicht erhaltene Daten an die Anwendungsschicht. Zugriff auf die Dienste erfolgt über den *Network Layer Data Entity – Service Access Point* (NLDE-SAP) mittels Primitiven. Insgesamt stehen für den Datenaustausch die drei Primitiven NLDE-DATA.request, NLDE-DATA.confirm und NLDE-DATA.indication zur Verfügung:

```
NLDE-DATA.request(DstAddrMode,DstAddr,
            NsduLength,Nsdu,NsduHandle,
            Radius,NonmemberRadius,
            DiscoverRoute,SecurityEnable)
NLDE-DATA.confirm(Status,NsduHandle,TxTime)
NLDE-DATA.indication(DstAddrMode,DstAddr,SrcAddr
            NsduLength,Nsdu,
            LinkQuality,RxTime,SecurityUse)
```

Durch das Senden einer NLDE-DATA.request-Primitive fordert die Anwendungsschicht die Netzwerkschicht auf, Nutzdaten an die Anwendungsschicht eines zweiten Funkmoduls zu senden. Die Netzwerkschicht sendet als Antwort an die Anwendungsschicht eine NLDE-DATA.confirm-Primitive mit dem Resultat des Sendeversuchs.

Die NLDE-DATA.indication-Primitive wird von der Netzwerkschicht an die Anwendungsschicht gesendet, sobald die Netzwerkschicht von der MAC-Schicht eines Funkmoduls ein Datenframe erhalten hat, das für die Anwendungsschicht dieses Funkmoduls bestimmt ist. Die Funktionsweise der NLDE-DATA-Primitiven haben wir bereits ausführlich in Abschn. 14.6 als Beispiel für das Zusammenspiel der Schichten betrachtet. Die Bedeutung der einzelnen Parameter ist in Tab. 14.8 beschrieben.

14.6.2 Network Layer Management Entity (NLME)

Zu den Managementdiensten der NLME gehören in erster Linie alle Dienste zum Erstellen und Verwalten von ZigBee-Netzwerken. Hierzu zählen auch Dienste für den Beitritt in ein existierenden Netz. Die NLME bietet ebenfalls Dienste zum Ermitteln von Routen zu einem bestimmten Ziel an (Wegentdeckung) und ermöglicht den Zugriff auf die Variablen der Netzwerkschicht (NIB). Der Zugriff auf die einzelnen Dienste erfolgt über den *Network Layer Management Entity – Service Access Point* (NLME-SAP) durch die Verwendung von Primitiven.

Tab. 14.8 Parameter der NLDE-DATA-Primitiven

Parameter	Beschreibung
DstAddrMode	Bestimmt den Adressierungsmodus. `0x01`: Der Adressat ist eine Multicastgruppe. `0x02`: Der Adressat ist die 16-Bit Netzwerkadresse eines einzelnen Funkmoduls oder eine Broadcastadresse.
DstAddr	Das Ziel des Datenpaketes. Das Ziel ist entweder die 16-Bit Adresse einer Multicastgruppe, die 16-Bit Netzwerkadresse eines einzelnen Funkmoduls oder eine Broadcastadresse (`0xFFFF`, `0xFFFD`, `0xFFFC`, `0xFFFB`).
NsduLength	Die Länge (in Bytes) der zu sendenden Nutzdaten.
Nsdu	Ein Array der zu übertragenen Bytes.
NsduHandle	Eine Identifizierungsnummer der Netzwerkschicht für das zu sendende Datenpaket (`0x00–0xFF`).
Radius	Die Anzahl der Router, über die das Paket maximal weitergereicht wird (`0x00–0xFF`).
NonmemberRadius	Die maximale Anzahl der Router, die nicht Mitglied der Multicastgruppe sind, über die ein Multicastframe maximal weitergereicht wird (`0x00–0x07`).
DiscoverRoute	`0x00`: Für das aktuelle Paket wird keine Wegentdeckung durchgeführt. `0x01`: Falls benötigt, wird eine Wegentdeckung durchgeführt.
SecurityEnable	Der Wert *TRUE* weist daraufhin die Sicherheitsfunktionen für das aktuelle Frame zu aktivieren. Bei *FALSE* werden keine Sicherheitsfunktionen benutzt.

Zugriff auf die Variablen der Netzwerkschicht (NLME-GET & NLME-SET)

Die Variablen der Netzwerkschicht sind in einer Datenbank zusammengefasst der sogenannte *Network Layer Information Base* (NIB). Durch die Primitiven NLME-GET.request und NLME-SET.request erhält die Anwendungsschicht Zugriff auf die Variablen der Netzwerkschicht und ggf. auch auf die Variablen der darunterliegenden Schichten:

```
NLME-GET.request(NIBAttribute)
NLME-GET.confirm(Status,NIBAttribute,
                 NIBAttributeLength,NIBAttributeValue)
```

```
NLME-SET.request(NIBAttribute,
                 NIBAttributeLength,NIBAttributeValue)
NLME-SET.confirm(Status,NIBAttribute)
```

Tab. 14.9 Parameter der Primitiven NLME-GET und NLME-SET

Parameter	Beschreibung
NIBAttribute	Der Variablenname.
NIBAttributeLength	Die Länge der Variablen in Bytes (0x0000–0xFFFF).
NIBAttributeValue	Der Wert der Variablen als Bytearray.
Status	Das Ergebnis einer Anfrage (SUCCESS, INVALID_PARAMETER, UNSUPPORTED_ATTRIBUTE).

Durch Aufruf der NLME-GET.request-Primitive wird der aktuelle Wert der angefragten Variable *NIBAttribute* ermittelt. Über das Senden der NLME-GET.confirm-Primitive wird der Anwendungsschicht der Status der Anfrage und bei einem Status *SUCCESS* auch der Wert der angefragten Variable mitgeteilt. Um den Wert einer Variablen zu verändern, sendet die Anwendungsschicht an die Netzwerkschicht eine entsprechende NLME-SET.request-Primitive. Nicht jede Variable darf zu jeder Zeit geändert werden. Ob die entsprechende Anfrage erfolgreich war, wird der Anwendungsschicht von der Netzwerkschicht über den Aufruf der NLME-SET.confirm-Primitive mitgeteilt. Die Bedeutung der einzelnen Parameter sind in Tab. 14.9 beschrieben.

Starten eines ZigBee-Netzwerks (NLME-NETWORK-FORMATION)

Um ein ZigBee-Netzwerk zu Starten und selbst die Rolle als ZigBee-Koordinator einzunehmen, schickt die Anwendungsschicht eines Funkmoduls an die Netzwerksschicht eine NLME-NETWORK-FORMATION.request-Primitive:

```
NLME-NETWORK-FORMATION.request(ScanChannels,ScanDuration,
                BeaconOrder,SuperframeOrder,
                BatteryLifeExtension)
NLME-NETWORK-FORMATION.confirm(Status)
```

Als Parameter werden die Funkkanäle angegeben, die für das Netzwerk in Betracht kommen. Zudem kann spezifiziert werden, ob das Netzwerk eine Superframestruktur unterstützen soll, d. h. ob periodische Beacons gesendet werden. Es sei angemerkt, dass die Superframestruktur nur von Netzwerken in Baum- oder Sternstruktur unterstützt wird. In Meshnetzwerken ist dieses Feature nicht vorgesehen, da hier ein spezieller Algorithmus zur Synchronisierung der Beacons nötig wäre. Erhält die Netzwerkschicht eine NLME-NETWORK-FORMATION.request-Primitive fordert sie durch den Aufruf der entsprechenden Primitiven die MAC-Schicht auf, eine Energieerkennung und einen aktiven Scan auf den angegebenen Funkkanälen durchzuführen. Die Netzwerkschicht wählt aus diesen Ergebnissen den geeignetsten Funkkanal für das ZigBee-Netzwerk, wählt eine 16-Bit PAN-ID für das Netzwerk und vergibt sich selbst die 16-Bit Kurzadresse Adresse 0x0000. Diese Informationen leitet die Netzwerkschicht durch den Aufruf der entsprechenden MLME-SET.request-Primitive an die MAC-Schicht weiter. Dann startet die

Tab. 14.10 Parameter der NLME-NETWORK-FORMATION-Primitiven

Parameter	Beschreibung
ScanChannels	32-Bit Wert, der bestimmt welche Funkkanäle für das ZigBee-Netzwerk in Betracht kommen. Ist das Bit *i* gesetzt, wird der entsprechende Funkkanal untersucht. Siehe Abschn. 9.3.5 für die Bedeutung der Kanäle.
ScanDuration	Spezifiziert die Dauer des Scans pro Funkkanal `0x00–0x0E`. Die Dauer in Symbolen ergibt sich aus $1920 \cdot ScanDuration + 960$.
BeaconOrder	Bestimmt die BeaconOrder (siehe Abschn. 10.6.4).
SuperframeOrder	Bestimmt die SuperframeOrder (siehe Abschn. 10.6.4).
BatteryLifeExtension	*TRUE* aktiviert und *FALSE* deaktiviert die Funktion der Batterielaufzeitverlängerung (siehe Abschn. 10.3.3).
Status	Der Status der Anfrage.

Netzwerkschicht das ZigBee-Netzwerk, in dem es an die MAC-Schicht die Primitive MLME-START.request sendet, wobei der ZigBee-Koordinator ebenso PAN-Koordinator wird. Nachdem die Netzwerkschicht von der MAC-Schicht die Primitive MLME-START.confirm erhalten hat, sendet sie diesen Status durch den Aufruf der NLME-NETWORK-FORMATION.confirm-Primitive an die Anwendungsschicht. Die Parameter der NLME-NETWORK-FORMATION-Primitiven sind in Tab. 14.10 beschrieben.

Die Rolle eines ZigBee-Router einnehmen (NLME-START-ROUTER)

In einem ZigBee-Netzwerk gibt es Funkmodule, welche die Rolle von sogenannten ZigBee-Routern einnehmen. Ein ZigBee-Router leitet Datenframes weiter, unterstützt die Wegentdeckung und erlaubt es anderen Funkmodul dem Netzwerk beizutreten. Um die Rolle eines ZigBee-Routers einzunehmen, muss die Anwendungsschicht eines Funkmoduls an die Netzwerksschicht die Primitive NLME-START-ROUTER.request senden:

```
NLME-START-ROUTER.request(BeaconOrder,SuperframeOrder,
                BatteryLifeExtension)
NLME-START-ROUTER.confirm(Status)
```

Nach Erhalt der NLME-START-ROUTER.request-Primitive sendet die Netzwerkschicht eine MLME-START.request-Primitive an die MAC-Schicht. Sobald die MAC-Schicht diese Anfrage mit der MLME-START.confirm-Primitive beantwortet hat, leitet die Netzwerkschicht das Ergebnis über die NLME-START-ROUTER.confirm-Primitive an die Anwendungsschicht weiter. War die Anfrage erfolgreich, d. h. *Status* gleich *SUCCESS*, übernimmt das Funkmodul alle Aufgabe eines Routers. Die Bedeutungen der Parameter wurden bereits in Tab. 14.10 aufgelistet.

Den Beitritt in das ZigBee-Netzwerk gestatten (NLME-PERMIT-JOINING)

Funkmodule können einem ZigBee-Netzwerk über dessen Koordinator oder über Router beitreten, sofern diese so konfiguriert sind, dass sie einen Beitritt gestatten dürfen. Dies

kann von der Anwendungsschicht durch den Aufruf der Primitive NLME-PERMIT-JOI-
NING.request gesteuert werden:

```
NLME-PERMIT-JOINING.request(PermitDuration)
NLME-PERMIT-JOINING.confirm(Status)
```

Der Parameter *PermitDuration* kann einen Wert von $0x00-0xFF$ einnehmen und bestimmt die Dauer in Sekunden, wie lange es einem anderen Funkmodul gestattet ist, über
dieses Funkmodul dem ZigBee-Netzwerk beizutreten. Ein Wert von $0x00$ erlaubt keinen
Beitritt zum Netzwerk über dieses Funkmodul und ein Wert von $0xFF$ erlaubt einen permanenten Beitritt. Nach Erhalt der NLME-PERMIT-JOINING.request-Primitive wird die
MAC-Schicht über die MLME-SET.request-Primitive angewiesen die PIB-Variable *maxAssociationPermit* entsprechend zu setzen. Ist *PermitDuration* $= 0x00$ wird der Wert
auf *FALSE* und bei *PermitDuration* $> 0x00$ auf *TRUE* gesetzt. Wird der Beitritt nur für
eine bestimmte Dauer gestattet d. h. $0x00 <$ *PermitDuration* $< 0xFF$, startet die Netzwerkschicht nach Erhalt der MLME-SET.confirm-Primitive einen Timer, der die Variable
maxAssociationPermit über die MLME-SET.request-Primitive nach Ablauf des Timers
wieder auf *FALSE* zurücksetzt. Wird kein Timer benötigt, wird die NLME-PERMIT-JOI-
NING.confirm-Primitive unmittelbar nach Erhalt der MLME-SET.confirm-Primitive an
die Anwendungsschicht gesendet, ansonsten wird die Primitive unmittelbar nach Starten
des Timers gesendet.

Das Begrenzen der Zeit in der Funkmodule über den Koordinator oder einen Router
dem Netzwerk beitreten, ist insbesondere zum Steuern der Ressourcen eines Funkmoduls
sinnvoll. Treten zu viele Funkmodule über den Koordinator oder den selben Router dem
Netzwerk bei, kann dies z. B. den Speicher des entsprechende Modul überfordern. Ebenso
kann es sinnvoll sein z. B. in Zeiten hohen Datenaufkommens den Beitritt zu verwehren,
um unnötigen Netzwerkverkehr zu vermeiden.

Die Suche nach in Reichweite befindlichen ZigBee-Netzwerken (NLME-NETWORK-DISCOVERY)

Damit ein Funkmodul einem Netzwerk beitreten kann, benötigt es zunächst einmal Informationen darüber, welche Netzwerke sich in dessen Reichweite befinden. Um diese zu
ermitteln sendet die Anwendungsschicht eine NLME-NETWORK-DISCOVERY.request-
Primitive mit den zu untersuchenden Funkkanälen an die Netzwerkschicht:

```
NLME-NETWORK-DISCOVERY.request(ScanChannels,ScanDuration)
NLME-NETWORK-DISCOVERY.confirm(Status,
           NetworkCount,NetworkDescriptor)
```

Tab. 14.11 Parameter der NLME-NETWORK-DISCOVERY-Primitiven

Parameter	Beschreibung
ScanChannels	32-Bit Wert, der bestimmt welche Funkkanälen für das ZigBee-Netzwerk in Betracht kommen. Ist das Bit i gesetzt, wird der entsprechende Funkkanal untersucht. Siehe Abschn. 9.3.5 für die Bedeutung der Kanäle.
ScanDuration	Spezifiziert die Dauer des Scans pro Funkkanal $\texttt{0x00-0x0E}$. Die Dauer in Symbolen ergibt sich aus $1920 \cdot ScanDuration + 960$.
Status	Der Status der Anfrage.
NetworkCount	Die Anzahl der gefundenen Netzwerke.
NetworkDescriptor	Eine Liste von Netzwerkdeskriptoren, die jeweils Informationen über ein ZigBee-Netzwerk enthalten wie z. B. PAN-ID, benutzter Funkkanal, BeaconOrder und SuperframeOrder.

Nach Erhalt der Primitive NLME-NETWORK-DISCOVERY.request sendet die Netzwerkschicht eine MLME-SCAN.request-Primitive an die MAC-Schicht, um diese damit Aufzufordern einen aktiven Scan auf den entsprechenden Funkkanälen durchzuführen. Erhält die MAC-Schicht bei einem Scan eines Funkkanals ein Beacon, leitet es die Information über das gefundene PAN durch den Aufruf einer MLME-BEACON-NO-TIFY.indication-Primitive an die Netzwerkschicht weiter. Die Netzwerkschicht trägt die Informationen, die sie von in Reichweite befindlichen Funkmodulen erhalten hat, in eine sogenannte Nachbartabelle (*neighbor table*) ein. Die Struktur eines Eintrags der Nachbartabelle ist in Tab. 14.12 dargestellt. Nachdem alle Funkkanäle gescannt wurden, sendet die MAC-Schicht eine MLME-SCAN.confirm-Primitive an die Netzwerkschicht. Die Netzwerkschicht sendet darauf eine NLME-NETWORK-DISCOVERY.confirm-Primitive mit den gesammelten Informationen der PANs an die Anwendungsschicht.

Der Beitritt in ein ZigBee-Netzwerk (NLME-JOIN & NLME-DIRECT-JOIN)

Um einem ZigBee-Netzwerk beizutreten, muss das entsprechende Funkmodul eine Anfrage an den ZigBee-Koordinator oder einen ZigBee-Router stellen. Die Anwendungsschicht sendet hierfür eine NLME-JOIN.request-Primitive an die Netzwerkschicht:

```
NLME-JOIN.request(ExtendedPANId,RejoinNetwork,
           ScanChannels,ScanDuration,
           CapabilityInformation,SecurityEnable)
NLME-JOIN.indication(NetworkAddress,ExtendedAddress,
           CapabilityInformation,
           RejoinNetwork,SecureRejoin)
NLME-JOIN.confirm(Status,NetworkAddress
           ExtendedPANId,ActiveChannel)
```

Tab. 14.12 Struktur eines Eintrags in der Nachbartabelle

Feldname	Beschreibung
MAC-Adresse	64-Bit MAC-Adresse des Nachbarmoduls.
Netzwerkadresse	16-Bit Kurzadresse des Nachbarmoduls.
Gerätetyp	`0x00`: Nachbarmodul ist ZigBee-Koordinator `0x01`: Nachbarmodul ist ZigBee-Router `0x02`: Nachbarmodul ist ZigBee-Engerät
RX an, wenn nicht beschäftigt	*TRUE*: Receiver ist immer an.
Beziehung	Beziehungsstatus zum Nachbar (`0x00`–`0x05`). z. B. `0x00`: Elternteil, `0x01`: Kind, `0x02`: Geschwister
Übertragungsfehler	Gibt an, ob frühere Datenübertragungen fehlerhaft waren.
LQI	Linkqualität zum Nachbarn
Ausgehende Kosten	Ermittelte Kosten für eine Übertragung.
Alter	Alter des letzten Links mit dem Nachbarn.
Zeitstempel eingehender Beacon	Zeitstempel, wann das letzte Beacon des Nachbarn empfangen wurde.
Offset der Beaconübertragung	Die Zeitdifferenz zwischen dem Beacon des Nachbarn und dem Beacon dessen Elternteils.
EPID	Erweiterte 64-Bit PAN-ID (benötigt bei der Netzwerkentdeckung)
Funkkanal	Der Funkkanal auf dem das Funkmodul und das zugehörige PAN operiert (Netzwerkentdeckung).
Baumtiefe	Die Baumtiefe des Nachbarn im PAN (Netzwerkentdeckung)
Beaconorder	Beaconorder (Netzwerkentdeckung)
Erlaubt Beitritt	*TRUE*: Beitritt zum Netz über diesen Nachbarn gestattet. (Netzwerkentdeckung)
Potentielles Elternteil	`0x00`: Dass Funkmodul ist potentielles Elternteil. `0x01`: Das Funkmodul ist kein potentielles Elternteil.

Der NLME-JOIN.request-Primitive wird als Parameter die 64-Bit EPID und *Rejoin-Network* gleich `0x00` übergeben. Die Netzwerkschicht wählt aus der Nachbartabelle (siehe Tab. 14.12) einen Nachbar aus, der die entsprechende EPID besitzt, einen Beitritt zum Netzwerk gestattet und einen möglichst guten Empfang gewährleistet (LQI). Durch den Aufruf der MLME-ASSOCIATE.request-Primitive versucht die Netzwerkschicht über den so ermittelten ZigBee-Koordinator oder ZigBee-Router dem PAN beizutreten. Die Netzwerkschicht des entsprechenden ZigBee-Koordinators oder ZigBee-Routers wird von dessen MAC-Schicht durch die Primitive MLME-ASSOCIATE.indication über den Beitrittswunsch informiert. Dessen Netzwerkschicht wählt eine geeignete 16-Bit Kurzadresse für das neue Funkmodul, aktualisiert seine Datenbanken mit den neuen Informationen und beantwortet die Anfrage der MAC-Schicht mit einer MLME-ASSO-CIATE.response-Primitive und teilt so ebenfalls die vergeben 16-Bit Kurzadresse mit. Zum Abschluss informiert die Netzwerkschicht die Anwenderschicht über den Beitritt

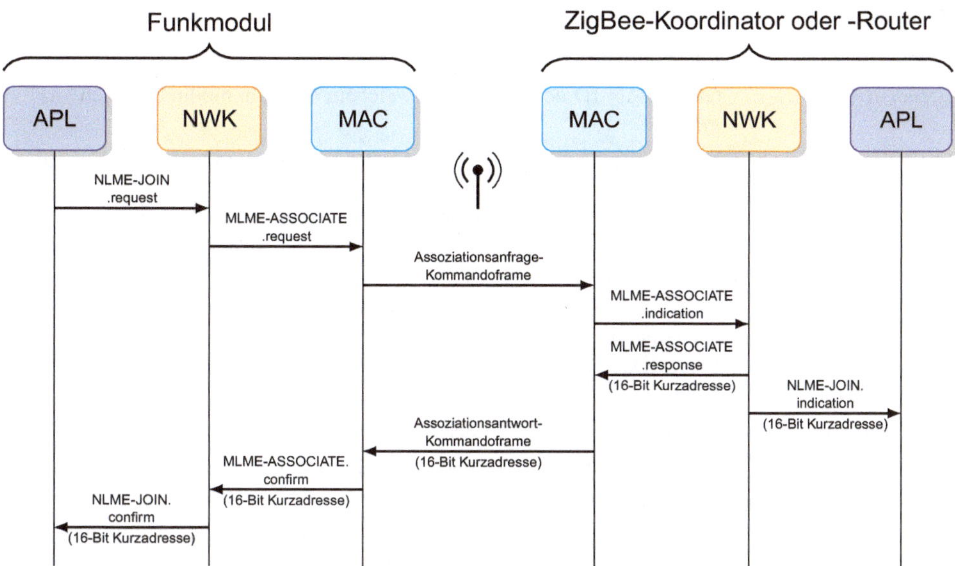

Abb. 14.8 Sequenzdiagramm für den Beitritt in ein ZigBee-Netzwerk durch den Aufruf der NLME-JOIN.request-Primitive

des neuen Funkmoduls durch einen Aufruf der NLME-JOIN.indication-Primitive. Die MAC-Schicht des Funkmoduls, welches den Beitrittswunsch geäußert hat, erhält ein Assoziationsantwort-Kommandoframe mit den benötigten Informationen. Das Ergebnis der MLME-ASSOCIATE.request-Primitive und die zugewiesenen 16-Bit Kurzadresse teilt die MAC-Schicht der Netzwerkschicht über die MLME-ASSOCIATE.confirm-Primitive mit. Die Netzwerkschicht sendet diese Informationen über einen Aufruf der NLME-JOIN.confirm-Primitive ebenfalls an die Anwenderschicht. Abbildung 14.8 zeigt den Ablauf des Beitritts als Sequenzdiagramm.

Die NLME-JOIN.request-Primitive wird ebenfalls für einen Wiedereintritt nach einem Verbindungsverlust zum Elternteil oder beim Wechsel des Funkkanals benutzt. In diesen Fällen sind der Parameter *RejoinNetwork* und ggf. weitere Parameter entsprechend zu setzten. Die Bedeutung der Parameter für die NLME-JOIN-Primitiven sind in Tab. 14.13 aufgelistet.

Ein ZigBee-Koordinator oder ZigBee-Router kann ein Funkmodul auch direkt dem ZigBee-Netzwerk hinzufügen, ohne dass dieses Funkmodul eine entsprechende Anfrage senden muss. Dazu sendet die Anwendungsschicht an die Netzwerkschicht eine NLME-DIRECT-JOIN-Primitive mit der 64-Bit MAC-Adresse des hinzuzufügenden Funkmoduls:

```
NLME-DIRECT-JOIN.request(DeviceAddress,CapabilityInformation)
NLME-DIRECT-JOIN.confirm(Status,DeviceAddress)
```

Tab. 14.13 Parameter der NLME-JOIN-Primitiven

Parameter	Beschreibung
ExtendedPANId	64-Bit PAN-ID des Netzwerks, welchem das Funkmodul beitreten möchte.
RejoinNetwork	Dieser Parameter bestimmt die Art des Beitritts zum Netzwerk (0x00–0x03). 0x00: Der Beitritt erfolgt über eine Assoziation. 0x01: Der Beitritt erfolgt direkt oder über einen Wiedereintritt als verwaistes Funkmodul. 0x02: Der Beitritt erfolgt über die Wiedereintrittsprozedur der Netzwerkschicht. 0x03: Das Funkmodul wechselt zu einem Funkkanal, der als Parameter *ScanChannels* übergeben wurde.
ScanChannels	Bestimmt die zu scannenden Funkkanäle.
ScanDuration	Spezifiziert die Dauer des Scans pro Funkkanal 0x00–0x0E. Die Dauer in Symbolen ergibt sich aus $1920 \cdot ScanDuration + 960$.
CapabilityInformation	Informationen über die Fähigkeiten und Eigenschaften des Funkmoduls, welches dem Netzwerk beitreten möchte (siehe Tab. 14.17).
SecurityEnable	Ist der Parameter *RejoinNetwork* = 0x02 und dieser Parameter *TRUE* wird versucht einen Wiedereintritt mit aktivierten Sicherheitsfunktionen durchzuführen.
NetworkAddress	Die 16-Bit Kurzadresse, die das dem PAN neu hinzugefügte Funkmodul erhalten hat.
ExtendedAddress	Die 64-Bit MAC-Adresse, die das dem PAN neu hinzugefügte Funkmodul hat.
SecureRejoin	Der Parameter ist *TRUE*, wenn der Wiedereintritt unter der Benutzung von Sicherheitsfunktionen statt fand.
Status	Der Ergebnisstatus der NLME-JOIN.request-Primitive.
ActiveChannel	Der Funkkanal auf dem die Funkmodule des PANs senden.

Über das Ergebnis wird die Anwendungsschicht über die entsprechende confirm-Primitive informiert.

Der Austritt aus einem ZigBee-Netzwerk (NLME-LEAVE)

Es gibt verschiedene Gründe warum ein Funkmodul ein Netzwerk verlässt. Ist z. B. das Funkmodul nicht mehr in Reichweite oder die Batterie ist nicht mehr stark genug, führt dies zu einem ungeplanten Austritt aus dem PAN auf Grund eines Verbindungsabbruchs. Es kann auch Gründe geben einen geplanten Austritt durchzuführen. Ist z. B. ein Elternteil an seiner Kapazitätsgrenze angekommen und möchte Platz für ein anderes Funkmodul schaffen, kann es ein Funkmodul zuvor zum Austritt aus dem Netzwerk veranlassen. Ebenso kann es sein, dass ein Funkmodul das PAN verlassen will, um einem anderen PAN beizutreten. Für so einen geplanten Austritt stehen die Primitiven NLME-LEAVE zur Verfügung:

```
NLME-LEAVE.request(DeviceAddress,RemoveChildren,Rejoin)
NLME-LEAVE.confirm(Status,DeviceAddress)
NLME-LEAVE.indication(DeviceAddress,Rejoin)
```

Durch den Aufruf der Primitive NLME-LEAVE.request mit dem Parameter *DeviceAddress* gleich *NULL* wird die Netzwerkschicht veranlasst das PAN zu verlassen. Sollen ebenfalls die Kinder das PAN verlassen, fordert die Netzwerkschicht die MAC-Schicht über den Aufruf von MCPS-DATA.request-Primitiven auf, ein Datenframe an die Kinder zu senden, in denen das Leave-Kommandoframe der Netzwerkschicht enthalten ist. Danach setzt die Netzwerkschicht die Routingtabelle zurück und sendet eine MLME-RESET.request-Primitive an die MAC-Schicht, damit diese einen Reset durchführt. Ist der Reset durch die MLME-RESET.confirm-Primitive bestätigt worden, passt die Netzwerkschicht den Eintrag in der Nachbartabelle für das Elternteil an, dass diese Funkmodule in keinerlei Beziehung mehr stehen. Zum Abschluss wird die Anwendungsschicht durch den Aufruf der Primitive NLME-LEAVE.confirm über den Status des Austrittsversuchs informiert.

Ein Koordinator oder Router kann veranlassen, dass ein anderes Funkmodul das PAN verlässt. Dazu wird der NLME-LEAVE.request-Primitive als Parameter die entsprechende Adresse des Funkmoduls übergeben. Die Netzwerkschicht sendet ein entsprechendes Leave-Kommandoframe an das Funkmodul und nach Erhalt dieses Kommandos führt das Funkmodul die selben Aktionen wie oben beschrieben durch.

Die NLME-LEAVE.indication-Primitive wird von der Netzwerkschicht eines Koordinators oder Routers an die Anwendungsschicht gesendet, sobald die Netzwerkschicht ein Broadcastframe mit einem Leave-Kommandoframe erhalten hat. Dadurch hat die Anwendungsschicht ggf. die Möglichkeit auf den Wegfall eines Funkmoduls zu reagieren.

Eine Übersicht der Parameter der NLME-LEAVE-Primitiven zeigt Tab. 14.14.

Wegermittlung in einem ZigBee-Netzwerk (NLME-ROUTE-DISCOVERY)

Zu den wichtigsten Aufgaben der Netzwerkschicht gehört es, einen Weg zu einem entfernten Funkmodul zu ermitteln. Die Ermittlung einer Wegstrecke kann explizit von der

Tab. 14.14 Parameter der NLME-LEAVE-Primitiven

Parameter	Beschreibung
DeviceAddress	64-Bit MAC-Adresse des zu entfernenden Funkmoduls.
RemoveChildren	*TRUE*: Die Kinder sollen ebenfalls das PAN verlassen. *FALSE*: Die Kinder dürfen im PAN bleiben.
Rejoin	Ist dieser Parameter *TRUE*, soll das Funkmodul nach Verlassen des PANs versuchen diesem erneut beizutreten.
Status	Das Ergebnis der NLME-LEAVE.request-Primitive.

Anwendungsschicht eines Koordinators oder Routers angefordert werden. Hierzu sendet diese eine NLME-ROUTE-DISCOVERY.request-Primitive an die Netzwerkschicht:

```
NLME-ROUTE-DISCOVERY.request(DstAddrMode,DstAddr,
                Radius, NoRouteCache)
NLME-ROUTE-DISCOVERY.confirm(Status,NetworkStatusCode)
```

Nach Erhalt der request-Primitive unterscheidet die Netzwerkschicht in Abhängigkeit des Parameters *DstAddrMode* drei Fälle:

0x00: Es wird kein bestimmter Weg gesucht, sondern der Weg von diesem Funkmodul zu allen anderen Funkmodulen (many-to-one). Die Netzwerkschicht sendet die Primitive MCPS-DATA.request an die MAC-Schicht und weist diese an ein NWK-Weganfrage-Kommandoframe zur Wegermittlung zu versenden. Das Kommandoframe wird von Routern via Broadcast über das gesamte Netz verteilt. Ist der optionale Parameter *Radius* vorhanden, wird dieser dem NWK-Header hinzugefügt und das Kommandoframe nur an Funkmodule innerhalb dieses Radius weitergeleitet. Sobald die Netzwerkschicht die Primitive MCPS-DATA.confirm von der MAC-Schicht erhält, sendet sie an die Anwendungsschicht die Primitive NLME-ROUTE-DISCOVERY.confirm mit dem selben *Status*.

0x01: Bei Angabe dieses Parameters wird ein Weg zu einer Gruppe gesucht. Ist das Funkmodul selber Mitglied dieser Gruppe sendet die Netzwerkschicht umgehend eine NLME-ROUTE-DISCOVERY.confirm-Primitive mit dem Status *SUCCESS* an die Anwendungsschicht. Ist das Funkmodul nicht Mitglied der Gruppe, sendet die Netzwerkschicht via Broadcast an alle Router ein NWK-Weganfrage-Kommandoframe. Ist der optionale Parameter *Radius* angegeben, wird dieser dem NWK-Header hinzugefügt und die Anfrage auf Funkmodule innerhalb dieses Radius beschränkt. Erhält die Netzwerkschicht vor Ablauf eines Timeouts als Antwort ein NWK-Wegantwort-Kommandoframe, sendet diese eine NLME-ROUTE-DISCOVERY.confirm-Primitive mit dem Status *SUCCESS* an die Anwendungsschicht.

0x02: In diesem Fall wird der Weg zu einem bestimmten Funkmodul mit der übergebenen 16-Bit Kurzadresse (*DstAddr*) gesucht. Um das gesuchte Funkmodul zu finden, sendet die Netzwerkschicht via Broadcast an alle Router ein NWK-Weganfrage-Kommandoframe. Soll der Radius der Anfrage begrenzt werden, wird der optionale Parameter *Radius* entsprechend gesetzt. Sobald die Netzwerkschicht vor Ablauf eines Timeouts als Antwort ein NWK-Wegantwort-Kommandoframe erhält, sendet sie an die Anwendungsschicht die Primitive NLME-ROUTE-DISCOVERY.confirm mit dem Status *SUCCESS*.

Tab. 14.15 Parameter der NLME-ROUTE-DISCOVERY-Primitiven

Parameter	Beschreibung
DstAddrMode	Bestimmt die Art der Zieladressierung. `0x00`: Keine Zieladresse, d. h. alle Wegstrecken zu diesem Funkmodul werden ermittelt (many-to-one), `0x01`: 16-Bit Kurzadresse einer Gruppe, `0x02`: 16-Bit Kurzadresse eines Funkmoduls.
DstAddr	16-Bit Kurzadresse.
Radius	Dieser optionale Parameter beschreibt die maximale Anzahl an Routern, über welche die Anfrage der Wegermittlung weitergeleitet werden soll (`0x00–0xFF`).
NoRouteCache	Ist dieser Parameter *TRUE* und *DstAddrMode* = `0x00` wird durch diese Anfrage kein Routingtabelleneintrag erstellt. Ist der Parameter *FALSE* und *DstAddrMode* = `0x00` wird ein Routingtabelleneintrag erstellt.
Status	Das Ergebnis der NLME-ROUTE-DISCOVERY.request-Primitive.
NetworkStatusCode	Tritt ein Routingfehler auf, d. h. der Parameter *Status* liefert den Wert *ROUTE_ERROR*, enthält dieser Parameter detailliertere Statuscodes über den Routingfehler.

Das Verfahren zur eigentlichen Bestimmung des Weges ist etwas komplexer und wurde bereits im Abschn. 14.4 beschrieben. Tabelle 14.15 enthält eine Übersicht der Parameter der NLME-ROUTE-DISCOVERY-Primitiven.

Synchronisation mit dem Netzwerk und Überprüfung nach hinterlegten Datenpaketen (NLME-SYNC & NLME-SYNC-LOSS)

In gewissen Abständen ist es für ein Funkmodul notwendig sich mit dem PAN zu synchronisieren. Insbesondere ein Endgerät, dessen Receiver nicht permanent aktiv, benötigt Informationen, ob bei dessen Elternteil Dataframes hinterlegt sind. Die Anwendungsschicht kann durch das Senden der Primitive NLME-SYNC.request an die Netzwerkschicht explizit eine Synchronisation veranlassen:

```
NLME-SYNC.request(Track)
NLME-SYNC.confirm(Status)
```

Bei Erhalt einer NLME-SYNC.request-Primitive unterscheidet die Netzwerkschicht zwei Fälle:

PAN ohne Superframestruktur: In diesem Netzwerk werden keine periodischen Beacons gesendet. Die Netzwerkschicht sendet eine MLME-POLL.request-Primitive an die MAC-Schicht, wodurch diese bei dessen Elternteil eine Anfrage stellt, ob für dieses Funkmodul Dataframes hinterlegt sind. Das Ergebnis der Antwortprimitive

MLME-POLL.confirm wird durch die NLME-SYNC.confirm-Primitive an die Anwendungsschicht weitergereicht.

PAN mit Superframestruktur: In diesem Netzwerk werden periodisch Beacons gesendet, in denen z. B. Informationen enthalten sind, für welches Funkmodul Daten bei dem Beacon sendenden Funkmodul hinterlegt sind. Die Anwendungsschicht kann die Netzwerkschicht durch den Aufruf der NLME-SYNC.request-Primitive anweisen nach dem nächsten Beacon Ausschau zu halten. Die Netzwerkschicht reagiert darauf, indem sie zuerst die Variable *macAutoRequest* durch den Aufruf der Primitive MLME-SET.request auf *TRUE* setzt. Im nächsten Schritt ruft die Netzwerkschicht die Primitive MLME-SYNC.request auf, damit diese nach dem nächsten Beacon Ausschau hält. Ist der Parameter *Track = TRUE*, soll permanent ein Tracking des Beacons stattfinden, womit der MLME-SYNC.request-Primitive ebenfalls der Parameter *TrackBeacon = TRUE* übergeben wird. Zum Abschluss sendet die Netzwerkschicht eine NLME-SYNC.confirm-Primitive mit dem Status *SUCCESS* an die Anwendungsschicht.

In Netzwerken mit periodischen Beacons, kann es vorkommen, dass ein Funkmodul kein Beacon erhält, weil z. B. der Funkkanal gestört ist. Die Netzwerkschicht informiert die Anwendungsschicht über diesen Sachverhalt durch den Aufruf der Primitive NLME-SYNC-LOSS.indication:

```
NLME-SYNC-LOSS.indication(Status)
```

Energieerkennung auf den Funkkanälen (NLME-ED-SCAN)

Die Anwendungsschicht hat mit der Wahl und Untersuchung der Funkkanäle nichts zu tun, dies ist im Allgemeinen Aufgabe der MAC-Schicht. Es kann allerdings für bestimmte Anwendungen von Interesse sein Informationen über die Energiewerte der Funkkanäle zu erhalten, z. B. weil die Kanäle über einen längeren Zeitraum untersucht werden sollen oder weil die Anwendungsschicht eine andere Priorität bei der Wahl des Funkkanals bevorzugt. Für solche Fälle hat die Anwendungsschicht die Möglichkeit eine NLME-ED-SCAN.request-Primitive an die Netzwerkschicht zu senden:

```
NLME-ED-SCAN.request(ScanChannels,ScanDurations)
NLME-ED-SCAN.confirm(Status,UnscannedChannels,EnergyDetectList)
```

Die Netzwerkschicht leitet diese Anfrage direkt an die MAC-Schicht durch den Aufruf der MLME-SCAN.request-Primitive weiter. Nach Erhalt der confirm-Primitive sendet die Netzwerkschicht ebenfalls eine NLME-ED-SCAN.confirm-Primitive mit dem Ergebnis

Tab. 14.16 Parameter der NLME-ED-SCAN-Primitiven

Parameter	Beschreibung
ScanChannels	32-Bit Wert, der bestimmt, welche Funkkanälen für das ZigBee-Netzwerk in Betracht kommen. Ist das Bit i gesetzt, wird der entsprechende Funkkanal untersucht. Siehe Abschn. 9.3.5 für die Bedeutung der Kanäle.
ScanDuration	Spezifiziert die Dauer des Scans pro Funkkanal $0x00-0x0E$. Die Dauer in Symbolen ergibt sich aus $1920 \cdot ScanDuration + 960$.
Status	Das Ergebnis der Anfrage.
UnscannedChannels	32-Bit Wert, der Angibt, welche Funkkanäle nicht gescannt wurden.
EnergyDetectList	Eine Liste mit Werten von $0x00-0xFF$ für jeden Funkkanal, welches ein Maß für den Energielevel auf diesem Kanal darstellt.

des Scans an die Anwendungsschicht. In Tab. 14.16 sind die zugehörigen Parameter der NLME-ED-SCAN-Primitiven beschrieben.

Zurücksetzen der Netzwerkschicht (NLME-RESET)

Die Anwendungsschicht hat die Möglichkeit die Netzwerkschicht über die NLME-RESET.request-Primitive anzuweisen einen Reset durchzuführen:

```
NLME-RESET.request(WarmStart)
NLME-RESET.confirm(Status)
```

Ist der Parameter *WarmStart = TRUE* führt die Netzwerkschicht einen Reset durch, behält allerdings den Zustand der Variablen (NIB) bei. Bei *WarmStart = FALSE* wird die Netzwerkschicht vollständig (inklusive NIB) auf den Anfangszustand zurückgesetzt. Nach Abarbeitung bestätigt die Netzwerkschicht den Reset durch den Aufruf der Primitive NLME-RESET.confirm.

Statusinformationen über das PAN (NLME-NWK-STATUS)

Die Netzwerkschicht informiert die Anwendungsschicht automatisch über einige Ereignisse im Netzwerk, damit diese ggf. darauf reagieren kann. Dazu sendet diese an die Anwendungsschicht eine NLME-NWK-STATUS.indication-Primitive:

```
NLME-NWK-STATUS.indication(Status,NetworkAddr)
```

Die Primitive enthält zusätzlich zu dem Parameter Status, der über die Art des Ereignisses informiert ebenfalls die 16-Bit Kurzadresse (*NetworkAddr*) des Funkmoduls, welches das Ereignis betrifft. Die Auslöser der Primitive sind:

- Die Netzwerkschicht dieses Funkmoduls selbst hat es nicht erfolgreich geschafft eine Wegentdeckung durchzuführen oder eine Route zu reparieren.
- Die Netzwerkschicht dieses Funkmoduls selbst war nicht in der Lage ein Frame an eins seiner Kinder auszuliefern.
- Die Netzwerkschicht hat von einem anderen Funkmodul ein Netzwerkstatus-Kommandoframe erhalten.

14.7   NWK-Frame

Der Austausch von Informationen der Netzwerkschichten verschiedener Funkmodule erfolgt über das Versenden von NWK-Frames. Diese werden über die MAC-Schicht an die PHY-Schicht weitergeleitet, jeweils mit den Headern der entsprechenden Schicht versehen und letztendlich über den Transceiver versendet. Beim Empfang des Frames wird dieses in entgegengesetzter Richtung von den einzelnen Schichten bearbeitet, bis an die Netzwerkschicht das entsprechende NWK-Frame weitergereicht wird. In Abb. 14.9 ist dieses Prinzip grafisch dargestellt. Die Framestrukturen des PHY-Frames und des MAC-Frames haben wir in den Abschn. 9.4 und 10.6 kennengelernt. In diesem Kapitel werden wir uns mit dem Aufbau von ZigBee NWK-Frames beschäftigen.

14.7.1   Allgemeine NWK-Framestruktur

Die ZigBee-Netzwerkschicht unterscheidet zwischen zwei Frametypen, einem Daten- und einem Kommandoframe. Beide Frametypen haben die folgende Grundstruktur:

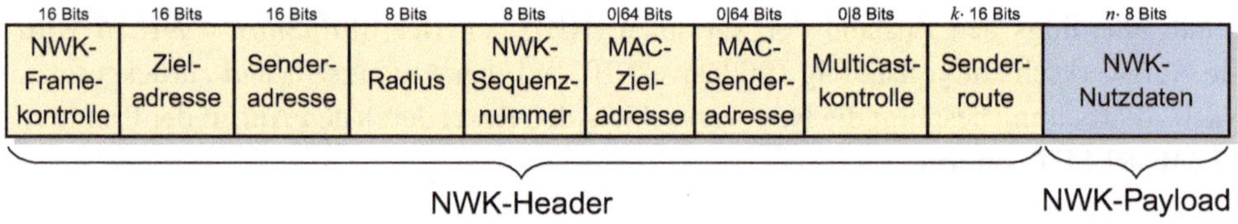

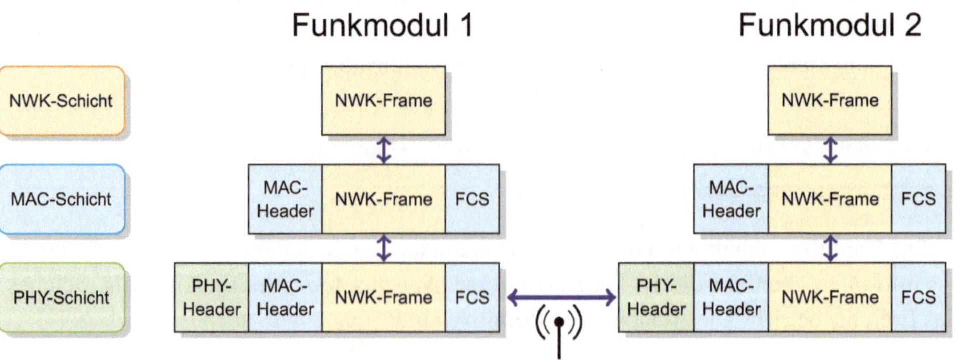

Abb. 14.9 Der Verlauf eines NWK-Frame durch die einzelnen Schichten

Die Darstellung eines NWK-Frames erfolgt identisch zum MAC-Frame in *Little-Endian*, d. h. ein Wert wird in 8-Bit Blöcke (Bytes) unterteilt und das am wenigstens signifikante Byte wird als erstes gespeichert (siehe Abschn. 10.6.1).

NWK-Framekontrolle

Das Feld *NWK-Framekontrolle* spezifiziert wichtige Grundeigenschaften eines NWK-Frames und gibt genauere Informationen über dessen Aufbau. Über dieses Feld wird zum Beispiel mitgeteilt, ob es sich um ein Daten- oder Kommandoframe handelt. Das Feld *NWK-Framekontrolle* ist 16-Bit lang, wobei die meisten Bits als Schalter zum Auswählen bestimmter Funktionalitäten fungieren:

b_0b_1	$b_2b_3b_4b_5$	b_6b_7	b_8	b_9	b_{10}	b_{11}	b_{12}	$b_{13}b_{14}b_{15}$
Frame-typ	Protokoll-version	Wegent-deckung	Multicast-flag	NWK-Sicherheitflag	Sender-routeflag	MAC-Ziel-adressflag	MAC-Sender-adressflag	Reser-viert

Die Bedeutung der Bits ist wie folgt:

Frametyp: Gilt $b_1b_0 = 00$ handelt es sich um ein NWK-Datenframe, bei $b_1b_0 = 01$ um ein NWK-Kommandoframe.

Protokollversion: Dieses Feld spezifiziert, auf welcher ZigBee-Protokollversion das Frame aufbaut. Für Netzwerke nach der ZigBee 2004 Spezifikation ist die Protokollversion $b_5b_4b_3b_2 = 0001$, für Netzwerke nach den Spezifikationen ZigBee 2006 und 2007 ist die Protokollversion $b_5b_4b_3b_2 = 0010$.

Wegentdeckung: Gilt $b_7b_6 = 00$ wird durch dieses Frame keine Wegentdeckung ausgelöst. Entweder der Weg zum Ziel ist bereits im Frame enthalten (gesetztes Senderrouteflag) oder falls keine Routingeinträge für das Ziel existieren, kann das Frame entlang des Assoziationsbaums geroutet werden, falls die Adressverteilung dies zulässt, sonst wird das Frame verworfen. Ist $b_7b_6 = 01$ wird eine Wegentdeckung bei nicht vorhandenen Routingeinträgen ausgelöst.

Multicastflag: Ist Bit 8 gesetzt, handelt es sich bei der Zieladresse des Frames nicht um die Adresse eines einzelnen Funkmoduls, sondern um eine Gruppen-ID.

NWK-Sicherheitflag: Bit 9 ist nur gesetzt, wenn das Frame Sicherheitsfunktionen aus der Netzwerkschicht benutzt.

Senderrouteflag: Bei gesetztem Bit 10 ist im NWK-Header eine Senderroute zum Ziel enthalten.

MAC-Zieladressflag: Ist dieses Flag gesetzt, ist im NWK-Header zusätzlich zur 16-Bit Kurzadresse auch die 64-Bit MAC-Adresse zum Ziel enthalten.

MAC-Senderadressflag: Ist dieses Flag gesetzt, ist im NWK-Header zusätzlich zur 16-Bit Kurzadresse auch die 64-Bit MAC-Adresse des Senders des Frames enthalten.

Ziel- und Senderadresse

Das Feld *Zieladresse* beinhaltet die 16-Bit Kurzadresse des Ziels dieses NWK-Frames. Eine Zieladresse muss nicht die Adresse eines einzelnen Funkmoduls sein. Ebenfalls kann dies eine Gruppen-ID oder eine Broadcastadresse (siehe Tab. 14.5) sein. Die Senderadresse ist immer die 16-Bit Kurzadresse des Senders des NWK-Frames. Die Ziel- und Senderadresse werden auf dem Weg vom Sender zum Empfänger nicht verändert. Die Auslieferung an den jeweils nächsten Router auf dem Weg vom Sender zum Empfänger erfolgt mit Hilfe der MAC-Schicht und des MAC-Headers. Hier sind als Ziel und Sender jeweils der nächste Hop bzw. der vorherige Hop eingetragen.

Radius

Das 8-Bit Feld *Radius* spezifiziert, wie viele Router das NWK-Frame bis zum Ziel maximal passieren darf. Auf dem Weg vom Sender zum Ziel wird dieser Wert durch jedes Funkmodul, welches diese Frame passiert, um eins reduziert. Hat das Feld einen Wert von 0 erlangt, wird das Frame verworfen. Zum einen verhindert dies Geisterpakete im Netzwerk, die z. B. durch fehlerhaftes Routing im Kreis wandern. Zum andern lässt sich hiermit die Reichweite eines NWK-Frames, z. B. bei Broadcastnachrichten einschränken.

NWK-Sequenznummer

Die 8-Bit *NWK-Sequenznummer* dient zusammen mit der Senderadresse zur eindeutigen Identifizierung eines NWK-Frames. Jedes Funkmodul speichert einen Zähler für die Sequenznummer und erhöht diesen um eins, sobald ein NWK-Frame versendet wurde. Ein Empfänger eines NWK-Frame kann dieses mit der Sequenznummer und der Absenderadresse eindeutig identifizieren und beim Sender den Empfang bestätigen. Noch wichtiger ist, dass beim Erhalt mehrerer Frames eines Senders durch die Sequenznummer eine eindeutige chronologische Ordnung beim Empfänger hergestellt werden kann. Es kann in einem PAN durchaus vorkommen, dass ein Frame, welches vor einem anderen verschickt wurde, einen unterschiedlichen Weg benutzt und später beim Ziel ankommt.

MAC-Ziel- und MAC-Senderadresse

Die zwei 64-Bit Felder *MAC-Ziel-* und *MAC-Senderadresse* sind optional und nur vorhanden, wenn das entsprechende Flag im *NWK-Framekontrollfeld* gesetzt ist. Wenn ein Funkmodul ein NWK-Frame sendet, kann es seine 64-Bit MAC-Adresse und/oder die des Empfängers dem NWK-Frame hinzufügen. Jeder Hop auf dem Weg des Frames kann seine Mappingtabelle *nwkAddressMap* überprüfen und ggf. diese Adresse hinzufügen. Hierbei können auch Adresskonflikte erkannt werden, wenn zu einer 16-Bit Kurzadresse bereits eine 64-Bit MAC-Adresse in einer Mappingtabelle gespeichert ist und diese nicht mit der angegebenen Adresse übereinstimmt.

Multicastkontrolle

Das Feld *Multicastkontrolle* besteht aus 8 Bit und ist nur Bestandteil des NWK-Header, wenn im *NWK-Framekontrollfeld* das Flag für Multicast gesetzt ist. Das Feld besteht aus 3 Teilen:

$b_0 b_1$	$b_2 b_3 b_4$	$b_5 b_6 b_7$
Multicast-modus	Nichtgruppen-mitgliedradius	Maximaler Nichtgrup-penmitgliedradius

Multicastmodus: Ist der Wert $b_1 b_0 = 00$ wird das Frame im Nichtgruppenmitgliedmodus verschickt. D. h. der Absender dieses Frames, war selbst nicht Mitglied der Gruppe und das Frame wurde von noch keinem Funkmodul weitergeleitet, welches selbst Mitglied der Gruppe ist. Das Frame befindet sich auf dem Weg zum nächstgelegenen Gruppenmitglied. Ist der Wert $b_1 b_0 = 01$ wird das Frame im Gruppenmitgliedmodus verschickt, d. h. das Frame wurde bereits von mindestens einem Gruppenmitglied weitergeleitet.

Nichtgruppenmitgliedradius: Jedes Mal, wenn das Frame von einem Nichtgruppenmitglied via Broadcast weitergeleitet wird, wird dieser Wert um eins reduziert. Ist der Wert 0 erreicht, wird das Frame verworfen und nicht mehr weitergereicht. Zu Beginn und jedes Mal, wenn das Frame ein Gruppenmitglied erreicht, wird der Wert auf den Wert aus dem Feld *Maximaler Nichtgruppenmitgliedradius* zurückgesetzt.

Maximaler Nichtgruppenmitgliedradius: Dieses Feld legt fest, wie viele Nichtgruppenmitglieder zwischen zwei Gruppenmitgliedern liegen dürfen, damit dieses Frame beide Gruppenmitglieder erreicht. Da häufig davon ausgegangen werden kann, dass eine Gruppe dicht beieinander liegt, kann so die Verteilung an Broadcastnachrichten stark eingeschränkt werden.

Senderroute

Das Feld für die *Senderroute* ist nur vorhanden, wenn im *NWK-Framekontrollfeld* das Flag gesetzt ist, dass dieses Frame durch Senderrouting ausgeliefert werden soll. Das Feld für die Senderoute ist in drei Teile geteilt:

8 Bits	8 Bits	$n \cdot$ 16 Bits
Hopanzahl	Hopindex	Hopliste

Die *Hopanzahl* spezifiziert wie groß das Feld *Hopliste* ist, d. h. über wie viele Hops das Frame bis zur Auslieferung weitergeleitet wird. Die *Hopliste* enthält dementsprechend in der Reihenfolge des Weges vom Ziel zum Sender die 16-Bit Kurzadressen der Router bzw. des Koordinators. Der Wert *Hopindex* wird mit der *Hopanzahl* minus eins initialisiert. Durch jeden Hop auf dem Weg wird der Wert um eins reduziert, wodurch der *Hopindex* in der *Hopliste* immer auf den nächsten Hop in Richtung Ziel zeigt.

NWK-Nutzdaten

Das Feld für die *NWK-Nutzdaten* hat eine variable Länge und enthält entweder über ein NWK-Datenframe eine Framestruktur aus der Anwendungsschicht oder spezifischere Informationen über ein NWK-Kommandoframe.

14.7.2   NWK-Datenframe

Ein NWK-Datenframe ist nach der allgemeinen NWK-Framestruktur (siehe Abschn. 14.7.1) aufgebaut. Der *Frametyp* im Feld *NWK-Framekontrolle* ist auf 00 gesetzt, um das Frame als Datenframe zu markieren. Als NWK-Nutzdaten können beliebige Daten gesendet werden. Dieses Frame wird nach dem Aufruf der NLDE-DATA.request-Primitive von der Netzwerkschicht erzeugt.

14.7.3   NWK-Kommandoframe

Ein NWK-Kommandoframe dient dazu Kommandos oder Informationen der Netzwerkschicht an ein andere Funkmodul zu senden. Der NWK-Header ist nach dem Muster der allgemeinen Framestruktur aufgebaut. Der *Frametyp* im Feld *NWK-Framekontrolle* ist auf 01 gesetzt. Als NWK-Nutzdaten wird ein Kommando ggf. mit entsprechenden Parametern versendet:

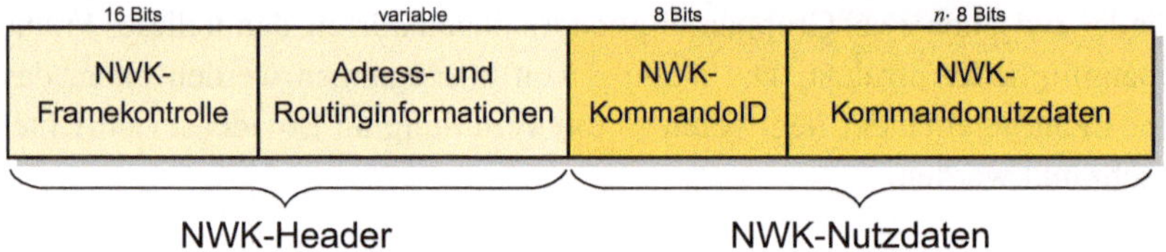

Es gibt insgesamt zehn verschiedene NWK-Kommandoframes. Um welches Kommandoframe es sich handelt spezifiziert dabei die *NWK-KommandoID*:

NWK-KomandoID	Kommando	englisch
0x01	Weganfrage	Route request
0x02	Wegantwort	Route response
0x03	Netzwerkstatus	Network Status
0x04	Netzwerk verlassen	Leave
0x05	Wegaufzeichnung	Route Record
0x06	Wiedereintrittsanfrage	Rejoin request
0x07	Wiedereintrittsantwort	Rejoin response
0x08	Verbindungsstatus	Link Status
0x09	Netzwerknachricht	Network Report
0x0a	Netzwerkupdate	Network Update

Weganfrage

Mit diesem Kommandoframe werden andere in Reichweite befindlichen Router aufgefordert sich an der Suche nach einem bestimmten Ziel zu beteiligen. Das Weganfrage-Kommandoframe wird von der Netzwerkschicht entweder generiert, wenn ein Datenpaket zugestellt werden soll und keine Routinginformationen über das Ziel vorhanden sind, oder durch expliziten Aufruf der NLME-ROUTE-DISCOVERY.request-Primitive. Die Struktur der NWK-Nutzdaten für das Weganfragekommando ist dabei wie folgt:

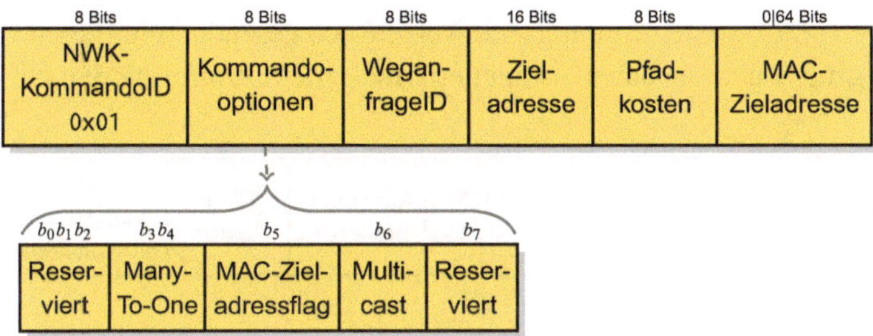

Nach der *KommandoID* 0x01 folgt das 8-Bit Feld *Kommandooptionen* durch das der Typ der Weganfrage festgelegt wird:

Many-To-One: Gilt $b_4 b_3 = 00$ handelt es sich um keine Many-To-One-Weganfrage. Bei $b_4 b_3 = 01$ handelt es sich um eine Many-To-One-Weganfrage und der Initiator unterstützt eine Tabelle zum Speichern von kompletten Pfaden (Wegaufzeichnungen). Bei $b_4 b_3 = 10$ handelt es sich zwar um eine Many-To-One-Weganfrage, der Initiator unterstützt allerdings keine Tabelle zum Speichern von kompletten Pfaden.

MAC-Zieladressflag: Bei gesetztem Bit 5 im Feld *Kommandooptionen*, ist in den nachfolgenden Feldern ebenfalls die 64-Bit MAC-Zieladresse vorhanden.

Multicast: Ist das Bit 6 gesetzt, handelt es sich bei der Weganfrage um die Suche nach dem Weg zu einer Gruppe. Die gesuchte Zieladresse ist dementsprechend eine Gruppen-ID.

Den *Kommandooptionen* folgen Parameter der Weganfrage:

WeganfrageID: Die 8-Bit *WeganfrageID* dient zusammen mit der Absenderadresse zur eindeutigen Identifikation der Weganfrage.

Zieladresse: Diese Adresse spezifiziert das Ziel zu dem ein Weg gefunden werden soll. Dies kann ein einzelnes Funkmodul oder eine Gruppe von Funkmodulen sein. Falls es sich um eine Many-To-One-Weganfrage handelt es sich beim Ziel um eine Broadcastadresse.

Pfadkosten: Dieses Feld enthält die aktuell ermittelten geringsten Kosten vom Initiator der Weganfrage bis zum Sender des aktuellen Weganfrage-Kommandoframes. Ein Empfänger der Anfrage fügt bei der Weiterleitung

die Pfadkosten von Sender bis zum Empfänger des aktuellen Weganfrage-Kommandoframes hinzu.

MAC-Zieladresse: Diese Feld ist optional und nur vorhanden, wenn das *MAC-Zieladressflag* in den *Kommandooptionen* gesetzt ist. Die MAC-Zieladresse ist
die zur 16-Bit Zieladresse zugehörige 64-Bit MAC-Adresse.

Wegantwort

Das Wegantwort-Kommandoframe wird vom Ziel einer Weganfrage auf dem ermittelten
kürzesten Weg zurück an den Initiator der Weganfrage gesendet, um diesen über die erfolgreiche Wegsuche und die dabei ermittelten Pfadkosten zu informieren:

Nach der *KommandoID* `0x02` für eine Wegantwort folgt das 8-Bit Feld für die *Kommandooptionen*:

MAC-Ausgangspunktadressflag: Bei gesetztem Bit 4 ist zur 16-Bit Ausgangsadresse auch
die zugehörige 64-Bit MAC-Adresse im Kommandoframe vorhanden.

MAC-Absenderadressflag: Bei gesetztem Bit 5 ist zur 16-Bit Absenderadresse auch die
zugehörige 64-Bit MAC-Adresse im Kommandoframe vorhanden.

Multicast: Bei gesetztem Bit 6 handelt es sich bei der Absenderadresse um eine Gruppen-
ID.

Den *Kommandooptionen* folgen Parameter der Wegantwort:

WeganfrageID: Die 8-Bit *WeganfrageID* spezifiziert zur welcher Weganfrage diese Wegantwort gehört.

Ausgangspunktadresse: Diese Adresse ist die des Initiators der Weganfrage und das Ziel
der Antwort.

Absenderadresse: Die Adresse, nach der in der zugehörigen Weganfrage gesucht wurde.

Pfadkosten: Diese Feld enthält die vom Ausgangspunkt zum Absender dieses Frames ermittelten Pfadkosten.

MAC-Ausgangspunktadresse: Das Feld enthält die zur 16-Bit *Ausgangspunktadresse* zugehörige 64-Bit MAC-Adresse. Das Feld ist nur vorhanden, wenn das *MAC-Ausgangspunktadressflag* in den *Kommandooptionen* gesetzt ist.

MAC-Absenderadresse: Dies ist die zur 16-Bit Absenderadresse zugehörige 64-Bit MAC-Adresse. Das Feld ist nur vorhanden, wenn das *MAC-Absenderadressflag* in den *Kommandooptionen* gesetzt ist.

Netzwerkstatus

Mit dem Netzwerkstatus-Kommandoframe kann ein Funkmodul andere Funkmodule über Fehler oder bestimmte Situationen, welche die Netzwerkschicht betreffen, informieren:

Der *KommandoID* folgt ein 8-Bit *Statuscode*, der den Auslöser des Kommandoframes beschreibt und das entsprechende Zielfunkmodul über diesen Zustand informiert:

Statuscode	Bedeutung
0x00	**Wegentdeckungsfehler**: Es ist kein Weg zur mitgesendeten *Zieladresse* verfügbar.
0x01	**Routingfehler**: Beim Routen entlang des Assoziationsbaums ist ein Fehler aufgetreten.
0x02	**Routingfehler**: Es ist ein Routingfehler aufgetreten, der nicht das Routen entlang des Assoziationsbaums betrifft.
0x03	**Geringe Batteriespannung**: Das Frame konnte aufgrund zu geringer Batteriespannung beim Ziel nicht ausgeliefert werden.
0x04	**Keine Routingkapazität**: Diese Statusmeldung wird von einem Router versendet, wenn er bei der Wegentdeckung keine Routingkapazität mehr frei hat.
0x05	**Kein Speicherplatz** mehr zum Speichern von Frames für schlafende Endgeräte.
0x06	**Indirektes Übertragungsintervall abgelaufen**: Ein Endgerät hat ein für ihn bestimmtes Frame nicht rechtzeitig beim seinem Elternteil abgerufen.
0x07	**Endgerät nicht erreichbar**: Für einen Router ist sein Kindendgerät nicht erreichbar.
0x08	**Zieladresse nicht vergeben**: Ein Router hat ein Frame für die Adresse eines Kindmoduls erhalten, die der Router gar nicht vergeben hat.
0x09	**Verbindungsfehler zum Elternteil**: Ein Kind hat den Kontakt zu seinem Elternteil verloren.
0x0a	**Multicastroute überprüfen**: Die Route zur Multicastadresse, die als *Zieladresse* mitgeliefert wird, sollte überprüft werden.
0x0b	**Senderroutingfehler**: Beim Senden eines Frames mittels Senderrouting ist ein Fehler aufgetreten.
0x0c	**Many-To-One-Wegentdeckungsfehler**: Eine Wegentdeckung, die durch eine Many-To-One-Wegentdeckung ausgelöst wurde, schlug fehl.
0x0d	**Adressenkonflikt**: Die Adresse im Zieladressfeld wird von zwei oder mehr Funkmodulen benutzt.

Statuscode	Bedeutung
0x0e	**Adressbestätigung**: Der Sender liefert im NWK-Header seine 64-Bit Adresse zur Überprüfung mit.
0x0f	**PAN-ID Update**: Die PAN-ID des Funkmoduls wurde aktualisiert.
0x10	**Netzwerkadressupdate**: Die Netzwerkadresse des Funkmoduls wurde aktualisiert.
0x11	**Fehlerhafter Framezähler**: Beim Empfang eines Frames wurde eine Sequenznummer empfangen, die kleiner oder gleich des gespeicherten Framezählers einer Verbindung in der Variablen *nwkSecurityMaterialSet* ist.
0x0e	**Fehlerhafter Schlüsselsequenznummer**: Eine Schlüsselsequenznummer eines empfangenen Frames stimmt nicht mit dem Wert in der Variablen *nwkActiveKeySeqNumber* überein.

Netzwerk verlassen

Diese Kommandoframe wird von einem Funkmodul entweder verschickt, um andere Funkmodule darüber zu informieren, dass es das Netzwerk verlassen wird, oder um ein anderes Funkmodul aufzufordern das Netzwerk zu verlassen:

Der *KommandoID* 0x04 folgt das 8-Bit Feld für *Kommandooptionen* indem drei Flags gesetzt sein können:

Wiedereintritt:	Bei gesetztem Bit 5 wird das Netzwerk verlassende Funkmodul diesem zeitnah erneut beitreten.

Aufruf:	Ist das Bit 6 nicht gesetzt, wird der Sender des Kommandoframes das Netzwerk verlassen. Ist das Bit gesetzt, gilt der Aufruf das Netzwerk zu verlassen dem Zielfunkmodul des Kommandoframes.

Entferne Kinder:	Bei gesetztem Bit 7 werden auch alle Kinder des Netzwerk verlassenden Funkmoduls aus dem Netzwerk entfernt.

Wegaufzeichnung

Nachdem durch eine Wegentdeckung eine Strecke von einem Funkmodul zu einem Anderen gefunden wurde und die Routingtabellen der Router (Hops) auf diesem Weg entsprechende Einträge aufweisen, kann ein Frame entlang dieses Weges geroutet werden. Benötigt ein Funkmodul die Informationen über den vollständigen Weg, wird ein Wegaufzeichnungs-Kommandoframe entlang dieser Strecke gesendet um diese aufzuzeichnen:

Tab. 14.17 8-Bit Vektor zur Beschreibung der Fähigkeiten und Eigenschaften eines Funkmoduls

Bitnr	Feldname	Beschreibung
0	Alternativer PAN-Koordinator	Dieser Wert ist in der jetzigen ZigBee Spezifikation immer 0.
1	Gerätetyp	Handelt es sich bei dem betreffenden Funkmodul um einen Router, ist das Bit gesetzt, bei einem Endgerät nicht.
2	Stromquelle	Ist das Bit gesetzt, verfügt das Funkmodul über eine permanente Stromquelle.
3	RX an wenn nicht beschäftigt	Ist das Flag gesetzt, ist der Receiver immer an und geht nicht in den Ruhezustand, wenn das Funkmodul keine Aufgaben zu erledigen hat.
4	Reserviert	
5	Reserviert	
6	Sicherheitsmodus	Benutzt das Funkmodul einen hohen Sicherheitsmodus ist das Bit gesetzt. Ist das Bit nicht gesetzt, verwendet das Funkmodul nur den normalen Sicherheitsmodus.
7	Adresszuweisung	Das Bit ist gesetzt, wenn das Funkmodul beim Wiedereintritt in das Netzwerk eine neue 16-Bit Kurzadresse benötigt.

Jeder Hop auf diesem Weg erhöht den *Hopzähler* um eins und fügt seine 16-Bit Kurzadresse der *Hopliste* hinzu. Am Ziel angekommen ist damit die gesamte Wegstrecke inklusive der Hopanzahl im Kommandoframe enthalten.

Wiedereintrittsanfrage

Hat ein Funkmodul ein PAN verlassen bzw. die Verbindung zu diesem verloren und will erneut beitreten, sendet es an sein voraussichtlich neues Elternteil ein Wiedereintritts-Kommandoframe:

Nach der *KommandoID* `0x06` folgt ein 8-Bit Feld, welches die Eigenschaften und Fähigkeiten des Funkmoduls beschreibt. Die einzelnen Bits fungieren hierbei als Schalter, ob die entsprechende Fähigkeit oder Eigenschaft vorhanden ist (siehe Tab. 14.17).

Wiedereintrittsantwort

Die Antwort auf ein Wiedereintrittsanfrage erfolgt durch ein Wiedereintrittsantwort-Kommandoframe:

War der Eintritt in das Netzwerk erfolgreich folgt nach der *KommandoID* `0x07` die zugewiesene 16-Bit Kurzadresse. War der Beitritt nicht erfolgreich steht hier die Broadcastadresse `0xFFFF`. Nach der Kurzadresse folgt ein Statuscode der über das Ergebnis des Eintrittsversuch Auskunft gibt. `0x00` bedeutet ein erfolgreicher Beitritt, bei `0x01` ist das Netzwerk an seine Kapazitätsgrenze angekommen und bei `0x02` ist kein Beitritt in das PAN gestattet.

Verbindungsstatus

Mit Verbindungsstatus-Kommandoframes tauschen benachbarte Router ihre eingehenden Verbindungskosten aus. Das Verbindungsstatus-Kommandoframe wird von einem Router via 1-Hop Broadcast zu all seinen Nachbarroutern gesendet und beinhaltet die eingehenden Verbindungskosten zu diesen Routern:

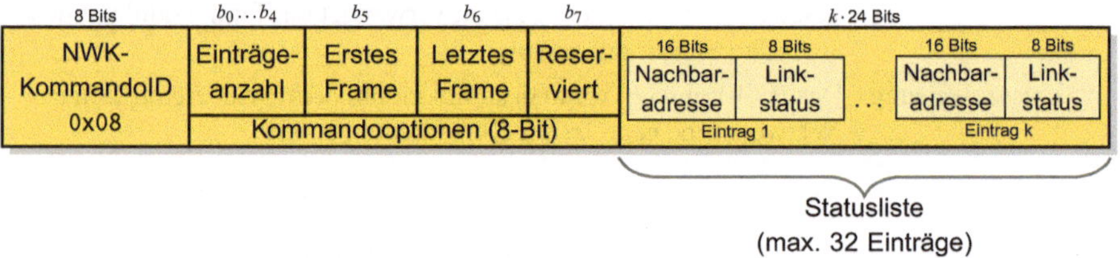

Nach der *KommandoID* `0x08` folgt ein 8-Bit Feld mit *Kommandooptionen*. Bit 0–4 bestimmen dabei von wie vielen Routen der Verbindungsstatus mitgeteilt wird. In einem Verbindungsstatus-Kommandoframe können maximal von 32 Routern Werte übermittelt werden. Hat der Sender mehr Router als Nachbarn, teilt er diese Informationen in mehrere Verbindungsstatus-Kommandoframe auf. Das erste gesendete Frame hat hierbei in den Kommandooptionen das Bit 5 gesetzt, um es als erstes Frame zu markieren. Das letzte Frame in dieser Reihe hat entsprechend das Bit 6 gesetzt. Passen alle Verbindungskosten der Nachbarrouter in ein Frame sind sowohl Bit 5 und 6 gesetzt. Nach dem Feld für die *Kommandooptionen* folgt ein Liste mit den eingehenden Verbindungskosten zu diesen Routern. Die Anzahl der Einträge entspricht dem Wert aus den Kommandooptionen. Jeder Eintrag besteht aus der 16-Bit Kurzadresse des betreffenden Routers und eine 8-Bit Feld für den Status des Verbindunglinks.

Netzwerknachricht

Durch Netzwerknachricht-Kommandoframes besteht die Möglichkeit das als Netzwerkfunkkanalmanager fungierende Funkmodul (*nwkManagerAddr*) über bestimmte Ereignisse im Netzwerk zu informieren. In der aktuellen ZigBee Spezifikation [Zig08b] ist allerdings nur das Ereignis eines PAN-ID-Konflikts definiert:

Der *KommandoID* 0x09 folgt das 8-Bit Feld für die *Kommandooptionen*. Dieses ist unterteilt in zwei Unterfelder, der *Einträgeanzahl* und der *NachrichtID*. Die Einträgeanzahl spezifiziert wie viele Einträge in der am Ende des Frames folgenden Liste vorhanden sind. Die *NachrichtID* für einen PAN-ID-Konflikt ist 000. Den *Kommandooptionen* folgt ein 64-Bit Feld mit der *EPID*. Diesem Feld folgt eine Liste mit allen sich in der Nachbarschaft des sendenden Funkmoduls befindlichen PANs.

Netzwerkupdate

Das Netzwerkupdate-Kommandoframes wird vom ausgewiesenen Netzwerkfunkkanalmanager (*nwkManagerAddr*) als Broadcast versendet, um Funkmodule über Änderungen von Netzwerkparametern mitzuteilen. Die Änderung der 16-Bit PAN-ID ist das einzige Update das in der ZigBee Spezifikation [Zig08b] definiert ist. Das entsprechende Netzwerkupdate-Kommandoframes hat folgende Struktur:

Der *KommandoID* 0xA folgt das 8-Bit Feld mit den *Kommandooptionen*. Für eine Änderung der PAN-ID hat dieses Feld den Wert 0x08. Den *Kommandooptionen* folgt ein 64-Bit Feld mit der *EPID* und eine Liste mit nur einem Eintrag und zwar der neuen 16-Bit PAN-ID.

14.7.4   Beispiel NWK-Frame

Um die Verschachtelung und die Framestrukturen der einzelnen Schichten besser zu verstehen, wollen wir uns ein Beispielframe genauer betrachten und dies analysieren. Mit μracoli und Wireshark habe wir folgendes Frame im Hex-Format aufgezeichnet:

```
41 88 31 34 12 ff ff 00 00 09 10 fc ff 00 00 01 ce 01 0a
00 00 00 00 00 00 08 60 50 61
```

Den PHY-Header können wir nicht aufzeichnen, da dieser benötigt wird, um verschiedenen Pakete unterscheiden zu können und nicht alles als ein willkürlicher Bitstream erscheint. Die Struktur des empfangenen Frames aufgeteilt in den MAC-Header, den NWK-Header, die NWK-Nutzdaten und die Prüfsumme ist wie folgt:

Um zu erkennen wo die einzelnen Teile des Frames beginnen oder enden, muss das Frame sequentiell analysiert werden. Wir wissen, dass die ersten 16-Bit $\texttt{0x8841}$ das Feld *Framekontrolle* der MAC-Schicht ist[4]. In Binärdarstellung erhalten wir

$$b_{15}b_{14}\dots b_1b_0 = 1000\ \ 1000\ \ 0100\ \ 0001.$$

Wir erfahren aus dem Feld Framekontrolle,

- dass es sich bei diesem Frame um ein Datenframe handelt ($b_2b_1b_0 = 001$),
- dass keine Sicherheitsmechanismen eingesetzt werden ($b_3 = 0$),
- dass keine weiteren Frames ausstehen ($b_4 = 0$),
- dass der Absender keine Empfangsbestätigung erwartet ($b_5 = 0$),
- dass die PAN-ID Kompression aktiviert ist ($b_6 = 1$),
- dass die Zieladresse als 16-Bit Kurzadresse angegeben ist ($b_{11}b_{10} = 10$),
- dass die Frameversion kompatibel zu [IEE03] ist ($b_{13}b_{12} = 00$) und
- dass die Senderadresse als 16-Bit Kurzadresse angegeben ist ($b_{15}b_{14} = 10$).

Nach dem Feld *Framekontrolle* folgt die 8-Bit Sequenznummer $\texttt{0x31}$. Aus den Informationen der Framekontrolle wissen wir, dass der Sequenznummer die 16-Bit Ziel-PAN-ID, die 16-Bit Zieladresse und die 16-Bit Senderadresse folgt. Da keine Sicherheitsmechanismen aktiviert sind, folgt darauf direkt der NWK-Header. Damit erhalten wir für den MAC-Header folgenden Aufbau:

16 Bits	8 Bits	16 Bits	16 Bits	16 Bits
Frame-kontrolle	Sequenz-nummer	Ziel PAN-ID	Ziel-adresse	Sender-adresse
41 88	31	34 12	ff ff	00 00

Bei dem Frame handelt es sich um ein MAC-Datenframe mit der Sequenznummer $\texttt{49 (0x31)}$. Der Sender und die Empfänger des Frames befinden sich im PAN mit der PAN-ID $\texttt{0x1234}$. Der Sender ist der PAN-Koordinator und das Ziel des Frames sind alle in Reichweite befindlichen Funkmodule. Abbildung 14.10 zeigt die Details des analysierten MAC-Header aufgezeichnet in Wireshark.

Als nächstes beginnt in unserem Frame der NWK-Header. Die ersten 16-Bit $\texttt{0x1009}$ bilden das Feld *NWK-Framekontrolle*. In Binärdarstellung erhalten wir

$$b_{15}b_{14}\dots b_1b_0 = 0001\ \ 0000\ \ 0000\ \ 1001.$$

Wir erfahren aus dem Feld NWK-Framekontrolle,

- dass es sich hier um ein NWK-Kommandoframe handelt ($b_1b_0 = 01$),

---

[4] Wir dürfen nicht vergessen, dass die Aufzeichnung unseres Frames in der Darstellungsform Little Endian erfolgt und wir die Bytes in ihrer Reihenfolge umkehren müssen.

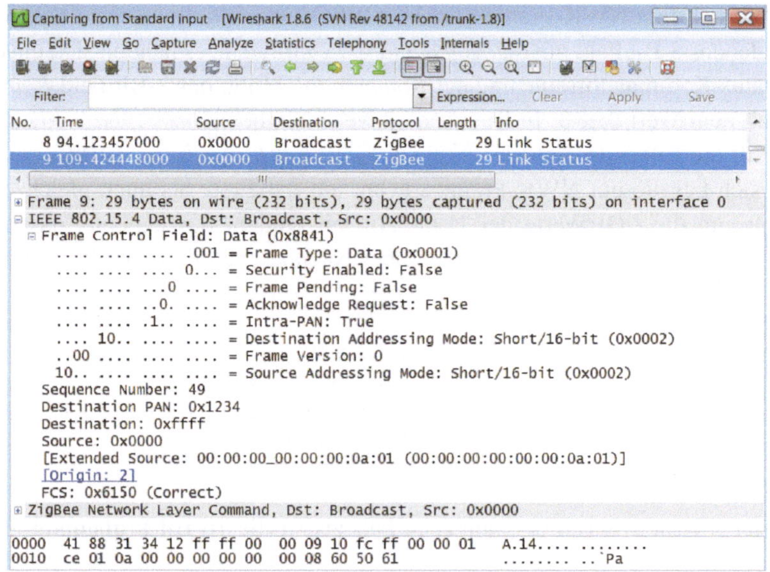

Abb. 14.10 Analyse der MAC-Struktur eines aufgezeichnetes Frames

- dass die Protokollversion nach den ZigBee Spezifikationen 2006 und 2007 benutzt wird ($b_5b_4b_3b_2 = 0010$),
- dass keine Wegentdeckung ausgelöst wird ($b_7b_6 = 00$),
- dass die Zieladresse keine Gruppen-ID ist ($b_8 = 0$),
- dass keine Sicherheitsfunktionen der Netzwerkschicht benutzt werden ($b_9 = 0$),
- dass im NWK-Header keine Senderroute erhalten ist ($b_{10} = 0$),
- dass keine 64-Bit MAC-Adresse zum Ziel mitgesendet wurde ($b_{11} = 0$) und
- dass die 64-Bit MAC-Adresse des Absenders mitgesendet wurde ($b_{12} = 1$).

Dem Feld *NWK-Framekontrolle* folgt die 16-Bit *Zieladresse* und die 16-Bit *Senderadresse*. Als Ziel ist die Broadcastadresse `0xFFFC` angegeben, so dass dieses Frame an alle Router gerichtet ist. Der Sender des Frames ist der Koordinator und hat die Adresse `0x0000`. Der Senderadresse folgt der Radius mit `0x01` und die NWK-Sequenznummer `0xCE`. Als letztes Feld des NWK-Header folgt das 64-Bit Feld `0x00000000000000A01` für die *MAC-Senderadresse*. Die Felder für die *MAC-Zieladresse*, die *Multicastkontrolle* und die *Senderroute* sind auf Grund der Einstellungen im Feld *NWK-Framekontrolle* nicht vorhanden. Damit ist der NWK-Header wie folgt aufgebaut:

16 Bits	16 Bits	16 Bits	8 Bits	8 Bits	64 Bits
NWK-Framekontrolle	Ziel-adresse	Sender-adresse	Radius	NWK-Sequenznummer	MAC-Senderadresse
09 10	fc ff	00 00	01	ce	01 0a 00 00 00 00 00 00

Da es sich bei dem NWK-Frame um ein NWK-Kommandoframe handelt, folgt dem NWK-Header das 8-Bit Feld mit der *KommandoID* 0x08, d. h. es handelt sich um ein Verbindungsstatus-Kommandoframe und der *KommandoID* folgt das 8-Bit Feld *Kommandooptionen* mit dem Wert 0x60. In Binärschreibweise ergibt sich $b_7 \ldots b_0 = 01100000$. Damit enthält die folgende Statusliste keinen Eintrag $b_4 b_3 b_2 b_1 b_0 = 00000$, außerdem handelt es sich bei diesem NWK-Frame sowohl um das Erste als auch gleichzeitig das letzte Frame um die LQI-Werte der Nachbarn mitzuteilen, das bedeute, dass der Koordinator keine Verbindungsinformationen über Nachbarknoten mitzuteilen hat. Für die NWK-Nutzdaten ergibt sich:

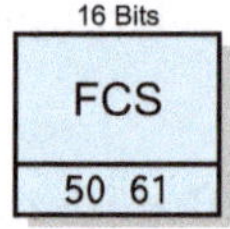

Die letzten 16-Bit unseren empfangenen Paketes ist die 16-Bit Prüfsumme 0x6150 der MAC-Schicht:

Abbildung 14.11 zeigt die Details des NWK-Frames mit Hilfe von Wireshark.

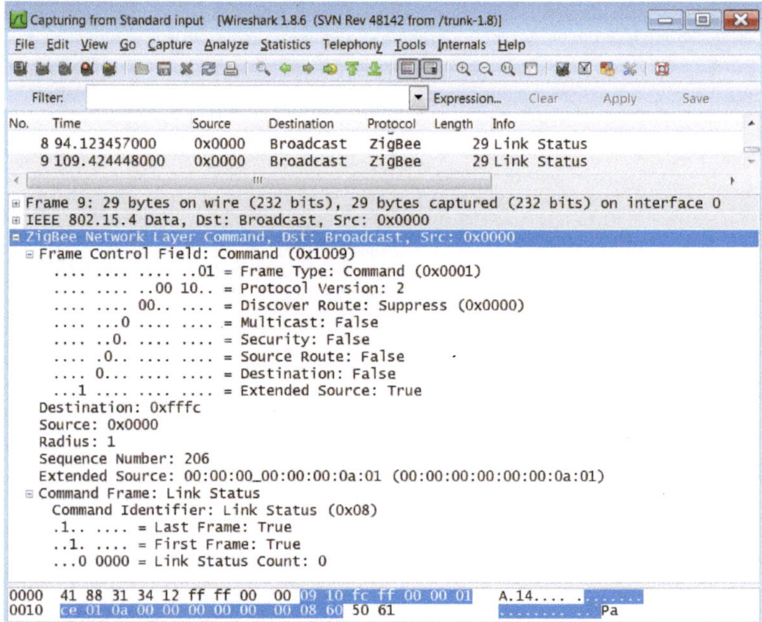

Abb. 14.11 Analyse der NWK-Struktur eines aufgezeichnetes Frames

Die ZigBee-Anwendungsschicht besteht aus drei Bausteinen, aus der Anwendungsunterstützungsschicht (APS[1]), dem *ZigBee Device Objekt* (ZDO) inkl. ZDO Management Plane und dem Anwendungsframework (siehe Abb. 13.2). Im Anwendungsframework wird eine zu entwickelnde Anwendung eingebettet. Die Anwendung kann in bis zu 240 Anwendungsobjekte aufgeteilt werden, wobei jedes Anwendungsobjekt eine eigene Aufgabe in der Anwendung übernimmt und eine ID zwischen 1 bis 240 besitzt. Das ZDO fungiert wie ein bereits implementiertes Anwendungsobjekt und besitzt die ID 0. Es initialisiert die APS-Schicht, die NWK-Schicht und den Sicherheitsserviceprovider (Security Service Provider). Zudem sammelt es Informationen von den Endanwendungen der Funkmodule für das Sicherheits-, Netzwerk- und Bindingmanagement. Die APS-Schicht implementiert bestimmte für die Anwendungsschicht benötigte Funktionen und stellt diese den Anwendungsobjekten und dem ZDO über SAPs zur Verfügung.

15.1 Anwendungsunterstützungsschicht (APS)

Die APS-Schicht ist eine in der Anwendungsschicht eingebettete Zwischenschicht und dient als Schnittstelle für die Anwendungsobjekte und das ZDO zur Netzwerkschicht. Zu den Aufgaben der APS-Schicht zählen:

Binding: Die Möglichkeit zwei oder mehr Funkmodule betreffs bestimmter Funktionalitäten zu koppeln, das sogenannte *Binding*.

Gruppenmanagement: Die Erstellung von Gruppen und die Zuweisung von Funkmodulen zu diesen Gruppen.

---

[1] Application Support Sublayer

© Springer Fachmedien Wiesbaden 2014   279
M. Krauße, R. Konrad, *Drahtlose ZigBee-Netzwerke*, DOI 10.1007/978-3-658-05821-0_15

Datenübertragung: Zuverlässige Auslieferung von Datenpaketen, Fragmentierung von
zu großen Datenpaketen in kleinere Datenpakete und die Verwerfung doppelt erhaltener Nachrichten.

AIB Management: Die Verwaltung der Variablen und Konstanten der Anwendungsschicht in einer Datenbank, der sogenannten *APS Information Base* (AIB).

APS-Frames: Die Erstellung und das Versenden für die Anwendungsschicht benötigter
APS-Frames.

15.1.1 Konstanten und Variablen der APS-Schicht (AIB)

Auch die APS-Schicht besitzt eine Reihe für ihre Aufgaben notwendige Konstanten und
Variablen die zusammen eine Datenbank bilden, die sogenannte AIB[2]. Fast alle Aktionen
der APS-Schicht, benötigen entweder Daten aus der AIB und/oder lösen eine Veränderung entsprechender Werte aus. Den Namen der Konstanten der APS-Schicht ist jeweils
ein *apsc* vorangestellt. Ist ein Funkmodul in Betrieb sind die Konstanten nicht mehr veränderbar. Eine Übersicht ist in der Tab. 15.1 dargestellt.

Im Gegensatz zu den Konstanten können sich die Werte der Variablen während dem
Betrieb eines Funkmoduls verändern. In den Variablen der APS-Schicht werden z. B. die
Gruppen- und Bindingtabelle gespeichert. Die Variablen der APS-Schicht beginnen mit

Tab. 15.1 Konstanten der APS-Schicht (AIB)

Konstante	Beschreibung	Wert
apscMaxDescriptorSize	Die maximale Anzahl an Bytes eines Deskriptors (mit Ausnahme des Complex-Deskriptors).	64
apscMaxFrameRetries	Die maximale Anzahl an erlaubten Sendeversuchen nach einem Übertragungsfehler.	3
apscAckWaitDuration	Die maximale Wartezeit (in s) für eine APS-Empfangsbestätigung (ACK) auf ein gesendetes APS-Frame.	$0{,}05 \cdot$ $nwkMaxDepth +$ $0{,}1$
apscMinDuplicateRejectionTableSize	Die minimale Größe der Tabelle zur Erkennung von doppelt erhaltenen Frames (Rejektiontabelle).	1
apscMaxWindowSize	Parameter für die Fragmentierung: Die maximale Anzahl an gleichzeitig aktiver unbestätigter Frames.	1–8
apscMinHeaderOverhead	Die minimale Anzahl an Bytes eines APS-Frames.	12

---

[2] APS Information Base

aps. Tabelle 15.2 enthält eine Auflistung und eine kurze Beschreibung aller Variablen der APS-Schicht.

Tab. 15.2 Variablen der APS-Schicht (AIB)

Variable	Wertebereich	Beschreibung
apsBindingTable	variabel	Enthält eine Liste von Bindingeinträgen.
apsDesignatedCoordinator	*TRUE, FALSE*	Ist der Wert *TRUE*, wird das Funkmodul beim Start ein ZigBee-Koordinator.
apsChannelMask	32-Bit Wert	Bestimmt die Funkkanäle, die dieses Modul benutzen kann.
apsUseExtendedPANID	64-Bit Wert	Die 64-Bit EPID des Netzwerks, welches das Funkmodul startet oder welchem es beitreten soll.
apsGroupTable	variabel	Enthält eine Liste von Einträgen, welcher Gruppe das Funkmodul angehört und welche Endpunkte für diese Gruppe registriert sind.
apsNonmemberRadius	0–7	Bestimmt den Radius der Nichtgruppenmitglieder bei einer Multicastübertragung.
apsPermissionsConfiguration	variabel	Liste zur Steuerung von Zugriffsrechten.
apsUseInsecureJoin	*TRUE, FALSE*	Ist der Wert *TRUE* wird ein Beitritt in ein Netzwerk ohne die Benutzung von Sicherheitsfunktionen durchgeführt.
apsInterframeDelay	Stackabhängig	Parameter für die Fragmentierung: Der Zeitabstand für das Senden zweier Blöcke einer fragmentierten Übertragung.
apsLastChannelEnergy	0–255	Der gemessenen Energiewert des vorherigen Funkkanals unmittelbar vor einem Kanalwechsel.
apsLastChannelFailureRate	0–100	Die prozentuale Fehlerrate bei Übertragungen auf dem vorherigen Funkkanals unmittelbar vor einem Kanalwechsel.
apsChannelTimer	1–24	Die Zeit (in h), wann der nächste Funkkanalwechsel gestattet ist. Ein Wert von *NULL* bedeutet, dass kein Funkkanalwechsel stattfindet.
apsDeviceKeyPairSet	Liste	Eine Liste von Linkschlüssel-Deskriptoren zur Absicherung von End-zu-End-Verbindungen (siehe Tab. 16.3).
apsTrustCenterAddress	64-Bit	64-Bit MAC-Adresse des Trustcenters (siehe Abschn. 16.4).
apsSecurityTimeOutPeriod	0x0000–0xFFFF	Die maximale Wartezeit (in ms), für ein erwartetes Frame des Sicherheitsprotokolls.

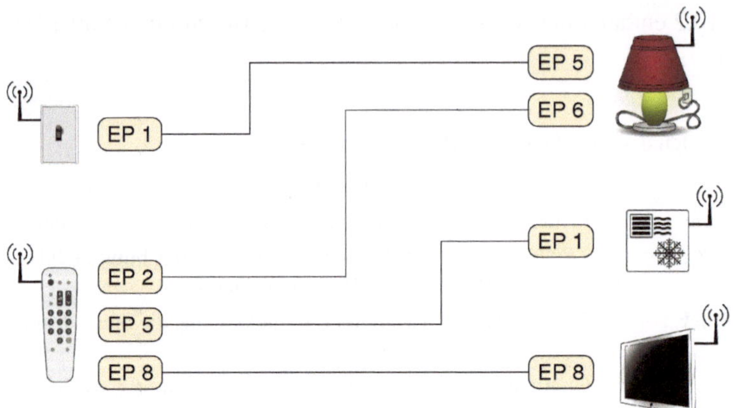

Abb. 15.1 Beispielszenario für die Benutzung von Endpunkten

15.1.2   Adressierung mittels Endpunkten

Die Anwendungsschicht bietet die Möglichkeit bis zu 240 Anwendungsobjekte mit den
Endpunkten 1 bis 240 zu erstellen. Der Endpunkt 0 ist für das ZDO, Endpunkt 255 für
Broadcastnachrichten an alle Endpunkte und die Endpunkte 241 bis 254 für zukünfti-
ge Anwendungen reserviert. Die Datenkommunikation erfolgt jeweils von Endpunkt zu
Endpunkt. Dies Konzept ähnelt dem Prinzip der Ports im TCP/IP-Schichtenmodell. Dort
sind die einzelnen Ports verschiedenen Anwendungen zugewiesen. Die Ports 1–1023 sind
hierbei bekannten allgemeinen Anwendungen bzw. Protokollen zugewiesen z. B. Port 80
für HTTP, Port 110 für POP3 und Port 220 für IMAP. Für eigene Anwendungen sollten
die Ports 49152 bis 65535 benutzt werden. In ZigBee kann z. B. einem Funkmodul, welches als Fernbedienung eingesetzt werden soll, Endpunkt 2 zum Schalten einer Lampe
zugewiesen werden, Endpunkt 5 zum Steuern der Klimaanlage und Endpunkt 8 für den
Fernseher. Die Lampe mit angeschlossenem Funkmodul reagiert bei Adressierung an Endpunkt 6 auf die zuvor beschriebene Fernbedienung und bei Endpunkt 5 auf einen weiteren
Lichtschalter im Raum. Der Lichtschalter sendet die Befehle an die Lampe z. B. über den
Endpunkt 1. In Abb. 15.1 ist das Beispielszenario dargestellt. Der Datenaustausch über
Endpunkte kann auch innerhalb eines Funkmoduls stattfinden.

15.1.3   Adressierung von Gruppen

Das Konzept der Gruppenadressierung kennen wir bereits aus der Netzwerkschicht. In der
NIB-Variablen *nwkGroupIDTable* ist hierfür eine Liste mit den Gruppen, denen ein Funkmodul angehört, gespeichert. Die APS-Schicht erweitert dieses Konzept und speichert in
der Variablen *apsGroupTable* zusätzlich zu jeder Gruppen-ID eine Liste mit registrier-

ten Endpunkten. Damit werden an eine Gruppe adressierte APS-Frames nur an die zuvor registrierten Anwendungsobjekte mit den entsprechenden Endpunkten weitergeleitet. Nehmen wir als Beispiel an ein Funkmodul gehört den Gruppen `0x1234` und `0xABCD` an und besitzt 5 Anwendungsobjekte mit den Endpunkten 5, 15, 100, 123 und 239. In der Variablen *nwkGroupIDTable* der Netzwerkschicht ist die Liste `{0x1234, 0xABCD}` gespeichert. In der Anwendungsschicht registrieren sich die Endpunkte 5, 100 und 239 für die Gruppen-ID `0x1234` und die Endpunkte 15, 100 und 123 für die Gruppen-ID `0xABCD`. Die in der AIB-Variable gespeicherte Tabelle *apsGroupTable* sieht wie folgt aus:

Gruppen-ID	Liste mit Endpunkten
`0x1234`	$\{5, 100, 239\}$
`0xABCD`	$\{15, 100, 123\}$

Erhält das Funkmodul z. B. ein Frame, welches an die Gruppen-ID `0x1234` adressiert ist, wird dieses an die Anwendungsobjekte mit den Endpunkten 5, 100 und 239 weitergeleitet. Für die Verwaltung der Tabelle *apsGroupTable* stehen die Primitiven APSME-ADD-GROUP, APSME-REMOVE-GROUP und APSME-REMOVE-ALL-GROUPS zur Verfügung (siehe Abschn. 15.1.7).

15.1.4 Binding

Ein weiteres Feature der APS-Schicht ist das sogenannte Binding. Beim Binding werden logisch zusammengehörende Anwendungsobjekte verschiedener Funkmodule miteinander gekoppelt. Die Koppelung erfolgt mittels der Senderadresse und dem Senderendpunkt zu einer Zieladresse und einem Zielendpunkt. Zudem wird bei dieser Beziehung die beim Datenaustausch benutzte Cluster-ID festgehalten. Was es genau mit der Cluster-ID auf sich hat, werden wir in Abschn. 15.2 genauer erklären. Uns genügt es momentan zu wissen, dass wir über die Cluster-ID das Format des Datenaustausches zwischen den Funkmodulen festlegen, d. h. wir wissen wie empfangene Nutzdaten mit einer gegebenen Cluster-ID strukturiert sind und können diese entsprechend auswerten. Ein Funkmodul, welches Binding unterstützt, speichert die Kopplungen zwischen Funkmodulen in einer Bindingtabelle. Ein Tabelleneintrag besteht aus der Senderadresse, dem Senderendpunkt, der Cluster-ID, der Zieladresse und dem Zielendpunkt. Handelt es sich bei einer Zieladresse um eine Gruppen-ID wird als Zielendpunkt 0 angegeben. Tabelle 15.3 zeigt ein Beispiel einer Bindingtabelle. Das Ziel einer Kommunikation kann über eine Bindingtabelle eindeutig über die Senderadresse, dem Senderendpunkt und der Cluster-ID bestimmt werden. Nachdem zwei Funkmodule miteinander gekoppelt sind, benötigen wir für die Datenübertragung keine Adressinformationen über das Ziel. Nehmen wir als Beispiel den Lichtschalter mit Endpunkt 1 und die Lampe mit Endpunkt 5 aus Abb. 15.1. Nehmen wir an, der Lichtschalter hat die Adresse `0x4310` und die Lampe `0x2324`. Die Cluster-ID

Tab. 15.3 Beispiel einer Bindingtabelle

Senderadresse	Senderendpunkt	Cluster-ID	Zieladresse	Zielendpunkt
0x0000	5	0x0006	0x1234	0
0x0000	8	0x0007	0x4310	13
0x0000	15	0x0402	0x0010	15
0x0010	15	0x0402	0x0000	15
0x4310	1	0x0006	0x2324	5

für das Datenformat der Nutzdaten für einen Schalter ist 0x0006. Da die Hauptaufgabe des Lichtschalters darin besteht, Kommandos zum Ein- und Ausschalten an die Lampe zu senden, ist es sinnvoll den Schalter mit der Lampe durch einen Eintrag in der Bindingtabelle des Lichtschalters wie folgt zu koppeln:

Senderadresse	Senderendpunkt	Cluster-ID	Zieladresse	Zielendpunkt
0x4310	1	0x0006	0x2324	5

Kauft ein Konsument einen ZigBee-Lichtschalter und eine über ZigBee steuerbare Lampe, können wir von diesem schlecht erwarten, dass er selbständig die Adresse der Lampe dem Lichtschalter mitteilt. Nach dem Binding benötigen wir keine Adressinformation über die Lampe, um an diese das Kommando zum Ein- oder Ausschalten zu senden. Es stellt sich nur noch die Frage wie der Lichtschalter die benötigten Adressinformationen für einen Eintrag in der Bindingtabelle erhält. Ein Funkmodul im PAN, welches insbesondere über genügend Ressourcen verfügt, erhält die Aufgabe als Cache-Server eine Bindingtabelle mit allen Bindingeinträgen zu pflegen. Der Lichtschalter kann über seine Adresse und seinen Endpunkt an den Bindingcache-Server eine Anfrage zum Binding mit einem anderen Funkmodul stellen, welches die Cluster-ID 0x0006 unterstützt. Sendet das Funkmodul der Lampe zeitnah mit dessen Absenderadresse und dessen Endpunkt ebenfalls eine Anfrage mit der Cluster-ID 0x0006, trägt der Bindingcache-Server einen Eintrag in die Bindingtabelle und informiert darüber den Lichtschalter und die Lampe. Die gleichzeitige Anfrage des Lichtschalters und der Lampe kann zum Beispiel durch das simultanes Drücken eines Knopfes am Schalter und eines Knopfes an der Lampe initiiert werden. Ein Funkmodul kann über das ZDO jederzeit beim Bindingcache-Server alle es selbst betreffende Bindingeinträge anfragen. Die genaueren Details über das ZDO, den Bindingmechanismus und den Bindingcache-Server werden wir im Abschn. 15.3.5 erklären. Für die Verwaltung der lokalen Einträge in der Bindingtabelle eines Funkmoduls stellt die APS-Schicht die Primitiven APSME-BIND und APSME-UNBIND zur Verfügung (siehe Abschn. 15.1.7).

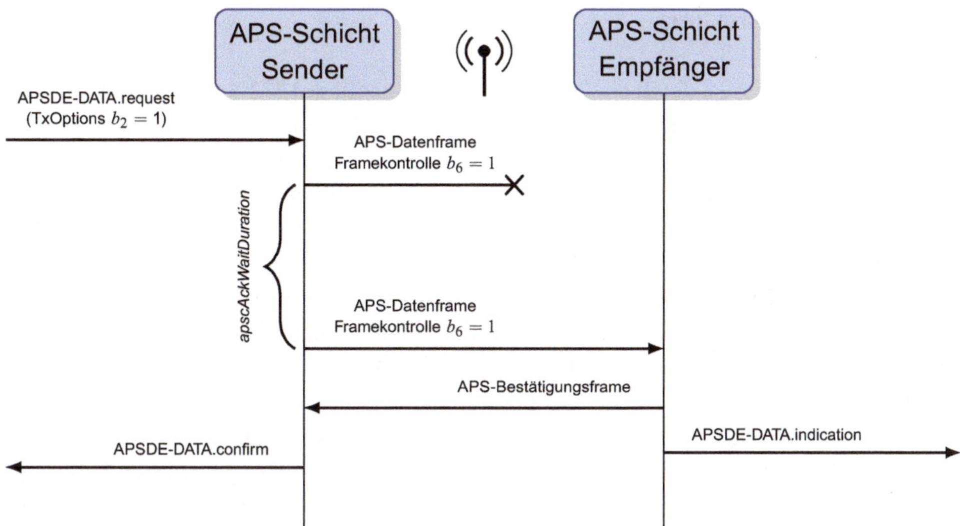

Abb. 15.2 Sequenzdiagramm für das Senden eines APS-Datenframes bei aktivierter Empfangsbestätigung, bei dem der erste Sendeversuch den Empfänger nicht erreicht

15.1.5 Zuverlässige Datenübertragung

Die MAC-Schicht bietet mit Hilfe von Empfangsbestätigungen eine Möglichkeit festzustellen, ob eine Auslieferung eines Datenpakets erfolgreich war. Dieser Mechanismus bestätigt allerdings nur die direkte Auslieferung von einem Funkmodul zu einem anderen in Reichweite befindlichen Funkmodul. Um eine zuverlässige Datenübertragung in Mesh- oder Baumnetzwerken über mehrere Funkmodule hinweg zu ermöglichen erweitert die APS-Schicht die Netzwerkschicht um die Möglichkeit einer bestätigten Auslieferung. Bei einer Datenübertragung kann hierzu vom Zielfunkmodul eine Empfangsbestätigung (APS-ACK) angefordert werden. Erreicht diese Empfangsbestätigung den Sender nicht innerhalb von *apscAckWaitDuration* Sekunden wird die Übertragung des Frames ggf. bis zu dreimal wiederholt. Erhalten wir nach maximal $4 \cdot$ *apscAckWaitDuration* immer noch keine Empfangsbestätigung gilt die Übertragung als gescheitert. Im Gegensatz zur MAC-Schicht ist die Bestätigung nicht auf Funkmodule in unmittelbarer Funkreichweite beschränkt. Ausgelöst wird eine Bestätigungsanfrage eines Frames durch Setzten des 2.ten Bits des Übergabeparameter *TxOptions* der APSDE-DATA.request-Primitive (siehe Abschn. 15.1.7). Bei Broadcast- oder Multicastdatenübertragungen werden Empfangsbestätigungen nicht unterstützt. Abbildung 15.2 zeigt einen Beispielablauf eines Sendeversuchs mit aktivierter Empfangsbestätigung. Der erste Sendeversuch des Datenframes erreicht den Empfänger nicht. Nach *apscAckWaitDuration* Sekunden wird der Sendeversuch wiederholt und erreicht diesmal den Empfänger. Der Empfänger sendet an den Sender darauf eine APS-Empfangsbestätigungsframe (APS-ACK).

15.1.6 Fragmentierung

Die Größe von Frames ist durch die PHY-Schicht auf maximal 127 Bytes begrenzt (*aMax-PHYPacketSize*). Davon werden von der MAC-Schicht bis zu 20 Bytes für den MAC-Header bei nicht aktivierten Sicherheitsfunktionen und sogar bis zu 34 Bytes bei aktivierten Sicherheitsfunktionen und 2 Bytes für die FCS-Prüfsumme benötigt. Die Netzwerkschicht benötigt für den NWK-Header bis zu 25 Bytes und falls sogar das Feature Senderrouting eingesetzt wird 1 Byte plus 2 Bytes für jeden Hop über den das Frame weitergeleitet wird mehr. Der Header eines APS-Frames ist ebenfalls bis zu 13 Bytes Groß. D. h. bei nicht aktivierten Sicherheitsfunktionen können die Protokollinformationen bis zu $22 + 25 + 13 = 60$ Bytes und bei aktivierten Sicherheitsfunktionen sogar bis zu $36 + 25 + 13 = 74$ Bytes groß sein. Dann stehen lediglich $127 - 60 = 67$ (bzw. $127 - 74 = 53$) Bytes für die APS-Nutzdaten zur Verfügung. Bei eingesetztem Senderouting könnte sich dieser zur Verfügung stehende Platz im ungünstigsten Fall weiter verringern. Die maximalen Werte für die Protokollinformationen werden zwar in den seltensten Fällen erreicht, allerdings wird der zur Verfügung stehende Platz für APS-Nutzdaten im Allgemeinen den Wert von 100 Bytes nicht überschreiten. Um trotzdem größer Datenmengen verschicken zu können, erweitert die APS-Schicht die Netzwerkschicht um die Fähigkeit der Fragmentierung. Die APS-Schicht übernimmt für uns die Aufgabe die Nutzdaten ggf. in kleiner Pakete (Fragmente) aufzuteilen und hintereinander zu verschicken. Der Empfänger muss den Empfang der Fragmente bestätigen, d. h. bei einer Fragmentierung muss auch gleichzeitig das Feature der APS-Empfangsbestätigung aktiviert sein. Damit allerdings nicht jedes Fragment einzeln bestätigt werden muss, werden die Fragmente jeweils zu Fenstern der Größe 1–8 zusammen gefasst. Die Größe der Fenster ist in der Konstanten *apscMaxWindowSize* festgelegt und vom verwendeten Stackprofil abhängig. Nach Erhalt des letzten Fragments eines Fensters sendet der Empfänger ein APS-Empfangsbestätigungsframe mit der Nummer des ersten Fragments eines Fensters und einem 8-Bit Feld, in dem jeweils das i-te Bit gesetzt wurde, sofern das i-te Fragment des Fensters empfangen wurde. Ist *apscMaxWindowSize* kleiner als 8, werden die nicht benötigten Bits des Feldes auf 1 gesetzt. Jedes nicht gesetzte Bit entspricht einem nicht erhaltenem Fragment, welches vom Sender erneut gesendet werden muss. Geht die Bearbeitung eines Fensters nicht weiter voran, d.h der Empfänger hat für *apscAckWaitDuration+apscAckWaitDuration·apscMaxFrameRetries* Sekunden kein weiteres Fragment mehr erhalten, gab es Probleme bei der Übertragung und der Empfänger sendet ein APS-Empfangsbestätigungsframe für das aktuelle Fenster und markiert alle bis dahin erhaltenen Fragmente.

Aus der Sicht des Senders verläuft der Vorgang einer fragmentierten Übertragung wie folgt:

1. Die APS-Schicht erhält über die Primitive APSDE-DATA.request ein Datenpaket, welches in k Fragmente zerlegt werden muss. Zudem sind die Bits 2 und 3 (b_3b_2) des Parameter *TxOptions* gesetzt, um anzuzeigen, dass Fragmentierung und Empfangs-

bestätigung zu benutzen sind (siehe auch Abschn. 15.1.7 für die Parameter und die Funktionsweise der APSDE-DATA-Primitiven.).

2. Die APS-Schicht zerlegt die Nutzdaten in k Fragmente und teilt diese in

$$l = \frac{k}{apscMaxWindowSize}$$

Fenster auf und initialisiert eine Zählervariable $aktFenster = 0$

3. Dem APS-Header jedes Fragments wird ein erweiterter 16-Bit Header angehängt, dessen ersten 8-Bits das Feld *Erweiterte Framekontrolle* und die zweiten 8-Bits das Feld *Fragmentnummer* bilden. Die ersten beiden Bits ($b_1 b_0$) der *Erweiterten Framekontrolle* des ersten Fragments sind auf 01 zu setzten. Das Feld *Fragmentnummer* des ersten Fragments erhält die Gesamtzahl der zur fragmentierten Übertragung gehörenden Fragmente k. Die ersten beiden Bits ($b_1 b_0$) des Felds *Erweiterte Framekontrolle* der folgenden Fragmente werden auf 10 gesetzt und das Feld *Fragmentnummer* auf die jeweilige Nummer des Fragments. Für die genaue Struktur eines APS-Datenrahmens siehe Abschn. 15.1.8.

4. Die APS-Schicht sendet der Reihe nach im Abstand von *apsInterframeDelay* Millisekunden die Fragmente des aktuellen Fensters über den Aufruf der Primitive NLDE-DATA.request an die Netzwerkschicht. Das Fragment durchläuft dann den üblichen Weg durch die Schichten, bis es über den Transceiver versendet wird.

5. Erhält der Sender vom Empfänger ein APS-Empfangsbestätigungsframe in der auf nicht erhaltene Fragmente hingewiesen wird, sendet der Sender die entsprechenden Fragmente erneut, bis der Erhalt aller Fragmente des aktuellen Fenster bestätigt wurden.

6. Ist nach Senden des letzten Fragments eines Fensters für *apscAckWaitDuration* Sekunden kein APS-Empfangsbestätigungsframe empfangen worden, wird das noch nicht bestätigte Fragment des aktuellen Fensters mit der niedrigsten Nummer bis zu *apscMaxFrameRetries* im Abstand von *apscAckWaitDuration* Sekunden erneut gesendet. Sind nach insgesamt *apscMaxFrameRetries* erneuten Sendeversuchen keine weiteren Fragmente des aktuellen Fensters bestätigt worden, wird die Übertragung abgebrochen und die Primitive APSDE-DATA.confirm mit dem Status NO_ACK aufgerufen.

7. Ist der Erhalt aller Fragmente eines Fensters bestätigt worden, beginnt die Bearbeitung des nächsten Fensters bis letztendlich alle Fragmente übertragen wurden, d. h. wenn $aktFenster < l$ gilt, wird die Zählervariable $aktFenster$ um eins erhöht die Bearbeitung bei Schritt 4 fortgesetzt.

8. Sind alle Fragmente erfolgreich übertragen, sendet die APS-Schicht die Primitive APSDE-DATA.confirm mit dem Status SUCCESS.

Aus der Sicht des Empfängers verläuft der Vorgang der fragmentierten Übertragung wie folgt:

1. Erhält die APS-Schicht von der Netzwerkschicht das erste Fragment einer fragmentierten Übertragung, d. h. die ersten beiden Bits ($b_1 b_0$) des Feldes *Erweiterte Framekontrolle* sind 01, speichert sich die APS-Schicht den Wert im Feld *Fragmentnummer* in einer Variablen (*fragmentAnzahl*), die angibt aus wie vielen Fragmenten die fragmentierte Übertragung besteht. Zudem wird eine Zählervariable für das aktuelle Fenster *aktFenster* $= 0$ initialisiert.

2. Sind alle *apscMaxWindowSize* Fragmente des aktuellen Fensters empfangen worden, wird von der APS-Schicht ein APS-Empfangsbestätigungsframe versendet. In diesem Bestätigungsframe wird die aktuelle Fensternummer mitgeteilt und ein 8-Bit Feld *ACK-Bitmap*, indem alle Bits gesetzt sind, um zu kennzeichnen, dass alle Fragmente des Fensters empfangen wurden. Zudem wird die Zählervariable *aktFenster* $= 0$ um eins erhöht. Für die genaue Struktur eines APS-Empfangsbestätigungsframe siehe Abschn. 15.1.8.

3. Wurde für *apscAckWaitDuration* $+$ *apscAckWaitDuration* $\cdot$ *apscMaxFrameRetries* Sekunden kein weiteres Fragment des aktuellen Fensters mehr empfangen, wird ein APS-Empfangsbestätigungsframe an den Sender versendet, indem das aktuelle Fenster mitgeteilt wird und alle fehlenden Fragmente in dem Feld *ACK-Bitmap* festgehalten werden.

4. Wurde das letzte Fragment des aktuellen Fensters empfangen, allerdings sind einige Fragmente des aktuellen Fensters zuvor nicht empfangen worden, wird ebenfalls ein APS-Empfangsbestätigungsframe an den Sender versendet, indem das aktuelle Fenster mitgeteilt wird und alle fehlenden Fragmente festgehalten werden.

5. Wurde das letzte Fragment des letzten Fensters der Übertragung empfangen, wird ebenfalls ein entsprechende APS-Empfangsbestätigungsframe generiert.

6. Sind alle Fragmente eingetroffen, setzt die APS-Schicht diese zusammen und übergibt die APS-Nutzdaten durch den Aufruf der Primitive *APSDE-DATA.indication* an die darüberliegende Schicht.

In Abb. 15.3 ist das Sequenzdiagramm einer beispielhaften Fragmentierung dargestellt. Das zu sendende Frame wird in 5 Fragmente aufgeteilt. Ein Fenster besteht aus jeweils 3 Fragmenten (*apscMaxWindowSize* $= 3$). Im 1. Fragment des 1. Fensters informiert der Sender den Empfänger über die Anzahl der Fragmente (*Fragmentnummer* $= 5$). Das 2. Fragment erreicht im ersten Übertragungsversuch den Empfänger nicht. Nach Erhalt des letzten Fragments des 1. Fensters informiert dieser den Sender durch ein APS-Empfangsbestätigungsframe darüber (2. Bit im ACK-Bitfeld ist 0). Der Sender überträgt das 2. Fragment erneut, worauf der Empfänger den Erhalt aller 3 Fragmente des 1. Fensters bestätigt. Daraufhin fährt der Sender mit dem 2. Fenster fort und überträgt die Fragmente 4 und 5. Der Empfänger bestätigt den Erhalt der Fragmente 4 und 5 durch das Senden eines APS-Empfangsbestätigungsframes, setzt alle Fragmente zusammen und übergibt die entsprechenden APS-Nutzdaten durch den Aufruf der APSDE-DATA.request-Primitive an die darüberliegende Schicht. Nach Erhalt des letzten APS-Empfangsbestätigungsframes informiert der Sender der Fragmente die darüberliegende Schicht über die erfolgreiche

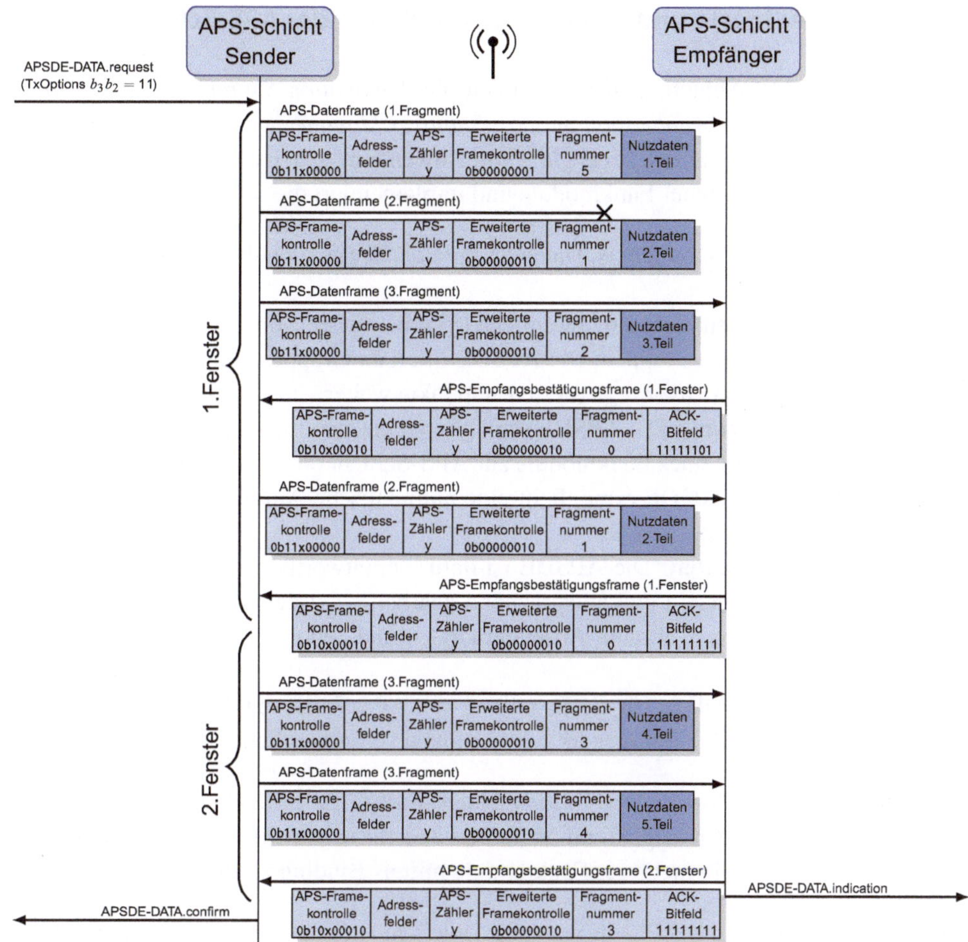

Abb. 15.3 Sequenzdiagramm für eine fragmentierte Übertragung mit einer Fenstergröße von 3. Das 2. Fragment erreicht im ersten Versuch den Empfänger nicht

Übertragung aller Fragmente durch den Aufruf der APSDE-DATA.confirm-Primitive mit dem Status *SUCCESS*.

Es können nur APS-Datenframes fragmentiert werden, die an ein einzelnes Funkmodul gesendet werden. Die Fragmentierung von Broadcast- oder Multicastnachrichten wird nicht unterstützt.

Siehe auch Abschn. 15.1.7 für die Parameter und Ausführung der APSDE-DATA-Primitiven und Abschn. 15.1.8 für den genauen Aufbau von APS-Datenframes und APS-Empfangsbestätigungsframes.

15.1.7 Servicedienste und zugehörige Primitiven der APS-Schicht

Die Dienste der APS-Schicht sind unterteilt in die *Application Support Sublayer Data Entity* (APSDE) und die *Application Support Sublayer Management Entity* (APSME).

Die APSDE unterstützt die Übertragung von Anwendungsdaten zwischen den Anwendungsschichten verschiedener Funkmodule und implementiert die folgenden Dienste:

Binding: Die APSDE ermöglicht es Daten an miteinander gekoppelte Funkmodule (*Binding*) zu senden.

Filterung nach Gruppenadressen: Gruppenadressen werden von der APS-Schicht an bestimmte Endpunkte gekoppelt. Die APSDE filtert an Gruppen adressierte Nachrichten und leitet diese an zuvor registrierte Endpunkte weiter.

Zuverlässige Auslieferung: Die APSDE ermöglicht eine zuverlässige Datenübertragung von der APS-Schicht eines Funkmoduls zur APS-Schicht eines zweiten Funkmoduls.

Fragmentierung: Die APSDE ermöglicht eine automatische Aufteilung zu großer Frames in mehrere kleinerer Frames.

Erkennung von Duplikaten: Die APSDE ist dafür verantwortlich zu erkennen, ob eine Nachricht bereits erhalten und entsprechend bearbeitet wurde. Dazu protokolliert sie über einen bestimmten Zeitraum Absenderadresse und Sequenznummer empfangener Frames.

APS-Frames: Die APSDE ist für die Erstellung von APS-Frames inklusive des Hinzufügens der benötigten Protokollheaderinformationen verantwortlich.

Die *Application Support Sublayer Management Entity* (APSME) bietet Verwaltungsdienste an, ermöglicht den Zugriff auf Variablen und Konstanten, ist für das Bilden von Gruppen und das Koppeln mehrerer Funkmodule mittels Binding zuständig.

Bindingmanagement: Die APSME verwaltet miteinander gekoppelte Funkmodule (Binding und Unbinding).

Verwaltung von Gruppen: In Erweiterung zur Netzwerkschicht werden in der Anwendungsschicht Gruppenadressen an bestimmte Endpunkte gekoppelt, d. h. zur Gruppenadresse wird eine Liste mit Endpunkten gespeichert. Die APSME ermöglicht das Hinzufügen und das Entfernen eines Endpunktes zu einer Gruppe.

Verwaltung der AIB: Die APSME ermöglicht den Zugriff auf die Variablen und Konstanten der APS-Schicht.

Der Zugriff auf die Dienste der APSDE und APSME erfolgt über die entsprechenden SAPs (APSDE-SAP und APSME-SAP) mittels Primitiven. Eine Übersicht der Primitiven ist in Tab. 15.4 aufgelistet.

Versenden von Daten (APSDE-DATA)

Für die Übertragung von Nutzdaten stellt die APSDE die Primitiven *APSDE-DATA* zur Verfügung. Die Übertragung verläuft immer von einen Endpunkt und ist an ein Zielend-

Tab. 15.4 Die Primitiven der APS-Schicht im Überblick

Primitive	request	confirm	indication
APSDE-DATA	*	*	*
APSME-GET	*	*	
APSME-SET	*	*	
APSME-BIND	*	*	
APSME-UNBIND	*	*	
APSME-ADD-GROUP	*	*	
APSME-REMOVE-GROUP	*	*	
APSME-REMOVE-ALL-GROUPS	*	*	

punkt gerichtet, d. h. die Kommunikation erfolgt von einem Anwendungsobjekt (oder ZDO) zu einem anderen Anwendungsobjekt (oder ZDO). Im Allgemeinen verläuft die Kommunikation von einem Funkmodul zu einem oder mehreren anderen Funkmodulen. Die Kommunikation kann allerdings auch innerhalb eines Funkmoduls von einem Endpunkt (Anwendungsobjekt oder ZDO) zu einem anderen Endpunkt stattfinden. Eingeleitet wird der Datentransfer von einem Anwendungsobjekt oder dem ZDO über den Aufruf der Primitive *APSDE-DATA.request*. Über das Ergebnis der Datenübertragung wird der entsprechende Endpunkt des Senders durch die Primitive *APSDE-DATA.confirm* informiert. Die APS-Schicht des Empfängers informiert den entsprechenden Endpunkt über die empfangenen Nutzdaten durch den Aufruf der Primitive *APSDE-DATA.indication*:

```
APSDE-DATA.request(DstAddrMode,DstAddr,DstEndpoint,
          ProfilId,ClusterId,SrcEndpoint,
          ADSULength,ADSU,TXOptions,Radius)
APSDE-DATA.confirm(DstAddrMode,DstAddr,DstEndpoint,
          SrcEndpoint,Status,TxTime)
APSDE-DATA.indication(DstAddrMode,DstAddr,DstEndpoint,
          SrcAddrMode,SrcAddr,SrcEndpoint,
          ProfilId,ClusterId,ADSULength,ADSU,
          Status,SecurityStatus,LinkQuality,RxTime)
```

Für die Adressierung stehen vier verschiedene Modi (*DstAddrMode*) zur Verfügung:

0x00: Die Parameter *DstAddr* und *DstEndpoint* werden nicht ausgewertet. Der Sender ist über den sendenden Endpunkt und der angegebenen Cluster-ID mit einem oder mehreren anderen Zielfunkmodulen und Endpunkten gekoppelt. Die entsprechenden Zieladressen mit den zugehörigen Endpunkten werden der Bindingtabelle entnommen (siehe Abschn. 15.1.4).

`0x01`: Die Übertragung erfolgt an eine ganze Gruppe und der Parameter *DstAddr* enthält eine 16-Bit Gruppen-ID. Der Parameter *DstEndpoint* wird nicht ausgewertet. Der oder die Zielendpunkt(e) werden aus der Gruppentabelle eines Zielfunkmoduls ermittelt, welches Mitglied dieser Gruppe ist (siehe Abschn. 15.1.3).

`0x02`: Der Parameter *DstAddr* enthält die 16-Bit Kurzadresse des Zielfunkmoduls und der Parameter *DstEndpoint* den Zielendpunkt.

`0x03`: Der Parameter *DstAddr* enthält die 64-Bit MAC-Adresse des Zielfunkmoduls und der Parameter *DstEndpoint* den Zielendpunkt.

Über den Parameter *ASDU* werden die zu übertragenen Nutzdaten weitergereicht und über den Parameter *ASDULength* deren Länge. Ob bei der Übertragung eine APS-Empfangsbestätigung angefordert wird, ggf. Fragmentierung benutzt wird oder die Nutzdaten verschlüsselt werden, wird über den 8-Bit Parameter *TxOptions* der *APSDE-DATA.request*-Primitive festgelegt:

`Bit 0`: Ist dieses Bit gesetzt, wird die Übertragung verschlüsselt.

`Bit 1`: Ist das Bit 1 gesetzt wird für die Verschlüsselung der Netzwerkschlüssel benutzt.

`Bit 2`: Bei gesetztem Bit 2 ist der Empfang der Daten durch ein APS-Empfangsbestätigungsframe zu quittieren.

`Bit 3`: Ist dieses Bit gesetzt, werden Nutzdaten, welche für ein APS-Datenframe zur groß sind, in mehrere Fragmente gesplittet.

Der Radius der Übertragung, d. h. die maximale Anzahl der Router über die diese Übertragung weitergeleitet werden soll, kann mit dem Parameter *Radius* begrenzt werden.

Der Parameter *Status* der *APSDE-DATA.confirm*-Primitive informiert den entsprechenden Endpunkt über das Ergebnis der Übertragung und der Parameter *TxTime* über den Zeitpunkt, wann das Paket versendet wurde.

Der Empfänger der Nutzdaten wird von der *APSDE-DATA.indication*-Primitive zusätzlich über die Qualität der Verbindung (*LinkQuality*) und die Zeit, wann das Paket von der Netzwerkschicht erhalten wurde (*RxTime*), informiert. Zudem informiert der Parameter *SecurityStatus*, ob die Übertragung verschlüsselt erfolgte und welcher Schlüssel ggf. dabei eingesetzt wurde (*UNSECURED, SECURED_NWK_KEY, SECURED_LINK_KEY*).

In Abschn. 15.1.5 haben wir bereits die Übertragung bei aktivierter Empfangsbestätigung und in Abschn. 15.1.6 eine fragmentierte Übertragung beschrieben. Insbesondere die Sequenzdiagramme Abb. 15.2 und Abb. 15.3 veranschaulichen noch einmal das Zusammenspiel der *APSDE-DATA*-Primitiven.

Zugriff auf die Variablen der Anwendungsschicht (APSME-GET & APSME-SET)

Der Zugriff auf die Variablen der APS-Schicht (AIB) erfolgt über die Primitiven *APSME-GET* und *APSME-SET*. Durch den Aufruf der Primitive *APSME-GET.request* kann ein Anwendungsobjekt den Wert der übergebenen Variablen (*AIBAttribute*) abfragen. Die APS-Schicht beantwortet die Anfrage mit einer *APSME-GET.confirm*-Primitive. Sofern die Variable existiert liefert die Primitive den Status *SUCCESS* zuzüglich dem Namen *AIBAttribute*, der Länge in Bytes (*AIBAttributeLength*) und dem Wert der Variablen *AIBAttributeValue*.

Ändern lassen sich die Variablen über den Aufruf der Primitive *APSME-SET.request*. Als Parameter wird der Name (*AIBAttribute*), die Länge (*AIBAttributeLength*) und der neue Wert (*AIBAttributeValue*) der Variablen übergeben. Die APS-Schicht beantwortet die Anfrage zur Änderung einer Variablen mit der Primitive *APSME-SET.confirm* und informiert durch den Parameter *Status* über das Ergebnis.

```
APSME-GET.request(AIBAttribute)
APSME-GET.confirm(Status,AIBAttribute,
                AIBAttributeLength,AIBAttributeValue)

APSME-SET.request(AIBAttribute,
                AIBAttributeLength,AIBAttributeValue)
APSME-SET.confirm(Status,AIBAttribute)
```

Binding (APSME-BIND & APSME-UNBIND)

Das Prinzip des Bindings wurde bereits in Abschn. 15.1.4 vorgestellt. Um einen Endpunkt eines Funkmoduls über ein Cluster mit dem Endpunkt eines anderen Funkmoduls oder auch mit einer Gruppe zu koppeln, stellt die APSME die Primitive *APSME-BIND* zur Verfügung:

```
APSME-BIND.request(SrcAddr,SrcEndpoint,ClusterId,
                DstAddrMode,DstAddr,DstEndpoint)
APSME-BIND.confirm(Status,
                SrcAddr,SrcEndpoint,ClusterId,
                DstAddrMode,DstAddr,DstEndpoint)
```

Eine Bindinganfrage wird über den Aufruf der Primitive *APSME-BIND.request* eingeleitet. Der Parameter *SrcAddr* bestimmt das Senderfunkmodul und der Parameter *SrcEndpoint* den Senderendpunkt über den dieses Funkmodul gekoppelt werden soll. Das Ziel der Koppelung wird über die Parameter *DstAddrMode*, *DstAddr* und *DstEndpoint* bestimmt. Ist der Parameter *DstAddrMode* gleich 0x01 handelt es sich bei der übergebenen Adresse *DstAddr* um eine 16-Bit Gruppen-ID und der Parameter *DstEndpoint* wird nicht ausgewertet. Der Zielendpunkt bestimmt sich dann durch die Gruppentabellen der zur Gruppe gehörenden Zielfunkmodule. Ist *DstAddrMode* gleich 0x03 ist der Parameter *DstAddr* die 64-Bit MAC-Adresse eines Funkmoduls und der Parameter *DstEndpoint* enthält den Zielendpunkt mit dem der Senderendpunkt gekoppelt werden soll. Die Cluster-ID

ClusterId standardisiert das Format des Datenaustauschs. Ein erfolgreiches Binding wird entsprechend in einer Bindingtabelle festgehalten (siehe Tab. 15.3). Über das Ergebnis der Bindinganfrage informiert die APS-Schicht die darüberliegende Schicht durch den Aufruf der Primitive *APSME-BIND.confirm.*

Bindingeinträge können aus der Bindingtabelle über die Primitiven *APSME-UNBIND* gelöscht werden. Die Parameter und das Prozedere sind dabei identisch zu den *APSME-BIND*-Primitiven:

```
APSME-UNBIND.request(SrcAddr,SrcEndpoint,ClusterId,
             DstAddrMode,DstAddr,DstEndpoint)
APSME-UNBIND.confirm(Status,
             SrcAddr,SrcEndpoint,ClusterId,
             DstAddrMode,DstAddr,DstEndpoint)
```

Gruppen (APSME-ADD-GROUP & APSME-REMOVE-GROUP & APSME-REMOVE-ALL-GROUPS)

Durch den Aufruf der Primitiven *APSME-ADD-GROUP*, *APSME-REMOVE-GROUP* und *APSME-REMOVE-ALL-GROUPS* können Einträge der in der Variablen *apsGroupTable* gespeicherten Gruppentabelle hinzugefügt und gelöscht werden. Diese Tabelle ermöglicht den Datentransfer an bestimmte Endpunkte von Gruppen. Die Funktionsweise der Datenübertragung mittels der Gruppentabelle der APS-Schicht wurde bereits in Abschn. 15.1.3 beschrieben. Ein Eintrag der Tabelle besteht aus der 16-Bit Gruppen-ID (g_{adr}) der eine Liste von Endpunkten (e_i) zugeordnet ist, d. h. die Tabelle ist eine Relation einer Gruppen-ID zu ein oder mehrere Endpunkten ($r(g_{adr}) = \{e_1, e_2, \ldots, e_k\}$). Der Tabelle kann über den Aufruf der Primitive *APSME-ADD-GROUP.request* ein Eintrag hinzugefügt:

```
APSME-ADD-GROUP.request(GroupAddress,Endpoint)
APSME-ADD-GROUP.confirm(Status,
             GroupAddrress,Endpoint)
```

Ist die Gruppen-ID (*GroupAddress*) bereits in der Tabelle enthalten, wird lediglich der übergebene Endpunkt (*Endpoint*) der zugehörigen Liste hinzugefügt. Ist für die Gruppen-ID noch kein Eintrag vorhanden, wird dieser neu erzeugt. Über das Ergebnis der *APSME-ADD-GROUP.request*-Primitive wird die darübeliegende Schicht durch den Aufruf der Primitive *APSME-ADD-GROUP.confirm* informiert.

Das Löschen eines einzelnen Eintrags funktioniert analog durch die Primitiven *APS-ME-REMOVE-GROUP*:

```
APSME-REMOVE-GROUP.request(GroupAddress,Endpoint)
APSME-REMOVE-GROUP.confirm(Status,
                  GroupAddrress,Endpoint)
```

Durch den Aufruf der Primitive *APSME-REMOVE-ALL-GROUPS.request* kann die darüberliegende Schicht die APS-Schicht auffordern die Zugehörigkeit eines Endpunkts zu allen Gruppen aus der Gruppentabelle zu löschen, so dass an den entsprechenden Endpunkt keine an eine Gruppe adressierten Frames mehr weitergeleitet werden:

```
APSME-REMOVE-ALL-GROUPS.request(Endpoint)
APSME-REMOVE-ALL-GROUPS.confirm(Status,
                  Endpoint)
```

Als Parameter wird der *APSME-REMOVE-ALL-GROUPS.request*-Primitive lediglich der entsprechende Endpunkt übergeben. Über das Ergebnis der Anfrage wird die darüberliegende Schicht von der APS-Schicht durch den Aufruf der Primitive *APSME-REMOVE-ALL-GROUPS.confirm* informiert.

15.1.8 APS-Frame

Für die Erfüllung ihrer Aufgaben und zum Austausch von Informationen zwischen Anwendungsschichten verschiedener Funkmodule versendet die APS-Schicht APS-Frames. Ein APS-Frame wird zum Versenden an die NWK-Schicht weitergeleitet. Die NWK-Schicht ihrerseits fügt ihre Steuerinformationen an das Frame hinzu (NWK-Header) und übergibt das Frame an die MAC-Schicht. Die MAC-Schicht erweitert das Frame um einen MAC-Header und eine Prüfsumme und übergibt das Frame an die PHY-Schicht, welche den PHY-Header zum Synchronisieren hinzufügt und das Frame über den Transceiver versendet. Beim Empfang des Frames wird dieses in entgegengesetzter Richtung von den einzelnen Schichten bearbeitet, die Steuerinformationen der jeweiligen Schicht entfernt bis letztendlich das APS-Frame von der Netzwerkschicht an die APS-Schicht übergeben wird. In diesem Kapitel werden wir uns mit dem Aufbau der APS-Frames beschäftigen. Die APS-Schicht unterscheidet zwischen drei Frametypen, einem Datenframe, einem ACK-Frame zur Empfangsbestätigung und einem APS-Kommandoframe. Die Darstellung eines APS-Frames erfolgt wie gewohnt in *Little-Endian*, d. h. ein Wert wird in 8-Bit Blöcke (Bytes) unterteilt und das am wenigstens signifikante Byte wird als erstes gespeichert (siehe Abschn. 10.6.1).

APS-Datenframe

Das APS-Datenframe dient zur Übertragung von Nutzdaten von einem Anwendungsendpunkt eines Funkmoduls zu einem Anwendungsendpunkt eines anderen Funkmoduls. Der Aufbau eines APS-Frames ist wie folgt:

<table>
<tr><td>8 Bits</td><td>0|8 Bits</td><td>0|16 Bits</td><td>16 Bits</td><td>16 Bits</td><td>8 Bits</td><td>8 Bits</td><td>0|8|16 Bits</td><td>$n \cdot$ 8 Bits</td></tr>
<tr><td>APS-Frame-kontrolle
$00b_2b_30b_5b_6b_7$</td><td>Ziel-endpunkt</td><td>Gruppen-adresse</td><td>Cluster-ID</td><td>Profil-ID</td><td>Sender-endpunkt</td><td>APS-Zähler</td><td>Erweiterter Header</td><td>APS-Nutzdaten</td></tr>
</table>

Adressfelder

APS-Header   APS-Payload

APS-Framekontrolle: Das Feld APS-Framekontrolle ist 8-Bit lang und spezifiziert grundlegende Eigenschaften des APS-Frames:

<table>
<tr><td>b_0b_1</td><td>b_2b_3</td><td>b_4</td><td>b_5</td><td>b_6</td><td>b_7</td></tr>
<tr><td>Frame-typ</td><td>Auslieferungs-modus</td><td>Ack-Format</td><td>Sicher-heit</td><td>Ack-Anfrage</td><td>Erweiterter Header präsent</td></tr>
</table>

Der Feld *Frametyp* spezifiziert, ob es sich bei diesem Frame um ein Datenframe ($b_1b_0 = 00$), um ein APS-Empfangsbestätigungsframe ($b_1b_0 = 10$) oder ein APS-Kommandoframes ($b_1b_0 = 01$) handelt.

Das Feld *Auslieferungsmodus* bestimmt, ob es sich bei der Übertragung des Frames um eine normale Unicastübertragung ($b_3b_2 = 00$), eine indirekte Auslieferung ($b_3b_2 = 01$) an ein möglicherweise schlafendes Endgerät, eine Broadcastübertragung ($b_3b_2 = 10$) oder ob es sich um die Übertragung an eine Gruppe ($b_3b_2 = 11$) handelt.

Das Bit b_4 spezifiziert, ob der Empfänger dieses Frames bei dessen Bestätigung im APS-Empfangsbestätigungsframe die Endpunkte, die Cluster-ID und die Profil-ID mitsenden soll ($b_4 = 0$) oder nicht ($b_4 = 1$). Bei Datenframes ist b_4 immer 0 und bei Kommandoframes immer 1.

Das Bit b_5 ist gesetzt, sofern bei dem Frame Sicherheitsfunktionen aktiviert sind.

Erwartet der Sender des Frames eine Empfangsbestätigung ist das Bit b_6 gesetzt.

Ist das Bit b_7 gesetzt, enthält der APS-Header den erweiterten Header.

Zielendpunkt: Dieses Feld spezifiziert den Endpunkt des Empfängers für den das Frame bestimmt ist. Das Feld ist 8-Bit lang und ist nur vorhanden sofern die Empfängeradresse keine Gruppen-ID ist. Ist der Endpunkt 0, ist das Ziel das ZDO, bei 1 bis 240 ein Anwendungsobjekt. Bei einem Wert von 255 ist das Frame an alle aktiven Endpunkte gerichtet.

Gruppenadresse: Das Feld *Gruppenadresse* ist 16-Bit lang und enthält eine 16-Bit Gruppen-ID, sofern es sich bei diesem Frame um ein Multicastframe handelt, d. h. der *Frametyp* im Feld *APS-Framekontrolle* ist auf $b_3b_2 = 11$ gesetzt.

Cluster-ID und *Profil-ID*: Die Felder sind jeweils 16-Bit lang und können einen Wert von 0 bis 65535 einnehmen. Die Cluster-ID spezifiziert zusammen mit der Profil-ID die

Struktur der APS-Nutzdaten. Die Aufgabe und Struktur der einzelnen Cluster sind in der ZigBee Cluster Library ([Zig12a]) definiert. Die ZigBee Allianz hat für verschieden Anwendungszwecke verschiedene Profile definiert (z. B. Home Automation). Jedes Profil spezifiziert für dessen Anwendungszweck eine Ansammlung von Gerätetypen. Siehe auch Abschn. 15.2 für die Funktionsweise und Bedeutung von Clustern und Profilen.

Senderendpunkt: Dieses Feld spezifiziert den Endpunkt des Senders, der das Frame initiiert hat. Ist der Wert 0, stammt das Frame vom ZDO des Sender ansonsten vom Anwendungsobjekt, dass dem entsprechenden Endpunkt zugeordnet ist.

APS-Zähler: Dieses Feld wird bei jeder neuen Übertragung eines Funkmoduls um eins hochgezählt. Das Feld ermöglicht die Erkennung von doppelt erhaltenen Frames.

Erweiterter Header: Der erweiterte Header ist nur vorhanden, wenn das Bit 7 des Feldes *APS-Framekontrolle* gesetzt ist. Der erweiterte Header beinhaltet Informationen für eine fragmentierte Übertragung (siehe Abschn. 15.1.6). Die Struktur des erweiterten Headers ist wie folgt:

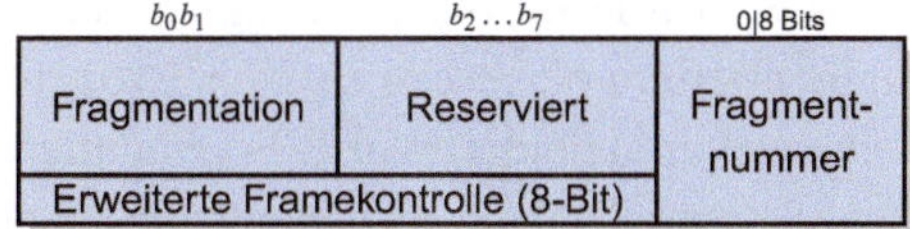

Sind die Bits $b_1b_0 = 00$, ist dies keine fragmentierte Übertragung und das Feld *Fragmentnummer* ist nicht vorhanden. Gilt $b_1b_0 = 01$ ist dieses Frame das erste Frame einer fragmentierten Übertragung und das Feld *Fragmentnummer* enthält die Anzahl der Fragmente dieser fragmentierten Übertragung. Gilt $b_1b_0 = 10$, ist das Frame Teil einer fragmentierten Übertragung (allerdings nicht das erste Frame) und das Feld *Fragmentnummer* enthält die sequentielle Fragmentnummer dieses Fragment.

APS-Nutzdaten: Die APS-Nutzdaten können beliebige Daten der darüberliegenden Schicht sein. Werden allerdings Cluster der *ZigBee Cluster Library* (ZCL) eingesetzt, sind die Nutzdaten wohl-strukturiert und bilden ein ZCL-Frame.

APS-Empfangsbestätigungsframe (ACK)

Ein APS-Empfangsbestätigungsframe dient dazu einem Sender die Auslieferung von APS-Datenframes zu bestätigen:

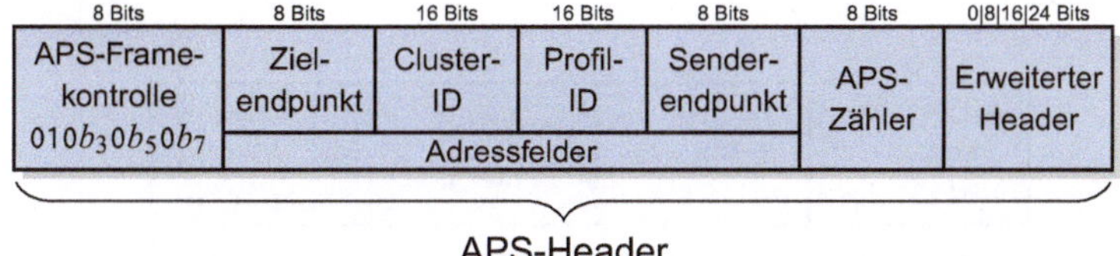

Die Bedeutung der Felder *APS-Framekontrolle*, *Zielendpunkt*, *Cluster-ID*, *Profil-ID* und *Senderendpunkt* ist äquivalent zu denen des APS-Datenframes.

Das Feld APS-Zähler enthält den selben Wert, den das Frame besitzt, welches zu bestätigen ist.

Der erweiterte Header ist präsent, wenn dieser auch im zu bestätigten Frame vorhanden war, d. h. das Bit b_7 des Feldes *Framekontrolle* ist sowohl im APS-Empfangsbestätigungsframe sowie dem zu bestätigenden APS-Datenframe gesetzt. Der erweiterte Header wird insbesondere zur Bestätigung einer fragmentierten Übertragung benötigt und ist wie folgt aufgebaut:

<table>
<tr><td>$b_0 b_1$</td><td>$b_2 \ldots b_7$</td><td>0|8 Bits</td><td>0|8 Bits</td></tr>
<tr><td>Fragmentation</td><td>Reserviert</td><td>Fragment-
nummer</td><td>ACK-
Bitfeld</td></tr>
<tr><td colspan="2">Erweiterte Framekontrolle (8-Bit)</td><td></td><td></td></tr>
</table>

Erweiterte Framekontrolle: Dieses Feld enthält dabei den selben Wert wie das zu bestätigende APS-Datenframe. Wurde für die Übertragung des zu bestätigenden APS-Datenframes keine Fragmentierung eingesetzt ($b_1 b_0 = 00$), folgen dem Feld *Erweiterte Framekontrolle* keine weiteren Felder. Wurde Fragmentierung eingesetzt ($b_1 b_0 = 01$ oder $b_1 b_0 = 10$) sind sowohl das Feld *Fragmentnummer* als auch das Feld *ACK-Bitfeld* präsent.

Fragmentnummer: Da bei einer fragmentierten Übertragung je nach Einstellungen des Parameter *apscMaxWindowSize* mehrere sequentiell zusammenhängende Fragmente als Block bestätigt werden, enthält das Feld *Fragmentnummer* die niedrigste Fragmentnummer dieser Fragmente. Die Funktionsweise der Fragmentierung kann in Abschn. 15.1.6 nachgelesen werden.

ACK-Bitfeld: Durch dieses Bitfeld wird jedes erhaltene Fragment eines Blockes durch Setzen des entsprechenden Bits bestätigt.

APS-Kommandoframe

Kommandos der Anwendungsschicht werden typischerweise über Endpunkt 0 in Form eines ZCL-Frames an das ZDO gesendet (siehe Abschn. 15.3-ZDO). Als APS-Kommandoframes werden ausschließlich Kommandos zur Steuerung von Sicherheitsaufgaben versendet. Dazu zählen insbesondere Kommandos zur Verwaltung, dem Austausch und der Erzeugung von Schlüsseln. Die Struktur eines APS-Kommandoframes ist wie folgt:

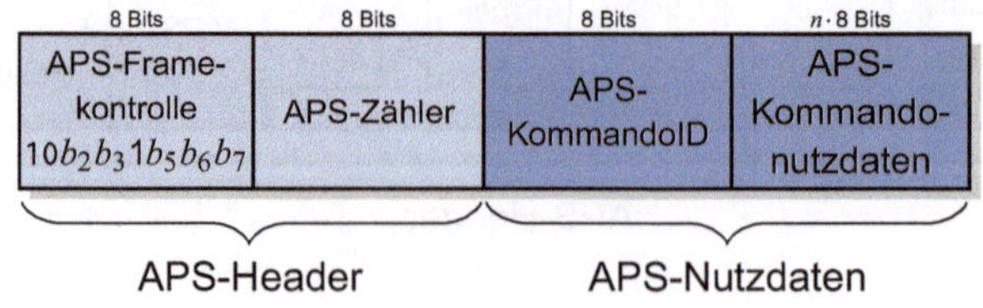

Es gibt insgesamt die folgenden 14 APS-Kommandoframes:

KommandoID	Kommandoname
0x01	APS_CMD_SKKE_1
0x02	APS_CMD_SKKE_2
0x03	APS_CMD_SKKE_3
0x04	APS_CMD_SKKE_4
0x05	APS_CMD_TRANSPORT_KEY
0x06	APS_CMD_UPDATE_DEVICE
0x07	APS_CMD_REMOVE_DEVICE
0x08	APS_CMD_REQUEST_KEY
0x09	APS_CMD_SWITCH_KEY
0x0A	APS_CMD_EA_INIT_CHLNG
0x0B	APS_CMD_EA_RSP_CHLNG
0x0C	APS_CMD_EA_INIT_MAC_DATA
0x0D	APS_CMD_EA_RSP_MAC_DATA
0x0E	APS_CMD_TUNNEL

In Kap. 16 werden wir das Thema Sicherheit in ZigBee detailliert beschreiben und dort auch auf die APS-Kommandoframes genauer eingehen.

15.2 Cluster und Profile

Mittlerweile sind schon einige Male die Begriffe ZigBee-Cluster und ZigBee-Profil aufgetaucht und die Frage ist berechtigt, was für eine Bedeutung diese haben und wofür sie notwendig sind, insbesondere wenn uns die APS-Schicht bereits alles notwendige liefert um Daten in einem Netzwerk von einem Funkmodul zu einem anderen zu übertragen und das sogar über mehrere Router hinweg mittels Routing. Um eine einfache eigene Anwendung zu entwickeln, die lediglich Daten austauscht, benötigen wir auch keine ZigBee-Cluster und kein ZigBee-Profile. Allerdings sind wir beim Austausch der Daten selbst dafür verantwortlich diese beim Versenden in eine sinnvolle Struktur zu bringen, so dass die empfangende Gegenstelle sie einfach interpretieren kann. Zum Beispiel können wir die Temperatur als 16-Bit Nutzdaten übertragen. Soll eine Anwendung im Nachhinein z. B. um die Übertragung des Luftdrucks erweitert werden, muss die Struktur der Nutzdaten allerdings an diesen Umstand angepasst und ggf. die gesamte Anwendung überarbeiten werden. Ein weiterer Nachteil ist, dass Funkmodule mit unserer Anwendung in diesem Fall nicht mit Funkmodulen anderer Hersteller kompatibel sind, da diese höchstwahrscheinlich eine andere Struktur für die Nutzdaten benutzen. Denken wir z. B. an das Szenario für funkgesteuerte Lichtschalter. Soll eine Lampe eines anderen Hersteller integriert werden, weil uns das Design besser gefällt, wäre dies nicht möglich. Cluster und Profile definieren wohlgeformte Nutzdaten, Geräte und Kommandos, die ein hohes Maß an Erweiterbarkeit, Flexibilität und Kompatibilität ermöglichen. ZigBee zertifizierte Produkte, die bestimmte Profile und Cluster unterstützen sind untereinander kompatibel. Wir werden in den nächsten Abschnitten untersuchen, wie das Prinzip der Profile und Cluster funktioniert und warum ZigBee ein Framework für eine zu entwickelnde Anwendung darstellt und unsere Anwendung nicht nur als eigenständige Schicht auf ZigBee aufsetzt.

15.2.1 Cluster

Kurz gefasst ist ein Cluster eine Sammlung von Kommandos und Attributen für einen bestimmten Anwendungszweck. Für die Attribute stehen eine Menge von vordefinierten Datentypen zur Verfügung. Die Attribute können durch Kommandos (ZCL-Frames) verändert oder ausgelesen werden. Das Ganze läuft nach dem Client/Server-Prinzip ab. Typischerweise ist das Funkmodul mit den entsprechenden Attributen der Server des Clusters. Ein Funkmodul, welches die Attribute manipuliert und Kommandos (über ZCL-Frames) an den Server sendet, übernimmt die Rolle des Clients. An den Server gesendete Kommandos können bei diesem entsprechende Aktionen auslösen. Betrachten wir als Beispiel einen Lichtschalter und eine Lampe. Die Lampe übernimmt die Rolle des Servers des OnOff-Clusters (Cluster-ID:0x0006) und hat das Attribut *OnOff* vom Datentyp Boolean. Der Lichtschalter ist der Client und kann über entsprechende Kommandos den Wert des Attributs *OnOff* beim Server verändern. Eine Veränderung des Attributs bewirkt beim Cluster-Server zusätzlich, dass die Lampe entsprechend geschaltet wird. Abbildung 15.4 zeigt den beispielhaften Ablauf. Beim Anschalten des Schalters sendet dieser ein ZCL-Frame mit der Cluster-ID 0x0006 und dem Clusterkommando *On* (0x01) an den Server. Der Server ändert entsprechend den Wert der Variablen *OnOff* auf *true* und schaltet die Lampe an. Wird der Schalter ausgeschaltet wird vom Client ein ZCL-Frame mit der Cluster-ID 0x0006 und dem Clusterkommando *Off* (0x00) an den Server gesendet. Der Server setzt das Attribut *OnOff* auf *false* und schaltet die Lampe wieder aus.

Je nach Anwendungszwecke gibt es unterschiedliche Cluster. Die Definitionen der einzelnen Cluster gehören nicht zur *ZigBee Spezifikation*, sondern sind in der *ZigBee Cluster Library* ([Zig12a]) zusammengefasst. Ein Cluster wird durch die 16-Bit Cluster-ID identifiziert. Sie werden nach ihrem Anwendungstyp in sieben Gruppen unterteilt:

Aufgabentyp	Cluster-IDs
Allgemeine Aufgaben	0x0000–0x00FF
Schließungen	0x0100–0x01FF
Heizung, Lüftung, Klimatechnik	0x0200–0x02FF
Lichttechnik	0x0300–0x03FF
Sensoren	0x0400–0x04FF
Sicherheit	0x0500–0x05FF
Protokollschnittstellen	0x0600–0x06FF

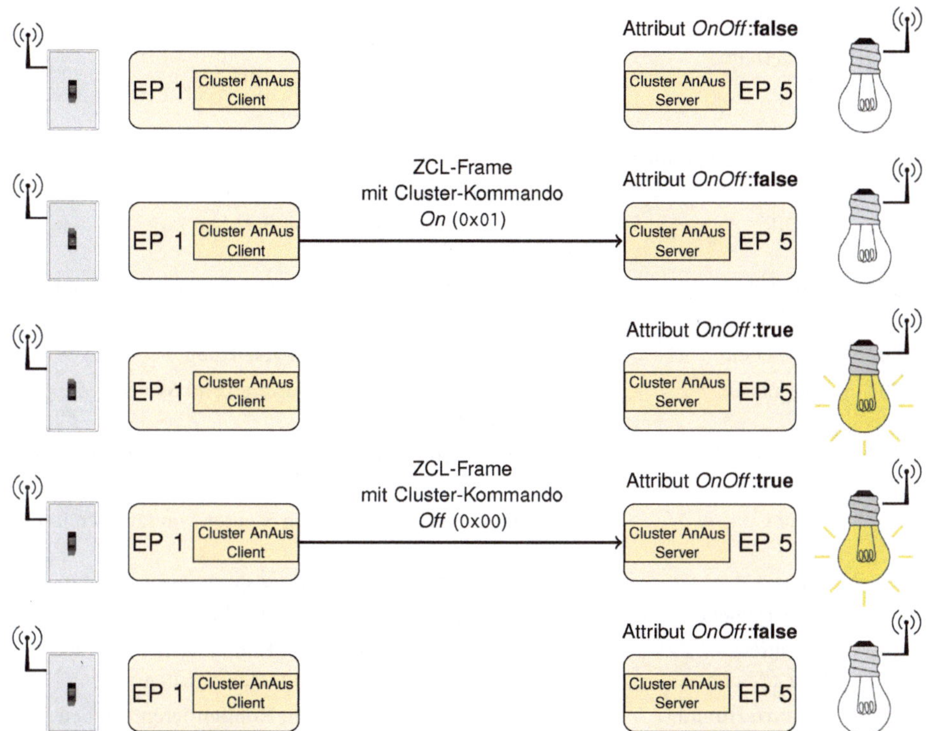

Abb. 15.4 Anwendungsbeispiel für das OnOff-Cluster (0x0006)

Tabelle 15.5 listet einige Beispielcluster und beschreibt ihre Aufgaben. Eine vollständige Auflistung und detaillierte Beschreibung der einzelnen Cluster ist der ZCL ([Zig12a]) zu entnehmen. Die ZCL wird entsprechend den stetig hinzukommenden Aufgaben permanent erweitert.

ZCL-Kommandoframes

Die Attribute der einzelnen Cluster können über ZCL-Kommandoframes angesprochen werden. Über diese lassen sich die Werte der Attribute auslesen und verändern. Eine Veränderung führt an der Gegenstelle gegebenenfalls zu einer Reaktion wie z. B. das Ausschalten einer Lampe oder das Senden von Sensorwerten. Es gibt allgemeine Kommandos die für alle Cluster gelten und Kommandos, die speziell für das entsprechende Cluster gelten. Die Struktur der ZCL-Kommandoframes ist wie folgt:

Tab. 15.5 Beispielcluster

Cluster-ID	Clustername	Beschreibung
0x0000	Basic	Attribute für allgemeine Informationen über ein Funkmodul.
0x0001	Power Configuration	Attribute zum Deklarieren von Informationen über die Spannungsversorgung eines Funkmoduls.
0x0006	OnOff	Attribute und Kommandos zum Schalten zwischen den Zuständen *An* und *Aus*.
0x0007	OnOff-Switch Configuration	Attribute und Kommandos zum Konfigurieren von *AnAus*-Schaltern.
0x0101	Door Lock	Eine Schnittstelle zum Steuern von Türen.
0x0201	Thermostat	Eine Schnittstelle zum Konfigurieren und Steuern von Thermostaten.
0x0202	Fan Control	Eine Schnittstelle zum Steuern von Lüftern und Ventilatoren.
0x0300	Color Control	Attribute und Kommandos zum Steuern von farbigen Lampen.
0x0402	Temperature Measurement	Attribute und Kommandos zum Konfigurieren von Temperatursensoren und zum Senden von Temperaturmessungen.
0x0403	Pressure Measurement	Attribute und Kommandos zum Konfigurieren von Drucksensoren und zum Senden von Druckmessungen.
0x0405	Relative Humidity Measurement	Attribute und Kommandos zum Konfigurieren von Feuchtesensoren und zum Senden von Feuchtemessungen.

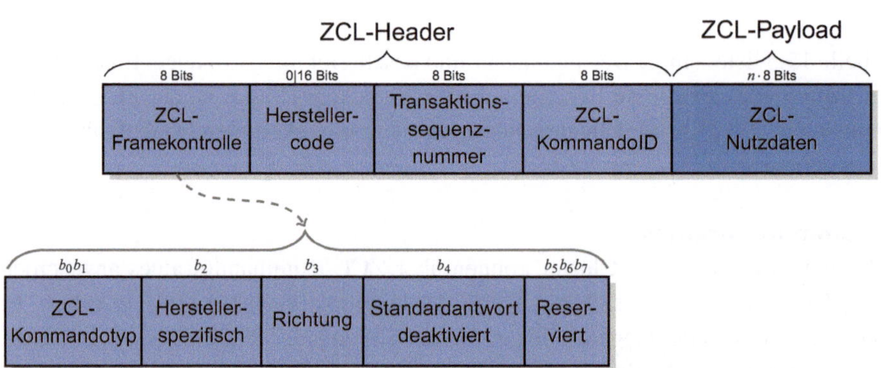

ZCL-Framekontrolle: Das 8-Bit Feld *ZCL-Framekontrolle* bestimmt grundlegende Eigenschaften des ZCL-Kommandoframes. Die ersten 2 Bits $b_1 b_0$ bestimmen den Kommandotyp. Bei $b_1 b_0 = 00$ handelt es sich um ein allgemeines Kommandoframe (siehe Tab. 15.6) bei $b_1 b_0 = 01$ um ein Cluster-spezifisches Kommando.

Ist das Bit *Herstellerspezifisch* gesetzt, beinhaltet der ZCL-Header einen 16-Bit Herstellercode.

Das Bit für die *Richtung* bestimmt, ob dieses Frame von einem Server ($b_3 = 1$) oder von einem Client ($b_3 = 0$) des Cluster gesendet wurde.

Bei gesetztem Bit b_4 wird eine Standardantwort nur bei einem erkannten Fehler gesendet.

Herstellercode: Bei gesetztem Bit b_2 im Feld ZCL-Framekontrolle beinhaltet der ZCL-Header das 16-Bit Feld *Herstellercode*. Der Herstellercode[3] wird von der ZigBee Alliance zugewiesen und ermöglicht diesen eine individuelle Erweiterung und Anpassung an Profilen.

Transaktionssequenznummer: Dieses 8-Bit Feld ist eine Identifikationsnummer für ein gesendetes ZCL-Kommandoframe. Diese ermöglicht das Senden einer Antwort auf ein spezifisches ZCL-Kommandoframe. Bei jedem gesendeten ZCL-Kommandoframe wird dieser Wert um eins erhöht.

ZCL-KommandoID: Die 8-Bit *ZCL-KommandoID* spezifiziert ein bestimmtes Kommando. Ist das Feld ZCL-Kommandotyp auf $b_1 b_0 = 00$, handelt es sich um ein allgemeines Kommandoframe (siehe Tab. 15.6), bei $b_1 b_0 = 01$ um ein Cluster-spezifisches Kommando.

ZCL-Nutzdaten: Die ZCL-Nutzdaten beinhalten Parameter eines ZCL-Kommandos.

Allgemeine ZCL-Kommandos

Zu den allgemeinen Kommandos zählen z. B. das Auslesen und Verändern von Attributen und die Konfiguration von automatischen Berichten (Reporting) über Attributwerte. Die allgemeinen Kommandos werden über eine 8-Bit KommandoID identifiziert (siehe Tab. 15.6).

Cluster-spezifische ZCL-Kommandos

Neben den allgemeinen Kommandos gibt es für jedes Cluster zusätzlich Cluster-spezifische Kommandos. Wir wollen hier exemplarisch das OnOff-Cluster (0x0006) betrachten. Der OnOff-Clusterserver besitzt das Attribut *OnOff* mit der ID 0x0000. Der Server reagiert auf drei Kommandos:

KommandoID	Beschreibung
0x00	Aus
0x01	An
0x02	Wechsel

Der Client kann jeweils ein entsprechendes Kommando an der Server schicken, um den Zustand des Attributs *OnOff* zu ändern und die entsprechende Reaktion auszuführen. Im ZCL-Kommandoframe muss das Feld *ZCL-Kommandotyp* auf $b_1 b_0 = 01$ gesetzt sein, um das Kommando als ein Cluster-spezifisches zu kennzeichnen. Ein ZCL-Kommandoframe zum Anschalten ohne die zusätzliche Benutzung eines Herstellercodes hat z. B. die Form:

---

[3] Bei unseren Beispielen gehen wir davon aus, dass kein Herstellercode benutzt wird und das entsprechende Bit in der Framekontrolle nicht gesetzt ist.

Tab. 15.6 Allgemeine ZCL-Kommandos

KommandoID	Kommandoname	Beschreibung
0x00	Read	Auslesen von Attributen.
0x01	Read Response	Antwort aus die Anfrage zum Auslesen von Attributen.
0x02	Write	Verändern von Attributen.
0x03	Write Undivided	Verändern von Attributen. Nicht unterstütze Attribute werden ignoriert.
0x04	Write Response	Antwort auf die Anfrage zum Verändern von Attributen.
0x05	Write No Response	Verändern von Attributen ohne Antwort.
0x06	Configure Reporting	Konfigurieren der Reportfunktion.
0x07	Configure Reporting Response	Antwort auf eine Konfigurationsanfrage der Reportfunktion.
0x08	Read Reporting Configuration	Auslesen der Reportkonfiguration.
0x09	Read Reporting Configuration Response	Antwort auf die Anfrage zum Auslesen der Reportkonfiguration.
0x0a	Report Attributes	Mitteilen von Attributwerten.
0x0b	Default Response	Standardantwort.
0x0c	Discover Attributes	Ermitteln von unterstützten Attributen.
0x0d	Discover Attributes Response	Mitteilen von unterstützten Attributen.
0x0e	Read Attributes Structured	Auslesen von Attributen mit komplexer Datenstruktur.
0x0f	Write Attributes Structured	Verändern von Attributen mit komplexer Datenstruktur.
0x10	Write Attributes Structured Response	Antwort auf die Anfrage zum Verändern von Attributen mit komplexer Datenstruktur

Ein ZCL-Kommandoframe zum Ausschalten hat entsprechend die Form:

Um welches Cluster es sich handelt, wird im APS-Header übergeben. Abbildung 15.4 zeigt das entsprechende Szenario zum Schalten einer Lampe.

Auslesen von Attributen und Reporting

Es gibt Anwendungsfälle, in denen es nicht gewünscht ist, jedes Mal explizit aktuelle Werte von Attributen anfragen zu müssen. Bei Messungen mittels Sensoren z. B., wollen wir im Allgemeinen, dass die ermittelten Sensorwerte periodisch übermittelt werden. Wie das funktioniert, wollen wir exemplarisch am Cluster zur Temperaturmessung ($0x0402$) betrachten. Der Server des Cluster verwaltet vier Attribute:

AttributID	Attributname	Beschreibung
0x0000	MeasuredValue	Letzter gemessener Temperaturwert.
0x0001	MinMeasuredValue	Der minimal messbare Temepraturwert des Sensors.
0x0002	MaxMeasuredValue	Der maximal messbare Temperaturwert des Sensors.
0x0003	Tolerance	Die Toleranz des Sensors. (optional)

Sowohl der Server als auch der Client unterstützen keine Cluster-spezifischen Kommandos. Die Werte der Attribute können explizit vom Client über das allgemeine *Read*-Kommando ausgelesen werden, d. h. der Client sendet ein *Read*-Kommandoframe mit den Attributen von denen er die aktuellen Werte erfahren möchte. Möchte der Client z. B. die Werte der Attribute *MinMeasuredValue* und *MaxMeasuredValue* erfahren, sendet er folgendes ZCL-Kommandoframe an den Server:

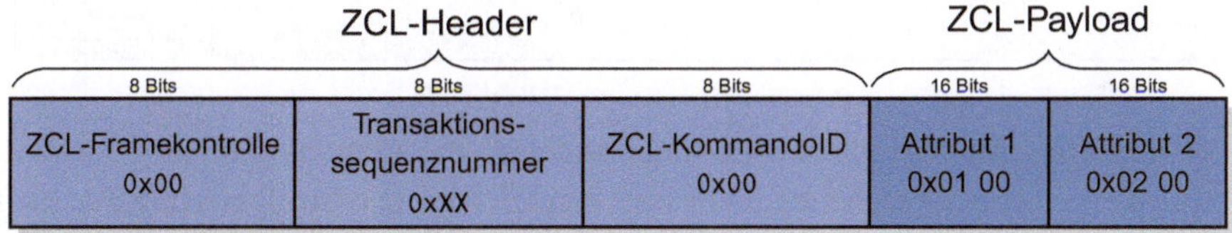

Bei diesem Frame haben wir keinen Herstellercode benutzt und die automatische Antwort in der Framekontrolle nicht deaktiviert. Der Server beantwortet dieses Frame mit einem Read-Response-Kommandoframe:

Neben der KommandoID enthält es zu jedem angefragten Attribut einen Datensatz. Ein Attributdatensatz besteht aus einem 16-Bit Feld für die *AttributID*, einem 8-Bit Feld als *Status*. Falls der *Status* gleich *SUCCESS* ist, folgt diesem Feld ein 8-Bit Feld für den

Datentyp des Attribut und ein Feld mit dem Wert des Attributs entsprechend seines Datentyps. Der Datentyp für die Attribute *MinMeasuredValue* und *MaxMeasuredValue* ist ein vorzeichenbehafteter 16-Bit Integer. Dieser Datentyp hat die ID `0x29`. Wenn wir von einer erfolgreichen Abfrage ausgehen, haben die Nutzdaten unserer Antwort folgende Struktur:

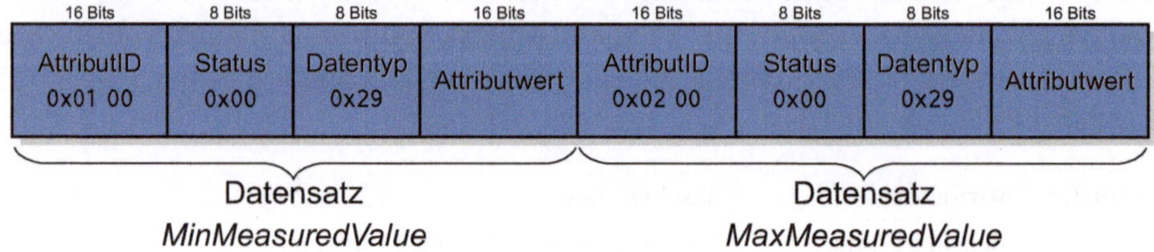

Der gemessenen Temperaturwert soll allerdings meist periodisch gesendet werden und nicht jedes Mal explizit erfragt werden müssen. Dazu wird vom Client ein Configure-Reporting-Kommando an den Server gesendet, durch welches das gewünschte Verhalten konfiguriert werden kann, d.h der Client sendet ein Configure-Reporting-Kommandoframe, in welchem als Nutzdaten für jedes gewünschte Attribut entsprechende Konfigurationsparameter enthalten sind:

In der Reporting-Konfiguration wird unter anderem das Intervall festgelegt, wann der Server die Werte des entsprechenden Attributs senden soll. Die Struktur einer Reporting-Konfiguration ist wie folgt:

Richtung: Ist der Wert dieses Feldes `0x00`, wird der Empfänger dieses ZCL-Frames aufgefordert periodisch das Attribut entsprechend den Angaben dieser Reporting-Konfiguration zu berichten. Ist der Wert `0x01`, informiert der Sender den Empfänger darüber, in welchem Intervall er das entsprechende Attribut sendet.

AttributID: Diese ID bestimmt je nach Cluster das Attribut.

Datentyp: Dieses Feld bestimmt den Datentyp des betreffenden Attributes. Die Liste der Datentypen mit ihren IDs ist in [Zig12a] Tab. 2.16 zu finden.

Minimales Intervall: Dieser Wert (in ms) gibt das minimale Intervall an, in dem das entsprechende Attribut gesendet wird.

Maximales Intervall: Dieser Wert (in ms) gibt das maximale Intervall an, in dem das entsprechende Attribut gesendet wird.

Minimale Änderung: Ist dieses Feld angegeben, wird der neue Wert des entsprechenden Attributes berichtet, sobald die Änderung zum vorherigen Wert größer ist als der Wert dieses Feldes.

Ablaufperiode: Zusätzlich zu den Angaben für das Intervall (*Minimales Intervall* und *Maximales Intervall*) kann durch dieses Feld explizit festgelegt werden, wann angenommen werden soll, dass ein Problem mit dem Reporting-Mechanismus für dieses Attributes besteht.

15.2.2 Profile

Die ZigBee Allianz hat für unterschiedliche Anwendungsbereiche verschiedene Standards (Anwendungsprofile) definiert. Die Anwendungsprofile listen jeweils Geräte auf, die in diesem Anwendungsbereich vorgesehen sind. Zu jedem Gerät wird festgelegt, welche Cluster dieses unterstützt. Ein Anwendungsprofil wird durch eine 16-Bit ID identifiziert. Profile mit den IDs von `0x0000` bis `0x7FFF` sind von der ZigBee Allianz spezifiziert. Hersteller können für ihre Anwendungszwecke ggf. eine eigene Profile-ID bei der ZigBee Allianz beantragen. Diese vergebenen IDs liegen im Bereich `0xBF00` bis `0xFFFF`. Tabelle 15.7 listet die aktuellen Anwendungsprofile mit ihren IDs auf. Neben den Geräten beschreibt ein Anwendungsprofil auch weitere Anforderungen für den Anwendungsbereich und bestimmt z. B. das eingesetzte Stackprofil, beschreibt spezielle Variablen und Konstanten, beschreibt welche allgemeinen Clusterkommandos zu implementieren sind und bestimmt welche Sicherheitsfunktionen zu benutzen sind.

Betrachten wir z. B. den Home Automation Standard. Dieser unterstützt die Stackprofile *ZigBee* und *ZigBee PRO*. In diesem sind ein- und ausschaltbare Lampen mit der Geräte-ID `0x0100` spezifiziert. Eine Lampe unterstützt als Server die Cluster *OnOff* (`0x0006`), *Scenes* (`0x0005`), *Groups* (`0x0004`) und kann Client-seitig optional das Cluster *Occupancy Sensing* (`0x0406`) unterstützen. Zum Schalten der Lampe wird ein Lichtschalter mit der Geräte-ID `0x0103` unterstützt. Dieser Schalter unterstützt als Client das Cluster *OnOff* (`0x0006`) und optional die Cluster *Scenes* (`0x0005`), *Groups* (`0x0004`) und *Identify* (`0x0003`). Abbildung 15.5 zeigt die zwei Geräte mit ihren unterstützen Clustern und den zugehörigen Attributen der Servercluster.

Tab. 15.7 ZigBee Anwendungsprofile

Profil-ID	Name	Dokument	Beschreibung
0x0104	Home Automation	[Zig10b]	Dieses Anwendungsprofil beschreibt zu steuernde Geräte in Wohnungen und Kleinhäusern, wie z. B. Lichtschalter, Türen, Klimageräte, Alarmsysteme.
0x0105	Building Automation	[Zig11a]	Dieser Standard beschreibt ähnliche Geräte wie das Anwendungsprofil Home Automation, ist allerdings mehr auf größer Gebäude im kommerziellen Bereich ausgerichtet.
0x0107	Telecom Applications	[Zig10d]	Dieser Standard beschreibt Anwendungsbereiche in der Telekommunikation und definiert z. B. Geräte mit einer SIM-Karte, Speichergeräte, Geräte zum Bezahlen, Headsets.
0x0108	Health Care™	[Zig10a]	Dieser Standard definiert Geräte für die Benutzung im medizinischem Bereich, z. B. Blutdruckmessgeräte, Thermometer, Insulinpumpen.
0x0109	Smart Energy	[Zig11b]	Dieses Anwendungsprofil ermöglicht die intelligente Nutzung von Energie und definiert z. B. Messgeräte, Steuerungsgeräte und Bezahlterminals.
0xc05e	Light Link	[Zig12b]	Dies ist ein Anwendungsprofil zum Steuern von Lampen und Lichtern und definiert z. B. farbige Lichter, dimmbare Lichter, Geräte zum Steuern der Farben und andere Steuergeräte.

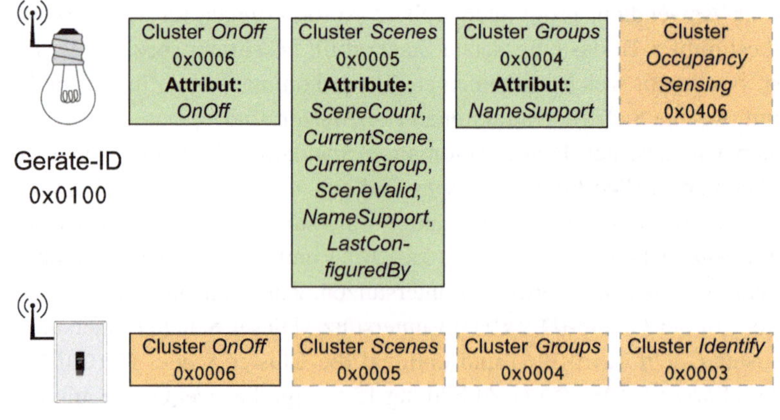

Abb. 15.5 Lampe und Lichtschalter im Anwendungsprofil *Home Automation* 0x0104. Servercluster sind grün und Clientcluster rot-orange dargestellt. Cluster mit gestrichelter Umrandung sind optional

15.3 ZigBee Device Objekt (ZDO)

Das *ZigBee Device Objekt* (ZDO) ist auf jedem Funkmodul implementiert. Es arbeitet wie ein eigenständiges Anwendungsobjekt. Ihm ist immer der Endpunkt 0 zugeordnet. Das ZDO ist eine Anwendung, welche die Primitiven der Netzwerkschicht und der APS-Schicht benutzt um die Funktionalität eines ZigBee-Koordinators, eines ZigBee-Routers oder ZigBee-Endgerätes zu implementieren. Zu den Aufgaben des ZDO gehören:

Netzwerkmanagement: Nach der Festlegung bestimmter Rahmenbedingungen wie z. B. der PAN-ID, der Rolle und der MAC-Adresse eines Funkmoduls im Netzwerk, hat das ZDO die Aufgabe das Netzwerk zu verwalten. Dazu gehört z. B. das Initialisieren der NWK- und der APS-Schicht, das Starten eines Netzwerkes und der Beitritt in ein Netzwerk.

Knotenmanagement: Koordinatoren und Router können über das Knotenmanagement des ZDOs Informationen über die Infrastruktur des Netzwerkes erhalten und diese aktiv beeinflussen. Beispielsweise kann von den Nachbarknoten die Verbindungsqualität angefragt werden, Funkmodule können angewiesen werden das Netzwerk zu verlassen und es können Informationen über die Routing- und Bindingtabellen anderer Funkmodule eingeholt werden. (Siehe Abschn. 15.3.3).

Ermittlung von Geräten und Diensten: Hierzu zählen z. B. die Ermittlung von Funkmodulen mit ihren Adressen und ihrer Dienste (Cluster). (Siehe Abschn. 15.3.4).

Bindingmanagement: Das ZDO übernimmt die Steuerung der Bindingprozesse. Dazu zählt z. B. das Koppeln von Funkmodulen durch gleichzeitiges Drücken von Tastern oder durch das Senden von Kommandos, das Erstellen und Löschen von Bindingeinträgen in der eigenen Bindingtabelle oder auf einem Funkmodul, welches als primärer Bindingcache ausgezeichnet ist und das Erstellen und Einspielen eines Backups des primären Bindingcaches (Backup-Bindingcache). (Siehe Abschn. 15.3.5).

Gruppenmanagement: Das ZDO verwaltet die Zuordnung von Gruppenadressen zu bestimmten Endpunkten, d. h. zu bestimmten Anwendungsobjekten.

Sicherheitsmanagement: Wenn Sicherheitsfunktionen aktiviert sind, gehört zum Sicherheitsmanagement des ZDOs z. B. der Austausch von Schlüsseln und die Steuerung über den abgesicherten Beitritt zum Netzwerk. Die Sicherheitsmechanismen von Zig-Bee werden in Kap. 16 beschrieben.

Der Austausch von Informationen zwischen den ZDOs von Funkmodulen z. B. für das Fernsteuern von Prozessen, für das Knoten- und Bindingmanagement und die Ermittlung von Geräten und Diensten, funktioniert über im ZDP[4] definierte Cluster nach dem Client/Server-Prinzip (siehe Abschn. 15.3.2).

Das ZDO übernimmt die Aufgaben der Steuerung und Verwaltung des ZigBee-Netzwerkes und trennt diesen Teil von den Anwendungsobjekten, so dass in den Anwendungsobjekten nur die Logik für deren Anwendungszweck zu implementieren ist. Werden

---

[4] ZigBee Device Profile

Informationen über das Netzwerk benötigt oder explizit Änderungen am Netzwerk erwünscht, kann ein Anwendungsobjekt direkt mit dem ZDO kommunizieren oder auf die Primitiven der APS-Schicht zugreifen. Die Funktionsweise eines ZigBee-Funkmoduls je nach vergebener Rolle verläuft in etwa wie folgt:

ZigBee-Koordinator: Das ZDO initialisiert die Netzwerk- und die APS-Schicht und startet danach das ZigBee-Netzwerk mit den vorgegebenen Parametern. Bietet das Funkmodul Server- oder Clientfunktionalitäten bestimmter Cluster an, werden diese von den entsprechenden Anwendungsobjekten mit ihren Endpunkten registriert. Benötigen Anwendungsobjekte Informationen über die Netzwerkstruktur oder die Dienste anderer Funkmodule, kommunizieren die Anwendungsobjekte mit dem ZDO, welches für die Beschaffungen dieser Informationen zuständig ist. Reiner Datenaustausch zwischen Anwendungsobjekten erfolgt direkt über die Primitiven der APS-Schicht. Das ZDO des Koordinators nimmt auch Anfragen zum Koppeln von Funkmodulen entgegen, welches z. B. durch gleichzeitiges Drücken von Buttons ausgelöst werden und leitet diese an den primären Bindingcache weiter. Ggf. übernimmt der ZigBee-Koordinator weitere Serveraufgaben, wie z. B. als primärer Bindingcache, Trustcenter oder primärer Discoverycache.

ZigBee-Router: Das ZDO initialisiert die Netzwerk- und die APS-Schicht, sucht nach einem vorhanden ZigBee-Netzwerk, welches den vorgegebenen Parametern entspricht und versucht diesem beizutreten. Nach dem Beitritt zu einem PAN registrieren die Anwendungsobjekte des Funkmoduls die unterstützen Server- oder Clientfunktionalitäten (Cluster). Benötigen die Anwendungsobjekte Informationen über die Netzwerkstruktur oder die Dienste anderer Funkmodule, kommunizieren die Anwendungsobjekt mit dem ZDO, welches für die Beschaffungen dieser Informationen zuständig ist. Reiner Datenaustausch zwischen Anwendungsobjekten erfolgt direkt über die Primitiven der APS-Schicht. Ggf. übernimmt ein ZigBee-Router bestimmte Serveraufgaben, wie z. B. als primärer Bindingcache, Trustcenter oder primärer Discoverycache.

ZigBee-Endgerät: Das ZDO initialisiert die Netzwerk- und die APS-Schicht, sucht nach einem vorhanden ZigBee-Netzwerk, welches den vorgegebenen Parametern entspricht und versucht diesem beizutreten. Nach dem Beitritt zu einem PAN registrieren die Anwendungsobjekte des Funkmoduls die unterstützen Server- oder Clientfunktionalitäten (Cluster). Unterstützt das Endgerät den Schlafmodus, registriert es seine Dienste über das ZDO bei einem primären Discoverycache, damit dieser stellvertretend auf Anfragen nach vorhanden Diensten reagieren kann.

15.3.1 Deskriptoren

Für die Festlegung der Fähigkeiten und Eigenschaft von Funkmodulen und dessen Endpunkten verwaltet jedes Funkmodul sogenannte Deskriptoren. Die Ermittlung von Diensten und Eigenschaften von Funkmodulen erfolgt dann über den Austausch der entsprechenden Deskriptoren. Es gibt fünf verschiedene Deskriptortypen, den Node-, den Node-Power-, den Simple-, den Complex- und den User-Deskriptor. Die ersten drei unterstützt jedes Funkmodul, der Complex- und der User-Deskriptor sind optional und enthalten speziellere Erweiterungen.

Node-Deskriptor

Für jedes Funkmodul gibt es genau einen Node-Deskriptor. Dieser beschreibt die Grundeigenschaften eines Funkmoduls wie z. B. welche Rolle dieses Funkmodul im ZigBee-Netzwerk einnehmen kann oder welche Frequenzbänder es unterstützt. Der Node-Deskriptor besteht aus 13 Bytes. Der Aufbau ist in Tab. 15.8 dargestellt.

Node-Power-Deskriptor

Der Node-Power-Deskriptor beschreibt den Zustand der Stromversorgung. Dazu zählen z. B. die unterstützen Arten der Stromversorgung und der Ladezustand bei Batterieversorgung. Der Node-Power-Deskriptor besteht aus lediglich 2 Bytes (Tab. 15.9).

Simple-Deskriptor

Ein Simple-Deskriptor beschreibt einen Endpunkt, d. h. für jeden Endpunkt verwaltet das Funkmodul einen Simple-Deskriptor, welcher zu einem Endpunkt das benutzte Anwendungsprofil und die unterstützen Cluster beschreibt (Tab. 15.10).

Complex-Deskriptor

Der Complex-Deskriptor ermöglicht eine detaillierter Beschreibung eines Funkmoduls. Es lassen sich z. B. Verweise auf Webseiten, Icons und Seriennummern festlegen. Die Darstellung der Daten erfolgt durch komprimierte XML-Tags. Der Deskriptor ist optional und dementsprechend muss bei vorhandenem Complex-Deskriptor dies im Node-Deskriptor vermerkt werden. Für die genaue Struktur des Deskriptors möchten wir hier auf die ZigBee-Spezifikation [Zig08b] verweisen.

User-Deskriptor

Der User-Deskriptor ist ebenfalls optional. Durch diesem lässt sich einem Funkmodul eine 16 Byte lange Textbeschreibung zu zuweisen, z. B. Treppenlicht, Haustürklingel, Sensor XYZ, ...

15.3.2 ZigBee Device Profil (ZDP)

Das *ZigBee Device Profile* (ZDP) definiert äquivalent zu einem Anwendungsprofil eine Menge von Clustern, welche die Steuerung des ZDOs über wohldefinierte Nachrichten ermöglichen. Die Profil-ID des ZDPs ist 0x0000. Das ZDP definiert keine Attribute, sondern nur das Format des Nachrichtenaustauschs. Auch das ZDP funktioniert nach dem Client/Server-Prinzip. Im Allgemeinen sendet der Client Anfragen (Requests), die

Tab. 15.8 Aufbau eines Node-Deskriptor

Feldname	Bits	Beschreibung
Rolle	3	$b_2 b_1 b_0 = 000$: Das Funkmodul ist ein ZigBee-Koordinator. $b_2 b_1 b_0 = 001$: Das Funkmodul ist ein ZigBee-Router. $b_2 b_1 b_0 = 010$: Das Funkmodul ist ein ZigBee-Endgerät.
Complex-Deskriptor	1	Ist das Flag gesetzt, hat das Funkmodul einen Complex-Deskriptor.
User-Deskriptor	1	Ist das Flag gesetzt, hat das Funkmodul einen User-Deskriptor.
Reserviert	3	–
APS-Flags	3	Das Feld ist momentan immer 000.
Frequenzband	5	Dieses Feld bestimmt die unterstützten Frequenzbänder des Funkmoduls. Bei gesetztem b_0 unterstützt das Funkmodul das Frequenzband 868 MHz, bei gesetztem b_2 915 MHz und bei gesetztem b_3 2450 MHz. Die Bits b_1 und b_4 sind reserviert.
MAC-Modulinformationen	8	Dieses Bitfeld beinhaltet allgemeine Informationen über ein Funkmodul, wie z. B. die Stromquelle und den Receiverzustand. Es entspricht dem Feld *Modulinformationen* einer Assoziationsanfrage der MAC-Schicht (siehe Abschn. 10.6.3 – Assoziationsanfrage).
Herstellercode	16	Das Feld enthält den 16-Bit Herstellercode.
Maximale Buffergröße	8	Dieses Feld beschreibt die maximalen Größe eines NWK-Frames. Längere Frames benötigen eine Fragmentierung.
Maximale Größe eingehender APS-Frames	16	Das Feld beschreibt die maximale Größe für eingehende APS-Nutzdaten. Durch Fragmentierung kann sich diese Größe von der maximalen Buffergröße erheblich unterscheiden.
Servermaske	16	Die Servermaske beschreibt welche Serverfunktionen das Funkmodul im ZigBee-Netzwerk ausübt. Bei gesetztem Bit b_0 erfüllt das Funkmodul die Aufgaben des primäre Trustcenters, bei gesetztem b_1 des Backup-Trustcenters, bei gesetztem b_2 des primäre Bindingtabelle-Caches, bei gesetztem b_3 des Backup-Bindingtabelle-Caches, bei gesetztem b_4 des primäre Discovery-Caches, bei gesetztem b_5 des Backup-Discovery-Caches und bei gesetztem b_6 des Netzwerkwerkmanagers.
Maximale Größe ausgehender APS-Frames	16	Das Feld beschreibt die maximale Größe für ausgehende APS-Nutzdaten. Durch Fragmentierung kann sich diese Größe von der maximalen Buffergröße erheblich unterscheiden.
Deskriptorfähigkeiten	8	Ist das Bit b_0 gesetzt ist eine erweiterte Liste aktiviert Endpunkte verfügbar. Ist das Bit b_1 gesetzt ist eine erweiterte Liste von Simple-Deskriptoren verfügbar. Die restlichen Bits sind reserviert.

der Server entsprechend beantwortet (Respond). Zum Teil lösen Anfragen beim Server Veränderungen von Attributen aus. Die Attribute gehören allerdings nicht wie bei Anwendungsprofilen üblich zum ZDP sondern zum ZDO. Die Cluster zum Ermitteln von Geräten und Diensten sind in Tab. 15.12, die Cluster für das Bindingmanagement in Tab. 15.13

Tab. 15.9 Aufbau eines Power-Node-Deskriptor

Feldname	Bits	Beschreibung
Aktueller Energiemodus	4	$b_3b_2b_1b_0$ = 0000: Der Receiver synchronisiert sich entsprechend dem Bit b_3 *Receiver immer an* im Feld *MAC-Modulinformationen* des Node-Deskriptorfelds. $b_3b_2b_1b_0$ = 0001: Der Receiver aktiviert sich periodisch. $b_3b_2b_1b_0$ = 0010: Der Receiver aktiviert sich durch eine Stimulation, z. B. durch Drücken eines Tasters.
Verfügbare Stromquellen	4	Jedes Bit dieses Feldes bestimmt eine mögliche verfügbare Stromquelle. b_0: Permanente Stromquelle. b_1: Aufladbare Akkus. b_2: Batterien.
Aktuelle Stromquelle	4	Je nach gesetztem Bit, wird vom Funkmodul die entsprechende Stromquelle benutzt. b_0: Permanente Stromquelle. b_1: Aufladbare Akkus. b_2: Batterien.
Ladezustand	4	$b_3b_2b_1b_0$ = 0000: Kritischer Ladezustand. $b_3b_2b_1b_0$ = 0100: 33%. $b_3b_2b_1b_0$ = 1000: 66%. $b_3b_2b_1b_0$ = 1100: 100%.

Tab. 15.10 Aufbau eines Simple-Deskriptor

Feldname	Bits	Beschreibung
Endpunkt	8	Die Nummer des Endpunkts auf den sich der Deskriptor bezieht.
Anwendungsprofil	16	Der 16-Bit Identifizierer des Anwendungsprofils.
Gerätetyp	16	Bestimmt, welche Rolle (Gerät) der Endpunkt einnimmt (z. B. Lichtschalte, Fernseher, Sensor, …).
Geräteversion	4	Mit diesem Feld können verschieden Versionen des Gerätetyps unterschieden werden.
Reserviert	4	—
Anzahl der Servercluster	8	Bestimmt die Anzahl i der Servercluster in der Serverclusterliste.
Serverclusterliste	$16 \cdot i$	Eine Liste der Servercluster, die dieser Endpunkt unterstützt.
Anzahl der Clientcluster	8	Bestimmt die Anzahl o der Clientcluster in der Clientclusterliste.
Clientclusterliste	$16 \cdot o$	Eine Liste der Clientcluster, die dieser Endpunkt unterstützt.

und die Cluster für das Knotenmanagement in Tab. 15.11 aufgelistet. Die Struktur eines ZDP-Frame für den Nachrichtentausch ist deutlich einfacher aufgebaut als die Struktur eines ZCL-Frames, da es keine Attribute anspricht und die Unterteilung der einzelnen Kommandos durch die Cluster-ID bestimmt wird und nicht wie bei der ZCL jedes Cluster spezielle Kommandos besitzt. Ein ZDP-Frame wird über den APS-Datenservice als Nutzdaten eines APS-Frames versendet:

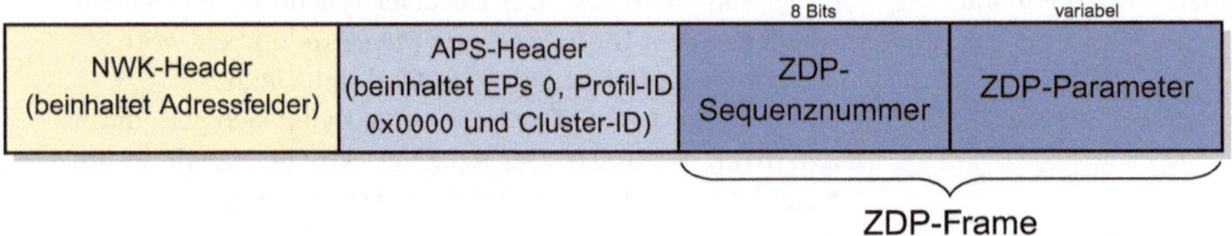

Der NWK-Header beinhaltet die Zieladresse, welche für ein ZDP-Frame meist die 16-Bit Kurzadresse eines spezifischen Funkmoduls oder eine 16-Bit Broadcastadresse ist. Die Kommunikation für den Austausch von Anfragen muss nicht zwangsläufig an ein anderes Funkmodul stattfinden, sondern ein ZDP-Frame kann vom ZDO zur Steuerung von Netzwerkaufgaben durchaus an sich selbst adressiert werden. Der APS-Header weist durch die Auswahl des Sender- und Zielendpunkts 0 und der Profil-ID 0x0000 daraufhin, dass es sich hierbei um eine Nachricht in Form eines ZDP-Frames an das ZDO handelt. Die Struktur des ZDP-Frames besteht aus lediglich zwei Teilen. Die ersten 8-Bits bilden eine Sequenznummer zur Identifizierung einer Nachricht und für die Zuordnung einer Antwortnachricht. Der zweite Teil hängt von der Art der Anfrage oder Antwort (Cluster-ID) ab und beinhaltet entsprechende Parameter. Im folgenden werden wir die verschiedenen Anfrage- und Antwortnachrichten (Cluster) des ZDPs erklären, allerdings werden wir nur die Struktur ausgewählter Cluster detailliert betrachten und verweisen für das entsprechende Format der übrigen ZDP-Frames auf die ZigBee-Spezifikation [Zig08b, Seite 98–212].

15.3.3 Knotenmanagement

Das Knotenmanagement des ZDOs ist dafür verantwortlich Informationen wie z. B. Verbindungsqualität, Routing- und Bindingtabellen von entfernten Funkmodulen einzusammeln. Dazu sendet es entsprechende Clusternachrichten als Client an das entfernte Funkmodul. Dieses sendet eine passende Clusternachricht zu dieser Anfrage als Antwort. Über das Knotenmanagement kann ebenfalls der Zugang zum PAN kontrolliert werden. Durch Clusternachrichten kann der Beitritt zu einem PAN über einen entfernte ZigBee-Router/Koordinator erlaubt oder verboten werden. Zudem können entfernte Funkmodule dazu aufgefordert werden, das PAN zu verlassen. Alle Funktionalitäten des Knotenmanagements sind optional, d. h. die entsprechenden Cluster können, müssen aber nicht implementiert sein. Tabelle 15.11 zeigt die zum Knotenmanagement zugehörigen ZDP-Cluster.

Scannen nach in Reichweite befindlichen ZigBee-Netzwerken
Durch Senden einer Mgmt_NWK_Disc_req-Nachricht (0x0030) kann ein entferntes Funkmodul aufgefordert werden, einen Scan nach in Reichweite befindlichen ZigBee-

Tab. 15.11 ZDP-Cluster für das Knotenmanagement

Cluster-ID	Clientcluster	Cluster-ID	Servercluster
0x0030	Mgmt_NWK_Disc_req	0x8030	Mgmt_NWK_Disc_rsp
0x0031	Mgmt_Lqi_req	0x8031	Mgmt_Lqi_rsp
0x0032	Mgmt_Rtg_req	0x8032	Mgmt_Rtg_rsp
0x0033	Mgmt_Bind_req	0x8033	Mgmt_Bind_rsp
0x0034	Mgmt_Leave_req	0x8034	Mgmt_Leave_rsp
0x0035	Mgmt_Direct_Join_req	0x8035	Mgmt_Direct_Join_rsp
0x0036	Mgmt_Permit_Joining_req	0x8036	Mgmt_Permit_Joining_rsp
0x0037	Mgmt_Cache_req	0x8037	Mgmt_Cache_rsp
0x0038	Mgmt_NWK_Update_req	0x8038	Mgmt_NWK_Update_notify

Netzwerken durchzuführen und das Ergebnis zurückzusenden. Als Parameter werden die zu untersuchenden Funkkanäle und die Scandauer übermittelt:

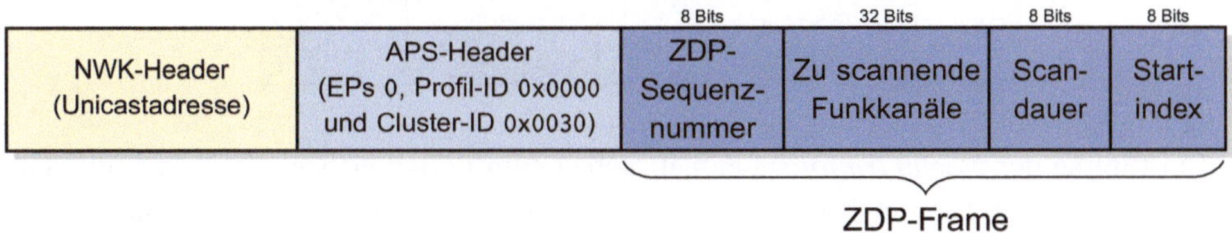

Falls alle vom entfernten Funkmodul gefundenen Netzwerke nicht in eine Antwortnachricht passen, besteht durch den Parameter *Startindex* die Möglichkeit eine erneute Anfrage zu stellen und sich die Netzwerke ab dem entsprechenden Index auflisten zu lassen. Ein Funkmodul, welches eine Mgmt_NWK_Disc_req-Nachricht erhält und die serverseitige Funktionalität unterstützt, ruft eine NLME-NETWORK-DISCOVERY.request-Primitive auf, um einen Scan der gewünschten Funkkanäle einzuleiten. Das Ergebnis sendet dieser durch eine Mgmt_NWK_Disc_rsp-Nachricht (0x8030) an das Clientfunkmodul:

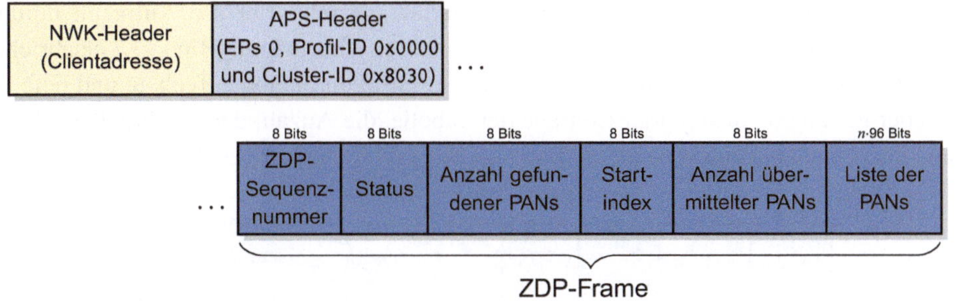

Die Informationen eines ermittelten PANs sind 96 Bits lang und besteht unter anderem aus der 64-Bit EPID, der Beaconorder und der Superframeorder.

Ermitteln der Verbindungsqualität (*LQI*) eines Funkmoduls zu seinen Nachbarn

Jedes Funkmodul speichert in der Variablen *nwkNeighborTable* der Netzwerkschicht eine Tabelle mit den in Reichweite befindlichen Nachbarknoten (siehe Tab. 14.12). In dieser Tabelle befindet sich auch die ermittelte Verbindungsqualität (*LQI*) zu den Funkmodulen. Sofern das Servercluster Mgmt_Lqi_rsp (`0x8031`) auf diesem Funkmodul implementiert ist, kann ein entferntes Funkmodul diese Werte durch das Senden einer Mgmt_Lqi_req-Nachricht anfordern. Die Nachricht enthält als ZDP-Parameter lediglich einen 8-Bit Startindex, welcher nur notwendig ist, falls der Server mehr Werte gespeichert hat, als in eine Antwortnachricht hineinpassen. Der Server beantwortet eine entsprechende Anfrage mit einer wie folgt strukturierten Mgmt_Lqi_rsp-Nachricht:

8 Bits	8 Bits	8 Bits	8 Bits	n·176 Bits
Status	Anzahl der Nachbartabelleneinträge	Startindex	Anzahl der übertragenen Einträge	Nachbarninfoliste

Ein Eintrag der *Nachbarinfoliste* enthält neben dem LQI-Wert weitere Informationen des Nachbarknoten aus der Nachbartabelle wie z. B. die 16-Bit Kurzadresse, die MAC-Adresse, die EPID, den Gerätetyp, usw..

Abfragen der Routing- und der Bindingtabelle eines Funkmoduls

Das Knotenmanagement erlaubt den Austausch ganzer Routing- und Bindingtabellen sofern die Cluster Mgmt_Rtg bzw. Mgmt_Bind des ZDP auf den Funkmodulen implementiert sind. Durch das Senden einer Mgmt_Rtg_req-Nachricht (`0x0032`) wird die Routingtabelle eines entfernten Funkmoduls angefordert und durch das Senden einer Mgmt_Bind_req-Nachricht (`0x0033`) die Bindingtabelle. Als ZDP-Parameter wird nur ein *Startindex* übermittelt, der es ermöglicht weitere Antwortteile zu erhalten, falls die Antwort nicht in einem einzigen Frame geliefert werden kann. Ein Empfänger, welcher das entsprechende Servercluster unterstützt, beantwortet die Anfragen durch eine Mgmt_Rtg_rsp-Nachricht (`0x8032`) bzw. durch eine Mgmt_Bind_rsp-Nachricht (`0x8033`). Beide Antwortnachrichten sind von der Struktur analog aufgebaut und liefern neben der gesamten Anzahl aller Einträge der Tabelle, die Anzahl der im aktuellen ZDP-Frame übermittelten Einträge und die Einträge der Tabelle bzw. einen Teil davon:

8 Bits	8 Bits	8 Bits	8 Bits	variable
Status	Anzahl aller Tabelleneinträge	Startindex	Anzahl der übertragenen Einträge	Liste mit Tabelleneinträgen

Fernsteuerung der Zugehörigkeit oder der Möglichkeit des Beitritts zu einem PAN

Sind die Cluster Mgmt_Leave, Mgmt_Direct_Join und/oder Mgmt_Permit_Joing des ZDP auf Funkmodulen implementiert, lässt sich der Zugriff auf ein ZigBee-Netzwerk fernsteuern.

Durch das Senden einer Mgmt_Leave_req-Nachricht (0x0034) kann das die Nachricht empfangene Funkmodul aufgefordert werden das PAN zu verlassen oder an ein weiteres Funkmodul ein NWK-Kommandoframe zu senden, um dieses wiederum aufzufordern das PAN zu verlassen:

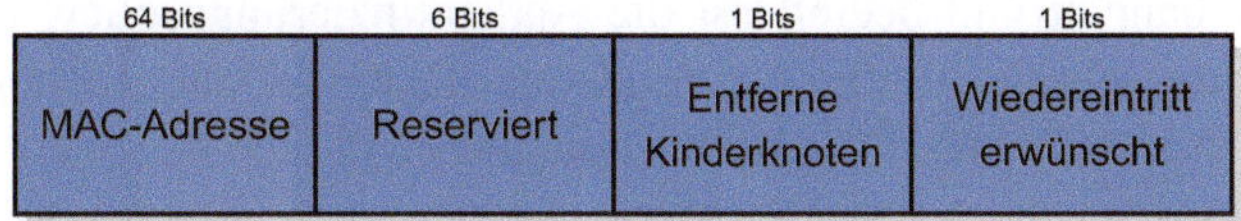

Neben der MAC-Adresse des Funkmoduls, welches das PAN verlassen soll, werden der Nachricht zwei Flags als ZDP-Parameter mitgesendet, ob ebenfalls dessen Kinder das PAN verlassen sollen und ob ein Wiedereintritt in das Netzwerk erwünscht ist. Beim Empfang einer Mgmt_Leave_req-Nachricht sendet das ZDO die Primitive NLME-LEAVE.request an die Netzwerkschicht mit den in der Nachricht enthaltenen Parametern. Sobald das ZDO von der Netzwerkschicht eine NLME-LEAVE.confirm-Primitive als Antwort erhält, sendet es ein Mgmt_Leave_rsp-Nachricht (0x8034) mit dem Status der NLME-LEAVE.confirm-Primitive als ZDP-Parameter an das Funkmodul, welches die Mgmt_Leave_req-Nachricht gesendet hat.

Ein Funkmodul kann über das Senden einer Mgmt_Direct_Join_req-Nachricht (0x0035) aufgefordert werden ein anderes Funkmodul, als dessen Kind zu betrachten, so als wäre es über dieses Funkmodul dem Netzwerk beigetreten. Als ZDP-Parameter werden die MAC-Adresse des Funkmoduls und eine 8-Bit Maske mit dessen Fähigkeiten (siehe Tab. 14.17) übertragen:

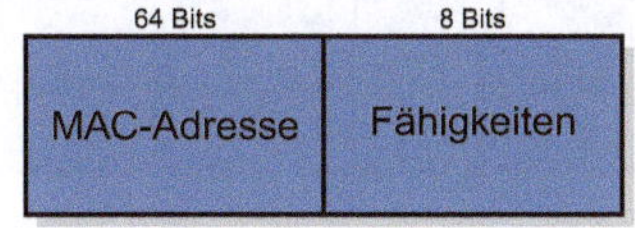

Nach Erhalt einer Mgmt_Direct_Join_req-Nachricht sendet das ZDO des die Nachricht empfangenden Funkmoduls eine NLME-DIRECT-JOIN.request-Primitive an dessen Netzwerkschicht, um das in der Nachricht angegebene Funkmodul entsprechend als dessen Kind in die Datenbank der Netzwerkschicht (NIB) einzutragen. Sobald vom ZDO die Primitive NLME-DIRECT-JOIN.confirm empfangene wird, sendet es eine Mgmt_Direct_Join_rsp-Nachricht (0x8035) mit dem Status der Primitive NLME-DIRECT-JOIN.confirm als ZDP-Parameter.

Ob ein Funkmodul anderen Funkmodulen ermöglichen soll, über dieses dem PAN beizutreten, kann ebenfalls ferngesteuert werden. Dazu wird eine Mgmt_Permit_Joining_req-

Nachricht an das entsprechende Funkmodul gesendet. Die Nachricht enthält als ZDP-Parameter, wie lange der Beitritt über das Funkmodul gestattet sein soll:

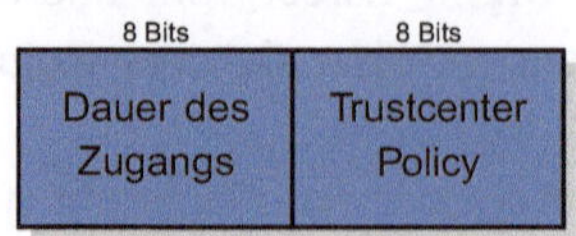

Ein Wert von 0x00 gestattet keinen Beitritt und ein Wert von 0xFF gestattet den Beitritt permanent. Der zweite Parameter betrifft ein Funkmodul nur sofern es sich um einen Trustcenter handelt und beeinflusst die Authentifizierungspolicy. Nach Empfang der Nachricht Mgmt_Permit_Joining_req sendet das ZDO des entsprechenden Funkmoduls die Primitive NLME-PERMIT-JOINING.request an dessen Netzwerkschicht um die erhaltenen Parameter an die Netzwerkschicht weiterzuleiten und das Beitrittsverhalten anzupassen. War die auslösende Mgmt_Permit_Joining_req-Nachricht eine Unicastanfrage sendet das ZDO nach Erhalt der Primitive NLME-PERMIT-JOINING.conf eine Mgmt_Permit_Joining_rsp-Nachricht (0x8036) mit dem Ergebnis (*Status*) der Primitive als ZDP-Parameter an das Funkmodul, welches die Anfrage (Mgmt_Permit_Joining_req) gesendet hat. Handelte es sich um eine Broadcastanfrage wird keine Antwort gesendet.

Ermitteln der bei einem primären Discoverycache registrierten Funkmodule

Um eine Liste von Funkmodule zu erhalten, die bei einem primären Discoverycache registriert sind, kann eine Mgmt_Cache_req-Nachricht (0x0037) an einen primären Discoverycache gesendet werden. Als ZDP-Parameter wird der Nachricht lediglich ein *Startindex* mitgesendet, der es ermöglicht, weitere Antwortteile zu erhalten, falls die Antwort nicht in einem einzigen Frame geliefert werden kann. Ein primärer Discoverycache, der die Anfrage unterstützt, sendet als Antwort eine Mgmt_Cache_rsp-Nachricht (0x8037) mit einer Liste von Funkmodulen, die bei diesem registriert sind:

Qualität der Funkkanäle und aktualisieren von Funkkanalparametern

Soll der Datenverkehr möglichst zuverlässig funktionieren, ist es wichtig, dass wenig Störungen auf einem Funkkanal stattfinden. So kann es sinnvoll sein, bei Störungen den Funkkanal zu wechseln, sofern mehrere Funkkanäle zur Verfügung stehen. Die ZDOs haben die Möglichkeit über das Senden von Mgmt_NWK_Update_req- (0x0038) und Mgmt_NWK_Update_notify-Nachrichten (0x8038) sich über den Zustand von Funkkanälen auszutauschen und Funkkanäle anzupassen.

Eine Mgmt_NWK_Update_req-Nachricht hat folgende ZDP-Parameter:

32 Bits	8 Bits	0|8 Bits	0|8 Bits	0|8 Bits
Funkkanalmaske	Scandauer	Scananzahl	*nwkUpdateId*	*nwkManagerAddr*

Ist das Feld *Scandauer* gleich `0xFE` wird dem Empfänger der Nachricht ein neuer aktiver Funkkanal im Feld *Funkkanalmaske* mitgeteilt. Ist das Feld *Scandauer* gleich `0xFF` wird der Empfänger aufgefordert den Wert Funkkanalmaske in der AIB-Variablen *apsChannelMask* und den Wert des Feldes *nwkManagerAddr* in der analogen NIB-Variablen zu speichern. Für Werte von `0x00` bis `0x05` im Feld *Scandauer* soll der Empfänger einen Scan der übergebenen Funkkanäle ausführen. D. h. das ZDO sendet die Primitive NLME-ED-SCAN.request an die Netzwerkschicht mit den in der Nachricht gelieferten Parametern. Das Ergebnis des Scans wird dem Sender der Mgmt_NWK_Update_req-Nachricht durch das Senden einer Mgmt_NWK_Update_notify-Nachricht mitgeteilt:

8 Bits	32 Bits	16 Bits	16 Bits	8 Bits	$n \cdot 8$ Bits
Status	Gescannte Funkkanäle	Anzahl der Übertragungen	Anzahl der Übertragungsfehler	Anzahl der Energiewerte	Liste mit Energiewerten

15.3.4 Ermittlung von Geräten und Diensten (Discovery)

In einem ZigBee-Netzwerk können sich Funkmodule mit den unterschiedlichsten Funktionalitäten befinden. Eine Aufgabe des ZDOs ist es Eigenschaften von Funkmodulen und ihren angebotenen Dienste zu bestimmen. Dazu werden verschiedene Nachrichten (Cluster) verschickt, um entsprechende Informationen zu erhalten. Die Nachrichten sind durch das ZDP wohldefiniert. Da insbesondere Endgeräte unter Umständen nicht permanent erreichbar sind, gibt es die Möglichkeit Funkmodule als *primärer Discoverycache* auszuzeichnen. Auf diesen kann ein Funkmodul mittels Deskriptoren Informationen wie z. B. dessen unterstützte Dienste (Cluster) hinterlegen. Der primäre Discoverycache beantwortet alle Anfrage, die ein Funkmodul betreffen, für das Informationen hinterlegt sind. Somit können auch jeder Zeit Informationen von schlafenden Funkmodulen ermittelt werden. Ob ein Funkmodul die Rolle eines primärer Discoverycache übernimmt, wird im Node-Deskriptor des Funkmoduls festgehalten. Tabelle 15.12 listet alle im ZDP definierten Cluster zur Ermittlung von Geräten und Diensten auf.

Die mit $*$ markierten Cluster-Anfragen kann jedes Funkmodul verarbeiten und sendet die entsprechenden ebenfalls mit $*$ markierte Antworten. Diese Cluster dienen für den Abruf wichtiger Informationen, die für den Betrieb des PANs benötigt werden. Alle anderen Cluster sind optional und sind von einem Funkmodul implementiert, wenn es die entsprechende Funktionalität benötigt, z. B. wenn es die Rolle eines primären Discoverycaches einnimmt.

Tab. 15.12 ZDP-Cluster zur Ermittlung von Geräten und Diensten

Cluster-ID	Clientcluster	Cluster-ID	Servercluster
0x0000	NWK_addr_req*	0x8000	NWK_addr_rsp*
0x0001	IEEE_addr_req*	0x8001	IEEE_addr_rsp*
0x0002	Node_Desc_req*	0x8002	Node_Desc_rsp*
0x0003	Power_Desc_req*	0x8003	Power_Desc_rsp*
0x0004	Simple_Desc_req*	0x8004	Simple_Desc_rsp*
0x0005	Active_EP_req*	0x8005	Active_EP_rsp*
0x0006	Match_Desc_req*	0x8006	Match_Desc_rsp*
0x0010	Complex_Desc_req	0x8010	Complex_Desc_rsp
0x0011	User_Desc_req	0x8011	User_Desc_rsp
0x0012	Discovery_Cache_req	0x8012	Discovery_Cache_rsp
0x0013	Device_ance*		
0x0014	User_Desc_set	0x8014	User_Desc_conf
0x0015	System_Server_Discovery_req	0x8015	System_Server_Discovery_rsp
0x0016	Discovery_store_req	0x8016	Discovery_store_rsp
0x0017	Node_Desc_store_req	0x8017	Node_Desc_store_rsp
0x0018	Power_Desc_store_req	0x8018	Power_Desc_store_rsp
0x0019	Active_EP_store_req	0x8019	Active_EP_store_rsp
0x001A	Simple_Desc_store_req	0x801A	Simple_Desc_store_rsp
0x001B	Remove_node_cache_req	0x801B	Remove_node_cache_rsp
0x001C	Find_node_cache_req	0x801C	Find_node_cache_rsp
0x001D	Extended_Simple_Desc_req	0x801D	Extended_Simple_Desc_rsp
0x001E	Extended_Active_EP_req	0x801E	Extended_Active_EP_rsp

Ermitteln von Servern

Server können im Netzwerk über das Senden einer System_Server_Discovery_req-Nachricht (0x0015) ermittelt werden. Die Nachricht wird als Broadcast an alle Funkmodule mit aktiviertem Receiver gesendet und enthält als ZDP-Parameter eine 16-Bit Maske, welche die zu findenden Server beschreibt (Bit 0: Primärer Trustcenter, Bit 1: Backup Trustcenter, Bit 2: Primärer Bindingtabellencache, Bit 3: Backup Bindingtabellencache, Bit 4: Primärer Discoverycache, Bit 5: Backup Discoverycache und Bit 6: Netzwerkfunkanalmanager):

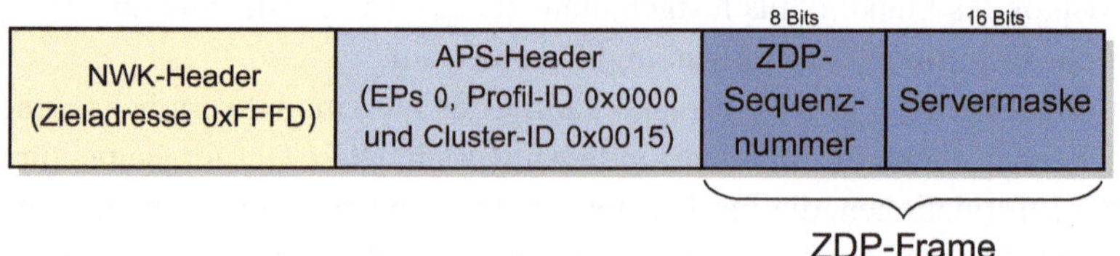

Erhält ein Funkmodul eine System_Server_Discovery_req-Nachricht, überprüft es seinen Node-Deskriptor, ob es angefragte Serverfunktionalitäten erfüllt. Ist dies der Fall, beantwortet es die Anfrage mit einer System_Server_Discovery_rsp-Nachricht (0x8015), die als ZDP-Parameter den Status SUCCESS und dessen Servermaske enthält:

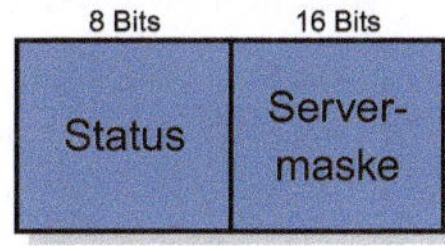

Ermitteln eines primärer Discoverycache

Mittels einer System_Server_Discovery_req-Nachricht und entsprechender Servermaske kann ebenfalls nach einem primärer Discoverycache gesucht werden. Eine weitere Möglichkeit besteht darin eine Discovery_Cache_req-Nachricht (0x0012) an alle Funkmodule mit aktiviertem Receiver zu senden. Ausgezeichnete primäre Discoverycaches beantworten diese Anfrage durch eine Discovery_Cache_rsp-Nachricht (0x8012) mit dem Status *SUCCESS*.

Anfrage zum Speichern von Informationen bei einem primärer Discoverycache

Bevor ein Funkmodul Daten bei einem gefunden primäre Discoverycaches speichern kann, muss es anfragen, ob es Daten bei diesem speichern darf. Dazu sendet es eine Discovery_store_req-Nachricht (0x0016), durch welche unter anderem der benötigte Speicherplatz ermittelt werden kann:

16 Bits	64 Bits	8 Bits	8 Bits	8 Bits	8 Bits	$n\cdot 8$ Bits
Kurz-adresse	MAC-Adresse	Größe des Node-Deskriptors	Größe des Node-Power-Deskriptors	Anzahl der aktiven EPs	Anzahl der Simple-Deskriptoren	Byteliste der Simple-Deskriptoren

Der Empfänger der Nachricht überprüft, ob er ein ausgezeichneter primärer Discoverycache ist und ob genügend Ressourcen zum Speichern der Daten vorhanden sind. Steht ausreichend Speicherplatz zur Verfügung, sendet das die Discovery_store_req-Nachricht empfangende Modul eine Discovery_store_rsp-Nachricht (0x8016) mit dem Status *SUCCESS*. Erhält der Sender der Discovery_store_req-Nachricht eine andere Antwort als *SUCCESS* muss dieser sich auf die Suche nach einem alternativen primären Discoverycache machen.

Speichern von Informationen bei einem primärer Discoverycache

Nachdem ein primärer Discoverycache, der genügend Speicherplatz für die Informationen eines Funkmoduls besitzt, ermittelt wurde, kann das Funkmodul die Daten bei diesem durch die entsprechende Anfrage hinterlegen:

Anfrage	Cluster-ID	Beschreibung
User_Desc_set	0x0014	Speichert den Text für den User-Deskriptor.
Node_Desc_store_req	0x0017	Speichert den Node-Deskriptor.
Power_Desc_store_req	0x0018	Speichert den Power-Node-Deskriptor
Active_EP_store_req	0x0019	Speichert alle aktiven Endpunkte.
Simple_Desc_store_req	0x001A	Speichert eine Liste von Simple-Deskriptoren und beschreibt so die unterstützten Anwendungsprofile und Cluster.

Als ZDP-Parameter werden neben der 16-Bit Kurzadresse und der 64-Bit MAC-Adresse die entsprechend zu speichernden Informationen übertragen. Der primärer Discoverycache beantwortet jede Speicheranfrage mit einer entsprechenden Antwortnachricht:

Antwort	Cluster-ID
User_Desc_conf	0x8014
Node_Desc_store_rsp	0x8017
Power_Desc_store_rsp	0x8018
Active_EP_store_rsp	0x8019
Simple_Desc_store_rsp	0x801A

Löschen von Daten beim primärer Discoverycache

Der primären Discoverycache kann über eine Remove_node_cache_req-Nachricht (0x001B) dazu aufgefordert werden, gespeicherte Informationen über ein Funkmodul zu löschen. Dazu übermittelt das Funkmodul als ZDP-Parameter seine 16-Bit Kurzadresse und die 64-Bit MAC-Adresse. Nach Erhalt der Nachricht löscht der primäre Discoverycache die zu dem Funkmodul gehörende Einträge und informiert das Funkmodul durch das Senden einer Remove_node_cache_rsp-Nachricht (0x801B) über das Ergebnis.

Ablauf des Speichern von Informationen beim primärer Discoverycache

Damit ein Funkmodul Informationen bei einem primärer Discoverycache speichern kann, muss dieser zunächst gefunden werden. Ist ein primärer Discoverycache gefunden, muss überprüft werden, ob auf diesem genügend Speicherplatz zur Verfügung steht. Ist kein ausreichender Speicherplatz vorhanden muss nach weiteren primärer Discoverycache gesucht und diese untersucht werden, bis einer mit genügend Ressourcen gefunden wurde. Der Client kann dann der Reihe nach die gewünschten Informationen beim primärer Discoverycache ablegen. Abbildung 15.6 zeigt das zu dieser Prozedur gehörende Ablaufdiagramm. War das Speichern der Informationen erfolgreich übernimmt der primäre Discoverycache die Beantwortung entsprechender Anfragen für das Funkmodul. Das Funkmodul selbst kann nun den Receiver deaktivieren und in den Schlafmodus gehen um Energie zu sparen.

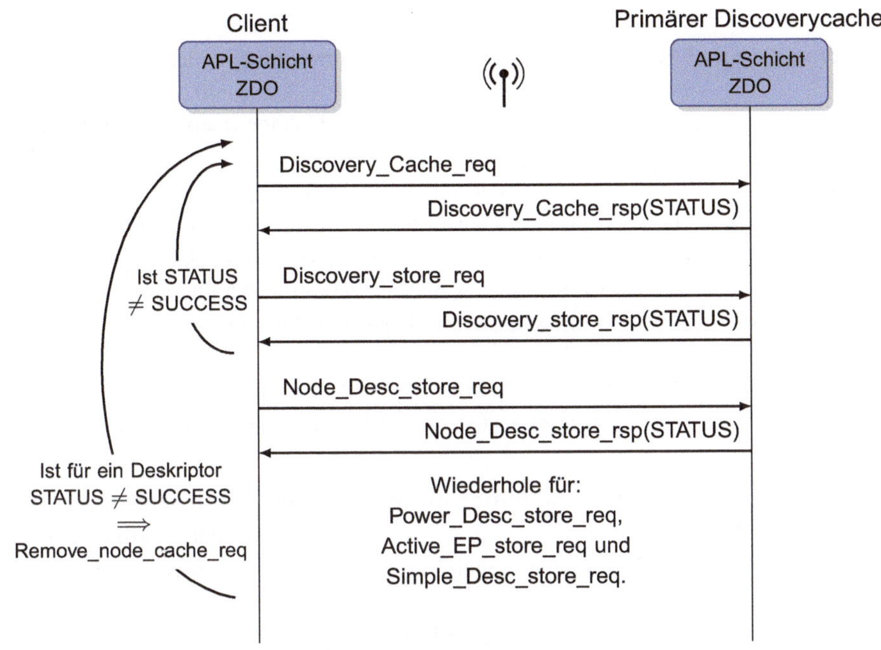

Abb. 15.6 Ablegen von Information auf dem primären Discoverycache

Auffinden von Informationen eines Funkmoduls

Informationen über ein Funkmodul können entweder bei diesem selbst oder bei einem primären Discoverycache gespeichert sein. Damit ein anderes Funkmodul diese Informationen abrufen kann, muss es zunächst den Speicherort lokalisieren. Dazu schickt es an alle Funkmodule mit aktiviertem Receiver eine Find_node_cache_req-Nachricht (0x001C) mit der 16-Bit Kurzadresse und der 64-Bit MAC-Adresse des Funkmodul, über das Informationen abgerufen werden soll. Beantwortet wird die Anfrage von dem Informationen bereithaltenden Funkmodul durch das Senden einer Find_node_cache_rsp-Nachricht (0x801C).

Abrufen von Informationen eines Funkmoduls

Nachdem der Speicherort für die Informationen (primärer Discoverycache oder das Funkmodul selbst) durch Senden einer Find_node_cache_req-Nachricht ermittelt wurde, können die Informationen durch das Senden entsprechender Nachrichten abgerufen werden:

Anfrage	Cluster-ID	Beschreibung
NWK_addr_req	0x0000	Anfrage nach der 16-Bit Kurzadresse aus der 64-Bit MAC-Adresse.
IEEE_addr_req	0x0001	Anfrage nach der 64-Bit MAC-Adresse aus der 16-Bit Kurz-adresse.
Node_Desc_req	0x0002	Anfrage nach dem Node-Deskriptor.
Power_Desc_req	0x0003	Anfrage nach dem Node-Power-Deskriptor.
Simple_Desc_req	0x0004	Anfrage nach dem Simple-Deskriptor zu einer gegebenen 16-Bit Kurzadresse und einem bestimmten Endpunkt.
Active_EP_req	0x0005	Anfrage nach einer Liste aller aktiven Endpunkten eines Funk-moduls.
Complex_Desc_req	0x0010	Anfrage nach dem Complex-Deskriptor eines Funkmoduls.
User_Desc_req	0x0011	Anfrage nach dem User-Deskriptor eines Funkmoduls.

ZDP-Parameter der Anfragen sind Informationen, die zum Identifizieren dieser benötigt werden, z. B. MAC-Adresse, Kurzadressen, Endpunkte und/oder Startindex. Beantwortet werden die Anfragen mittels der zugehörigen Antwortnachrichten:

Antwort	Cluster-ID
NWK_addr_rsp	0x8000
IEEE_addr_rsp	0x8001
Node_Desc_rsp	0x8002
Power_Desc_rsp	0x8003
Simple_Desc_rsp	0x8004
Active_EP_rsp	0x8005
Complex_Desc_rsp	0x8010
User_Desc_rsp	0x8011

Besitzt ein Endpunkt eine große Anzahl an Client und/oder Serverclustern, passen die Informationen eines Simple-Deskriptors nicht in ein Frame. Ein MAC-Frame inklusive Headerinformtionen kann maximal 127 Bytes lang sein. Die ID eines Clusters ist 2 Bytes, so dass bei 64 Cluster in der Darstellung einer Liste die Grenze von 127 Bytes bereits überschritten wäre und hierbei wären noch keinerlei Headerinformationen der einzelnen Schichten enthalten. Über eine Extended_Simple_Desc_req-Nachricht 0x001D kann der Client einen *Startindex* übergeben und so das Startcluster der Clusterliste beeinflussen. Der Server beantwortet die Anfrage durch eine Extended_Simple_Desc_rsp-Nachricht 0x801D, in dessen Antwort das erste Cluster, jenes ist, welches in dessen Clusterliste an der Position des übergebenen *Startindex* steht.

Ein Funkmodul kann bis zu 240 Anwendungsobjekte implementieren. Jedes Anwendungsobjekt wird durch einen Endpunkt (8-Bit) repräsentiert. Auch hier kann es vorkommen, dass nicht alle Informationen einer Anfrage nach aktiven Endpunkten in ein Frame passen. Bei 240 aktiven Endpunkten würden alleine 240 Bytes für die Liste der Endpunkte benötigt. Nach selbigem Prinzip wie eine Extended_Simple_Desc_req-Nachricht hat der Client die Möglichkeit an den Server eine Extended_Active_EP_req-Nachricht `0x001E` mit einem Startindex zu senden. Der Server beantwortet die Anfrage durch das Senden einer Extended_Active_EP_rsp-Nachricht `0x801E`. In der Antwort ist der erste Endpunkt, jener welcher in dessen Liste der aktiven Endpunkte an der Position des übergebenen *Startindex* steht.

Auffinden eines bestimmten Simple-Deskriptors

Ein Simple-Deskriptor beschreibt die Funktionalität (unterstützte Cluster) eines Endpunktes. Jedes Funkmodul kann bis zu 240 Anwendungsendpunkte implementiert haben. Um aus diesen Anwendungsendpunkten einen Endpunkt mit bestimmter Funktionalität zu finden kann eine Anfrage über eine Match_Desc_req-Nachricht (`0x0006`) gesendet werden. Die Anfrage kann nicht nur an ein gezieltes Funkmodul gestellt werden, sondern ebenfalls via Broadcast an alle Funkmodule mit aktiviertem Receiver. Dies ermöglicht es sogar im gesamten Netzwerk nach Endpunkten mit bestimmter Funktionalität (Profil und Cluster) zu suchen, z. B. nach einem Lichtschalter, einer Lampe oder einem Temperatursensor. Die Struktur einer Match_Desc_req-Nachricht ist wie folgt:

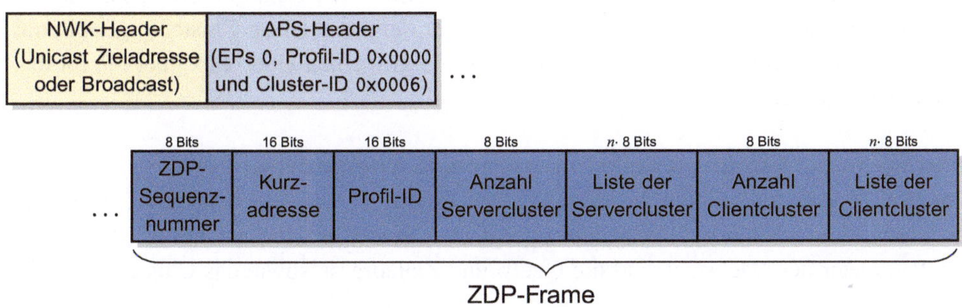

Hierbei ist die *Kurzadresse* die 16-Bit Kurzadresse des Funkmoduls zu dem der Simple-Deskriptor gesucht wird. Sollen alle Funkmodule nach einem passenden Simple-Deskriptor durchsucht werden, beinhaltet das Feld die Broadcastadresse `0xFFFD`. Die zusätzlichen Parameter bestimmen über die Profil-ID und die Cluster die Funktionalität des zu findenden Funkmoduls. Positiv beantwortet wird die Anfrage von einem Funkmodul, sobald ein Simple-Deskriptor gefunden wurde, der zur 16-Bit Kurzadresse *NWKAddrOfInterest* und der angegebenen Profil-ID passt und mindestens ein Cluster aus den Listen *InClusterList* oder *OutClusterList* unterstützt wird. Die Antwort erfolgt über eine Match_Desc_rsp-Nachricht, die als Information auch eine Liste mit den zum Simple-Deskriptor gefundenen Anwendungsendpunkte mitliefert.

Aktualisieren der 16-Bit Kurzadresse

Verliert ein Funkmodul die Verbindung zum Netzwerk und versucht diesem daraufhin neu beizutreten, kann es sein, dass es eine neue 16-Bit Kurzadresse zugewiesen bekommt.

Bei einem Beitritt zu einem PAN hat ein Funkmodul die Möglichkeit an alle Funkmodule mit aktiviertem Receiver eine Device_ance-Nachricht (0x0013) mit dessen 64-Bit MAC-Adresse und der neuen 16-Bit Kurzadresse zu senden. Ein Funkmodul, welches die Nachricht erhält untersucht seine Datenbanken nach den entsprechenden Adressen und aktualisiert sie. Die Nachricht wird nicht beantwortet.

15.3.5 Bindingmanagement

Eine weitere Aufgabe des ZDOs ist das Bindingmanagement. Hierzu zählen das Erstellen und Löschen von Einträgen in der Bindingtabelle und das Koppeln von Endgeräten (z. B. durch Drücken von Buttons). Bindingeinträge können von einem Funkmodul selbst verwaltet werden, in dem es über eine eigene Bindingtabelle verfügt oder auf einem ausgezeichneten Funkmodul, dem primären Bindingcache.

Zusätzlich zu einem primären Bindingcache kann ein weiteres Funkmodul als Backup-Bindingcache ausgezeichnet werden, auf dem eine Kopie des primären Bindingcache vorgehalten wird.

Für die Steuerung des Bindings zwischen verschiedenen Funkmodulen sind für das Bindingmanagement im ZDP verschiedene Cluster definiert. Diese Cluster sind optional und müssen nicht implementiert sein. Tabelle 15.13 gibt einen Überblick über die für das Binding zuständigen Cluster.

Einträge in der Bindingtabelle hinzufügen, löschen oder ändern
Um zwei Module zu koppeln, benötigt es einen Eintrag in einer Bindingtabelle. Die Aufforderung diesen Eintrag zu erstellen, erfolgt über eine Bind_req-Nachricht (0x0021). Die Parameter der Nachricht sind die Quell- und Zieladresse sowie das Cluster, über das

Tab. 15.13 ZDP-Cluster für das Bindingmanagement

Cluster-ID	Clientcluster	Cluster-ID	Servercluster
0x0020	End_Device_Bind_req	0x8020	End_Device_Bind_rsp
0x0021	Bind_req	0x8021	Bind_rsp
0x0022	Unbind_req	0x8022	Unbind_rsp
0x0023	Bind_Register_req	0x8023	Bind_Register_rsp
0x0024	Replace_Device_req	0x8024	Replace_Device_rsp
0x0025	Store_Bkup_Bind_Entry_req	0x8025	Store_Bkup_Bind_Entry_rsp
0x0026	Remove_Bkup_Bind_Entry_req	0x8026	Remove_Bkup_Bind_Entry_rsp
0x0027	Backup_Bind_Table_req	0x8027	Backup_Bind_Table_rsp
0x0028	Recover_Bind_Table_req	0x8028	Recover_Bind_Table_rsp
0x0029	Backup_Source_Bind_req	0x8029	Backup_Source_Bind_rsp
0x002A	Recover_Source_Bind_req	0x802A	Recover_Source_Bind_rsp

die Module gekoppelt werden sollen:

64 Bits	8 Bits	16 Bits	8 Bits	16|64 Bits	0|8 Bits
Sender-adresse	Sender-endpunkt	Cluster-ID	Ziel-adress-modus	Ziel-adresse	Ziel-endpunkt

Das Ziel ist entweder das Funkmodul selbst, sofern es einen Eintrag in dessen Bindingtabelle anlegen soll oder, falls ein primärer Bindingcache benutzt wird, die Adresse dieses Funkmoduls. Nach Erhalt der Bind_req-Nachricht wird ein entsprechender Bindingeintrag in der Bindingtabelle angelegt. Ist die Zieladresse der primäre Bindingcache überprüft dieser, ob das die Anfrage sendende Funkmodul bereits mit einem andern Funkmodul gekoppelt ist. Wenn dem so ist, wird über ein Bind_req für jedes dieser gekoppelten Funkmodule ebenfalls ein Bindingeintrag zum Zielfunkmodul angelegt, so dass all diese Funkmodule untereinander gekoppelt sind. Zudem wird sofern ein Backup-Bindingcache im Netzwerk existiert, an diesen eine Store_Bkup_Biding_Entry_req-Nachricht mit den Informationen des Bindings gesendet, damit dieser die selben Einträge in dessen Bindingtabelle anlegt. Zum Schluss wird die Bind_req-Nachricht durch eine Bind_rsp-Nachricht (0x8021) mit dem Ergebnis des Bindings beantwortet.

Die Löschung von Bindingeinträgen erfolgt analog zum Anlegen neuer Einträge durch eine Unbind_req-Nachricht (0x0022). Die Parameter sind identisch zur Bind_req-Nachricht. Beantwortet wird die Anfrage der Entkoppelung zweier Funkmodule über eine Unbind_rsp-Nachricht (0x8022).

Das Ändern von Einträgen im primären Bindingcache erfolgt im Allgemeinen über das Löschen und neu Hinzufügen eines Eintrags. Allerdings kann der primäre Bindingcache über das Senden einer Replace_Device_req-Nachricht 0x0024 dazu aufgefordert werden, alle Adresseinträge für ein Funkmodul durch eine andere Adresse zu ersetzen:

64 Bits	8 Bits	64 Bits	8 Bits
Alte Adresse	Alter Endpunkt	Neue Adresse	Neuer Endpunkt

Dies ist z. B. sinnvoll, wenn ein defekte Funkmodul durch ein neues Funkmodul ausgetauscht werden muss, welches die gleiche Funktionalität erfüllt. Sofern ein Backup-Bindingcache vorhanden ist, müssen Änderungen an der Bindingtabelle diesem ebenfalls mitgeteilt werden. Werden Bindingeinträge geändert, bei denen die Senderadresse auch in der Quellbindingtabelle vorhanden ist, d. h. das Funkmodul verwaltet seine eigene Bindingtabelle, muss dies den entsprechenden Funkmodulen vom primären Bindingcache mitgeteilt werden, damit diese die Einträge in ihrer Bindingtabelle anpassen können. Wird im Feld *Alter Endpunkt* 0 übergeben, werden die Endpunkte ignoriert und alle vorkommen in der Bindingtabelle der alten Adresse durch die übergebene neue Adresse ersetzt unabhängig vom Endpunkt. Der primäre Bindingcache beantwortet die Replace_Device_req-Nachricht durch eine Replace_Device_rsp-Nachricht (0x8024) und dem Ergebnis der Anfrage.

Koppeln von Endgeräten

Verschiedene Funkmodule die einen bestimmten Anwendungszweck erfüllen, müssen miteinander kommunizieren können. Denken wir an das Beispiel eines Lichtschalters und einer Lampe (siehe Abb. 15.4). Kauft ein Anwender ein Lampe und ein Lichtschalter (ggf. sogar von verschiedenen Herstellern) kann von diesem nicht erwartet werden, dass er den entsprechenden Modul Adressen vergibt und Endpunkten zuweist oder zumindest diese untereinander bekannt macht. Für das Koppeln von Endgeräten stehen hierfür die Cluster End_Device_Bind_req (0x0020) und End_Device_Bind_rsp (0x8020) des ZDP zur Verfügung. Der Anwender löst das Koppeln zweier Module z. B. durch das möglichst zeitnahe Drücken von Buttons an den zu koppelnden Modulen aus. Jedes Modul sendet darauf eine End_Device_Bind_req-Nachricht an den ZigBee-Koordinator. In der Nachricht werden für einen bestimmten Endpunkt das unterstützte Anwendungsprofil und die unterstützten Client- und Servercluster mitgeteilt:

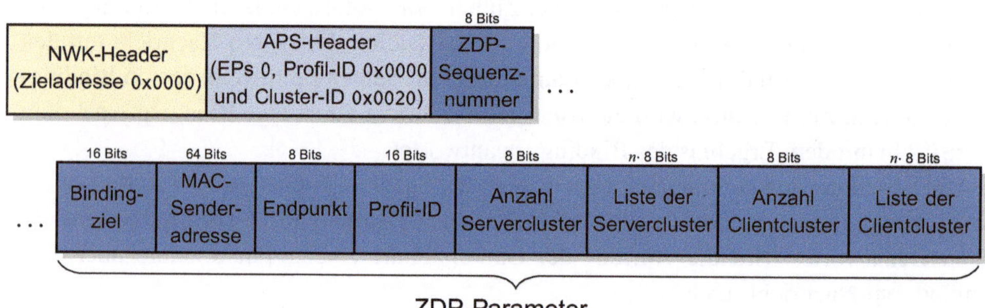

Das *Bindingziel* ist das Funkmodul auf dem die Koppelung mit einem anderen Funkmodul festgehalten werden soll. Das ist entweder das die Anfrage sendende Funkmodul selbst oder die 16-Bit Kurzadresse des primären Bindingcache. Erhält der ZigBee-Koordinator eine End_Device_Bind_req-Nachricht wartet dieser eine vorgegebene Zeit auf eine zweite End_Device_Bind_req-Nachricht und untersucht, ob die Funkmodule, von welchen diese Anfrage gesendet wurde, das gleiche Anwendungsprofil unterstützen und ob diese mindestens ein Cluster gemeinsam haben. Im Erfolgsfall benachrichtigt der Koordinator die beiden Funkmodule mit einer End_Device_Bind_rsp-Nachricht und dem Status *SUCCESS*. War die Anfrage nicht erfolgreich, wird sie mit der entsprechenden Statusmeldung quittiert. Zusätzlich sendet der Koordinator ein Unbind_req-Nachricht mit den Daten der zu koppelnden Funkmodule an das Bindingziel. Antwortet das Bindingziel mit dem Status *NO_ENTRY*, waren die Funkmodule zuvor nicht gekoppelt und der Koordinator sendet eine Bind_req-Nachricht an das Bindingziel für jede Clusterübereinstimmung der beiden Funkmodule. Waren die beiden Funkmodule zuvor bereits gekoppelt, interpretiert der Koordinator die Anfrage End_Device_Bind_req jetzt als den Wunsch die Koppelung aufzuheben und der Koordinator sendet weitere Unbind_req-Nachrichten an das Bindingziel für jede Clusterübereinstimmung der beiden Funkmodule. Abbildung 15.7 zeigt den Beispielablauf eines Bindings. Die Bindingtabelle ist hierbei im primären Bindingcache

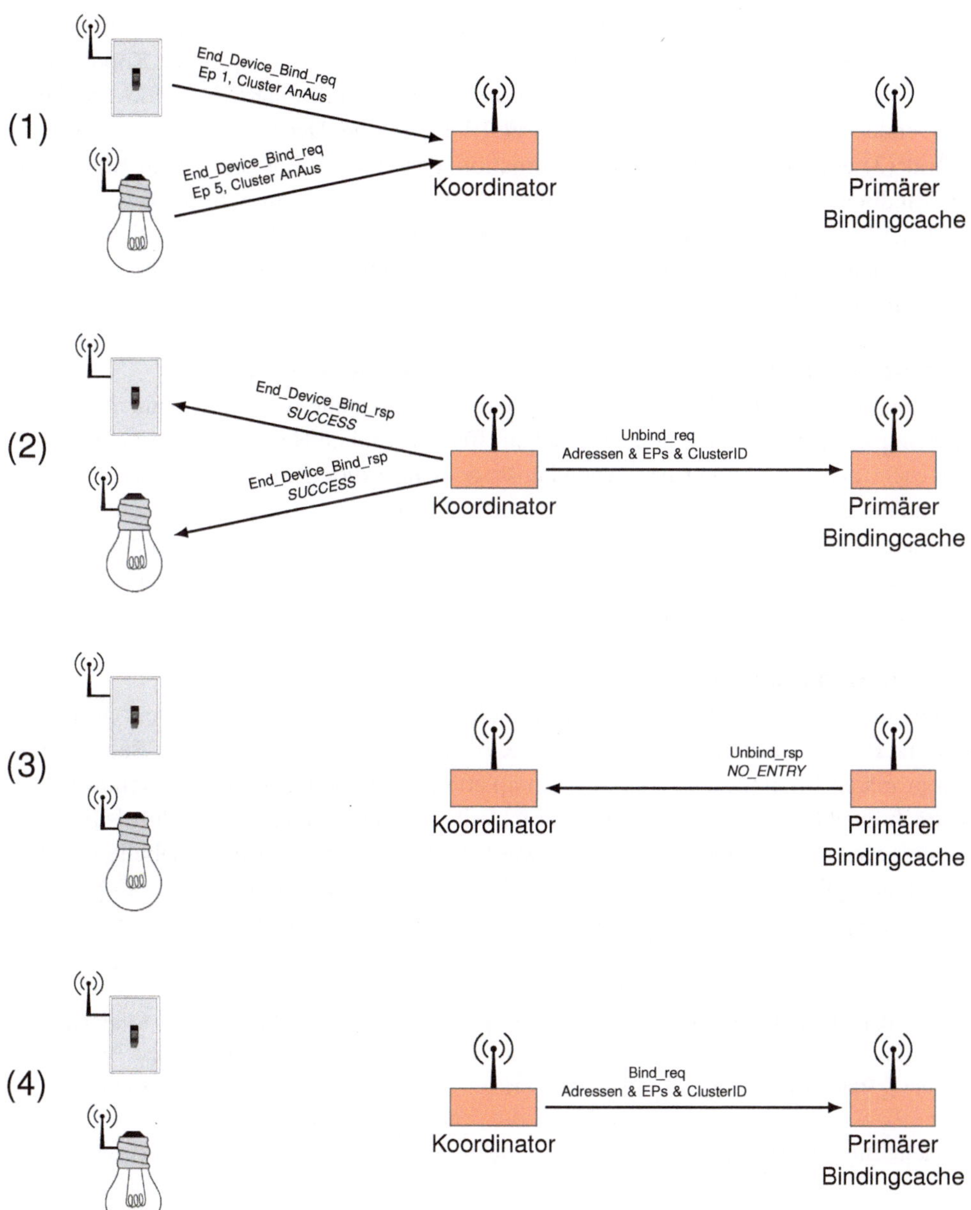

Abb. 15.7 Prinzip der Koppelung zweier Endgeräte

festgehalten. In Schritt (1) wurden z. B. von einem Anwender zwei Knöpfe an einer Lampe und einem Schalter betätigt, worauf diese ein End_Device_Bind_req an den Koordinator senden. Im Schritt (2) beantwortet der Koordinator dies mit einer *SUCCESS*-Meldung und sendet ein Unbind_req an den primären Bindingcache. Der Bindingcache sendet im Schritt (3) ein Unbind_rsp mit der Information, dass für die Endgeräte kein Eintrag in der Bindingtabelle existiert. Der Koordinator sendet daraufhin in Schritt (4) einen passenden Bind_req an den primären Bindingcache. Nach dessen Erhalt legt dieser einen entsprechenden Eintrag in dessen Bindingtabelle an und sendet zum Abschluss an den Koordinator ein Bind_rsp.

Bindingtabelle nicht auf dem primären Bindingcache speichern

Ein Funkmodul hat die Möglichkeit eine eigene Bindingtabelle zu verwalten mit allen Bindingeinträgen, die das Funkmodul selbst betreffen, obwohl im Netzwerk ein primärer Bindingcache existiert. Das entsprechende Funkmodul muss dies dem primären Bindingcache durch eine Bind_Register_req-Nachricht (0x0023) mitteilen. Der primäre Bindingcache speichert sich die Adresse des Funkmoduls in der sogenannten Quellbindingtabelle. Alle Einträge die der primäre Bindingcache für dieses Funkmodul bis dahin vorgehalten hat, übermittelt er in einer Bind_Register_rsp-Nachricht (0x8023) an das Funkmodul.

Backup-Bindingcache

Es gibt die verschiedensten Gründe, warum ein Funkmodul in einem Netzwerk ausfallen kann (z. B. Stromausfall, defekte Hardware, Interferenzen im Funknetz, ...). Betrifft dies den primären Bindingcache kann dies komplette Funktionalitäten einer Anwendung beeinträchtigen. Deswegen besteht die Möglichkeit ein ausgewähltes Funkmodul als Backup Bindingcache zu betreiben. Auf diesem werden alle Einträge der Bindingtabelle und der Quellbindingtabelle redundant gespeichert. Die folgenden Cluster dienen dazu Kopien auf dem Backup-Bindingcache anzulegen und ggf. wiederherzustellen:

Anfrage	Cluster-ID	Beschreibung
Store_Bkup_Bind_Entry_req	0x0025	Kopie eines Eintrags analog zu einem Bind_req auf dem Backup-Bindingcache erstellen.
Remove_Bkup_Bind_Entry_req	0x0026	Kopie eines Eintrags analog zu einem Unbind_req auf dem Backup-Bindingcache löschen.
Backup_Bind_Table_req	0x0027	Mehrere Einträge des primären Bindingcaches auf dem Backup-Bindingcache sichern.
Recover_Bind_Table_req	0x0028	Einträge des Backup-Bindingcaches anfordern, um den primären Bindingcache wiederherzustellen.
Backup_Source_Bind_req	0x0029	Speichern von Einträgen der Quellbindingtabelle des primären Bindingcaches auf dem Backup-Bindingcache.
Recover_Bind_Table_req	0x002A	Einträge der Quellbindingtabelle auf dem Backup-Bindingcache anfordern, um diese auf dem primären Bindingcache wiederherzustellen.

Fällt der primäre Bindingcache z. B. durch einen kurzzeitigem Stromausfall aus, sind die Einträge in dessen Tabellen gelöscht. Er kann diese allerdings jederzeit vom Backup-Bindingcache abrufen und so seine Arbeit als primärer Bindingcache wieder aufnehmen. Fällt der primäre Bindingcache permanent aus, kann dieser durch den Backup-Bindingcache oder ein neues als primärer Bindingcache ausgewähltes Funkmodul ersetzt werden. Die benötigten Informationen stehen auf dem Backup-Bindingcache zur Verfügung und können ggf. abgerufen werden.

Anfragen zum Speichern oder Abrufen von Daten auf dem Backup-Bindingcache werden durch entsprechende Nachrichten und dem Ergebnis der Anfrage beantwortet:

Antwort	Cluster-ID
Store_Bkup_Bind_Entry_rsp	0x8025
Remove_Bkup_Bind_Entry_rsp	0x8026
Backup_Bind_Table_rsp	0x8027
Recover_Bind_Table_rsp	0x8028
Backup_Source_Bind_rsp	0x8029
Recover_Bind_Table_rsp	0x802A

Sicherheit in Funknetzwerken zu gewährleisten ist deutlich schwieriger als in drahtgebundenen Netzwerken, da jederzeit auf das Übertragungsmedium zugriffen werden kann. In einem sicheren Funknetzwerk muss gewährleistet sein, dass vertrauliche Daten nicht von unberechtigten Personen gelesen oder manipuliert werden können. Zudem muss sichergestellt werden, dass Daten aus einer authentifizierten Quelle stammen und die Daten nicht veraltet sind. Um diesen Ansprüchen gerecht zu werden, verwendet die ZigBee Spezifikation für die Verschlüsselung das CCM*-Verfahren, welches bereits im IEEE 802.15.4 Standard zur Anwendung kommt und in Abschn. 10.7 vorgestellt wurde. Das CCM*-Verfahren wird allerdings nicht mehr auf ein MAC-Frame angewendet, da in diesem Fall ein Router zum Weiterleiten eines NWK-Frames, dieses zunächst entschlüsseln muss, um die zum Routing notwendigen Informationen aus dem NWK-Frame zu extrahieren. Dies würde zum einen vermehrten Rechenaufwand bedeuten und zum anderen müsste dem Router hierfür jedes Mal der Schlüssel zum Entschlüsseln zur Verfügung stehen. Eine End-zu-End-Verschlüsselung zwischen zwei Funkmodulen mit geheimen Schlüsseln wäre damit nicht möglich. Die ZigBee-Spezifikation ermöglicht die Verschlüsselung eines NWK-Frames oder eines APS-Frames.

Das in ZigBee eingesetzte CCM*-Verfahren kann bis zum jetzigen Zeitpunkt als sicher angesehen werden. In ZigBee-Netzwerken steht und fällt die Sicherheit allerdings mit der Geheimhaltung der eingesetzten Schlüssel. Das Problem ist hierbei nicht, dass der Schlüssel geknackt werden kann, sondern die Verteilung. Die Schlüssel können auf den einzelnen Funkmodulen z. B. vorinstalliert werden. Da es sich bei den Funkmodulen meist um einfache Mikrocontroller mit Transceiver handelt und es in der Natur an drahtlosen Netzwerken liegt, dass diese über eine größere Fläche verteilt sind, kann versucht werden den Schlüssel über einen direkten Zugriff auf die Hardware zu erhalten. Dies kann z. B. durch Auslesen des Speichers erfolgen oder durch einen Abgriff des Schlüssel bei der Kommunikation des Mikrocontrollers mit dem Transceiver, sofern dieser eine eingebaute AES-Verschlüsselungseinheit besitzt. Ganz einfach ist so ein Angriff allerdings nicht. Eine Möglichkeit sich gegen solche Angriffe zu wehren besteht darin Angreifern keinen

© Springer Fachmedien Wiesbaden 2014
M. Krauße, R. Konrad, *Drahtlose ZigBee-Netzwerke*, DOI 10.1007/978-3-658-05821-0_16

Zugang zur Hardware zu ermöglichen. Durch den Einsatz von gesicherten End-zu-End-Verbindungen und häufigeres Wechseln der Schlüssel kann zudem der Schaden reduziert oder sogar verhindert werden. Sind die Schlüssel auf den Funkmodulen nicht vorinstalliert, besteht in ZigBee die Möglichkeit die Schlüssel über das Netzwerk zu verteilen. Dies kann unverschlüsselt geschehen, was potentiellen Angreifern ermöglicht den entsprechenden Schlüssel abzufangen. Der effizienteste Schutz ist es, den Schlüssel gar nicht unverschlüsselt zu verschicken, sondern die Übertragung zumindest über einen vorinstallierten Netzwerkschlüssel abzusichern. Lässt sich dies jedoch nicht umgehen, kann die Übertragung des Schlüssels vom Trustcenter bis zum Elternteil des Zielfunkmoduls abgesichert werden (siehe Abschn. 16.5.8 – Tunnel). Die unverschlüsselte Übertragung vom Elternteil zum Kind kann mit möglichst wenig Energie durchgeführt werden, so dass sich potentielle Angreifer in unmittelbarer Nähe aufhalten müssen. Als zusätzlicher Schutz kann die unverschlüsselte Übertragung auch auf einem anderen z. B. nicht frei verfügbaren Funkkanal stattfinden und/oder die Zeitspanne der unverschlüsselten Übertragung sehr kurz gehalten werden und z. B. durch gleichzeitiges Drücken zweier Buttons eingeleitet werden.

16.1 Sicherheitsstufen

ZigBee unterstützt ebenfalls wie der IEEE 802.15.4 Standard 8 verschiedene Sicherheitsstufen. In Stufe 0 werden keinerlei Sicherheitsmaßnahmen eingesetzt. In den Stufen 1–3 wird ein Authentifizierungscode (MIC) durch das CBC-MAC-Verfahren (siehe Abschn. 10.7.2) erstellt und an die Nachricht angehängt, um deren Authentizität zu gewährleisten. Ab Stufe 4 wird die Nachricht mit dem CTR-Verfahren verschlüsselt (siehe Abschn. 10.7.3). In Stufe 4 geschieht die Verschlüsselung ohne Authentifizierungscode und ab Stufe 4 mit. In Tab. 16.1 sind die eingesetzten Sicherheitsfunktion der einzelnen Sicherheitsstufen aufgelistet.

Welche Sicherheitsstufe ein Funkmodul benutzt, wird in der NIB-Variablen *nwkSecurityLevel* festgehalten. Alle Funkmodule in einem ZigBee-Netzwerk müssen die selbe Sicherheitsstufe benutzen.

Tab. 16.1 Sicherheitsstufen in ZigBee	Sicherheitsstufe	Verschlüsselung	Authentifikation
	0	Nein	Nein
	1	Nein	32-Bit MIC
	2	Nein	64-Bit MIC
	3	Nein	128-Bit MIC
	4	Ja	Nein
	5	Ja	32-Bit MIC
	6	Ja	64-Bit MIC
	7	Ja	128-Bit MIC

16.2   Framestruktur mit aktivierter Sicherheit

In ZigBee können Frames entweder auf der Ebene der Netzwerkschicht und/oder auf der Ebene der APS-Schicht gesichert werden. Auf der Ebene der Netzwerkschicht, wird dem NWK-Header ein Sicherheitshilfsheader angefügt. Dem Sicherheitshilfsheader folgen die verschlüsselten NWK-Nutzdaten und der zur Authentifizierung benötigte Authentifizierungscode (MIC). Betrachten wir das komplette Frame, welches über den Funkkanal versendet wird, hat dies folgende Struktur:

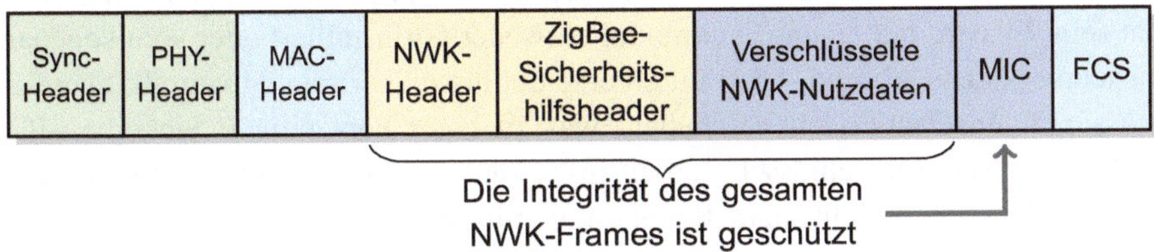

Auf Ebene der APS-Schicht wird der Sicherheitshilfsheader dem APS-Header angehängt, die APS-Nutzdaten verschlüsselt und der Code zur Überprüfung der Integrität (MIC) über das APS-Frame gebildet:

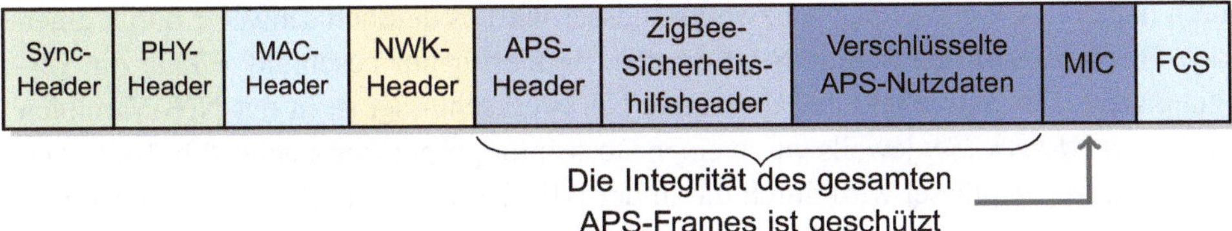

Der Sicherheitshilfsheader hat bei einem mit Sicherheitsfunktionen versehenen NWK-Frame und APS-Frame den selben Aufbau:

$b_0b_1b_2$	b_3b_4	b_5	b_6b_7	32 Bits	0|64 Bits	0|8 Bits
Sicherheits-stufe	Schlüssel-typ	Senderadress-feldflag	Reser-viert	Frame-zähler	Sender-adresse	Schlüssel-sequenz-nummer
Sicherheitskontrolle (8-Bit)						

Dieser erlaubt es insbesondere den für die Verschlüsselung und die Erstellung des Authentifizierungscode eingesetzten Schlüssel zu identifizieren und die für das CCM*-Verfahren benötigte *Nonce* zu bestimmen. Das *Nonce* ergibt sich durch die Konkatenation der 64-Bit *Senderadresse*, dem 32-Bit *Framezähler* und dem 8-Bit Feld *Sicherheitskontrolle*:

$$Nonce = Senderadresse \parallel Framezähler \parallel Sicherheitskontrolle$$

In ZigBee kann generell eine Sicherung von allen NWK-Frames auf der Ebenen der Netzwerkschicht durchgeführt werden. In diesem Fall ist die NIB-Variable *nwkSecure-AllFrames* auf *true* gesetzt. Allerdings werden Frames von der Netzwerkschicht nur mit einem Netzwerkschlüssel gesichert, der allen Funkmodulen im Netzwerk bekannt ist. Eine End-zu-End-Verbindung zwischen zwei Funkmodulen mit einem eigenen Schlüssel (Linkschlüssel) ist nur auf der Ebene der APS-Schicht möglich.

16.3 Schlüssel

Für das CCM*-Verfahren werden zwei verschiedene Schlüsseltypen eingesetzt, der Netzwerkschlüssel und ein Linkschlüssel. Der Netzwerkschlüssel muss jedem Funkmodul bekannt sein. Er wird auf einem Funkmodul entweder vorinstalliert oder vom sogenannten Trustcenter (siehe Abschn. 16.4) durch eine Schlüsselübertragung verteilt. Dies kann und muss ggf. unverschlüsselt geschehen, was zu einer kurzzeitigen Sicherheitslücke führt. Mit dem Netzwerkschlüssel werden insbesondere Broadcastübertragungen abgesichert. Die Netzwerkschicht kann Frames nur mit dem Netzwerkschlüssel absichern. Ist die NIB-Variable *nwkSecureAllFrames* auf *TRUE* gesetzt, werden alle Frames auf Ebene der Netzwerkschicht mit dem Netzwerkschlüssel abgesichert. Zum aktiven Netzwerkschlüssel kann vom Trustcenter ein alternativer Netzwerkschlüssel verteilt werden. Der Trustcenter kann den alternativen Netzwerkschlüssel zum aktiven Netzwerkschlüssel machen, indem er an alle Funkmodule ein Schlüsselwechsel-Kommandoframe sendet. Durch häufigeres Wechsel des Netzwerkschlüssel wird es deutlich schwerer durch einen Brute-Force-Angriff den Schlüssel zu erraten, da hierfür nur beschränkte Zeit zur Verfügung steht. Der aktive und der alternative Netzwerkschlüssel ist in der NIB-Variablen *nwkSecurityMaterialSet* jeweils durch einen Deskriptor gespeichert (siehe Tab. 16.2). Der aktive Netzwerkschlüssel wird durch die in der NIB-Variablen *nwkActiveKeySecNumber* gespeicherten Sequenznummer bestimmt.

Der Linkschlüssel dient zur Absicherung einer End-zu-End-Verbindung, d. h. einer Verbindung zwischen zwei Funkmodulen. Der Linkschlüssel für eine Verbindung ist nur den beteiligten Funkmodulen bekannt. Eine End-zu-End-Verbindung kann nur auf Ebene der APS-Schicht abgesichert werden. Gespeichert werden die Linkschlüssel eines Funkmoduls in der AIB-Variablen *apsDeviceKeyPairSet* als Liste von Linkschlüssel-Deskriptoren (siehe Tab. 16.3).

Ein Linkschlüssel zwischen zwei Funkmodulen wird entweder durch den Trustcenter verteilt, ist auf den entsprechenden Funkmodulen vorinstalliert oder kann mit Hilfe eines sogenannten Masterschlüssels generiert werden (siehe Abschn. 16.5.4). Der Masterschlüssel ist ein Schlüssel, der nicht für die Verschlüsselung mittels CCM*-Verfahren eingesetzt wird, sondern dient lediglich dazu einen Linkschlüssel für eine End-zu-End-Verbindung zu generieren. Dieser kann ebenfalls vorinstalliert sein oder durch den Trustcenter verteilt werden. Eine der sichersten Konfigurationen ist, dass ein Masterschlüssel zum Trustcenter vorinstalliert ist und jedes Funkmodul alle weiteren benötigten Schlüssel durch eine mit einem aus dem Masterschlüssel generiertem Linkschlüssel gesicherte End-zu-Endverbindung vom Trustcenter erhält.

Tab. 16.2 Netzwerkschlüssel-Deskriptoren

Feld	Wertebereich	Beschreibung
Schlüssel-sequenznummer	0x00–0xFF	Die Schlüsselsequenznummer dient zur Unterscheidung der einzelnen Netzwerkschlüssel.
Zähler für aus-gehende Frames	0x00000000–0xFFFFFFFF	Jedes Frame, welches mit dem entsprechenden Netzwerk-schlüssel abgesichert wird, wird mit dem aktuellen Wert des Framezählers versehen. Nach dem Versenden wird der Zäh-ler um eins erhöht. Der Framezähler verhindert z. B., dass ein abgefangenes Frame zu einem späteren Zeitpunkt er-neut gesendet werden kann und wird beim CCM*-Verfahren benötigt, um ein eindeutiges *Nonce* zu erzeugen.
Zähler-Deskriptoren für eingehende Frames	Liste	In dieser Liste wird zu jedem Sender eines mit diesem Netz-werkschlüssel abgesicherten Frames, dessen 64-Bit MAC-Adresse gespeichert und der Framezähler des letzten einge-gangenen Frames. Wird ein Frame mit einem Framezähler von dem entsprechenden Sender empfangen, der kleiner oder gleich dem Wert des hier gespeicherten Zählers ist, wird das Frame verworfen.
Schlüssel	128-Bit	In diesem Feld steht der eigentliche Netzwerkschlüssel.
Schlüsseltyp	0x01, 0x05	Bestimmt den Schüsseltyp (0x01: Normale Sicherheit, 0x05: Hohe Sicherheit)

Tab. 16.3 Linkschlüssel-Deskriptoren

Feld	Wertebereich	Beschreibung
Zieladresse	64-Bit	Die 64-Bit MAC-Adresse des Zielfunkmoduls für das eine End-zu-End-Verbindung existiert und dieser Linkschlüssel gilt.
Masterschlüssel	128-bit	Aus dem Masterschlüssel wird der Linkschlüssel abgeleitet (siehe Abschn. 16.5.4).
Linkschlüssel	128-Bit	Linkschlüssel für Verbindungen zur *Zieladresse*.
Zähler für aus-gehende Frames	0x00000000–0xFFFFFFFF	Jedes Frame, welches mit dem Linkschlüssel abgesichert wird, wird mit dem aktuellen Wert des Framezählers verse-hen. Nach dem Versenden wird der Zähler um eins erhöht. Der Framezähler verhindert z. B., dass ein abgefangenes Frame zu einem späteren Zeitpunkt erneut gesendet wer-den kann und wird beim CCM*-Verfahren benötigt, um ein eindeutiges *Nonce* zu erzeugen.
Zähler für ein-gehende Frames	0x00000000–0xFFFFFFFF	Ist der Framezähler eines empfangenen Frames der Zieladresse größer als dieser Wert, wird der neue Wert ge-speichert, ansonsten wird das empfangene Frame verworfen.

16.4   Trustcenter

In einem durch Verschlüsselung gesichertem Netzwerk wird genau ein Funkmodul aus-
gewählt, welches die Rolle des sogenannten *Trustcenters* übernimmt. Die Aufgabe des
Trustcenters ist insbesondere die Verteilung von Schlüsseln und die Bestimmung, ob ein
Funkmodul die Sicherheitsanforderungen für das Netzwerk erfüllt. Hierbei wird unter-
schieden in einen normalen Sicherheitsmodus und einen hohen Sicherheitsmodus. Dieser
Modus hat nichts mit der Verschlüsselungsstärke zu tun, sondern spezifiziert lediglich die
Art der Schlüsselverteilung.

Normaler Sicherheitsmodus: Im normalen Sicherheitsmodus kommuniziert ein Funkmodul mit dem Trustcenter unter Verwendung des Netzwerkschlüssels. Der Netzwerkschlüssel ist im besten Fall vorkonfiguriert oder wird beim Eintritt in das Netzwerk
vom Trustcenter an das Funkmodul über einen unverschlüsselten Schlüsseltransport
übertragen.

Hoher Sicherheitsmodus: Im hohen Sicherheitsmodus erfolgt die Kommunikation mit
dem Trustcenter über eine mit einem Linkschlüssel gesicherte End-zu-End-Verbindung. Der zur Generierung des Linkschlüssel (siehe Abschn. 16.5.4) benötigte Masterschlüssel ist im Funkmodul entweder vorkonfiguriert oder wird, sofern eine temporäre
Verwundbarkeit toleriert werden kann, über einen ungesicherten Schlüsseltransport
übertragen. Im hohen Sicherheitsmodus verwaltet der Trustcenter eine Liste mit den
im Netzwerk befindlichen Funkmodulen und den vergebenen Master-, Link- und Netz-
werkschlüsseln. Ein Netzwerk mit hohem Sicherheitsmodus muss die Generierung von
Linkschlüsseln unterstützen. Der Trustcenter benötigt in diesem Modus entsprechend
viel Speicherplatz.

Ein Funkmodul akzeptiert jegliche Schlüssel ausschließlich, wenn dessen Ursprung der
Trustcenter ist. Der Transport des initialen Master- oder Linkschlüssel kann unverschlüsselt erfolgen, jeder weitere Schlüsseltransport findet nur verschlüsselt statt.

16.5   Sicherheitsdienste der APS-Schicht

Für die Schlüsselverwaltung, die Schlüsselgenerierung, den Schlüsseltransport, die Gerä-
teverwaltung und die Authentifizierung bietet die APS-Schicht insbesondere für das ZDO
verschiedene Dienste an, die wie gewohnt über das Senden von Primitiven aufgerufen
werden können. Tabelle 16.4 gibt eine Übersicht der Primitiven der Sicherheitsdienste.

Tab. 16.4 Die Primitiven für die Sicherheitsdienste der APS-Schicht

Primitive	request	confirm	indication	response
APSME-REQUEST-KEY	*		*	
APSME-TRANSPORT-KEY	*		*	
APSME-SWITCH-KEY	*		*	
APSME-ESTABLISH-KEY	*	*	*	*
APSME-AUTHENTICATE	*	*	*	
APSME-REMOVE-DEVICE	*		*	
APSME-UPDATE-DEVICE	*		*	

16.5.1   Schlüsselanfrage (APSME-REQUEST-KEY)

Benötigt ein Funkmodul den aktiven Netzwerkschlüssel oder einen neuen Schlüssel für eine End-zu-End-Verbindung (Master- oder Linkschlüssel) kann es diesen beim Trustcenter anfragen. Das ZDO sendet dafür eine APSME-REQUEST-KEY.request-Primitive an dessen APS-Schicht. Die APS-Schicht generiert darauf ein APS-Schlüsselanfrage-Kommandoframe und sendet dies über den Aufruf der NLDE-DATA.request-Primitive an den Trustcenter. Über den Erhalt des Schlüsselanfrage-Kommandoframe informiert die APS-Schicht des Trustcenters dessen ZDO durch das Senden einer APSME-REQUEST-KEY.indication-Primitive. Das ZDO leitet nun ggf. das Senden des Schlüssels durch den Aufruf einer APSME-TRANSPORT-KEY.request-Primitive ein (siehe Abschn. 16.5.2). Die Parameter der Primitiven APSME-REQUEST-KEY sind wie folgt:

```
APSME-REQUEST-KEY.request(DestAdress,
          KeyType,PartnerAddress)
APSME-REQUEST-KEY.indication(SrcAddress,
          KeyType,PartnerAddress)
```

DestAdress ist die 64-Bit Zieladresse des Funkmoduls, an welches das Schlüsselanfrage-Kommandoframe gerichtet ist. Im Allgemeinen ist dies der Trustcenter. Der Parameter *KeyType* spezifiziert, welcher Schlüsseltyp benötigt wird (0x01: Netzwerkschlüssel, 0x02: Master- oder Linkschlüssel). Der Parameter *PartnerAddress* ist nur vorhanden, sofern es sich bei dem angefragten Schlüsseltyp um einen Schlüssel für eine End-zu-End-Verbindung handelt. In diesem Fall beinhaltet der Parameter *PartnerAddress* die 64-Bit Mac-Adresse der zweiten Gegenstelle der Verbindung, die den entsprechende Schlüssel ebenfalls benötigt. Der Parameter *SrcAddress* enthält die 64-Bit MAC-Adresse des Funkmoduls, welches die Schlüsselanfrage ausgelöst hat. Das APS-Schlüsselanfrage-Kommandoframe ist wie folgt aufgebaut:

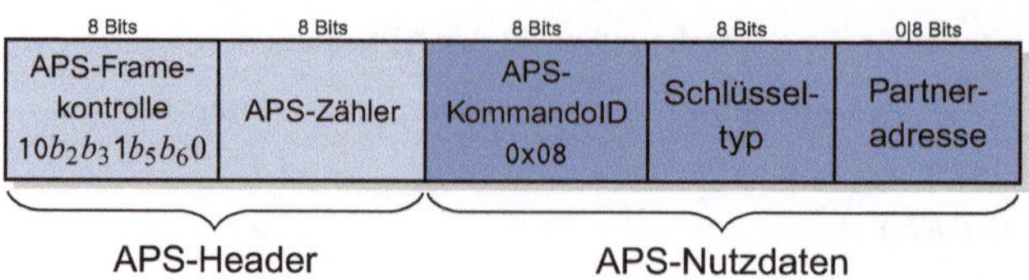

16.5.2   Schlüsseltransport (APSME-TRANSPORT-KEY)

Die Schlüsselverteilung an Funkmodule ist eine Aufgabe des Trustcenters. Dies kann zum Beispiel notwendig sein, wenn auf einen neuen Netzwerkschlüssel gewechselt werden soll oder ein Funkmodul speziell einen Schlüssel angefragt hat. Hat ein Funkmodul eine Anfrage nach einem Master- oder Linkschlüssel für eine End-zu-End-Verbindung gestellt, verteilt der Trustcenter den entsprechenden Schlüssel nicht nur an den Initiator der Anfrage sondern automatisch auch an das zweite an der End-zu-End-Verbindung beteiligte Funkmodul. Der Transport eines Schlüssels wird vom ZDO des Trustcenters durch das Senden einer APSME-TRANSPORT-KEY.request-Primitive an dessen APS-Schicht eingeleitet. Die Primitive erwartet als Parameter die 64-Bit Zieladresse (*DestAdress*), den Schlüsseltyp (*KeyType*) und den Schlüssel mit ggf. weiteren Informationen (*TransportKey-Data*). Die APS-Schicht generiert aus den erhaltenen Informationen ein APS-Schlüssel-transport-Kommandoframe in dem entsprechenden Schlüsselinformationen enthalten sind und sendet dies an das Zielfunkmodul. Die APS-Schicht des Empfängers informiert dessen ZDO durch das Senden einer APSME-TRANSPORT-KEY.indication-Primitive über den Erhalt des Kommandoframes und gibt die Schlüsselinformationen über die Parameter an das ZDO weiter:

```
APSME-TRANSPORT-KEY.request(DestAdress,
            KeyType,TransportKeyData)
APSME-TRANSPORT-KEY.indication(SrcAddress,
            KeyType,TransportKeyData)
```

Das Format des Schlüsseltransport-Kommandoframes ist wie folgt:

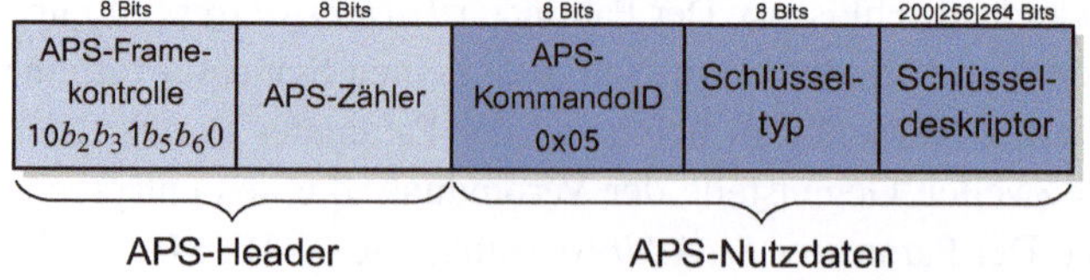

Der Parameter *TransportKeyData* der APSME-TRANSPORT-KEY-Primitiven wie auch der *Schlüsseldeskriptor* des Kommandoframes ist je nach Schlüsseltyp (*KeyType*)

etwas anders aufgebaut, und das Verhalten beim Schlüsseltransport ist leicht unterschiedlich.

Master- oder Linkschlüssel des Trustcenters

Handelt es sich beim Schlüsseltyp um ein Master- oder Linkschlüssel, der für eine Verbindung mit dem Trustcenter benötigt wird (Schlüsseltyp 0x00 oder 0x04), enthält der Parameter *TransportKeyData* den entsprechenden 128-Bit Schlüssel und die Adresse des Elternfunkmoduls des Funkmoduls, für welches der Schlüssel vorgesehen ist. Der Schlüsseldeskriptor des Kommandoframes besteht aus dem 128-Bit Schlüssel, der 64-Bit Zieladresse und der 64-Bit Senderadresse. Das Kommandoframe mit dem Schlüssel wird zuerst an das Elternteil gesendet. Das Kommandoframe wird hierbei mit dessen Linkschlüssel oder dem Netzwerkschlüssel verschlüsselt übertragen. Das Elternteil leitet das Kommandoframe darauf unverschlüsselt an sein Kind weiter.

Netzwerkschlüssel

Handelt es sich bei dem zu übertragenden Schlüssel um den Netzwerkschlüssel (Schlüsseltyp 0x01 oder 0x05), enthält der Parameter *TransportKeyData* die Sequenznummer des Netzwerkschlüssels, den Netzwerkschlüssel selbst, ein Flag (*UseParent*) und ggf. eine Elternadresse (*ParentAddress*). Der Schlüsseldeskriptor des Kommandoframes besteht aus dem Schlüssel, der Sequenznummer, der Ziel- und der Senderadresse. Existiert kein Linkschlüssel oder aktueller Netzwerkschlüssel mit dem der Transport zum Zielfunkmodul abgesichert werden kann, wird das Schlüsseltransport-Kommandoframe zunächst verschlüsselt an dessen Elternteil versendet. Das Flag *UseParent* ist hierbei auf *TRUE* gesetzt und der Parameter *ParentAddress* enthält die Adresse des Elternteils. Nach Erhalt markiert das Elternteil sein Kind (das Zielfunkmodul) in seiner Nachbartabelle (*nwkNeighborTable*) als authentifiziert und leitet das Kommandoframe unverschlüsselt an dieses Kind weiter. Besteht die Möglichkeit der Verschlüsselung, wird das Kommandoframe direkt zum Zielfunkmodul geleitet. Ein verschlüsselter Transport des Netzwerkschlüssels vom Trustcenter zu einem Funkmodul wird im übrigen nicht direkt mit deren Linkschlüssel verschlüsselt, sondern über den sogenannten Schlüssellastschlüssel (key-load key), welcher sich aus dem vom Linkschlüssel-abhängigen Hashwert $HMAC_L$(0x02) ergibt (siehe Abschn. 16.6.2-Hashing).

Schlüssel für eine End-zu-End-Verbindung

Ist der Schlüsseltyp 0x02 oder 0x03 bedeutet dies beim Schlüsseltransport handelt es sich um einen Master- oder Linkschlüssel für eine End-zu-End-Verbindung zwischen zwei Funkmodulen (ausgenommen dem Trustcenter). Der Parameter *TransportKeyData* enthält die Partneradresse des zweiten Funkmoduls der End-zu-End-Verbindung, ein Flag (*Initiator*), welches auf TRUE gesetzt ist, sofern das Zielfunkmodul die zugehörige Schlüsselanfrage gesendet hat und den entsprechenden Master- oder Linkschlüssel. Der Schlüsseldeskriptor des Kommandoframes besteht aus dem 128-Bit Schlüssel, der Partneradresse und einem Initiatorflag. Die Partneradresse ist die Adresse des Funkmoduls,

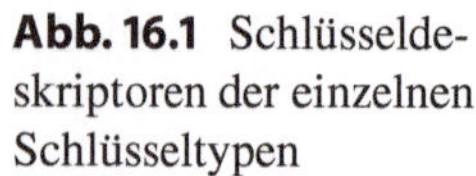

Abb. 16.1 Schlüsselde-skriptoren der einzelnen Schlüsseltypen

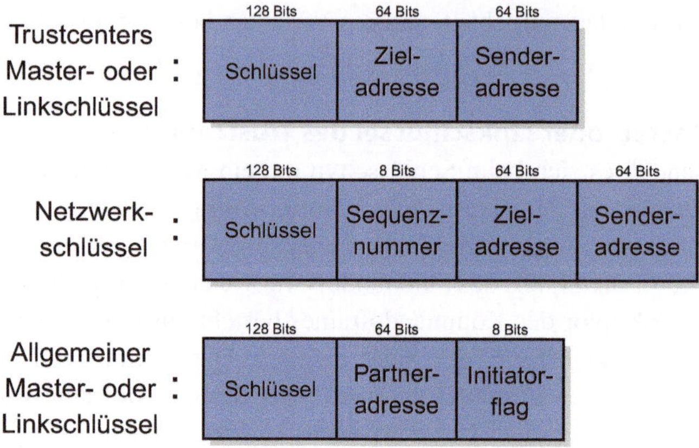

welches den Schlüssel ebenfalls zugeschickt bekommt. Das Initiatorflag wird auf `0x01` gesetzt, sofern dieses Frame an das Funkmodul gesendet wird, welches den Prozess des Schlüsseltransports über eine Schlüsselanfrage eingeleitet hat. Das Kommandoframe wird mit dem sogenannte Schlüsseltransportschlüssel (key-transport key) verschlüsselt. Dieser ergibt sich aus dem vom Linkschlüssel-abhängigen Hashwert $HMAC_L(\texttt{0x00})$ (siehe Abschn. 16.6.2 – Hashing).

Abbildung 16.1 zeigt noch einmal den Aufbau der einzelnen Deskriptoren.

16.5.3   Wechsel des aktiven Netzwerkschlüssels (APSME-SWITCH-KEY)

Hat der Trustcenter via APSME-TRANSPORT-KEY.request einen alternativen Netzwerkschlüssel verteilt, kann er diesen jeder Zeit zum aktiven Netzwerkschlüssel machen. Dafür schickt das ZDO des Trustcenters eine APSME-SWITCH-KEY.request-Primitive mit der Sequenznummer (*KeySeqNumber*) für alle Zielfunkmodule (*DestAdress*), die den entsprechenden Netzwerkschlüssel erhalten haben, an die APS-Schicht. Die APS-Schicht generiert darauf jeweils ein APS-Schlüsselwechsel-Kommandoframe für das Zielfunkmodul und leitet den Transport durch das Senden der NLDE-DATA.request-Primitive an die Netzwerkschicht ein. Das Kommandoframe enthält als APS-Nutzdaten lediglich die Kommando-ID (`0x09`) und die Sequenznummer des alternativen Netzwerkschlüssels:

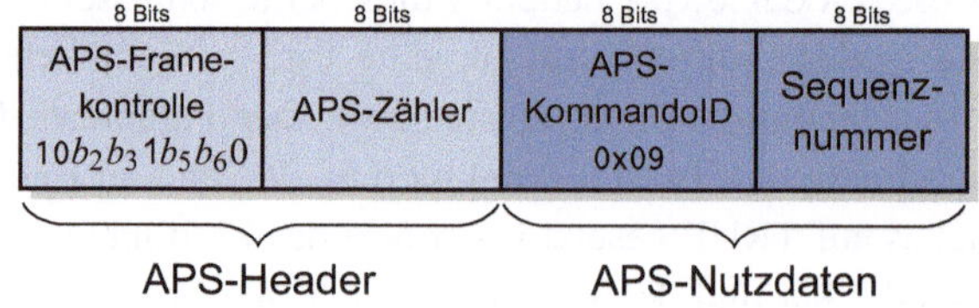

Nach Erhalt des Kommandoframes informiert die APS-Schicht des Zielfunkmoduls durch das Senden einer APSME-SWITCH-KEY.indication-Primitive die ZDO darüber. Das ZDO speichert die erhaltene Sequenznummer in der NIB-Variablen *nwkActiveKey-SeqNumber*, um den zugehörigen Netzwerkschlüssel als aktiven Netzwerkschlüssel festzulegen.

```
APSME-SWITCH-KEY.request(DestAddress,KeySeqNumber)
APSME-SWITCH-KEY.indication(SrcAddress,KeySeqNumber)
```

16.5.4 Generieren eines Linkschlüssels für eine End-zu-End-Verbindung (APSME-ESTABLISH-KEY)

Für eine gesicherte End-zu-End-Verbindung zwischen zwei Funkmodulen benötigen diese einen *Linkschlüssel*. Dieser kann entweder vorinstalliert sein, vom Trustcenter verteilt werden oder von den Funkmodulen selbst generiert werden. Für das Generieren eines Linkschlüssels zwischen zwei Funkmodulen benötigen diese zuvor einen sogenannten *Masterschlüssel*. Dieser kann ebenfalls vorinstalliert sein oder vom Trustcenter verteilt werden. Nachdem aus dem Masterschlüssel der Linkschlüssel generiert wurde, sind nur die zwei entsprechenden Funkmodule im Besitz des Linkschlüssel. Der Masterschlüssel und der daraus generierte Linkschlüssel werden über einen Linkschlüssel-Deskriptor in der AIB-Variablen *apsDeviceKeyPairSet* gespeichert. Im Allgemeinen verläuft die Erzeugung eines Linkschlüssels wie folgt (siehe auch das zugehörige Sequenzdiagramm in Abb. 16.2):

1. Ein Funkmodul (Initiator) möchte mit einem zweiten Funkmodul (Responder) über eine gesicherte End-zu-End-Verbindung kommunizieren und es existiert noch kein entsprechender Linkschlüssel.
2. Existiert kein Masterschlüssel wird dieser durch den Initiator vom Trustcenter über den Aufruf einer APSME-REQUEST-KEY.request angefragt. Der Trustcenter sendet den Masterschlüssel sowohl an den Initiator wie auch an den Responder (siehe Abschn. 16.5.1).
3. Nachdem beide Funkmodule im Besitz eines Masterschlüssels sind, startet das ZDO des Initiators den Prozess zum Generieren des Linkschlüssels durch den Aufruf der Primitive APSME-ESTABLISH-KEY.request.
4. Über das sogenannte SKKE[1]-Protokoll leitet die APS-Schicht daraufhin die Schlüsselgenerierung ein. Dabei werden zwischen Initiator und Responder insgesamt vier SKKE-Frames als APS-Kommandoframes hin und her gesendet. Zunächst sendet der

---

[1] Symmetric-Key Key Establishment

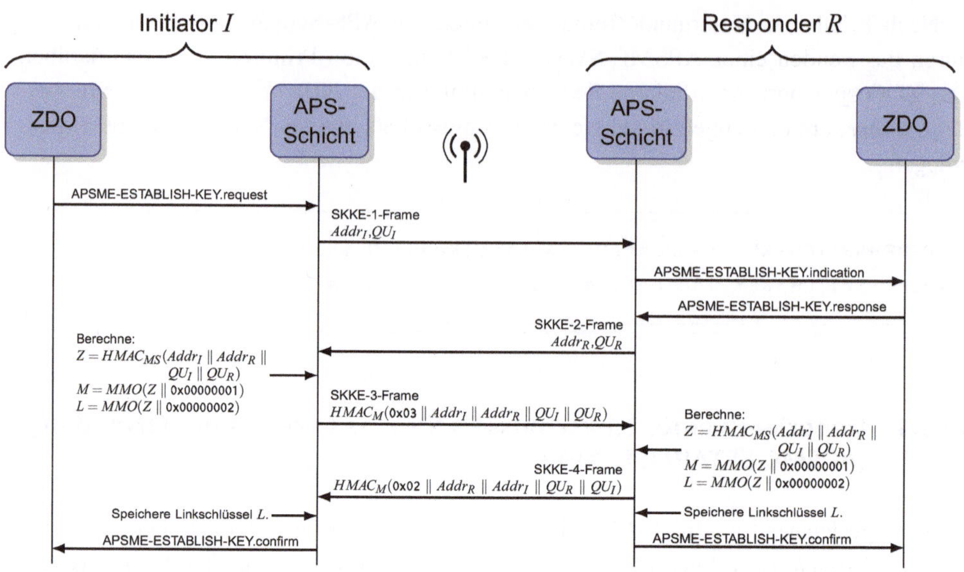

Abb. 16.2 Generierung eines Linkschlüssels zwischen zwei Funkmodulen

Initiator das SKKE-1-Frame (APS-Kommando-ID 0x01) an den Responder. In diesem Frame übermittelt er dem Responder neben seiner 64-Bit MAC-Adresse $Addr_I$ eine sogenannte zufällig erzeugte 128-Bit *Challenge* QU_I.

5. Nach Erhalt des SKKE-1-Frame teilt der Responder dies seinem ZDO über den Aufruf der Primitive APSME-ESTABLISH-KEY.indication mit. Akzeptiert das ZDO des Responders die Anfrage zum Generieren eines Linkschlüssels, sendet es an seine APS-Schicht eine APSME-ESTABLISH-KEY.response-Primitive, in welcher der Parameter *Accept* auf *TRUE* gesetzt ist. Die APS-Schicht generiert darauf ebenfalls eine zufällige 128-Bit *Challenge* QU_R und sendet diese über ein SKKE-2-Frame (APS-Kommando-ID 0x02) nebst 64-Bit MAC-Adresse $Addr_R$ des Responders an den Initiator.

6. Der Initiator berechnet aus den 64-Bit MAC-Adressen und den Challenges den auf dem Masterschlüssel *MS* basierenden Hashwert $Z = HMAS_{MS}(Addr_I \parallel Addr_R \parallel QU_I \parallel QU_R)$ (siehe Abschn. 16.6.2). Aus dem Schlüssel-basiertem Hashwert werden über die Hashfunktion *MMO* (siehe Abschn. 16.6.1) der Testschlüssel $M = MMO(Z \parallel 0x00000001)$ und der Linkschlüssel $L = MMO(Z \parallel 0x00000002)$ generiert.

   Mit dem Testschlüssel erzeugt der Initiator die Testverschlüsselung $HMAC_M(0x02 \parallel Addr_I \parallel Addr_R \parallel QU_I \parallel QU_R)$ und sendet diese über ein SKKE-3-Frame an den Responder.

7. Nach Erhalt des SKKE-3-Frame, berechnet der Responder zunächst aus den 64-Bit MAC-Adressen und den Challenges nach dem gleichen Verfahren wie der Initiator den Testschlüssel M und den Linkschlüssel L. Danach berechnet der Responder ebenfalls

$HMAC_M$ ($0x02$ $\|$ $Addr_I$ $\|$ $Addr_R$ $\|$ QU_I $\|$ QU_R) und überprüft, ob der errechnete Wert mit dem im SKKE-3-Frame erhaltenen Hashwert übereinstimmt. Ist dies der Fall, kann davon ausgegangen werden, dass der Initiator und Responder im Besitz des selben Masterschlüssels sind und damit ebenfalls den gleichen Linkschlüssel errechnet haben. Der Responder erzeugt mit dem Testschlüssel M eine zweite Testverschlüsselung $HMAC_M$ ($0x03$ $\|$ $Addr_I$ $\|$ $Addr_R$ $\|$ QU_I $\|$ QU_R) und sendet diese über ein SKKE-4-Frame an den Initiator. Der Responder speichert den errechneten Linkschlüssel im passenden Linkschlüssel-Deskriptor in der AIB-Variablen *apsDeviceKeyPairSet* und informiert dessen ZDO über den erfolgreichen Abschluss durch das Senden der Primitive APSME-ESTABLISH-KEY.confirm mit dem *Status SUCCESS*.

8. Nach Erhalt des SKKE-4-Frames überprüft der Initiator seinerseits, ob der im SKKE-4-Frame enthaltene Hashwert mit dessen Berechnung von $HMAC_M$ ($0x03$ $\|$ $Addr_I$ $\|$ $Addr_R$ $\|$ QU_I $\|$ QU_R) übereinstimmt. Ist dies der Fall, weiß auch der Initiator, dass er im Besitz des selben Masterschlüssels M ist wie der Responder. Der Initiator geht in diesem Fall davon aus, dass er den gleichen Linkschlüssel wie der Responder errechnet hat und speichert diesen im passenden Linkschlüssel-Deskriptor in seiner AIB-Variablen *apsDeviceKeyPairSet*. Zum Abschluss informiert die APS-Schicht das ZDO über das erfolgreiche Generieren des Linkschlüssels durch das Senden der Primitive APSME-ESTABLISH-KEY.confirm mit dem *Status SUCCESS*.

Abbildung 16.3 zeigt das Format der SKKE-Frames und die Form der APSME-ESTABLISH-KEY-Primitiven ist wie folgt:

```
APSME-ESTABLISH-KEY.request(ResponderAddress,
              UseParent,ResponderParentAddress,
              KeyEstablishmentMethod)
APSME-ESTABLISH-KEY.confirm(Address,Status)
APSME-ESTABLISH-KEY.indication(InitiatorAddress,
              KeyEstablishmentMethod)
APSME-ESTABLISH-KEY.response(InitiatorAddress,Accept)
```

Als *KeyEstablishmentMethod* steht nur das SKKE-Verfahren zur Auswahl. Die Parameter *UseParent, ResponderParentAddress* ermöglichen es das Verfahren zur Generierung eines Linkschlüssels über das Elternteil des beteiligten Funkmoduls zu leiten (siehe Abschn. 16.5.8-Tunneln). Dies ist sinnvoll, sofern es sich bei einem Funkmodul um ein schlafendes Endgerät handelt oder die Kommunikation bis zum Elternteil verschlüsselt abgehalten werden soll (*Tunneling*) und das Kind noch nicht im Besitz eines geeigneten Schlüssels ist.

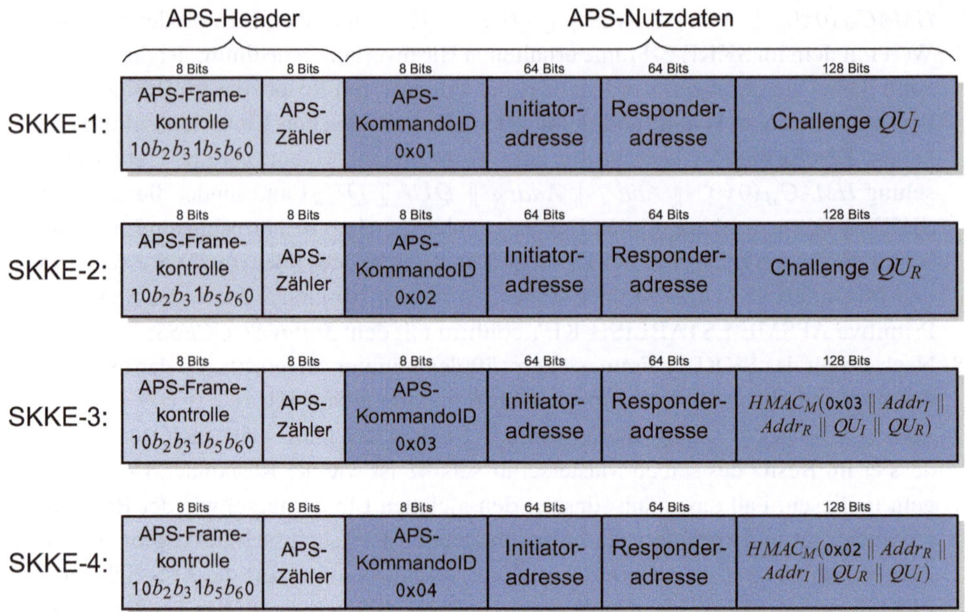

Abb. 16.3 Das Format der SKKE-Frames (APS-Kommadoframes)

16.5.5   Trustcenter über den Status der Funkmodule informieren (APSME-UPDATE-DEVICE)

Insbesondere in einem Netzwerk mit hohem Sicherheitsmodus aber auch optional im normalen Sicherheitsmodus, pflegt der Trustcenter eine Liste mit allen im Netzwerk befindlichen Funkmodulen. Die APS-Schicht bietet Dienste an, die es einem Funkmodul (im Allgemeinen Router) erlaubt den Trustcenter über eine Statusänderung eines Nachbarfunkmoduls zu informieren, z. B. ob das Funkmodul dem Netzwerk neu beigetreten ist oder es verlassen hat. Um eine entsprechende Nachricht zu übermitteln, sendet das ZDO des entsprechenden Funkmoduls an dessen APS-Schicht eine APSME-UPDATE-DEVI-CE.request-Primitive mit der 64-Bit MAC-Adresse des Trustcenters (*DestAddress*), der 64-Bit MAC-Adresse des den Zustand ändernden Funkmoduls (*DeviceAddress*), dessen neuer Status und dessen 16-Bit Kurzadresse. Die APS-Schicht generiert daraus ein entsprechendes APS-Update-Kommandoframe und sendet dies durch den Aufruf der NLDE-DATA.request-Primitive an den Trustcenter:

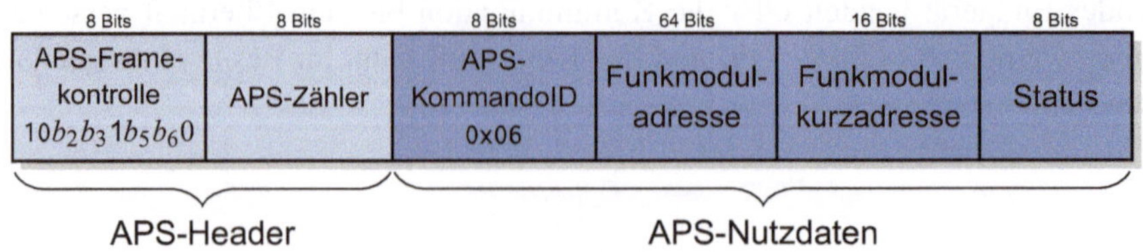

Nach Erhalt des Update-Kommandoframe sendet die APS-Schicht des Trustcenters eine APSME-UPDATE-DEVICE.indication-Primitive mit den im Kommandoframe enthaltenen Informationen an dessen ZDO. Das ZDO wertet diese aus und vermerkt die Statusänderung in seiner Datenbank.

```
APSME-UPDATE-DEVICE.request(DestAdress,DeviceAddress,
                 Status, DeviceShorthAddress)
APSME-UPDATE-DEVICE.indication(SrcAddress,DeviceAddress,
                 Status, DeviceShorthAddress)
```

16.5.6   Funkmodul aus dem Netzwerk entfernen (APSME-REMOVE-DEVICE)

Der Trustcenter ist zum großen Teil für die Sicherheit in einem Netzwerk verantwortlich. Erfüllt ein Funkmodul bestimmte Sicherheitskriterien nicht, kann der Trustcenter dessen Elternteil auffordern das entsprechende Funkmodul aus dem Netzwerk zu entfernen. Das ZDO des Trustcenters sendet dafür die Primitive APSME-REMOVE-DEVICE.request mit dem zu entfernenden Funkmodul und dessen Elternadresse an die APS-Schicht. Die APS-Schicht generiert darauf ein APS-Entferne-Kommandoframe:

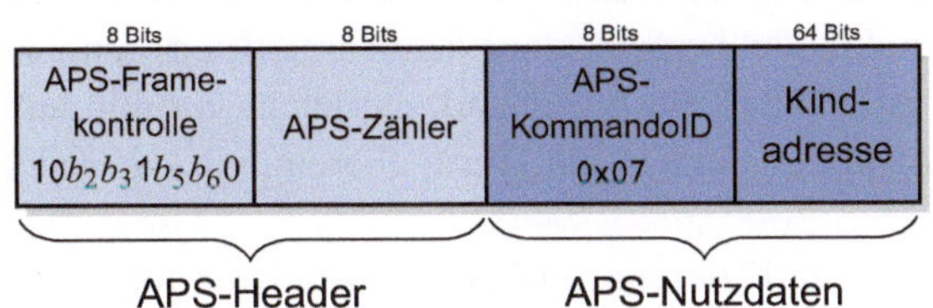

Das Kommandoframe wird über den Aufruf der NLDE-DATA.request-Primitive an das Elternteil des zu entfernenden Funkmoduls gesendet. Nach dessen Erhalt sendet die APS-Schicht des Elternteils an dessen ZDO die Primitive APSME-UPDATE-DEVICE.indication mit der Adresse des zu entfernenden Kindes. Das ZDO sorgt nun durch einen entsprechenden Aufruf der Primitive NLME-LEAVE.request dafür, dass das Kind das Netzwerk verlässt.

```
APSME-REMOVE-DEVICE.request(ParentAddress,ChildAddress)
APSME-REMOVE-DEVICE.indication(SrcAddress,ChildAddress)
```

16.5.7   Gegenseitige Authentifizierung zweier Funkmodule (APSME-AUTHENTICATE)

Zwei Funkmodule können sich gegenseitig authentifizieren ohne das eine verschlüsselte Übertragung durchgeführt werden muss. Die APS-Schicht stellt hierfür die Primitiven APSME-AUTHENTICATE zur Verfügung:

```
APSME-AUTHENTICATE.request(PartnerAddress,
             Action,RandomChallenge)
APSME-AUTHENTICATE.confirm(Address,Status)
APSME-AUTHENTICATE.indication(InitiatorAddress,
             RandomChallenge)
```

Das Prinzip der Authentifizierung ist ähnlich dem der Generierung eines Linkschlüssels zwischen beiden Funkmodulen (siehe Abschn. 16.5.4). Allerdings erfolgt die Authentifizierung über den aktiven Netzwerkschlüssel. Beide Funkmodule generieren jeweils eine zufällige 128-Bit Zeichenkette (*Challenge*). Diese teilen sie dem anderen Funkmodul über ein APS-Kommandoframe der Gegenstelle mit. Jedes Funkmodul generiert mit den Adressdaten, den zwei Challenges und den aktuellen Framezähler der Verbindungen einen Schlüssel-abhängigen Hashwert (siehe Abschn. 16.6.2). Dieser Hashwert inklusive Framezähler wird jeweils dem anderen Funkmodul über ein APS-Kommandoframe mitgeteilt. Das andere Funkmodul berechnet aus den Adressdaten, den zwei Challenges und dem Framezähler ebenfalls den Hashwert und vergleicht ihn mit dem im Kommandoframe erhaltenen Hashwert. Stimmen die Werte überein, gilt das andere Funkmodul als authentifiziert.

Eine erfolgreiche Authentifizierung verläuft im Detail wie folgt (siehe auch das zugehörige Sequenzdiagramm in Abb. 16.4):

1. Das ZDO des Initiator-Funkmoduls sendet eine APSME-AUTHENTICATE.request-Primitive mit der Partneradresse, dem Parameter *Action* gleich *INITIATE* und dem zufälligen Challenge QU_I an die APS-Schicht.
2. Die APS-Schicht des Initiators generiert darauf das APS-Kommandoframe *Initiator-Challenge* mit der Challenge QU_I und dessen 64-Bit MAC-Adresse ($Addr_I$) und sendet dies über den Aufruf der NLDE-DATA.request-Primitive an das Responder-Funkmodul.
3. Die APS-Schicht des Responders informiert dessen ZDO über den Erhalt des Initiator-Challenge-Frames durch das Senden der Primitive APSME-AUTHENTICATE.indication.
4. Akzeptiert das ZDO des Responders die Authentifizierungsanfrage, sendet es an die APS-Schicht die Primitive APSME-AUTHENTICATE.request mit der Partneradres-

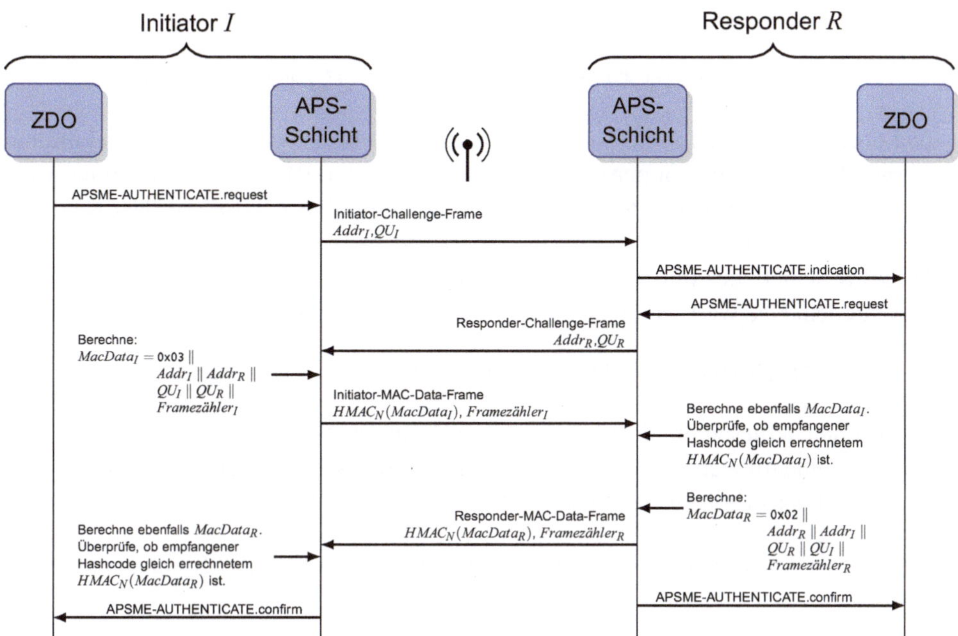

Abb. 16.4 Gegenseitige Authentifizierung zweier Funkmodulen

se, dem Parameter *Action* gleich *RESPOND_ACCEPT* und dem zufälligen Challenge QU_R.

5. Die APS-Schicht des Responders generiert nun ihrerseits das APS-Kommandoframe *Responder-Challenge* mit der Challenge QU_R und dessen 64-Bit MAC-Adresse ($Addr_R$) und sendet dies über den Aufruf der NLDE-DATA.request-Primitive an das Initiator-Funkmodul.

6. Nach Erhalt des Responder-Challenge-Frames berechnet der Initiator den vom aktiven Netzwerkschlüssel N abhängigen Hashwert

$$HMAC_N(0x03 \parallel Addr_I \parallel Addr_R \parallel QU_I \parallel QU_R \parallel Framezähler_I)$$

und sendet diesen über das APS-Kommandoframe *Initiator-MAC-Data* inklusive dem *Framezähler_I* an den Responder.

7. Nach Erhalt des Initiator-MAC-Data-Frames berechnet die APS-Schicht des Responders mit dem Netzwerkschlüssel N ebenfalls den Hashwert

$$HMAC_N(0x03 \parallel Addr_I \parallel Addr_R \parallel QU_I \parallel QU_R \parallel Framezähler_I)$$

und vergleicht diesen mit dem empfangenen Wert. Ist dieser identisch ist der Initiator authentifiziert. Jetzt berechnet der Responder seinerseits einen Netzwerkschlüssel N

abhängigen Hashwert

$$HMAC_N(\texttt{0x02} \parallel Addr_R \parallel Addr_I \parallel QU_R \parallel QU_I \parallel Framezähler_R)$$

und übermittelt diesen inklusive dem *Framezähler$_R$* über das APS-Kommandoframe *Responder-MAC-Data* an den Initiator. Über die erfolgreiche Authentifizierung wird das ZDO des Responders durch den Aufruf der Primitive APSME-AUTHENTICA-TE.confirm informiert.

8. Die APS-Schicht des Initiators berechnet nach Erhalt des Responder-MAC-Data-Frames mit dem Netzwerkschlüssel N ebenfalls den Hashwert

$$HMAC_N(\texttt{0x02} \parallel Addr_R \parallel Addr_I \parallel QU_R \parallel QU_I \parallel Framezähler_R)$$

und vergleicht diesen mit dem empfangenen Hashwert. Ist dieser identisch ist der Responder authentifiziert. Die APS-Schicht informiert das ZDO über das Resultat durch den Aufruf der Primitive APSME-AUTHENTICATE.confirm.

In Abb. 16.5 ist der Aufbau der zur Authentifizierung gehörenden APS-Kommandoframes dargestellt.

Initiator-Challenge-Frame:

8 Bits	8 Bits	8 Bits	8 Bits	0|8 Bits	64 Bits	64 Bits	128 Bits
APS-Frame-kontrolle $10b_2b_31b_5b_60$	APS-Zähler	APS-KommandoID 0x0A	Schlüssel-typ	Schlüssel-sequenz-nummer	Initiator-adresse	Responder-adresse	Challenge QU_I

Responder-Challenge-Frame:

8 Bits	8 Bits	8 Bits	8 Bits	0|8 Bits	64 Bits	64 Bits	128 Bits
APS-Frame-kontrolle $10b_2b_31b_5b_60$	APS-Zähler	APS-KommandoID 0x0B	Schlüssel-typ	Schlüssel-sequenz-nummer	Initiator-adresse	Responder-adresse	Challenge QU_R

Initiator-MAC-Data-Frame:

8 Bits	8 Bits	8 Bits	128 Bits	8 Bits	32 Bits
APS-Frame-kontrolle $10b_2b_31b_5b_60$	APS-Zähler	APS-KommandoID 0x0C	$HMAC_N(MacData_I)$	Datentyp 0x00	$Framezähler_I$

Responder-MAC-Data-Frame:

8 Bits	8 Bits	8 Bits	128 Bits	8 Bits	32 Bits
APS-Frame-kontrolle $10b_2b_31b_5b_60$	APS-Zähler	APS-KommandoID 0x0D	$HMAC_N(MacData_R)$	Datentyp 0x00	$Framezähler_R$

Abb. 16.5 Das Format der APS-Kommadoframes zur Authentifizierung

16.5.8 Tunneln von APS-Kommandoframes des Trustcenters

Besitzt ein Funkmodul keinen Schlüssel für eine gesicherte Kommunikation, weil es z. B. dem Netzwerk neu beigetreten ist und mit keinem Schlüssel vorkonfiguriert ist, hat der Trustcenter die Möglichkeit mit dem entsprechenden Funkmodul über einen Tunnel mit dessen Elternteil zu kommunizieren. Über diesen Tunnel kann der Trustcenter z. B. ein Master-, Link- oder Netzwerkschlüssel an das Funkmodul verteilen. Ein APS-Kommandoframe des Trustcenters an das Funkmodul wird dabei ganz normal verschlüsselt, allerdings mit dem Linkschlüssel des Elternteils. Das so verschlüsselte Frame wird in ein APS-Tunnel-Kommandoframe eingepackt und unverschlüsselt über den Aufruf der Primitive NLDE-DATA.request an das Elternteil versendet. Das Elternteil packt das eingepackte APS-Kommandoframe nach dem Erhalt aus und entschlüsselt es. Anschließend leitet das Elternteil das ausgepackte und unverschlüsselte APS-Kommandoframe des Trustcenters an das entsprechende Kind weiter. Durch dieses Verfahren reduziert sich der Angreifbarkeit auf ein Netz lediglich auf die Verbindung zwischen Elternteil und Kind. Um die Gefahr von unliebsamen Zuhörern zu reduzieren, empfiehlt es sich die Reichweite und Stärke der Übertragung zwischen Elternteil und Kind möglichst gering zu halten oder auf einen anderen freien Funkkanal auszuweichen. Das APS-Tunnel-Kommandoframe hat folgende Struktur:

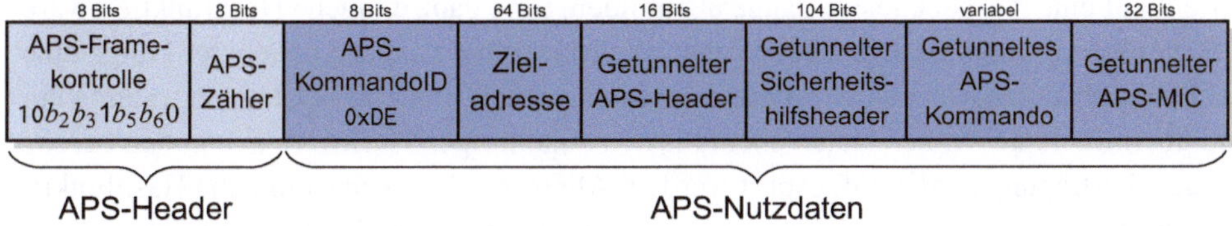

Nach der *APS-Kommando-ID* für das Tunnelkommando (0xDE) folgt die Zieladresse des Kindfunkmoduls, an welches das Elternteil das getunnelte APS-Kommandoframe weiterleiten soll. Der Zieladresse folgt unmittelbar das verschlüsselte und getunnelte APS-Kommandoframe, welches an das Kindfunkmodul ausgeliefert werden soll.

16.5.9 Festlegen von Berechtigungen zum Ausführen von Diensten

Um die Sicherheit in ZigBee-Netzwerken weiter zu erhöhen, besteht die Möglichkeit das Ausführen von Diensten nur bestimmten Funkmodulen zu gestatten. Dazu kann ein Funkmodul eine Tabelle zur Zugriffsteuerung (*permission configuration table*) pflegen, in der es festhält welches andere Funkmodul bestimmte Dienste ausführen darf (siehe Tab. 16.5). Jeder Tabelleneintrag (außer *SKKEWithMasterKey*) ist über einen Erlaubnis-Deskriptor eine Liste von Funkmodulen zugeordnet und ein Flag, ob für den Zugriff der Einsatz eines Linkschlüssels erforderlich ist. Der Tabelleneintrag *SKKEWithMasterKey* bestimmt, wel-

Tab. 16.5 Tabelle zur Zugriffsteuerung

Name	Beschreibung
ModifyPermissions-ConfigurationTable	Funkmodule, die Einträge in dieser Tabelle ändern dürfen.
NetworkSettings	Konfigurieren von Netzwerkparametern.
ApplicationSettings	Konfigurieren von Anwendungsparametern, wie z. B. Binding und Gruppensteuerung.
SecuritySettings	Konfigurieren von Sicherheitsparametern.
ApplicationCommands	Senden von Kommandos der Anwendungsschicht.
SKKEWithMasterKey	Generieren eines Linkschlüssels für eine End-zu-End-Verbindung mit dem SKKE-Verfahren (siehe Abschn. 16.5.4).

ches Funkmodul mit dem Funkmodul dieser Tabelle einen Linkschlüssel erzeugen darf. Hinter diesem Eintrag steht eine Liste von Funkmodulen, denen dies gestattet ist.

16.6 Hashing

Eine Hashfunktion[2] hat die Aufgabe eine beliebig große Eingabemenge möglichst gleichverteilt auf eine Ausgabe fester Länge abzubilden. Eine ganz einfache Hashfunktion wäre z. B. $h(x) = x \mod 10$. Diese Hashfunktion ordnet einer Eingabe beliebiger Länge eine Zahl von 0 bis 9 zu. Setzten wir diese Hashfunktion z. B. bei einer Datenübertragung ein und übermitteln neben den Daten ebenfalls den zugehörigen Hashwert so könnten bereits einige Übertragungsfehler aufgespürt werden. Allerdings ist so eine einfache Hashfunktion vollkommen ungeeignet als Schutz gegen absichtliche Verfälschung von Daten. Zum einen kann ein Angreifer jeder Zeit den Hashwert zu beliebigen Daten berechnen und diesen an uns übertragenen und zum anderen kann ein Angreifer, falls der Hashwert nicht manipuliert werden kann, die Nutzdaten mit anderen Daten austauschen, welche den gleichen Hashwert ergeben. Für eine kryptografische Hashfunktion h gibt es daher folgende Anforderungen:

- h ist eine Einwegfunktion, d. h. die Berechnung von $h(x)$ ist einfach, die Berechnung von x aus $h(x)$ schwer. D. h. x lässt sich nur durch Ausprobieren aller Möglichkeiten (Brute-Force) ermitteln und auch dann gibt es für x auf Grund des Hashings mehrere Lösungen.
- Die Hashfunktion h soll die Eingaben gleich-verteilt auf die Ausgaben abbilden, d. h. ein Ausgabewert soll nicht häufiger vorkommen als jeder andere.
- Eine Eingabe x_2, die zu x_1 nur leicht verschieden ist, z. B. nur in einem Bit, müssen sich in ihren Ausgabenwerten $h(x_1)$ und $h(x_2)$ stark unterscheiden, so dass sich keine Rückschlüsse auf die Eingabe bilden lassen.

---

[2] Für die mathematische Definition einer Hashfunktion siehe z. B. [Wikb].

- Das Finden von x_1 und x_2 für die $h(x_1)=h(x_2)$ darf nur durch Ausprobieren (Brute-Force) möglich sein.

Die Hashfunktionen MD5 und die SHA-Familie sind die bekanntesten kryptografischen Hashfunktionen. ZigBee setzt auf die weniger verbreitete Hashfunktion MMO (*Matyas-Meyer-Oseas*).

16.6.1 Hashfunktion Matyas-Meyer-Oseas

Die Hashfunktion MMO basiert auf einem Blockverschlüsselungsverfahren wie z. B. AES. Dies bietet sich an, da ZigBee zum Verschlüsseln durch Daten mittels CCM* ebenfalls ein Blockverschlüsselungsverfahren benötigt und der entsprechende Algorithmus auch für die Hashfunktion MMO eingesetzt werden kann. Blockverschlüsselungsverfahren können selbst bereits als Hashfunktionen benutzt werden. Zu einer Eingabe und einem Schlüssel wird eine verschlüsselte Ausgabe erstellt, die keine Rückschlüsse auf die Eingabe ermöglicht.

Dieses Verfahren ist Schlüssel-abhängig und hasht die Eingabe je nach eingesetztem Schlüssel unterschiedlich. Allerdings ist es möglich aus der verschlüsselten Ausgabe und dem Schlüssel die Eingabe zu berechnen. Die Hashfunktion MMO setzt die Blockverschlüsselung so ein, dass es nicht mehr möglich ist aus dem gehashten Wert $MMO(x)$ x zu berechnen.

Die Hashfunktion MMO teilt eine Eingabenachricht N in Bitblöcke gleicher Größe, die der Blockgröße der Blockverschlüsselung entsprechen, d. h. $N = N_1 N_2 \ldots N_n$. Jeder Nachrichtenblock wird mit der Blockverschlüsselung verschlüsselt und zudem noch einmal mit einem Exklusiv-Oder verknüpft. Als Schlüssel des Blockverschlüsselungsverfahrens wird der im Schritt zuvor errechnete Hashwert H_{i-1} benutzt. Ein Initialschlüssel H_0 wird zu Beginn festgelegt. Sei $Cipher(Key, M)$ die Blockverschlüsselungsfunktion, mit dem Schlüssel Key auf den Bitblock M angewendet, so ergibt sich für die Hashfunktion MMO:

$$H_i = Cipher(H_{i-1}, N_i) \oplus N_i \quad \text{für } i = 1, 2, \ldots, n$$

H_n bildet hierbei das Ergebnis der Hashfunktion MMO. In der ZigBee Spezifikation wird als Blockverschlüsselung AES eingesetzt, womit sich das in Abb. 17.6 dargestellte Berechnungsschema für die Hashfunktion MMO ergibt.

In der ZigBee Spezifikation ist der Initialschlüssel der Hashfunktion MMO

$$H_0 = \text{0x00 00 00 00 00 00 00 00 00 00 00 00 00 00 00 00}$$

und der Initialvector von AES

$$IV = \text{0x00 00 00 00 00 00 00 00 00 00 00 00 00 00 00 00.}$$

An die Nachricht N wird eine 1 gefolgt von k 0-er und die Länge l der Ursprungsnachricht N in 16-Bit Darstellung angehängt. k ist dabei so gewählt, dass die neu entstandene Nachricht N' sich in 128-Bit Blöcke zerlegen lässt. Betrachten wir eine Beispielrechnung. Sei die zu hashende Nachricht N wie folgt:

$$N = 0x11 \;\; 11 \;\; 22 \;\; 22 \;\; 33 \;\; 33 \;\; 44 \;\; 44 \;\; 55 \;\; 55 \;\; 66 \;\; 66 \;\; 77 \;\; 77 \;\; 88 \;\; 88$$
$$99 \;\; 99 \;\; 00 \;\; 00 \;\; AA \;\; AA \;\; BB \;\; BB \;\; CC \;\; CC \;\; DD \;\; DD \;\; EE \;\; EE \;\; FF \;\; FF$$

Die Nachricht hat die Länge $l = 256\,(0x0100)$ Bits. Damit ergibt sich

$$N' = 0x11 \;\; 11 \;\; 22 \;\; 22 \;\; 33 \;\; 33 \;\; 44 \;\; 44 \;\; 55 \;\; 55 \;\; 66 \;\; 66 \;\; 77 \;\; 77 \;\; 88 \;\; 88$$
$$99 \;\; 99 \;\; 00 \;\; 00 \;\; AA \;\; AA \;\; BB \;\; BB \;\; CC \;\; CC \;\; DD \;\; DD \;\; EE \;\; EE \;\; FF \;\; FF$$
$$80 \;\; 00 \;\; 00 \;\; 00 \;\; 00 \;\; 00 \;\; 00 \;\; 00 \;\; 00 \;\; 00 \;\; 00 \;\; 00 \;\; 00 \;\; 00 \;\; 01 \;\; 00$$

d. h.

$$N_1 = 0x11 \;\; 11 \;\; 22 \;\; 22 \;\; 33 \;\; 33 \;\; 44 \;\; 44 \;\; 55 \;\; 55 \;\; 66 \;\; 66 \;\; 77 \;\; 77 \;\; 88 \;\; 88$$
$$N_2 = 0x99 \;\; 99 \;\; 00 \;\; 00 \;\; AA \;\; AA \;\; BB \;\; BB \;\; CC \;\; CC \;\; DD \;\; DD \;\; EE \;\; EE \;\; FF \;\; FF$$
$$N_3 = 0x80 \;\; 00 \;\; 00 \;\; 00 \;\; 00 \;\; 00 \;\; 00 \;\; 00 \;\; 00 \;\; 00 \;\; 00 \;\; 00 \;\; 00 \;\; 00 \;\; 01 \;\; 00.$$

Damit errechnen sich H_1, H_2 und letztendlich $H_3 = MMO(N')$ wie folgt:

$$
\begin{aligned}
H_1 &= AES_{H_0}(N_1) \oplus N_1 \\
&= 0x16 \;\; 3B \;\; B6 \;\; 28 \;\; 65 \;\; 70 \;\; BE \;\; F3 \;\; 01 \;\; 69 \;\; 01 \;\; F4 \;\; 34 \;\; C6 \;\; EA \;\; 4E \oplus N_1 \\
&= 0x16 \;\; 3B \;\; B6 \;\; 28 \;\; 65 \;\; 70 \;\; BE \;\; F3 \;\; 01 \;\; 69 \;\; 01 \;\; F4 \;\; 34 \;\; C6 \;\; EA \;\; 4E \oplus \\
&\quad\;\; 0x11 \;\; 11 \;\; 22 \;\; 22 \;\; 33 \;\; 33 \;\; 44 \;\; 44 \;\; 55 \;\; 55 \;\; 66 \;\; 66 \;\; 77 \;\; 77 \;\; 88 \;\; 88 \\
&= 0x07 \;\; 2A \;\; 94 \;\; 0A \;\; 56 \;\; 43 \;\; FA \;\; B7 \;\; 54 \;\; 3C \;\; 67 \;\; 92 \;\; 43 \;\; B1 \;\; 62 \;\; C6
\end{aligned}
$$

$$
\begin{aligned}
H_2 &= AES_{H_1}(N_2) \oplus N_2 \\
&= 0x2F \;\; 8E \;\; 43 \;\; 70 \;\; 76 \;\; 7E \;\; 91 \;\; 66 \;\; 4F \;\; 65 \;\; 5D \;\; 0B \;\; 96 \;\; 1A \;\; 2A \;\; 60 \oplus N_1 \\
&= 0x2F \;\; 8E \;\; 43 \;\; 70 \;\; 76 \;\; 7E \;\; 91 \;\; 66 \;\; 4F \;\; 65 \;\; 5D \;\; 0B \;\; 96 \;\; 1A \;\; 2A \;\; 60 \oplus \\
&\quad\;\; 0x99 \;\; 99 \;\; 00 \;\; 00 \;\; AA \;\; AA \;\; BB \;\; BB \;\; CC \;\; CC \;\; DD \;\; DD \;\; EE \;\; EE \;\; FF \;\; FF \\
&= 0xB6 \;\; 17 \;\; 43 \;\; 70 \;\; DC \;\; D4 \;\; 2A \;\; DD \;\; 83 \;\; A9 \;\; 80 \;\; D6 \;\; 78 \;\; F4 \;\; D5 \;\; 9F
\end{aligned}
$$

$$
\begin{aligned}
H_3 &= AES_{H_2}(N_3) \oplus N_3 \\
&= 0x56 \;\; 97 \;\; 45 \;\; DC \;\; E5 \;\; 4C \;\; D3 \;\; F4 \;\; 8A \;\; AD \;\; BD \;\; 52 \;\; 39 \;\; 25 \;\; 3D \;\; CA \oplus N_1 \\
&= 0x56 \;\; 97 \;\; 45 \;\; DC \;\; E5 \;\; 4C \;\; D3 \;\; F4 \;\; 8A \;\; AD \;\; BD \;\; 52 \;\; 39 \;\; 25 \;\; 3D \;\; CA \oplus \\
&\quad\;\; 0x80 \;\; 00 \;\; 00 \;\; 00 \;\; 00 \;\; 00 \;\; 00 \;\; 00 \;\; 00 \;\; 00 \;\; 00 \;\; 00 \;\; 00 \;\; 00 \;\; 01 \;\; 00 \\
&= 0xD6 \;\; 97 \;\; 45 \;\; DC \;\; E5 \;\; 4C \;\; D3 \;\; F4 \;\; 8A \;\; AD \;\; BD \;\; 52 \;\; 39 \;\; 25 \;\; 3C \;\; CA
\end{aligned}
$$

16.6.2 HMAC

Ein *Hash-based message authentication code* (HMAC) ist eine Art *Message Authentication Code* (MAC), dessen Konstruktion auf einer kryptografischen Hashfunktion basiert[3]. Die kryptografische Hashfunktion wird hierbei um einen Schlüssel erweitert, so dass der ermittelte Hashwert von diesem Schlüssel abhängig ist und der Hashwert zum Schutz der Integrität und zur Authentizität einer Nachricht eingesetzt werden kann. Das Verfahren zur Bildung von HMACs in Abhängigkeit des Schlüssel S und der Hashfunktion h ist im NIST Standard FIPS 198 [NIS08] spezifiziert:

$$HMAC_S(N) = h\left(S \oplus opad \parallel h\left((S \oplus ipad) \parallel N\right)\right)$$

opad und *ipad* sind hierbei Konstanten die von der Blocklänge B (in Bytes) der verwendeten Hashfunktion h abhängen:

$$opad = 0x\underbrace{5C\ 5C\ \ldots\ 5C}_{B\text{-}mal} \qquad ipad = 0x\underbrace{36\ 36\ \ldots\ 36}_{B\text{-}mal}$$

In der ZigBee Spezifikation wird als Hashfunktion die zuvor vorgestellte Hashfunktion MMO benutzt. Diese hat eine Blockgröße $B = 16$, womit sich

$$HMAC_S(N) = MMO\left(S \oplus opad \parallel MMO\left((S \oplus ipad) \parallel N\right)\right)$$

mit

$$opad = 0x5C\ 5C\ 5C\ 5C\ 5C\ 5C\ 5C\ 5C\ 5C\ 5C\ 5C\ 5C\ 5C\ 5C\ 5C\ 5C$$
$$ipad = 0x36\ 36\ 36\ 36\ 36\ 36\ 36\ 36\ 36\ 36\ 36\ 36\ 36\ 36\ 36\ 36$$

ergibt. Betrachten wir hierzu ein Rechenbeispiel. Sei der Schlüssel

$$S = 0x12\ 34\ 56\ 78\ 90\ AB\ CD\ EF\ 12\ 34\ 56\ 78\ 90\ AB\ CD\ EF$$

und die Nachricht

$$N = 0x11\ 11\ 22\ 22\ 33\ 33\ 44\ 44\ 55\ 55\ 66\ 66\ 77\ 77\ 88\ 88$$
$$99\ 99\ 00\ 00\ AA\ AA\ BB\ BB\ CC\ CC\ DD\ DD\ EE\ EE\ FF\ FF.$$

---

[3] [Wikc]

Zunächst berechnen wir

$(S \oplus ipad) \parallel N$

$= $ 0x12 34 56 78 90 AB CD EF 12 34 56 78 90 AB CD EF$\oplus$

    0x36 36 36 36 36 36 36 36 36 36 36 36 36 36 36 36 $\parallel N$

$= $ 0x24 02 60 4E A6 9D FB D9 24 02 60 4E A6 9D FB D9 $\parallel N$

$= $ 0x24 02 60 4E A6 9D FB D9 24 02 60 4E A6 9D FB D9

    11 11 22 22 33 33 44 44 55 55 66 66 77 77 88 88

    99 99 00 00 AA AA BB BB CC CC DD DD EE EE FF FF.

Von diesem Ergebnis berechnen wir den MMO-Hashwert:

$MMO\,((S \oplus ipad) \parallel N)$

$= $ 0x07 89 A4 B9 0D E8 2C 61 93 CA 64 DC 86 68 3B AA

Im nächsten Schritt verknüpfen wir den Schlüssel mit *opad* mit einem Exklusiv-Oder:

$S \oplus opad = $ 0x12 34 56 78 90 AB CD EF 12 34 56 78 90 AB CD EF$\oplus$

    0x5C 5C 5C 5C 5C 5C 5C 5C 5C 5C 5C 5C 5C 5C 5C 5C

$= $ 0x4E 68 0A 24 CC F7 91 B3 4E 68 0A 24 CC F7 91 B3

An diese Ergebnis fügen wir den zuvor errechneten Hashwert an und berechnen davon erneut den MMO-Hashwert:

$HMAC_S(N)$

$= MMO\,(S \oplus opad \parallel MMO\,((S \oplus ipad) \parallel N))$

$= MMO($0x4E 68 0A 24 CC F7 91 B3 4E 68 0A 24 CC F7 91 B3 $\parallel$

    0x07 89 A4 B9 0D E8 2C 61 93 CA 64 DC 86 68 3B AA$)$

$= $ 0x90 83 D8 74 70 9E 06 0B DE 38 37 F6 1A EA 0D B2

Das bedeutet wir haben zur Nachricht N einen Code erzeugt, von dem wir ausgehen können, dass zur dessen Berechnung die Kenntnis des Schlüssel S notwendig ist.

Atmel BitCloud

BitCloud ist die Implementierung eines ZigBee-Stacks nach der ZigBee-Spezifikation von 2007 der Firma Atmel. BitCloud unterstützt aus der ZigBee-Spezifikation alle Funktionalitäten des Stackprofils *ZigBee PRO*, d. h. mit BitCloud können großflächige und zuverlässige Meshnetzwerke realisiert werden. Der Stack unterstützt zahlreiche firmeneigene Mikrocontroller und Transceiver. Insbesondere bietet Atmel Ein-Chip-Lösungen an, die sowohl einen energiesparenden Mikrocontroller als auch einen Transceiver beinhalten. Hierzu zählen die Chips aus der ZigBit-Reihe, welche aus der Verschaltung eines Mikrocontrollers ATmega1281 mit Transceivern der AT86RF-Reihe bestehen, als auch die komplette ein Chip Lösungen ATmega128RFA1 und ATmega128RFA2, bei denen im Mikrocontroller die Transceiverfunktionalität integriert ist.

17.1 Aufbau des BitCloud-Stack

BitCloud baut auf dem MAC-Stack von Atmel auf. Dieser ist eine Implementierung des IEEE 802.15.4 Standards [IEE11] und realisiert die zwei unteren Schichten, die PHY- und die MAC-Schicht. Der BitCloud-Stack erweitert den Atmel MAC-Stack, so dass dieser die ZigBee Spezifikation 2007 für das Stackprofil *ZigBee PRO* erfüllt. Insbesondere bedeutet dies eine Erweiterung auf Netzwerke mit Routingfunktionalität, so dass großflächige Meshnetzwerke realisiert werden können. Eine Übersicht über den Aufbau des BitCloud-Stack ist in Abb. 17.1 dargestellt.

Einen Teil der vom Mikrocontroller und Transceiver abhängigen Funktionen beinhaltet die physikalische Schicht. Das sind z. B. Funktionen für die Modulation, die Kanalwahl und die eigentliche Übertragung. Weitere hardwareabhängige Funktionalitäten beinhalten die zwei Komponenten *Board Support Package* (BSP) und *Hardware Abstraction Layer* (HAL):

© Springer Fachmedien Wiesbaden 2014

M. Krauße, R. Konrad, *Drahtlose ZigBee-Netzwerke*, DOI 10.1007/978-3-658-05821-0_17

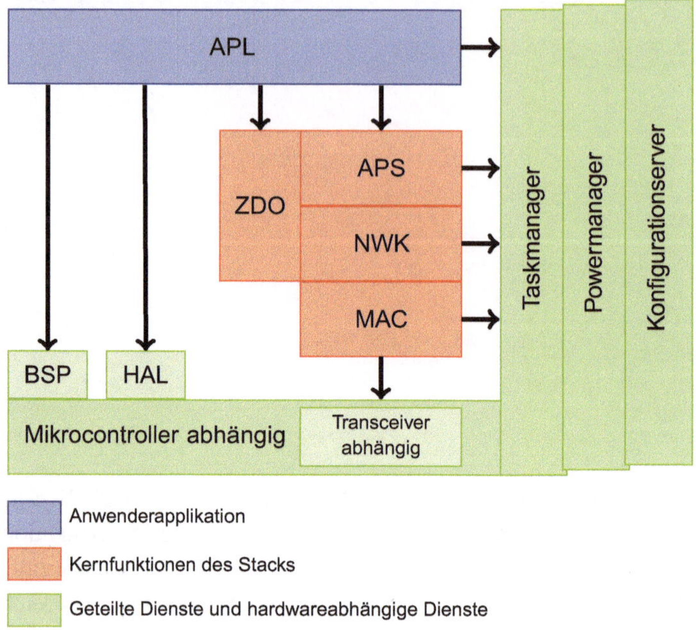

Abb. 17.1 Komponenten des Atmel BitCloud-Stack

BSP: Das Modul BSP[1] beinhaltet alle für ein Entwicklerboard notwendigen Treiber und
Funktionen z. B. Funktionen zum Auslesen von Sensoren und Schalterzuständen.

HAL: Das Modul HAL beinhaltet hardwarespezifische Funktionen des Funkmoduls, d. h.
Funktionen zum Ansteuern der Ressourcen des Mikrocontrollers und Transceivers
(IRQ, TWI, SPI, USART, Eprom, watchdog timer, …)

Der Atmel BitCloud-Stack besteht aus den folgenden vier Kernmodulen, welche die
eigentlichen ZigBee Kernfunktionen enthalten:

MAC: Dieses Modul gehört zum Atmel MAC-Stack. Es regelt z. B. den Kanalzugriff, die
Adressvergabe und die zuverlässige direkte Auslieferung von Paketen.

NWK: Das Modul NWK ist die Implementierung der ZigBee-Netzwerkschicht. Es ist z. B.
für den Aufbau eines Netzwerkes, den Beitritt in ein bestehendes Netzwerk, das
Routing sowie die Vergabe von 16-Bit Kurzadressen zuständig.

ZDO: Das ZDO-Modul beinhaltet Managementfunktionen für das Netzwerk. Dazu zählen z. B. das Netzwerk zu starten, bzw. diesem beizutreten, Informationen über
Nachbarknoten zu sammeln, Eintreten in den Schlafmodus um Energie zu sparen
und Informationen über die Verbindungsqualität zu ermitteln.

---

[1] Board Support Package

APS: Das Modul APS ist für den Datenaustausch zwischen verschiedenen Funkmodulen zuständig. Dazu zählen unter anderem der Aufbau eines Datenpaketes, das Registrieren von Endpunkten, die Erstellung von virtuellen Verbindungen zu anderen Funkmodulen (Binding), das zuverlässige Senden von Daten über mehrere Router hinweg und die Erstellung von Gruppen. Zudem bietet dieses Modul Funktionen für die Verwaltung von Schlüssel für eine gesicherte Verbindung.

Die oberste Schicht des BitCloud-Stacks ist die Anwendungsschicht (APL). In dieser Schicht wird die eigene Anwendung in ein vorgegebenes Grundgerüst eingebettet. Der Programmierer muss bzw. sollte sich bei der Implementierung einer Anwendung an verschiedene Konventionen halten (z. B. Begrenzung des Ausführungsdauer von Funktionen und Namenskonventionen).

Der BitCloud-Stack besitzt noch die drei weitere Komponenten, den Taskmanager, den Powermanager und den Konfigurationsserver. Diese stehen nicht für sich allein, sondern ihre Funktionen haben Auswirkungen auf den kompletten Stack:

Taskmanager: Der Taskmanager ist für die Ressourcenverteilung des Mikrocontrollers verantwortlich. Er ordnet den einzelnen Task verschiedene Prioritäten zu und arbeitet diese entsprechend ihrer Reihenfolge ab.

Powermanager: Soll ein Funkmodul in den sogenannten Schlafmodus eintreten, um Energie zu sparen, ist es die Aufgabe des Powermanagers alle nicht benötigten Ressourcen abzuschalten und den Mikrocontroller und den Transceiver in die energiesparenden Zustände zu überführen. Genauso ist er dafür verantwortlich das Funkmodul wieder in den aktiven Zustand zurückzuführen.

Konfigurationsserver: Der Konfigurationsserver verwaltet alle für das Netzwerk benötigten Parameter (z. B. die Pan-ID, die 16-Bit Kurzadresse, die 64-Bit MAC-Adresse, den Funkkanal, …).

17.2 BitCloud Taskmanager

Der BitCloud-Stack verfügt über einen Taskmanager, der die Ablaufpriorität der einzelnen Tasks regelt. Der Taskmanager verfügt nicht über die Möglichkeit laufende Tasks anzuhalten und die Kontrolle an einen anderen Task abzugeben, wie es zum Beispiel bei Windows oder Linux der Fall ist. Diesen Luxus erlauben die Ressourcen eines Mikrocontrollers nicht. Der Taskmanager verwaltet für diese Aufgabe eine Variable `SYS_taskFlag`. Jeder Task hat eine eindeutige ID. Wünscht ein Task die Kontrolle zu erhalten, wird dazu in der Variablen `SYS_taskFlag` das Bit entsprechend der ID des Tasks gesetzt. Dies geschieht mit Hilfe der Funktion `SYS_PostTask(task_id)`. Soll z. B. der APL-Task vom Taskmanager aufgerufen werden, ist dies mit dem Befehl `SYS_PostTask(APL_TASK_ID)` dem Taskmanager bekannt zugeben. Allerdings wird der APL-Task vom Taskmanager erst aufgerufen, wenn alle anderen Task mit höherer Priorität abgearbeitet sind. Die höchste Priorität aller Tasks hat der Task aus der MAC/PHY-Schicht. Sobald irgendwelche Pakete über den Transceiver ankommen, sind diese schnellstmöglich zu bearbeiten, um z. B. wegen der geringen Bufferkapazität des Transceivers keine ankommenden Pakete zu verlieren. Der Task mit der geringsten Priorität ist der APL-Task. D. h. der Task der eigentlichen Anwendung wird als letztes ausgeführt. Der Programmierer einer Applikation muss sich zudem an die Regel halten, dass der Task nach spätestens 50 ms abgearbeitet sein muss, um keine Konflikte im BitCloud-Stack zu erzeugen, sonst besteht die Gefahr, dass Pakete im Netzwerk verloren gehen oder gar die Verbindung zum Netzwerk verloren geht. Wird mehr Bearbeitungszeit vom Programmierer benötigt, kann dies dem Taskmanager durch den erneuten Aufruf von `SYS_PostTask(APL_TASK_ID)` signalisiert werden. Die Arbeitsweise des Taskmanagers und wie das Prinzip der Priorität der verschiedenen Tasks funktioniert, lässt sich sehr schön am Sourcecode des Taskmanagers erkennen:

```
void SYS_RunTask(void){
    if(SYS_taskFlag & MAC_PHY_HWD_TASK_ID){
        SYS_taskFlag &= (~MAC_PHY_HWD_TASK_ID);
        MAC_PHY_HWD_TaskHandler();
    } else if(SYS_taskFlag & HAL_TASK_ID){
        SYS_taskFlag &= (~HAL_TASK_ID);
        HAL_TaskHandler();
    } else if(SYS_taskFlag & MAC_HWI_TASK_ID){
        SYS_taskFlag &= (~MAC_HWI_TASK_ID);
        MAC_HWI_TaskHandler();
    } else if(SYS_taskFlag & NWK_TASK_ID){
        SYS_taskFlag &= (~NWK_TASK_ID);
        NWK_TaskHandler();
    } else if(SYS_taskFlag & ZDO_TASK_ID){
        SYS_taskFlag &= (~ZDO_TASK_ID);
        ZDO_TaskHandler();
    } else if(SYS_taskFlag & APS_TASK_ID){
        SYS_taskFlag &= (~APS_TASK_ID);
        APS_TaskHandler();
    } else if(SYS_taskFlag & SSP_TASK_ID){
        SYS_taskFlag &= (~SSP_TASK_ID);
        SSP_TaskHandler();
    } else if(SYS_taskFlag & TC_TASK_ID){
        SYS_taskFlag &= (~TC_TASK_ID);
        TC_TaskHandler();
    } else if(SYS_taskFlag & BSP_TASK_ID){
        SYS_taskFlag &= (~BSP_TASK_ID);
        BSP - BSP_TaskHandler();
    } else if(SYS_taskFlag & ZCL_TASK_ID){
        SYS_taskFlag &= (~ZCL_TASK_ID);
        ZCL_TaskHandler();
    } else if(SYS_taskFlag & APL_TASK_ID){
        SYS_taskFlag &= (~APL_TASK_ID);
        APL_TaskHandler();
    }
}
```

Die Funktion `SYS_RunTask()` wird vom System in einer unendlichen for-Schleife permanent aufgerufen. Wünschen ein oder mehrere Tasks die Kontrolle, d. h. die entspre-

chenden Taskflags sind gesetzt, wird der Task mit der höchsten Priorität als erstes aufgerufen. Das zum Task zugehörige Flag wird gelöscht und der entsprechende Taskhandler
aufgerufen. Ist dieser mit seiner Bearbeitung fertig, gibt er die Kontrolle zurück an den
Taskmanager und das ganz Prozedere beginnt von Neuem.

17.3 Anwendung einer blinkenden LED

Zum besseren Verständnis von BitCloud programmieren wir eine erste einfache Anwendung. In unserer Anwendung lassen wir eine LED blinken, die an Port E Pin 0 des Mikrocontrollers, angeschlossen ist. Als erstes müssen wir die LED an den entsprechenden
Pin des Mikrocontrollers anschließen und über einen Widerstand mit der Masse verbinden. Für unsere Beispielanwendung benutzen wir ein Funkmodul mit einem Atmel ZigBit
2,4 GHz Chip mit Dual-Chip Antenne, der mit einem Atmega 1281 Mikrocontroller und
dem Transceiver AT86RF230 aufgebaut ist. Der Port E Pin 0 des Mikrocontrollers ist beim
ZigBit Chip auf Pin 39 (USART0_TXD). Für die Verschaltung siehe auch Abb. 6.8. Zum
Programmieren benötigen wir den BitCloud-Stack für ZigBit Module, der kostenlos von
der Atmel Webseite heruntergeladen werden kann.

In Stack existieren im Verzeichnis *Applications* verschiedene Beispielanwendungen. Als Basis für unsere Anwendung benutzen wir die Beispielanwendung *Blink*. Die
Verzeichnisstruktur ist bei allen Beispielanwendungen identisch aufgebaut. Im Verzeichnis *as5_projects* liegen Projektdateien für AVRStudio 5. Im Verzeichnis *include* liegen
Header-Dateien der Anwendung, in diesem Fall *blink.h*. Im Verzeichnis *makefiles* liegen verschiedenen Makefiles für den Compiler. Diese sind unterteilt nach eingesetztem
Chip bzw. Board und darunter nach verschiedenen Anforderung an den Stack, wie z. B.
ob das Funkmodul die Funktionalität als Koordinator, Router oder Endpunkt benötigt oder ob Sicherheitsfunktionen eingesetzt werden. Wir gehen hierauf nicht weiter
ein und werden das Makefile mit dem größten Funktionsumfang auswählen (*Makefi-
le_All_Sec_ZigBit_Atmega1281_Rf212_8Mhz_Gcc*). Im Verzeichnis *src* befindet sich der
Sourcecode der Anwendung, in diesem Fall *blink.c*. Im Hauptverzeichnis finden wir die
Datei *configuration.h*. In dieser Datei lassen sich Konfigurationseinstellungen für die
Anwendung vornehmen, z. B. Auswahl der Adresse, des Funkkanals, der Sendestärke und
etliches mehr. Die Datei *configuration.h* wird von der Anwendung automatisch einge-
bunden. Tabelle 17.1 zeigt eine Übersicht der Verzeichnisstruktur der für uns relevanten
Verzeichnisse und Dateien.

Wir starten jetzt AVRStudio 6.1 und öffnen die Projektdatei *MeshBean.avrsln* aus dem
Verzeichnis *as5_projects*. Dies ist zwar eine AVRStudio 5 Projektdatei, allerdings wird
beim Öffnen das Projekt automatisch in das Format von AVRStudio 6.1 konvertiert und die
entsprechenden Projektdateien mit den Endungen *.atsln* und *.atsln* angelegt. Eventuelle
Warnmeldungen bei der Konvertierung können wir ignorieren. Im *Solution Explorer* von
AVRStudio sehen wir die Struktur, wie wir sie in etwa auch im Anwendungsverzeichnis
vorgefunden haben. Welche Dateien hier dargesetllt sind, ist in der geöffneten Projektdatei
festgelegt. Falls die Datei *blink.c* noch nicht geöffnet ist, wählen wir diese im *Solution*

Tab. 17.1 Struktur der Beispielanwendungen des BitCloud-Stacks

Verzeichnis	Beschreibung
as5_projects/	Projektdateien für AVRStudio 5.
include/	Dieses Verzeichnis beinhaltet alle Headerdateien. Im Fall der Beispielanwendung *Blink* ist dies nur *blink.h*.
makefiles/	Makefiles für den Compiler. Diese sind unterteilt nach eingesetztem Chip bzw. Board und darunter nach verschiedenen Anforderung an den Stack.
src/	In diesem Verzeichnis liegt der Sourcecode der Anwendung. Im Fall der Beispielanwendung *Blink* ist dies lediglich die Datei *blink.c*.
configuration.h	In dieser Datei werden Konfigurationseinstellungen für das Netzwerk vorgenommen, z. B. Auswahl der Adresse, des Funkkanals, der Sendestärke und etliches mehr.

Explorer durch einen Doppelklick aus, wodurch diese geöffnet wird. Am Ende der Datei finden wir folgende *main*-Funktion:

```c
int main(void){
   SYS_SysInit();      //Initialisiert den Mikrocontroller.
   for(;;){
      SYS_RunTask();   //Ruft den Taskmanager auf.
   }
}
```

Jede Anwendung muss genau diese *main*-Funktion implementieren. Durch den Aufruf der Funktion `SYS_SysInit()` wird der Mikrocontroller initialisiert und danach in einer Endlosschleife mit `SYS_RunTask()` der Taskmanager gestartet. Zu Anfang sind die Flags aller Tasks gesetzt, so dass diese alle einmal aufgerufen werden. D. h. für uns, dass irgendwann vom Taskmanager die Funktion `APL_TaskHandler()` aufgerufen wird. Das ist auch genau die Funktion, in der wir unsere Hauptlogik programmieren müssen. Wir werden diese Funktion hier vereinfachen und anpassen, da wir zunächst nur den ZigBit-Chip benutzen und die Hardwarefunktionalität des Meshbeanboards nicht zur Verfügung steht. Zudem werden wir erst später besprechen wie das boardspezifische Modul *BSP* des BitCloud-Stacks an unsere Hardware angepasst werden kann. Die Funktion des Task-Handler `APL_TaskHandler()` passen wir wie folgt an:

```c
static HAL_AppTimer_t blinkTimer;
              ⋮

void APL_TaskHandler(void){
   DDRE |= (1 << PE0);
   blinkTimer.interval = 1000;
   blinkTimer.mode     = TIMER_REPEAT_MODE;
   blinkTimer.callback = blinkTimerFired;
   HAL_StartAppTimer(&blinkTimer);
}
```

Als erstes wird der Port E Pin 0, an dem die LED angeschlossen ist, als Ausgangs-port initialisiert. Um die LED blinken zu lassen benötigen wird einen Timer, der die LED im Wechsel an und aus schaltet. Die Zeit, nachdem der Timer ausgelöst wird, legen wir mit `blinkTimer.interval = 1000` auf 1000 Milisekunden fest. Durch die An-gabe `blinkTimer.mode = TIMER_REPEAT_MODE` läuft der Timer permanent, bis dieser explizit gestoppt wird und löst alle 1000 Milisekunden aus. Mit dem Parameter `TIMER_ONE_SHOT_MODE` würde der Timer nur ein einziges Mal auslösen. Als nächs-tes wird durch `blinkTimer.callback = blinkTimerFired` festgelegt, welche Callback-Funktion aufgerufen wird, sobald der Timer ausgelöst wird. Um den Timer zu starten, wird eine Referenz des Timers (`&blinkTimer`) durch den Aufruf der Funktion `HAL_StartAppTimer(&blinkTimer)` an den HAL-Task übergeben.

Die dem Timer zugewiesene Callback-Funktion soll, sobald der Timer auslöst, jeweils den Zustand von Port E Pin 0 wechseln, d.h liegt auf dem Ausgang eine 0 soll dieser auf 1 bzw. bei 1 auf 0 wechseln. Damit ergibt sich für die Implementation der Funktion `blinkTimerFired()`:

```c
static HAL_AppTimer_t blinkTimer;
static void blinkTimerFired(void);
            :
            :
static void blinkTimerFired(){
    PORTE ^= (1 << PE0);
}

void APL_TaskHandler(void){
            :
            :
}
```

Der BitCloud-Stack benötigt zur Realisierung seiner Aufgaben einige vom Program-mierer zu implementierende Funktionen. Dies sind die Funktionen `ZDO_MgmtNwkUpdateNotf` und `ZDO_WakeUpInd`. Ist über einen Konfigurationsparame-ter das Feature Binding aktiviert, sind auch die Funktionen `ZDO_BindIndication` und `ZDO_UnbindIndication` zu implementieren. Wofür diese Funktionen dienen, werden wir später erörtern. In der Blink-Anwendung werden diese Funktionen nicht benötigt und deshalb mit keinerlei Logik implementiert:

```c
void ZDO_MgmtNwkUpdateNotf(ZDO_MgmtNwkUpdateNotf_t *nwkParams){
    nwkParams = nwkParams;
}

void ZDO_WakeUpInd(void){}

#ifdef _BINDING_
void ZDO_BindIndication(ZDO_BindInd_t *bindInd){
    (void)bindInd;
}
```

```
void ZDO_UnbindIndication(ZDO_UnbindInd_t *unbindInd){
   (void)unbindInd;
}
#endif //_BINDING_
```

Bevor wir den angepassten Sourcecode compilieren, müssen wir das vom Compiler zu benutzende Makefile festlegen. Dazu wählen wir in der Standardmenüleiste von AVRStudio aus dem DropDown-Menü *Solution Configuration* das Makefile *Makefile_All_Sec_ZigBit_Atmega1281_Rf212_8Mhz_Gcc*. Im Allgemeinen sollte dies bereits vorausgewählt sein. Damit die LED unseres Funkmoduls blinkt, müssen wir den angepassten Sourcecode nur noch compilieren und das Image auf unser Modul übertragen.

17.4   Portierung an ein eigenes Funkmodul

In unserem vorherigen Beispiel haben wir die Projektdateien, die Konfiguration und das boardspezifische Paket (BSP) des Meshbeanboards benutzt. Dieses Board basiert ebenfalls auf dem ZigBit-Chip von Atmel, d. h. die Einstellungen betreffs Mikrocontroller und Transceiver sind identisch. Bei unseren vorherigen Blink-Anwendung steuern wir eine LED unmittelbar über den Port des Mikrocontrollers an. Dies führt dazu, dass die Programmlogik speziell an unser Board angepasst ist und nicht ohne weiteres auf ein anderes Board übertragen werden kann. Das Meshbeanboard besitzt z. B. 3 LEDs, die an anderen Ports des Mikrocontrollers angeschlossen sind. Zu dem besitzt das Meshbeanboard Buttons, DIP-Schalter und Sensoren. Die DIP-Schalter und Buttons werden zum Teil benutzt, um Eigenschaften der Module während der Laufzeit festzulegen. Da unserem Board diese Hardware nicht zur Verfügung steht, kann dies eventuell sogar zur Laufzeit Probleme verursachen. Wir werden jetzt ein eigenes boardspezifisches Paket (BSP) erstellen, bei dem lediglich drei LEDs implementiert sind.

Die BSP-Pakete befinden sich im Verzeichnis *BitCloud\Components\BSP*. Als Basis nehmen wir das Paket des Meshbeanboards und werden dieses an unsere Hardware anpassen. Dazu kopieren wir den Ordner *MESHBEAN* und benennen ihn zu *MEINBOARD* um. Das zu benutzende BSP-Paket wird in der Konfiguration der Anwendung ausgewählt und automatisch mit dieser zusammen compiliert. Als erstes müssen wir dem Compiler einige Informationen unseres Boards bekannt geben. Am Anfang der Datei *BSP\BoardConfig.h* fügen wir hierfür folgenden Eintrag hinzu:

```
#ifdef BOARD_MEINBOARD
  #define _LEDS_
#endif
       :
       :
```

Durch das Setzten von Flags wird hier festgelegt, welche Hardware ein Board unterstützt. In unserem Fall sind das lediglich LEDs.

In der Datei *BSP\BoardConfig* werden dem Compiler weitere Informationen mitgeteilt. Für unser Board sind am Anfang der Datei folgende Angaben hinzuzufügen:

```
ifeq ($(BOARD), BOARD_MEINBOARD)
  BSP_LIB = BSPMEINBOARD
  BOARDCFLAGS += -D_LEDS_
endif
        ⋮
```

Damit der Compiler die für unsere Funkmodul zuständigen Dateien kompiliert, fügen wir am Anfang der Datei *BSP\Makefile* unter dem Eintrag des Meshbeanboards einen Eintrag für unser Board hinzu:

```
ifeq ($(BOARD), BOARD_MESHBEAN)
  BUILDDIR = ./MESHBEAN
else ifeq ($(BOARD), BOARD_MEINBOARD)
  BUILDDIR = ./MEINBOARD
        ⋮
```

Im selben *Makefile* ist in etwa der Mitte unter dem Eintrag des Meshbeanboards ein weiterer Eintrag für unser Board zu ergänzen:

```
        ⋮
ifeq ($(BOARD), BOARD_MESHBEAN)
modules =                       \
        leds                    \
        pwrCtrl                 \
        bspTaskManager          \
        buttons                 \
        lm73                    \
        tsl2550                 \
        battery                 \
        sliders                 \
        sensors                 \
        fakeBSP
else ifeq ($(BOARD), BOARD_MEINBOARD)
modules =                       \
        leds                    \
        bspTaskManager          \
        fakeBSP
        ⋮
```

Nach diesen Vorbereitung können wir das eigentliche boardspezifische Paket erstellen. Dazu wechseln wir in unser kopiertes und umbenanntes Verzeichnis *MEINBOARD* und löschen als erstes alle nicht benötigten Dateien. Aus dem Verzeichnis *include* löschen wir alle Headerdateien, außer den zwei Dateien *bspLeds.h* und *bspTaskManager.h*, und im

Verzeichnis *src* behalten wir lediglich die drei Dateien *bspTaskManager.c*, *fakeBSP.c* und *leds.c*.

An unseren ZigBit-Chip schließen wir an Pin 38 (UART0_RXD) eine grüne, an Pin 39 (UART0_RXD) eine gelbe und an Pin 40 (UART0_EXTCLK) eine rote LED an (siehe Abb. 6.8). Um die entsprechenden Pins des ZigBit-Chips als Ausgänge zu initialisieren und diese an- und auszuschalten, müssen wir in der Headerdatei *include\bspLeds.h* entsprechende Funktionen definieren. Das Ansteuern der Pins könnte direkt über den Port und den entsprechenden Pin des Mikrocontroller erfolgen, z. B. könnte für die Festlegung des Pins 39 (UART0_RXD) als Ausgang die Funktion `#define halInitYellowLed()   {DDRE |= (1 << PE0);}` definiert werden. Es ist allerdings eleganter, hierfür die vom BitCloud-Stack zur Verfügung gestellten Funktionen zu benutzen. Um Pin 39 als Ausgang zu zu deklarieren, genügt es die Funktion `GPIO_USART0_RXD_make_out()` aufzurufen[2]. Die Anpassungen der Datei *bspLeds.h* sehen wie folgt aus:

```
#ifndef _BSPLEDS_H
#define _BSPLEDS_H

#include <gpio.h>
#include <leds.h>

#define halInitGreenLed()        GPIO_USART0_TXD_make_out()
#define halUnInitGreenLed()      GPIO_USART0_TXD_make_in()
#define halReadGreenLed()        GPIO_USART0_TXD_read()
#define halToggleGreenLed()      GPIO_USART0_TXD_toggle()
#define halOnGreenLed()          GPIO_USART0_TXD_set()
#define halOffGreenLed()         GPIO_USART0_TXD_clr()

#define halInitYellowLed()       GPIO_USART0_RXD_make_out()
#define halUnInitYellowLed()     GPIO_USART0_RXD_make_in()
#define halReadYellowLed()       GPIO_USART0_RXD_read()
#define halToggleYellowLed()     GPIO_USART0_RXD_toggle()
#define halOnYellowLed()         GPIO_USART0_RXD_set()
#define halOffYellowLed()        GPIO_USART0_RXD_clr()

#define halInitRedLed()          GPIO_USART0_EXTCLK_make_out()
#define halUnInitRedLed()        GPIO_USART0_EXTCLK_make_in()
#define halReadRedLed()          GPIO_USART0_EXTCLK_read()
#define halToggleRedLed()        GPIO_USART0_EXTCLK_toggle()
#define halOnRedLed()            GPIO_USART0_EXTCLK_set()
#define halOffRedLed()           GPIO_USART0_EXTCLK_clr()

#endif /*_BSPLEDS_H*/
```

Ist das Bit `BSP_TASK_ID` in der Variablen `SYS_TaskFlag` des Taskmanager gesetzt, wird dieser aufgefordert den Task des BSP-Pakets aufzurufen, d.h der Taskmanager führt, sobald die Tasks mit höherer Priorität abgearbeitet wurden, die Funktion

---

[2] *Anmerkung:* TXD und RXD müssen bei USART0 vertauscht angeschlossen werden, deshalb ist auch die Zuweisung gegenüber dem Datenblatt vertauscht. Bei UART1 findet diese Vertauschung bereits intern statt.

`BSP_TaskHandler()` aus. Das Bit `BSP_TASK_ID` ist beim Start jeder Anwendung zunächst gesetzt und lässt sich jeder Zeit durch den Aufruf `SYS_PostTask(BSP_TASK_ID)` erneut setzen. In der Datei *bspTaskManager.c* wird der BSP-Taskhandler implementiert. Wenn Sensoren, Buttons oder sonstige Hardware an den Mikrocontroller angeschlossen sind, die periodische Abfrage oder Bearbeitung der Hardware benötigen, implementiert der BSP-Taskhandler hierfür eigene Tasks. Die Funktionsweise und Implementierung des BSP-Taskhandler ist dabei identisch zum Taskmanager, d. h. jeder eigene BSP-Task wird durch ein eigenes Bit in einer Flagvariablen verwaltet. Da wir nur LEDs ansteuern, benötigen wir keine Tasks und der BSP-Taskhandler ist als leere Funktion implementiert, d. h. wir löschen alles, was im BSP-Taskhandler implementiert ist. Die Datei *src\bspTaskManager.c* hat für unser Funkmodul damit die folgende einfache Form:

```c
#include <bspTaskManager.h>
#include <atomic.h>

void BSP_TaskHandler(void){
}
```

Da LEDs eine wertvolle Hilfe sind, wenn es darum geht eine Anwendung zu debuggen oder ihre aktuellen Zustände zu verfolgen, werden wir nicht nur eine LED, sondern drei LEDs implementieren. Sind an den entsprechenden Pins des Mikrocontrollers später keine LEDs angeschlossen, hat dies keine negativen Auswirkungen. Alle Pins an denen LEDs angeschlossen sind, müssen bei der Initialisierung des Mikrocontrollers als Ausgang definiert werden. Die Funktionen für die einzelnen LEDs sind von uns bereits in der Headerdatei *include\bspLeds.h* definiert. In der Datei *src\leds.c* implementieren wir jetzt BSP-Funktionen, die später jeder Anwendung unabhängig des benutzten boardspezifischen Paketes zur Verfügung stehen und das Initialisieren und Schalten der LEDs ermöglicht:

```c
#include <bspLeds.h>

result_t BSP_OpenLeds(void){
    halInitRedLed();
    halInitYellowLed();
    halInitGreenLed();
    return BC_SUCCESS;
}

result_t BSP_CloseLeds(void){
    halUnInitRedLed();
    halUnInitYellowLed();
    halUnInitGreenLed();
    return BC_SUCCESS;
}
```

```c
void BSP_OnLed(uint8_t id){
   switch (id){
      case LED_RED:
         halOnRedLed();
         break;
      case LED_GREEN:
         halOnGreenLed();
         break;
      case LED_YELLOW:
         halOnYellowLed();
         break;
   }
}

void BSP_OffLed(uint8_t id){
   switch (id){
      case LED_RED:
         halOffRedLed();
         break;
      case LED_GREEN:
         halOffGreenLed();
         break;
      case LED_YELLOW:
         halOffYellowLed();
         break;
   }
}

void BSP_ToggleLed(uint8_t id){
   switch (id){
      case LED_RED:
         halToggleRedLed();
         break;
      case LED_GREEN:
         halToggleGreenLed();
         break;
      case LED_YELLOW:
         halToggleYellowLed();
         break;
   }
}
```

Die Bearbeitung des boardspezifischen Pakets ist damit abgeschlossen. Als letztes sind die Projektdateien und Makefiles der Anwendung so anzupassen, dass diese das neu erstellte BSP-Paket benutzen und die entsprechenden Dateien compilieren. Dazu kopieren wir im Verzeichnis *Applications\Blink\makefiles* den Ordner der Makefiles des Funkmoduls *Meshbean* und benennen diesen zu *MeinBoard* um. Als Compiler benutzen wir den GCC-Compiler, somit sind in diesem Ordner nur die Makefiles mit der Endung *_Gcc* für uns interessant. Je nachdem welchen Funktionsumfang das Image unserer compilierte Anwendung besitzt, wird das entsprechende Makefile zum Compilieren benutzt. Wir beschreiben hier lediglich die Modifikation des Makefiles mit dem größten Funktionsumfang *Makefile_All_Sec_ZigBit_Atmega1281_Rf212_8Mhz_Gcc*. In allen anderen Makefiles sind die gleichen Modifikationen vorzunehmen. Alle Zeilen in denen in irgendeiner Form der Begriff *MESHBEAN* vorkommt, ist dieser durch *MEINBOARD* zu ersetzten bzw. bei Nichtvorhandensein einer Datei zu löschen:

```
        ⋮
DEFINES = \
  -DAT86RF212 \
  -DBOARD_MEINBOARD \
  -DATMEGA1281 \
  -DHAL_8MHz \
  -DSTANDARD_SECURITY_MODE \
  -DSTACK_TYPE_ALL

INCLUDES = \
  -I./../.. \
  -I./../../include \
  -I./../../../../BitCloud/Components/BSP/MEINBOARD/include \
  -I./../../../../BitCloud/lib \
        ⋮
  ./../../../../BitCloud/Components/PersistDataServer/src/pdsCrcService.c \
  ./../../../../BitCloud/Components/BSP/MEINBOARD/src/leds.c \
  ./../../../../BitCloud/Components/BSP/MEINBOARD/src/fakeBSP.c \
  ./../../../../BitCloud/Components/BSP/MEINBOARD/src/bspTaskManager.c \
  ./../../../../BitCloud/Components/ConfigServer/src/csPersistentMem.c \
        ⋮
```

Um die Projektdateien anzupassen, kopieren wir die zwei Dateien *MeshBean.avrgccproj* und *MeshBean.avrsln* aus dem Verzeichnis *Applications\Blink\as5_projects* und benennen diese zu *MeinBoard.avrgccproj* und *MeinBoard.avrsln* um. In der Datei *MeinBoard.avrsln* taucht in der dritten Zeile zweimal das Wort *MeshBean* auf, welches wir durch *MeinBoard* ersetzten. In der eigentlichen Projektdatei *MeinBoard.avrgccproj* ist etwas mehr anzupassen. Zuerst müssen wir den neuen Ort der Makefiles angeben, d. h. wir ersetzten alle Vorkommen von *..\makefiles\MeshBean* durch *..\makefiles\MeinBoard*. Damit wir im *Solution Explorer* von AVRStudio auch die für unser Board richtigen Dateien angezeigt bekommen, müssen wir noch alle Compile-Tags in denen MESHBEAN vorkommt löschen, und an diese Stelle die für unser Board vorhandenen Dateien angeben:

```
        ⋮
  <Link>Components\PersistDataServer\include\pdsDataServer.h</Link>
</Compile>
<Compile Include=".\..\..\..\BitCloud\Components\BSP\MEINBOARD\src\leds.c">
  <SubType>compile</SubType>
  <Link>Components\BSP\src\leds.c</Link>
</Compile>
<Compile Include=".\..\..\..\BitCloud\Components\BSP\MEINBOARD\src\fakeBSP.c">
  <SubType>compile</SubType>
  <Link>Components\BSP\src\fakeBSP.c</Link>
</Compile>
```

```
<Compile Include=".\..\..\..\BitCloud\Components\BSP\MEINBOARD\src\bspTaskManager.
   c">
 <SubType>compile</SubType>
 <Link>Components\BSP\src\bspTaskManager.c</Link>
</Compile>
<Compile Include=".\..\..\..\BitCloud\Components\ConfigServer\src\csPersistentMem.
   c">
 <SubType>compile</SubType>
      ⋮
```

In Zeile 27 ist als letztes <Name>MeshBean</Name> durch <Name>MeinBoard</Name> zu ersetzten. Jetzt erweitern wir unsere Blink-Anwendung dahingehend, dass alle drei LEDs in unterschiedlichen Intervallen blinken und der Zugriff auf die LEDs Board-unabhängig über die Funktionen des BSP-Moduls erfolgt:

```c
static HAL_AppTimer_t blinkTimer;
static void blinkTimerFired(void);
static uint8_t counter = 0;

      ⋮

static void blinkTimerFired(){
   if(counter==0)
      BSP_ToggleLed(LED_RED);
   else if (counter==1)
      BSP_ToggleLed(LED_YELLOW);
   else
      BSP_ToggleLed(LED_GREEN);

   counter++;
   counter%=3;
}

void APL_TaskHandler(void){
   BSP_OpenLeds();
   blinkTimer.interval = 1000;
   blinkTimer.mode     = TIMER_REPEAT_MODE;
   blinkTimer.callback = blinkTimerFired;
   HAL_StartAppTimer(&blinkTimer);
}
      ⋮
```

Nach allen Anpassungen können wir die Anwendung kompilieren und auf das Funkmodul übertragen.

17.5 Blink-Anwendung als Zustandsautomat

Beim Programmieren einer Anwendung müssen wir darauf achten, dass der APL-Taskhandler die Kontrolle nach spätestens 50 ms zurück an den Taskmanager gibt. Wird eine Callback-Funktion aufgerufen, muss diese sogar nach spätestens 10 ms abgearbei-

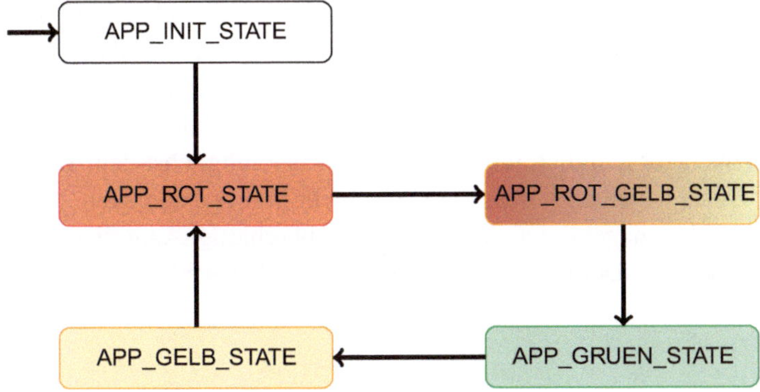

Abb. 17.2 Zustandsautomat einer Ampelschaltung

tet sein. Um dies sicherzustellen ist es üblich den APL-Task als Zustandsautomat zu programmieren. Lange Bearbeitungszeiten können vermieden werden, in dem Aufgaben unterteilt und in verschiedenen Zuständen bearbeitet werden. Ist ein Zustand abgearbeitet, wird die Kontrolle wieder an den Taskmanager abgegeben. Dabei wird allerdings das Flag gesetzt, dass der APL-Task baldmöglichst ein weiteres Mal aufgerufen werden will, um weitere Aufgaben zu erledigen. Ein ähnliches Prinzip gilt für Callback-Funktionen. Im Allgemeinen wird hier nur geringe Anwenderlogik implementiert, vielmehr ändert die Callback-Funktion den aktuellen Zustand, speichert alle benötigten Daten, setzt das Flag des APL-Tasks und gibt die Kontrolle zurück an den Taskmanager.

Das Ein- und Ausschalten von LEDs verursacht zwar keine langen Bearbeitungszeiten, trotzdem werden wir die Blink-Anwendung so abändern, dass sie einen solchen Zustandsautomaten beschreibt. Die Blink-Anwendung soll hierbei eine Ampelschaltung simulieren. Abbildung 17.2 zeigt den zugehörigen Zustandsautomaten.

Als Erstes definieren wir in der Headerdatei *blink.h* die benötigten Zustände und lagern den Wert des Blinktimers aus, damit dieser einfacher zu ändern ist:

```c
#ifndef _BLINK_H
#define _BLINK_H

#include "leds.h"

#define APP_BLINK_INTERVAL    2000

typedef enum{
    APP_INIT_STATE,
    APP_ROT_STATE,
    APP_ROT_GELB_STATE,
    APP_GRUEN_STATE,
    APP_GELB_STATE
} AppState_t;
#endif // _BLINK_H
```

Zur Speicherung des aktuellen Zustandes benötigen wir eine globale Variable vom Typ `AppState_t`. Zudem wird die Programmlogik jedes Zustandes als Fall einer switch-Anweisung implementiert. Am Ende der Programmlogik jedes Zustands wird der Folgezustand festgelegt. Beim Aufruf der Callback-Funktion des Timers `blinkTimerFired` wird dem Taskmanager lediglich mitgeteilt, dass er baldmöglichst den APL-Taskhandler aufrufen soll. Es sei angemerkt, dass die LEDs nicht immer exakt nach 2000 ms blinken müssen. Ist der Taskmanager mit anderen Aufgaben beschäftigt, kann sich die Ausführung entsprechend verzögern. Der komplette Sourcecode der Datei *blink.c* sieht wie folgt aus:

```c
#include <appTimer.h>
#include <zdo.h>
#include <blink.h>
#include <taskManager.h>

static HAL_AppTimer_t blinkTimer;
static void blinkTimerFired(void);
static AppState_t state = APP_INIT_STATE;

void APL_TaskHandler(void){
    switch(state){
        case APP_INIT_STATE:
            BSP_OpenLeds();
            blinkTimer.interval = APP_BLINK_INTERVAL;
            blinkTimer.mode     = TIMER_REPEAT_MODE;
            blinkTimer.callback = blinkTimerFired;
            HAL_StartAppTimer(&blinkTimer);
            state=APP_ROT_STATE;
            break;
        case APP_ROT_STATE:
            BSP_OnLed(LED_RED);
            BSP_OffLed(LED_YELLOW);
            BSP_OffLed(LED_GREEN);
            state=APP_ROT_GELB_STATE;
            break;
        case APP_ROT_GELB_STATE:
            BSP_OnLed(LED_YELLOW);
            state=APP_GRUEN_STATE;
            break;
        case APP_GRUEN_STATE:
            BSP_OffLed(LED_RED);
            BSP_OffLed(LED_YELLOW);
            BSP_OnLed(LED_GREEN);
            state=APP_GELB_STATE;
            break;
        case APP_GELB_STATE:
            BSP_OnLed(LED_YELLOW);
            BSP_OffLed(LED_GREEN);
            state=APP_ROT_STATE;
            break;
    }
}
```

```
static void blinkTimerFired(){ SYS_PostTask(APL_TASK_ID); }
int main(void){
   SYS_SysInit();
   for(;;){ SYS_RunTask(); }
}

void ZDO_MgmtNwkUpdateNotf(ZDO_MgmtNwkUpdateNotf_t *nwkP){nwkP = nwkP;}
void ZDO_WakeUpInd(void){}
#ifdef _BINDING_
void ZDO_BindIndication(ZDO_BindInd_t *bindI){(void)bindI;}
void ZDO_UnbindIndication(ZDO_UnbindInd_t *unbindI){(void)unbindI;}
#endif //_BINDING_
```

Nachdem wir die Anwendung compiliert und auf unser Funkmodul übertragen haben, schalten sich die LEDs in der Reihenfolge einer Straßenverkehrsampel an und aus.

17.6   Ausgabe über die UART-Schnittstelle

Wir werden jetzt einen Anwendung programmieren, die Daten über die UART-Schnittstelle an einen PC sendet. Als Erstes kopieren wir den kompletten Ordner *Blink* aus dem Verzeichnis *Applications* und benennen diesen um zu *UsartApp*. Die Quell- und Headerdatei *blink.c* und *blink.h* benennen wir um zu *app.c* und *app.h*. Durch diese anwendungsneutralen Namen haben wir es beim nächsten Kopieren des Projektes einfacher, denn wir müssen diese und die folgenden Anweisungen nicht mehr durchführen. Damit im AVRStudio die richtigen Dateien geöffnet werden, ersetzten wir in der AVRStudio 6.1 Projektdatei *as5_projects\MeinBoard.cproj* jeweils zweimal *blink.c* durch *app.c* und *blink.h* durch *app.h*. Genauso ersetzten wir 16-mal das Wort *Blink* durch das Wort *App*. Den Ordner *as5_projects* benennen wir aus Konsistenzgründen zu *as6_projects* um und löschen alle übrigen Projektdateien außer *MeinBoard.atsln* und *MeinBoard.cproj*. Damit der Compiler die richtigen Dateien übersetzt, sind als letztes die Makefiles aus dem Verzeichnis *makefiles\MEINBOARD* anzupassen. Wieder interessieren uns nur die Makefiles für den Avr-gcc-Compiler, welche die Endung *_Gcc* besitzen. Dort ersetzen wir einmal *blink.c* durch *app.c* und `APP_NAME = Blink` durch `APP_NAME = App`.

Nun öffnen wir im AVRStudio 6.1 die Projektdatei *as6_projects\MeinBoard.atsln* aus unserem neuem Projektverzeichnis *UsartApp*. In unserer Anwendung benötigen wir eine globale Variable vom Typ `HAL_UsartDescriptor_t`. In dieser Variablen werden die für die Verbindung notwendigen Einstellungen wie z. B. Baudrate und synchroner/asynchroner Modus gespeichert. Für unsere Anwendung schließen wir als UART-USB-Bridge das CP2102EK Evaluation Kit entsprechend Abb. 6.13 an der UART1-Schnittstelle des Mikrocontrollers an. Die Schnittstelle betreiben wir im asynchronen Modus mit einer Baudrate von 38400. Die Datenlänge ist 8 Bit, es wird kein Paritätsbit und keine Flußkontrolle eingesetzt und das Stoppbit ist 1:

```
            ⋮
#include <usart.h>
            ⋮
static HAL_UsartDescriptor_t usartDescriptor;
static void initUsart(void);
            ⋮
static void initUsart(void){
   usartDescriptor.tty              = USART_CHANNEL_1;
   usartDescriptor.mode             = USART_MODE_ASYNC;
   usartDescriptor.baudrate         = USART_BAUDRATE_38400;
   usartDescriptor.dataLength       = USART_DATA8;
   usartDescriptor.parity           = USART_PARITY_NONE;
   usartDescriptor.stopbits         = USART_STOPBIT_1;
   usartDescriptor.flowControl      = USART_FLOW_CONTROL_NONE;
   usartDescriptor.rxBuffer         = NULL;
   usartDescriptor.rxBufferLength = 0;
   usartDescriptor.rxCallback       = NULL;
   usartDescriptor.txBuffer         = NULL;
   usartDescriptor.txBufferLength = 0;
   usartDescriptor.txCallback       = NULL;
}
            ⋮
```

Sind die Parameter im `usartDescriptor` initialisiert, kann die UART-Schnittstelle durch den Aufruf von `HAL_OpenUsart(&usartDescriptor)` geöffnet werden. An die geöffnete UART-Schnittstelle können Daten durch die Funktion `HAL_WriteUsart()` übertragen werden. Unsere Anwendung wird als erstes im Zustand `APP_INIT_STATE` die UART-Schnittstelle initialisieren und öffnen, einen Timer starten, der alle 2 Sekunden auslöst und zum Abschluss in den Zustand `APP_NOTHING_STATE` wechselt, in dem die Anwendung pausiert. Beim Auslösen des Timers wechselt die Anwendung in den Zustand `APP_AUSGABE_STATE` und der Taskmanager wird durch den Aufruf von `SYS_PostTask(APL_TASK_ID)` angewiesen, baldmöglichst den APL-Taskhandler aufzurufen. Im Zustand `APP_AUSGABE_STATE` geben wir den Text *Hallo Welt!* aus und wechseln zurück in den Zustand `APP_NOTHING_STATE`. In der Header-Datei *app.h* werden die zu benutzenden Zustände definiert und das Sendeintervall festgelegt:

```
#ifndef _APP_H
#define _APP_H

#define APP_SENDE_INTERVAL     2000

typedef enum{
   APP_INIT_STATE,
   APP_AUSGABE_STATE,
   APP_NOTHING_STATE
} AppState_t;
#endif
```

Der Ausgabefunktion `HAL_WriteUsart` werden drei Parameter übergeben. Der erste Parameter ist eine Referenz auf eine Variable des Typs `HAL_UsartDescriptor_t`. Der zweite Parameter ist eine Referenz auf ein Array vom Typ `uint8_t` der über die UART-Schnittstelle zu übertragenden Zeichen. Der dritter Parameter informiert über die Länge des Arrays. Damit sieht die Datei *app.c* wie folgt aus:

```c
#include <appTimer.h>
#include <zdo.h>
#include <app.h>
#include <taskManager.h>
#include <usart.h>

static AppState_t appstate = APP_INIT_STATE;

static HAL_AppTimer_t sendeTimer;
static void sendeTimerFired(void);
static void initTimer(void);

static HAL_UsartDescriptor_t usartDescriptor;
static void initUsart(void);

void APL_TaskHandler(void){
    switch(appstate){
        case APP_INIT_STATE:
            initUsart();
            HAL_OpenUsart(&usartDescriptor);
            initTimer();
            appstate=APP_NOTHING_STATE;
            HAL_StartAppTimer(&sendeTimer);
            break;

        case APP_AUSGABE_STATE:
            HAL_WriteUsart(&usartDescriptor, (uint8_t*)"Hallo Welt!\n\r", 13);
            appstate=APP_NOTHING_STATE;
            break;

        case APP_NOTHING_STATE:
            break;
    }
}

static void initUsart(void){
    usartDescriptor.tty           = USART_CHANNEL_1;
    usartDescriptor.mode          = USART_MODE_ASYNC;
    usartDescriptor.baudrate      = USART_BAUDRATE_38400;
    usartDescriptor.dataLength    = USART_DATA8;
    usartDescriptor.parity        = USART_PARITY_NONE;
    usartDescriptor.stopbits      = USART_STOPBIT_1;
    usartDescriptor.flowControl   = USART_FLOW_CONTROL_NONE;
    usartDescriptor.rxBuffer      = NULL;
    usartDescriptor.rxBufferLength = 0;
    usartDescriptor.rxCallback    = NULL;
    usartDescriptor.txBuffer      = NULL;
    usartDescriptor.txBufferLength = 0;
    usartDescriptor.txCallback    = NULL;
}
```

```c
static void initTimer(void){
    sendeTimer.interval = APP_SENDE_INTERVAL;
    sendeTimer.mode     = TIMER_REPEAT_MODE;
    sendeTimer.callback = sendeTimerFired;
}
static void sendeTimerFired(){
    appstate=APP_AUSGABE_STATE;
    SYS_PostTask(APL_TASK_ID);
}

int main(void){
    SYS_SysInit();
    for(;;){
        SYS_RunTask();
    }
}

void ZDO_MgmtNwkUpdateNotf(ZDO_MgmtNwkUpdateNotf_t *nwkP){
    nwkP = nwkP;
}


void ZDO_WakeUpInd(void){}

#ifdef _BINDING_
void ZDO_BindIndication(ZDO_BindInd_t *bindI){
    (void)bindI;
}

void ZDO_UnbindIndication(ZDO_UnbindInd_t *unbindI){
    (void)unbindI;
}
#endif //_BINDING_
```

Nachdem die Anwendung compiliert und das Image auf ein Funkmodul übertragen wurde, verbinden wir das Funkmodul über die UART-USB-Bridge mit dem USB-Port. Wird jetzt ein Terminalprogramm (z. B. Putty oder Hyperterminal) gestartet, muss der Port an dem das Funkmodul angeschlossen ist, ausgewählt werden. Der Port kann in Windows durch Öffnen des Gerätemanagers ermittelt werden. Die Geschwindigkeit der Übertragung beträgt 38400 Baud. Das Paritätsbit und die Flusskontrolle sind auszuschalten und als Stopbit wird 1 gewählt. Nach aufgebauter Verbindung wird am Terminal alle 2 Sekunden *Hallo Welt!* ausgegeben. In Abb. 17.3 ist als Beispiel der Start von Putty und das Ausgabefenster, in dem *Hallo Welt!* ausgegeben wird, dargestellt. Bei diesem Beispiel hängt das Funkmodul am Port COM4.

17.7   Ein UART-Manager bei größeren Ausgabenmengen

Die Ausgabe über die UART-Schnittstelle durch die Funktion `HAL_WriteUsart()` erfordert, dass wir die Kontrolle an den Taskmanager abgeben, damit dieser den HAL-Taskhandler aufrufen kann. Wird die Funktion `HAL_WriteUsart()` ein weiteres Mal aufgerufen bevor der HAL-Taskhandler die erste Anweisung abgearbeitet hat, ist nur die

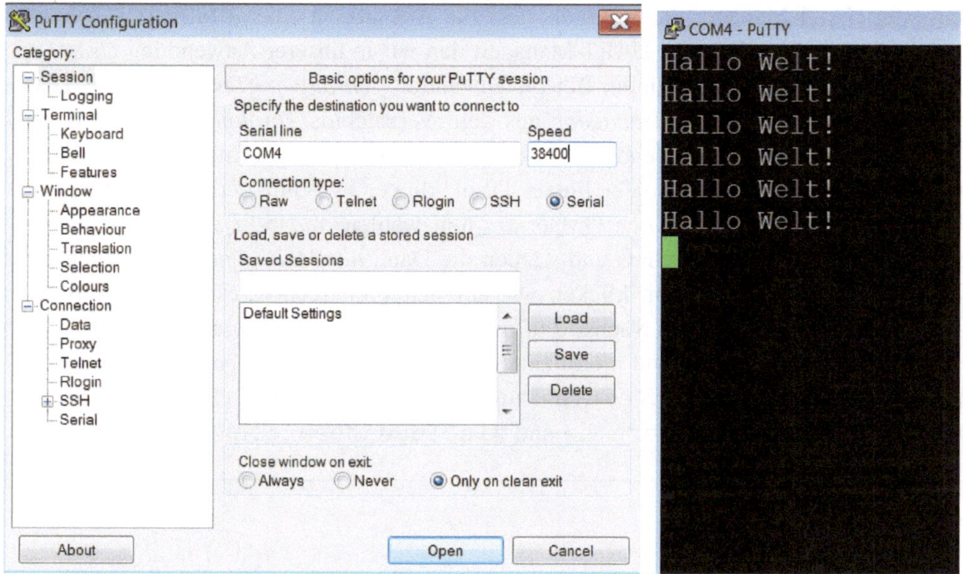

Abb. 17.3 Darstellung der Ausgabe der Beispielanwendung *UsartApp* mittels Putty

erste Ausgabe zu sehen und die zweite wird verworfen. Der HAL-Taskhandler hat ja bereits die erste Ausgabe in seinem Buffer gespeichert und diese ist noch nicht abgearbeitet. Dies soll an einem Beispiel verdeutlicht werden. Da wir die *UsartApp* in der aktuellen Version später noch für ein weiteres Beispiel benötigen, kopieren wir uns den Ordner *UsartApp* und benennen ihn zu *UsartManagerApp* um. In unserem neuen Projekt passen wir den Zustand `APP_AUSGABE_STATE` in der Datei *src\app.c* wie folgt an:

```
    ⋮
case APP_AUSGABE_STATE:
    HAL_WriteUsart(&usartDescriptor, (uint8_t*)"Ausgabe1\n\r", 10);
    HAL_WriteUsart(&usartDescriptor, (uint8_t*)"Ausgabe2\n\r", 10);
    appstate=APP_NOTHING_STATE;
    break;
    ⋮
```

Wir sehen, dass die zweite Ausgabe nicht in unserem Ausgabefenster erscheint. Bei der Benutzung vieler Ausgaben empfiehlt es sich einen UART-Manager zu implementieren. Dieser setzt, unmittelbar bevor die Funktion `HAL_WriteUsart()` aufgerufen wird, ein Flag. Im `HAL_UsartDescriptor_t` wird zudem eine txCallback-Funktion deklariert, die aufgerufen wird, sobald der HAL-Taskhandler die Ausgabe der UART-Schnittstelle übergeben hat. Ist die geschehen wird das gesetzte Flag durch die txCallback-Funktion wieder gelöscht. Ist das Flag bereits gesetzt und eine weiter Ausgabe ist gewünscht, muss der UART-Manager dafür sorgen, dass die Ausgabe in einem Buffer zwischenge-speichert wird. Ein einfacher UART-Manager, den wir in unserer Anwendung *UsartApp* benutzen können, ist bereits in der Beispielanwendung *ThroughputTest* vorhanden. Dazu kopieren wir die Datei *uartManager.c* aus dem Verzeichnis *ThroughputTest\src* in das *src*-Verzeichnis unserer Anwendung. In dem mit AVRStudio geöffneten Projekt fügen wir diese Datei unserem Projekt hinzu. Dazu klicken wir mit der rechten Maustas-te im *Solution Explorer* auf den Ordner *src* und wählen *Add–>Existing Item...*. Jetzt gehen wir in das *src*-Verzeichnis und wählen die Datei *uartManager.c* durch genau ein-maliges Anklicken aus. Dann klicken wir auf den Pfeil rechts des Add-Buttons und wählen *Add As Link* aus. Als Nächstes öffnen wir die Datei *uartManager.c* durch Ankli-cken im *Solution Explorer* und modifizieren die include-Anweisungen. Die Anweisung `#include <throughputTest.h>` und `#include <serialInterface.h>` werden durch `#include <app.h>` und `#include <usart.h>` ersetzt:

```
#include <types.h>
#include <app.h>
#include <usart.h>
        ⋮
```

Die Headerdatei *app.h* unserer *UsartApp*-Anwendung ändern wir wie folgt:

```
#ifndef _APP_H
#define _APP_H

#define APP_SENDE_INTERVAL      2000

#define OPEN_USART              HAL_OpenUsart
#define CLOSE_USART             HAL_CloseUsart
#define WRITE_USART             HAL_WriteUsart
#define READ_USART              HAL_ReadUsart
#define USART_CHANNEL           USART_CHANNEL_1
#define USART_RX_BUFFER_LENGTH 0

void appInitUARTManager(void);
void appWriteDataToUart(uint8_t* aData, uint8_t aLength);

typedef enum{
   APP_INIT_STATE,
   APP_AUSGABE_STATE,
   APP_NOTHING_STATE
} AppState_t;
#endif // _APP_H
```

Als Letztes ändern wir den APL-Taskhandler in der Datei *app.c* so ab, dass die UART-Schnittstelle über die Funktion `appInitUARTManager()` des UART-Managers initia-lisiert wird und die Ausgabe durch die Funktion `appWriteDataToUart()` erfolgt:

```
                  .
                  .
                  .
void APL_TaskHandler(void){
   switch(appstate){
      case APP_INIT_STATE:
         appInitUARTManager();
         initTimer();
         appstate=APP_NOTHING_STATE;
         HAL_StartAppTimer(&sendeTimer);
         break;

      case APP_AUSGABE_STATE:
         appWriteDataToUart((uint8_t*)"Ausgabe1\n\r", sizeof("Ausgabe1\n\r")-1);
         appWriteDataToUart((uint8_t*)"Ausgabe2\n\r", sizeof("Ausgabe2\n\r")-1);
         appstate=APP_NOTHING_STATE;
         break;

      case APP_NOTHING_STATE:
         break;
   }
}
                  .
                  .
                  .
```

Die Funktion `initUsart()` und ihre Prototypdeklaration wird nicht mehr benötigt und gelöscht. Das selbe Schicksal erleidet die Variablendeklaration des Usart-Deskriptors `static HAL_UsartDescriptor_t usartDescriptor`. Vor dem Compilieren unserer Anwendung müssen wir im Makefile hinzufügen, dass auch die Datei *uartManager.c* compiliert wird. Dazu fügen wir dem entsprechenden Makefile unter dem Pfad der Datei *app.c* den Pfad der Datei *uartManager.c* hinzu:

```
                  .
                  .
                  .
SRCS = \
   ./../../src/app.c \
   ./../../src/uartManager.c \
                  .
                  .
                  .
```

Nach dem Compilieren und der Übertragung des neuen Images auf unser Funkmodul sind dieses Mal zwei Zeilen als Ausgabe zu sehen. Wenn wir allerdings die Funktion mehr als zweimal direkt hintereinander aufrufen, sehen wir dass, der UART-Manager einen Fehler (Bug) enthält.

```
                  .
                  .
                  .
      case APP_AUSGABE_STATE:
         appWriteDataToUart((uint8_t*)"Ausgabe1\n\r", sizeof("Ausgabe1\n\r")-1);
         appWriteDataToUart((uint8_t*)"Ausgabe2\n\r", sizeof("Ausgabe2\n\r")-1);
         appWriteDataToUart((uint8_t*)"Ausgabe3\n\r", sizeof("Ausgabe3\n\r")-1);
         appstate=APP_NOTHING_STATE;
         break;
                  .
                  .
                  .
```

Sobald die UART-Schnittstelle als belegt markiert ist, kopiert der UART-Manager die Daten in eine Buffervariable. Erfolgt eine weitere Ausgabe, überschreibt diese den vorherigen Buffer anstatt die Daten anzuhängen. Die Zählervariable *writePending* wird allerdings so behandelt, als würden die Daten angehängt. Um den Fehler zu beheben, ändern wir die Funktion `appWriteDataToUart()` der Datei *uartManager.c* wie folgt:

```
void appWriteDataToUart(uint8_t* aData, uint8_t aLength){
  if (uartBusy){
    copyStrToBuffer(aData,aLength);
  }else{
    uartBusy = true;
    WRITE_USART(&appUartDescriptor, (void*) aData, aLength);
  }
}
```

Zusätzlich müssen wir die Funktion `copyStrToBuffer()` deklarieren und implementieren. Diese Funktion kopiert die neue Ausgabe Zeichen für Zeichen an das Ende des Buffers und erhöht dabei jedes Mal die Zählervariable *writePending*:

```
extern void appWriteDataToUart(uint8_t* aData, uint8_t aLength);
static void appUartWriteConfirm(void);
static void copyStrToBuffer(uint8_t* aData, uint8_t aLength);
              ⋮

void copyStrToBuffer(uint8_t* aData, uint8_t aLength){
  for(int i=0; i<aLength; i++){
    if (writePending<=sizeof(tmpBuf)){
      tmpBuf[writePending]=aData[i];
      writePending++;
    }
  }
}
```

Mit dem angepassten UART-Manager erhalten wir jetzt die gewünschten Ausgaben.

17.8 Datenempfang über die UART-Schnittstelle

Das Einlesen von Zeichen ist recht einfach. Um allerdings zu sehen, dass wir etwas Empfangen haben, müssen wir das gleichzeitig mit einer Ausgabe verbinden. Als Ausgangsprojekt werden wir die *UsartApp*-Anwendung aus Abschn. 17.6 so abändern, dass zu Anfang *Hallo Welt!* ausgegeben wird, wir allerdings jederzeit einen anderen Text eingeben können und dieser nach Bestätigung der Eingabetaste anstatt *Hallo Welt!* ausgegeben wird.

Um Daten zu empfangen, müssen wir als Parameter des `HAL_UsartDescriptor_t` eine Buffervariable, die Größe des Buffers und eine Callback-Funktion angeben. Der Buffer dient als Speicherort für die über die UART-Schnittstelle ankommenden Daten. Sobald

Daten eingegangen sind, wird die registrierte Callback-Funktion aufgerufen. Über die Callback-Funktion können die Daten aus dem Buffer ausgelesen und verarbeitet werden. Den Sourcecode der Datei *app.c* passen wir wie folgt an:

```c
            ⋮
static uint8_t usartRXBuffer[20];
static void usartReadCb(uint16_t bytesReceived);

            ⋮
static void initUsart(void){

            ⋮
   usartDescriptor.rxBuffer       = usartRXBuffer;
   usartDescriptor.rxBufferLength = sizeof(usartRXBuffer);
   usartDescriptor.rxCallback     = usartReadCb;

            ⋮
}

            ⋮
```

Da die Eingabe über die Tastatur erfolgt, wird die Callback-Funktion nach jedem eingegebenen Zeichen aufgerufen. So schnell können wir mechanisch nicht tippen, um mehr als ein Zeichen in den Buffer zu legen, d. h. ein Buffer der Größe 1 Byte würde uns sogar ausreichen.

Als nächstes benötigen wir eine Datenstruktur, die sowohl die aktuelle Ausgabe speichert, als auch die eingelesenen Zeichen zwischenspeichert, bis die Eingabetaste gedrückt wurde. Weiter benötigen wir eine Funktion, welche die eingelesenen Zeichen in die Variablen für die aktuelle Ausgabe kopiert:

```c
static   struct{
   uint8_t nextOutput[20];
   uint8_t nextOutputPos;
   uint8_t output[22];
   uint8_t outputSize;
} usart;

static void copyTextToAusgabe(uint8_t* text, uint8_t size);

            ⋮
static void copyTextToAusgabe(uint8_t* text, uint8_t size){
   for(int i=0;i<size;i++){
      usart.output[i]=text[i];
   }
   usart.output[size]='\r';
   usart.output[size+1]='\n';
   usart.outputSize=size+2;
}
```

Sobald Daten über die UART-Schnittstelle empfangen wurden, wird die Callback-Funktion `usartReadCb()` aufgerufen, die uns auch über die Anzahl der empfangenen Zeichen informiert. Die eingegeben Zeichen werden durch Aufruf der Funktion `HAL_ReadUsart()` eingelesen. In unserem Fall ist dies immer nur ein Zeichen. Entspricht diese Zeichen der Eingabetaste oder ist das Ende unseres Buffers erreicht, wird die bis dahin eingelesene Zeichenkette in das Array für die Ausgabe über die UART-Schnittstelle kopiert, ansonsten wird das Zeichen in das Array `usart.nextOutput` angefügt:

```
static void usartReadCb(uint16_t bytesReceived){
   uint8_t byte;
   HAL_ReadUsart(&usartDescriptor,&byte,bytesReceived);
   if(byte!='\r' && usart.nextOutputPos<20){
      usart.nextOutput[usart.nextOutputPos]=byte;
      usart.nextOutputPos++;
   }else{
      copyTextToAusgabe(usart.nextOutput,usart.nextOutputPos);
      usart.nextOutputPos=0;
   }
}
```

Zum Schluss müssen wir den APL-Taskhandler noch so anpassen, dass er zu Beginn *Hallo Welt!* in die Ausgabevaribale schreibt:

```
void APL_TaskHandler(void){
   switch(appstate){
      case APP_INIT_STATE:
         initUsart();
         HAL_OpenUsart(&usartDescriptor);
         initTimer();
         copyTextToAusgabe((uint8_t*)"Hallo Welt!", 11);
         appstate=APP_NOTHING_STATE;
         HAL_StartAppTimer(&sendeTimer);
         break;

      case APP_AUSGABE_STATE:
         HAL_WriteUsart(&usartDescriptor, usart.output,usart.outputSize);
         appstate=APP_NOTHING_STATE;
         break;

      case APP_NOTHING_STATE:
         break;
   }
}
```

Geben wir jetzt im Terminalfenster einen Text ein und schließen diesen mit der Eingabetaste ab, wird dieser ab diesem Zeitpunkt periodisch alle 2 Sekunden am Terminalfenster ausgegeben bis wieder ein anderer Text eingegeben wird.

17.9 Programmierung eines ZigBee-Funknetzwerks

Die eigentliche Funktionalität von BitCloud ist der Aufbau eines drahtlosen *ZigBee PRO*-Funknetzwerk und das Versenden von Daten. Beim Datenaustausch muss keine direkte Verbindung zwischen Sender und Empfänger bestehen. Die Daten werden ggf. über Router an ihr Ziel weitergeleitet.

17.9.1 Der Aufbau eines Netzwerks und die Einstellung der Parameter

Bevor ein ZigBee-Netzwerk gestartet werden kann, müssen dessen Parameter festgelegt werden. Als erstes kopieren wir uns den Ordner unserer zuvor programmierten *UsartManagerApp*-Anwendung und benennen diesen in *ZigBeeNetzwerk* um. Unser neues Projekt öffnen wir jetzt in AVRStudio. Im *Solution Explorer* klicken wir aus dem Ordner *configuration* auf die Datei *configuration.h* um diese zu öffnen. In dieser Datei können verschiedene Netzwerkparameter festgelegt werden.

Als Erstes vergeben wir eine 64-Bit lange erweiterte PAN-ID (EPID). Durch die EPID wird das Netzwerk eindeutig identifiziert. Funkmodule mit der selben *EPID* gehören zum selben PAN. Wir wählen als EPID `0xBADBABE` und setzen diesen Wert in der Datei *configuration.h* unter dem Parameter `CS_EXT_PANID`. Da es sich bei diesem Wert um einen 64-Bit Wert handelt, müssen wir an dessen Ende `LL` anhängen, um in als Datentyp *long integer* zu kennzeichnen, d. h. wir setzen den Wert des Parameters auf `0xBADBABELL`:

```
#define CS_EXT_PANID 0xBADBABELL
```

Um die Headerdaten eines zu sendenden Frames möglichst gering zu halten, wird zum Adressieren eine kurze 16-Bit PAN-ID anstatt der 64-Bit EPID benutzt. Diese kann zwar durch die Parameter `CS_NWK_PREDEFINED_PANID` und `CS_NWK_PANID` falls gewünscht selbst vergeben werden, im Allgemeinen wählt der Koordinator aber diese PAN-ID selbstständig und regelt ggf. auftretende Konflikte.

Als Nächstes ist zu bestimmen auf welchem Funkkanal unser PAN operieren soll und welche Modulation benutzt werden soll. Dies wird durch die Parameter `CS_CHANNEL_PAGE` und `CS_CHANNEL_MASK` festgelegt, siehe Tab. 17.2. Da unser ZigBit-Chip im Frequenzband von 2,4 GHz arbeitet, steht uns nur die Kanalseite 0 als Parameter zur Verfügung. In der Datei *configuration.h* suchen wir den Parameter und setzen:

```
#define CS_CHANNEL_PAGE 0
```

In dem Frequenzband von 2,4 GHz stehen uns die Funkkanäle 11–26 zur Verfügung. Als Parameter lassen sich ein oder mehrere Kanäle angeben. Später wird vom Koordinator aus diesen Funkkanälen derjenige mit den wenigsten Störungen ermittelt und

Tab. 17.2 Kanalseite und Kanalnummern

Kanalseite (channel page)	Frequenz	Kanal (channel)	Modulation	Datenrate
0	868 MHz	0	BPSK	20 kbit/s
	915 MHz	1–10	BPSK	40 kbit/s
	2,4 GHz	11–26	O-QPSK	250 kbit/s
2	868 MHz	0	O-QPSK	100 kbit/s
	915 MHz	1–10	O-QPSK	250 kbit/s
5	780 MHz	0–3	O-QPSK	250 kbit/s

ausgewählt. Welche Funkkanäle unser PAN benutzen darf, legen wir mit dem 32-Bit Parameter CS_CHANNEL_MASK fest. Für jeden Kanal, der benutzt werden darf, wird das entsprechende Bit dieses Parameters auf 1 gesetzt, d.h wollen wir die Funkkanäle 25 und 26 erlauben, setzen wir

$$CS\_CHANNEL\_MASK =$$

$$0_{31}0_{30}0_{29}0_{28}0_{27}1_{26}1_{25}0_{24}0_{23}0_{22}0_{21}0_{20}0_{19}0_{18}0_{17}0_{16}0_{15}0_{14}0_{13}0_{12}0_{11}0_{10}0_{9}0_{8}$$

$$0_{7}0_{6}0_{5}0_{4}0_{3}0_{2}0_{1}0_{0}.$$

In unserer Konfigurationsdatei ist der Eintrag CS_CHANNEL_MASK zweimal zu finden, da wir das ZigBit 2,4 GHz mit dem AT86RF230 Transceiver benutzen ist für uns der Parameter des else-Zweiges der richtige Eintrag. Wir werden ausschließlich auf Funkkanal 20 senden:

```
#ifdef AT86RF212
        :
        :
#else
   #define CS_CHANNEL_MASK (1L<<20)
#endif
```

Als Nächstes ist die Rolle des Funkmoduls im Netzwerk festzulegen. Für jedes ZigBee-Netzwerk benötigen wir genau ein Funkmodul das als ZigBee-Koordinator programmiert ist. Der Koordinator ist für die Formierung des Netzwerks zuständig und wir beginnen mit dessen Konfiguration. Jedes Funkmodul benötigt eine eindeutige 64-Bit MAC-Adresse. Um den Overhead in Frames möglichst gering zu halten, wird auch hier bei der Adressierung eine 16-Bit kurze Netzwerkadresse benutzt. Standardmäßig wird diese vom BitCloud-Stack selbst vergeben, kann allerdings durch die Parameter CS_NWK_UNIQUE_ADDR und CS_NWK_ADDR manuell festgelegt werden. Das hat den Vorteil, dass die Funkmodule immer die selbe Kurzadresse erhalten, selbst wenn z. B. ein Modul das Netzwerk verlassen hat und wieder neu beitritt. Wir werden die Kurzadressen fest vergeben. Dies macht es später etwas einfacher Daten an ein bestimmtes

Modul zu schicken. Der Koordinator hat immer die Kurzadresse `0x0000`. Damit sehen die Einstellungen für den Koordinator in der Datei *configuration.h* wie folgt aus:

```
#define CS_DEVICE_TYPE DEV_TYPE_COORDINATOR
#define CS_UID 0xA01LL
#define CS_NWK_UNIQUE_ADDR 1
#define CS_NWK_ADDR 0x0000
```

Alle Einstellungen lassen sich auch vor dem Start des Netzwerks per Funktion in unser Anwendung setzen. Dazu wird die Funktion `CS_WriteParameter()` mit zwei Parameter aufgerufen. Der erste Parameter entspricht dem zu ändernden Attribut, wobei als Endung *_ID* hinzugefügt wird, der zweite Parameter ist eine Referenz auf den zu setzenden Wert, z. B.:

```
uint64_t ieeeAddress  = 0x1234123412341234LL;
uint16_t shortAddress = 0x4321;
CS_WriteParameter(CS_UID_ID ,&ieeeAddress);
CS_WriteParameter(CS_NWK_ADDR_ID ,&shortAddress);
```

Parallel dazu können die Attribute durch die Funktion `CS_ReadParameter()` abgefragt werden.

Nachdem die Grundparameter für unser Netz und das Funkmodul festgelegt sind, kümmern wir uns um die Programmlogik. Als Erstes legen wir in der Headerdatei *app.h* die Zustände unsere Anwendung fest. Im Zustand `APP_INIT_STATE` initialisieren wir die LEDs und die UART-Schnittstelle. Im Zustand `APP_STARTJOIN_NETWORK_STATE` startet der Koordinator das Netzwerk bzw. andere Funkmodule treten dem Netzwerk bei:

```
#ifndef _APP_H
#define _APP_H
#include "leds.h"
#define APP_SENDE_INTERVAL      2000

#define OPEN_USART              HAL_OpenUsart
#define CLOSE_USART             HAL_CloseUsart
#define WRITE_USART             HAL_WriteUsart
#define READ_USART              HAL_ReadUsart
#define USART_CHANNEL           USART_CHANNEL_1
#define USART_RX_BUFFER_LENGTH 0

void appInitUARTManager(void);
void appWriteDataToUart(uint8_t* aData, uint8_t aLengt

typedef enum{
   APP_INIT_STATE ,
   APP_STARTJOIN_NETWORK_STATE ,
   APP_NOTHING_STATE
} AppState_t;
#endif // _APP_H
```

Für die Programmierung spielt es keine Rolle, ob unser Funkmodul das Netzwerk startet oder einem Netzwerk nur beitritt. Diese Aufgabe übernimmt für uns der BitCloud-Stack. Ist das Funkmodul ein Koordinator initiiert der BitCloud-Stack den Netzaufbau und bei jedem anderen Funkmodul wird versucht einem Netzwerk beizutreten. Als erstes benötigen wir eine globale Variable vom Typ ZDO_StartNetworkReq_t. Dieser Variablen wird eine Callback-Funktion ZDO_StartNetworkConf() zugewiesen, die aufgerufen wird, sobald ein Netzwerkstart oder -eintritt mit einer Erfolgs- oder Fehlermeldung beendet wurde. Durch den Aufruf der Funktion ZDO_StartNetworkReq(), der als Parameter eine Referenz auf die zuvor definierten Variablen übergeben wird, weisen wir das Funkmodul an zu versuchen ein Netzwerk zu starten bzw. einem Netzwerk beizutreten:

```c
#include <appTimer.h>
#include <zdo.h>
#include <app.h>
#include <taskManager.h>
#include <usart.h>
#include <bspLeds.h>

static AppState_t appstate = APP_INIT_STATE;
static uint8_t deviceType;
static void ZDO_StartNetworkConf(ZDO_StartNetworkConf_t *confirmInfo);
static ZDO_StartNetworkReq_t networkParams;

void APL_TaskHandler(void){
  switch(appstate){
      case APP_INIT_STATE:
        appInitUARTManager();
        BSP_OpenLeds();
        appstate=APP_STARTJOIN_NETWORK_STATE;
        SYS_PostTask(APL_TASK_ID);
        break;

    case APP_STARTJOIN_NETWORK_STATE:
        networkParams.ZDO_StartNetworkConf = ZDO_StartNetworkConf;
        ZDO_StartNetworkReq(&networkParams);
        appstate=APP_NOTHING_STATE;
        break;

    case APP_NOTHING_STATE:
        break;
  }
}
```

```c
void ZDO_StartNetworkConf(ZDO_StartNetworkConf_t *confirmInfo){
    if (ZDO_SUCCESS_STATUS == confirmInfo->status){
        CS_ReadParameter(CS_DEVICE_TYPE_ID,&deviceType);
        if(deviceType==DEV_TYPE_COORDINATOR){
            appWriteDataToUart((uint8_t*)"Koordinator\r\n", sizeof("Koordinator\r\n")
                -1);
        }
        BSP_OnLed(LED_YELLOW);
    }else{
        appWriteDataToUart((uint8_t*)"Fehler\n\r",sizeof("Fehler\n\r")-1);
    }
    SYS_PostTask(APL_TASK_ID);
}


int main(void){
    SYS_SysInit();
    for(;;){
        SYS_RunTask();
    }
}

void ZDO_MgmtNwkUpdateNotf(ZDO_MgmtNwkUpdateNotf_t *nwkP){
    nwkP = nwkP;
}
void ZDO_WakeUpInd(void){}

#ifdef _BINDING_
void ZDO_BindIndication(ZDO_BindInd_t *bindI){
    (void)bindI;
}

void ZDO_UnbindIndication(ZDO_UnbindInd_t *unbindI){
    (void)unbindI;
}
#endif //_BINDING_
```

Sobald der ZDO-Taskhandler die Funktion `ZDO_StartNetworkReq()` abgearbeitet hat, ruft er unsere Callback-Funktion `ZDO_StartNetworkConf()` auf. Diese ist so implementiert, dass der Koordinator bei einem erfolgreichen Netzaufbau über die UART-Schnittstelle das Wort *Koordinator* ausgibt. Sobald der Netzwerkaufbau oder -beitritt abgeschlossen ist, wird bei jedem Funkmodul die gelbe LED einschaltet. Jetzt können wir das Image für unseren Koordinator compilieren und auf das Funkmodul übertragen. Um ein zweites Funkmodul ins Netzwerk zuzufügen, müssen wir diesem eine andere Rolle, eine 64-Bit MAC-Adresse und eine 16-Bit Kurzadresse zuweisen:

```c
#define CS_DEVICE_TYPE DEV_TYPE_ROUTER
#define CS_UID 0xB01LL
#define CS_NWK_UNIQUE_ADDR 1
#define CS_NWK_ADDR 0x0B01
```

Nach diesem Prinzip können wir dem Netzwerk weitere Funkmodule entweder als Router (`DEV_TYPE_ROUTER`) oder als Endgerät (`DEV_TYPE_ENDDEVICE`) hinzufügen.

17.10 Datenübertragung

Der eigentliche Zweck für den Aufbau eines ZigBee-Netzwerks ist der Austausch von Daten zwischen zwei oder mehr Funkmodulen. Um von einem Funkmodul zu einem anderen Daten senden zu können, sind einige Vorbereitungen notwendig. Es genügt nicht die Adresse eines Funkmoduls zu kennen um diesem Daten zu senden. Nach der ZigBee Spezifikation muss ebenfalls ein Zielendpunkt (*destination endpoint*) bestimmt werden. Ein Endpunkt wird durch eine ID bestimmt, welche einen Wert aus dem Intervall 1 bis 240 hat. Die ID 0 ist für das *ZigBee Device Objekt* (ZDO) reserviert. Die Endpunkt ID übernimmt ähnliche Aufgaben, wie die Portnummerierung unter TCP/IP. Jedem Endpunkt wird eine Callback-Funktion zugewiesen, die aufgerufen wird, sobald Daten für diesen Endpunkt ankommen. Treffen Daten für den Endpunkt mit der ID 0 ein, wird die entsprechende Callback-Funktion des ZDOs aufgerufen. Dadurch werden die Managementfunktionen des ZDOs für das ZigBee-Netzwerk realisiert (siehe Abb. 17.4). Um in BitCloud einen Endpunkt zu registrieren benötigen wir eine globale Variable vom Typ `APS_Register_EndpointReq_t`. In der Variablen diesen Datentyps wird eine Referenz auf die Callback-Funktion gespeichert, die beim Emp-

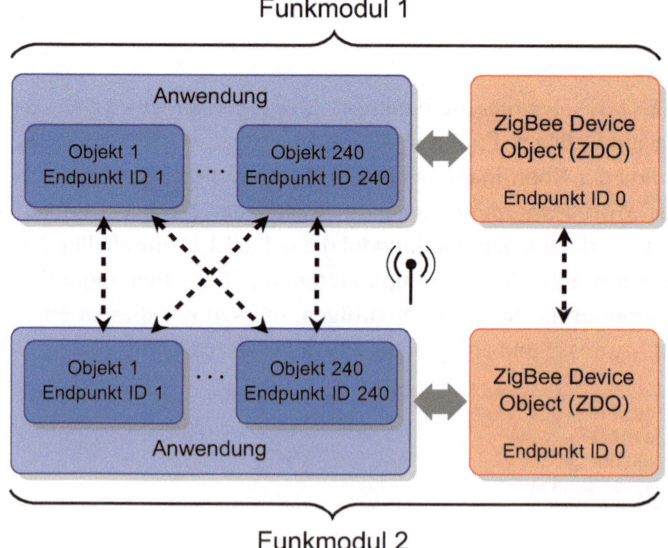

Abb. 17.4 Kommunikation zwischen Endpunkten zweier Funkmodulen

fang eines Frames an diesen Endpunkt ausgeführt werden soll und eine Variable vom Typ `SimpleDescriptor_t`, welche die Eigenschaften des Endpunktes spezifiziert[3]. In der Datei *app.c* deklarieren wir die benötigten Variablen und Prototypen und implementieren die Funktion `endpointInit()`, die den Endpunkt initialisiert wie folgt:

```
            ⋮
static SimpleDescriptor_t simpleDescriptor;
static APS_RegisterEndpointReq_t endPoint;
static void initEndpoint(void);
void APS_DataInd(APS_DataInd_t *indData);

            ⋮
static void initEndpoint(void){
    simpleDescriptor.AppDeviceId = 1;
    simpleDescriptor.AppProfileId = 1;
    simpleDescriptor.endpoint = 1;
    simpleDescriptor.AppDeviceVersion = 1;
    endPoint.simpleDescriptor= &simpleDescriptor;
    endPoint.APS_DataInd = APS_DataInd;
    APS_RegisterEndpointReq(&endPoint);
}


            ⋮
```

Die Callback-Funktion `APS_DataInd()` die beim Empfang eines Frames an den Endpunkt mit der ID 1 aufgerufen wird, soll den Empfang durch Aufblinken der roten LED signalisieren und die empfangenen Daten über die UART-Schnittstelle ausgeben:

```
void APS_DataInd(APS_DataInd_t *indData){
    BSP_OnLed(LED_RED);
    HAL_StartAppTimer(&receiveTimerLed);
    appWriteDataToUart(indData->asdu, indData->asduLength);
    appWriteDataToUart((uint8_t*)"\r\n",2);
}
```

Als Nächstes benötigen wir drei Timer. Der erste Timer sorgt dafür, dass die rote LED, die beim Empfang eines Frames angeschaltet wird, nach einer kleinen Verzögerung wieder ausgeschaltet wird. Der zweite Timer realisiert das selbe für die grüne LED beim Senden eines Frames. Der dritte Timer sorgt dafür, dass alle 5 Sekunden Daten an den Koordinator geschickt werden, sofern es sich bei dem Funkmodul nicht selbst um den Koordinator handelt. Der Timer wechselt dafür in den Zustand `APP_TRANSMIT_STATE` und signalisiert dem Taskmanager den APL-Taskhandler baldmöglichst aufzurufen:

---

[3] Siehe auch Abschn. 15.3.1 für die Beschreibung eines Simple-Deskriptor nach der ZigBee-Spezifikation.

```
          ⋮
HAL_AppTimer_t receiveTimerLed;
HAL_AppTimer_t transmitTimerLed;
HAL_AppTimer_t transmitTimer;
static void receiveTimerLedFired(void);
static void transmitTimerLedFired(void);
static void transmitTimerFired(void);
static void initTimer(void);

          ⋮

static void initTimer(void){
    transmitTimerLed.interval= 500;
    transmitTimerLed.mode= TIMER_ONE_SHOT_MODE;
    transmitTimerLed.callback=transmitTimerLedFired;

    receiveTimerLed.interval= 500;
    receiveTimerLed.mode= TIMER_ONE_SHOT_MODE;
    receiveTimerLed.callback=receiveTimerLedFired;

    transmitTimer.interval= 5000;
    transmitTimer.mode= TIMER_REPEAT_MODE;
    transmitTimer.callback=transmitTimerFired;
}

static void transmitTimerLedFired(void){
    BSP_OffLed(LED_YELLOW);
}

static void receiveTimerLedFired(void){
    BSP_OffLed(LED_RED);
}

static void transmitTimerFired(void){
    appstate=APP_TRANSMIT_STATE;
    SYS_PostTask(APL_TASK_ID);
}

          ⋮
```

Wir können allerdings nicht eine beliebige Datenstruktur versenden, sondern müssen einen zusammenhängenden Speicherblock für die zu versendenden Daten reservieren. Die Datenstruktur muss zusammenhängend sein, da die Daten aus Gründen der Performance nicht mehr kopiert werden, sondern bis zum Bitweise versenden in ihrem Speicherplatz verweilen. Dass wir zusammenhängenden Speicherplatz benötigen, wird dem Compiler durch die Makros BEGIN_PACK, PACK und END_PACK mitgeteilt. Zusätzlich zu den Nutzdaten muss auch Speicherplatz für die Kopf- und Fußdaten des Frames reserviert werden. Diese Datenbereiche werden durch die jeweiligen Schichten des Stacks gefüllt. Unsere Nutzdaten betten wir zwischen die Kopf- und Fußdaten ein (siehe Abb. 17.5).

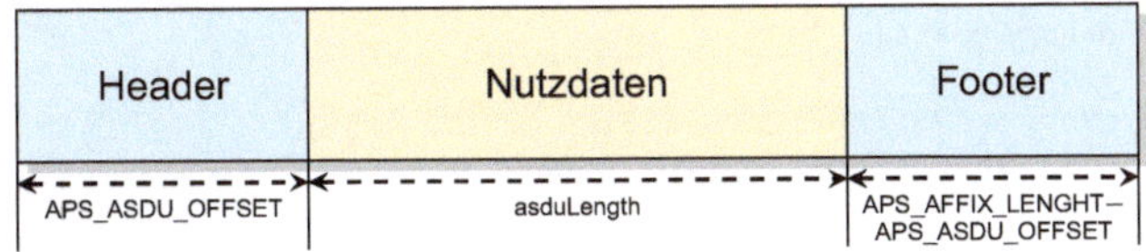

Abb. 17.5 ASDU Datenformat für den Datentransfer

Die maximale Größe der Nutzdaten hängt von der Konfiguration ab. Werden keine Sicherheitsfunktionen benötigt, ist die maximale Größe 95 Bytes, bei Standardsicherheit 77 Bytes und bei höchster Sicherheitsstufe 59 Bytes. Sollen größere Datenmengen verschickt werden, müssen diese Daten aufgeteilt werden. Diese Aufgabe kann vom APS-Modul des BitCloud-Stacks durch Aktivieren der Funktionalität *Fragmentation* übernommen werden. Wir setzen die Nutzdaten auf ein Array vom Typ `uint8_t` mit 5 Bytes. Zum Senden der Daten definieren wir die folgenden Variablen und Funktionsprototypen:

```
BEGIN_PACK
typedef struct _AppMessage_t{
   uint8_t header[APS_ASDU_OFFSET]; //APS header
   uint8_t data[5];
   uint8_t footer[APS_AFFIX_LENGTH - APS_ASDU_OFFSET]; // Footer
} PACK AppMessage_t;
END_PACK

static AppMessage_t transmitData;
APS_DataReq_t dataReq;
static void APS_DataConf(APS_DataConf_t *confInfo);
static void initTransmitData(void);
```

Mit Hilfe des Variablentyps `dataReq` wird die Adressierungsart, die Zieladresse, der Zielendpunkt und der Senderendpunkt spezifiziert. Die Werte für diese Variable werden durch den Aufruf der Funktion `initTransmitData()` initialisiert. Der eigentliche Versand wird durch den Aufruf von `APS_DataReq(&dataReq)` eingeleitet. Sobald der Versand der Daten abgeschlossen ist, wird die Callback-Funktion `APS_DataConf()` aufgerufen. Wurde eine Empfangsbestätigung (*acknowledgement*) angefragt, wird diese Funktion mit einem erfolgreichen Sendestatus aufgerufen, sobald die Bestätigung vom Empfänger eingetroffen ist. Ohne Sendebestätigung reicht es, dass das Paket erfolgreich an den nächsten Router auf dem Weg zum Empfänger übergeben wurde. Ist die Auslieferung des Frames nicht erfolgreich, meldet dies die Callback-Funktion `APS_DataConf()` nach einem Timeout mit einem entsprechenden Status. In unserem Fall soll die Callback-Funktion bei erfolgreichem Versand die gelbe LED blinken lassen und zurück in den Zustand `APP_NOTHING_STATE` wechseln:

```
static void initTransmitData(void){
   dataReq.profileId=1;
   dataReq.dstAddrMode =APS_SHORT_ADDRESS;
   dataReq.dstAddress.shortAddress= CPU_TO_LE16(0);
   dataReq.dstEndpoint =1;
   dataReq.asdu=transmitData.data;
   dataReq.asduLength=sizeof(transmitData.data);
   dataReq.srcEndpoint = 1;
   dataReq.APS_DataConf=APS_DataConf;
}

static void APS_DataConf(APS_DataConf_t *confInfo){
   if (confInfo->status == APS_SUCCESS_STATUS  ){
      BSP_OnLed(LED_YELLOW);
      HAL_StartAppTimer(&transmitTimerLed);
      appstate=APP_NOTHING_STATE;
      SYS_PostTask(APL_TASK_ID);
   }
}
```

Als letztes müssen wir uns überlegen, welche Zustände unsere Anwendung und welche Steuerlogik unser APL-Taskhandler haben soll. Der Koordinator soll lediglich die Empfangenen Frames über die UART-Schnittstelle ausgeben, d. h. zuerst initialisiert der Koordinator im Zustand APP_INIT_STATE die UART-Schnittstelle, die Timer und die LEDs. Daraufhin wechselt dieser in den Zustand APP_START_NETWORK_STATE. In diesem Zustand beginnt der Koordinator das Netzwerk zu starten und wechselt in den Zustand APP_NOTHING_STATE. Dieser Zustand wird verlassen sobald, das Starten des Netzwerkes abgeschlossen ist und die Callback-Funktion ZDO_StartNetworkConf() aufgerufen wird. Der APL-Taskhandler wechselt in den Zustand APP_INIT_ENDPOINT_STATE. Hier werden die Parameter für den Endpunkt definiert. Nach der Registrierung des Endpunktes wechselt der APL-Taskhandler zurück in den Zustand APP_NOTHING_STATE, der nicht mehr verlassen wird. Sobald Daten für den registrierten Endpunkt eintreffen, wird dessen Callback-Funktion APS_DataInd() aufgerufen. Diese gibt die ankommenden Daten über die UART-Schnittstelle aus und lässt die gelbe LED aufblinken. In Abb. 17.6 ist der Ablauf als endlicher Automat dargestellt.

Ein Endgerät oder Router soll in regelmäßigen Abständen Daten an den Koordinator schicken. Hierfür benötigt dieses Funkmodul zusätzliche Zustände. Die Startprozedur läuft äquivalent zum Koordinator ab. Als Erstes müssen die UART-Schnittstelle, die Timer und die LEDs initialisiert werden. Danach tritt das Modul dem Netzwerk bei und registriert anschließend den Endpunkt, über den die Anwendung Daten sendet. Zusätzlich wird ein weiterer Zustand INIT_TRANSMIT benötigt. In diesem Zustand initialisiert der APL-Taskhandler die zum übertragen notwendigen Variablen und startet den Timer, der alle 5 Sekunden das Senden eines Frames auslöst. Zum Abschluss wechselt der APL-Tashandler in den Zustand APP_NOTHING_STATE. Alle 5 Sekunden löst der Timer

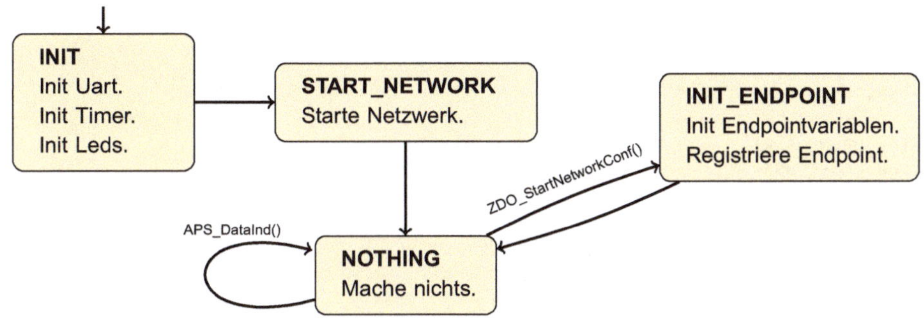

Abb. 17.6 Zustandsautomat für den Datenempfang des Koordinators

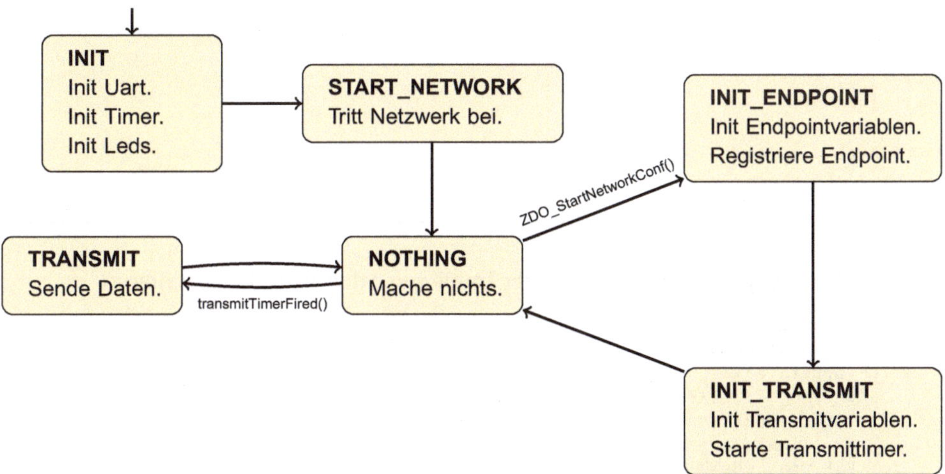

Abb. 17.7 Zustandsautomat für den Datentransfer des Routers oder Endgerätes

die Callback-Funktion `transmitTimerFired(void)` auf. Diese Funktion wechselt
in den Zustand `APP_TRANSMIT_STATE`. In diesem Zustand wird über die Funktion
`APS_DataReq()` vom BitCloud-Stack das Senden der Daten angefordert. Ist diese Prozedur abgeschlossen, wird die Callback-Funktion `APS_DataConf()` aufgerufen, welche zurück in den Zustand `APP_NOTHING_STATE` wechselt.

Abbildung 17.7 stellt den entsprechende Ablauf als endlichen Automaten dar. Da die
Programmlogik von Koordinator und Router oder Enddevice in vielen Punkten identisch
ist, implementieren wir die Programmierlogik in einem Programm. Dadurch benötigen wir
keine getrennten Anwendungen für den Koordinator und einen Router bzw. ein Endgerät.
Als Erstes fügen wir unsere Headerdatei *app.h* die benötigten Zustände hinzu:

```c
#ifndef _APP_H
#define _APP_H

#include "leds.h"

#define OPEN_USART              HAL_OpenUsart
#define CLOSE_USART             HAL_CloseUsart
#define WRITE_USART             HAL_WriteUsart
#define READ_USART              HAL_ReadUsart
#define USART_CHANNEL           USART_CHANNEL_1
#define USART_RX_BUFFER_LENGTH 0

void appInitUARTManager(void);
void appWriteDataToUart(uint8_t* aData, uint8_t aLength);

typedef enum{
   APP_INIT_STATE,
   APP_START_NETWORK_STATE,
   APP_INIT_ENDPOINT_STATE,
   APP_INIT_TRANSMITDATA_STATE,
   APP_TRANSMIT_STATE,
   APP_NOTHING_STATE
} AppState_t;

#endif // _APP_H
```

Als Nächstes implementieren wir in der Datei *app.c* den APL-Taskhandler:

```c
void APL_TaskHandler(void){
   switch(appstate){
      case APP_INIT_STATE:
         appInitUARTManager();
         initTimer();
         BSP_OpenLeds();
         appstate=APP_START_NETWORK_STATE;
         SYS_PostTask(APL_TASK_ID);
         break;

      case APP_START_NETWORK_STATE:
         networkParams.ZDO_StartNetworkConf = ZDO_StartNetworkConf;
         ZDO_StartNetworkReq(&networkParams);
         appstate=APP_INIT_ENDPOINT_STATE;
         break;

      case APP_INIT_ENDPOINT_STATE:
         initEndpoint();
#if CS_DEVICE_TYPE == DEV_TYPE_COORDINATOR
         appstate=APP_NOTHING_STATE;
#else
         appstate=APP_INIT_TRANSMITDATA_STATE;
#endif
         SYS_PostTask(APL_TASK_ID);
         break;
```

```
        case APP_INIT_TRANSMITDATA_STATE:
            initTransmitData();
            appstate=APP_NOTHING_STATE;
            HAL_StartAppTimer(&transmitTimer);
            SYS_PostTask(APL_TASK_ID);
            break;

        case APP_TRANSMIT_STATE:
            transmitData.data[0]=H;
            transmitData.data[1]=a;
            transmitData.data[2]=1;
            transmitData.data[3]=1;
            transmitData.data[4]=o;
            APS_DataReq(&dataReq);
            break;

        case APP_NOTHING_STATE:
            break;
    }
}
```

Um das Image des Koordinators zu erstellen, geben wir in der Datei *configuration.h* die entsprechenden Parameter an:

```
#define CS_DEVICE_TYPE DEV_TYPE_COORDINATOR
#define CS_UID 0xA01LL
#define CS_NWK_UNIQUE_ADDR 1
#define CS_NWK_ADDR 0x0000
```

Für das Image eines Routers, können wir folgende Parameter konfigurieren:

```
#define CS_DEVICE_TYPE DEV_TYPE_ROUTER
#define CS_UID 0xB01LL
#define CS_NWK_UNIQUE_ADDR 1
#define CS_NWK_ADDR 0x0B01
```

Sobald beide Funkmodule gestartet, der Koordinator an den PC angeschlossen und ein Terminalprogramm geöffnet wurde, erscheint alle 5 Sekunden die Ausgabe Hallo auf dem Terminalfenster. Diese Nachricht hat der Koordinator vom Router erhalten. Zudem blinkt beim Empfangen eines Datenpaketes am Koordinator die rote LED und am Router beim Senden die gelbe LED.

17.11   I²C-Bus und Temperatursensor LM73

Der BitCloud-Stack bietet Funktionen, um komfortabel auf den I²C-Bus zuzugreifen. Ihre Funktionsweise wird am Beispiel des Temperatursensors LM73 gezeigt. Den LM73 schließen wir gemäß Abb. 6.12 an den ZigBit-Chip an. Der Zugriff auf den I²C-Bus durch den BitCloud-Stack erfolgt über die folgenden vier Funktionen:

```
int HAL_OpenI2cPacket (HAL_I2cDescriptor_t *descriptor)
int HAL_ReadI2cPacket (HAL_I2cDescriptor_t *descriptor)
int HAL_WriteI2cPacket (HAL_I2cDescriptor_t *descriptor)
int HAL_CloseI2cPacket (HAL_I2cDescriptor_t *descriptor)
```

Als Erstes werden die Ressourcen für den Zugriff auf den I^{2}C-Bus durch Aufruf der Funktion `HAL_OpenI2cPacket()` geöffnet. Sind die Ressourcen geöffnet, können durch Aufruf der Funktion `HAL_ReadI2cPacket()` Daten vom I^{2}C-Bus gelesen und durch Aufruf der Funktion `HAL_WriteI2cPacket()` Daten auf diesen geschrieben werden. Ist der Zugriff auf den I^{2}C-Bus abgeschlossen, werden die nicht mehr benötigten Ressourcen durch den Aufruf der Funktion `HAL_CloseI2cPacket()` wieder freigegeben. All diese Funktionen benötigen eine Referenz auf eine Variable vom Typ `HAL_I2cDescriptor_t`. Diese Variable enthält alle für den Zugriff auf den I^{2}C-Bus notwendigen Informationen, wie z. B. die Adresse des anzusprechenden I^{2}C-Gerätes. Als Ausgangsprojekt für unsere I^{2}C-Anwendung benutzen wir unsere *UsartManagerApp*-Anwendung, kopieren den entsprechenden Ordner und benennen diesen zu *I2CApp* um. In unsere Beispielanwendung werden wir die Ressourcen für den Zugriff auf den I^{2}C-Bus öffnen und alle 2 Sekunden eine Leseanfrage an unseren Temperatursensor senden. Wir benutzen einen Temperatursensor mit der Typenbezeichnung LM73-1. Da der Adresspin auf Masse gezogen ist, ergibt sich eine Adresse auf dem I^{2}C-Bus von `0x4D`. Bei Benutzung des Typs LM73-0 ist in unserm Anwendungbeispiel die Adresse entsprechend auf `0x49` zu ändern. Unsere Anwendung benötigt vier Zustände. Im Zustand *INIT* initialisieren wir die Anwendung, d. h. wir initialisiert die UART-Schnittstelle und den Timer, öffnen die Ressource für den I^{2}C-Bus und starten den Timer. Nach der Initialisierung wechseln wir in den Zustand *READ_SENSOR*. In diesem starten wir eine Leseanfrage an den LM73-Sensor und wechseln in den Zustand *NOTHING*. Der Zustand *NOTHING* ist eine Wartezustand und führt keine Aktion aus. Dieser Zustand wird durch zwei auftretende Ereignisse wieder verlassen. Das erste Ereignis ist der Aufruf der Callback-Funktion der Leseanfrage des LM73-Sensors. Durch diese wechseln wir in den Zustand *OUTPUT*, um die erhaltenen Sensordaten zu verarbeiten und über die Konsole auszugeben. Das zweite Ereignis ist der Ablauf des Timers. Dessen Callback-Funktion führt ein Wechsel vom Zustand *NOTHING* in den Zustand *READ_SENSOR* aus, um erneut die Sensorwerte des LM73 einzulesen. Abbildung 17.8 veranschaulicht das Zusammenspiel der Zustände mit Hilfe eines Zustandsautomaten. Im ersten Schritt passen wir die Headerdatei *app.h* an, definieren die benötigten Zustände, die Adresse des Sensors LM73 und das Intervall zum Einlesen der Sensordaten:

```
#ifndef _APP_H
#define _APP_H

#define APP_READ_INTERVAL      2000
#define LM73_DEVICE_ADDRESS    0x4D
```

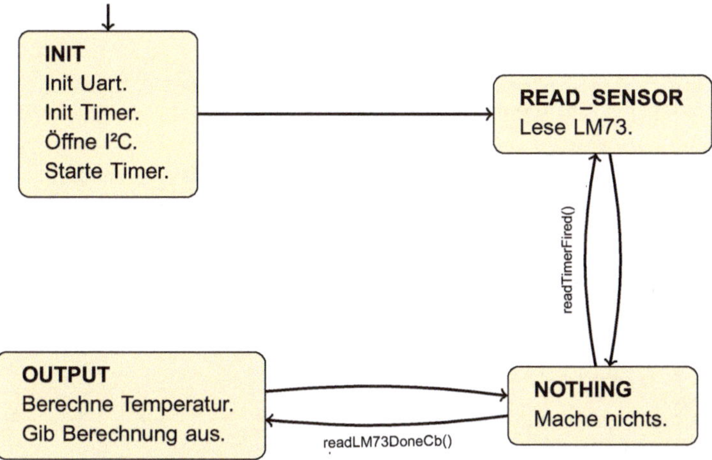

Abb. 17.8 Zustandsautomat für das Auslesen des LM73 Temperatursensors über den I²C-Bus

```c
#define OPEN_USART              HAL_OpenUsart
#define CLOSE_USART             HAL_CloseUsart
#define WRITE_USART             HAL_WriteUsart
#define READ_USART              HAL_ReadUsart
#define USART_CHANNEL           USART_CHANNEL_1
#define USART_RX_BUFFER_LENGTH 0

void appInitUARTManager(void);
void appWriteDataToUart(uint8_t* aData, uint8_t aLength);

typedef enum{
        APP_INIT_STATE,
        APP_READ_SENSOR_STATE,
        APP_OUTPUT_STATE,
        APP_NOTHING_STATE
} AppState_t;
#endif // _APP_H
```

In unserem Programm müssen wir die Headerdatei *i2cPacket.h* für den Zugriff auf den I²C-Bus einbinden. Des weiteren benötigen wir zwei Variablen zum Speichern der Sensorwerte (*lm73Data, tempstr*) und initialisieren die Variable *i2cdescriptor* vom Typ HAL_I2cDescriptor_t. Zudem werden einige Prototypen von Funktionen deklariert, so dass der Kopf der Datei *app.c* wie folgt aussieht:

```c
#include <appTimer.h>
#include <zdo.h>
#include <app.h>
#include <taskManager.h>
#include <usart.h>
#include <i2cPacket.h>
```

```c
uint8_t lm73Data[2];
uint8_t tempstr[]="000.00 °C";

static AppState_t appstate = APP_INIT_STATE;
static HAL_AppTimer_t readTimer;

static void initTimer(void);
static void readTimerFired(void);
static void readSensorDoneCb(bool result);
static void calculateOutput(void);
static void uint32_to_str(uint8_t *where,  uint8_t size, uint32_t val, uint8_t
    position, uint8_t digits);

static HAL_I2cDescriptor_t i2cdescriptor={
   .tty = TWI_CHANNEL_0,
   .clockRate = I2C_CLOCK_RATE_62,
   .f = readSensorDoneCb,
   .id = LM73_DEVICE_ADDRESS,
   .data = lm73Data,
   .length = 2,
   .lengthAddr = HAL_NO_INTERNAL_ADDRESS
};
```

Für unsere Anwendung benötigen wir einen Timer, der alle 2 Sekunden ausgelöst wird
und in den Zustand `APP_READ_SENSOR_STATE` wechselt. Die Implementierung der
Funktionen sieht wie folgt aus:

```c
static void initTimer(void){
   readTimer.interval = APP_READ_INTERVAL;
   readTimer.mode     = TIMER_REPEAT_MODE;
   readTimer.callback = readTimerFired;
}

static void readTimerFired(){
   appstate=APP_READ_SENSOR_STATE;
   SYS_PostTask(APL_TASK_ID);
}
```

Wurde eine Anfrage der Sensorwerte an den I^2C-Bus gesendet, wird bei der Antwort
des Temperatursensors die zuvor registrierte Callback-Funktion `readSensorDoneCb()`
aufgerufen. Wurde der Sensorwert erfolgreich ausgelesen, wechseln wir in den Zustand
`APP_OUTPUT_STATE`, um diesen Wert zu verarbeiten und über die Konsole auszugeben,
ansonsten wechseln wir in den Wartezustand `APP_NOTHING_STATE`:

```c
static void readSensorDoneCb(bool result){
   if (result == false){
      appstate=APP_NOTHING_STATE;
   }else{
      appstate=APP_OUTPUT_STATE;
      SYS_PostTask(APL_TASK_ID);
   }
}
```

Im Zustand `APP_OUTPUT_STATE` verarbeiten wir den zuvor erhaltenen Sensorwert. Der LM73 liefert einen 11-Bit Datenwert zurück, den wir interpretieren müssen. Der Wert ist, aufgeteilt in zwei Bytes, in dem Array `lm73Data` hinterlegt. An der Stelle 0 im Array stehen die 8-Bits $b_{10}b_9b_8b_7b_6b_5b_4b_3$ des Sensorwertes und an Stelle 1 die 8-Bits $b_2b_1b_000000$. $b_{10}b_9b_8b_7b_6b_5b_4b_3b_2$ ergeben den Dezimalanteil der Temperatur. Die Bits b_1b_0 ergeben die Nachkommastelle in 0.25 Schritten. Negative Temperaturwert ermitteln wir aus Gründen der Komplexität nicht. Die Funktion `calculateOutput()` übernimmt die Umrechnung und speichert den Wert in der Textvariablen `tempstr`:

```
static void calculateOutput(void){
    uint16_t i;
    i = lm73Data[0];
    i <<= 8;
    i |= lm73Data[1];
    i >>= 7;
    uint32_to_str(tempstr, sizeof(tempstr), i,0,3);
    i = lm73Data[1] & (0x7F);
    i >>= 5;
    i=i*25;
    uint32_to_str(tempstr, sizeof(tempstr), i,4,2);
}
```

Die Funktion `uint32_to_str()` ist eine Hilfsfunktion, die einen unsigned Integerwert in einen String (`uint8_t`-Array) hineinkopiert:

```
void uint32_to_str(uint8_t *where,  uint8_t size, uint32_t val, uint8_t position,
    uint8_t digits){
    if(size>position+digits-1){
        for(int digit=digits-1;digit>=0;digit--){
            where[position+digit] = (val % 10) + 0;
            val /= 10;
        }
    }
}
```

Abschließend muss im Task-Handler die Programmlogik für die Behandlung der einzelnen Zuständen gemäß unseres Zustandsautomaten aus Abb. 17.8 implementiert werden:

```
void APL_TaskHandler(void){
    switch(appstate){
        case APP_INIT_STATE:
            appInitUARTManager();
            initTimer();
            HAL_OpenI2cPacket(&i2cdescriptor);
            HAL_StartAppTimer(&readTimer);
            appstate=APP_READ_SENSOR_STATE;
            SYS_PostTask(APL_TASK_ID);
            break;
```

```
        case APP_READ_SENSOR_STATE:
            if (-1 == HAL_ReadI2cPacket(&i2cdescriptor))
                appstate=APP_NOTHING_STATE;
            break;

        case APP_OUTPUT_STATE:
            calculateOutput();
            appWriteDataToUart(tempstr,sizeof(tempstr));
            appWriteDataToUart((uint8_t*)"\n\r", sizeof("\n\r")-1);
            appstate=APP_NOTHING_STATE;
            break;

        case APP_NOTHING_STATE:
        break;
    }
}
```

Mit der Programmlogik sind wir zwar fertig, allerdings dürfen wir nicht vergessen, die
main-Funktion und die weiteren vom BitCloud-Stack benötigten Funktionen in der Datei
app.c zu implementieren:

```
int main(void){
    SYS_SysInit();
    for(;;){SYS_RunTask();}
}

void ZDO_MgmtNwkUpdateNotf(ZDO_MgmtNwkUpdateNotf_t *nwkP){
    nwkP = nwkP;
}

void ZDO_WakeUpInd(void){}

#ifdef _BINDING_
void ZDO_BindIndication(ZDO_BindInd_t *bindI){
    (void)bindI;
}

void ZDO_UnbindIndication(ZDO_UnbindInd_t *unbindI){
    (void)unbindI;
}
#endif //_BINDING_
```

17.12   Ein Fotowiderstand an einem A/D-Wandler

Viele Sensoren liefern ihre Daten nicht digital sondern als analogen Wert. Damit der
Mikrocontroller die Sensorwerte verarbeiten kann, muss der analoge Wert durch einen
A/D-Wandler in einen digitalen Wert umgewandelt werden. Die meisten Mikrocontroller
besitzen eigene A/D-Wandler. Der ZigBit-Chip besitzt insgesamt vier. Wir schließen an
Pin 32 (ADC1) einen Spannungsteiler mit einem Fotowiderstand entsprechend Abb. 6.6
an. Das Prinzip des Auslesens eines ADC-Ports mit den Funktionen des BitCloud-Stack

ist ähnlich dem Auslesen des I²C-Ports. Die Funktion `HAL_OpenAdc()`, bereitet alles zum Auslesen eines ADCs vor. Mit der Funktion `HAL_ReadAdc()` starten wir eine A/D-Wandlung und lesen den digitalen Wert aus. Nach dem wir mit dem Zugriff auf den ADC fertig sind, geben wir alle zuvor vom ADC benötigten Ressourcen durch den Aufruf der Funktion `HAL_CloseAdc()` frei. Die Einstellungen für den ADC werden in einer Variablen vom Typ `HAL_AdcDescriptor_t` gespeichert und jeder der drei zuvor erwähnten Funktionen als Referenz übergeben. In dieser Variablen ist z. B. gespeichert, mit welcher Genauigkeit die A/D-Wandlung stattfinden soll. Der Funktion `HAL_ReadAdc()` übergeben wir als zweiten Parameter, welchen der vier ADCs wir ansprechen wollen.

Als erstes machen wir uns eine Kopie des Projekts *I2CApp* und benennen die Kopie zu *adcApp* um. Zum Speichern des Sensorwertes benötigen wir zwei neue Variablen *adcData* und *adcStr*. Die Variablen lm73Data und tempstr benötigen wir nicht mehr und löschen sie. Das selbe Schicksal erleidet die Funktion `calculateOutput()` inklusive ihrer Prototypendeklaration. Die Callback-Funktion `readSensorDoneCb` besitzt keine Übergabeparameter mehr und ist ebenfalls entsprechend anzupassen. Die Variablen- und Prototypendeklaration der Datei *app.c* sieht damit wie folgt aus:

```c
#include <appTimer.h>
#include <zdo.h>
#include <app.h>
#include <taskManager.h>
#include <usart.h>
#include <adc.h>

uint8_t adcData;
uint8_t adcStr[]="XXX";

static AppState_t appstate = APP_INIT_STATE;
static HAL_AppTimer_t readTimer;

static void initTimer(void);
static void readTimerFired(void);
static void readSensorDoneCb(void);
static void uint32_to_str(uint8_t *where,  uint8_t size, uint32_t val, uint8_t
    position, uint8_t digits);

static HAL_AdcDescriptor_t adcdescriptor={
    .resolution = RESOLUTION_8_BIT,
    .sampleRate = ADC_4800SPS,
    .voltageReference = AVCC,
    .bufferPointer = &adcData,
    .selectionsAmount = 1,
    .callback = readSensorDoneCb
};
```

Da der ADC-Kanal kein Bus ist, sondern jeweils exklusiv für ein Gerät reserviert ist, gibt es keine Buszugriffsfehler und die Funktion `readSensorDoneCb` hat keine Übergabeparameter. Dadurch ist auch keine Fallunterscheidung mehr notwendig und die Funktion wechselt direkt in den Zustand `APP_OUTPUT_STATE`:

```
static void readSensorDoneCb(void){
   appstate=APP_OUTPUT_STATE;
   SYS_PostTask(APL_TASK_ID);
}
```

Die Programmlogik des Task-Handlers ändert sich nur geringfügig. Anstatt die Funktion für den Zugriff auf den I^{2}C-Bus zu benutzen, rufen wir die für den A/D-Wandler äquivalenten Funktionen des BitCloud-Stacks auf. Zudem ist die Ausgabe deutlich einfacher, da keine Berechnung mehr ausgeführt werden muss, sondern der Wert des ADCs direkt ausgegeben werden kann:

```
void APL_TaskHandler(void){
   switch(appstate){
      case APP_INIT_STATE:
         appInitUARTManager();
         initTimer();
         HAL_OpenAdc(&adcdescriptor);
         HAL_StartAppTimer(&readTimer);
         appstate=APP_READ_SENSOR_STATE;
         SYS_PostTask(APL_TASK_ID);
         break;

      case APP_READ_SENSOR_STATE:
         if (-1 == HAL_ReadAdc(&adcdescriptor, HAL_ADC_CHANNEL1))
            appstate=APP_NOTHING_STATE;
         break;

      case APP_OUTPUT_STATE:
         uint32_to_str(adcStr, sizeof(adcStr), adcData, 0,3);
         appWriteDataToUart(adcStr, sizeof(adcStr));
         appWriteDataToUart((uint8_t*)"\n\r", sizeof("\n\r")-1);
         appstate=APP_NOTHING_STATE;
         break;

      case APP_NOTHING_STATE:
         break;
   }
}
```

Weitere Veränderungen am Programm sind nicht durchzuführen. Nachdem wir das Projekt compiliert und das Image auf ein Funkmodul übertragen haben, liefert der ADC bei der eingestellten 8-Bit Auflösung alle 2 Sekunden einen Wert von 0 bis 255, je nachdem, welche Spannung am Port des ADC1 anliegt.

Übersetzungswörterbuch Deutsch-Englisch

Zm besseren Verständnis und für die bessere Lesbarkeit haben wir zahlreiche Felder von Frames und andere Begriffe aus dem IEEE 802.15.4 Standard und der ZigBee Spezifikation ins Deutsche übersetzt. Die englischen Originaltitel können hier Nachgeschlagenen werden.

ACK-Anfrage	Acknowledgement Request
Anfragetyp	Characteristics Type
Assoziation erlaubt	Association Permit
Assoziationsanfrage	Association Request
Assoziationsantwort	Association Response
Assoziationsstatus	Association Status
Ausstehende Frames Adressliste	Pending address fields
Ausstehende Frames Spezifikation	Pending Address Specification
Batterielaufzeitverlängerung	Battery Life Extension (BLE)
Beaconanfrage	Beacon Request
Beaconorder	Beacon Order
Blockverschlüsselungsalgorithmus	Block Cipher Algorithm
CAP-Ende	Final CAP Slot
Datenanfrage	Data Request
Datenauthentifizierung	Data Authentication
Deskriptor	Descriptor
Disassoziationsmeldung	Disassociation Notification
Eingangsempfindlichkeit	Receiver Sensitivity
Endgerät	Enddevice
Frame ausstehend	Frame Pending
Framekontrolle	Frame Control
Framelänge	Frame Length
Framestartbegrenzer	Start of Frame Delimiter (SFD)
Frametyp	Frame Type
Frameversion	Frame Version
Framezähler	Frame Counter

© Springer Fachmedien Wiesbaden 2014

M. Krauße, R. Konrad, *Drahtlose ZigBee-Netzwerke*, DOI 10.1007/978-3-658-05821-0

Funkkanal	Channel Number
Gruppenschlüssel	Group Key
GTS-Anfrage	GTS Request
GTS-Anfragen gestattet	GTS Permit
GTS-Deskriptoranzahl	GTS Descriptor Count
GTS-Deskriptorenliste	GTS List
GTS-Länge	GTS Length
GTS-Richtung	GTS Directions
GTS-Richtungsmaske	GTS Directions Mask
GTS-Spezifikation	GTS Specification
GTS-Startslot	GTS Starting Slot
Kanalseite	Channel Page
Klartext	Plain text
Kommandoframe	Command Frame
Koordinator	Coordinator
Koordinatorkurzadresse	Coordinator Short Address
Koordinatorneujustierung	Coordinator Realignment
Kurzadresse	Short Address
Linkschlüssel	Link Key
MAC-Nutzdaten	MAC Payload
Masterschlüssel	Master Key
Modulinformationen	Capability Information
Nachbartabelle	Neighbor Table
Netzwerkschlüssel	Network Key
Nutzdaten	Payload
Pfadverlust	Path Loss
PHY-Nutzdaten	PHY Payload
Präambelsequenz	Preamble Sequence
Receiver immer an	Receiver On When Idle
Reserviert	Reserved
Senderadresse	Source Address
Senderadressmodus	Source Addressing Mode
Sender-PAN-ID	Source PAN Identifier
Sequenznummer	Sequence Number
Schlüssel	Key
Schlüsseldeskriptor	KeyDescriptor
Schlüsselidentifizierungsmodus	KeyIdMode
Schlüsselidentifizierer	KeyIdLookupDescriptor
Schlüssellastschlüssel	Key-Load Key
Schlüsseltransportschlüssel	Key-Transport Key
Senderroute	Source Route
Sicherheit aktiviert	Security Enabled

Sicherheitshilfsheader	Auxiliary Security Header
Sicherheitsstufe	Security Level
Stromquelle	Power Source
Superframeorder	Superframe Order
Superframespezifikation	Superframe Specification
Tabelle zur Zugriffssteuerung	Permission Configuration Table
Unterstützt Sicherheit	Security Capability
Verbindungsschlüssel	Link Key
Verfahren zur verteilten Adresszuweisung	Distributed Address Assignment Mechanism
Verwaistmeldung	Orphan Notification
Schlüsselanfrage	Request-Key
Schlüsseltransport	Transport-Key
Schlüsselwechsel	Switch-Key
Weganfrage	Route Request
Wegantwort	Route Reply
Wegaufzeichnung	Route Record
Wegentdeckung	Route Discovery
Zieladresse	Destination Address
Zieladressmodus	Destination Addressing Mode
Ziel PAN-ID	Destination PAN Identifier
Zufälliges Adressvergabeverfahren	Stochastic Address Assignment Mechanism
Zuweisung einer 16-Bit Kurzadresse	Allocate Address

Definition und Kurzerklärungen von Begriffen

Aktive Phase: Ein PAN mit Superframestruktur ist in eine aktive und in eine inaktive Phase unterteilt. Die aktive Phase beginnt unmittelbar nach einem Beacon. In dieser Phase findet der Zugriff auf den Funkkanal statt. Der aktiven Phase folgt optional die inaktive Phase, welche mit dem nächsten Beacon endet.

Assoziation: Der Beitritt eines Funkmoduls in eine Netzwerk.

Beacon: Ein Beacon ist ein MAC-Frame, welches von einem Koordinator oder PAN-Koordinator versendet wird und Informationen über das PAN enthält. Unterstützt das PAN eine Superframestruktur werden Beacons in regelmäßigen Abständen versendet und dienen zudem dem zeitlichen Synchronisieren der Funkmodule. Der PAN-Koordinator kann im Beacon anderen Funkmodulen auch GTS-Slots zuweisen.

Beaconorder: Die Beaconorder bestimmt die Länge eines Superframes, d.h. das Intervall zwischen zwei Beacons. Bei einem Wert von 15 unterstützt das PAN keine Superframestruktur.

CAP-Phase: Die CAP-Phase beginnt in einem PAN mit Superframestruktur unmittelbar nach Erhalt eines Beacons und endet mit Beginn der CFP-Phase bzw. der inaktiven Phase.

CFP-Phase: Die CFP-Phase ist optional und folgt der CAP-Phase. In dieser Phase dürfen nur Funkmodule den Funkkanal verwenden, die vom PAN-Koordinator GTS-Slots zugewiesen bekommen haben. Die CAP-Phase endet mit Beginn der inaktiven Phase oder, falls keine inaktive Phase vorhanden ist, mit dem nächsten Beacon.

Datenauthentifizierung: Datenauthentifizierung ist ein Verfahren, um zu überprüfen, ob Daten wirklich von einer bestimmten Quelle stammen und ob diese Daten auch nicht verändert wurden.

Entschlüsselung: Mit Hilfe eines Schlüssels werden zuvor verschlüsselte Daten wieder in Klartext umgewandelt.

FFD: Ein FFD (Full Function Device) ist ein Funkmodul, welches alle Funktionen implementiert hat, die notwendig sind als Koordinator zu fungieren.

Frame: Ein Frame ist eine Aufteilung von Bits in sinnvolle Gruppen, um diesen Bits eine Struktur und eine Bedeutung zu geben.

Gruppenschlüssel: Ein Schlüssel, der einer Gruppe von Funkmodulen zur Verfügung steht. Daten, die mit diesem Schlüssel kodiert werden, können von allen Besitzern des Gruppenschlüssels wieder in Klartext umgewandelt werden.

GTS-Slot: Um garantierten Zugriff auf den Funkkanal zu erhalten, kann ein Funkmodul in einem PAN mit Superframestruktur Zeitslots beantragen, die nur für die Kommunikation des Funkmodul mit dem PAN-Koordinator reserviert sind. Über die Zuteilung dieser GTS-Slots informiert der PAN-Koordinator in seinen periodisch versendeten Beacons.

Inaktive Phase: Es findet kein Zugriff auf den Funkkanal statt und die Funkmodule können ihren Receiver abschalten um Energie zu sparen (siehe auch aktive Phase).

Integrität: Die Einhaltung der Integrität einer Nachricht bedeutet, dass diese nicht manipuliert wurde. Dazu zählt neben dem direkten Verändern einer Nachricht auch die zeitliche Manipulation, d.h. eine Nachricht wird abgefangen und später (erneut) gesendet (replay attack).

Klartext: Klartext ist ein unverschlüsselter und lesbarer Text.

Koordinator: Ein Koordinator ist immer ein FFD (Full Function Device). Ein Koordinator sendet an andere Funkmodule Informationen über das PAN durch das Senden von Beacons. Über einen Koordinator können andere Funkmodule einem existierenden PAN beitreten. Er ist zudem für die Vergabe von 16-Bit Kurzadressen zuständig. In PANs mit Superframestruktur sorgt der Koordinator zudem für die zeitliche Synchronisierung durch das regelmäßige Senden von Beacons.

Linkschlüssel: Ein Schlüssel, den zwei Funkmodulen für eine Verschlüsselung einer End-zu-End-Verbindung einsetzen.

Little-Endian: In der Computertechnik wird der Speicher im allgemeinen in Blöcken gleicher Größe unterteilt und verwaltet. Die kleinste adressierbare Einheit ist dabei in der Regel ein Byte. Ein 32-Bit Wert wird z.B. in vier 8-Byteblöcke unterteilt. Die Speicherung im Format Little-Endian besagt hierbei, dass die Blöcke mit den niederstwertigen Bits zuerst gespeichert werden. Aus der Zahl

$$\texttt{0x12 34 56 78} = \texttt{00010010 00110100 01010110 01111000}$$
$$= b_{31}\ldots b_{24}\ \ b_{23}\ldots b_{16}\ \ b_{15}\ldots b_8\ \ b_7\ldots b_0$$

wird in der Darstellung im Format Little-Endian zu

$$b_7\ldots b_0\ \ b_{15}\ldots b_8\ \ b_{23}\ldots b_{16}\ \ b_{31}\ldots b_{24}$$
$$= \texttt{01111000 01010110 00110100 00010010} = \texttt{0x78 56 34 12}.$$

Masterschlüssel: Ein Schlüssel, aus dem mit dem SKKE-Verfahren ein Linkschlüssel generiert wird.

Netzwerkschlüssel: Ein Schlüssel, der allen Funkmodulen in einem Netzwerk zur Verschlüsselung von Daten Verfügung steht.

Nonce: Ein Nonce ist eine sich nicht wiederholende Bitfolge z.B. ein Zähler oder ein Zeitstempel. Durch Hinzufügen eines Nonce zu einem Datenpaket, wird damit jedes Datenpakete eindeutig.

Nutzdaten: Sind Daten, die von einer höheren Schicht an die darunterliegende Schicht übergeben werden, um diese zu Versenden.

PAN-Koordinator: Ein PAN hat genau einen PAN-Koordinator. Dieser startet ein PAN und legt dessen Eigenschaften fest. Ein PAN-Koordinator kann einzelnen Funkmodulen zudem GTS-Slots vergeben.

Paket: Ein Paket sind formatierte Daten, die von der physikalischen Schicht versendet werden.

RFD: Ein RFD (Reduced Function Device) ist ein Funkmodul, mit eingeschränktem Funktionsumfang. Es kann nicht die Rolle eines Koordinator übernehmen.

Schlüssel: Eine Bitfolge mit deren Hilfe Daten in Klartext verschlüsselt bzw. verschlüsselte Daten wieder entschlüsselt werden können.

Superframe: In einem PAN mit Superframestruktur ist ein Superframe die Zeitspanne zwischen zwei Beacons.

Superframeorder: Die Superframeorder bestimmt die Länge der aktiven Phase in einem Superframes. Bei einem Wert von 15 gibt es keine inaktive Phase.

Superframestruktur: In einem PAN mit Superframestruktur werden periodisch Beacons versendet. Die Zeit zwischen zwei Beacons wird Superframe genannt. Ein Superframe besteht aus einer aktiven Phase und optional einer inaktiven Phase. Die Länge eines Superframes und der aktiven Phase bestimmen die Parameter Beaconorder und Superframeorder. Die aktive Phase ist unterteilt in die 16 Slots, die auf die CAP-Phase und die CFP-Phase aufgeteilt sind.

Symmetrische Verschlüsselung: Zum Verschlüsseln und Entschlüsseln von Daten wird der selbe Schlüssel benutzt.

Symmetrische Schlüssel: Ein Schlüssel, der sowohl zum verschlüsseln als auch zum entschlüsseln benutzt wird.

Verbindungsschlüssel: Ein Schlüssel, der nur für die Verbindung von genau zwei Funkmodulen benutzt wird.

Verschlüsselung: Mit Hilfe eines Schlüssels werden Daten in Klartext so kodiert, dass sie von jemanden, der nicht den passenden Schlüssel hat, nicht gelesen werden können.

Vertraulichkeit: Die Vertraulichkeit einer Nachricht bedeutet, dass diese nur für einen bestimmten Empfängerkreis ist und ein Auslesen von Aussenstehenden nicht erwünscht ist.

Verwaistes Funkmodul: Ein Funkmodul, das den Kontakt zu dem Koordinator verloren hat, über den er dem PAN beigetreten ist.

Literatur

[Aki]   Akiba, Hrsg. *The Differences Between Zigbee 2006 and Zigbee 2007*, URL: http://www.freaklabs.org/index.php/Blog/Zigbee/clearing-up-the-air-on-the-zigbee-specs.html (besucht am 13.07.2013).

[Ass]   Association of Radio Industries and Businesses, Hrsg. *List of ARIB Standards and Technical Reports*. URL: http://www.arib.or.jp/english/html/overview/index.html (besucht am 02.03.2012).

[Atm08]   Atmel. „ZigBit 2.4 GHz Wireless Modules ATZB-24-A2/B0 Datasheet". In: *8226B–MCU Wireless–06/09* (Juni 2008).

[Atmel]   Atmel Corporation Hrsg. *Atmel Home.* URL: http://www.atmel.com (besucht am 08.12.2012).

[Atmel12]   Atmel Corporation. „Atmel AVR2025: IEEE 802.15.4 MAC Software Package – User Guide". (Mai 2012).

[Beu+09]   Beuth u. a. *Nachrichtentechnik.* 3. Aufl. Würzburg: Vogel, 2009. ISBN 978-3-8343-3108-3.

[Bun]   Bundesamt für Sicherheit in der Informationstechnik, Hrsg. *Drahtlose Kommunikationssysteme und ihre Sicherheitsaspekte.* URL: https://www.bsi.bund.de/SharedDocs/Downloads/DE/BSI/Publikationen/Broschueren/DrahtlosKom/drahtkom_pdf.pdf?__blob=publicationFile (besucht am 02.03.2012).

[Dwo04]   Morris J. Dworkin. *SP 800-38C. Recommendation for Block Cipher Modes of Operation: the CCM Mode for Authentication and Confidentiality.* Techn. Ber. Gaithersburg, MD, United States, 2004.

[Enr]   Enrique Zabala Hrsg. *Rijndael Cipher.* URL: http://www.cs.bc.edu/~straubin/cs381-05/blockciphers/rijndael_ingles2004.swf (besucht am 01.12.2012)

[ETS]   European Telecommunications Standards Institute (ETSI), Hrsg. *ETSI EN 300 220-1.* URL: www.etsi.org (besucht am 02.03.2012).

[Fut]   Future Technology Devices International Limited, Hrsg. *FTDI-Treiber.* URL: http://www.ftdichip.com/ (besucht am 02.03.2014).

[HS12]   Ekbert HERING und Gert SCHÖNFELDER Hrsg. *Sensorsysteme.* Wiesbaden: Vieweg+Teubner Verlag, 2012. ISBN: 978-3-8348-0169-2. DOI: 10.1007/978-3-8348-8635-4_1.

[IEE03]   IEEE WG802.15. „IEEE Standard for Information Technology – Telecommunications and Information Exchange Between Systems – Local and Metropolitan Area Networks Specific Requirements Part 15.4: Wireless Medium Access Control (MAC) and

Physical Layer (PHY) Specifications for Low-Rate Wireless Personal Area Networks (LR-WPANs)". In: *IEEE Std 802.15.4-2003* (Okt. 2003), S. 1–670. DOI: 10.1109/IEEESTD.2003.94389.

[IEE06] IEEE WG802.15. „IEEE Standard for Information Technology – Telecommunications and Information Exchange Between Systems – Local and Metropolitan Area Networks – Specific Requirements Part 15.4: Wireless Medium Access Control (MAC) and Physical Layer (PHY) Specifications for Low-Rate Wireless Personal Area Networks (WPANs)". In: *IEEE Std 802.15.4-2006 (Revision of IEEE Std 802.15.4-2003)* (Sep. 2006), S. 1–305. DOI: 10.1109/IEEESTD.2006.232110.

[IEE07] IEEE WG802.15. „IEEE Standard for Information Technology – Telecommunications and Information Exchange Between Systems – Local and Metropolitan Area Networks – Specific Requirement Part 15.4: Wireless Medium Access Control (MAC) and Physical Layer (PHY) Specifications for Low-Rate Wireless Personal Area Networks (WPANs)". In: *IEEE Std 802.15.4a-2007 (Amendment to IEEE Std 802.15.4-2006)* (Aug. 2007), S. 1–203. DOI: 10.1109/IEEESTD.2007.4299496.

[IEE09a] IEEE WG802.15. „IEEE Standard for Information Technology – Telecommunications and Information Exchange Between Systems – Local and Metropolitan Area Networks – Specific Requirement Part 15.4: Wireless Medium Access Control (MAC) and Physical Layer (PHY) Specifications for Low-Rate Wireless Personal Area Networks (WPANs) Amendment 2: Alternative Physical Layer Extension to support one or more of the Chinese 314–316 MHz, 430–434 MHz, and 779–787 MHz bands". In: *IEEE Std 802.15.4c-2009 (Amendment to IEEE Std 802.15.4-2006)* (Apr. 2009), S. 1–21. DOI: 10.1109/IEEESTD.2009.4839293.

[IEE09b] IEEE WG802.15. „IEEE Standard for Information Technology – Telecommunications and Information Exchange Between Systems – Local and Metropolitan Area Networks – Specific Requirement Part 15.4: Wireless Medium Access Control (MAC) and Physical Layer (PHY) Specifications for Low-Rate Wireless Personal Area Networks (WPANs) Amendment 3: Alternative Physical Layer Extension to support the Japanese 950 MHz bands". In: *IEEE Std 802.15.4d-2009 (Amendment to IEEE Std 802.15.4-2006)* (Apr. 2009), S. 1–27. DOI: 10.1109/IEEESTD.2009.4840354.

[IEE11] IEEE WG802.15. „IEEE Standard for Local and metropolitan area networks–Part 15.4: Low-Rate Wireless Personal Area Networks (LR-WPANs)". In: *IEEE Std 802.15.4-2011 (Revision of IEEE Std 802.15.4-2006)* (Mai 2011), S. 1–314. DOI: 10.1109/IEEESTD.2011.6012487.

[Lam] Lammert Bies Hrsg. *On-line CRC calculation and free library*. URL: http://www.lammertbies.nl/comm/info/crc-calculation.html (besucht am 01.12.2012).

[Law] Lawrie Brown Hrsg. *Lawrie's Source Area*. URL: http://www.unsw.adfa.edu.au/~lpb/src/index.html (besucht am 01.12.2012).

[Max] Maxim Integrated Products, Inc. Hrsg. *1-Wire Tutorial*. URL: http://www.maxim-ic.com/products/1-wire/flash/overview/index.cfm (besucht am 02.10.2012).

[mik] mikrocontroller.net Hrsg. *AVR-GCC-Tutorial/Analoge Ein- und Ausgabe*. URL: http://www.mikrocontroller.net/articles/AVR-GCC-Tutorial/Analoge_Ein-_und_Ausgabe (besucht am 02.01.2013).

[NIS01] NIST. *Advanced Encryption Standard (AES) (FIPS PUB 197)*. National Institute of Standards and Technology. Nov. 2001. URL: http://csrc.nist.gov/publications/fips/fips197/fips-197.pdf.

[NIS08]   NIST. *The Keyed-Hash Message Authentication Code (HMAC) (FIPS PUB 198-1)*. National Institute of Standards and Technology. Juli 2008. URL: http://csrc.nist.gov/ publications/fips/fips198-1/FIPS-198-1_final.pdf.

[NXP]   NXP Semiconductors, Hrsg. *I2C-bus specification and user manual*. URL: http://www. nxp.com/documents/user_manual/UM10204.pdf (besucht am 02.10.2012).

[urlv]   Kris Pister, Hrsg. *SMART DUST*. URL: http://robotics.eecs.berkeley.edu/~pister/ SmartDust/ (besucht am 02.03.2012).

[Rap02]   T.S. Rappaport. *Wireless Communications: Principles and Practice*. Boston: Prentice Hall Verlag, 2002.

[Sen]   Sen, Jaydip, Hrsg. *A Survey on Wireless Sensor Network Security*. URL: http://arxiv. org/ftp/arxiv/papers/1011/1011.1529.pdf (besucht am 21.09.2012).

[Sie+12]   Arne Sieber u.a. „Wireless Platform for Monitoring of Physiological Parameters of Cattle". In: Bd. 146. Springer Berlin Heidelberg, 2012, S. 135–156. ISBN: 978–3– 642–27638–5. URL:http://dx.doi.org/10.1007/978-3-642-27638-5_8.

[Sil]   Silicon Laboratories Inc., Hrsg. *cp2102-Treiber*. URL: http://www.silabs.com (besucht am 02.05.2014).

[SRK10]   N. Salman, I. Rasool und A.H. Kemp. „Overview of the IEEE 802.15.4 standards family for Low Rate Wireless Personal Area Networks". In: *Wireless Communication Systems (ISWCS), 2010 7th International Symposium on*, Sep. 2010, S. 701–705. DOI: 10.1109/ISWCS.2010.5624516.

[ubu]   ubuntuusers, Hrsg. *Hashfunktionen*. URL: http://wiki.ubuntuusers.de/Hashfunktionen (besucht am 30.10.2013).

[US]   U.S. Government Printing Office, Hrsg. *CFR Part 15 Radio Frequency Devices*. URL: http://www.gpo.gov/ (besucht am 02.03.2014).

[Wika]   Wikipedia, Hrsg. *Differential coding*. URL: http://en.wikipedia.org/wiki/Differential_ coding (besucht am 02.03.2012).

[Wikb]   Wikipedia, Hrsg. *Hashfunktionen*. URL: http://de.wikipedia.org/wiki/Hashfunktion (besucht am 30.10.2013).

[Wikc]   Wikipedia, Hrsg. *Hashfunktionen*. URL: http://de.wikipedia.org/wiki/Keyed-Hash_ Message_Authentication_Code (besucht am 30.10.2013).

[Wikd]   Wikipedia, Hrsg. *Hashfunktionen*. URL: http://de.wikipedia.org/wiki/Kryptologische_ Hashfunktion (besucht am 30.10.2013).

[Wike]   Wikipedia, Hrsg. *One-way compression function*. URL: http://en.wikipedia.org/wiki/ One-way_compression_function (besucht am 30.10.2013).

[Wikf]   Wikipedia, Hrsg. *Wireless Local Area Network*. URL: http://de.wikipedia.org/wiki/ Wireless_Local_Area_Network (besucht am 11.09.2012).

[Wikg]   Wikipedia, Hrsg. *ZigBee*. URL: http://en.wikipedia.org/wiki/ZigBee (besucht am 30.06.2013).

[Wikh]   Wikipedia, Hrsg. *Zyklische Redundanzprüfung*. URL: http://de.wikipedia.org/wiki/ Zyklische_Redundanzpr%C3%BCfung (besucht am 07.10.2012).

[Wue]   Wuerth Elektronik eiSos GmbH u. Co. KG, Hrsg. *Bild 2.4 GHz Keramikantenne*. URL: http://katalog.we-online.de/pbs/datasheet/7488910245.pdf (besucht am 17.03.2014).

[Zig]   ZigBee Alliance, Hrsg. *ZigBee Grundlagen*. URL: http://www.ebookaktiv.de/eBook_ZigBee/eBook_ZigBee.htm (besucht am 21.09.2012).

[Zig04]   ZigBee Alliance. „ZigBee 2004 Specification". In: *ZigBee Document 053474r06* (Dez. 2004), S. 1–378.

[Zig06]   ZigBee Alliance. „ZigBee 2006 Specification". In: *ZigBee Document 053474r13* (Okt. 2006), S. 1–508.

[Zig08a]   ZigBee Alliance. „ZigBee-2007 Layer PICS and Stack Profiles". In: *ZigBee Document 08006r03* (Juni 2008), S. 1–109.

[Zig08b]   ZigBee Alliance. „ZigBee Specification". In: *ZigBee Document 053474r17* (Jan. 2008), S. 1–576.

[Zig10a]   ZigBee Alliance. „ZigBee Health Care™ Profile". In: *ZigBee Document 075360r15* (März 2010), S. 1–56.

[Zig10b]   ZigBee Alliance. „ZigBee Home Automation Public Application Profile". In: *ZigBee Document 053520r26* (Feb. 2010), S. 1–130.

[Zig10c]   ZigBee Alliance. „ZigBee RF4CE Specification". In: *ZigBee Document 094945r00ZB* (Jan. 2010), S. 1–96.

[Zig10d]   ZigBee Alliance. „ZigBee Telecom Applications Profile". In: *ZigBee Document 075307r07* (Apr. 2010), S. 1–210.

[Zig11a]   ZigBee Alliance. „ZigBee Building Automation Application Profile". In: *ZigBee Document 053516r12* (Mai 2011), S. 1–70.

[Zig11b]   ZigBee Alliance. „ZigBee Smart Energy Profile". In: *ZigBee Document 075356r16ZB* (März 2011), S. 1–304.

[Zig12a]   ZigBee Alliance. „ZigBee Cluster Library". In: *ZigBee Document 075123r04ZB* (Mai 2012), S. 1–412.

[Zig12b]   ZigBee Alliance. „ZigBee Light Link Standard". In: *ZigBee Document 11-0037-10* (Apr. 2012), S. 1–304.

[Zig13]   ZigBee Alliance. „ZigBee IP Specification". In: *ZigBee Public Document 13-002r00* (Feb. 2013), S. 1–72.

Sachverzeichnis

R

Reflektion, 8
Reichweitenerhöhung, 33
Reporting, 305
RFD, 85, 111
Router, 220, 251
Routing, 216, 233–243
Routingtabelle, 216, 236, 316

S

SAL-Modul (Atmel MAC-Stack), 168, 170
SAP, 87, 88, 119, 121, 219, 223, 248, 279, 290
Schlafmodus, 127
Schlüssel, 154–156, 336
    Anfrage, 339
    Transport, 340
Schnittstellen von Mikrocontrollern, 29
Senderrouting, 242, 265
Service Access Point, 87, 88, 119, 121, 219,
    223, 248, 279, 290
Sicherheit, 19, 20
    IEEE 802.15.4, 144–166
    ZigBee, 333–356
Sicherheitsmanagement, 309
Sicherheitsmodus, 338
Sicherheitsstufen, 145, 334
SIFS-Periode, 117
Signalausbreitung, 7
Single Point of Failure, 25
SKKE, 343–345
Sniffer
    Atmel MAC-Stack, 178, 179
    µracoli, 209–211
SPI, 30
Stackprofil, 215, 216, 229
    ZigBee, 215
    ZigBee PRO, 216
STB-Modul (Atmel MAC-Stack), 168, 170
Sternnetzwerk, 85
Streuung, 8
Superframes, 114–116, 118
Symboldauer, 100
Synchronisation, 259
Synchronisationsheader, 104

T

TAL-Modul (Atmel MAC-Stack), 168–170
Taskverarbeitung, 180–182
    Atmel MAC-Stack, 169

BitCloud, 359–361
Temperatursensor, 395
TFA-Modul (Atmel MAC-Stack), 168–170
TPS-Modul (Atmel MAC-Stack), 168, 169
Trustcenter, 338, 341
Tunneln, 351

U

UART-Schnittstelle
    Atmel MAC-Stack, 188–190
    BitCloud, 373–382

V

Variablen
    APS-Schicht, 280, 281
    MAC-Schicht, 107, 158
    NWK-Schicht, 223, 224
    PHY-Schicht, 91, 92
Verbindungsqualität, 216, 316
Verschlüsselung, 146–148
Verschlüsselungsalgorithmus, 151, 152

W

Wegermittlung, 257, 267, 268, 270
Wireshark, 209–211
WLAN, 102
WSNDemo, 67–77
    kompilieren, 72, 73
WSNMonitor, 76

Z

ZCL, 300
ZCL-Frame, 301–307
ZDO, 279, 282, 309–331
ZDO-Modul (BitCloud), 358
ZDP, 311–314
Zeitslots, 117, 128
ZigBee
    Datenintegrität, 23
    Sicherheitsmechanismen, 22–25
    Verschlüsselung, 23, 24
    Zuverlässigkeit, 24
ZigBee 2004, 215
ZigBee 2006, 215, 216
ZigBee 2007, 215, 216
ZigBee Allianz, 215
ZigBee Cluster Library, 300
ZigBee Device Object, 279, 282, 309–331
ZigBee Device Profil, 311–314
ZigBee Hauptmerkmale, 217